에듀윌과 함께 시작하면,
당신도 합격할 수 있습니다!

학교 졸업 후 취업을 위해 바쁜 시간을 쪼개며
위험물산업기사 자격시험을 준비하는 취준생

비전공자이지만 더 많은 기회를 만들기 위해
위험물산업기사에 도전하는 수험생

위험물 관리 업무를 수행하면서 승진을 위해
위험물산업기사에 도전하는 주경야독 직장인

누구나 합격할 수 있습니다.
시작하겠다는 '다짐' 하나면 충분합니다.

마지막 페이지를 덮으면,

에듀윌과 함께
위험물산업기사 합격이 시작됩니다.

꿈을 실현하는 에듀윌
Real 합격 스토리

김○주 비전공자 합격

화학에 대해 잘 몰라도 한번에 합격

저는 화학 전공자가 아니라서 처음에는 일반화학이 어려웠습니다. 하지만 교재를 보며 화학에 대해 공부를 하다 보니 화학에도 수학처럼 공식이 있다는 것을 알게 되었습니다. 에듀윌 교재의 일반화학 기출문제 해설은 화학에 대해 잘 모르는 사람도 이해할 수 있도록 자세하게 수록되어 있어서 좋았습니다.

이○지 2주 초단기 합격

2주만에 실기 합격

저는 이론은 보지 않고, 위험물의 특징만 외운 다음 10개년 기출문제를 반복해서 풀었습니다.
실제 시험을 보았을 때 문제의 절반 정도는 책에서 본 문제가 거의 비슷하게 나왔고, 나머지는 기출문제의 해설에 대부분 나왔던 내용이었습니다. 에듀윌 교재로 공부를 시작한 뒤 약 12일 만에 72점으로 합격했습니다.

김○재 전공자 단기 1개월 합격

기출 위주로 한 달 안에 합격

저는 화학 관련 전공자로 화학에 대한 기본개념은 있어서 기출문제가 많고 해설이 자세하게 수록되어 있는 에듀윌 교재를 구매했습니다. 위험물의 종류 및 지정수량은 대학교 때 배우지 않은 내용이라 생소했지만 기출문제 해설이 잘 되어 있어 이해하기 편했습니다.

다음 합격의 주인공은 당신입니다!

더 많은
합격 비법

무료특강 7만뷰 돌파!
수험생 맞춤형 무료특강 제공

기초화학 특강

추천 대상 ㅣ 화학 비전공자
추천 시기 ㅣ 이론 공부 시작 전
강의 내용 ㅣ 화학에 대한 기초용어 정리

빈출유형 특강

추천 대상 ㅣ 일반화학이 어려운 수험생
추천 시기 ㅣ 기출 1회독 후
강의 내용 ㅣ 일반화학 빈출개념 정리 및 문제 풀이

위험물 마무리 특강

추천 대상 ㅣ 위험물 암기가 안 되는 수험생
추천 시기 ㅣ 시험 3일 전
강의 내용 ㅣ 제1류~제6류 위험물의 품명, 특징 정리

[강의 수강경로] 에듀윌 도서몰 (http://book.eduwill.net) → 동영상강의실 → 위험물 검색 (회원가입 후 수강가능)

eduwill

나에게 맞는 최적 학습법

2주 합격 플래너

화학 전공자 플랜

▶ 하루 3시간 이상 학습
▶ 기출문제 위주로 학습하여 빠르게 합격하기

WEEK	DAY	CHAPTER	완료
WEEK 1	DAY 1	SUBJECT 01 이론, 출제예상문제	☐
	DAY 2	SUBJECT 02 이론, 출제예상문제	☐
	DAY 3	SUBJECT 03 이론, 출제예상문제	☐
	DAY 4	2024 CBT 복원문제	☐
	DAY 5	2023 CBT 복원문제	☐
	DAY 6	2022 CBT 복원문제	☐
	DAY 7	2021 기출문제	☐
WEEK 2	DAY 8	2020 기출문제	☐
	DAY 9	2019~2018 기출문제 1회독	☐
	DAY 10	2024~2023 CBT 복원문제	☐
	DAY 11	2022~2020 기출문제	☐
	DAY 12	2019~2018 기출문제 2회독	☐
	DAY 13	실전 모의고사 & 복습	☐
	DAY 14	최종복습	☐

화학 비전공자 플랜

▶ 하루 6시간 이상 학습
▶ 일반화학보다 암기과목에 집중하기

WEEK	DAY	CHAPTER	완료
WEEK 1	DAY 1	일반화학 기초특강 수강	☐
	DAY 2	SUBJECT 01 이론, 출제예상문제	☐
	DAY 3	SUBJECT 02 이론, 출제예상문제	☐
	DAY 4	SUBJECT 03 이론, 출제예상문제	☐
	DAY 5	2024~2023 CBT 복원문제	☐
	DAY 6	2022~2021 기출문제	☐
	DAY 7	2020~2019 기출문제	☐
WEEK 2	DAY 8	2018 기출문제 1회독	☐
	DAY 9	2024~2023 CBT 복원문제	☐
	DAY 10	2022~2021 기출문제	☐
	DAY 11	2020~2019 기출문제	☐
	DAY 12	2018 기출문제 2회독	☐
	DAY 13	실전 모의고사 & 복습	☐
	DAY 14	최종복습	☐

에듀윌이
너를
지지할게
ENERGY

처음에는 당신이 원하는 곳으로
갈 수는 없겠지만,
당신이 지금 있는 곳에서
출발할 수는 있을 것이다.

– 작자 미상

제5류 위험물 지정수량 개정(시행 24.07.31)사항

「위험물안전관리법」상 제5류 위험물 지정수량 및 세부기준이 24.07.31부로 공포되었습니다. 일부 제5류 위험물의 지정수량(제1종 10kg, 제2종 100kg) 및 위험등급(I Ⅱ Ⅲ)은 기존의 위험물 품명이 아닌 위험성 유무와 등급에 따라 구분하기 위하여 「위험물안전관리에 관한 세부기준(소방청 고시)」상 폭발성 및 가열분해성 시험결과에 따라 판정기준을 적용하여 결정하도록 개정되었으며, 개정된 법령에 의한 시험을 통해 위험물 해당여부 및 지정수량이 판단됩니다.

위와 관련하여 공포된 제5류 위험물 지정수량 및 세부기준은 아래와 같습니다. 참고하여 학습 부탁 드립니다.

* 「위험물안전관리법 시행령」 [별표1] 위험물 및 지정수량 (개정 24.04.30)

제5류 자기반응성 물질	1. 유기과산화물 2. 질산에스터류 3. 나이트로화합물 4. 나이트로소화합물 5. 아조화합물 6. 다이아조화합물 7. 하이드라진 유도체 8. 하이드록실아민 9. 하이드록실아민염류 10. 그 밖에 행정안전부령으로 정하는 것 11. 제1호부터 제10호까지의 어느 하나에 해당하는 위험물을 하나 이상 　　함유한 것	제1종: 10kg 제2종: 100kg

* 「위험물안전관리에 관한 세부기준」 제21조 및 제21조의 2 (개정 24.07.02)

• 제21조(가열분해성 판정기준 등) 가열분해성으로 인하여 자기반응성물질에 해당하는 것은 제20조에 의한 시험결과 파열판이 파열되는 것으로 하되, 그 등급은 다음 각 호와 같다(2 이상에 해당하는 경우에는 등급이 낮은 쪽으로 한다).
　1. 구멍의 직경이 1mm인 오리피스판을 이용하여 파열판이 파열되지 않는 물질: 등급Ⅲ
　2. 구멍의 직경이 1mm인 오리피스판을 이용하여 파열판이 파열되는 물질: 등급Ⅱ
　3. 구멍의 직경이 9mm인 오리피스판을 이용하여 파열판이 파열되는 물질: 등급 I

• 제21조의2(자기반응성물질 판정기준 등) 제19조에 따른 열분석시험의 결과 및 제21조에 따른 압력용기시험의 결과를 종합하여 자기반응성물질은 아래 표와 같이 구분한다.

압력용기시험 열분석시험	등급 I	등급Ⅱ	등급Ⅲ
위험성 있음	제1종	제2종	제2종
위험성 없음	제1종	제2종	비위험물

에듀윌 위험물산업기사

필기 2주끝장

이론편

최신 출제기준 & 개정 법령 완벽반영

출제기준

2025년 시험부터는 새로운 출제기준에 맞춰 출제될 예정으로 크게 과목명 변경, 주요과목의 세분화 및 신규항목 추가 등이 개편되었으며, 해당 출제기준은 2025년 1월 1일~2029년 12월 31일까지 적용될 예정입니다.

적용기간(2025.1.1.~2029.12.31.)			
물질의 물리 · 화학적 성질	기초화학	• 물질의 상태와 화학의 기본법칙 • 원자의 구조와 원소의 주기율 • 산, 염기	• 용액 • 산화, 환원
	유기화합물 위험성 파악	• 유기화합물 종류 · 특성 및 위험성	
	무기화합물 위험성 파악	• 무기화합물 종류 · 특성 및 위험성	
화재예방과 소화방법	위험물 사고 대비 · 대응	• 위험물 사고 대비	• 위험물 사고 대응
	위험물 화재예방 · 소화방법	• 위험물 화재예방 방법 • 위험물 소화방법	
	위험물 제조소등의 안전계획	• 소화설비 적응성 • 소화 난이도 및 소화설비 적용	• 경보설비 · 피난설비 적용
위험물 성상 및 취급	제1류 위험물 취급	• 성상 및 특성	• 저장 및 취급방법의 이해
	제2류 위험물 취급	• 성상 및 특성	• 저장 및 취급방법의 이해
	제3류 위험물 취급	• 성상 및 특성	• 저장 및 취급방법의 이해
	제4류 위험물 취급	• 성상 및 특성	• 저장 및 취급방법의 이해
	제5류 위험물 취급	• 성상 및 특성	• 저장 및 취급방법의 이해
	제6류 위험물 취급	• 성상 및 특성	• 저장 및 취급방법의 이해
	위험물 운송 · 운반	• 위험물 운송기준	• 위험물 운반기준
	위험물 제조소등의 유지관리	• 위험물 제조소 • 위험물 저장소	• 위험물 취급소 • 제조소등의 소방시설 점검
	위험물 저장 · 취급	• 위험물 저장기준	• 위험물 취급기준
	위험물안전관리 감독 및 행정처리	• 위험물시설 유지관리 감독 • 위험물안전관리법상 행정사항	

※ 자세한 출제기준은 한국산업인력공단(Q-net) 참고

❖ 최신 출제기준 완벽 반영!

「2025 에듀윌 위험물산업기사 필기 2주끝장」은 개편된 출제기준에 따라 과목명 및 신규이론을 모두 반영하여 수록하였습니다. 개편된 출제기준을 확인하고 학습의 방향을 설정해 보시기 바랍니다.

화학 개정용어(24.04.30 시행) 안내

대한화학회의 '화학기술어위원회'가 IUPAC(국제적으로 통용되는 원소 이름, 화학물 명칭 지정기관)의 명명법을 한국어 체계에 적절하게 수정하여 사용하고, 이에 위험물안전관리법 시행규칙에도 일부 적용되어 공포되었습니다.

현재용어	개정용어	현재용어	개정용어
브롬	브로민	중크롬	다이크로뮴
요오드	아이오딘	유황	황
망간	망가니즈	히	하이
황화린	황화인	디아조	다이아조
에스테르	에스터	클레오소트	크레오소트
알데히드	알데하이드	니트로	나이트로
디에틸에테르	다이에틸에터	할로겐	할로젠
갑종방화문	60분+방화문 또는 60분방화문	을종방화문	30분방화문

※ 화학 개정용어 병기 수록!

「2025 에듀윌 위험물산업기사 필기 2주끝장」은 IUPAC 규정 화학용어 개정으로 개정된 용어와 개정 전 용어를 같이 수록하여, 개정된 용어가 빠르게 익숙해질 수 있도록 하였습니다.

제5류 위험물 지정수량 개정(24.07.31 시행) 안내

폭발의 위험이 높은 제5류 위험물(자기반응성 물질)의 지정수량 및 위험등급을 위험물의 품명이 아닌 위험성 유무와 등급에 따라 구분하도록 하여 위험물에 대한 규제 개선 및 보완하기 위해 개정되었습니다.

유별 및 성질	위험물		지정수량
제5류 위험물 (자기반응성 물질)	유기과산화물	다이아조화합물	제1종: 10kg 제2종: 100kg
	질산에스터류	하이드라진유도체	
	나이트로화합물	하이드록실아민	
	나이트로소화합물	하이드록실아민염류	
	아조화합물	그 밖에 행정안전부령으로 정하는 것	
	위의 어느 하나에 해당하는 위험물을 하나 이상 함유한 것		

※ 제5류 위험물 개정 지정수량 반영!

「위험물안전관리법」상 제5류 위험물 지정수량 및 세부기준이 개정됨에 따라 개정사항을 이론 및 기출문제에 반영하여 최신법령에 맞게 학습할 수 있도록 하였습니다.

현대 사회의 필수인력! 위험물안전관리자

다음 사건은 위험물안전관리자만이 막을 수 있습니다.

NEWS · 2020.11.23

인천의 화장품 공장에서 화재사고, 3명 사망

2020년 11월 19일 인천의 화장품 제조공장에서 화재가 발생해 3명이 사망하는 사고가 발생했다. 소방당국은 공장에 아염소산나트륨을 법에서 지정한 수량의 4배 이상을 보관하고 있어 화재가 크게 발생했다고 설명했다.

NEWS · 2018.10.08

고양 저유소 폭발사고, 약 43억 원의 재산피해 발생

2018년 10월 7일 고양시 덕양구 화전동에 있는 휘발유 옥외탱크에서 유증기 폭발로 인한 화재가 발생했다. 화재는 발생된 지 17시간 만에 진화되었지만 휘발유 약 266만 3천 리터가 연소되어 약 43억 4천만 원의 재산피해가 발생했다.

위험물안전관리자의 주요업무

☑ 위험물의 취급작업에 참여하여 작업자를 지시, 감독함

☑ 화재 등의 재해의 방지와 응급조치에 관하여 관련 시설의 관계자와 협조체계 유지

☑ 위험물의 취급에 관한 일지의 작성, 기록

> " 위험물안전관리자가 제대로 된 업무를 수행했다면 위와 같은 사고는 발생하지 않았습니다. "

모든 위험물을 취급하기 위한 방법, 위험물산업기사 취득!

❖ 법에서 규정한 위험물안전관리자의 자격

위험물안전관리법에서 규정한 위험물안전관리자가 되기 위해서는 위험물기능장, 위험물산업기사, 위험물기능사의 자격을 취득해야 한다. 하지만 위험물기능사의 경우 실무경력이 없으면 일부 위험물 제조소, 저장소 등에서는 위험물안전관리자 업무를 할 수 없다.

위험물산업기사 자격증을 취득하면 실무경력이 없어도 법에서 정한 모든 위험물 제조소, 저장소 등에서 위험물안전관리자 업무를 할 수 있다.

제조소 등의 종류 및 규모	안전관리자의 자격
1. 제4류 위험물만을 취급하는 것으로서 지정수량 5배 이하의 것	위험물기능장, 위험물산업기사, 위험물기능사, 안전관리자교육이수자 또는 소방공무원 경력자
2. 위의 제1호에 해당하지 아니하는 것	위험물기능장, 위험물산업기사 또는 2년 이상의 실무경력이 있는 위험물기능사

위험물안전관리법 시행령 별표 6 기준

❖ 위험물산업기사 응시인원의 지속적인 증가

대부분의 산업현장에서 위험물을 사용하고, 최근에는 위험물의 저장, 취급시설이 생활공간과 가까이 설치되고 있다. 이에 따라 위험물의 저장, 취급시설에서 사고가 발생할 경우 큰 피해가 발생되기 때문에 위험물안전관리자에 대한 수요가 증가하고 있다.

위험물을 취급하고 관리하는 자격을 부여하는 위험물산업기사 자격증 응시생 수는 지속적으로 증가하여 2023년 기준으로 2018년에 비해 약 50% 이상 증가했다.

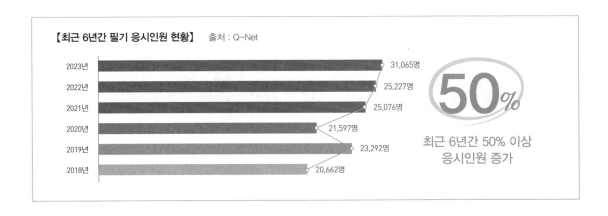

합격의 첫 걸음
위험물산업기사 시험정보

위험물산업기사란?

위험물산업기사 시험은 위험물의 취급 및 관리를 위한 위험물안전관리자 자격을 취득하기 위한 시험이다. 위험물안전관리자는 위험물의 제조소, 저장소, 취급소에서 위험물을 안전하게 취급하고 일반 작업자를 지시 · 감독하며, 각 설비 및 시설에 대한 안전점검을 실시한다. 또한, 재해발생 시 응급조치를 실시하는 등 위험물에 대한 보안, 감독 업무를 수행한다.

시험일정 & 합격자 발표시기

구분	필기시험	필기합격 (예정자)발표	실기시험	최종합격자 발표일
1회	2025. 02	2025. 03	2025. 05	2025. 06
2회	2025. 05	2025. 06	2025. 08	2025. 09
3회	2025. 07	2025. 08	2025. 10	2025. 11

※ 2025 시험일정은 2024년 12월에 확정됩니다. 정확한 시험일정 및 시험정보는 한국산업인력공단(Q-net) 참고

응시자격

대학 및 전문대학의 화학, 화학공학, 공업화학 등 관련학과의 2년제 또는 3년제 전문대학졸업자 또는 졸업예정자, 동일 및 유사한 직무분야에서 2년 이상 실무에 종사한 자가 응시가능하다.

※ 정확한 관련학과의 명칭, 경력 인정범위, 학점은행제 졸업생의 정확한 응시가능 여부는 한국산업인력공단에 별도 문의

시험 응시 & 합격현황

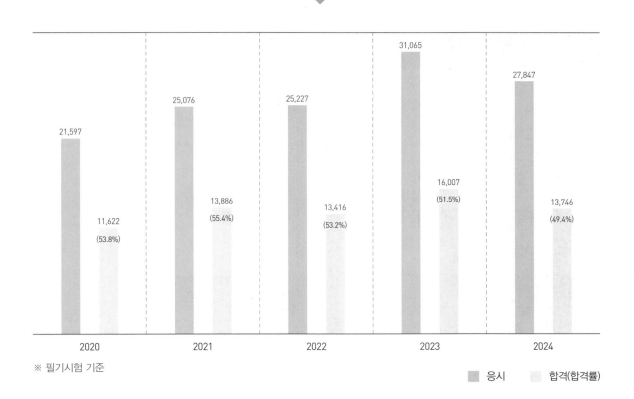

※ 필기시험 기준

■ 응시   ■ 합격(합격률)

검정방법 & 합격기준

① **검정방법:** 객관식 4지택일형, CBT 시험방식으로 진행

② **합격기준**

필기시험	• 100점을 만점으로 하여 3과목 평균 60점 이상 획득한 경우 • 각 과목당 40점 이상 획득한 경우 ※ 3과목 평균 60점이 넘어도 한 과목이라도 40점 미만이면 과락임
실기시험	100점을 만점으로 하여 60점 이상 획득한 경우

※ 필기시험 시간은 과목당 20분으로 총 60분입니다. (25년부터 문항당 1분으로 조정)

초단기 합격에 최적화
에듀윌 위험물산업기사 필기 2주끝장

합격에 필요한 이론만 담았다!

핵심이론

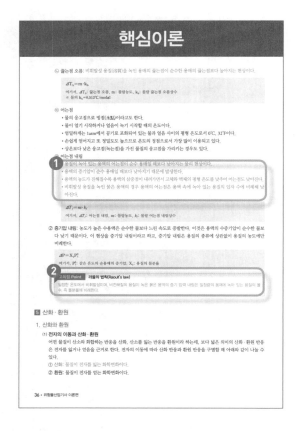

출제예상문제

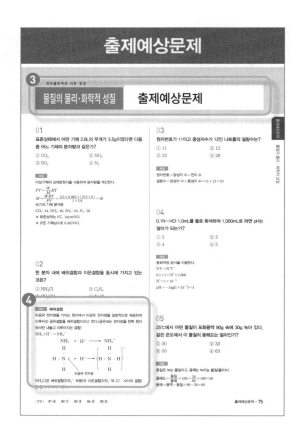

❶ 빈출내용을 색자로 구성하여 중요한 내용을 바로 파악할 수 있게 정리했다.

❷ 시험에 잘 나오고, 헷갈릴 수 있는 내용은 고득점 Point로 정리했다.

❸ 기출문제 중 다시 출제될 가능성이 높은 문제를 골라 50문항씩 구성했다.

❹ 문항별로 해설을 추가하여 틀린 내용을 바로 확인할 수 있다.

" 지난 10년간의 기출문제를 분석, 시험에 꼭 나오는 내용만 압축했다. "

기출문제만으로 완벽학습이 가능하다!

7개년 기출문제

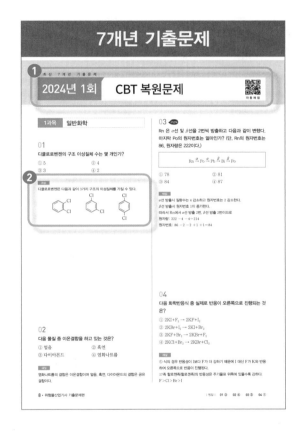

실전 모의고사

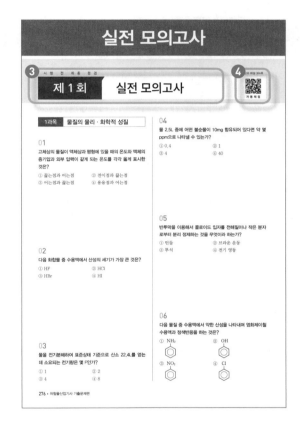

① 7개년 기출문제를 복원하여 최신 기출문제에서 오래된 기출문제 순으로 정리했다.

② 문항별로 상세한 해설을 제시하여 이론편을 보지 않고도 내용을 이해할 수 있도록 했다.

③ 최신 출제경향을 반영한 실전 모의고사를 3회분 제공한다.

④ 자동채점 시스템을 도입해 답안을 입력하면 점수와 성취도를 파악할 수 있다.

" **최신 7개년 기출문제와 실전 모의고사 두 단계로 구성했다.** "

❖ CBT 시험이란?

CBT는 Computer-Based Testing의 약자로 컴퓨터를 기반으로 하는 시험이며, 현재 국가기술자격 필기시험은 CBT시험으로 진행되고 있습니다.

시행	2020년 4회차부터 CBT 시험방식으로 시행
준비물	신분증, 필기구, 계산기
일반 필기시험 VS CBT 시험	**공통점** • 시험출제 범위 및 난이도는 동일하다. • 기존 기출문제에 출제되지 않은 신유형도 출제된다.
	차이점 • 일반 필기시험은 OMR 답안지에 답을 표기하고, CBT 시험은 문제를 풀면서 바로 컴퓨터에서 답을 입력한다. • 일반 필기시험은 동일한 문제에서 순서만 달라진 A형, B형 시험지로 시험이 진행되고, CBT 시험은 모든 수험생에게 다른 문제가 출제된다. • 일반 필기시험은 시험당일 가답안이 발표되지만, CBT 시험은 시험이 끝나는 즉시 자신의 획득점수 및 합격여부(합격예정자)가 표시된다.

※ TIP! 한번 답안을 제출하면 수정할 수 없으므로 모든 시험문제 풀이가 완료되었을 때에 버튼을 눌러야 함

❖ CBT 연습하기

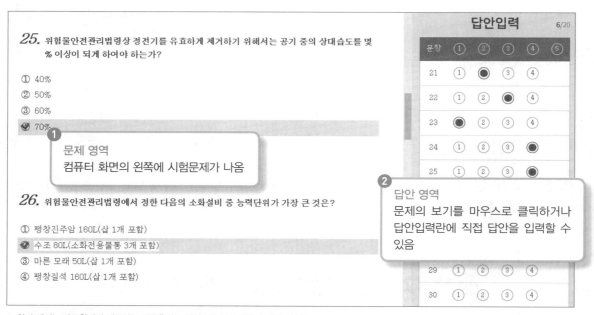

▲ 위의 예시는 에듀윌에서 제공하는 문풀훈련소 화면으로 CBT 시험과 거의 비슷함

차례

SUBJECT

01

물질의 물리·
화학적 성질

기출기반으로 정리한
압축이론

출제경향

새 출제기준에 따라 과목명이 일반화학에서 물질의 물리·화학적 성질로 변경되었으나 주요이론과 세부항목은 크게 바뀌지 않았습니다. 위 과목은 매회 시험마다 5~7문제 정도의 계산문제가 나오지만 나오는 공식이 많지 않고 해당되는 공식을 암기하면 충분히 풀 수 있는 수준의 문제가 나옵니다. 기초화학을 이해한 후 이론을 통해 물질의 특성과 공식을 암기한 후 기출문제를 반복해서 풀어보면 어렵지 않게 합격점을 받을 수 있습니다.

비전공자 공부방법

50점 이상을 목표로 공부하는 것이 좋습니다. 기초화학 무료특강을 듣고, 이론을 공부하는 것이 빠르게 내용을 이해할 수 있는 방법입니다. 빈출문제를 모아 둔 출제예상문제를 통해 이론을 복습하고, 기출문제를 반복해서 풀며 과락을 면할 수 있는 안정적인 점수를 만들어야 합니다.

화학 전공자 공부방법

80점 이상 고득점을 목표로 공부하는 것이 좋습니다. 기초화학 특강과 이론을 생략하고 출제예상문제와 기출문제를 풀어보며 부족한 문제만 부분적으로 이론을 찾아보면 시간을 아낄 수 있습니다.

기초화학

1 물질의 상태와 화학의 기본법칙

1. 물질의 상태와 변화

(1) 물질의 정의

① 일반적 정의: 질량과 부피를 갖고 공간을 차지하는 존재이다.

② 물리·화학적 정의: 원자나 분자의 집합체이다.

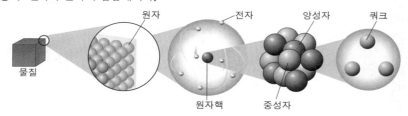

(2) 물질의 성질

① 물리적 성질: 물질의 고유 특성은 변화 없이 증발, 승화, 용융 등을 통하여 그 상태만 물리적으로 변화할 때 나타나는 성질이다. 예 밀도, 녹는점, 끓는점, 어는점, 용해도 등

　㉠ 밀도: 물질의 질량을 부피로 나눈 값으로 물질마다 고유한 값을 지니며, 단위는 g/mL, kg/m³ 등을 주로 사용한다. 같은 부피인 경우 밀도가 큰 물질일수록 질량이 크다.

$$물체의 \ 밀도 = \frac{질량}{부피}$$

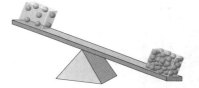

　㉡ 온도: 온도는 물리적으로는 열평형 상태를 나타내는 척도이며, 통계역학에서는 온도를 물질 내에 있는 원자 또는 분자의 평균운동에너지라고 정의하고 있다. 일반적으로 온도를 나타내는 단위는 섭씨온도($℃$), 화씨온도($℉$), 절대온도(K)의 세 가지가 있으며, 각 온도를 다른 온도로 환산하는 방법은 아래와 같다.

$$℃ = \frac{5}{9}(℉ - 32), \ ℉ = \frac{9}{5}(℃) + 32, \ K = ℃ + 273.15$$

　㉢ 끓는점

　　• 액체가 끓기 시작할 때의 온도를 말하며, 액체를 가열하여 끓는점에 도달하면 더 이상 가열해도 끓는점 이상의 온도로 올라가지 않으며 기화된다. 물질에 따라 다른 값을 가지며, 외기압의 증감에 따라 오르내리고, 일정한 외기압일 때는 액체 고유의 값을 갖는다.

　　• 물질 고유의 물리적 성질이며 외부 압력이 증가될 경우 증기압은 증가하며 감소될 경우 증기압도 감소한다. 일반적으로 1atm에서의 값을 말하며 액체의 증기압과 외부 압력이 같게 되는 온도로 정의한다.

　　• 물의 끓는점은 온도 눈금에서 정점(定點)의 하나로서, 100℃로 정해져 있다.

　　• 액체의 증기압과 외부 압력이 같게 되는 온도이다.

물의 끓는점을 높이는 방법

• 밀폐된 그릇에서 물을 끓인다.
• 소금을 넣는다.
• 외부 압력을 높인다.

  ㉣ 어는점
    • 물의 응고점으로 빙점(氷點)이라고도 한다.
    • 물이 얼기 시작하거나 얼음이 녹기 시작할 때의 온도로 엄밀하게는 1atm에서 포화액체인 물과 얼음 사이의 평형 온도로서 0°C, 32°F이다.
    • 손쉽게 얻어지며 정밀도도 높으므로 온도의 정점으로서 가장 많이 이용되고 있고, 상온보다 낮은 응고점(녹는점)을 가진 물질의 응고점을 가리킬 경우도 있다.
    • 고체상의 물질이 액체상과 평형에 있을 때의 온도이다.

② **화학적 성질**
  ㉠ 물질이 화학적 변화를 수반해야 알 수 있는 성질로 화학적 변화의 결과는 변화 전과 변화 후가 완전히 다르다.
  ㉡ 화합, 분해, 치환, 복분해 등의 변화과정이 있다.
  ㉢ 화학적 변화의 예: 발효

(3) 물질의 분류

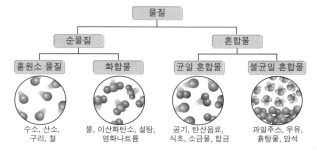

① **순물질**: 조성과 물리적, 화학적 성질이 일정한 물질이다.
  ㉠ 홑원소 물질: 한 종류의 원소로 이루어진 순물질이다. 같은 종류의 원소로 이루어진 홑원소 물질은 동소체라고도 한다. 예 한 개의 원자가 분자로 되어 있는 헬륨, 네온 등, 2개~3개의 원자가 결합하여 분자로 되어 있는 산소, 오존 등, 금속과 같은 원자가 모여 있는 금, 은, 다이아몬드 등
  ㉡ 화합물: 두 종류 이상의 화학원소가 결합하여 만들어진 순물질이다. 예 물(H_2O), 황산(H_2SO_4), 수산화나트륨($NaOH$) 등 대부분의 화학물질
② **혼합물**: 두 가지 이상의 순물질이 물리적으로 섞여 있는 물질이다. 또한 일정한 조성을 갖지도 않고, 혼합된 순물질 간에 화학반응으로 결합되지도 않는다.
  ㉠ 균일 혼합물: 혼합물을 구성하는 순물질이 혼합물 내 모든 영역에서 균일하게 섞여 있는 것이다. 예 탄산음료, 설탕물, 소금물, 공기
  ㉡ 불균일 혼합물: 혼합물에서 측정하는 부분에 따라 조성이 다른 혼합물을 뜻하며 용매에 용질이 잘 녹지 않는다면 대부분 불균일 혼합물이라 할 수 있다. 예 우유, 흙탕물, 화강암
③ **혼합물의 분리법**
  ㉠ 기체 혼합물
    • 액화 분리법: 비등점의 차를 이용하여 분리하는 방법이다. 예 액체 공기에서 질소 분리
    • 흡수법: 혼합기체를 흡수제에 통과시켜 성분을 분석하는 방법이다.
  ㉡ 액체 혼합물: 여과법(거름), 분액깔대기법, 증류법, 분류법(분별증류) 등의 방법이 있다.

© 고체 혼합물: 재결정법, 추출법, 승화법 등의 방법이 있다.

(4) 물질의 상태

① 기체

    ⊙ 몰: 원자, 분자, 이온과 같은 작은 입자를 다루기 위하여 만든 묶음 단위로서 1몰은 원자, 분자, 이온 등이 6.02×10^{23}개만큼 모인 집단을 말한다. 그리고 이 수를 아보가드로수라고 한다.

    ⓒ 원자량: 질량수가 12인 탄소원자(^{12}C)의 질량을 12로 정하여 기준으로 삼고, 탄소 원자의 질량과 비교한 다른 원자의 상대적 질량을 그 원소의 원자량으로 정한다.

    ⓒ 분자량: 분자를 구성하는 모든 원자의 원자량을 합한 분자의 상대적 질량을 말한다.

    ② 화학식량: 화학식량은 화학식을 구성하는 각 원소의 원자량의 합을 말하며 원자량, 분자량, 이온식량 등이 화학식량에 속한다.

    ⑩ 기체 1몰의 부피: 기체의 종류와 관계없이 모든 기체 1몰은 표준상태(0℃, 1atm)에서 22.4L의 부피를 차지한다. 따라서 기체의 몰수는 표준상태(0℃, 1atm)에서 기체의 부피를 22.4L로 나눈 값과 같다.

> **핵심 Point**   **기체의 분자량 측정**
>
> ① 몰 부피의 이용: 표준상태에서 기체 1몰의 부피가 22.4L이므로, 표준상태에서 어떤 기체 w(g)의 부피가 V(L)일 때 이 기체의 분자량(M)은 다음과 같이 구할 수 있다.
>
> $$V : w = 22.4 : M \Rightarrow M = \frac{w}{V} \times 22.4$$
>
> ② 기체의 밀도 이용
>   ⊙ 표준상태(0℃, 1atm)에서 기체의 밀도는 기체 1L에 해당하는 질량이므로, 기체의 밀도에 22.4를 곱하면 1몰에 해당하는 질량, 즉 분자량을 구할 수 있다.
>   ⓒ 아보가드로의 법칙 이용: 같은 온도, 압력에서 부피가 같은 두 기체는 같은 분자 수를 가지므로, 두 기체의 질량비는 분자 1개의 질량비 또는 분자량의 비와 같다. 따라서 한 기체의 분자량을 알면 두 기체의 질량비로부터 분자량을 구할 수 있다.

    ⑪ 기체와 관련된 법칙

      • 보일의 법칙

        – 일정한 온도에서 일정량의 기체의 부피는 압력에 반비례한다. 이것을 보일의 법칙이라고 하며, 기체의 부피(V)와 압력(P)의 관계는 다음과 같다.

$$PV = k \, (k는 \ 상수)$$

        – 기체의 양과 온도가 일정한 상태에서 압력이 P_1일 때의 부피를 V_1이라고 하고, 압력이 P_2일 때의 부피를 V_2라고 하면 이들 사이에는 다음과 같은 관계가 성립한다.

$$P_1V_1 = P_2V_2$$

      • 샤를의 법칙

        – 일정한 압력에서 일정량의 기체의 부피는 절대온도에 비례한다. 이것을 샤를의 법칙이라고 하며, 부피(V)와 절대온도(T)와의 관계는 다음과 같다.

$$V = kT, \ \frac{V}{T} = k \ (k는 \ 상수)$$

- 기체의 양과 압력이 일정한 상태에서 절대온도가 T_1일 때의 부피를 V_1이라고 하고, 절대온도가 T_2일 때의 부피를 V_2라고 하면 이들 사이에는 다음과 같은 관계가 성립한다.

$$\frac{V_1}{T_1}=\frac{V_2}{T_2}=k$$

• 보일 – 샤를의 법칙
  - 일정량의 기체의 부피는 압력에 반비례하고, 절대온도에 비례한다. 이러한 관계를 식으로 나타내면 다음과 같다.

$$V=\frac{kT}{P},\ \frac{PV}{T}=k\ (k는\ 상수)$$

  - 압력이 P_1이고 절대온도가 T_1일 때 부피가 V_1인 일정량의 기체가 압력이 P_2, 절대온도가 T_2로 변화했을 때 부피가 V_2이었다면, 이들 사이에는 다음과 같은 관계가 성립한다.

$$\frac{P_1 V_1}{T_1}=\frac{P_2 V_2}{T_2}=k$$

핵심 Point   **이상기체란?**

이상기체법칙을 따르는 기체로 구성 분자들이 모두 동일하며 분자의 부피가 0이고, 분자 간 상호작용이 없는 가상적인 기체이다. 실제의 기체들은 충분히 낮은 압력과 높은 온도에서 이상기체와 거의 유사한 성질을 나타낸다.

① 기체상수(R): 보일 – 샤를의 법칙 $\frac{PV}{T}=k$(k는 상수)에서 상수 k를 구하려면, 일정한 온도와 압력 조건에서 일정량의 기체가 차지하는 부피를 알아야 한다. 아보가드로의 법칙에 의하면 표준상태(0℃, 1atm)에서 기체 1몰의 부피는 22.4L이므로 k값은 다음과 같다.

$$\frac{PV}{T}=k=\frac{1atm\times22.4L/mol}{273K}=0.082atm\cdot L/mol\cdot K=R$$

② 이상기체 상태 방정식: 기체상수 R은 1몰인 경우의 값이므로, n몰의 경우는 $k=nR$이 된다. 따라서 n몰의 기체에 대해서 다음의 관계가 성립한다.

$$\frac{PV}{T}=nR,\ PV=nRT$$

③ 기체의 분자량 결정(중요): 분자량이 M인 어떤 기체 w(g)의 몰수는 $\frac{w}{M}$몰이므로, 이상기체 상태 방정식을 이용하여 기체의 분자량을 구할 수 있다.

$$PV=nRT=\frac{w}{M}RT \Rightarrow M=\frac{wRT}{PV}=\frac{dRT}{P}(기체의\ 밀도\ d=\frac{w}{V})$$

△ 기체의 확산
- 의미: 멀리 떨어져 있는 사람의 향수 냄새를 맡거나, 먼 산에 핀 꽃 향기를 맡을 수 있는 것은 기체 분자가 계속해서 빠르고 불규칙적인 운동을 하며 퍼져 나가기 때문이다. 이와 같이 기체 분자가 다른 기체 속으로 퍼져 나가는 현상을 기체의 확산이라고 한다.
- 그레이엄의 확산 속도의 법칙: 1829년 영국의 그레이엄은 '기체 분자의 확산이나 분출 속도는 일정 온도와 압력 조건에서 분자량의 제곱근에 반비례한다.'는 사실을 발견하였다.

$$\frac{v_1}{v_2} = \sqrt{\frac{d_2}{d_1}} = \sqrt{\frac{M_2}{M_1}}$$

여기서, v_1, v_2: 기체의 확산 속도, d_1, d_2: 기체의 밀도, M_1, M_2: 기체의 분자량

② 액체의 일반적 특성: 기체 상태에서는 분자 간의 인력이 약해서 분자들이 서로 먼 거리를 유지한다. 그러나 액체 상태에서는 기체 상태보다 분자 간의 인력이 훨씬 크고, 분자들 사이의 거리가 가깝다.
ㄱ 압력을 가해도 분자 간 거리가 별로 가까워지지 않으므로 압축이 잘 안 된다.
ㄴ 일정량의 액체의 부피는 일정하고 모양은 담긴 그릇의 모양이 된다.
ㄷ 액체 분자는 한 자리에 고정되어 있지 않고 유동성이 있다.
③ 고체의 일반적 특성: 액체 상태의 물질을 냉각시키면 액체를 구성하는 분자 간의 운동이 점점 느려지다가, 어느 일정한 온도에 이르면 규칙적인 배열을 이루어 고정된 위치에서 진동 운동만을 하는 고체 상태로 변화한다.
ㄱ 고정된 위치에서 진동운동만 한다.
ㄴ 유동성이 없고 일정한 모양과 부피를 가진다.

(5) 물질의 상변화
① 상변화
ㄱ 융해: 고체가 액체로 되는 변화
ㄴ 응고: 액체가 고체로 되는 변화
ㄷ 기화: 액체가 기체로 되는 변화
ㄹ 액화: 기체가 액체로 되는 변화
ㅁ 승화: 고체가 기체로 되는 변화 또는 기체가 고체로 되는 변화

▲ 상태 변화에 따른 분자 모형

② 현열과 잠열
ㄱ 현열: 물질의 상태는 변하지 않고 온도의 변화가 생길 때 방출하거나 흡수하는 열이다.
  ※ 비열: 물질 1g을 온도 1℃만큼 상승시키는 데 필요한 열량을 말하며, cal/g 또는 joule/g의 단위로 나타낸다. 액체의 비열이 고체의 비열보다 크고 비열이 클수록 온도 변화가 작다.
ㄴ 잠열: 어떤 물체가 온도의 변화 없이 상태가 변할 때 방출하거나 흡수하는 열이다.
- 잠열의 종류: 기화열(액체 → 기체), 액화열(기체 → 액체), 융해열(고체 → 액체), 응고열(액체 → 고체), 승화열(고체 ↔ 기체)
- 잠열의 이용: 수증기가 액화할 때 방출하는 잠열은 증기난방에 이용되고, 냉매가 기화할 때 흡수하는 잠열은 냉장고의 냉각 현상에 이용된다.

③ 물의 상변화

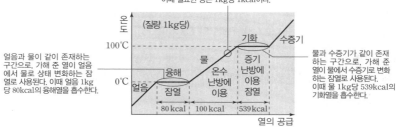

물의 상변화 에너지 및 비열	질량 단위	몰수 단위
얼음의 융해열(잠열)	80cal/g	1,440cal/mol
물의 기화열(잠열)	539cal/g	9,702cal/mol
물의 비열	1cal/g · ℃	18cal/mol · ℃
얼음의 비열	0.5cal/g · ℃	9cal/mol · ℃
수증기의 비열	0.47∼0.5cal/g · ℃	8.46∼9cal/mol · ℃

④ 상평형: 일반적으로 물질의 세 가지 상태(기체, 액체, 고체)는 온도와 압력 조건에 따라 두 가지 이상의 상태가 평형을 이룰 수 있는데 한 물질의 여러 상들이 동적 평형을 이루고 있는 상태를 상평형 상태라고 한다.

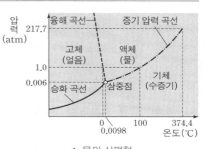

▲ 물의 상평형

ⓘ 삼중점: 기체, 액체, 고체의 3가지 상이 동시에 존재하는 점

ⓛ 임계온도: 압력을 높여 기체상태의 물질을 액화시킬 수 있는 가장 높은 온도

ⓒ 임계압력: 임계온도에서 기체를 액화하는 데 가해야 할 최소한의 압력

ⓔ 표준상태: 0℃, 1atm에서의 상태

2. 화학의 기초법칙

(1) 질량보존의 법칙

화학반응의 전후에서 반응물질의 질량의 합과 생성물질의 질량의 합은 같다.

$2H_2 + O_2 \rightarrow 2H_2O$

$(4g) + (32g) = (36g)$

※ 핵반응에서는 질량의 일부가 에너지로 변화되므로 질량보존의 법칙은 화학반응에서만 성립된다.

(2) 일정 성분비의 법칙

화합물을 구성하는 각 성분원소의 질량의 비는 일정하다는 법칙으로 정비례의 법칙이라고도 한다. 예를 들면, 물을 구성하고 있는 수소와 산소의 질량의 비는 수소 : 산소=11.19 : 88.81≒1 : 8이고 그 비는 항상 변하지 않는다.

$C + O_2 \rightarrow CO_2$
질량비 = (12g) : (32g)

질량비=3 : 8의 비율로 일정한 비가 성립된다는 법칙이다.

(3) 배수비례의 법칙

두 종류의 원소가 화합하여 2종 이상의 화합물을 만들 때, 한 원소의 일정량과 결합하는 다른 원소의 질량비는 항상 간단한 정수비(整數比)가 성립된다는 법칙이다.

예 CO와 CO_2(1 : 2), SO_2와 SO_3(2 : 3), $FeCl_2$와 $FeCl_3$(2 : 3) 등

(4) 기체반응의 법칙

화학반응에서 반응물질과 생성물질이 기체일 때, 같은 온도와 압력에서는 이들 기체의 부피 사이에 간단한 정수비가 성립한다는 법칙이다.

$$2H_2 \quad + \quad O_2 \quad \rightarrow \quad 2H_2O$$
(2부피)　　　(1부피)　　　(2부피)

화학반응식에서 계수의 비＝몰수의 비＝부피의 비(기체)

(5) 아보가드로의 법칙

① 기체는 그 종류에 관계없이 같은 온도, 같은 압력, 같은 부피 속에서는 같은 수의 분자를 포함한다는 법칙이다.

② 모든 기체 $1mol = 22.4L(0^\circ C, \ 1atm) = 6.02 \times 10^{23}$개

(6) 돌턴(Dalton)의 부분압력의 법칙

(이상)기체의 혼합물에 가해진 총 압력은 기체 혼합물 내의 각각의 기체의 부분압력의 합과 같다.

$$P_{total} = p_1 + p_2 + p_3 + \cdots + p_n$$

(7) 화학반응식[물질의 변화를 화학식(분자식)으로 표시한 식]

① 반응식 만들기

㉠ 반응물과 생성물을 안다.

㉡ 각 물질의 화학식을 안다.

㉢ 반응물을 왼쪽에, 생성물을 오른쪽에 → 로 연결한다.

㉣ 반응물과 생성물의 원자 수가 같도록 계수를 맞춘다.(가장 간단한 정수 비)

수소의 연소 반응
수소＋산소 → 물
수소＝H_2, 산소＝O_2, 물＝H_2O
$H_2 + O_2 \rightarrow H_2O$
$2H_2 + O_2 \rightarrow 2H_2O$

② 반응식 계수 맞추는 법

㉠ 목찰법(目察法): 간단한 반응식의 경우 암산한다.

예 $aN_2 + bH_2 \rightarrow cNH_3 \Rightarrow N_2 + 3H_2 \rightarrow 2NH_3$

㉡ 미정 계수법

$aCu + bHNO_3 \rightarrow xCu(NO_3)_2 + yNO + zH_2O$
1. 각 원자 수를 고찰
　　Cu원자: $a = x$ ⋯⋯⋯⋯⋯⋯⋯⋯⋯⋯⋯⋯⋯⋯⋯⋯⋯⋯⋯⋯⋯⋯⋯⋯⋯⋯⋯⋯⋯⋯⋯ ①
　　H원자: $b = 2z$ ⋯⋯⋯⋯⋯⋯⋯⋯⋯⋯⋯⋯⋯⋯⋯⋯⋯⋯⋯⋯⋯⋯⋯⋯⋯⋯⋯⋯⋯⋯⋯ ②
　　N원자: $b = 2x + y$ ⋯⋯⋯⋯⋯⋯⋯⋯⋯⋯⋯⋯⋯⋯⋯⋯⋯⋯⋯⋯⋯⋯⋯⋯⋯⋯⋯⋯⋯ ③
　　O원자: $3b = 6x + y + z$ ⋯⋯⋯⋯⋯⋯⋯⋯⋯⋯⋯⋯⋯⋯⋯⋯⋯⋯⋯⋯⋯⋯⋯⋯⋯⋯ ④
2. ④－③×3을 하면 ⇨ $z = 2y$ ⋯⋯⋯⋯⋯⋯⋯⋯⋯⋯⋯⋯⋯⋯⋯⋯⋯⋯⋯⋯⋯⋯⋯⋯ ⑤

3. $b=1$이라 하고 ⑥
   ②에 대입하면, $z=1/2$ ⑦
   ⑦을 ⑤에 대입하면, $y=1/4$ ⑧
   ⑥, ⑧을 ③에 대입하면, $1=2x+1/4$, $x=3/8$
   따라서 $a=3/8$
4. 정리하면 ; $a=3/8$, $b=1$, $x=3/8$, $y=1/4$, $z=1/2$
   각항×8을 하면 ; $a=3$, $b=8$, $x=3$, $y=2$, $z=4$
5. $3Cu+8HNO_3 \rightarrow 3Cu(NO_3)_2+2NO+4H_2O$

2 원자의 구조와 원소의 주기율

1. 원자의 구조

일반적으로 하나의 원자는 전자, 양성자, 중성자로 구성되어 있는데, 전자와 양성자는 그 수가 같으며 원자번호와 동일하다. 원자핵은 그 안에 들어 있는 양성자 수만큼의 양전하를 띠고 있다. 또한, 원자핵 주위에는 (−)전하를 띠는 전자가 양성자 수만큼 분포되어 있다. 따라서 중성원자가 전자를 잃으면 양이온이 되고 전자를 얻으면 음이온이 된다.

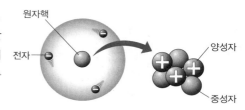

(1) 원자량

원자의 상대적인 질량이다. 질량수 12의 탄소 원자 ^{12}C의 질량을 12.00으로 정하여 이를 표준으로 하여, 이것과의 비율에 따라 나타낸 각 원자의 질량이다.

(2) 원자번호

원자핵이 가지고 있는 양성자의 수로서 원자의 종류에 따라 고유의 값을 가지므로, 어떤 원소의 원자번호를 알면 그 원소의 성질을 알 수 있다. 또한 원자는 전기적으로 중성이며 따라서 다음과 같은 관계가 성립한다.

원자번호＝양성자 수＝중성원자의 전자 수

(3) 질량수

원자핵 속에 있는 양성자 수와 중성자 수를 합한 것이다. 질량수는 원자핵의 질량에 비례하므로 원자의 질량과도 거의 비례한다. 따라서 편의상 원자량을 질량수로 쓰기도 하는데, 정확히 나타내면 원자량과 질량수는 서로 다른 값이다.

질량수＝양성자 수＋중성자 수

(4) 중성자 수

중성자 수란 원자 내에 존재하는 중성자의 수이다. 대개 중성자의 수는 양성자와 같지만 다른 경우가 존재하는데 이때 각각의 원소를 동위원소라 한다. 원자의 질량에서 양성자의 수를 빼면 중성자 수를 구할 수 있으며 화학기호의 오른쪽 아래에 그 수를 적어서 중성자 수를 나타낼 수 있다.

(5) 동소체

동소체는 한 종류의 원소로 이루어졌으나 그 성질이 다른 물질로 존재할 때 이 여러 형태를 부르는 이름으로, 원소 하나가 여러 다른 방식으로 결합되어 있다. 예 탄소−다이아몬드−흑연−그래핀, 적린−황린, 산소−오존

(6) 원자 모형과 전자 배치

① **오비탈**: 전자껍질을 이루는 에너지 상태들로서 각 에너지 준위에서 전자가 원자핵 주위에 어떤 공간을 차지하는가를 나타내는 함수나 이 함수의 공간적인 모양을 오비탈 또는 궤도 함수라고 한다. 오비탈 모형을 사용해서 원자핵 주위의 전자를 나타내면 마치 구름 모양으로 퍼져 보이므로, 전자 구름 모형이라고도 한다.

② **오비탈 모형**: 원자핵 주위에 전자가 존재할 확률을 점밀도로 나타내는 것은 불편하므로 전자를 발견할 확률이 90% 이상인 등확률면으로 오비탈을 표시하는데, 이것을 경계면 그림이라고 한다.

▲ 전자가 발견될 확률 밀도를 점을 사용해서 나타냄

③ **양자수에 의한 오비탈의 종류**: 같은 전자껍질이라도 전자가 가질 수 있는 에너지 상태는 여러 가지가 있을 수 있다는 것을 뜻한다. 원자 내에 존재하는 에너지 상태는 다음과 같은 4가지 양자수에 의해 결정된다.

ㄱ **주양자수(n)**: 전자의 에너지 준위를 나타내며, n값이 커질수록 에너지 준위가 높아진다. 예 n=1, 2, 3, 4,…에 대응하는 전자껍질은 K, L, M, N,…이다.

ㄴ **방위 양자수(l)**: 전자 부껍질로 부양자 수라고도 하며, 오비탈의 모양을 결정한다. 주양자수가 n일 때 방위 양자수는 l=0, 1, 2, 3…, (n−1) 값을 가지며 이에 대응하는 오비탈의 기호는 s, p, d, f, …이다.
- n=1(K 전자껍질) ⇨ l=0 ⇨ s
- n=2(L 전자껍질) ⇨ l=0, 1 ⇨ s, p
- n=3(M 전자껍질) ⇨ l=0, 1, 2 ⇨ s, p, d

고득점 Point   혼성궤도함수

어떤 원자의 원자궤도함수가 섞여 혼성궤도함수(Hybrid orbital)라고 하는 1쌍의 새로운 원자궤도함수를 만드는 것이다.
① 메탄계 탄화수소＝알칸족(Alkane)＝파라핀계 탄화수소＝궤도함수는 sp^3 혼성결합
② 에틸렌계 탄화수소＝알켄족(Alkene)＝올레핀계 탄화수소＝궤도함수는 sp^2 혼성결합
③ 아세틸렌계 탄화수소＝알킨족(Alkyne) 탄화수소＝궤도함수는 sp 혼성결합이다.

혼성 오비탈	sp	sp^2	sp^3
분자의 예	$BeCl_2$, BeF_2	BF_3, SO_3	CH_4, NH_3, H_2O, NH_4^+
분자 형태	180°	120°	109.5°(CH_4)

ㄷ **자기 양자수(m)**: 원자는 자기 양자수 m에 의해 그 에너지 준위가 다시 나누어진다. m은 전자구름의 방향과 궤도면의 위치를 결정하는 값으로서 방위 양자수 l에 대하여 $-l$부터 $+l$까지의 정수 값을 가진다.

ㄹ **스핀 양자수(s)**: 자전하고 있는 전자의 자전 에너지를 결정하는 것으로서 $+\frac{1}{2}$과 $-\frac{1}{2}$의 두 가지가 존재한다. 스핀 양자수 s는 n, l, m에 관계없이 어떤 축을 도는 전자의 회전 방향에 따라 정해진다.

④ **원자의 전자 배치**

ㄱ 다전자 원자의 에너지 준위

$$1s<2s<2p<3s<3p<4s<3d<4p<5s<4d<5p< \cdots$$

ㄴ **다전자 원자의 전자 배치**: 전자는 에너지 준위가 가장 낮은 오비탈부터 점차 높은 오비탈로 채워진다.

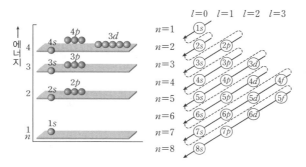

※ 낮은 에너지 상태의 오비탈부터 전자가 채워지는 원리를 아우프바우 원리(쌓음의 원리)라고 한다.

ⓒ 파울리의 배타 원리
- 하나의 오비탈에는 최대 2개의 전자가 채워질 수 있으며, 두 전자의 스핀 방향(화살표 방향)은 서로 달라야한다.
- 같은 궤도 함수 내의 두 개의 전자는 같은 스핀을 가질 수 없다.

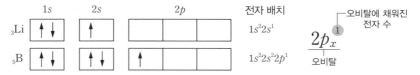

ⓓ 훈트의 규칙: 에너지 준위가 같은 몇 개의 오비탈에 전자가 채워질 때 먼저 각 오비탈에 전자가 한 개씩 채워진 후, 다음 단계로 스핀 방향이 반대인 전자가 차례로 쌍을 이루어 채워진다. 이는 짝짓지 않은 전자가 많을수록 전자 간의 반발력이 작아서 안정하기 때문이다.

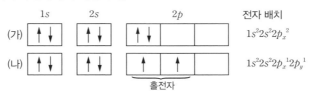

ⓔ 쌓음 원리: 바닥 상태인 원자의 전자 배치는 에너지가 낮은 오비탈부터 순서대로 전자를 채워 나간다.

원자	K	L		전자 배치
	1s	2s	2p	
$_6C$	↑↓	↑↓	↑ ↑	$1s^22s^22p^2$
$_7N$	↑↓	↑↓	↑ ↑ ↑	$1s^22s^22p^3$
$_8O$	↑↓	↑↓	↑↓ ↑ ↑	$1s^22s^22p^4$
$_9F$	↑↓	↑↓	↑↓ ↑↓ ↑	$1s^22s^22p^5$
$_{10}Ne$	↑↓	↑↓	↑↓ ↑↓ ↑↓	$1s^22s^22p^6$

이온	K	L		전자 배치
	1s	2s	2p	
O^{2-}	↑↓	↑↓	↑↓ ↑↓ ↑↓	$1s^22s^22p^6$
F^-	↑↓	↑↓	↑↓ ↑↓ ↑↓	$1s^22s^22p^6$

⑤ **이온의 전자 배치**: 원자는 가장 바깥 전자껍질에 8개의 전자가 채워져 있을 때 안정하다.(1주기는 2개) 따라서 원자가 전자를 잃거나 얻어 이온이 될 때 가장 바깥 전자껍질에 전자가 8개(1주기는 2개) 채워지는 형태로 된다. 또한 전자를 얻을 때는 전자가 채워지지 않은 오비탈 중 가장 에너지가 낮은 오비탈에 채워지며, 전자를 잃을 때는 에너지가 가장 높은 오비탈의 전자를 잃는다.

원소	양이온 생성		음이온 생성	
	Na	Na⁺	F	F⁻
모형				
전자배치	$1s^2 2s^2 2p^6 3s^1$ K(2)L(8)M(1)	$1s^2 2s^2 2p^6$ K(2)L(8)	$1s^2 2s^2 2p^5$ K(2)L(7)	$1s^2 2s^2 2p^6$ K(2)L(8)
요령	에너지가 가장 높은 오비탈의 전자를 잃는다. → 최외각 전자를 모두 버린다.		전자가 채워지지 않은 오비탈 중 가장 에너지가 낮은 오비탈에 전자가 들어간다. → 최외각 전자를 모두 채운다.	

2. 원소의 주기율표

원자핵의 양성자 수를 기준으로 원소를 차례대로 나열했을 때 성질이 비슷한 원소가 일정한 간격을 두고 주기적으로 나타는 것을 원소의 주기율이라고 하며, 주기율에 따른 원소를 배열한 표를 주기율표라고 한다.

(1) 주기(Period)

주기율표의 가로줄로서, 1주기에서 7주기까지 있다.
① 같은 주기 원소들은 모두 같은 수의 전자껍질을 갖는다.
② 1~3주기를 단주기, 4~7주기를 장주기라고 한다.

(2) 족(group)

주기율표의 세로줄로서, 1족에서 18족까지 있다. 같은 족 원소들은 제일 바깥의 전자 궤도에 들어 있는 전자의 수가 같아 화학적 성질이 서로 비슷한데, 이를 동족 원소라고 한다.

(3) 원소의 분류

① **금속 원소와 비금속 원소**: 금속 원소는 전자를 잃고 양이온이 잘 되는 금속성이 강한 원소이고, 비금속 원소는 전자를 얻어 음이온이 잘 되는 비금속성이 강한 원소이다.

② **전이원소와 전형원소**: 전이원소는 주기율표의 3족~12족의 금속 원소를 말하고 전형원소는 18족까지의 원소 중 전이원소를 제외한 1~2족, 13~18족 원소를 말한다. 전이금속은 금속결합으로 인해 전기전도성과 높은 밀도를 보이며 녹는점과 끓는점 또한 높다.

(4) 전자 배치와 주기율

① **같은 족 원소의 전자 배치**: 같은 족에 속하는 원소들의 원자가전자수는 모두 같고, 최외각 전자껍질을 채우는 전자 배치도 동일하다.

1족(알칼리 금속)의 전자 배치	17족(할로젠(할로겐) 원소)의 전자 배치
$_3Li \Rightarrow 1s^2 2s^1$	$_9F \Rightarrow 1s^2 2s^2 2p^5$
$_{11}Na \Rightarrow 1s^2 2s^2 2p^6 3s^1$	$_{17}Cl \Rightarrow 1s^2 2s^2 2p^6 3s^2 3p^5$

② **옥텟상태**: 18족에 속하는 비활성 기체는 헬륨을 제외하고는 모두 $ns^2 np^6$의 최외각 전자 배치(최외각 전자의 수가 8개)를 가진다. 이와 같이 가장 바깥 전자껍질의 s 및 p 오비탈이 완전히 채워진 안정한 상태를 옥텟상태라고 한다. 예 $_2He \Rightarrow 1s^2$, $_{18}Ar \Rightarrow 1s^2 2s^2 2p^6 3s^2 3p^6$

> **고득점 Point** **준금속 원소**
>
> 금속과 비금속의 중간적 성질을 보이는 원소로 주기율표에서 B, Si, Ge, As, Sb, Te, Po, At 등이 준금속 원소이다.

(5) 원소의 주기적 성질

① **원자 반지름**

㉠ 전자가 핵 주위에 전자구름 모양으로 퍼져 있으므로 원자의 명확한 경계를 정할 수가 없다. 따라서 같은 원자로 이루어진 이원자 분자나 기체 분자에서 인접한 두 원자핵 사이의 거리를 측정한 후, 이 값을 2로 나누어 원자 반지름을 구한다.

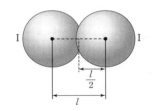

▲ 아이오딘(요오드) 원자의 반지름

㉡ 아이오딘(요오드) 분자(I_2)에서 l은 두 핵 사이의 거리이며, $\dfrac{l}{2}$이 아이오딘(요오드) 원자(I)의 반지름이다.

㉢ 주기율표 기준의 원자 반지름

  • 같은 주기: 1족 원소가 가장 크고, 원자번호가 증가함에 따라 원자 반지름이 점점 작아진다.

  • 같은 족: 원자번호가 증가할수록, 원자 반지름이 커진다.

  ※ 가리움 효과: 바깥 전자껍질의 안쪽에 전자들이 많이 들어갈수록, 이 전자들이 핵의 (+)전하를 가린다. 따라서 핵과 바깥 전자껍질 사이의 인력을 감소시키는 효과를 가져오므로 원자 반지름이 커지게 된다.

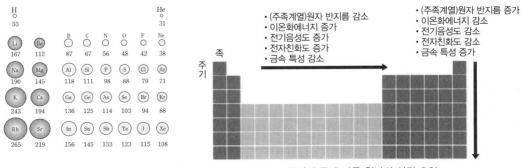

▲ 주기율표 기준 원자 반지름 비교(단위: pm)　　　▲ 주기와 족에 따른 원자의 성질 요약

② 이온 반지름

  ㉠ 이온 반지름의 주기성: 같은 족에 속하는 원소의 이온은 원자
   번호가 증가할수록 전자껍질 수가 많아지므로 그 이온 반지름
   도 커진다. 같은 주기에 속하는 원소의 경우, 이온의 전하 종류
   가 같을 때는 원자번호가 증가할수록 이온 반지름이 작아진다.

  ㉡ 양이온과 음이온의 반지름

   • 양이온: 금속 원소가 전자를 잃고 양이온으로 될 때, 원자가
    전자가 떨어져 나가 전자껍질 수가 감소하므로 양이온의 반
    지름은 원래의 원자보다 작다.

   • 음이온: 비금속 원소가 외부에서 전자를 얻어 음이온이 될
    때, 핵의 전하는 변하지 않고 최외각 전자수가 많아지므로
    전자 사이의 반발력에 의해 음이온의 반지름은 원래의 원자
    보다 크다.

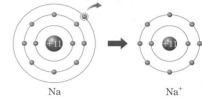

③ 이온화에너지

  ㉠ 기체 상태의 중성 원자 1몰에서 원자가 전자 1몰을 떼어 내어 기체 상태의 양이온 1몰을 만드는 데 필요한 에
   너지 또는 바닥 상태에 있는 원자로부터 전자를 제거하는 데 필요한 에너지이다.

$$M(g)+E \rightarrow M^+(g)+e^-\ (E: 이온화에너지)$$

  ㉡ 이온화에너지의 주기적 변화: 같은 족에서는 원자번호가 증가함에 따라 이온화에너지가 감소하고 같은 주기에
   서는 원자번호가 증가함에 따라 이온화에너지가 증가한다.

④ 전자친화도

  ㉠ 개념: 기체 상태의 중성 원자 1몰이 전자 1몰을 받아들여 음이온으로 될 때 방출 또는 흡수하는 에너지이다.

  ㉡ 친화도의 주기적 변화: 같은 족에서는 원자번호가 증가함에 따라 전자친화도가 감소하고 같은 주기에서는 원
   자번호가 증가함에 따라 전자친화도가 증가한다.

3 산, 염기

1. 산과 염기

(1) 산과 염기의 정의

① 아레니우스의 산과 염기(1887)

  ㉠ 산: 물에 녹아 이온화하여 H^+를 내는 물질이다.

  ㉡ 염기: 물에 녹아 이온화하여 OH^-를 내는 물질이다.

② 브뢴스테드－로우리의 산과 염기(1923)

  ㉠ 산: 양성자(H^+)를 내어 놓는 분자나 이온이다.(양성자 주개)

  ㉡ 염기: 양성자(H^+)를 받아들이는 분자나 이온이다.(양성자 받개)

  ㉢ 다음 반응에서 HCl는 H^+를 NH_3에게 주었으므로 브뢴스테드의 산이고, NH_3는 H^+를 받았으므로 브뢴스테드
   의 염기이다.

$$NH_3+HCl \rightleftharpoons NH_4^+ +Cl^-$$

ⓒ 양쪽성 물질

  - 반응에 따라 산 또는 염기로 작용할 수 있는 물질로 H^+를 주기도 하고 받기도 한다.
  - 양쪽성 물질에는 H_2O, HS^-, HCO_3^-, HSO_4^-, $H_2PO_4^-$ 등이 있다.
  - 다음 두 반응에서 H_2O은 CH_3COOH과 반응할 때는 염기로 작용하고, NH_3와 반응할 때는 산으로 작용하므로 양쪽성 물질이다.

$$CH_3COOH + H_2O \rightleftharpoons CH_3COO^- + H_3O^+$$
$$NH_3 + H_2O \rightleftharpoons NH_4^+ + OH^-$$

③ 산과 염기의 일반적 성질

산의 성질	염기의 성질
ⓐ 수용액은 신맛을 가진다. ⓑ 수용액은 푸른색 리트머스 종이를 붉은색으로 변화시킨다. ⓒ 많은 금속과 작용하여 수소(H_2)를 발생한다. ⓓ 염기와 작용하여 염과 물을 만든다. ⓔ 수용액에서 H^+를 내 놓는다. ⓕ 전해질이다.	ⓐ 수용액은 쓴맛이 있고, 미끈미끈하다. ⓑ 수용액은 붉은 리트머스 종이를 푸르게 변화시킨다. ⓒ 산과 만나면 산의 수소 이온(H^+)의 성질을 해소시킨다. ⓓ 염기 중 물에 녹아서 OH^-를 내는 것을 알칼리라 한다.

(2) 산과 염기의 세기

아레니우스에 의하면 산이나 염기가 많이 이온화 되어 수용액 속에 H^+나 OH^-가 많이 존재할수록 산성이나 염기성이 강하다. 브뢴스테드–로우리에 의하면 양성자(H^+)를 주고 받는 경향이 클수록 산과 염기의 세기가 크다.

① 전리도(=해리도, 이온화도)

  ⓐ 전해질을 물에 녹였을 때 용해된 용질의 전체 몰수에 대한 이온화된 용질의 몰수의 비를 말하며 농도가 묽고 온도가 높을수록 커진다.

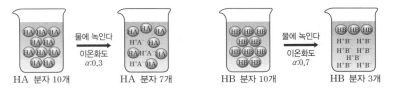

  ⓑ 전리도를 계산하는 공식은 다음과 같다.

$$\alpha = \frac{\text{이온화된 산 또는 염기의 몰수}}{\text{용해된 산 또는 염기의 전체 몰수}} = \sqrt{\frac{K_a}{c}}$$

여기서, α: 전리도, K_a: 전리상수, c: 용해된 용질의 초기 mol 농도

② 이온화도와 산과 염기의 세기: 전해질인 산과 염기가 이온화되는 정도에 따라 산과 염기의 세기가 달라진다.(이온화도가 클수록 산(염기)의 세기가 세짐)

③ 강산과 약산

  ⓐ 강산: 과염소산($HClO_4$), 질산(HNO_3), 황산(H_2SO_4), 염산(HCl), 아이오딘화(요오드화)수소산(HI)
  ⓑ 약산: 초산(아세트산, CH_3COOH), 탄산(H_2CO_3), 황화수소(H_2S)

2. 염

염(鹽, salt)은 산의 음이온과 염기의 양이온이 정전기적 인력으로 결합하고 있는 이온성 물질인 화합물을 말한다. 주로 중성을 띠는 물질이 많으나, 산이나 염기를 띠는 물질도 있다. 흔히 염화나트륨을 주성분으로 하는 소금 결정도 염에 해당한다.

(1) 산화물

  ① 산성 산화물(비금속산화물): 비금속의 산화물로 물과 반응하여 산성 용액을 만들고 염기와 반응하여 염을 만드는 산화물이다. ⑩ CO_2, SO_2, NO_2, SiO_2, P_2O_5 등

  ② 염기성 산화물(금속산화물): Na_2O, CaO, BaO, MgO 등

  ③ 양쪽성 산화물: ZnO, PbO, Al_2O_3 등

(2) **염의 종류**

명칭	구조의 특색	예
산성염	산의 수소 일부가 금속으로 치환된 염	$NaHSO_4$, $KHCO_3$, $NaHCO_3$, NaH_2PO_4, Na_2HPO_4, $Ca(HCO_3)_2$
염기성염	염기의 수산기 일부가 산기로 치환된 염	$Mg(OH)Cl$, $Cu(OH)Cl$
중성염(정염)	산의 수소 전부가 금속으로 치환된 염	$HCl \rightarrow NaCl$, NH_4Cl, $CaCl_2$ $H_2SO_4 \rightarrow (NH_4)_2SO_4$, $CaSO_4$, $Al_2(SO_4)_3$
착염(착화합물)	염의 수용액 중에서 이온과 분자 또는 이온이 결합하여 새로운 이온으로 생성된 염	$Ag(NH_3)_2 \cdot Cl$, $Cu(NH_3)_4SO_4$, $KAg(CN)_2$, $K_4Fe(CN)_6$

3. 수소 이온 농도

(1) **수소 이온 농도와 pH**

  수소 이온(H^+)은 산성을 나타내는 이온으로, 용액 속에 들어 있는 수소 이온의 농도는 용액의 액성을 결정한다. pH는 용액 속에 들어 있는 H^+의 농도를 간단하게 농도의 지수로 나타내는 편리한 방법이다.

(2) **수소 이온 지수(pH)**

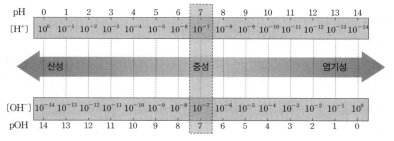

  수용액의 액성은 수용액 속의 H^+의 농도나 OH^-의 농도에 의해 결정된다. pH는 수용액 속의 수소 이온 농도를 간단히 표시하기 위하여 만든 새로운 척도로서, pH를 이용하면 용액의 액성을 간편하게 표시할 수 있다. pH는 수소 이온 농도[H^+]의 역수의 상용로그 값이며, pH값이 작을수록 강한 산성을 나타낸다.

$$pH = \log \frac{1}{[H^+]} = -\log[H^+]$$

  마찬가지로, 용액의 pOH(수산화 이온 지수)는 수산화 이온 농도[OH^-]의 역수의 상용로그 값으로 나타낼 수 있다.

$$pOH = \log \frac{1}{[OH^-]} = -\log[OH^-]$$

※ 25℃의 모든 수용액에서 항상 pH+pOH=14이다.

(3) **pH의 측정**

  지시약이나 pH 시험지 혹은 pH 미터를 사용한다.

① 지시약

ᄀ 지시약은 수용액의 pH에 따라 색이 변하는 유기화합물이다.

ᄂ 지시약의 색이 변하는 pH의 범위를 변색범위라고 하는데, 변색범위는 보통 pH2 정도의 범위를 차지한다. 이것은 2 정도의 차이가 있어야 육안으로 구별이 가능하기 때문이다.

ᄃ 변색범위의 색깔은 양쪽 색의 중간색이다.

지시약	산성(중성)알칼리성	변색범위	중화 적정
리트머스시험지	적색(보라) 청색	5~10	사용하지 않음
페놀프탈레인(P.P)	무색(무색) 적색	8.3~10.0	약산, 강염기의 적정
메틸오렌지(M.O)	적색(황색) 황색	3.1~4.4	강산, 약염기의 적정
메틸레드(M.R)	적색(주황) 황색	4.2~6.3	강산, 약염기의 적정

② pH 시험지: 용액에 pH 시험지를 담그면 용액의 액성에 따라 pH 시험지의 색이 달라지므로, 이 색을 표준 변색표와 대조하여 용액의 pH를 대략적으로 알 수 있다.

⑷ 중화반응

산과 염기가 반응하여 산과 염기의 성질을 잃고 염과 물이 생성되는 반응으로, 알짜 이온 반응식은 다음과 같다.

$$H^+(aq) + OH^-(aq) \rightarrow H_2O(l)$$

① 중화반응의 조건: 중화반응의 알짜 이온 반응식을 보면 H^+와 OH^-는 1 : 1의 몰수 비로 중화반응을 한다. 즉, 산과 염기가 완전히 중화하려면 H^+의 몰수와 OH^-의 몰수가 같아야 한다.

② 중화반응의 양적 관계: 농도가 M몰/L인 n가의 산 V(L) 속에 들어 있는 H^+ 몰수는 n×M×V(몰)이고, 농도가 M′몰/L인 n′가의 염기 V′(L) 속에 들어 있는 OH^- 몰수는 n′×M′×V′이다. 따라서 산과 염기가 혼합되어 완전 중화되려면 다음과 같은 관계가 성립하여야 한다.

$$\text{중화조건: } H^+ \text{ 몰수} = OH^- \text{ 몰수} \Rightarrow n \times M \times V = n' \times M' \times V'$$

③ 공통 이온 효과: 이온화 평형 상태에 있는 수용액 속에 들어 있는 이온과 동일한 이온, 즉 공통 이온을 수용액에 넣어 줄 때 그 이온의 농도가 감소하는 방향으로 평형이 이동하는 현상이다.

핵심 Point **공통이온 효과의 예**

아세트산 수용액에 아세트산나트륨을 넣어 줄 경우
① 아세트산 수용액은 다음과 같은 이온화 평형을 이룬다.
　　$CH_3COOH(aq) \rightleftharpoons CH_3COO^- + H^+(aq)$ ·······························ᄀ
② 아세트산 수용액에 아세트산나트륨을 첨가하면 아세트산나트륨은 다음과 같이 이온화된다.
　　$CH_3COONa(aq) \rightleftharpoons CH_3COO^- + Na^+(aq)$ ·······························ᄂ
③ ᄂ에서 생성된 공통 이온인 CH_3COO^-의 농도 증가로 ᄀ의 역반응으로 평형이 이동하여 새로운 평형에 도달한다.
　→ $[H^+]$ 감소로 산성이 약해지고 pH가 증가하며, $[CH_3COOH]$는 증가한다.

---

④ 완충용액

ᄀ 완충작용을 가진 용액으로 완충액이라고도 하고, 용액에 산 또는 염기를 가했을 경우에 일어나는 수소 이온 농도의 변화를 작게 하는 작용을 완충작용이라 한다.

ᄂ 일반적으로 약한 산과 그 염 또는 약한 염기와 그 염의 혼합용액을 말하며, 용액의 수소 이온 지수 pH를 일정하게 유지할 필요가 있을 경우에 사용된다.

ᄃ 어떤 완충용액은 pH 측정 때의 pH 표준용액으로 사용된다.

ᄅ 아세트산(CH_3COOH) 및 아세트산나트륨(CH_3COONa)의 혼합용액이 완충용액이다.

4 용액

1. 용액

(1) 용해
한 물질이 다른 물질에 녹아서 균일하게 섞이는 현상이다.

(2) 용액
용해 결과 생성된 균일 혼합물이다. 용액의 종류에는 물질의 상태에 따라 기체 용액(공기, 수성가스 등), 액체 용액
(소금물, 설탕물, 식초, 탄산수 등), 고체 용액(놋쇠, 스테인리스 등)이 있다.

> **고득점 Point** **수성가스**
> ① 고온으로 가열한 코크스에 수증기를 작용시키면 생기는 가스이다.
> ② 수성가스의 성분비는 수소(H_2) 49%, 일산화탄소(CO) 42%, 이산화탄소 4%, 질소 4.5%, 메탄 0.5%이다.

(3) 용매와 용질
용액에서 녹이는 물질을 용매, 녹는 물질을 용질이라고 한다. 액체와 액체가 서로 섞인 경우에는 작은 부피의 액체가
용질, 큰 부피의 액체가 용매가 된다.

(4) 콜로이드 용액

① **참용액과 콜로이드 용액**

  ㉠ 참용액: 보통의 용액으로서, 입자의 지름이 10^{-7}cm 이하이다.

  ㉡ 콜로이드 용액: 일반적으로 지름이 $10^{-7} \sim 10^{-5}$cm 정도의 용질 입자를 콜로이드 입자라고 하고, 콜로이드 입자
  가 분산된 용액을 콜로이드 용액이라고 한다.

  ㉢ 용액의 특징
  - 콜로이드 입자는 거름종이는 통과하지만, 반투막은 통과하지 못한다.
  - 콜로이드 용액은 확산 속도가 느리고 결정화되기 어렵다.
  - 참용액은 대부분 투명하지만, 콜로이드 용액은 불투명하다.

  ㉣ 콜로이드의 종류
  - 상태에 따른 분류
    - 졸(Sol): 액체 상태의 콜로이드
    - 젤(Gel): 반고체 상태의 콜로이드
    - 에어로졸(Aerosol): 분산매가 기체인 콜로이드
  - 전하에 따른 분류: (+)전하를 띤 양성 콜로이드와 (−)전하를 띤 음성 콜로이드가 있다.
  - 물과의 친화성에 따른 분류

분류	정의	예
소수 콜로이드	콜로이드 중 소량의 전해질에 의해 엉김이 일어나는 콜로이드	금속, 황, 수산화철[Fe(OH)$_2$], 점토, 먹물
친수 콜로이드	다량의 전해질을 가해야만 엉김이 일어나는 콜로이드	전분, 단백질, 한천, 아교, 젤라틴 등의 유기물

  ※ 보호콜로이드: 소수콜로이드의 전해질에 대한 불안 정도를 줄이기 위해 사용하는 친수콜로이드를 말한다. 소수콜로이드는 전해질
  을 첨가하거나 가열하면 안정성을 잃고 쉽게 응결하는데, 이 소수콜로이드에 친수콜로이드를 가하면 소수콜로이드의 안정성이 증
  가하여 소량의 전해질 첨가나 열 등을 가해도 쉽게 응결하지 않는다. 예를 들면, 먹물의 경우에는 아교가 탄소 입자의 분산에 보호
  콜로이드로서 작용한다. 보호콜로이드로서 강한 힘을 지닌 것으로는 젤라틴과 알부민 및 아라비아 고무 등이 있다.

  ㉤ 콜로이드 입자의 크기와 관련된 콜로이드의 성질
  - 틴들현상: 콜로이드 용액에 강한 직사광선을 비추었을 때, 빛의 진로가 보이는 현상이다.

- 브라운 운동: 콜로이드 용액을 한외 현미경으로 관찰할 때 보이는 콜로이드 입자의 불규칙한 운동을 브라운 운동이라고 한다.
- 투석: 콜로이드 입자가 커서 반투막을 통과하지 못하는 성질을 이용하여 콜로이드를 분리정제하는 방법이다.

(5) 삼투

삼투 현상이란 묽은 용액과 진한 용액이 반투과성막을 사이에 두고 있을 때, 용질은 상대적으로 입자의 크기가 크기 때문에 반투과성막을 통과할 수 없게 되는데 이때 농도가 더 진한 쪽으로 용질 대신 용매(일반적 물)가 이동하는 현상이다.

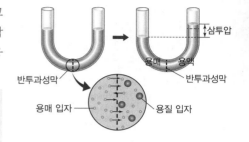

삼투압공식: $\pi = \dfrac{nRT}{V} = MRT$

여기서, π: 삼투압, n: 몰수, R: 기체상수, T: 절대온도,
V: 부피, M: 몰농도

2. 용해도

(1) 고체의 용해도

① **용매와 용질**: 용매는 용질을 녹여서 용액을 만드는 액체로, 고체와 액체의 혼합물에서는 액체가 용매이고 고체가 용질이며, 액체끼리 혼합된 용액에서는 더 많은 물질이 용매이고 적은 물질이 용질이다. 용매와 용질을 합쳐 용액이라고 한다.

② **포화용액**: 일정 온도에서 일정량의 용매에 용질이 최대한 녹아 더 이상 녹을 수 없는 상태의 용액 혹은 용해 평형 상태의 용액을 말하며, 용해 속도와 석출 속도가 같다.

③ **불포화용액**: 포화용액보다 용질이 적게 녹아 있어서 용질을 더 녹일 수 있는 용액으로, 용해 속도가 석출 속도보다 빠르다.

④ **과포화용액**: 포화용액보다 용질이 더 녹아 있는 불안정한 상태의 용액이다. 과포화용액을 흔들어 주거나, 저어 주거나 고체 용질을 약간 넣어 주면 용질이 석출된다.

⑤ **용해도**: 어떤 온도에서 용매 100g에 최대한 녹는 용질의 g 수이다. 고체의 용해도는 용질과 용매의 종류에 따라 달라지며, 온도의 영향을 받는다.

$$용해도 = \frac{용질}{용매} \times 100$$

⑥ **재결정**: 불순물이 섞여있는 고체 혼합물을 용해시킨 후 냉각시켜 석출시키면 불순물이 감소된 고체 결정을 얻을 수 있다. 이 작업을 반복하여 순수한 고체 결정을 얻는 방법이다.

⑦ **용해도 곱**: [양이온 농도]$^{반응식에서의 양이온계수}$ × [음이온 농도]$^{반응식에서의 음이온계수}$

⑧ **용해 평형**: 일정 온도에서 용질이 용해하는 속도와 석출되는 속도가 같아지면 용질이 더 이상 녹지 않는 것처럼 보이는데, 이와 같은 동적 평형 상태를 용해 평형 상태라고 한다.

(2) 기체의 용해도

① **기체의 용해도의 표현**: 기체의 용해도는 기체의 온도, 압력 및 종류에 따라 크게 변하며, 일반적으로 0℃, 1atm에서 물 1mL에 녹는 기체의 부피(mL)로 나타내거나 물 100g당 녹는 기체의 g 수로 나타낸다.

② **온도의 영향**: 기체의 용해도는 일반적으로 온도가 낮고 압력이 높을수록 증가한다. ㉠ 온도에 의한 용해도 차이로 인해 더운 방에 놓아둔 찬물 컵의 유리와 물의 접촉면에 기포가 발생한다.

③ **압력의 영향**: 일정한 온도에서 일정량의 용매에 기체가 용해될 때, 용해되는 기체의 질량과 몰수는 그 기체의 압력에 비례하는데, 이를 헨리의 법칙이라고 한다.(단, 무극성 기체의 경우는 헨리의 법칙을 잘 따르지만, 극성 분자의 기체는 헨리의 법칙에 잘 따르지 않는다.)

※ 헨리의 법칙의 적용 예: 탄산음료의 마개를 따면 기포가 발생하는데 이는 마개를 따면 압력이 감소하고 이에 따라 기체의 용해도가 감소하여 용해되지 못하는 기체가 발생되어 나오기 때문이다.

▲ 기체의 압력과 용해도

3. 용액의 농도

(1) 질량 퍼센트(%) 농도

① 용액의 질량에 대한 용질의 질량을 질량 백분율로 나타낸 농도로, 단위는 %이다.

② 온도가 변하더라도 용액의 질량 퍼센트 농도는 변하지 않는다.

$$질량\ 퍼센트\ 농도(\%) = \frac{용질의\ 질량(g)}{(용매+용질)의\ 질량(g)} \times 100 = \frac{용질의\ 질량(g)}{용액의\ 질량(g)} \times 100$$

$$용질의\ 질량(g) = 용액의\ 질량 \times \left(\frac{질량\ 퍼센트\ 농도}{100}\right)$$

(2) 몰 농도(M)

① 일정 부피의 용액 속에 녹아 있는 용질의 입자 수를 표현한 것이다. 용액 1L 속에 녹아 있는 용질의 몰수로 나타내는 농도이며, 단위는 몰/L, mol/L, M을 사용한다. 부피가 V(L)인 용액에 용질 n몰이 녹아 있는 이 용액의 몰 농도는 다음과 같이 구한다.

$$몰\ 농도(M) = \frac{용질의\ 몰수(mol)}{용액의\ 부피(L)} = \frac{용액\ 1L\ 속에\ 녹아\ 있는\ 용질의\ 질량}{용질의\ 화학식량}$$

⇨ 용질의 몰수: $n = M \times V$

② 용액 V(L)에 녹아 있는 용질이 ω(g)이고 용질의 분자량이 M′이라면, 용질의 몰수 $n = \frac{\omega}{M'}$이므로 이 용액의 몰 농도는 다음과 같이 나타낼 수 있다.

$$M = \frac{n}{V} = \frac{\omega}{M' \cdot V} \qquad ⇨ 용질의\ 질량: \omega = n \times M' = M \times V \times M'$$

③ 온도가 변하면 용질의 몰수는 변하지 않지만 용액의 부피는 변한다. 따라서 온도가 변하면 용액의 몰 농도가 변한다.

(3) 노르말 농도(N)

용액 1L(1,000mL) 속에 녹아 있는 용질의 g당량 수를 나타낸 농도이다.

$$N농도 = \frac{용질의\ 당량\ 수}{용액\ 1L}$$

(4) 몰랄농도(m)

용매 1,000g에 녹아 있는 용질의 몰수로 정의되는 몰랄농도는 질량(kg)을 사용하기 때문에 온도가 변하는 조건에서 이 몰랄농도를 사용한다.

$$몰랄농도 = \frac{용질의\ 몰수}{용매의\ 질량(kg)}$$

① 끓는점 오름과 어는점 내림
  ㉠ 끓는점
   • 액체가 끓기 시작할 때의 온도를 말하며, 가열되어도 이 온도 이상으로 올라가지 않고 기화를 계속한다.
   • 물질에 따라 다른 값을 가지며, 외기압의 증감에 따라 오르내리고, 일정한 외기압일 때는 액체 고유의 값을 갖는다.
   • 보통은 1atm에서의 값을 말한다.
   • 물의 끓는점은 온도 눈금에서 정점(定點)의 하나로서, 100℃로 정해져 있다.

ⓒ 끓는점 오름: 비휘발성 용질(溶質)을 녹인 용매의 끓는점이 순수한 용매의 끓는점보다 높아지는 현상이다.

$$\varDelta T_b = m \cdot k_b$$

여기서, $\varDelta T_b$: 끓는점 오름, m: 몰랄농도, k_b: 몰랄 끓는점 오름상수
※ 물의 k_b = 0.512℃/molal

ⓒ 어는점
- 물의 응고점으로 빙점(氷點)이라고도 한다.
- 물이 얼기 시작하거나 얼음이 녹기 시작할 때의 온도이다.
- 엄밀하게는 1atm에서 공기로 포화되어 있는 물과 얼음 사이의 평형 온도로서 0℃, 32℉이다.
- 손쉽게 얻어지고 또 정밀도도 높으므로 온도의 정점으로서 가장 많이 이용되고 있다.
- 상온보다 낮은 응고점(녹는점)을 가진 물질의 응고점을 가리키는 경우도 있다.

ⓔ 어는점 내림
- 용질이 녹아 있는 용액의 어는점이 순수 용매일 때보다 낮아지는 물리 현상이다.
- 용액의 증기압이 순수 용매일 때보다 낮아지기 때문에 발생한다.
- 용액의 농도가 진해질수록 용액의 삼중점이 내려가면서 고체와 액체의 평형 온도를 낮추어 어는점도 낮아진다.
- 비휘발성 용질을 녹인 묽은 용액의 경우 용액의 어는점은 용액 속에 녹아 있는 용질의 입자 수에 비례해 낮아진다.

$$\varDelta T_f = m \cdot k_f$$

여기서, $\varDelta T_f$: 어는점 내림, m: 몰랄농도, k_f: 몰랄 어는점 내림상수

ⓐ 증기압 내림: 농도가 높은 수용액은 순수한 물보다 느린 속도로 증발한다. 이것은 용액의 수증기압이 순수한 물보다 낮기 때문이다. 이 현상을 증기압 내림이라고 하고, 증기압 내림은 용질의 종류에 상관없이 용질의 농도에만 비례한다.

$$\varDelta P = X_2 P_1^0$$

여기서, P_1^0: 같은 온도의 순용매의 증기압, X_2: 용질의 몰분율

고득점 Point   **라울의 법칙(Raoult's law)**

일정한 온도에서 비휘발성이며, 비전해질의 용질이 녹은 묽은 용액의 증기 압력 내림은 일정량의 용매에 녹아 있는 용질의 몰수, 즉 몰분율에 비례한다.

---

5 산화 · 환원

1. 산화와 환원

(1) 전자의 이동과 산화 · 환원

어떤 물질이 산소와 화합하는 반응을 산화, 산소를 잃는 반응을 환원이라 하는데, 보다 넓은 의미의 산화 · 환원 반응은 전자를 잃거나 얻음을 근거로 한다. 전자의 이동에 따라 산화 반응과 환원 반응을 구별할 때 아래와 같이 나눌 수 있다.

① 산화: 물질이 전자를 잃는 화학변화이다.
② 환원: 물질이 전자를 얻는 화학변화이다.

③ **산화·환원 반응의 동시성**: 산화·환원 반응에서 전자를 잃는 물질이 있으면 반드시 그 전자를 얻는 물질이 있으므로 산화·환원은 항상 동시에 일어난다. 산화되는 물질이 잃은 전자의 수와 환원되는 물질이 얻은 전자의 수는 같다.

④ **산화제**: 다른 물질을 산화시키고 자신은 환원되는 물질이다.

⑤ **환원제**: 다른 물질을 환원시키고 자신은 산화되는 물질이다.

(2) 산화수와 산화·환원

산화수란 전자의 이동이 뚜렷이 나타나지 않은 공유결합 물질이 포함된 화학결합이나 반응에서 산화·환원 반응을 설명하기 위해 도입된 개념으로 산화, 환원을 나타내는 척도이다. 산화수의 변화에 따라 산화·환원 반응을 구별할 때에는 아래와 같이 나눈다.

① **산화**: 물질의 산화수가 증가하는 변화이다.

② **환원**: 물질의 산화수가 감소하는 변화이다.

③ **산화수**: 공유결합 물질에서 전기음성도가 더 큰 원자가 공유 전자쌍을 모두 차지하는 것으로 가정할 때, 각 원자가 갖는 전하를 산화수라고 한다. 이때 전자를 잃은 산화 상태는 산화수를 +로, 전자를 얻은 환원 상태는 산화수를 −로 나타낸다.

(3) 산화수를 구하는 규칙

① 홑원소 물질을 구성하는 원자의 산화수는 모두 0이다.

  예) H_2, O_2, Cl_2, C, Fe, Cu의 산화수는 모두 0이다.

② 화합물을 구성하는 원자들의 산화수의 총합은 0이다.

  예) H_2SO_4: $2 \times$ H의 산화수+S의 산화수+$4 \times$ O의 산화수=0

③ 다원자 이온을 구성하는 원자들의 산화수의 총합은 다원자 이온의 전하수와 같다.

  예) MnO_4^-: Mn의 산화수+$4 \times$ O의 산화수=−1

④ 단원자 이온의 산화수는 그 이온의 전하수와 같다.

  예) Na^+: +1, Mg^{2+}: +2, Cl^-: −1

⑤ 대부분의 화합물에서 수소의 산화수는 +1이나, 금속 수소화물에서는 −1이다.

  예) NaH: −1, MgH_2: −1

⑥ 대부분의 화합물에서 산소의 산화수는 −2이나, 과산화물에서는 −1이며, 일부 다른 산화수를 가지기도 한다.

⑦ **산화수에 의한 산화·환원 반응**: 어떤 원자의 산화수가 증가하면 전자를 잃은 것이므로 산화된 것이고, 산화수가 감소하면 전자를 얻은 것이므로 환원된 것이다.

고득점 Point	산화·환원의 정의	
분류	산화	환원
산소에 의한 정의	산소와 결합하는 것	산소를 잃는 것
수소에 의한 정의	수소를 잃는 것	수소와 결합하는 것
전자에 의한 정의	원자가 전자를 잃는 것	원자가 전자를 얻는 것
산화수에 의한 정의	산화수 증가	산화수 감소

2. 화학전지와 전기분해

(1) 화학전지

화학전지란 산화·환원 반응을 이용하여 화학 에너지를 전기 에너지로 바꾸는 장치이다.

① **전지의 원리**: 반응성이 다른 두 금속을 전해질에 담그고, 두 금속을 도선으로 연결하면 도선에 전류가 흐른다. 이 것은 반응성이 큰 금속이 산화되어 양이온으로 용액 속에 녹아 들어가고 이때 생성된 전자(e^-)가 도선을 따라 반응

성이 작은 금속 쪽으로 이동하기 때문이다.

② **전지의 구성**: 전지는 전해질과 이온화 경향이 다른 두 금속으로 구성된다. 전지를 형성할 때 이온화 경향이 큰 금속은 (−)극이 되고, 이온화 경향이 작은 금속은 (+)극이 된다. 전지의 (−)극에서는 산화 반응이, (+)극에서는 환원 반응이 일어난다.

③ **전지의 일반성**: 전지를 이루는 두 전극의 이온화 경향의 차이가 클수록 전류는 세게 흐른다. 전지에서 전자는(−)극에서 (+)극 쪽으로 이동하고, 전류는 전자가 흘러가는 방향과 반대 방향으로 흐른다.

④ **화학전지의 종류**

　ⓐ 볼타전지

　　• 1796년 볼타가 만든 최초의 전지이다. 아연판과 구리판을 묽은 황산에 담근 후 도선으로 두 금속판을 연결하여 만든 화학전지이다.

　　• 볼타전지의 각 전극 중 Zn판은 전자를 잃고 Zn^{2+}으로 되어 용액 속에 녹아 들어가므로 질량이 감소하나, Cu판에서는 수소가 발생하므로 질량 변화가 없다.

> 전지는 보통 산화 반응이 일어나는 부분과 환원 반응이 일어나는 부분으로 나누어지는데, 이를 각각 반쪽 전지라고 한다. 반쪽전지는 보통 금속과 그 금속의 이온으로 구성되어 있으므로, M∣M⁺(금속∣금속이온)로 표시하며, 일반적으로 전지는 다음과 같이 나타낸다. 액체와 고체처럼 서로 다른 상이 접촉한 경계는 '∣'로 나타내고, 염다리는 '∥'으로 나타낸다.

$$(-)\ Zn(s)\,|\,H_2SO_4(aq)\,|\,Cu(s)\ (+)$$

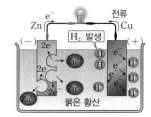

(−)극(아연판): $Zn(s) \rightarrow Zn^{2+}(aq) + 2e^-$ (산화 반응)
(+)극(구리판): $2H^+(aq) + 2e^- \rightarrow H_2(g)$ (환원 반응)

전체 반응: $Zn(s) + 2H^+(aq) \rightarrow Zn^{2+}(aq) + H_2(g)$

　　• **분극현상**: 볼타전지의 기전력이 처음에는 약 1.3V이나 잠시 후 0.4V로 급격히 떨어지는데, 이 현상을 분극현상이라 한다.

　　• 분극현상은 (+)극에서 발생한 수소 기체가 Cu판에 붙어서 용액과 Cu판 사이에 간격이 생기게 하여 H^+의 환원 반응을 방해하기 때문에 생긴다.

　　• **감극제(소극제)**는 분극현상을 없애기 위해 사용하는 강한 산화제로, 이산화망간(MnO_2), 과산화수소(H_2O_2), 다이크로뮴산(중크롬산)칼륨($K_2Cr_2O_7$) 등이 있다.

　ⓑ **다니엘전지**: 아연판과 구리판을 각각 황산아연 수용액과 황산구리(Ⅱ) 수용액에 담근 다음 도선으로 연결해 주고, 두 수용액을 염다리로 연결하여 만든 전지이다. 다니엘 전지의 각 전극에서 일어나는 반응은 다음과 같다.

> 이온화 경향이 큰 Zn판은 전자를 잃고 Zn^{2+}으로 되어 용액 속에 녹아 들어가므로 질량이 감소하고, Cu판은 Zn판으로부터 나와 이동한 전자를 받아 용액 속의 Cu^{2+}이 환원되어 Cu로 석출되므로 질량이 증가한다. 이때 구리 반쪽전지에서 푸른색을 띠는 Cu^{2+}의 수가 감소하므로 황산구리(Ⅱ)수용액의 푸른색이 점점 옅어진다. 기체가 발생하지 않으므로 분극현상은 나타나지 않는다.

$$(-)\ Zn(s)\,|\,ZnSO_4(aq)\,\|\,CuSO_4(aq)\,|\,Cu(s)\ (+)$$

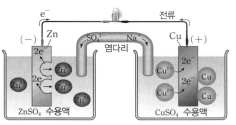

(−)극(아연판): $Zn(s) \rightarrow Zn^{2+}(aq)+2e^-$ (산화 반응)
(+)극(구리판): $Cu^{2+}(aq)+2e^- \rightarrow Cu(s)$ (환원 반응)

전체 반응: $Zn(s)+Cu^{2+}(aq) \rightarrow Zn^{2+}(aq)+Cu(s)$

ⓒ 납축전지: 충전이 가능한 2차 전지로, 납을 (−)극, 이산화납을 (+)극으로 하고, 비중이 1.25 정도인 황산을 전해질로 사용하여 만든 전지이다. 경제적이지만 무거운 것이 단점으로, 방전 시 두 전극이 모두 황산납($PbSO_4$)이 되어 두 극 모두 질량이 점점 증가하며, 용액 속의 황산(H_2SO_4)은 점점 소비되며 용액의 비중이 감소한다. 황산의 농도가 너무 묽어지면 반응 물질의 경계면에 저항이 높은 물질이 만들어져 수명이 단축되고 충전이 어렵기 때문에 완전히 방전시키지 말고 적당한 시기에 충전하여야 한다.

$$(-)\ Pb(s)\,|\,H_2SO_4(aq)\,|\,PbO_2(s)\ (+)$$

(−)극(납판): $Pb(s)+SO_4^{2-}(aq) \rightarrow PbSO_4(s)+2e^-$ (산화 반응)
(+)극(이산화납판): $PbO_2(s)+4H^+(aq)+SO_4^{2-}(aq)+2e^- \rightarrow PbSO_4(s)+2H_2O(l)$ (환원 반응)

전체 반응: $Pb(s)+PbO_2(s)+2H_2SO_4(aq) \rightarrow 2PbSO_4(s)+2H_2O(l)$

⑤ **전지의 기전력**: 어떤 전지가 나타내는 전압의 최대값을 그 전지의 기전력이라고 한다. 전지의 기전력은 두 반쪽전지의 전극을 이루는 물질들의 상대적인 이온화 경향과 물질의 농도에 따라 달라지므로, 전해질의 농도가 1M이고 기체의 압력이 1atm일 때의 기전력을 표준 기전력($E°$)으로 한다.

ⓐ 표준 수소 전극: H^+의 농도가 1M인 용액 속에 백금 전극을 꽂고, 이 백금 전극을 둘러싸고 있는 1atm, 25℃의 수소 기체가 H^+과 평형을 이루고 있을 때의 전극 전위 값을 0V로 정한 것으로, 모든 표준 전극 전위의 기준이 된다.

$2H^+(aq,\ 1M,\ 25℃)+2e^- \rightarrow H_2(g,\ 1atm)$
$E°=0.00V$

ⓑ 표준 전극 전위($E°$): 표준상태에서의 반쪽전지의 전극 전위값이며, 표준 수소 전극과 측정하고자 하는 전극을 연결하여 만든 전지의 전압을 측정하여 구한다.

ⓒ 표준 전극 전위의 이용: 두 표준 반쪽전지를 이용하여 만든 전지의 기전력을 산출하거나 산화·환원 반응이 자발적으로 일어날 수 있는지 확인하는 데 이용할 수 있다.

• 표준 기전력의 산출: 두 반쪽전지를 연결하여 전지를 형성하였을 때, 전지의 초기 전압인 기전력은 두 반쪽전지의 전극 전위의 차와 같다.

표준 기전력($E°$) = (전극 전위가 큰 쪽의 환원 전위) − (전극 전위가 작은 쪽의 환원 전위)
= {(+)극의 환원 전위값} − {(−)극의 환원 전위값}
= $E°_{환원\ 전지} - E°_{산화\ 전지}$

- 자발적인 산화·환원 반응의 예측: 예상되는 전체 산화·환원 반응에서 예상되는 기전력의 값이 양(+)의 값이면 반응이 자발적으로 일어나고, 음(−)의 값이면 반응이 일어나지 않는다.

(2) 전기분해

산화·환원 반응을 이용하여 전기 에너지를 화학 에너지로 바꾸어 물질을 분해하는 반응을 전기분해라고 한다.

① 전기분해의 원리: 일반적으로 전해질 수용액이나 용융액에 직류 전류를 가하면 양이온은 직류 전원의 (−)극으로, 음이온은 (+)극으로 끌려가 전하를 얻거나 잃고 중성의 물질로 석출된다.

　ⓐ (−)극: 양이온 + e^- → 홑원소 물질 ⇨ 환원 반응
　ⓑ (+)극: 음이온 → 홑원소 물질 + e^- ⇨ 산화 반응

② 전기분해에서의 양적 관계(패러데이의 법칙): 전기분해에서 생성되거나 소모되는 물질의 질량과 흐른 전하량 사이의 관계는 패러데이의 법칙으로 알 수 있다.

　ⓐ 물질을 전기분해할 때, 생성되거나 소모되는 물질의 양은 흘려 준 전하량에 비례한다.
　ⓑ 일정한 전하량에 의해 생성되거나 소모되는 물질의 양은 '각 물질의 원자량÷이온의 전하수'에 비례한다.
　ⓒ 1F(패럿): 전자 1몰의 전하량으로 1F의 전하량은 약 96,500C의 전하량과 같다.
　　1C(쿨롱)＝1A(암페어)×1sec(초)이고, 1초 동안에 흐르는 전기량을 나타낸다.
　ⓓ 산화·환원 반응식에서 이동하는 전자의 몰수를 이용하면 석출되거나 소모되는 물질의 양을 산출할 수 있다.
　ⓔ 다음 반응에서 2F(＝전자 2몰)의 전하량으로 Cu 63.5g이 석출된다.

구분	Cu^{2+}	+	$2e^-$	→	Cu
계수비	1몰		2몰		1몰
양적 관계	63.5g		2F		63.5g

고득점 Point　전해질과 비전해질

① 전해질: 물에 녹으면 양이온과 음이온으로 나누어져 전원을 연결하면 각 이온이 반대 전하를 띠는 전극으로 이동하기 때문에 전해질 수용액은 전류가 흐른다.
　예 $NaCl$, $NaOH$, $CuSO_4$, H_2SO_4, CH_3COOH, NH_4OH, HCl, NH_3 등
② 비전해질: 물에 녹으면 전기적으로 중성인 분자로 존재하기 때문에 전원을 연결해도 비전해질 수용액은 전류가 흐르지 않는다.
　예 설탕($C_{12}H_{22}O_{11}$), 에탄올(C_2H_5OH), 글리세린[$C_3H_5(OH)_3$], 아세톤(CH_3COCH_3), 녹말 등

---

6 화학결합과 Lewis 점기호

1. 화학결합의 종류

(1) 이온결합

① 이온결합의 형성

　ⓐ 비활성 기체는 가장 바깥 전자껍질이 다 채워져 있는 안정한 원자로, 다른 원자와 결합할 능력이 없기 때문에 원자들이 충돌하여도 결합을 이루지 못한다.
　ⓑ 전자를 잃고 양이온이 되기 쉬운 금속 원자와 전자를 얻어 음이온이 되기 쉬운 비금속 원자가 접근하면, 서로 전자를 주고받아 화학적으로 안정한 전자배치를 가지는 양이온과 음이온이 된다.
　ⓒ 이들 양이온과 음이온 사이에 정전기적 인력이 작용하여 결합이 형성되는데 이러한 결합을 이온결합이라 하며, 이온결합으로 이루어진 화합물을 이온결합 화합물이라고 한다.

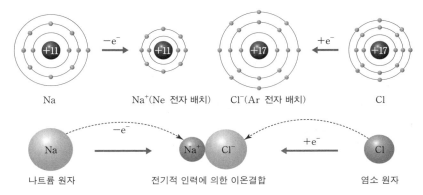

Na   Na⁺(Ne 전자 배치)   Cl⁻(Ar 전자 배치)   Cl

나트륨 원자   전기적 인력에 의한 이온결합   염소 원자

     ㉣ 원자가 전자수가 1개인 나트륨 원자는 전자 1개를 잃고 +1의 양이온으로 되고, 원자가 전자수가 7개인 염소
        원자는 전자 1개를 얻어 −1의 음이온이 된다. 전하를 띤 Na^+과 Cl^- 사이에 정전기적 인력이 작용하여 서로
        결합된다. 예 NaCl, AgCl

   ② 이온결합 물질의 성질

     ㉠ 금속원소와 비금속원소 사이의 결합 형태이다.

     ㉡ 이온 간의 인력이 강하여 융점이나 비등점이 높은 고체이며, 휘발성이 없다.

     ㉢ 물과 같은 극성 용매에 잘 녹는다.

     ㉣ 고체 상태에서는 전기 전도성이 없으나 수용액 상태 또는 용융 상태에서는 전기 전도성이 있다.

     ㉤ 단단하지만 외부에서 힘을 가하면 쉽게 부스러진다.

(2) 공유결합

   전기음성도가 거의 비슷한 두 원자가 스핀(Spin)이 서로 반대인 원자가 전자를 1개씩 제공하여 한 쌍의 전자대(쌍)를
   이루어 이것을 공유함으로써 안정한 전자배치가 되어 결합하는 화학결합을 공유결합이라고 한다.

   ① **공유결합의 형성**: 비금속 원자들이 각각 원자가 전자(최외각 전자)를 내놓아 전자쌍을 만들고, 이 전자쌍을 공유함
      으로써 형성되는 결합이다.

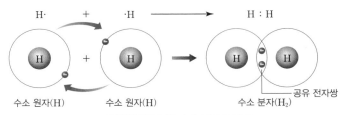

H·   +   ·H   H : H

수소 원자(H)   수소 원자(H)   수소 분자(H_2)   공유 전자쌍

▲ 공유결합에 의한 수소 분자의 형성

   ② **공유결합 에너지**

     ㉠ 공유결합 물질 1몰을 끊어서 각각의 원자로 만드는 데 필요한 에너지이다.

     ㉡ 결합 에너지와 결합길이: 결합 에너지가 강할수록 결합길이는 짧다.

       • 결합 에너지: 단일결합 < 이중결합 < 삼중결합

       • 결합길이: 단일결합 > 이중결합 > 삼중결합

   ③ **공유결합의 종류**

     ㉠ 극성 공유결합(비금속+비금속)

       • 전기음성도가 서로 다른 원자들이 전자쌍을 공유하여 형성된 결합이다.

       • 한쪽 원자로 공유 전자쌍의 치우침이 일어나 분자 내에 부분 전하가 생김 → 전기음성도가 작은 원자는 부분
         적인 (+)전하를 띠고, 전기음성도가 큰 원자 쪽으로 공유 전자쌍이 치우쳐 부분적인 (−)전하를 띤다.

         예 HCl, CO, H_2O, NH_3

| 수소 원자 | + | 염소 원자 | → | 염화수소 분자 |

ⓛ 비극성 공유결합(비금속 단체): 전기음성도가 같은 원자들이 전자쌍을 공유하여 형성된 결합으로, 전자쌍을 끌어당기는 정도가 같아 공유 전자쌍이 어느 쪽으로도 치우치지 않음 → 부분적인 양전하나 음전하를 띠지 않는다. 예 H_2, N_2, O_2, Cl_2

| 수소 원자 | + | 수소 원자 | → | 수소 분자 |

ⓒ 공유결합 물질의 예

명칭	CO₂(이산화탄소)	CCl₄(사염화탄소)	Cl₂(염소)	NH₃(암모니아)
	대칭구조	대칭구조	대칭구조	비대칭구조
구조	O C O	Cl C Cl Cl Cl	Cl Cl	H N H H

④ **공유결합 물질의 성질**

　　ㄱ 녹는점과 끓는점이 낮다.(단, 공유 결정은 녹는점과 끓는점이 높다.)

　　ㄴ 전기 전도성이 없다. 일반적으로 전기의 부도체이다.(예외: 흑연)

　　ㄷ 극성 공유결합 물질은 극성 용매에 잘 녹고, 비극성 공유결합 물질은 비극성 용매에 잘 녹는다.

　　ㄹ 반응속도가 느리다.

(3) 배위결합

비공유 전자쌍을 가지는 원자에서 비공유 전자쌍을 일방적으로 제공하여 이루어진 공유결합을 배위결합이라 한다. 예 암모늄 이온(NH_4^+)

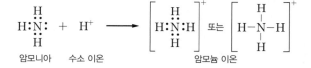

| 암모니아 | 수소 이온 | | 암모늄 이온 |

(4) 금속결합

① 금속 원자가 원자가 전자를 내놓고 양이온으로 되어 안정하게 되고, 원자로부터 떨어져 나온 전자가 자유 전자가 되어 금속 양이온과 결합하는 것을 말한다.

② 금속 원자의 반지름이 작을수록, 자유 전자의 수가 많을수록 결합력이 세다.

③ 금속결합 물질의 성질 : 금속결정 사이를 자유롭게 움직이는 자유 전자로 인해 전기 전도성, 열전도성이 좋으며 연성·전성이 크고 분자 결정보다 녹는점이 높다.

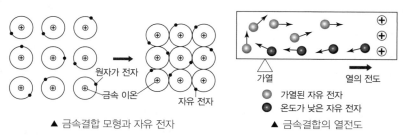

원자가 전자
금속 이온
자유 전자

가열　　　　　　열의 전도
○ 가열된 자유 전자
● 온도가 낮은 자유 전자

▲ 금속결합 모형과 자유 전자　　　　▲ 금속결합의 열전도

2. 결합의 극성과 분자의 모양

(1) 전기음성도

염화수소(HCl)와 같이 서로 다른 종류의 원자들이 공유결합을 형성할 때에는 공유 전자쌍이 어느 한 원자쪽으로 치우치게 된다. 이것은 두 원자 중에서 전자쌍을 끌어당기는 힘이 더 강한 원자가 있기 때문이다.

① 전기음성도: 공유결합을 이루고 있는 원자가 공유 전자쌍을 끌어당기는 상대적 힘의 크기를 수치로 표시한 정도이다.

② 전기음성도의 주기성

　㉠ 같은 족에서는 원자번호가 증가할수록 작아지고, 같은 주기에서는 원자번호가 증가할수록 커진다.

　㉡ 비금속 원소의 전기음성도는 크고, 금속 원소의 전기음성도는 작다.

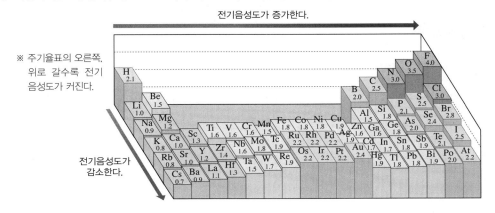

(2) 분자의 모양

분자의 모양은 전자쌍 반발 원리를 근거로 하여, 중심 원자 주위의 공유 전자쌍과 비공유 전자쌍의 수로 예측할 수 있다.

① 전자쌍 반발 원리: 공유결합을 이룬 분자에서 중심 원자를 둘러싸고 있는 원자가 전자들은 쌍을 이루거나 다른 원자와 공유 전자쌍을 이루어 배치되어 있다. 이 전자쌍들은 (-) 전하를 띠기 때문에 정전기적으로 반발하여 가능한 멀리 떨어지려고 하는데, 이를 전자쌍 반발 원리라고 한다.

원자가 전자쌍의 개수(개)	2	3	4
안정한 전자쌍의 배치			
분자의 모양	직선형	평면 삼각형	정사면체
결합각	180°	120°	109.5°

구분	$_4Be$	$_5B$	$_6C$	$_7N$	$_8O$
F 또는 H 화합물	BeF_2, $BeCl_2$	BF_3	CH_4	NH_3	H_2O
공유 전자쌍(개)	2	3	4	3	2
비공유 전자쌍(개)	0	0	0	1	2
분자 모양	직선형	평면 삼각형	정사면체형	삼각뿔형	굽은형
극성 유무	무극성	무극성	무극성	극성	극성

▲ 중심 원자의 전자쌍의 수와 분자 모양

(3) 분자의 극성

① **극성 공유결합과 비극성 공유결합**: 2개의 원자가 한 쌍의 전자쌍을 공유할 때 두 원자의 전기음성도의 값이 같으면 그 전자쌍은 2개의 원자핵으로부터 같은 거리에 있고 이와 같은 결합을 비극성 공유결합이라고 한다. 또한, 전기음성도의 값이 다른 두 원자가 결합할 때는 공유 전자쌍이 어느 한쪽으로 치우쳐 양하전의 중심과 음하전의 중심이 일치하지 않게 된다. 이를 극성 공유결합이라 한다.

② **분자의 극성**: 극성 공유결합 물질은 전기음성도의 차에 의하여 전자가 어느 한쪽에 치우쳐 있으므로 한쪽은 전자 밀도가 크고(음성), 다른 쪽은 작아져(양성) 음하전과 양하전의 중심이 일치되지 않는다. 이와 같이 양·음하전의 중심이 일치되지 않는 분자를 극성 분자 또는 쌍극자라 한다. 그러나 수소, 산소 분자 등은 비극성 공유결합이어서 양하전과 음하전의 중심이 일치한다. 이러한 분자를 비극성 분자라 한다.

고득점 Point

결합의 세기가 같아 분자 내에 극(+, −)이 없는 결합으로 단체 및 대칭 구조로 이루어진 결합(전자의 치우침이 전혀 없는 결합 형태)인 경우에, 각 결합의 쌍극자 모멘트가 서로 상쇄되어 그 합이 0이 되어 무극성 분자가 된다.

예 H_2, O_2, Cl_2, CH_4, C_2H_4, CO_2, BH_3, C_2H_2, C_6H_6

H_2(수소)	O_2(산소)	CO_2(이산화탄소)	BF_3(삼불화붕소)	CH_4(메탄)	C_6H_6(벤젠)
H H	O O	O C O	F B F	H C H H	H C C H C C H H C H

---

(4) 분자 간에 작용하는 힘

물질에 작용하는 힘에는 인력과 반발력이 있는데, 큰 것으로는 천체에 작용하는 만유인력, 전기를 띤 물체 간에 작용하는 쿨롱의 힘 등이 있으며, 극히 작은 미립자 간에 작용하는 힘으로는 일반적으로 분자 상호 간에 작용하는 약한 인력이 있다. 이와 같은 분자 간의 힘을 반데르발스 힘이라 한다. 분자에는 극성 분자와 비극성 분자가 있는데, 극성 분자에서는 물론이며, 비극성 분자 사이에서도 이 힘은 작용하고 있다.

① **반데르발스 힘**: 반데르발스의 힘은 넓은 의미로는 분자와 분자 사이에 존재하는 인력 전체를 뜻하며, 좁은 의미로는 분산력을 뜻한다. 분산력은 런던(London) 분산력이라고도 하며 모든 분자와 분자 사이에 항상 존재한다. 특히, 수소결합이나 쌍극자−쌍극자 힘과 같은 다른 분자간력이 존재하지 않는 비극성 분자와 비극성 분자 사이에는 유일한 분자 간력이다. 분자의 전자 분포가 일시적으로 비대칭이 되면 이 비대칭 구조에 따라 인접 분자의 전자 분포도 비대칭이 되면서 순간적인 쌍극자가 형성되는데 이를 유발 쌍극자(induced dipole)라 한다. 분산력은 유발 쌍극자−유발 쌍극자 사이의 인력이다.

② **수소결합**

㉠ 개념: 전기음성도가 매우 큰 F, O, N의 수소 화합물에서 H 원자는 부분 양전하를 띠고 F, O, N 원자는 부분 음전하를 띤다. 따라서 부분 양전하를 띤 수소 원자와 다른 분자의 부분 음전하를 띤 F, O, N 원자 사이에 강한 정전기적 인력이 작용하는데, 이러한 분자 간의 힘을 수소결합이라고 한다.

㉡ 수소결합은 여러 화합물의 구조와 성질을 결정하는 데 중요한 역할을 한다. 수소결합이 있는 화합물은 비슷한 분자량의 화합물에 비하여 끓는점을 비롯하여 녹는점, 용해도, 점성도, 표면장력 등이 비정상적으로 큰 값을 나타낸다.

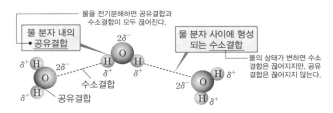

물을 전기분해하면 공유결합과
수소결합이 모두 끊어진다.

물 분자 내의
· 공유결합

물 분자 사이에 형성
되는 수소결합

물의 상태가 변하면 수소
결합은 끊어지지만, 공유
결합은 끊어지지 않는다.

수소결합

공유결합

ⓒ 수소결합은 보통 점선(…)으로 표시하는데 이것은 이 결합이 공유결합보다 약한 것을 나타내기 위해서이다.

ⓔ 물의 기화열이 높고 얼음이 물 위에 뜨는 것은 수소결합으로 인한 특징 중 하나이며, H_2O가 H_2S보다 비등점
이 높은 것도 물에 수소결합이 있기 때문이다.

7 반응속도와 화학평형

1. 화학반응과 에너지

(1) 발열반응과 흡열반응

① **발열반응**: 화학반응이 일어날 때 반응 물질의 에너지 총량이 생성 물질의 에너지 총량보다 커서 주변으로 열을 방
출하는 반응이다. 발열반응이 일어나면 반응 물질 내부의 화학 에너지가 열에너지로 전환되어 외부로 빠져나가므
로 주위의 온도가 올라간다.

② **흡열반응**: 화학 반응이 일어날 때 반응 물질의 에너지 총량이 생성 물질의 에너지 총량보다 작아 주변에서 열을 흡
수하는 반응이다. 흡열반응이 일어나면 주위의 열에너지가 화학 에너지로 전환되어 생성 물질 내부로 들어가므로
주위의 온도가 내려간다.

③ **엔탈피**: 어떤 물질이 지니고 있는 고유의 에너지로 열함량이라고 하며 H로 표시한다.

ⓐ 반응 엔탈피: 화학 반응이 일어나면 생성 물질이 지닌 엔탈피의 합과 반응 물질이 지닌 엔탈피의 합이 서로 다
르기 때문에 열의 출입이 따른다. 화학 반응에서 생성된 물질의 엔탈피의 합에서 반응 물질의 엔탈피의 합을
뺀 값을 반응 엔탈피 또는 엔탈피 변화라고 하며, ΔH로 나타낸다.

> 반응 엔탈피(ΔH)=생성 물질의 엔탈피의 합−반응 물질의 엔탈피의 합=$\Sigma H_P - \Sigma H_R$

ⓑ 발열반응: 반응 물질의 엔탈피의 합이 생성 물질의 엔탈피의 합보다 커서, 그 차이만큼의 열에너지가 외부로
방출된다. 따라서 엔탈피가 감소하므로 엔탈피 변화는 음수다. $\Delta H < 0$

ⓒ 흡열반응: 반응 물질의 엔탈피의 합이 생성 물질의 엔탈피의 합보다 작아서, 그 차이만큼의 열에너지를 외부에
서 흡수한다. 따라서 엔탈피가 증가하므로 엔탈피 변화는 양수다. $\Delta H > 0$

> **고득점 Point**
> ① 열역학 제0법칙: A와 B가 열평형 상태에 있고, B와 C가 열평형 상태에 있다면 A와 C도 열평형 상태를 이룬다.
> ② 열역학 제1법칙: 에너지가 다른 형태로 변환되거나 다른 곳으로 이동하여도 새롭게 생성되거나 소멸되지 않으므로 에너
> 지의 총합은 항상 일정하다.
> ③ 열역학 제2법칙: 모든 자발적 과정은 우주 전체의 엔트로피가 증가하는 방향으로 일어난다.
> ④ 열역학 제3법칙: 절대영도에서 물질의 엔트로피는 0이다.

(2) 열화학 반응식

화학 반응이 일어날 때 출입하는 열에너지를 화학 반응식에 표시하여 나타낸 것을 열화학 반응식이라고 한다. 열화학
반응식은 반응열(Q) 또는 반응 엔탈피(ΔH)의 두 가지 방법으로 나타낼 수 있다. 반응열(Q)과 반응 엔탈피(ΔH)는
그 크기가 같고 부호만 반대이다.

① 발열반응의 열화학 반응식

$$CH_4(g)+2O_2(g) \rightarrow CO_2(g)+2H_2O(l)+890kJ$$
$$CH_4(g)+2O_2(g) \rightarrow CO_2(g)+2H_2O(l), \Delta H=-890kJ$$

② 흡열반응의 열화학 반응식

$$CaCO_3(s) \rightarrow CaO(s)+CO_2(g) -178.3kJ$$
$$CaCO_3(s) \rightarrow CaO(s)+CO_2(g), \Delta H=+178.3kJ$$

③ 반응에 출입하는 열에너지의 크기는 반응에 참여하는 반응 물질과 생성 물질의 양에 정비례한다. 따라서 반응식의 계수를 정수배로 하면 ΔH의 값도 정수배로 해 줘야 한다.

$$CH_4(g)+2O_2(g) \rightarrow CO_2(g)+2H_2O(l), \Delta H=-890kJ$$
$$2CH_4(g)+4O_2(g) \rightarrow 2CO_2(g)+4H_2O(l), \Delta H=-1,780kJ$$

④ 역반응이 일어날 때는 출입하는 열에너지의 크기는 같고 부호는 반대가 된다.

$$CH_4(g)+2O_2(g) \rightarrow CO_2(g)+2H_2O(l), \Delta H=-890kJ$$
$$CO_2(g)+2H_2O(l) \rightarrow CH_4(g)+2O_2(g), \Delta H=+890kJ$$

(3) 열용량과 비열

① **열용량**: 어떤 물질의 온도를 $1℃$ 올리는 데 필요한 열량이다.(단위: kcal/℃)
② **비열**: 물질 1g의 온도를 $1℃$ 올리는 데 필요한 열량이다.(단위: J/g·℃)
③ **열용량과 비열의 관계**: 열용량(C)=비열(c)×질량(m)

(4) 헤스의 법칙

① 화학변화가 일어나는 동안 반응계에 출입한 열량은 반응 전후 물질의 종류와 상태 및 반응 후의 물질의 종류와 상태가 같으면 반응 경로에 관계없이 항상 일정하다. 이를 헤스의 법칙 또는 총열량 불변의 법칙이라고 한다.
② C에서 CO_2로 바로 가는 경로나 CO를 거쳐 CO_2로 가는 경로나 엔탈피 변화량은 같다.($Q_1=Q_2+Q_3$)

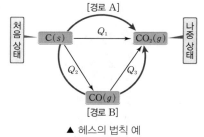

▲ 헤스의 법칙 예

2. 반응속도

화학반응이 얼마나 빨리 일어나는지를 양적으로 취급할 때 이 빠르기를 반응속도라고 하는데, 반응속도는 온도, 농도, 압력, 촉매의 유무, 작용하는 물질의 입자 크기, 빛, 전기, 교반, 효소 등에 따라 달라진다.

(1) 활성화에너지와 반응속도

① **활성화에너지**: 반응을 일으키는 데 필요한 최소한의 에너지로, 반응에 참여하기 위해서는 이 에너지 이상의 에너지를 가져야만 한다.
② **활성화에너지와 반응속도의 관계**: 어떤 반응의 활성화에너지가 크면 활성화에너지 이상의 에너지를 갖는 분자의 수가 적기 때문에 반응이 느리게 진행될 것이다. 반대로 활성화에너지가 작은 반응에서는 그보다 큰 에너지를 가진 분자들이 많아 반응이 빠르게 진행된다. 다시 말해 활성화에너지가 클수록 반응속도가 느리고 작을수록 반응속도가 빠르다.

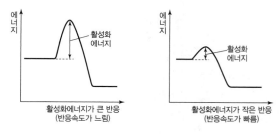

(2) **반응속도에 영향을 주는 요소**

① 농도: 일정한 온도에서 반응 물질의 농도(몰/L)가 클수록 반응속도가 커지는데, 반응속도는 반응하는 순간에 반응 물질의 농도의 곱에 비례한다.

② 온도: 온도를 상승시키면 반응속도는 증가한다. 일반적으로 수용액의 경우 온도가 $10^\circ C$ 상승하면 반응속도는 약 2배로 증가하고, 기체의 경우는 그 이상으로 증가한다.

③ 촉매: 촉매는 자신은 변하지 않고 반응속도만을 증가시키거나 혹은 감소시킨다.

㉠ 정촉매: 반응속도를 빠르게 하는 촉매

㉡ 부촉매: 반응속도를 느리게 하는 촉매

(3) **반응속도론과 화학평형**

① 화학반응이 일어나면 반응이 진행함에 따라 반응물질의 농도 감소가 처음에는 빨리 일어나다가 점점 천천히 일어난다. 어느 시간에 이르러서는 더 이상 감소하지 않게 되는 상태가 되는데, 이러한 상태를 정반응과 역반응의 속도가 같은 상태, 즉 화학평형상태라 한다.

② 화학평형상태의 계를 이루고 있는 생성물과 반응물의 상대적 비율을 결정하기 위해 일반적 반응식을 예로 들어보면 다음과 같다.

$$aA(g) + bB(g) \rightleftharpoons cC(g) + dD(g)$$

이때 화학반응의 속도는

정반응속도 $= k_p[A]^a[B]^b$

역반응속도 $= k_r[C]^c[D]^d$ (여기서, k_p: 정반응속도 상수, k_r: 역반응속도 상수)

화학평형상태일 때, 정반응속도=역반응속도이므로

$k_p[A]^a[B]^b = k_r[C]^c[D]^d$,

따라서 $\dfrac{k_p}{k_r} = \dfrac{[C]^c[D]^d}{[A]^a[B]^b} \Rightarrow K_c = \dfrac{[C]^c[D]^d}{[A]^a[B]^b}$, $\dfrac{k_p}{k_r} = K_c$

이때의 K_c의 값을 반응의 평형상수라 한다.

(4) **르 샤틀리에(Le chatelier)의 원리**

1884년 Le Chatelier는 평형에 이른 계가 외부에서 교란을 받으면 그 교란을 없애려는 방향으로 반응하여 새로운 평형상태에 이른다고 설명하였다. 이것을 르 샤틀리에(Le chatelier)의 원리라고 한다.

① **농도변화**

㉠ 다음의 반응이 평형상태를 이루었다고 가정한다.

$$H_2(g) + I_2(g) \rightleftharpoons 2HI(g)$$

㉡ 반응물이나 생성물의 농도를 조금이라도 변화시키면 이 평형이 깨진다.

㉢ 예를 들면 H_2의 농도를 증가시키면, 평형이 깨어지고 다시 새로운 평형을 이루기 위해 H_2의 농도를 감소시키는 방향, 즉 오른쪽으로 반응이 진행된다.

㉣ H_2가 소모됨으로써 HI가 더 생성되어 처음의 평형상태보다 HI의 농도가 더 커지게 된다. 이때 평형의 위치가 오른쪽으로 이동하였다고 한다.

② **온도변화**

㉠ 평형상수는 온도의 함수이다. 그러므로 온도가 변하면 평형의 위치도 변화되고 평형상수 값 자체도 영향을 받는다. 다음의 발열반응을 예로 들어본다.

$$3H_2(g) + N_2(g) \rightleftharpoons 2NH_3(g) + 22.0kcal$$

ⓒ 이 계가 평형상태일 때, 열을 가해주면 평형은 깨지고 가해진 열의 일부를 소모하는 방향으로 반응이 진행된다. 그러므로 흡열변화를 일으켜 NH_3의 분해반응이 진행된다. 따라서 발열반응의 경우 계의 온도를 높이면 평형의 위치는 왼쪽으로 이동한다. 반대인 흡열반응의 경우 계의 온도를 높이면 계의 온도를 낮추는 방향(정방향)으로 반응이 진행되므로 평형의 위치는 오른쪽으로 이동한다.

③ 압력

ⓐ 계의 압력이 증가하면 계의 압력을 감소시키는 방향으로 반응이 진행되고, 계의 압력이 감소하면 계의 압력을 증가시키는 방향으로 반응이 진행된다. 다음의 예를 살펴본다.

$$N_2(g) + 3H_2(g) \rightleftarrows 2NH_3(g)$$

ⓑ 이 반응은 정반응일 때 전체 기체 분자의 몰수가 감소하여 계의 압력을 감소시키고, 역반응은 전체 기체 분자의 몰수가 증가하여 계의 압력을 증가시킨다. 따라서 평형상태에서 계의 압력을 증가시키면 반응은 계의 압력을 감소시키는 방향, 즉 정반응이 일어나게 되고, 평형의 위치는 오른쪽으로 이동한다. 반대의 경우, 계의 압력을 감소시키면 반응은 계의 압력을 증가시키는 역반응을 하게 되고 평형의 위치는 왼쪽으로 이동하게 된다.

④ **촉매의 영향**: 화학평형에서 정반응과 역반응의 속도는 같다. 여기에 촉매를 가하면 정반응의 속도가 증가하며, 그것과 비례하여 역반응의 속도 또한 증가한다. 따라서 평형상태는 변화가 없다. 촉매는 화학반응의 속도를 증가시키는 작용을 하지만, 화학평형을 이동시킬 수는 없다.

나는 깊게 파기 위해
넓게 파기 시작했다.

– 스피노자(Baruch de Spinoza)

유무기화합물 위험성 파악

1 무기화합물 종류·특성 및 위험성

1. 금속과 그 화합물

(1) 알칼리 금속

주기율표 제1족을 알칼리 족이라 하며 리튬(Li), 나트륨(Na), 칼륨(K), 루비듐(Rb), 세슘(Cs), 프랑슘(Fr)의 6원소가 이에 속한다.

① 알칼리 금속의 물리적 성질

ㄱ 결합력이 약하여 연하고 가벼운 은백색 광택이 있고, 밀도가 작으며 무른 금속으로 칼로 자를 수 있다.

ㄴ 다른 금속에 비해 끓는점과 녹는점이 비교적 낮고 밀도가 작다.

ㄷ 원자번호가 커질수록 원자 반경이 급속하게 커져 원자 간의 인력과 이온화에너지가 작아지기 때문에 녹는점과 끓는점이 낮아지고 다른 금속원소에 비해 반응성이 커진다.

알칼리 금속	원자번호	녹는점(℃)	끓는점(℃)	밀도(g/cm³, 20℃)	불꽃 반응색
리튬(Li)	3	180.5	1,347	0.53	빨강
나트륨(Na)	11	97.8	883	0.97	노랑
칼륨(K)	19	63.5	757	0.86(물보다 가볍다)	보라
루비듐(Rb)	37	38.8	696	1.53	빨강
세슘(Cs)	55	26.5	670	1.87	파랑

※ 알칼리 금속의 끓는점과 녹는점: Li>Na>K>Rb>Cs

② 알칼리 금속의 화학적 성질

ㄱ 전자 1개를 잃어 +1가의 양이온이 되기 쉽다. 예) $Na \rightarrow Na^+ + e^-$

ㄴ 반응성이 매우 커서 공기 중에 놓아두면 즉시 산화되어 은백색의 광택이 사라진다. 따라서 자연계에서 대부분 화합물로 존재한다. 예) $4M + O_2 \rightarrow 2M_2O$(M: 알칼리 금속)

※ 알칼리 금속의 반응성: Cs>Rb>K>Na>Li

ㄷ 산화물의 수용액은 모두 강한 염기성을 나타낸다.

③ 알칼리 금속의 보관: 알칼리 금속은 공기 중에서 쉽게 산화되기 때문에 공기 중에 노출시키면 순식간에 색이 변하고, 찬물과도 격렬히 반응함은 물론 공기 중의 수증기와도 반응하여 수소 기체 및 수산화물을 만들고, 많은 열을 발생시킨다. 따라서 알칼리 금속은 반드시 석유나 유동성 파라핀 속에 보관하여 공기 중의 산소와 수분으로부터 격리시켜야 한다.

④ 알칼리 금속의 구별: 알칼리 금속이나 그 이온이 포함된 용액을 백금선에 묻혀 불꽃 반응시키면 금속 특유의 색깔이 나타나므로 검출할 수 있다.

Li	Na	K	Cu	Ba	Ca	Rb	Cs
적색	노란색	보라색	청록색	황록색	주황색	빨간색	파란색

▲ 알칼리 금속을 포함한 금속의 불꽃 반응색

⑤ 알칼리 금속의 화합물

　㉠ 수산화나트륨(NaOH)

　　• 제법: 소금물을 전기분해하면 양극에서는 Cl_2가 발생하고 음극에서는 H_2와 NaOH가 생성된다.

$$2NaCl + 2H_2O \rightarrow 2NaOH + H_2 + Cl_2$$

　　• 성질

　　　– 백색의 고체, 조해성이 강하다.

　　　– 고체 상태, 수용액에서 CO_2를 흡수하여 점차 Na_2CO_3로 된다.

$$2NaOH + CO_2 \rightarrow Na_2CO_3 + H_2O$$

　　• 용도: 비누, 종이, 인견, 펄프, 물감의 제조, 석유 정제 등에 쓰인다.

　㉡ 탄산나트륨(Na_2CO_3, 소다회)의 제법

　　• 르블랑법

　　　– 1단계: 황산소다(무수망초)와 염산 생성

$$NaCl \quad + \quad H_2SO_4 \xrightarrow{200℃} NaHSO_4 \quad + \quad HCl$$
　　　염화나트륨(소금)　　황산　　　　　　　　황산수소나트륨　　염산(부생염산)
$$NaHSO_4 \quad + \quad NaCl \xrightarrow{800℃} Na_2SO_4 \quad + \quad HCl$$
　　　　　　　　　　　　　　　　　　　무수망초

　　　– 2단계: 900~1,000℃ 가열, 흑회 생성

$$Na_2SO_4 \quad + \quad 2C \quad \longrightarrow \quad Na_2S \quad + \quad 2CO_2$$
　　　무수망초
$$Na_2S \quad + \quad CaCO_3 \quad \longrightarrow \quad Na_2CO_3 \quad + \quad CaS$$

　　　　　　　　　　　　　　　　　　　　　　＊흑회($Na_2CO_3 + CaS + C$)

　　• 암모니아소다법(솔베이법): 1866년에 솔베이가 창안한 방법으로, 경제적으로 탄산수소나트륨($NaHCO_3$)과 탄산나트륨(Na_2CO_3)을 만들게 된 방법이다.

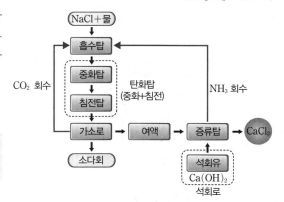

　　　– 흡수탑: 함수에 암모니아 흡수

　　　– 탄화탑($NaHCO_3$, NH_4Cl 생성)

$$NaCl + NH_3 + H_2O + CO_2 \rightarrow NaHCO_3 \downarrow + NH_4Cl$$

　　　– 가소로($NaHCO_3$ 열분해)

$$2NaHCO_3 \rightarrow Na_2CO_3 + H_2O + CO_2$$

　　　– 증류탑(염화암모늄 → 암모니아: 회수과정)

$$2NH_4Cl + Ca(OH)_2 \rightarrow 2NH_3 + CaCl_2 + 2H_2O$$

- 염안소다법
  - 암모니아 소다법(솔베이법)에서 미반응한 염안(NH_4Cl)과 미반응 식염 등의 이용률을 높이기 위해 사용한다.
  - 석회로와 증류탑이 필요가 없고, 염안 정출장치가 필요하다.
  - 별도의 암모니아를 계속 공급해야 한다.

(2) 금속의 이용

금속은 그 자체로 혹은 금속의 혼합물인 합금으로 만들어 우리 생활의 여러 부분에서 유용하게 쓰인다.

① **구리(Cu)** : 붉은색의 광택을 띠는 금속으로 반응성이 크지 않아 쉽게 제련할 수 있다. 순수한 구리는 암석인 황동광($CuFeS_2$)을 제련하여 얻은 구리(조동)를 전기분해하여 (−)극에서 얻을 수 있다. 전기분해의 원리를 이용하면 98% 정도의 거친 구리를 99.98% 정도의 순수한 구리로 만들 수 있다.

  ㉠ 구리의 이용 : 물, 산소와 반응하지 않고 열과 전기 전도성이 커서 전선의 재료나 전기부품으로 사용되며, 놋쇠, 청동 등의 합금재료로도 많이 쓰인다.
    - 청동 : 구리와 주석의 합금으로 녹이 잘 슬지 않고 잘 마모되지 않으므로 기계부품에 많이 쓰인다.
    - 황동 : 구리와 아연의 합금으로 청동보다 연하여 가공하기 쉽고 색깔이 아름다워 일용품이나 장식품 등에 사용된다.

  ㉡ 구리와 묽은 질산의 반응식

$$3Cu + 8HNO_3 \rightarrow 3Cu(NO_3)_2 + 2NO \uparrow (일산화질소) + 4H_2O$$

② **철(Fe)**

  ㉠ 현재 가장 많이 사용되는 금속으로 적철광(Fe_2O_3), 자철광(Fe_3O_4)과 같은 철광석을 제련하여 얻는다.

  ※ 자철광의 제조법 : $3Fe + 4H_2O \rightarrow Fe_3O_4 + 4H_2$

  ㉡ 철(Fe)의 제련 : 용광로에 철광석과 코크스, 석회석을 넣고 밑에서 뜨거운 공기를 불어 넣으면 코크스가 연소하여 일산화탄소로 된다. 이 일산화탄소가 철광석을 환원하여 철을 생성한다.
    - $2C + O_2 \rightarrow 2CO$ • $Fe_2O_3 + 3CO \rightarrow 2Fe + 3CO_2$ • $Fe_3O_4 + 4CO \rightarrow 3Fe + 4CO_2$

  ㉢ 용광로에서 생성된 철은 비중이 크므로 용광로의 아래쪽 출구로 분리되어 나온다. 이때 얻어진 철을 선철(무쇠)이라 한다.

  ㉣ 석회석은 용광로 속에서 산화칼슘으로 분해된 뒤 철광석의 이산화규소와 결합하여 규산칼슘이 된다. 이것을 슬래그라 하며, 시멘트나 벽돌 등에 이용된다.

> **고득점 Point**   테르밋(thermit)
>
> 순수한 산화철과 Al 분말을 혼합한 것으로 이것에 점화하면 Al이 산화철 중의 O를 흡수 연소한다. 그래서 ($2Al + Fe_2O_3 \rightarrow Al_2O_3 + 2Fe$)에 의해 약 3,000℃의 열이 발생하여 그 때문에 용융 상태의 철이 되는 것이다. 이것을 철강의 이음매에 흘러 넣으면 용접할 수 있다. 점화는 가스 토치 등에 의하나 한 번 점화하면 그 후에는 자기열로써 작용이 계속된다.

③ **알루미늄(Al)** : 밀도가 $2.7g/cm^3$의 가벼운 금속으로 열 및 전기 전도성이 좋으며 부식에 강하므로 건축 자재, 비행기 동체의 재료, 취사 및 주방기구, 음료수 깡통 등의 재료에 많이 쓰인다.

> **고득점 Point**
>
> 탄화알루미늄에 물을 작용시키면 메탄이 생성된다.
> Al_4C_3 + $12H_2O$ $\rightarrow$ $4Al(OH)_3$ + $3CH_4 \uparrow$
> (탄화알루미늄)   (수산화알루미늄) (메탄)

④ **기타 금속**

  ㉠ 금(Au) : 연성과 전성이 가장 커서 얇은 판이나 선으로 가공할 수 있다. 또한 열전도성이 뛰어나 컴퓨터, 휴대폰 등의 전자 회로에 많이 사용된다.

ⓛ 백금(Pt): 부식과 산화에 저항성이 가장 큰 금속으로 여러 가지 화학반응의 촉매로 사용된다.

ⓒ 은(Ag): 열 및 전기 전도성이 가장 큰 금속으로 반응성이 작아 장신구나 주화 등에 사용된다.

(3) 금속의 이온화 경향

① 이온화 경향: 금속이 전자를 잃고 양이온으로 되려는 경향을 이온화 경향이라 하며, 이것을 상대적 세기의 순으로 나열한 것을 이온화 서열이라고 한다. 이온화 경향이 큰 금속일수록 반응성이 크다.

② 금속의 반응성: 반응성에 따라 금속이 공기 중의 산소, 물, 산과 반응하는 정도는 다음과 같이 다르게 나타난다.

이온화 경향 서열	K	Ca	Na	Mg	Al	Zn	Fe	Sn	Pb	Cu	Hg	Ag	Pt	Au
금속의 반응성	크다													작다
공기 중의 산소와의 반응	상온에서 빠르게 산화				가열하면 빠르게 산화			가열하면 느리게 산화		반응하지 않음				
물과의 반응	찬물과 반응하여 수소 발생			수증기와 반응하여 수소 발생			물이나 수증기와 반응하지 않음							
산과의 반응	폭발적으로 반응하여 수소 발생			쉽게 반응하여 수소 발생				느리게 반응하여 수소 발생		산화력이 큰 산과 반응			반응하지 않음	

㉠ 수소보다 이온화 경향이 큰 금속들이 수소 이온을 포함하고 있는 산 용액과 반응하면 산에 녹아 금속 양이온이 되며, 수소 이온은 환원되어 수소 기체로 발생한다. 그러나 수소보다 이온화 경향이 작은 금속은 산과 반응하여 수소 기체를 발생시키지 못한다.

ⓛ 찬물과 반응하는 금속일수록 반응성이 크다. 알칼리 금속은 반응성이 커서 찬물과도 반응하여 수소 기체를 발생시킨다.

ⓒ Cu, Hg, Ag은 보통의 산과는 반응하지 않으나 산화력이 있는 산(진한 황산, 묽은 질산, 진한 질산)과는 반응한다.

ⓔ Pt과 Au는 한 종류의 산에는 녹지 않고 진한 질산과 진한 염산을 1 : 3의 부피비로 혼합한 왕수에는 녹는다.

ⓜ 같은 족의 금속원소의 경우 원자번호가 커질수록 반응성이 커진다.

  예 1족 금속원소의 반응성의 크기: $Cs > Rb > K > Na > Li$

(4) 합금

금속의 부식을 막는 방법 중 하나로 어떤 금속에 다른 금속 또는 비금속을 첨가시키는 것이다. 한 금속에 다른 종류의 금속을 섞어 주면 순수한 금속의 성질을 다양하게 변화시킬 수 있으므로 여러 가지 용도로 사용할 수 있다.

합금	주성분 금속	혼합 금속	특성	용도
땜납	Pb	Sn	녹는점이 낮음	퓨즈
황동(놋쇠)	Cu	Zn	단단하고 부식이 안 됨	동전, 기계 부품
청동	Cu	Sn, Zn	단단함	동상, 공예품
망간강	Fe	Mn	값이 싸고 강함	선박, 교량
니크롬	Ni	Cr, Mn	저항이 큼	전열기
두랄루민	Al	Cu, Mg	가볍고 강함	항공기의 재료
스테인리스강	Fe	Cr, Ni	녹이 슬지 않음, 화학 약품에 강함	식기, 공구
아말감	Hg	Ag, Sn	매우 안정하고, 굳으면 단단함	치과용 충전제

▲ 우리 주변에서 사용되는 합금과 그 용도

2. 비금속 원소와 그 화합물

(1) 할로젠(할로겐) 원소의 종류와 특징

주기율표의 17족에 속하는 플루오르(F), 염소(Cl), 브로민(Br, 브롬), 아이오딘(I, 요오드) 등의 비금속 원소를 할로젠(할로겐)원소라 한다.

할로겐 원소	원자번호	녹는점(℃)	끓는점(℃)	색깔 및 상태	분자
플루오르(F)	9	−219.6	−188	담황색 기체	F_2
염소(Cl)	17	−101.0	−34.6	황록색 기체	Cl_2
브로민(Br, 브롬)	35	−7.2	58.5	적갈색 액체	Br_2
아이오딘(I, 요오드)	53	113.6	184.4	흑자색 고체	I_2

① 할로젠(할로겐) 원소의 특징

ㄱ 상온에서 2개의 원자가 결합한 이원자 분자로 존재한다.

ㄴ 원자번호가 커질수록 색깔이 진해지고 원자 반지름이 커지며 녹는점, 끓는점이 높아진다.(반응성은 작아짐)

ㄷ 상온에서 플루오르(F_2), 염소(Cl_2)는 기체, 브로민(Br_2, 브롬)은 액체, 아이오딘(I_2, 요오드)은 고체로 존재한다.

ㄹ 최외각 전자가 7개이므로 전자 1개를 받아 −1가의 음이온이 되기 쉽다.

ㅁ 반응성이 매우 크기 때문에 금속, 비금속 원소와 반응하여 화합물을 만든다.

ㅂ 수소 기체와 반응하여 할로젠화수소(할로겐화수소)를 생성하며, 이들은 물에 녹아 산성을 나타낸다.

   예 $H_2+X_2 \rightarrow 2HX$(X: 할로젠(할로겐) 원소)

   • 할로젠화수소산(할로겐화수소산)의 산성의 세기: $HF \ll HCl < HBr < HI$

   • 할로젠화수소산(할로겐화수소산)의 결합력의 세기: $HF > HCl > HBr > HI$

   • 할로젠화수소산(할로겐화수소산)의 끓는점: $HF \gg HI > HBr > HCl$

   ※ 결합력은 'HCl>HBr>HI' 순서이지만 끓는점은 분산력이 작용하여 반대인 'HI>HBr>HCl'이다. HCl도 쌍극자 간의 강한 인력을 가지고 있지만, HI처럼 분자가 더 많은 전자를 가질 때 분산력이 작용하여 서로를 끌어당기는 힘이 더 강해지기 때문이다.

   • 할로젠(할로겐) 원소 반지름: $F < Cl < Br < I$

ㅅ 알칼리 금속과 반응하여 염을 생성한다. 예 $2Na+Cl_2 \rightarrow 2NaCl$

ㅇ 물에 약간 녹아 살균 및 표백 작용을 나타낸다. 염소의 경우 물에 녹아 산화력이 강한 하이포아염소산(HOCl)을 생성하므로 수돗물의 소독에 이용된다.

ㅈ 브로민(브롬)은 상온에서 액체인 유일한 비금속 홑원소 물질이다.

ㅊ 염소(Cl_2) 기체는 색을 탈색(표백)시키는 성질이 있다.

   예 집기병 속에 물에 적신 빨간 꽃잎을 넣고 염소 기체를 채우면 꽃잎이 탈색된다.

> **고득점 Point**
>
> 건조된 수산화칼슘과 염소가 반응하면 표백 성분을 지닌 분말(표백제)이 생성된다.
> $2Ca(OH)_2+2Cl_2 \rightarrow Ca(OCl)_2+CaCl_2+2H_2O$
> $Ca(OCl)_2$: 차아염소산칼슘, $CaCl_2$: 염화칼슘

② 할로젠(할로겐) 분자의 제법: 할로젠화수소(할로겐화수소)에 산화제를 작용시켜 얻는다.(단, F_2는 제외)

$$MnO_2+4HX \xrightarrow{\text{가열}} MnX_2+2H_2O+X_2(X: Cl, Br, I)$$

※ F_2는 산화력이 매우 강하여 산화제로 산화시킬 수 없고 용융 전기분해로 얻는다.

③ 할로젠화(할로겐화) 이온의 검출: 할로젠화(할로겐화) 이온은 은 이온(Ag^+)과 반응하여 특유한 색깔의 앙금을 생성하므로 검출할 수 있다.

$$Ag^+ + X^- \rightarrow AgX\downarrow (X: 할로젠(할로겐) 원소)$$
$$AgCl\downarrow(흰색),\ AgF(물에\ 녹아\ 무색\ 용액),\ AgBr\downarrow(엷은\ 노란색),\ AgI\downarrow(노란색)$$

(2) 할로젠(할로겐)의 반응성

할로젠(할로겐) 분자	수소와의 반응	물과의 반응
F_2	어두운 곳에서도 폭발적으로 반응	물과 반응하여 산소 발생
Cl_2	햇빛이 있으면 격렬히 반응	일부가 물에 녹아 HOCl 생성
Br_2	가열하면 고온에서 서서히 반응	매우 느리게 반응
I_2	촉매와 함께 가열하면 서서히 반응	거의 반응하지 않음

고득점 Point   네슬러 시약

암모늄 이온에 대한 고감도의 검출 또는 정량에 사용되는 시약의 하나로 다음의 반응식에 의해 암모니아와 반응하여, 소량인 경우는 과잉의 시약에 녹아서 황갈색, 다량인 경우에는 적갈색 침전을 생성한다.
$$2K_2HgI_4 + 4OH^- + NH_4^+ \rightarrow NHg_2I \cdot H_2O + 3H_2O + 4K^+ + 7I^-$$

3. 무기화합물의 명명법

화합물은 무기화합물과 유기화합물로 구분할 수 있으며, 유기화합물은 대개 수소, 산소, 질소, 황과 결합하는 탄소를 포함한 화합물이고 그 밖의 화합물은 무기화합물이다.(일산화탄소, 이산화탄소, 이황화탄소와 같이 탄소를 포함하는 몇몇 화합물과 시안화족, 탄산 및 중탄산족을 포함하는 화합물은 편의상 무기화합물로 간주함)

무기화합물은 크게 이온결합 화합물, 분자화합물, 산과 염기 및 수화물 등으로 구분 가능하다.

(1) 이온결합 화합물의 명명법

① 금속 양이온의 이름은 그 원소에 의해 명명된다.

예 Na: 나트륨, Na^+: 나트륨 이온, K: 칼륨, K^+: 칼륨 이온, Mg: 마그네슘, Mg^{2+}: 마그네슘 이온

② 많은 이온 결합 화합물은 이성분 화합물 또는 2개의 원소로 된 화합물이며 이성분 화합물에서 금속 양이온을 앞에 그리고 비금속 음이온은 뒤에 써서 나타낸다.

예 염화나트륨 NaCl은 음이온 원소의 이름 끝에 '화'를 붙여 읽는다.

③ 수산화이온(OH^-)과 시안화이온(CN^-)처럼 두 개의 다른 원소를 포함하고 있는 음이온들도 이름 끝에 화를 붙여 명명한다. 따라서 화합물 LiOH는 수산화리튬이라 부른다.

④ 전이금속과 같은 어떤 금속은 한 종류 이상의 양이온을 만들 수 있다. 예를 들어 철은 두 개의 양이온 Fe^{2+}과 Fe^{3+}을 만들 수 있다. 두 가지 서로 다른 전하를 갖는 금속 이온의 구별에 사용되는 고전적인 명명법은 전하가 낮은 양이온 앞에 "제일", 그리고 전하가 높은 양이온 앞에는 "제이" 등을 붙여 명명하는 것이다.

예 Fe^{2+}: 제일철 이온, Fe^{3+}: 제이철 이온

⑤ 양전하 한 개를 Ⅰ, 양전하 두 개를 Ⅱ로 표시하기도 한다.(Stock 시스템)

예 Mn^{2+}: MnO 산화망간(Ⅱ), Mn^{3+}: Mn_2O_3 산화망간(Ⅲ)

(2) 분자 화합물의 명명법

① 이온결합 화합물과는 달리 분자 화합물은 특정한 분자 단위로 되어 있으며 비금속 원소로 구성되어 있는 많은 무기 분자 화합물은 단지 두 개의 원소로 된 이성분 화합물이다. 이성분 분자 화합물의 명명법은 이성분 이온 결합 화합물의 명명법과 같다. 음이온 원소의 이름 끝에 화를 붙여 먼저 부르며 영문일 경우엔 그 반대이다.

예 HCl: 염화수소, HBr: 브로민화수소(브롬화수소), SiC: 탄화규소

② 한 쌍의 원소가 몇 개의 다른 화합물을 만드는 것은 매우 일반적이며 이러한 경우에는 화합물을 명명할 때 들어 있는 원자의 수를 그리스 접두사로 표시한다. 수소를 포함하는 분자 화합물을 명명할 때는 그리스 접두사를 쓰지 않는다.

　　예 B_2H_6: 디보란, CH_4: 메탄, SiH_4: 실란, NH_3: 암모니아, PH_3: 포스핀(인화수소), H_2O: 물

③ 화학식에서 원소를 쓰는 순서는 규칙이 있는 것은 아니다. 위의 예에서 물과 황화수소는 H를 앞에 쓰는 반면에 다른 화합물에서는 뒤에 쓰기도 한다.

(3) 산과 염기의 명명법

① 산의 명명

　㉠ 물에 용해되어 수소 이온을 생성하는 물질을 산이라고 한다. 무기산의 화학식은 음이온 족뿐만 아니라 한 개 이상의 수소 원자를 포함할 수 있다. 음이온을 포함하는 산의 경우 음이온의 이름 뒤에 수소를 붙여 명명하며 같은 화학식이라 할지라도 두 가지 이름으로 명명하는 경우가 있다. 예를 들어 HCl: 염화수소, HCl: 염화수소산(염산)이 있는데, 액체인지 기체인지 물질의 상태에 따라서 이름이 다르다.

　㉡ 수소, 산소 및 다른 원소를 포함하는 산을 산소산이라 한다. 산소산의 화학식은 다음의 예처럼 앞에 수소를, 가운데에 중심 원소를, 그 다음에 산소를 써서 나타낸다.

　　예 H_2CO_3: 탄산, HNO_3: 질산, H_2SO_4: 황산

　㉢ '–산'을 붙여 부르는 화합물의 명명은 산소와 수소의 첨가 또는 제거에 따라 다음의 규칙을 따른다.

　　• "–산"에 산소 원자 한 개를 첨가할 때는 "과–산"이라 부른다.
　　• "–산"으로부터 산소 원자 한 개를 없앨 때는 "아–산"이라 부른다.
　　• "–산"으로부터 산소 원자 두 개를 없앨 때는 "하이포아–산"이라 부른다.
　　• "–산"에서 한 개 또는 그 이상의 수소 이온이 없어지면, 음이온의 이름 끝에 "–산"을 붙인다.
　　• "아–산"에서 한 개 또는 그 이상의 수소 이온이 없어지면 음이온의 이름 끝에 "아–산"을 붙인다.

② 염기의 명명: 물에 용해되었을 때 수산화 이온을 만드는 물질을 염기라 한다. 기체나 순수 액체 상태에 있는 분자 화합물 암모니아는 일반적으로 염기로 분류한다. "수산화–"를 붙여서 부른다.

고득점 Point　기타 무기화학 물질

① 카보런덤: 탄화규소(SiC)의 상품명이다. 규사와 코크스를 약 2,000℃의 전기저항로에서 강하게 가열하여 만든 아름다운 결정체로 녹는점이 높고 단단하다. 순수한 것은 녹색, 약간 불순한 것은 흑색이다. 용도는 연마재, 내화 재료용으로 쓰인다.
② 규산석회: 규산염의 한 가지로 칼슘, 규소와 산소가 화합한 고체로 물에 용해된다.
③ 유리: 규사, 탄산나트륨, 탄산칼슘 등을 고온으로 녹인 후 냉각하면 생기는 투명도가 높은 물체이다. 종래에는 규산을 주체로 한 규산염 유리가 대표적이었지만 현재는 붕산염유리, 인산염유리 등의 산화물 유리가 대표적이다.
④ 이산화규소(SiO_2)
　㉠ 수정, 석영, 모래의 주성분이다.
　㉡ 수산화나트륨과 작용시키면 물유리의 원료인 규산나트륨을 만든다.
　　$SiO_2 + 2NaOH → Na_2SiO_3$(규산나트륨)$+H_2O$
　㉢ 이온결합과 공유결합 모두 하고 있다.
　㉣ 결정은 3차원 그물 구조로 육각기둥 모양을 하고 있다.

---

4. 방사성 원소

불안정한 원자핵이 붕괴되면서 알파선(α선), 베타선(β선), 감마선(γ선) 등의 방사선을 방출하고 쪼개지는 원소로 라듐(Ra)이나 우라늄(U) 등이 있다. 방사성 원소에는 천연 방사성 원소와 핵반응에 의해 인공적으로 만들어지는 인공 방사성 원소가 있는데, 천연 방사성 원소로는 우라늄(U), 라듐(Ra) 등이 있으며, 인공 방사성 원소로는 플루토늄(Pu) 등 약 11종의 새로운 방사성 원소가 있다.

(1) 방사선의 종류

① α선: 전기장을 작용하면 (−)쪽으로 구부러지므로 그 자신은 (+)전기를 가진 입자임을 알게 되었다. α선은 (+)전하의 질량수가 4인 헬륨의 핵(He^{2+})으로 투과력은 가장 약하다.

② β선: 전기장의 (+)쪽으로 구부러지므로 그 자신은 (−)전자의 흐름이며, 투과력은 α선보다 크고 γ선보다 작다.

③ γ선: 광선이나 X선과 같은 일종의 전자파로, 질량이 없고 전하를 띠지 않는다. α선, β선, γ선 중 파장이 제일 짧아 직진성, 투과성, 에너지가 강하며, 가장 전기장의 영향을 받지 않아 휘어지지 않는 선이다.

구분	본질	투과력	감광, 전리, 형광작용
α선	$^4_2He^{2+}$	가장 약하다.	가장 강하다.
β선	전자 e^{-1}	중간이다.	중간이다.
γ선	전자파	가장 강하다.	가장 약하다.

(2) 원소의 붕괴

방사성 원소는 α선, β선, γ선을 방출하며 붕괴하는데, 이와 같은 현상을 원소의 붕괴라고 한다.

방사선 붕괴	원자번호	질량수	예
α붕괴	2 감소	4 감소	$^{238}_{92}U \xrightarrow{\alpha붕괴} {}^{234}_{90}Th + {}^4_2He$
β붕괴	1 증가	변하지 않음	$^{234}_{90}Th \xrightarrow{\beta붕괴} {}^{234}_{91}Pa + e^{-1}$
γ붕괴	변하지 않음	변하지 않음	낮은 에너지 상태로 될 때 방출되는 에너지

① α붕괴: α입자(헬륨의 원자핵)를 하나 방출하며 원소가 붕괴하는 것을 말하며, 질량수가 4(원자번호와 중성자 수가 각각 2씩 감소)만큼 감소하고, 주기율표 상 두 칸 앞자리의 원소가 된다.

② β붕괴: β입자(전자)를 하나 방출하며 원소가 붕괴하는 것을 말하며, 질량수는 변화가 없고 한 개의 중성자가 한 개의 양성자로 변했기 때문에 원자번호가 1만큼 증가한다.

$$^{237}_{93}Np \xrightarrow{\beta} {}^{237}_{94}Pu$$
$$(\text{넵트늄}) \qquad (\text{플루토늄})$$

③ γ붕괴: γ선은 일종의 전자기파로 입자를 방출하는 것이 아니기 때문에, 방출되어도 질량수나 원자번호는 변하지 않으며 전기장의 영향을 받지 않아 휘어지지 않는다.

(3) 핵반응

원자핵이 자연 붕괴되거나 가속 입자로 원자핵이 붕괴되는 현상을 핵반응이라 하며, 이 반응을 화학식으로 표시한 식을 핵반응식이라고 한다. 이때 왼편과 오른쪽의 질량수의 총합과 원자번호의 총합은 반드시 같아야 한다.

$$^9_4Be + {}^4_2He \xrightarrow{\text{핵반응}} {}^{12}_6C + {}^1_0n$$

(4) 반감기

반감기는 어떤 물질의 양이 초기 값의 절반이 되는 데 걸리는 시간을 말한다. 방사성 원소의 경우 원자핵이 방사선을 내고 붕괴반응을 하여 초기의 양에서 절반으로 줄어드는 데 걸리는 시간을 의미한다. 물리학적 반감기라고도 하고, 반감기를 식으로 나타내면 다음과 같다.

$$m = M\left(\frac{1}{2}\right)^{\frac{t}{T}}$$

여기서, m: 붕괴 후의 질량, T: 반감기, M: 처음의 질량, t: 경과한 시간

2 유기화합물 종류·특성 및 위험성

1. 유기화합물의 분류

(1) 사슬, 고리 모양 탄화수소

① 사슬 모양 탄화수소: 탄소 골격이 고리를 형성하지 않고 나열되어 있는 탄화수소이다.

② 고리 모양 탄화수소: 탄소 골격이 고리를 형성하는 탄화수소이다.

(2) 포화, 불포화 탄화수소

그림 (가)와 같은 탄소 사이의 결합을 단일결합이라 하고, 주변에 수소가 최대로 결합하였으므로 이 물질을 포화 탄화수소라고 한다. 반면 그림 (나)와 같은 탄소 사이의 결합이 이중결합을 이루거나, 그림 (다)처럼 삼중결합을 하고 있는 이런 물질들을 불포화 탄화수소라 한다.

$$H-\underset{\underset{H}{|}}{\overset{\overset{H}{|}}{C}}-\underset{\underset{H}{|}}{\overset{\overset{H}{|}}{C}}-H \qquad \underset{H}{\overset{H}{>}}C=C\overset{H}{\underset{H}{<}} \qquad H-C\equiv C-H$$

(가)   (나)   (다)

2. 유기화합물 명명법

(1) IUPAC 명명법의 일반 원칙

① 화합물에서 특별한 구조의 위치를 표시하기 위해서 사용하는 숫자 또는 문자로 된 위치 번호는 명칭에서 관련된 부분 바로 앞에 쓰고 '−'으로 연결한다. 혼동의 가능성이 없을 경우에는 생략할 수도 있으며, 여러 개의 위치 번호는 쉼표 ','로 구분한다.

> $CH_3CH=CHCH_2CH_2CH_3$: 2−헥센(2−hexene)
> $CH_3CH=CH_2$: 프로펜(propene)
> $ClCH_2CH_2Cl$: 1,2−다이클로로에테인(1,2−dichloroethane)

② 동일한 원자 또는 원자단이 하나 이상 있을 경우에는 '모노~', '다이~', '트라이~', '테트라~' 등의 수 접두사를 사용한다. 원자나 원자단의 이름이 우리말로 시작되는 경우에는 '일~', '이~', '삼~', '사~' 등의 접두사를 사용한다.

> $\underset{\underset{CH_3}{|}}{\overset{\overset{CH_3}{|}}{CH_3CH_2CCH_2CH_3}}$ 3,3−다이메틸펜테인   3,3−dimethylpentane

③ 사슬형 화합물에서는 불포화 결합이 가장 많은 사슬, 가장 긴 사슬, 이중결합의 수가 가장 많은 사슬, 주 원자단의 위치 번호가 가장 작은 사슬 등의 순서로 주 사슬을 결정한다.

$$CH_3CH_2CHCH=CH_2 \atop |\ CH_2CH_3}$$

| | 3−에틸−1−펜텐 | 3−ethyl−1−pentene |

④ 사슬이나 고리를 구성하는 원자에 붙이는 위치번호는 치환기나 특성기의 위치가 가장 작은 번호로 표시되도록 결정한다. 여러 가지 선택이 가능할 경우에는 주 원자단, 다중결합, 알파벳 순으로 가장 앞에 오는 치환기의 순서로 위치번호가 가장 작게 되도록 한다.

$$CH_3CHCH_2CH_2CH_3 \atop |\ CH_3}$$

| | 2−메틸펜테인 | 2−methylpentane |

(2) 탄화수소의 이름

① 사슬형 포화 탄화수소의 이름에는 접미사 '~에인'을 사용한다.

CH_4: 메테인 methane
CH_3CH_3, (C_2H_6): 에테인 ethane
$CH_3CH_2CH_3$, (C_3H_8): 프로페인 propane
$CH_3(CH_2)_2CH_3$, (C_4H_{10}): 뷰테인 butane
$CH_3(CH_2)_3CH_3$, (C_5H_{12}): 펜테인 pentane
$CH_3(CH_2)_4CH_3$, (C_6H_{14}): 헥세인 hexane
$CH_3(CH_2)_5CH_3$, (C_7H_{16}): 헵테인 heptane
$CH_3(CH_2)_6CH_3$, (C_8H_{18}): 옥테인 octane
$CH_3(CH_2)_7CH_3$, (C_9H_{20}): 노네인 nonane
$CH_3(CH_2)_8CH_3$, ($C_{10}H_{22}$): 데케인 decane

② 이중결합을 가진 탄화수소의 이름은 같은 구조의 포화 탄화수소의 이름에서 어미 '~에인'을 '~엔'으로 바꾸어 준다. 관용명을 사용하기도 한다.

$CH_2=CH_2$: 에텐(ethene) 또는 에틸렌(ethylene)
$CH_3CH=CHCH_2CH_3$: 2−펜텐(2−pentene)
$CH_2=CHCH=CH_2$: 1,3−뷰타다이엔(1,3−butadiene)

③ 삼중결합을 가진 탄화수소의 이름은 같은 구조의 포화 탄화수소의 이름에서 어미 '~에인'을 '~아인'으로 바꾸어 준다. 관용명을 사용하기도 한다.

$CH≡CH$: 에타인(ethyne) 또는 아세틸렌(acetylene)
$CH_3CH_2C≡CCH_3$: 2−펜타인(2−pentyne)

④ 고리형 탄화수소의 경우에는 같은 수의 탄소 원자를 가진 사슬형 탄화수소의 이름에 접두사 '사이클로~'를 붙여서 나타낸다.

⑤ 방향족 탄화수소의 경우에는 관용명을 허용한다.

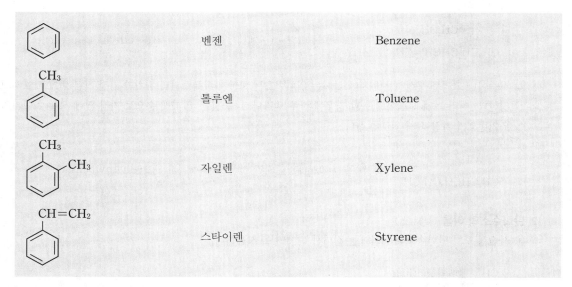

	벤젠	Benzene
	톨루엔	Toluene
	자일렌	Xylene
	스타이렌	Styrene

⑥ 두 개의 치환기가 결합된 벤젠의 경우에는 위치 번호 대신 '오르토-', '메타-', '파라-'를 사용할 수 있다.

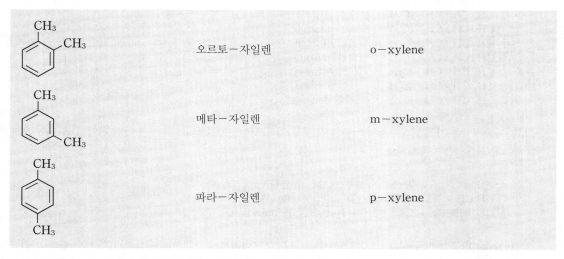

	오르토-자일렌	o-xylene
	메타-자일렌	m-xylene
	파라-자일렌	p-xylene

⑦ 탄화수소에서 수소가 제거되어 만들어지는 작용기는 어미를 '~일'로 바꾸어 준다. 관용명을 사용하기도 한다.

  예 -CH₃: 메틸(Methyl), ⬡-: 페닐(Phenyl)

(3) 산소를 포함하는 유기화합물의 이름

① 알코올과 페놀

 ㉠ 모체에 접미사 '~올'(-ol)을 붙이고, 하이드록시기(히드록시기, -OH)가 결합된 탄소의 위치는 위치 번호를 이용해서 표시한다.

CH₃OH	메탄올	Methanol
CH₃CH₂OH	에탄올	Ethanol

CH₃CHCH₃
   |
  OH
	2-프로판올	2-Propanol

ⓛ 모체의 이름에서 유도되는 작용기의 이름에 '알코올'을 붙이기도 한다.

CH_3OH: 메틸 알코올(Methyl alcohol)
$CH_3CH_2CH_2CH_2CH_2CH_2OH$: 헥실 알코올(Hexyl alcohol)

② 에테르: 두 알킬기를 IUPAC 이름의 알파벳 순으로 나열한 후에 '에테르'를 붙인다.

$CH_3CH_2OCH_3$: 에틸 메틸 에테르(Ethyl methyl ether)
$CH_3CH_2OCH_2CH_3$: 다이에틸 에테르(Diethyl ether)

③ 케톤
   ㉠ 모체의 이름에 접미사 '~온'을 붙여서 표기한다.
   ㉡ 두 알킬기의 이름을 IUPAC 이름의 알파벳 순으로 나열한 후 '케톤'을 붙여서 나타낸다.

$CH_3\overset{\displaystyle O}{\overset{\|}{C}}CH_3$	다이메틸 케톤	Dimethyl ketone
$CH_3CH_2\overset{\displaystyle O}{\overset{\|}{C}}CH_3$	에틸 메틸 케톤	Ethyl methyl ketone

④ 알데하이드(알데히드): 모체의 이름에 접미사 '~알'을 붙이거나, 관용명에 '~알데하이드(~알데히드)'를 붙여서 나타낸다.

⑤ 카르복실산
   ㉠ 탄화수소의 이름에 어미 '~산'을 붙여서 나타낸다. 단, IUPAC 이름의 조어 규칙 때문에 어미의 '~e'가 생략되어 '~an'이 된 경우에는 '~안산'으로 나타낸다. 포화탄화수소에서 유도된 산의 경우에는 어미를 '~탄'으로 바꾼 후 '~산'을 붙인다.

$HCOOH$: 메탄산(Methanoic acid)
CH_3COOH: 에탄산(Ethanoic acid)
CH_3CH_2COOH: 프로판산(Propanoic acid)
$HOOCCH_2COOH$: 프로페인이산(Propanedioic acid)

   ㉡ 카르복실산에서 수소가 제거되어 만들어진 음이온은 '~산 음이온'으로 표기하며, 그 염의 이름은 다음과 같이 붙인다.

CH_3COONa: 아세트산 나트륨(Sodium acetate)
$HCOONa$: 폼산 나트륨(Sodium formate)

   ㉢ 카르복실산의 축합반응으로 만들어진 무수물은 산의 이름 뒤에 '무수물'이라고 표시한다.

$(CH_3CO)_2O$: 아세트산 무수물(Acetic anhydride)

⑥ 에스터(에스테르): 카르복실산의 음이온 이름에 알킬기의 이름을 붙여서 표시한다.

(4) 질소를 포함하는 유기화합물의 이름
① 아민
   ㉠ 아민은 모체 화합물의 이름에 접미사 '~아민'을 붙여서 나타낸다.

CH$_3$CH$_2$NH$_2$	에틸아민	Ethylamine
(CH$_3$CH$_2$)$_2$NH	다이에틸아민	Diethylamine

ⓒ 관용명을 사용하기도 한다.

② 아마이드: 아민의 질소 원자에 아실기(RC=O−)가 결합된 아마이드는 접미사 '~아마이드'를 붙여서 표기한다. 관용명을 쓰기도 한다.

③ 하이드록실아민(히드록실아민): 아민의 질소 원자에 하이드록시기(히드록시기, −OH)가 결합된 하이드록실아민 (히드록실아민)은 접미사 '~하이드록실아민(~히드록실아민)'을 붙여서 표기한다.

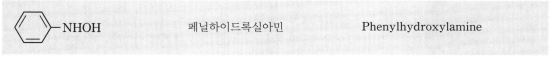

—NHOH	페닐하이드록실아민	Phenylhydroxylamine

④ 나이트릴: 사이안기(−CN)가 결합된 나이트릴 화합물은 모체의 이름에 '~나이트릴'을 붙여서 표기하거나, 사이안화물로 표기한다. 관용명을 쓰기도 한다.

　⑩ CH$_3$CN: 에테인나이트릴(Ethanenitrile)

⑤ 나이트로화합물(니트로화합물): 접두사 '나이트로~(니트로~)'를 붙여서 표기한다.

　CH$_3$NO$_2$: 나이트로메테인(니트로메탄, Nitromethane)

⑥ 아조 화합물: 모체의 이름에 접두사 '아조~'를 붙여서 표기한다.

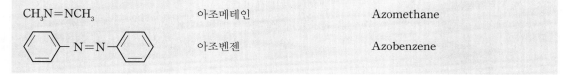

CH$_3$N=NCH$_3$	아조메테인	Azomethane
—N=N—	아조벤젠	Azobenzene

(5) 황을 포함하는 유기화합물의 이름

① 싸이올

　ⓐ 접미사 '~싸이올'을 붙여서 나타낸다.

　ⓒ 싸이올의 염은 알코올의 염과 마찬가지로 '싸이올산'이라고 나타낸다.

　　CH$_3$CH$_2$SNa: 에테인싸이올산 나트륨(Sodium ethanethiolate)

② 설파이드(황화물): '설파이드'를 띄어 쓰거나, 접두사 '싸이오~'를 붙여서 표기한다.

　　CH$_3$CH$_2$SCH$_2$CH$_3$: 다이에틸 설파이드(Diethyl sulfide)
　　CH$_3$SCH$_2$CH$_3$: (메틸싸이오)에테인{(Methylthio)ethane}

(6) 할로젠(할로겐)을 포함하는 유기화합물의 이름

① 할로젠(할로겐) 치환기의 이름을 붙여서 표기한다.

　　CH$_3$F: 플루오로메테인(Fluoromethane)
　　CH$_3$Cl: 클로로메테인(Chloromethane)
　　CH$_3$Br: 브로모메테인(Bromomethane)
　　CH$_3$I: 아이오도메테인(Iodomethane)
　　CHF$_3$: 트라이플루오로메테인(Trifluoromethane)
　　CHCl$_3$: 트라이클로로메테인(Trichloromethane)

② 다음의 관용명은 그대로 사용한다.

> CH_2Cl_2: 염화메틸렌(Methylene chloride)
> CHF_3: 플루오로폼(Fluoroform)
> $CHCl_3$: 클로로폼(Chloroform)
> $CHBr_3$: 브로모폼(Bromoform)
> CHI_3: 아이오도폼(Iodoform)
> CCl_4: 사염화탄소(Carbon tetrachloride)
> $CH_2=CHCl$: 염화바이닐(Vinyl chloride)
> $COCl_2$: 포스겐(Phosgene)
> $CSCl_2$: 싸이오포스겐(Thiophosgene)

3. 지방족 화합물

(1) 사슬 모양 탄화수소(= 지방족 화합물)

사슬 모양 탄화수소에는 탄소 원자 사이의 결합이 모두 단일결합만으로 되어 있는 포화 탄화수소인 알칸, 이중결합 1개가 포함된 불포화 탄화수소인 알켄 및 삼중결합 1개가 포함된 불포화 탄화수소인 알킨이 있다.

① 알칸(C_nH_{2n+2}: 메탄계 탄화수소)

㉠ 탄소 원자 사이의 결합이 모두 단일결합으로 이루어진 포화 탄화수소이다. n개의 탄소 원자를 포함하는 탄화수소에 결합된 수소 원자의 수는 2n+2개이며, '~안'을 붙여 명명한다.

이름	분자식	녹는점(℃)	끓는점(℃)	상태(25℃)	용도
메탄	CH_4	−183	−162	기체	LNG의 주성분
에탄	C_2H_6	−172	−89	기체	LPG의 성분
프로판	C_3H_8	−188	−42	기체	LPG의 주성분
부탄	C_4H_{10}	−139	−0.6	기체	LPG의 주성분, 휴대용 가스 연료
펜탄	C_5H_{12}	−130	36	액체	연료
헥산	C_6H_{14}	−95	69	액체	유기용매

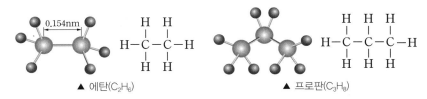

▲ 에탄(C_2H_6)   ▲ 프로판(C_3H_8)

㉡ 알칸의 일반적인 성질

• 탄소 수가 증가하면 분자 간 인력이 증가하여 녹는점, 끓는점이 높아진다.

• 공기 중에서 연소하면 이산화탄소와 물이 생성되고 많은 열이 발생되므로 주로 연료로 사용된다.

• 분자의 모양: 각 탄소를 중심으로 정사면체의 입체구조이며, 탄소 원자를 중심으로 한 결합각은 109.5°이다.

• 반응: 화학적으로 안정하여 반응성이 작으나 햇빛이 있을 때 할로젠(할로겐) 원소와 수소 사이에 치환 반응이

이성질체

① 분자식은 같지만 물리화학적 성질이 다른 물질들을 이성질체라 하며, 물리화학적 성질 중 구조가 달라 성질이 다른 화합물들을 구조이성질체, 거울상의 구조를 갖는 화합물들은 광학이성질체라고 한다.

② 구조이성질체: 분자식은 동일하지만 원자 사이의 결합 관계가 다른 물질들, 예를 들어 에틸알코올과 다이메틸에터(디메틸에테르)는 분자식은 같으나 하나는 사슬형, 하나는 가지형으로 구조의 차이가 있다.

　　⑩ C_2H_5OH(에틸알코올), $(CH_3)_2O$(다이메틸에터(디메틸에테르))

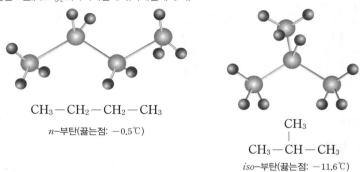

$$CH_3 - CH_2 - CH_2 - CH_3$$
n-부탄(끓는점: $-0.5℃$)

$$CH_3$$
$$|$$
$$CH_3 - CH - CH_3$$
iso-부탄(끓는점: $-11.6℃$)

③ 광학이성질체 : 분자식은 같지만 거울에 비춘 모양으로 서로 다른 구조를 갖는 물질들이다.

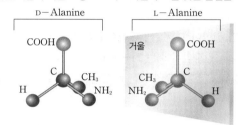

④ 기하이성질체: 분자식은 같지만 분자 안에서 작용기의 방향에 따라 다른 구조(시스형, 트랜스형)를 갖는 물질들로 일반적으로 이러한 이성질체는 회전할 수 없는 이중결합을 포함한다. ⑩ 뷰텐

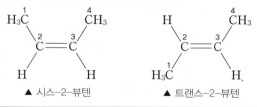

　　▲ 시스-2-뷰텐　　　　　　▲ 트랜스-2-뷰텐

일어난다.

② **알켄(C_nH_{2n}(n≥2): 에틸렌계 탄화수소)**: 탄소 원자 사이의 결합 중 하나가 이중결합인 불포화 탄화수소이다. n개의 탄소 원자를 포함하는 탄화수소에 결합된 수소 원자의 수는 2n개이며, 이름은 '~엔'을 붙여 명명한다.

　㉠ 에텐의 분자 모양: 이중결합을 하는 탄소를 중심한 구조는 삼각형 구조이며, 이 탄소 원자를 중심으로 한 결합각은 120°이다.

　㉡ 에텐의 제법: 에탄올(C_2H_5OH)에 진한 황산을 넣고 160~180℃로 가열하면 물이 빠지면서 에텐이 생성된다.

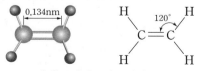

※ 에텐은 탄소 원자와 수소 원자가 같은 평면에 있는 평면 삼각형의 구조로서 결합각은 120°이다.

　▲ 에텐(C_2H_4)의 분자 모형과 구조식

　㉢ 에텐의 반응: 에텐의 이중결합 중 1개는 강한 결합이나 1개는 약한 결합이므로 약한 결합이 쉽게 끊어지면서 다른 원자나 원자단과 결합하는 첨가 반응이나 중합 반응을 잘 한다.

　　• 수소 첨가 반응: 금속을 촉매로 하여 수소가 첨가되면 포화 탄화수소가 된다.

- 첨가 중합 반응: 특정 온도와 압력 및 촉매 하에서는 많은 수의 에텐 분자 사이에 첨가 반응이 일어나 분자량이 매우 큰 고분자 화합물인 폴리에틸렌이 생성되는데, 이와 같은 반응을 첨가 중합 반응이라고 한다.
- 산화반응: $PdCl_2$ 촉매 하에 산화되면 아세트알데하이드(아세트알데히드)를 생성한다.

$$C_2H_4(\text{에텐}) + H_2O + PdCl_2(\text{염화팔라듐}) \longrightarrow CH_3CHO(\text{아세트알데하이드}) + Pd + 2HCl$$

③ **알킨($C_nH_{2n-2}(n \geq 2)$, 아세틸렌계 탄화수소):** 탄소 원자 사이의 결합 중 하나가 삼중결합인 불포화 탄화수소이다. n개의 탄소 원자를 포함하는 탄화수소에 결합된 수소 원자의 수는 $2n-2$개이며, '~인'을 붙여 명명한다. 아세트산, 염화비닐, 에탄올 등의 원료가 된다.

㉠ 에틴(아세틸렌)의 분자 모양: 삼중결합을 하는 탄소가 중심인 구조는 직선형 구조이며, 이 탄소 원자를 중심으로 한 결합각은 180°이다.

$$H - C \equiv C - H$$

※ 에틴은 직선 구조로 결합각은 180°이다.

▲ 에틴(C_2H_2)의 분자모형과 구조식

㉡ 에틴의 제법: 광석으로 산출되는 칼슘카바이드(CaC_2)에 물을 반응시킨다.

예 $CaC_2 + 2H_2O \rightarrow Ca(OH)_2 + C_2H_2$

㉢ 에틴의 반응: 탄소 원자 사이에 삼중결합이 존재하므로 반응성이 크다. 삼중결합 중 2개의 결합이 쉽게 끊어지면서 첨가반응이나 중합반응을 잘 한다.

㉣ 수소첨가 반응: 에틴 1분자당 수소 2분자가 첨가되어 포화 탄화수소가 된다.

㉤ 중합반응: 에틴 기체를 500℃ 정도로 가열된 철관에 통과시키면 삼중결합이 끊어지면서 중합반응을 하여 벤젠이 된다. **예** $3CH \equiv CH \rightarrow C_6H_6$

④ **사슬형 탄화수소의 명명법**

㉠ 사슬형 알케인을 명명할 때는 탄소 수를 세서 해당하는 접두사 뒤에 -ane을 붙인다. 예를 들어 탄소 2개짜리 알케인은 ethane이라고 한다.

탄소 수	1	2	3	4	5	6	7	8	9	10
접두사	meth	eth	prop	but	pent	hex	hept	oct	non	dec

㉡ 사슬형 알케인의 예

알케인	구조	화학식
methane	CH_4	CH_4
ethane	CH_3CH_3	C_2H_6
propane	$CH_3(CH_2)CH_3$	C_3H_8
butane	$CH_3(CH_2)_2CH_3$	C_4H_{10}

㉢ 가지형 알케인: 탄소가 일렬로 연결된 사슬형과 달리 가지형 알케인은 중간에 가지를 가지고 있다. 가지형 알케인들은 주로 사슬형 알케인들의 이성질체이다.

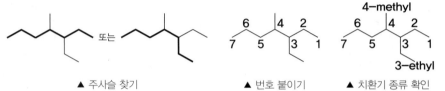

| ▲ 사슬형(Pentane) | ▲ 가지형(Isopentane) | ▲ 가지형(Neopentane) |

고득점 Point **가지형 알케인의 명명법**

① 주사슬(모체 탄화수소 찾기): 주사슬이란 알케인 분자 내에서 가장 긴 연속된 탄화수소이다. 주사슬의 탄소는 7개이므로 heptane이다.

② 주사슬 탄소 원자들에 번호를 붙인다. 이때 첫 번째 곁 가지의 번호가 가장 작게 되도록 번호를 붙이고, 만약 곁 가지가 끝으로부터 떨어진 정도가 같다면 두 번째 곁 가지 번호가 작아지도록 번호를 붙인다.

③ 치환기의 종류를 확인하고 번호를 붙인다. 작용기 이름 앞에 그 작용기가 달린 탄소 번호를 붙인다. 이때 같은 자리에 치환기가 두 번 붙어 있으면 같은 번호를 붙이면 된다.

| | 또는 | | 4-methyl |
| ▲ 주사슬 찾기 | | ▲ 번호 붙이기 | 3-ethyl
▲ 치환기 종류 확인 |

④ 번호를 붙인 치환기들과 주사슬의 이름을 연결하여 번호를 붙인다. 같은 자리에 치환기가 여러 개 붙어 있을 때에는 di-, tri- 등을 붙인다. 치환기를 나열할 때에는 번호 순이 아니라 치환기의 알파벳 순으로 나열한다. 명명법에 의하면 오른쪽 물질은 3-ethyl-4-methylheptane이 된다.

---

(2) 고리 모양 탄화수소

시클로알칸(C_nH_{2n}, $n \geq 3$), 일반식은 C_nH_{2n}으로 알칸에 비해 수소 원자가 2개 부족하나 고리를 형성하므로 포화 탄화수소이다. 이름은 '시클로-안'을 붙여 명명한다.

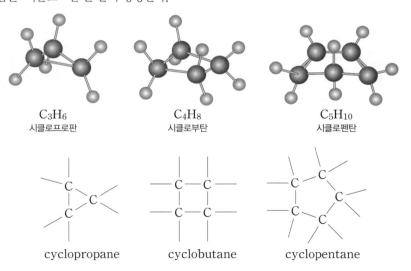

| C_3H_6
시클로프로판 | C_4H_8
시클로부탄 | C_5H_{10}
시클로펜탄 |

| cyclopropane | cyclobutane | cyclopentane |

4. 방향족 탄화수소

벤젠이나 벤젠 고리를 가진 화합물은 대부분 향기를 가지고 있으므로 방향족 탄화수소라고 하는데, 지방족 탄화수소와는 다른 성질을 나타낸다.

(1) 벤젠(C_6H_6)

석탄을 건류할 때 나오는 콜타르를 분별 증류하거나 나프타의 리포밍에 의해 얻어지는 특유한 냄새의 무색, 휘발성 액체이다. 물과 섞이지 않고 여러 가지 탄소 화합물을 잘 녹이므로 유기용매로 쓰이며, 유기화합물의 합성원료로 널리 이용된다.

① **벤젠의 구조**: 탄소 원자 6개가 동일 평면에 있는 평면 육각형 구조로 결합각은 120°이며, 탄소 원자 사이의 결합은 단일결합과 이중결합의 중간결합으로 결합 길이가 모두 같다.

▲ 벤젠의 구조

※ 벤젠의 구조는 단일결합과 이중결합의 중간 형태로 (다)와 같은 공명혼성구조이다. 벤젠의 구조를 (라), (마)와 같이 간단히 나타내기도 한다.

② **벤젠의 반응성**: 벤젠은 불포화 탄화수소이지만 공명구조로 인해 매우 안정하므로 첨가반응보다 치환반응을 더 잘 한다.

③ **치환반응**: 벤젠핵에 있는 수소가 다른 원자나 원자단과 치환된다.

나이트로화(니트로화) 반응 : C_6H_6 + HNO_3 →(H_2SO_4, 가열)→ C_6H_5—NO_2 + H_2O
나이트로벤젠(니트로벤젠, 중성)

할로젠화(할로겐화) 반응 : C_6H_6 + Cl_2 →(Fe)→ C_6H_5—Cl + HCl
클로로벤젠(중성)

술폰화 반응 : C_6H_6 + H_2SO_4 →(SO_3, 가열)→ C_6H_5—SO_3H + H_2O
벤젠술폰산(산)

알킬화 반응 : C_6H_6 + CH_3Cl →($AlCl_3$)→ C_6H_5—CH_3 + HCl
톨루엔(중성)

고득점 Point **프리델-크래프츠 반응**

할로젠화(할로겐화) 알루미늄 무수물의 존재 하에 방향족 화합물과 할로젠화알킬(할로겐화알킬) 또는 할로젠화아실(할로겐화아실)을 반응시켜서 각각 알킬화 또는 아실화를 행하는 반응을 말하는데, 유기 합성 공업에 널리 응용된다. 1877년에 프리델과 크래프츠가 할로젠화알킬(할로겐화알킬)과 금속알루미늄의 반응을 연구하던 중에 발견하였다.

$$C_6H_6 + RCl \rightarrow C_6H_5R + HCl(알킬화)$$
$$C_6H_6 + RCOCl \rightarrow C_6H_5COR + HCl(아실화)$$

촉매로는 염화알루미늄($AlCl_3$) 등 할로젠화(할로겐화) 알루미늄 외에 염화안티모니(V)·염화철(III)·염화주석(IV) 등의 금속할로젠화물(금속할로겐화물)이 알려져 있다.

---

④ **첨가반응**: 탄소-탄소 사이의 결합이 끊어지면서 다른 원자들이 첨가된다.

(2) 벤젠 이외의 방향족 탄화수소

톨루엔, 크레졸, 아닐린, 크실렌, 나프탈렌과 안트라센 등이 있다.

$$C_6H_6 + 3Cl_2 \xrightarrow{\text{햇빛}} C_6H_6Cl_6(BHC)$$

$$C_6H_6 + 3H_2 \xrightarrow[300°C]{Ni} C_6H_{12}(\text{시클로헥산})$$

구분	톨루엔	크실렌	나프탈렌	안트라센
분자식	$C_6H_5CH_3$	$C_6H_4(CH_3)_2$	$C_{10}H_8$	$C_{14}H_{10}$
구조식	⬡—CH₃	H₃C—⬡—CH₃	⬡⬡	⬡⬡⬡
성질	인화성이 있으며 벤젠보다 독성이 작다.	방향성을 가진 무색 액체이다.	흰색 고체로 승화성이 있다.	승화성이 있고, 엷은 푸른색 결정이다.
용도	용매(시너), TNT의 제조	용매, 화학 공업의 원료	방충제, 염료의 원료	염료의 원료, 방충제, 카본 블랙의 원료

5. 탄화수소의 유도체

(1) 작용기와 탄화수소의 유도체

① 작용기: 탄화수소 유도체의 특성은 수소 원자를 치환하는 원자나 원자단에 의해 결정되는데, 이 원자단을 작용기라고 한다.

② 작용기에 의한 탄소 화합물의 분류

일반명	작용기	작용기 이름	일반식	화합물의 예
알코올	—OH	하이드록시기(히드록시기)	ROH	CH_3OH(메탄올)
에테르	—O—	에테르기	ROR′	CH_3OCH_3 (다이메틸에터(디메틸에테르))
알데하이드(알데히드)	$\overset{O}{\overset{\|}{-C-H}}$	포르밀기 (알데하이드기)	RCHO	HCHO{메탄알(포름알데하이드)}
케톤	$\overset{O}{\overset{\|}{-C-}}$	카르보닐기	RCOR′	CH_3COCH_3(아세톤)
카르복시산	$\overset{O}{\overset{\|}{-C-O-H}}$	카르복시기	RCOOH	HCOOH(포름산)
에스터(에스테르)	$\overset{O}{\overset{\|}{-C-O-}}$	에스터기(에스테르기)	RCOOR′	$HCOOCH_3$(포름산메틸)
나이트로화합물 (니트로화합물)	$-NO_2$	나이트로기(니트로기)		TNT
아미노	$-NH_2$	아미노기		아닐린

> **고득점 Point** **커플링 반응**
>
> 아조 화합물을 만드는 반응을 커플링 반응이라 하며 생성되는 작용기는 아조기(−N=N−)이다.

(2) 지방족 탄화수소의 유도체

① 알코올(하이드록시기): 포화 탄화수소의 수소 원자가 하이드록시기($-OH$)로 치환된 화합물로, ROH로도 나타낸다.

알코올	시성식	끓는점(℃)	용해도(g/물 100g)
메탄올	CH_3OH	65.0	∞
에탄올	C_2H_5OH	78.5	∞
프로판올	C_3H_7OH	97.4	∞
부탄올	C_4H_9OH	117	7.9
펜탄올	$C_5H_{11}OH$	137	2.3
헥산올	$C_6H_{13}OH$	158	0.0

※ 알코올의 이름은 탄소 수에 '~안올'을 붙이거나 '~일알코올'을 붙인다. 예 메탄올(메틸알코올), 에탄올(에틸알코올)

㉠ 알코올의 일반적인 성질
- 탄소 수가 많을수록, $-OH$가 많을수록 끓는점이 높아진다.
- 탄소 수가 적을수록, $-OH$가 많을수록 물에 잘 녹는다.
- 비전해질이고, 수용액의 액성은 중성이다.

㉡ 알코올의 반응
- 알칼리 금속과 반응하여 수소 기체를 발생한다.

$$2C_2H_5OH + 2Na \longrightarrow 2C_2H_5ONa + H_2 \uparrow$$

- 산화 반응: 1차 알코올이 산화되면 알데하이드(알데히드)를 거쳐 카르복시산이 되고, 2차 알코올이 산화되면 카르보닐기를 가진 케톤이 되지만, 3차 알코올은 산화되지 않는다.

$$\text{1차 알코올의 산화: } C_2H_5OH \xrightarrow[-2H]{\text{산화}} CH_3CHO \xrightarrow[+O]{\text{산화}} CH_3COOH$$
에탄올　　　　　　아세트알데하이드　　　　　아세트산

$$\text{2차 알코올의 산화: } CH_3-CH(OH)-CH_3 \xrightarrow[-2H]{\text{산화}} CH_3COCH_3$$
이소프로필알코올　　　　　　　아세톤

고득점 Point　알코올을 1차, 2차, 3차로 분류하는 기준

1차, 2차, 3차 알코올은 $-OH$가 붙은 탄소에 결합하고 있는 알킬기($-R$)의 수에 따른 분류이다. 1차 알코올은 $-OH$가 붙은 탄소에 알킬기가 1개 결합한 알코올이며, 2차 알코올은 알킬기가 2개, 3차 알코올은 알킬기가 3개 결합한 알코올이다. 또한 알코올은 한 분자 속에 포함되어 있는 하이드록시기의 수에 따라 1가, 2가, 3가 알코올로 분류하기도 한다.

$-OH$가 붙은 탄소에 결합하고 있는 알킬기의 수에 따른 분류		
1차 알코올	2차 알코올	3차 알코올

한 분자 속에 포함된 $-OH$의 수에 따른 분류		
1가 알코올	2가 알코올	3가 알코올

- 에스터화(에스테르화) 반응: 카르복시산(RCOOH)과 반응하여 에스터(에스테르)를 생성한다. 이때 카르복시산 −OH와 알코올의 −H가 반응하여 물이 생성된다.

$$CH_3COOH + C_2H_5OH \xrightarrow[\text{가열}]{\text{진한 } H_2SO_4} CH_3COOC_2H_5 + H_2O \text{(탈수축합반응)}$$
아세트산 에탄올   아세트산에틸(에스터)

- 탈수 반응: 알코올에 진한 황산을 넣고 가열하면 물 분자가 빠지는 탈수가 되면서 온도에 따라 서로 다른 화합물이 생성된다.

$$C_2H_5OH \xrightarrow[160\sim180\degree C]{\text{진한 } H_2SO_4} CH_2=CH_2 + H_2O \qquad 2C_2H_5OH \xrightarrow[130\sim140\degree C]{\text{진한 } H_2SO_4} C_2H_5OC_2H_5 + H_2O$$
에탄올   에텐(에틸렌)   에탄올   다이에틸에터(디에틸에테르)

ⓒ 몇 가지 알코올의 성질
- 메탄올(CH_3OH): 메틸알코올이라고도 하며, 목재를 건류하여 얻거나 CO_2나 H_2의 혼합 기체로부터 대량으로 얻는다. 인체에 유독하며 화학약품의 원료, 용매나 연료로 사용한다.
- 에탄올(C_2H_5OH): 에틸알코올이라고도 하며, 포도당이나 과당을 발효시켜서 얻거나 촉매 하에 에텐(C_2H_4)에 물을 첨가하여 얻을 수 있다. 술의 주성분이고 소독약, 화학약품의 원료, 연고 등에 쓰인다.
- 에틸렌글리콜{$C_2H_4(OH)_2$}
  - 인화점: 120℃, 발화점: 398℃, 비중: 1.1, 비점: 198℃
  - 흡습성이 있고 무색, 무취의 단맛이 나는 끈끈한 액체이다.
  - 수용성이고 2가 알코올에 해당한다.
  - 독성이 있고 자동차 부동액이나 합성섬유의 주원료로 사용된다.

② 에테르: 알코올(ROH)에서 하이드록시기의 수소 원자가 알킬기로 치환된 화합물로 ROR′로 나타낸다.
ⓐ 제법: 알코올에 진한 황산을 가한 후 130~140℃로 가열하면 분자 간 탈수가 일어나 축합 반응을 통해 에테르가 생성된다.

$$2C_2H_5OH \xrightarrow[\text{축합 반응}]{H_2SO_4(\text{진한 황산})} C_2H_5OC_2H_5 + H_2O$$
에탄올(에틸알코올)   다이에틸에터   물
                    (디에틸에테르)

> **고득점 Point** 다이에틸에터(디에틸에테르)($C_2H_5OC_2H_5$)
> ① 증기는 인화성이 강하고, 물에 약간 녹으며 알코올에 잘 녹는다.
> ② 인화점은 −45℃, 착화점은 160℃, 연소범위는 1.7~48%, 비점은 34℃, 비중은 0.72이다.
> ③ 무색 투명한 휘발성이 강한 액체이며 증기는 마취성이 있다.

ⓑ 성질
- 무색의 특유한 냄새가 나는 휘발성 액체로 마취성, 인화성이 있다.
- 끓는점이 낮고 반응성이 작다.
- 물과 혼합되지 않으며 유기물질을 잘 녹이므로 유기물질을 추출하는 용매로 사용된다.

> **고득점 Point** 축합반응
> 탄소 화합물의 반응에서 물 한 분자가 떨어져 나가면서 두 분자가 결합하는 반응을 말한다.

③ 알데하이드(알데히드): 포화 탄화수소의 수소 원자가 포르밀기(−CHO)로 치환된 탄소 화합물로서 RCHO로 나타낸다.

ㄱ) 제법: 1차 알코올을 산화시켜서 얻는다.

$$CH_3OH \xrightarrow[-2H]{\text{산화}} HCHO$$
메탄올 　　　　　　　포름알데하이드

ㄴ) 성질

- 독특한 냄새를 지니며 물에 잘 용해된다.
- 쉽게 산화되어 카르복시산으로 변하며, 환원되면 알코올이 된다.

$$RCH_2OH \xrightarrow[-2H]{\text{산화}} RCHO \xrightarrow[+O]{\text{산화}} RCOOH$$
1차 알코올 　　　　　알데하이드 　　　　　카르복시산

- 환원성이 강하여 은거울 반응과 펠링 용액 환원 반응을 한다.

ㄷ) 반응

- 은거울 반응: 암모니아성 질산은 용액에 알데하이드(알데히드, RCHO)를 가하면 용액 속의 Ag^+이 Ag으로 석출되면서 용기 벽에 달라붙어 은거울이 된다.

$$2Ag(NH_3)_2OH + RCHO \longrightarrow 2Ag\downarrow + RCOOH + 4NH_3 + H_2O$$

- 펠링용액 환원반응: 펠링용액($CuSO_4$+NaOH)에 알데하이드(알데히드)를 가하면 푸른색의 Cu^{2+}이 환원되어 붉은색의 산화구리(I)(Cu_2O)로 석출된다.

ㄹ) 몇 가지 알데하이드(알데히드)의 성질

- 포름알데하이드(포름알데히드, HCHO): 가장 간단한 알데하이드(알데히드)로 페놀 수지나 요소 수지의 원료이다. 40% 수용액은 포르말린이라 하며 소독제나 방부제로 사용된다.
- 아세트알데하이드(아세트알데히드, CH_3CHO): 에탄올이 산화될 때 생성되는 자극성 냄새의 물질로 접착제나 아세트산을 만들 때 사용한다.

④ 케톤: 두 개의 포화 탄화수소의 수소 원자가 카르보닐기(−CO−)로 치환되어 연결된 탄소화합물로 RCOR′로 나타낸다.

ㄱ) 제법: 2차 알코올을 산화시켜서 얻는다.

$$CH_3-CH(OH)-CH_3 \xrightarrow[-2H]{\text{산화}} CH_3COCH_3$$
이소프로필알코올 　　　　　　　아세톤

ㄴ) 성질

- 환원성이 없는 무색의 휘발성 액체이다.
- 물과 알코올, 벤젠 등과 잘 섞이므로 유기 용매로 널리 쓰인다.

⑤ 카르복시산: 포화 탄화수소의 수소 원자가 카르복시기(−COOH)로 치환된 탄소 화합물로, RCOOH로 나타낸다.

ㄱ) 제법: 1차 알코올을 계속 산화시키거나, 알데하이드(알데히드)를 산화시켜 얻는다.

$$RCH_2OH \xrightarrow[-2H]{\text{산화}} RCHO \xrightarrow[+O]{\text{산화}} RCOOH$$
1차 알코올 　　　　　알데하이드 　　　　　카르복시산

    ⓛ 성질
- 독특한 냄새를 지닌 무색의 액체로 수소결합을 하므로 물에 잘 녹으며, 끓는점이 높다.
- 용해된 분자 중 일부가 이온화하여 H^+을 내므로 수용액은 약한 산성을 나타낸다.
- 알칼리 금속과 반응하여 H_2 기체를 발생시킨다.

$$2Na + 2CH_3COOH \longrightarrow 2CH_3COONa + H_2 \uparrow$$

- 알코올과 에스터화(에스테르화) 반응으로 에스터(에스테르)를 생성한다.
    ⓒ 몇 가지 산의 성질
- 포름산(HCOOH): 무색의 자극성 냄새가 나는 액체 물질로 곤충의 독 성분이다. 메탄산 또는 개미산이라고도 한다. 카르복시산 중 산성이 가장 강하고 유일하게 환원성을 갖는다.
- 아세트산(CH_3COOH): 신 냄새가 나는 무색의 액체로 순수한 아세트산은 16.6℃(녹는점) 이하에서 고체로 존재하므로 빙초산이라고도 한다. 식용으로 많이 쓰이며, 합성 섬유, 의약품 및 염료의 원료로 쓰인다. 식초는 3~6%의 아세트산 수용액이다.

⑥ 에스터(에스테르): 두 개의 포화 탄화수소의 수소 원자가 에스터기(에스테르기)($-COO-$)로 치환되어 연결된 화합물로, RCOOR'로 나타낸다.
    ㉠ 제법: 카르복시산과 알코올의 에스터화(에스테르화) 반응에 의해 생성된다.

$$CH_3COOH + C_2H_5OH \xrightarrow[\text{가열}]{\text{진한 } H_2SO_4} CH_3COOC_2H_5 + H_2O \text{(탈수축합 반응)}$$
$$\text{아세트산} \quad \text{에탄올} \qquad\qquad \text{아세트산에틸(에스터)}$$

    ㉡ 성질
- 물에 잘 녹지 않는다.
- 분자량이 작은 것은 과일향을 내므로 향료로 쓰인다.
- 가수 분해 반응: 묽은 산을 가하고 가열하면 카르복시산과 알코올로 분해된다.

$$CH_3COOC_2H_5 + H_2O \longrightarrow CH_3COOH + C_2H_5OH$$

(3) 방향족 탄화수소의 유도체
일반적으로 벤젠핵에 알킬기 외의 다른 작용기가 직접 결합한 탄소 화합물로 페놀, 살리실산, 아닐린 등이 있다.
① 페놀류: 벤젠 고리의 탄소 원자에 하이드록시기(히드록시기, $-OH$)가 직접 결합하여 생성된 화합물로 다음과 같은 것들이 있다.

페놀   o-크레졸   살리실산   카테콜 α-나프톨

㉠ 성질
- 물에 조금 녹아 약한 산성을 나타낸다.

$$\text{<benzene>}-OH + H_2O \rightleftharpoons \text{<benzene>}-O^- + H_3O^+$$
페녹사이드 이온

- 염기와 중화 반응하여 물에 잘 녹는 염을 생성한다.

$$\text{<benzene>}-OH + NaOH \longrightarrow \text{<benzene>}-ONa + H_2O$$

- −OH를 지니므로 카르복시산과 에스터화(에스테르화) 반응을 한다.

$$\text{<benzene>}-OH + CH_3COOH \longrightarrow \text{<benzene>}-OCOCH_3 + H_2O$$
아세트산페닐

- 염화철(Ⅲ) 수용액과 반응하여 적자색의 특유한 색을 나타내므로(정색반응) 이 반응은 페놀류(벤젠고리의 탄소 부분에 '−OH' 결합된 화합물)의 검출에 사용된다.

㉡ 페놀(C_6H_5OH)
- 콜타르에서 분류하거나 벤젠으로부터 합성한다.
- 특유한 냄새가 나는 화합물로 무색의 바늘 모양 결정이다.
- 독성이 있고 자극성이 강하며, 살균 작용을 한다.
- 의약품, 염료, 페놀 수지의 원료로 사용된다.
- 약염기와 강산으로 이루어진 물질이므로 산의 성질을 띠게 된다.
- 카르복시산과 반응하여 에스터(에스테르)가 된다.
- 염화제이철($FeCl_3$)과 정색반응하면 보라색이 된다.
- 2가 페놀 수산기의 수가 많은 것은 물에 대한 용해도가 늘어난다.
- 나트륨과 반응하여 수소 기체를 발생한다.

㉢ 크레졸[$C_6H_4(OH)CH_3$]
- 콜타르에서 분류하여 얻는다.
- 페놀보다 살균력이 강하고 독성이 작아 하수구, 변기 등의 소독제로 쓰인다.
- 작용기의 위치에 따라 세 가지 이성질체가 있다.

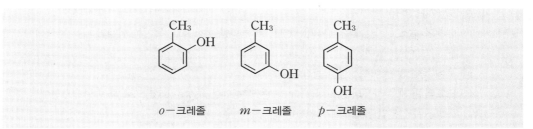

o−크레졸 m−크레졸 p−크레졸

㉣ 살리실산[$C_6H_4(OH)COOH$]: 페놀로부터 합성할 수 있으며, 벤젠 고리에 −OH와 −COOH가 붙어 있는 약산성 물질이다. 흰색의 바늘 모양 결정이며, 의약품의 원료로 사용된다. 특히 아세틸살리실산(아스피린)은 해열제, 진통제로 널리 사용된다.

② **방향족 카르복시산**: 벤젠핵의 수소 원자가 카르복시기(−COOH)로 치환된 화합물로 벤조산[$C_6H_5(COOH)$], 살리실산, 프탈산[$C_6H_4(COOH)_2$] 등이 있다.

※ 벤조산: 무색의 판상 결정으로 물에 녹아 산성을 나타낸다. 살균력이 있고, 염료, 의약품 및 식품의 방부제로 쓰인다.

③ **방향족 나이트로화합물(니트로화합물)**: 벤젠 고리의 수소 원자가 나이트로기(니트로기)(−NO_2)로 치환된 화합물로 나이트로벤젠(니트로벤젠)과 TNT(트리나이트로(니트로)톨루엔) 등이 있다.
   ㉠ 나이트로벤젠(니트로벤젠, $C_6H_5NO_2$)
      • 벤젠에 진한 질산과 황산을 가하여 얻을 수 있는, 담황색 액체로 향료나 합성염료로 쓰인다.
      • 약산과 약염기로 결합된 물질이므로 중성을 띤다.
   ㉡ TNT: 톨루엔에 진한 질산과 황산을 반응시켜 얻는 −NO_2기 3개가 결합한 화합물로 막대 모양의 엷은 황색결정이며 폭약의 원료이다.

④ **아닐린**($C_6H_5NH_2$)
   ㉠ 방향족 아민이라고 하며, 암모니아와 성질이 비슷하다.
   ㉡ 특유한 냄새가 나는 무색의 기름성 액체로 물에 잘 녹지 않는다.
   ㉢ 약한 염기성을 띠므로 산과 중화 반응하여 수용성의 염을 만든다.
   ㉣ 의약품, 염료의 원료로 쓰인다.
   ㉤ 알칼리금속, 알칼리토금속과 반응하여 수소를 발생하며 금속염을 생성한다.
   ㉥ 치환기로 염기성의 −NH_2를 가진다.
   ㉦ 아닐린과 염산(HCl)이 반응하여 염산염($C_6H_5NH_3Cl$)을 만든다.
   ㉧ 나이트로벤젠(니트로벤젠)을 수소로 환원하여 아닐린을 만든다.

$$C_6H_5NO_2 \xrightarrow{\text{환원}} C_6H_5NH_2$$
$$\text{나이트로벤젠} \qquad\qquad \text{아닐린}$$

   ㉨ 아닐린을 검출하기 위해 표백분[$Ca(OCl)_2$]을 가하면 보라색으로 변한다.

⑤ **톨루엔**($C_6H_5CH_3$)
   ㉠ 벤젠의 수소 원자 1개를 메틸기(−CH_3)로 치환한 화합물로, 특이한 냄새가 나는 무색의 휘발성 액체로 인화점은 4.4℃이다.
   ㉡ 물에 녹지 않는 비수용성인 물질이다.
   ㉢ 도료의 용제로 사용되는 시너(Thinner)는 톨루엔을 주성분(65%)으로 하여 아세트산에틸 등을 배합한 것이며, 독성은 주성분인 톨루엔에 기인한다.

물질의 물리·화학적 성질

출제예상문제

01

표준상태에서 어떤 기체 2.8L의 무게가 3.5g이었다면 다음 중 어느 기체의 분자량과 같은가?

① CO_2 ② NO_2

③ SO_2 ④ N_2

해설

이상기체의 상태방정식을 사용하여 분자량을 계산한다.

$$PV = \frac{W}{M}RT$$
$$M = \frac{WRT}{PV} = \frac{3.5 \times 0.082 \times (273+0)}{1 \times 2.8} = 28$$

보기의 기체 분자량

CO_2: 44, NO_2: 46, SO_2: 64, N_2: 28

※ 표준상태는 0℃, 1atm이다.

※ R은 기체상수로 0.082이다.

02

한 분자 내에 배위결합과 이온결합을 동시에 가지고 있는 것은?

① NH_4Cl ② C_6H_6

③ CH_3OH ④ $NaCl$

해설 **배위결합**

비공유 전자쌍을 가지는 원자에서 비공유 전자쌍을 일방적으로 제공하여 이루어진 공유결합을 배위결합이라고 한다.(공유되는 전자쌍을 한쪽 원자에서만 내놓고 이루어지는 결합)

$$NH_3 + H^+ \rightarrow NH_4^+$$

NH_4Cl은 배위결합(NH_4^+ 부분)과 이온결합(NH_4^+와 Cl^- 사이의 결합)을 동시에 가지고 있다.

03

원자번호가 11이고 중성자수가 12인 나트륨의 질량수는?

① 11   ② 12

③ 23   ④ 28

해설

원자번호＝양성자 수＝전자 수

질량수＝양성자 수＋중성자 수＝11＋12＝23

04

0.1N−HCl 1.0mL를 물로 희석하여 1,000mL로 하면 pH는 얼마가 되는가?

① 2   ② 3

③ 4   ④ 5

해설

중화적정 공식을 이용한다.

$NV = N'V'$

$0.1 \times 1 = N' \times 1,000$

$N' = 1 \times 10^{-4}$

$pH = -\log(1 \times 10^{-4}) = 4$

05

25℃에서 어떤 물질이 포화용액 90g 속에 30g 녹아 있다. 같은 온도에서 이 물질의 용해도는 얼마인가?

① 30   ② 33

③ 50   ④ 63

해설

용질은 녹는 물질이고, 용매는 녹이는 물질(물)이다.

$$용해도 = \frac{용질}{용매} \times 100 = \frac{30}{60} \times 100 = 50$$

용매＝용액−용질＝90−30＝60

06

다음 중에서 산성이 가장 강한 것은?

① $[H^+]=2\times10^{-3}mol/L$

② pH=3

③ $[OH^-]=2\times10^{-3}mol/L$

④ pOH=3

해설

pH값이 작을수록 강한 산성을 나타낸다.

① $pH=-\log[H^+]=-\log(2\times10^{-3})=2.7$

② pH=3

③ $pOH=-\log(2\times10^{-3})=2.70$

$pH+pOH=14$

$pH=14-2.70=11.3$

④ pH=11

07

0.1M 아세트산 용액의 전리도를 구하면 약 얼마인가? (단, 아세트산의 전리상수는 1.8×10^{-5}이다.)

① 1.8×10^{-5}

② 1.8×10^{-2}

③ 1.3×10^{-5}

④ 1.3×10^{-2}

해설

약한 산의 전리도를 계산하는 공식은 다음과 같다.

$$\alpha=\sqrt{\frac{K_a}{c}}=\sqrt{\frac{1.8\times10^{-5}}{0.1}}=1.3\times10^{-2}$$

α: 전리도

K_a: 전리상수

c: 이온화된 용질의 mol 농도

08

다음 물질 중에서 염기성인 것은?

① $C_6H_5NH_2$

② $C_6H_5NO_2$

③ C_6H_5OH

④ $C_6H_5CH_3$

해설

① 아닐린은 약한 염기로서 아세트산, 염산, 황산 등과 반응하여 염을 만들고 알칼리 금속, 알칼리토금속과 반응하여 수소를 발생하며 금속염을 생성한다.

② 나이트로벤젠(니트로벤젠)은 물에 녹지 않고 중성을 띤다.

③ 페놀은 약염기와 강산으로 이루어진 물질이므로 산의 성질을 띠게 된다.

④ 톨루엔은 물에 녹지 않는 비수용성인 물질로 일반적으로 중성으로 분류한다.

09

반감기가 5일인 미지 시료가 2g 있을 때 10일이 경과하면 남은 양은 몇 g인가?

① 2

② 1

③ 0.5

④ 0.25

해설

$$m=M\left(\frac{1}{2}\right)^{\frac{t}{T}}$$

m=붕괴 후의 질량, T=반감기, M=처음의 질량, t=경과한 시간

$$m=2\times\left(\frac{1}{2}\right)^{\frac{10}{5}}=0.5$$

10

다음 (   ) 안에 알맞은 말을 차례대로 옳게 나열한 것은?

> 납축전지는 (㉠   )극은 납으로, (㉡   )극은 이산화
> 납으로 되어 있는데 방전시키면 두 극이 다 같이 회백색의
> (㉢   )로 된다. 따라서 용액 속의 (㉣   )은 소비되고
> 용액의 비중이 감소한다.

① ㉠: +, ㉡: −, ㉢: $PbSO_4$, ㉣: H_2SO_4

② ㉠: −, ㉡: +, ㉢: $PbSO_4$, ㉣: H_2SO_4

③ ㉠: +, ㉡: −, ㉢: H_2SO_4, ㉣: $PbSO_4$

④ ㉠: −, ㉡: +, ㉢: H_2SO_4, ㉣: $PbSO_4$

해설

$(-)Pb \mid H_2SO_4(aq) \mid PbO_2(+)$

납축전지 [방전 → 두 극의 질량은 모두 증가, 용액의 비중은 감소
충전 → 두 극의 질량은 모두 감소, 용액의 비중은 증가

$(-)$극 $Pb \rightleftharpoons PbSO_4$

$(+)$극 $PbO_2 \rightleftharpoons PbSO_4$

11

어떤 금속의 원자가는 2가이며, 그 산화물의 조성이 금속이 80wt%이다. 이 금속의 원자량은 얼마인가?

① 28

② 36

③ 44

④ 64

해설

금속의 원자가 2가이므로 MO라는 산화물(금속+산소)이 있을 때(M: 금속, O: 산소)를 기준으로 조성을 계산한다.

M : O

$80\% : 20\% = x : 16g$

$x = 64$

12

다음의 금속원소를 반응성이 큰 순서부터 나열한 것은?

> Na, Li, Cs, K, Rb

① Cs > Rb > K > Na > Li

② Li > Na > K > Rb > Cs

③ K > Na > Rb > Cs > Li

④ Na > K > Rb > Cs > LI

해설

알칼리 금속원소는 원자번호가 커질수록 반응성이 커진다.

Cs＞Rb＞K＞Na＞Li

13

물 100g에 소금 30g을 넣어서 가열하여 완전히 용해시켰다. 이 용액을 전체 무게가 90g이 될 때까지 끓여 물을 증발시키고 20℃로 냉각하였을 때 석출되는 소금은 몇 g인가? (단, 20℃에서 소금의 용해도는 35이다.)

① 9

② 15

③ 21

④ 25

해설

용액 130g이 용액 90g이 될 때까지 가열했다.

증발한 물의 양은 40g이다.

용액 90g에는 용질 30g, 용매 60g이 들어있다.

20℃에서 용해도가 35이므로 $\dfrac{용질 \ xg}{용매 \ 60g} \times 100 = 35$이다.

$x = 21g$

따라서 처음 용질 30g−나중 용질 21g＝석출되는 용질 9g

14

다이에틸에터(디에틸에테르)는 에탄올과 진한 황산의 혼합물을 가열하여 제조할 수 있는데 이것을 무슨 반응이라고 하는가?

① 중합반응
② 축합반응
③ 산화반응
④ 에스터화 반응

해설

에탄올에 진한 황산을 넣고 가열하면 물 분자가 빠지는 탈수가 되면서 다이에틸에터(디에틸에테르)가 생성된다. 이를 탈수축합반응이라고 한다.

$$2C_2H_5OH \xrightarrow{\text{진한 } H_2SO_4} C_2H_5OC_2H_5 + H_2O$$
(에탄올) 다이에틸에터(디에틸에테르)

15

원자량 결정의 기준이 되는 원소는?

① ^1H
② ^{12}C
③ ^{14}N
④ ^{16}O

해설

탄소원자 $^{12}_6C$ 1개의 질량을 12.00으로 정하고, 이 탄소와 비교한 다른 원자 1개의 상대적 질량을 원자량이라 한다.

16

다음 화합물 중에서 가장 작은 결합각을 가지는 것은?

① BF_3
② NH_3
③ H_2
④ $BeCl_2$

해설

H_2와 $BeCl_2$는 분자 모양이 직선형으로 결합각은 180°이다.
BF_3는 비공유 전자쌍이 없어 분자 모양이 평면 삼각형이고, 결합각은 120°이다.
NH_3는 비공유 전자쌍이 1개가 있어 분자 모양이 삼각뿔형이고, 결합각은 107°이다.

17

다음 밑줄 친 원소 중 산화수가 가장 큰 것은?

① $\underline{N}H_4^+$
② $\underline{N}O_3^-$
③ $\underline{Mn}O_4^-$
④ $\underline{Cr}_2O_7^{2-}$

해설

① $x+(+1\times 4)=+1$, $x=-3$
② $x+(-2\times 3)=-1$, $x=+5$
③ $x+(-2\times 4)=-1$, $x=+7$
④ $2x+(-2\times 7)=-2$, $x=+6$

18

질소와 수소로부터 암모니아를 합성하려고 한다. 표준상태에서 수소 22.4L를 반응시켰을 때 생성되는 NH_3의 질량은 약 몇 g인가?

① 11.3
② 17
③ 22.6
④ 34

해설

$N_2+3H_2 \rightarrow 2NH_3$
수소 3몰($3\times 22.4L$)이 반응하면 NH_3 2몰이 생성된다. 이 관계를 이용하여 비례식을 만들면 다음과 같다.
$3\times 22.4L:2\times 17g=22.4L:xg$
$x=11.3$
※ NH_3의 분자량$= 14+(1\times 3)=17$

19

다음 중 $FeCl_3$과 반응하면 색깔이 보라색으로 되는 현상을 이용해서 검출하는 것은?

① CH_3OH
② C_6H_5OH
③ $C_6H_5NH_2$
④ $C_6H_5CH_3$

해설 페놀(C_6H_5OH)

- 특유한 강한 냄새를 가진 무색의 결정이며 물에 약간 녹으며, 산성이다.
- 카르복실산과 반응하여 에스터(에스테르)가 된다.
- 공기나 햇빛을 쪼이면 적색으로 변화되므로 갈색병에 보관해야 한다.
- 염화제이철($FeCl_3$)과 만나면 보라색이 된다.

20

$^{237}_{93}$Np 방사성 원소가 β선을 1회 방출한 경우 생성되는 원소는?

① Pa
② U
③ Th
④ Pu

해설

β붕괴는 입자(전자)를 하나 방출하며 원소가 붕괴하는 것을 말하며, 질량수는 변화가 없고 한 개의 중성자가 한 개의 양성자로 변했기 때문에 원자번호가 1만큼 증가한다.

$^{237}_{93}$Np $\xrightarrow{\beta\ \text{붕괴}}$ $^{237}_{94}$Pu
(넵트늄)　　　　(플루토늄)

21

다음 반응식에서 브뢴스테드의 산, 염기 개념으로 볼 때 산에 해당하는 것은?

$$H_2O + NH_3 \rightleftarrows OH^- + NH_4^+$$

① NH_3와 NH_4^+
② NH_3와 OH^-
③ H_2O와 OH^-
④ H_2O와 NH_4^+

해설

구분	아레니우스의 학설	브뢴스테드와 로리의 학설	루이스의 학설
산	수용액에서 H^+를 내놓는 물질	H^+(양성자)를 주는 물질	비공유 전자쌍을 받아들일 수 있는 물질
염기	수용액에서 OH^-를 내놓는 물질	H^+(양성자)를 받아들이는 물질	비공유 전자쌍을 낼 수 있는 물질

22

0.01N의 HCl 수용액 40mL에 NaOH 수용액으로 중화적정 실험을 하였더니 NaOH 20mL가 소모되었다. 이때 NaOH의 농도는 몇 N인가?

① 0.01
② 0.1
③ 0.02
④ 0.2

해설

중화적정 공식을 이용한다.
$NV = N'V'$(N: 노르말 농도, V: 부피)
$0.01N \times 40mL = x \times 20mL$
$x = 0.02N$

23

다음 중 이성질체로 짝지어진 것은?

① CH_3OH와 CH_4
② CH_4와 C_2H_8
③ CH_3OCH_3와 $CH_3CH_2OCH_2CH_3$
④ C_2H_5OH와 CH_3OCH_3

해설

이성질체는 분자식은 같으나 시성식이나 구조식(성질)이 다른 물질이다.
예) C_2H_5OH(에틸알코올), CH_3OCH_3(다이메틸에터(디메틸에테르))

24

불꽃 반응 결과 노란색을 나타내는 미지의 시료를 녹인 용액에 $AgNO_3$ 용액을 넣으면 백색침전이 생겼다. 이 시료의 성분은?

① Na_2SO_4
② $CaCl_2$
③ NaCl
④ KCl

해설

① 질산은과 반응했을 때 생기는 백색침전은 $AgCl$이다. 따라서 시료에는 Cl이 포함된다.
② 불꽃 반응 시 노란색을 나타내는 것은 Na이다. 따라서 미지의 시료에는 Na가 포함된다.
③ ①과 ②의 결과를 조합하면 미지의 시료는 NaCl이다.

25

탄산음료의 마개를 따면 기포가 발생한다. 이는 어떤 법칙으로 설명이 가능한가?

① 보일의 법칙
② 샤를의 법칙
③ 헨리의 법칙
④ 르샤틀리에의 법칙

해설

헨리의 법칙에 따르면 물에 적게 녹는 기체의 용해도는 그 기체의 압력에 정비례한다. 따라서 탄산음료의 마개를 따면 압력이 감소하고, 기체의 용해도가 감소하여 용해되지 못한 기체가 기포로 발생되어 나온다.

26

벤젠에 진한 질산과 진한 황산의 혼합물을 작용시킬 때 황산이 촉매와 탈수제 역할을 하여 얻어지는 화합물은?

① 나이트로벤젠(니트로벤젠)　② 클로로벤젠
③ 알킬벤젠　　　　　　　　④ 벤젠술폰산

해설 **나이트로화(니트로화)**

벤젠에 진한 황산과 진한 질산을 혼합 가열하면 나이트로벤젠(니트로벤젠)이 생성된다.

$$C_6H_6 + HNO_3 \xrightarrow{\text{진한 } H_2SO_4} C_6H_5NO_2 + H_2O$$
$$\text{(나이트로벤젠)}$$

27

AgCl의 용해도는 0.0016g/L이다. 이 AgCl의 용해도 곱(Solubility product)은 약 얼마인가? (단, 원자량은 각각 Ag이 108, Cl이 35.5이다.)

① 1.24×10^{-10}　　　② 2.24×10^{-10}
③ 1.12×10^{-5}　　　④ 4×10^{-4}

해설

AgCl은 물에 녹기 어려우나 소량 녹아서 Ag^+와 Cl^-으로 완전히 이온화된다. 그 양쪽 이온의 농도인 0.0016g/L를 mol/L로 단위를 변환하여 나타내면 다음과 같다.

$$0.0016\text{g/L} \times \frac{1\text{mol}}{143.5\text{g}} = 1.115 \times 10^{-5}\text{mol/L}$$

용해도 곱$(k_{sp}) = 1.115 \times 10^{-5} \times 1.115 \times 10^{-5} = 1.24 \times 10^{-10}$

28

0.5M HCl 100mL와 0.1M NaOH 100mL를 혼합한 용액의 pH는 약 얼마인가?

① 0.3　　　　　　　　　② 0.5
③ 0.7　　　　　　　　　④ 0.9

해설

HCl과 NaOH는 H^+, OH^- 이온이 한 개씩 있으므로 몰농도를 노르말농도로 바로 적용 가능하다.

$$NV - N'V' = N''V''$$
$$(0.5 \times 100) - (0.1 \times 100) = N'' \times 200$$
$$N'' = 0.2$$
$$pH = -\log(N'') = -\log(0.2) = 0.69897$$

29

다음 중 암모니아성 질산은 용액과 반응하여 은거울을 만드는 것은?

① CH_3CH_2OH　　　　② CH_3OCH_3
③ CH_3COCH_3　　　　④ CH_3CHO

해설

아세트알데하이드(CH_3CHO, 아세트알데히드)와 같이 알데하이드기(알데히드기, $-CHO$)를 가지고 있는 물질이 은거울 반응을 한다.

30

농도를 모르는 황산 용액 20mL가 있다. 이것을 중화시키려면 0.2N의 NaOH 용액이 10mL가 필요하다. 황산의 몰농도는 몇 M인가?

① 0.01　　　　　　　　② 0.02
③ 0.05　　　　　　　　④ 0.10

해설

중화적정 공식을 이용한다.
$$NV = N'V'$$
황산(H_2SO_4)은 H^+가 두 개이므로 2를 곱해서 중화적정 공식에 대입해야 한다.
$$x\text{M} \times 2 \times 20 = 0.2\text{N} \times 10$$
$$x = 0.05$$

31

다음 중 방향족 화합물이 아닌 것은?

① 톨루엔　　　　　　　② 아세톤
③ 크레졸　　　　　　　④ 아닐린

해설

방향족 화합물이란 벤젠 고리를 포함하는 물질을 말한다.
아세톤(CH_3COCH_3)은 벤젠 고리를 포함하지 않는다.

32

수소와 질소로 암모니아를 합성하는 반응의 화학 반응식은 다음과 같다. 암모니아의 생성률을 높이기 위한 조건은?

$$N_2 + 3H_2 \rightarrow 2NH_3 + 22.1kcal$$

① 온도와 압력을 낮춘다.
② 온도는 낮추고, 압력은 높인다.
③ 온도를 높이고, 압력은 낮춘다.
④ 온도와 압력을 높인다.

해설

보기의 반응식에서 암모니아의 생성률을 높이기 위해서는 정반응을 촉진시켜야 한다. 정반응은 발열반응 및 압력이 감소(반응물은 4몰, 생성물은 2몰임)하는 반응이므로 르 샤틀리에의 원리에 따라 아래 조건을 줌에 따라 해당 반응이 촉진된다.

• 온도를 낮춤: 온도를 낮추면 온도를 높이는 반응, 즉 발열반응을 일으키는 쪽으로 평형이 이동한다.
• 압력을 증가: 압력을 증가시키면 압력을 낮추는 쪽, 즉 분자 수를 감소시키는 쪽으로 평형이 이동한다.

33

다음 중 금속의 이온화 경향이 큰 것부터 작은 순으로 옳게 나열된 것은?

① K, Mg, Pb, Na
② Ag, Fe, Zn, Pb
③ Ca, Al, Sn, Cu
④ Au, Pt, Ag, Cu

해설 **금속의 이온화 경향 세기 순서**

K > Ba > Ca > Na > Mg > Al > Zn > Fe > Ni > Sn > Pb > (H) > Cu > Hg > Ag > Pt > Au

34

$Na_2CO_3 \cdot 10H_2O$ 20g을 취하여 180g의 물에 녹인 수용액은 약 몇 wt%의 Na_2CO_3 용액으로 되는가? (단, Na의 원자량은 23이다.)

① 3.7
② 7.4
③ 10
④ 15

해설

$Na_2CO_3 \cdot 10H_2O$의 1mol의 질량은 286g이다.
286g 중에서 물의 질량은 180g이다.
$Na_2CO_3 \cdot 10H_2O$의 20g 중에서 물의 질량은 다음과 같이 12.587g이 된다.

$$20g \times \frac{180}{286} = 12.587g$$

$$Na_2CO_3 \text{ 중량}\% = \frac{20 - 12.587}{20 + 180} \times 100 = 3.7$$

35

다음 중 비활성 기체의 전자 배치를 하고 있는 것은?

① $1s^2 2s^1$
② $1s^2 2s^2 2p^2$
③ $1s^2 2s^2 2p^6$
④ $1s^2 2s^2 2p^6 3s^1$

해설

비활성 기체의 최외각 전자수는 8개이다.

전자껍질(n)	K(1)	L(2)	M(3)	N(4)
원자궤도함수	$1s^2$	$2s^2 2p^6$	$3s^2 3p^6 3d^{10}$	$4s^2 4p^6 4d^{10} 4f^{14}$
수용하는 전자 수	2	8	18	32

36

방사선에서 γ선과 비교한 α선에 대한 설명 중 틀린 것은?

① γ선보다 투과력이 강하다.
② γ선보다 형광작용이 강하다.
③ γ선보다 감광작용이 강하다.
④ γ선보다 전리작용이 강하다.

해설 **방사선의 종류 및 성질**

구분	본질	투과력	감광, 전리, 형광작용
α선	$^4_2He^{2+}$	가장 약하다.	가장 강하다.
β선	전자 e^-	중간이다.	중간이다.
γ선	전자파	가장 강하다.	가장 약하다.

37

다음 중 원자가 전자의 배열이 ns^2np^3인 것으로만 나열된 것은? (단, n은 2, 3, 4 …이다.)

① N, P, As
② C, Si, Ge
③ Li, Na, K
④ Be, Mg, Ca

해설

ns^2np^3에서 최외각 전자수는 5이다. 따라서 최외각 전자수=족수이므로 15족 원소가 답이 된다. N, P, As가 15족 원소이다.

38

C_2H_6에서 탄소의 혼성 궤도함수에 해당하는 것은?

① s
② sp
③ sp^2
④ sp^3

해설

메탄계 탄화수소=알칸족(Alkane)=파라핀계 탄화수소=궤도함수는 sp^3 혼성결합 예 CH_4, C_2H_6
에틸렌계 탄화수소=알켄족(Alkene)=올레핀계 탄화수소=궤도함수는 sp^2 혼성결합 예 C_2H_4
아세틸렌계 탄화수소=알킨족(Alkyne) 탄화수소=궤도함수는 sp 혼성결합이다. 예 C_2H_2

39

다음 중 어떤 조건 하에서 실제 기체가 이상기체에 가깝게 거동하는가?

① 낮은 온도, 높은 압력
② 높은 온도, 낮은 압력
③ 낮은 온도, 낮은 압력
④ 높은 온도, 높은 압력

해설

이상기체는 분자와 분자 사이에 작용하는 인력을 무시한 가상의 기체이다. 온도를 높게 하고, 압력을 낮게 하면 분자와 분자 사이의 거리가 멀어져서 인력이 작게 작용하게 되어 이상기체와 가깝게 거동한다.

40

탄소 3g이 산소 16g 중에서 완전연소되었다면, 연소한 후 혼합기체의 부피는 표준상태에서 몇 L가 되는가?

① 5.6
② 6.8
③ 11.2
④ 22.4

해설

$C+O_2 \rightarrow CO_2$
탄소 1몰(12g), 산소 1몰(32g)이 반응하면 이산화탄소 1몰(22.4L)이 생성된다.
탄소 3g이 연소될 때 산소는 8g이 필요하고, CO_2 기체는 5.6L가 생성된다. 이때 산소 기체는 16g 중에서 8g이 반응하고 8g이 남게 된다.
산소 기체(O_2)의 분자량은 32g/mol이므로 산소 8g은 0.25mol이다.
산소 8g의 부피=22.4L×0.25=5.6L
혼합기체의 부피=5.6+5.6=11.2L

41

다음 중 1차 이온화에너지가 가장 큰 것은?

① He
② Ne
③ Ar
④ Xe

해설

보기의 원소는 모두 18족이다.
18족 원소는 원자번호가 커질수록 이온화에너지가 작아진다.
이온화에너지의 크기: He>Ne>Ar>Xe

42

다전자 원자에서 에너지 준위의 순서가 옳은 것은?

① 1s < 2s < 3s < 4s < 2p < 3p < 4p
② 1s < 2s < 2p < 3s < 3p < 3d < 4s
③ 1s < 2s < 2p < 3s < 3p < 4s < 4p
④ 1s < 2s < 2p < 3s < 3p < 4s < 3d

해설

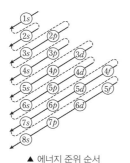

▲ 에너지 준위 순서

43

질산나트륨의 물 100g에 대한 용해도는 80℃에서 148g, 20℃에서 88g이다. 80℃의 포화용액 100g을 70g으로 농축시켜서 20℃로 냉각시키면, 약 몇 g의 질산나트륨이 석출되는가?

① 29.4
② 40.3
③ 50.6
④ 59.7

해설

80℃ 100g 물에는 148g 질산나트륨이 녹을 수 있으니 용액 100g에 녹아 있는 질산나트륨을 구하면 다음과 같다.
$(100+148)g : 148 = 100g : x$
$x = 59.68g$
용액 100g에는 용질 59.68g, 용매(물) 40.32g이 있다. 70g으로 농축시켰으니 물 30g을 빼면 물이 10.32g 남는다. 여기서, 20℃로 냉각시키면 용해도가 낮아진다.
$100 : 88 = 10.32 : y$
$y = 9.08g$의 질산나트륨이 녹아 있다.
따라서 $59.68 - 9.08 = 50.6(g)$의 질산나트륨이 석출된다.

44

다음 물질의 상태와 관련된 용어의 설명 중 틀린 것은?

① 삼중점 : 기체, 액체, 고체의 3가지 상이 동시에 존재하는 점
② 임계온도 : 물질이 액화될 수 있는 가장 높은 온도
③ 임계압력 : 임계온도에서 기체를 액화하는 데 가해야 할 최소한의 압력
④ 표준상태 : 각 원소별로 이상적인 결정 형태를 이루는 온도 및 압력

해설

표준상태란 0℃, 1atm에서의 상태를 의미한다.

45

중성원자가 무엇을 잃으면 양이온으로 되는가?

① 중성자
② 핵전하
③ 양성자
④ 전자

해설

중성원자가 전자를 잃으면 양이온이 되고 전자를 얻으면 음이온이 된다.

46

다음 중 염기성 $-NH_2$기를 가지고 있는 것은?

① 벤조산
② 아닐린
③ 페놀
④ 크레졸

해설

아닐린[$C_6H_5NH_2$]의 구조식

47

다음 중 산소와 같은 족의 원소가 아닌 것은?

① S
② Se
③ Te
④ Bi

해설

산소는 16족에 해당하며 산소와 같은 족의 원소로는 S, Se, Te, Po 등이 있다. Bi는 15족(질소족)에 속한다.

48

다음 중 완충용액에 해당되는 것은?

① CH_3COONa와 CH_3COOH
② NH_4Cl와 HCl
③ CH_3COONa와 $NaOH$
④ $HCOONa$와 Na_2SO_4

해설

완충용액은 완충작용을 가진 용액으로 완충액이라고도 한다. 용액에 산 또는 염기를 가했을 경우에 일어나는 수소 이온 농도의 변화를 작게 하는 작용을 완충작용이라 한다.

일반적으로 약한 산과 그 염 또는 약한 염기와 그 염의 혼합용액을 말하며, 용액의 pH를 일정하게 유지할 필요가 있을 경우에 사용된다.

또 어떤 완충용액은 pH 측정 때의 pH 표준용액으로 사용된다. 아세트산(CH_3COOH) 및 아세트산나트륨(CH_3COONa)의 혼합용액이 완충용액의 예이다.

49

할로젠(할로겐) 원소에 대한 설명 중 옳지 않은 것은?

① 아이오딘(요오드)의 최외각 전자는 7개이다.

② 할로젠(할로겐) 원소 중 원자 반지름이 가장 작은 원소
는 F이다.

③ 염화 이온은 염화은의 흰색침전 생성에 관여한다.

④ 브로민(브롬)은 상온에서 적갈색 기체로 존재한다.

해설
브로민(브롬)은 상온에서 액체인 유일한 비금속 홑원소 물질이다.

50

다음 반응식에 관한 사항 중 옳은 것은?

$$SO_2 + 2H_2S \rightarrow 2H_2O + 3S$$

① SO_2는 산화제로 작용

② H_2S는 산화제로 작용

③ SO_2는 촉매로 작용

④ H_2S는 촉매로 작용

해설
산화제는 다른 물질을 산화시키고 자신은 환원되는 물질이다.
산화와 환원을 산소에 의해 정의하면 산화는 산소와 결합하는 것이고, 환
원은 산소를 잃는 것이다.
해당 반응에서 SO_2는 H_2S에게 산소를 주어 산화시켰고, 자신은 환원되었
다고 할 수 있다. 따라서 SO_2는 산화제로 작용한 것이다.

SUBJECT

02

화재예방과 소화방법

기출기반으로 정리한
압축이론

출제경향

화재예방과 소화방법은 다른 과목에 비해 비교적 난도가 낮은 문제가 출제되고 있습니다. 대부분의 문제가 기출문제에서 반복적으로 출제되고 있으며 암기해야 하는 분량이 적어 수험생들이 고득점을 노리기 좋은 과목입니다. 또한, 새 출제기준에 따라 위험물 사고 대비 · 대응 관련 이론이 추가되었습니다. 다가오는 시험을 위해 참고하여 학습하시길 바랍니다.

비전공자 공부방법

80점 이상의 고득점을 목표로 공부하는 것이 좋습니다. 다른 과목에서 60점 이하의 점수를 받더라도 화재예방과 소화방법 과목에서 높은 점수를 받는다면 충분히 합격할 수 있습니다. 특히 소화약제의 종류와 특징은 반드시 암기하고 넘어가야 합니다.

화학 전공자 공부방법

물질의 물리 · 화학적 성질(일반화학) 과목에서 고득점을 받을 수 있다면 화재예방과 소화방법은 70점을 목표로 공부해야 시간을 아낄 수 있습니다. 기출문제를 풀며 반복적으로 등장하는 개념을 암기하고 넘어간다면 빠르게 목표 점수를 받을 수 있는 과목입니다.

위험물 사고 대비·대응

1. 안전장비의 특성

(1) 안전모

① 안전모의 종류

머리받침끈, 머리고정대 및 머리받침고리 등으로 구성되어있으며, 추락과 감전 위험방지를 위해 착용한다. 기능에 따라 AB, AE, ABE로 나눠진다.

㉠ AB종: 물체의 낙하, 비래, 작업자의 추락에 의한 위험 방지 또는 경감을 위해 사용한다.

㉡ AE종: 물체의 낙하, 비래에 의한 충격 경감, 머리부위의 감전 방지를 위해 사용한다.

㉢ ABE종: 물체의 낙하, 비래, 작업자의 추락에 의한 위험 방지 또는 경감, 머리부위의 감전 방지를 위해 사용한다.

② 안전모의 구조

번호	명칭		
㉠	모체		
㉡	착장체		머리받침끈
㉢			머리고정대
㉣			머리받침고리
㉤	충격흡수재		
㉥	턱끈		
㉦	챙(차양)		

▲ 안전모

(2) 안전화

① 안전화의 종류

낙하하는 물체로부터 발을 보호하여야 하며, 물체가 떨어질 때의 보호하는 높이에 따라 중작업용(1m), 보통작업용(50cm), 경작업용(25cm)으로 분류할 수 있다.

㉠ 가죽제 안전화: 물체의 낙하, 충격 또는 날카로운 물체에 의한 위험으로부터 발을 보호한다.

㉡ 발등안전화: 물체의 낙하, 충격 또는 날카로운 물체에 의한 위험으로부터 발과 발등을 보호한다.

㉢ 정전기 안전화: 물체의 낙하, 충격 또는 날카로운 물체에 의한 위험으로부터의 발 보호, 정전기의 인체대전을 방지한다.

㉣ 고무제 안전화: 물체의 낙하, 충격 또는 날카로운 물체에 의한 위험으로부터의 발 보호, 내수성과 내화학성을 겸한다.

㉤ 절연화: 물체의 낙하, 충격 또는 날카로운 물체에 의한 위험으로부터의 발 보호, 저압감전을 방지한다.

㉥ 절연장화: 고압 감전 방지와 방수를 겸한다.

② 안전화의 구조

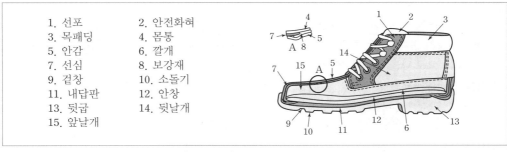

1. 선포	2. 안전화혀
3. 목패딩	4. 몸통
5. 안감	6. 갈개
7. 선심	8. 보강재
9. 겉창	10. 소돌기
11. 내답판	12. 안창
13. 뒷굽	14. 뒷날개
15. 앞날개	

▲ 가죽제안전화 각 부분의 명칭

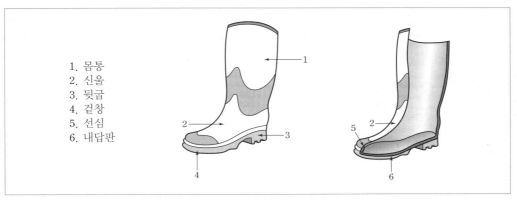

1. 몸통
2. 신울
3. 뒷굽
4. 겉창
5. 선심
6. 내답판

▲ 고무제안전화 각 부분의 명칭

(3) **안전장갑**

안전장갑은 기능에 따라 내전압용 절연장갑, 화학물질용 안전장갑으로 분류되며 내전압용 절연장갑은 최대사용전압을 기준으로 절연성능과 평면 부분의 고무 최대 두께를 고려하여 00등급부터 4등급이 부여된다.

(4) **방진마스크**

① 방진마스크의 종류

분진, 미스트, 흄 등이 발생하거나 이에 노출될 우려가 있는 경우에 착용하는 장비로 눈, 코, 입의 안면부를 모두 덮는 전면형과 입과 코를 덮는 반면형 타입으로 나눌 수 있다.

② 방진마스크의 구비조건

ㄱ 분진포집효율(여과효율)이 좋을 것

ㄴ 흡기, 배기저항이 낮을 것

ㄷ 사용적이 적을 것

ㄹ 중량이 가벼울 것

ㅁ 시야가 넓을 것

ㅂ 안면밀착성이 좋을 것

(5) **방독마스크**

① 방독마스크의 종류

유해가스가 정화통을 거쳐 정화 상태로 흡입을 도와주는 장비로 구조에 따라 전면형, 반면형으로, 기능에 따라 두 종류 이상의 유해물질 등에 대한 제독능력이 있는 복합용 방독마스크, 방독과 방진 기능이 포함된 경우 겸용 방독마스크 등으로 나눌 수 있다.

② 방독마스크의 구조

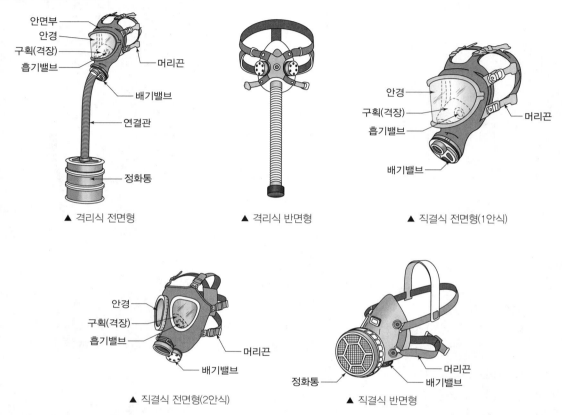

▲ 격리식 전면형   ▲ 격리식 반면형   ▲ 직결식 전면형(1안식)

▲ 직결식 전면형(2안식)   ▲ 직결식 반면형

③ 방독마스크의 등급

등급	사용장소
고농도	가스 또는 증기의 농도가 $\frac{2}{100}$(암모니아에 있어서는 $\frac{3}{100}$) 이하의 대기 중에서 사용하는 것
중농도	가스 또는 증기의 농도가 $\frac{1}{100}$(암모니아에 있어서는 $\frac{1.5}{100}$) 이하의 대기 중에서 사용하는 것
저농도 및 최저농도	가스 또는 증기의 농도가 $\frac{0.1}{100}$ 이하의 대기 중에서 사용하는 것으로서 긴급용이 아닌 것

※ 방독마스크는 산소농도가 18[%] 이상인 장소에서 사용하여야 하고, 고농도와 중농도에서 사용하는 방독마스크는 전면형(격리식, 직결식)을 사용하여야 한다.

(6) 보호복

① 보호복의 종류

ㄱ 방열복: 방열상의, 하의, 장갑, 두건이 있으며 열로부터 피부를 보호한다.

ㄴ 화학물질용 보호복: 화학물질이 피부를 통하여 인체에 흡수되는 것을 방지하며, 신체의 전부나 일부를 보호한다.

② 보호복의 구조

1. 방열상의
2. 방열하의
3. 방열두건
4. 방열장갑
5. 방열장화

(7) 안전대

고소작업의 추락 예방을 위해 사용하는 보호구로, 사용 시 구조물 등에 의한 접촉에 손상되지 않도록 하고, 죔줄을 2명 이상 연결하여 사용해서는 안 된다.

2. 위험물 사고 대응 및 초동조치 방법

① 위험물 취급부서(환경·안전관리팀 등)에 신속히 신고한다.

② 위험물의 유해성을 파악하고 직접 보호장구를 착용할 수 있는 경우, 신고자는 신속히 보호장구를 착용하고 응급조치를 취한다. 그렇지 못한 경우, 위험물 관리자(또는 안전관리자)가 올 때까지 안전한 장소로 대피한다.

③ 초기 비상조직 및 관련 사내 부서에 상황을 알리고 그에 따라 비상경보를 발령한다. 위험물 취급부서(환경·안전관리팀 등)는 사고대응 비상요원을 신속히 현장으로 투입시킨다.

④ 위험물 취급부서(환경·안전관리팀 등)는 비상대응 연락 체계에 따라 유관기관 보고 및 대외기관에 신고한다.

⑤ 사고대응 비상요원은 위험물의 유해성과 누출량, 누출시간, 오염확산경로 등을 파악하여 사고 대응 요령에 따라 행한다.

ㄱ 유출 위험물 적정 보호장구를 착용한 상태에서 유출을 신속히 차단 및 지연될 수 있도록 방제 조치한다.(작업 중지, 밸브격리, 펌프정지 등)

ㄴ 가스상의 경우, 바람의 방향을 등지고 방제활동을 행하여야 한다.

ㄷ 실내인 경우, 독성 또는 가연성 가스의 축적을 방지하기 위해 환기를 하되, 외부 오염에 유의하여야 한다.

ㄹ 액상·고상인 경우 현장의 방제장비 및 흙(모래) 등을 이용하여 하수구 또는 하천으로의 유입을 차단한다.

위험물 화재예방·소화방법

1. 연소이론

(1) 연소의 정의

물질이 공기 또는 산소 속에서 빛과 불꽃을 내며 타는 현상으로, 가정에서의 프로판가스나 도시가스의 연소, 성냥·장작불 등의 흔한 예시에서 로켓의 추진에 이르는 넓은 범위에 이르기까지 화학에너지를 열에너지로 변환하기 위한 수단으로 많은 분야에서 이용되고 있다.

① **완전연소**: 산소가 충분한 상태에서 가연성분이 완전히 산화되는 연소로, 연소 후 발생되는 물질 중에서 가연성분이 없는 연소이다.

② **불완전연소**: 산소가 부족한 상태에서 가연성분이 불완전하게 산화되는 연소로, 연소 후 발생되는 물질 중에서 가연성분이 있는 연소이다.

(2) 연소의 3요소

연소를 하기 위해서는 가연물, 산소공급원, 점화원(열원)을 필요로 하는데 이것을 연소의 3요소라 한다. 여기에 연쇄반응을 추가시키면 연소의 4요소라 한다.

① **가연물**

  ㉠ 목재, 종이, 석탄, 플라스틱, 금속, 비금속, 수소, 나무, LNG 등 고체, 액체, 기체를 통틀어 산화되기 쉬운 물질을 말하며, 산화되기 어려운 물질이나 이미 산소와 화합하여 더 이상 화합반응이 진행되기 어려운 물질은 불연성 물질로서 가연물과 구별하는 것이 보통이다.

  ㉡ 가연물이 될 수 있는 조건
   • 연소열, 즉 발열량이 큰 것
   • 열전도율이 낮은 것
   • 활성화에너지가 작은 것
   • 산소와 친화력이 좋은 것
   • 연쇄반응을 일으킬 수 있는 것
   • 표면적이 넓은 것
   ※ 고체 가연물이 덩어리 상태보다 분말일 때 화재의 위험성이 증가하는데, 그 이유는 공기와의 접촉 면적이 증가하기 때문이다.

② **산소공급원**: 연소에는 산소가 필요하며 일반적으로 공기 중의 산소로 인해서 연소한다. 이 밖에 산화제(제1류 위험물, 제6류 위험물)와 같이 산소를 방출하는 물질이 산소공급원이 되고 가연성 물질 자체 내에 다량의 산소를 함유하고 있는 물질(제5류 위험물)에서는 산소의 공급을 필요로 하지 않는 물질도 있다. 따라서 산소공급원에 해당되는 물질은 공기, 산소, 제1류 위험물, 제5류 위험물, 제6류 위험물 등이 있다.

③ **점화원**: 화기는 물론 전기불꽃, 정전기불꽃, 충격에 의한 불꽃, 산화열, 마찰에 의한 불꽃(마찰열), 단열 압축열, 나화(노출되어 있는 모든 불꽃) 및 고온 표면 등 연소를 하기 위해 물질에 활성화에너지를 주는 물질을 말한다.

$$E = \frac{1}{2}QV = \frac{1}{2}CV^2$$

여기서, E: 전기불꽃에너지, Q: 전기량(전하량), V: 방전전압, C: 정전용량
$Q = CV$

- 화학적 에너지원: 연소열, 분해열, 산화열
- 전기적 에너지원: 유도열, 유전열, 정전기불꽃, 낙뢰, 아크
- 기계적 에너지원: 마찰열, 마찰 스파크열, 단열 압축열

(3) 연소의 형태

① 기체의 연소

㉠ 확산연소: 비교적 공기보다 가벼운 메탄, 프로판, 수소, 아세틸렌 등의 가연성 가스가 확산하여 생성된 혼합가스가 연소하는 것으로 발염연소 또는 불꽃연소라고도 한다.

㉡ 정상연소: 가연성 기체가 산소와 혼합되어 연소하는 형태를 정상연소라 하며, 기체의 연소 형태는 대부분 정상연소이다.

㉢ 비정상연소: 많은 양의 가연성 기체와 공기의 혼합가스가 밀폐용기 중에 있을 때 점화되며 연소온도가 급격하게 증가하여 일시에 폭발적으로 연소하는 형태를 비정상연소라 한다.

② 액체의 연소

㉠ 액체의 연소: 액체 자체가 타는 것이 아니라 발생된 증기가 연소하는 형태이다.

㉡ 증발연소: 알코올, 에테르, 석유, 아세톤 등과 같은 가연성 액체의 액면에서 증발하여 생긴 가연성 증기가 착화되어 화염을 내고, 이 화염의 온도에 의해서 액 표면의 온도를 상승시켜 증발을 촉진시켜 연소하는 형태이다.

㉢ 액적연소: 보통 점도가 높은 벙커C유에서 연소를 일으키는 형태로 가열하면 점도가 낮아져 버너 등을 사용하여 액체의 입자를 안개 모양으로 분출하며 액체의 표면적을 넓혀 연소하는 형태이다.

③ 고체의 연소

㉠ 고체에서는 여러 가지 연소 형태가 복합적으로 나타난다.

㉡ 표면연소: 목탄(숯), 코크스, 금속분 등이 열분해하여 고체의 표면이 고온을 유지하면서 가연성 가스를 발생하지 않고 그 물질 자체가 표면이 빨갛게 변하면서 연소하는 형태이다.

㉢ 분해연소: 석탄, 종이, 목재, 플라스틱의 고체 물질과 중유와 같은 점도가 높은 액체연료에서 찾아볼 수 있는 형태로 열분해에 의해서 생성된 분해생성물이 산소와 혼합하여 연소하는 형태이다.

㉣ 증발연소: 나프탈렌, 장뇌, 황(유황), 왁스, 양초(파라핀)와 같이 고체가 가열되어 가연성 가스를 발생시켜 연소하는 형태이다.

㉤ 자기연소: 화약, 폭약의 원료인 제5류 위험물 TNT, 나이트로(니트로)셀룰로오스, 질산에스터류(질산에스테르류)에서 볼 수 있는 연소의 형태로서 공기 중의 산소를 필요로 하지 않고 그 물질 자체에 함유되어 있는 산소로부터 내부 연소하는 형태이다.

(4) 연소 관련 개념

① 인화점: 가연성 물질에 점화원을 접촉시켰을 때 불이 붙는 최저온도(가연성 증기가 연소범위 하한에 도달하는 최저온도)로서 가연성 액체의 위험성을 나타내는 척도로 사용되고 있으며 인화점이 낮을수록 인화의 위험이 크다. 특히 인화점이 상온보다 낮은 제4류 위험물은 특별한 주의를 요하는 위험물이라 할 수 있다.

② 착화점(착화온도 = 발화점 = 발화온도)

    ㉠ 가연성 물질이 점화원 없이 축적된 열만으로 연소(자연발화)를 일으키는 최저온도를 말한다. 발화점이 낮은 물질일수록 위험성이 크며 발화점은 인화점보다 높다.

    ㉡ 착화점이 낮아지는 조건

        • 발열량, 화학적 활성도, 산소와 친화력, 압력이 높을 때

        • 분자구조가 복잡할 때

        • 열전도율이 낮을 때

③ 자연발화

    ㉠ 자연발화의 형태

        • 산화열에 의한 발화: 석탄, 고무분말, 건성유 등에 의한 발화

        • 분해열에 의한 발화: 셀룰로이드, 나이트로(니트로)셀룰로오스 등에 의한 발화

        • 흡착열에 의한 발화: 목탄분말, 활성탄 등에 의한 발화

        • 미생물에 의한 발화: 퇴비, 먼지 속에 들어 있는 혐기성 미생물에 의한 발화

    ㉡ 자연발화에 영향을 주는 인자: 수분, 열전도율, 열의 축적, 용기의 크기와 형태, 발열량, 공기의 유동, 퇴적 방법

    ㉢ 자연발화의 조건

        • 주위의 온도가 높을 것   • 열전도율이 낮을 것

        • 발열량이 클 것   • 표면적이 넓을 것

    ㉣ 자연발화 방지법

        • 주위 온도를 낮출 것

        • 습도를 낮게 할 것(습도가 높으면 미생물의 활동으로 인한 열 발생)

        • 통풍을 잘 시킬 것

        • 불활성 가스를 주입하여 공기와 접촉면적을 작게 할 것(공기 중의 산소 농도를 떨어뜨리는 것임)

        • 열이 축적되지 않게 할 것

④ 연소점: 인화점에서는 외부의 열을 제거하면 연소가 중단되는 반면 연소점은 점화원을 제거하더라도 계속 탈 수 있는(5초 이상) 최저온도로서 대략 인화점보다 5~10℃ 높은 온도를 말한다.

⑤ 연소범위(연소한계 = 가연범위 = 가연한계 = 폭발범위 = 폭발한계): 가연성 가스가 공기 중에 존재할 때 폭발할 수 있는 농도의 범위를 말하는데 농도가 진한 쪽을 폭발 상한계, 농도가 묽은 쪽을 폭발 하한계라 한다. 압력이 높아지면 하한값은 변하지 않으나 상한값은 증가한다.

예를 들어 가솔린의 연소범위가 1.2~7.6%라는 의미는 가솔린이 1.2%이고 공기가 98.8%인 조건에서부터 가솔린이 7.6%, 공기가 92.4%인 조건 사이에서 연소가 일어난다는 의미이다.

핵심 Point   **폭발범위(연소범위)의 일반적인 설명**

- 일반적으로 가스압력이 높아질수록 발화온도는 낮아지고, 폭발범위는 넓어진다.
- 수소와 공기의 혼합가스는 10atm(1MPa) 정도까지는 폭발범위가 좁아지나 그 이상의 압력에서는 다시 점차 넓어진다.
- 일산화탄소와 공기의 혼합가스는 압력이 높아질수록 폭발범위가 오히려 좁아진다.
- 가스 압력이 대기압 이하로 낮아질 때는 폭발범위가 좁아지고, 어느 압력 이하에서는 갑자기 발화하지 않는다.
- 가스의 온도가 높아지면 폭발범위는 넓어진다.
- 폭발한계농도 사이에서 폭발성 혼합가스를 생성하며 폭발범위 밖의 농도에서는 연소되기 어렵다.
- 공기 중에서보다 산소 중에서 폭발범위가 넓어진다.
- 가스압이 높아지면 하한값은 크게 변하지 않으나 상한값은 높아진다.

---

⑥ 고온체의 색깔과 온도

색	암적색	적색	황색	휘적색	황적색	백적색	휘백색
온도(℃)	700	850	900	950	1,100	1,300	1,500

⑦ 연소속도(=산화속도): 가연물질에 공기가 공급되어 연소가 되면서 반응하여 연소생성물을 생성할 때의 반응속도로 연소속도에 영향을 미치는 요인으로는 가연물의 온도, 산소의 농도에 따라 가연물질과 접촉하는 속도, 산화반응을 일으키는 속도, 촉매, 압력 등이 있다.

⑧ 위험인자별 화재 위험성

위험인자	위험성 증가	위험성 감소
온도	온도가 높을수록	온도가 낮을수록
압력	압력이 높을수록	압력이 낮을수록
산소농도	산소농도가 높을수록	산소농도가 낮을수록
연소(폭발)범위	연소범위가 넓을수록	연소범위가 좁을수록
연소열	연소열이 커질수록	연소열이 작을수록
증기압	증기압이 높을수록	증기압이 낮을수록
연소속도	연소속도가 빠를수록	연소속도가 느릴수록
인화점	인화점이 낮을수록	인화점이 높을수록
착화온도	착화온도가 낮을수록	착화온도가 높을수록
비점	비점이 낮을수록	비점이 높을수록
융점	융점이 낮을수록	융점이 높을수록
비중	비중이 작을수록	비중이 클수록
점성	점성이 낮을수록	점성이 높을수록
폭발하한값	폭발하한이 작을수록	폭발하한이 클수록

2. 소화이론

(1) 소화의 정의

가연성 물질이 공기 중에서 점화원에 의해 산소 또는 산화제 등과 접촉하여 발생되는 연소현상을 중단시키는 것이 소화의 정의이다. 화재 시 발화온도 이하로 낮추거나 산소 공급의 차단, 연쇄반응을 억제하는 행위도 소화라고 할 수 있다.

(2) 소화의 원리

연소의 3요소인 가연물과 산소공급원 및 점화원의 세 가지 중 전부 또는 일부만 제거해도 소화는 이루어진다. 소화효과에는 냉각소화, 질식소화, 제거소화, 희석소화, 부촉매 소화효과 등이 있다.

① 냉각소화

  ㉠ 연소물로부터 열을 빼앗아 발화점 이하로 온도를 낮추는 방법

  ㉡ 대표적인 소화약제: 물, 강화액

  ㉢ 물을 소화제로 사용하는 이유

    • 비교적 구입이 용이하다.

    • 가격이 저렴하다.

    • 증발잠열이 커 냉각에 효과적이다.

    • 연소되고 있는 물질이나 가열된 물질의 표면온도, 상승된 실내의 온도까지도 낮추는 효과가 크기 때문에 소화제로서 가장 널리 사용된다.

    • 펌프, 호스 등을 이용하여 이송이 비교적 용이하다.

② 질식소화(농도 한계에 바탕을 둔 소화)
　　⊙ 공기 중에 존재하고 있는 산소의 농도 21%를 15%(한계산소농도) 이하로 낮추어 소화(산소 공급원 차단)하는 방법이다.
　　ⓒ 대표적인 소화약제: CO_2, 분말, 마른 모래
③ 제거소화
　　⊙ 가연성 물질을 연소구역에서 제거하여 줌으로써 소화하는 방법
　　ⓒ 가스 화재 시 가스가 분출되지 않도록 밸브를 폐쇄하여 소화하는 방법
　　ⓒ 대규모 유전 화재 시에 질소 폭탄을 폭발시켜 강풍에 의해 불씨를 제거하여 소화하는 방법
　　ⓔ 산림 화재 시 불의 진행 방향을 앞질러 벌목함으로써 소화하는 방법
　　ⓜ 전류가 흐르고 있는 전선에 합선이 일어나 화재가 발생한 경우 전원공급을 차단해서 소화하는 방법
④ 억제소화(부촉매 효과): 가연물, 산소공급원, 점화원, 연쇄반응 등을 연소의 4요소라 한다. 이중에서 연쇄반응을 차단해서 소화하는 방법을 부촉매 효과, 즉 억제소화라 한다. 억제소화란 가연성 물질과 산소와의 화학반응을 느리게 함으로써 소화하는 방법으로 소화약제로는 하론 1301, 하론 1211, 하론 2402, 분말 소화제 등이 있다.

3. 폭발의 종류 및 특성

(1) 폭발

① 정의: 가연성 기체 또는 액체의 열의 발생속도가 열의 방출속도를 상회하는 현상, 즉 급격한 압력의 발생 또는 해방의 결과로서 폭발음을 발하며 격렬하거나 파열되거나 팽창하는 현상을 말한다.

② 폭발의 유형
　　⊙ 화학적 폭발: 폭발성 혼합가스의 점화 시 일어나는 폭발(산화폭발), 화약의 폭발 등으로 화학적 화합물의 치환 또는 반응으로 인한 급격한 에너지의 방출현상에 의해 폭발하는 현상
　　ⓒ 압력에 의한 폭발: 불량용기의 폭발, 고압가스 용기의 폭발, 보일러 폭발 등으로 기기적인 장치에서 압력이 상승하여 폭발하는 현상
　　ⓒ 분해 폭발: 가압 하에서 단일가스가 분해하여 폭발하는 현상이다.(아세틸렌, 산화에틸렌, 에틸렌, 하이드라진(히드라진))
　　ⓔ 중합 폭발: 초산비닐, 염화비닐 등의 원료인 단량체, 시안화수소 등 중합열에 의해 폭발하는 현상이다.
　　ⓜ 분진 폭발: 고체의 미립자가 공기 중에서 착화에너지를 얻어 폭발하는 현상이다.
　　　• 분진 폭발을 일으킬 수 있는 물질: 마그네슘, 알루미늄, 소맥분(밀가루), 석탄, 황(유황), 플라스틱, 적린
　　　• 분진 폭발을 일으키지 않는 물질: 석회석 가루(생석회), 시멘트 가루, 대리석 가루, 탄산칼슘

(2) 폭굉(Detonation)

폭발 중에서도 특히 격렬한 경우를 폭굉이라 하며, 화염의 전파속도가 매질 중의 음속보다 더 큰 경우로 이때 파면선단에 충격파라고 하는 솟구치는 압력파가 발생하여 격렬한 파괴 작용을 일으키는 현상을 말한다.
※ 폭굉 이외의 연소 및 폭발은 화염전파속도가 음속(340m/s) 이하이며, 파면에는 충격파가 생기지 않으므로 반응 직후에 약간의 압력상승이 있을 뿐 압력은 곧 파면 전후에 없어진다.

① 폭굉유도거리(DID; Detonation Inducement Distance): 최초의 완만한 연소가 격렬한 폭굉으로 발전할 때까지의 거리를 말한다.

② 폭굉유도거리(DID)가 짧아지는 경우
　　⊙ 정상연소 속도가 큰 혼합가스일수록 짧아진다.
　　ⓒ 관 속에 방해물이 있거나 관경이 가늘수록 짧아진다.
　　ⓒ 압력이 높을수록 짧아진다.
　　ⓔ 점화원의 에너지가 강할수록 짧아진다.

4. 화재의 분류 및 특성

(1) 화재의 종류

구분	A급 화재	B급 화재	C급 화재	D급 화재
명칭	일반 화재	유류·가스 화재	전기 화재	금속 화재
가연물	목재, 종이, 섬유, 석탄 등	각종 유류 및 가스	전기기기, 기계, 전선 등	Mg 분말, Al 분말 등
표현색	백색	황색	청색	색 표시 없음(무색)

(2) 화재의 특수현상

① 유류저장탱크에서 일어나는 현상

ㄱ 보일오버(Boil Over): 유류탱크 화재 시 열파가 탱크저부로 침강하여 저부에 고여 있는 물과 접촉 시 물이 급격히 증발하여 대량의 수증기가 상층의 유류를 밀어 올려 다량의 기름을 탱크 밖으로 방출하는 현상이다.

- 원추형 탱크의 지붕판이 폭발에 의해 날아가고 화재가 확대될 때 저장된 연소 중인 기름에서 발생할 수 있다.
- 화재가 지속된 부유식 탱크나 지붕과 측판을 약하게 결합한 구조의 기름 탱크에서도 일어난다.
- 원유, 중유 등을 저장하는 탱크에서 발생할 수 있다.

ㄴ 슬롭오버(Slop Over): 고온층 표면에서 형성된 유류화재를 소화하기 위해 물 또는 포말을 주입하면 수분의 급격한 증발에 의해 거품이 형성되고 열류의 교란으로 고온층 아래에 저온층의 기름이 급격하게 열팽창하여 기름이 탱크 밖으로 분출하는 현상이다.

ㄷ 프로스오버(Froth Over): 화재가 아닌 경우에도 물이 고점도의 유류 아래에서 비등할 때 탱크 밖으로 물과 기름이 거품과 같은 상태로 넘치는 현상으로 뜨거운 아스팔트가 물이 약간 채워져 있는 탱크차에 옮겨질 때 탱크 속의 물을 가열하여 끓기 시작하면서 수증기가 아스팔트를 밀어 올려 넘쳐 흐르는 현상이다.

② 가스저장탱크에서 일어나는 현상

ㄱ BLEVE(Boiling Liquid Expanding Vapor Explosion): BLEVE는 Flashing 현상의 하나로 가연성 액화가스 저장탱크 주위에 화재가 발생하여 탱크 내부에 가열된 액체가 급격하게 비등하고 증기가 팽창하여 탱크 강판이 국부 가열되어 강도가 약해진 부분에서 탱크가 파열되고 폭발하는 현상이다.

ㄴ UVCE(Unconfined Vapor Cloud Explosion=증기운 폭발): 대기 중에 대량의 가연성 가스나 가연성 액체가 유출하여 그것으로부터 발생하는 증기가 공기와 혼합되어 발화원에 의해 발생하는 폭발현상이다.

1 소화약제

1. 소화약제의 종류

소화약제는 소화의 목적을 효율적으로 달성할 목적으로 쓰이는 것으로서, 그 성상과 기능을 기준에 따라 다음과 같이 분류할 수 있다.

2. 소화약제별 소화원리 및 효과

(1) 물 소화약제

① 물 소화약제의 장단점

㉠ 장점

- 어디서나 쉽게 구입할 수 있고, 취급이 간편하며 인체에 무해하다.
- 가격이 저렴하고 오래 저장, 보존할 수 있다.
- 증발잠열이 크기 때문에 기화 시 다량의 열을 제거하여 냉각효과가 우수하고 무상으로 주수할 때는 질식(기화팽창률이 크기 때문에), 유화 효과도 얻을 수 있다.

  ※ 유화란 한 액체 속에 그것과 서로 섞이지 않는 액체가 미세하게 분산되어 있는 계(系)를 말하며 에멀션이라고도 한다.

㉡ 단점

- 0℃ 이하에서는 동파될 수 있고, 전기가 통하는 도체이며(순수한 물은 전기가 흐르지 않으나 소화약제인 물은 전해질을 포함하기 때문에) 방사 후 물에 의한 2차 피해의 우려가 있다.
- 전기 화재, 금속분 화재에는 소화효과가 없다.
- 유류 중 물보다 가벼운 물질에 소화작업을 진행할 때 연소면 확대의 우려가 있다.
- 수압으로 인해 피연소물질에 대한 피해가 발생할 우려가 있다.

② 물 소화약제 방사방법

㉠ 봉상주수: 옥내 소화전과 옥외 소화전과 같이 소방 노즐에서 분사되는 물줄기 그 자체로 주수소화하는 방법(냉각작용)

㉡ 적상주수: 스프링클러 헤드와 같이 기기적인 장치를 이용해 물방울을 형성하면서 방사되는 주수형태(냉각작용)

㉢ 무상주수: 물분무 소화설비와 같이 분무헤드나 분무노즐에서 안개 또는 구름 모양으로 주수하는 소화방법(냉각작용, 질식작용)

(2) 포 소화약제

포 소화약제란 물에 의한 소화능력을 향상시키기 위하여 거품(Foam)을 방사할 수 있는 약제를 첨가하여 냉각효과, 질식효과를 얻을 수 있도록 만든 소화약제를 말한다.

① 포 소화약제의 장단점

ㄱ) 장점
- 사람에게는 해가 없고 방사 후에도 독성가스의 발생이 없다.
- 거품에 의한 소화작업이 진행되므로 가연성 유류 화재 시 질식효과와 냉각효과가 있다.
- 옥내 및 옥외에도 소화효과가 뛰어나다.

ㄴ) 단점
- 겨울철에는 유동성이 약화되어 소화효과가 떨어질 수 있다.
- 단백포의 경우에는 침전이 일어나 부패되기 쉽기 때문에 정기적으로 약제를 교체할 필요가 있다.
- 약제를 방사한 다음에 약제 잔유물이 남는다.

② 포 소화약제의 구별

ㄱ) 화학포: 화학반응을 일으켜 거품을 방사할 수 있도록 만든 소화약제를 말하는데, 황산알루미늄$Al_2(SO_4)_3$과 중조(＝탄산수소나트륨, $NaHCO_3$)에 기포안정제를 서로 혼합하면 화학적으로 반응을 일으켜 방사 압력원인 CO_2가 발생되어 CO_2 가스압력에 의해 거품을 방사하는 형식(화학포소화기의 포핵은 CO_2)이다.

$$6NaHCO_3 + Al_2(SO_4)_3 + 18H_2O \rightarrow 3Na_2SO_4 + 2Al(OH)_3 + 6CO_2 + 18H_2O$$

ㄴ) 기계포: 인위적으로 발포기(거품을 발생시키는 장치)를 설치하여 거품을 만들어 내도록 한 형식이다.

③ 포 소화약제의 종류: 단백포 소화약제, 합성 계면활성제포 소화약제, 수성막포 소화약제, 내알코올포 소화약제 등이 있다.

ㄱ) 단백포 소화약제
- 동물의 뼈, 뿔, 발톱, 피, 식물성 단백질이 주성분이고 이와 함께 안정제, 방부제, 접착제, 점도 증가제 등을 첨가하여 흑갈색으로 특이한 냄새가 나는 끈끈한 액체이며 3%형과 6%형이 있다.
- 재연소 방지능력이 우수하다.
- 동물, 식물성 단백질을 첨가시킨 형태로 내구력이 없어 보관 시 유의해야 한다.
- 겨울철에는 유동성이 작아진다.
- 다른 포 소화약제에 비하여 부식성이 있고 가격이 저렴하다.

ㄴ) 합성 계면활성제 포 소화약제
- 계면활성제인 알킬벤젠술폰산염, 고급 알코올 황산에스터(황산에스테르) 등을 주성분으로 사용한 냄새가 없는 황색의 액체로서 밀폐 또는 준밀폐구조물의 화재 시 고팽창포로 사용하여 화재를 진압할 수 있다.
- 약제의 변질이 없고, 거품이 잘 만들어지고 유류 화재에도 효과가 높다.
- 단백포에 비해 유동성이 좋고 겨울철에도 비교적 안정성이 있다.

ㄷ) 수성막포 소화약제
- 미국의 3M사가 개발한 것으로 다른 말로 Light Water라고 한다. 불소계 계면활성제가 주성분이며 특히 기름 화재용 포액으로서 가장 좋은 소화력을 가진 포(Foam)로서 2%, 3%, 6%형이 있다.
- 포 소화약제 중 가장 우수한 소화효과를 가지고 있다.
- 단백포에 비해 내열성, 내포화성, 재연소 방지효과가 뛰어나다.
- 다른 포 소화약제에 비해 보존성이 우수하다.
- 분말 소화약제와 함께 사용하여도 소포현상이 일어나지 않고 트윈 에이전트 시스템(Twin Agent System)에 사용되어 소화효과를 높일 수 있는 소화약제이다.

- 알코올 화재 시에는 수성막포 소화제는 효과가 없는데, 그 이유는 알코올은 수용성이며 알코올이 포 속의 물을 탈취하여 포를 소멸시키기 때문이다. 같은 이유로 수용성인 물질에 의한 화재에는 적응성이 없다.
    ② 내알코올포 소화약제(= 알코올형포 소화약제)
- 위험물 중 물에 잘 녹는 물질에 화재가 일어났을 경우 포를 방사하면 포가 잘 터져버린다. 이를 소포성이라 하는데 소포성이 있는 물질인 수용성 액체 위험물에 화재가 났을 경우 유용하도록 만든 소화약제를 말하며 6%형이 있다.
- 메틸알코올, 에틸알코올, 아세톤, 글리세린, 에틸렌글리콜, 피리딘 등과 같은 수용성이 있는 위험물에 소화 효과가 있다.

(3) 이산화탄소(CO_2) 소화약제
① 원리: CO_2는 불활성 기체로서 산소나 가연물과 반응하지 않고, 가연성 물질을 둘러싸고 있는 공기 중의 산소농도 21%를 15% 이하로 낮게 하여 소화하는 방법으로 주로 질식, 희석 효과에 의해 소화작업을 진행하는 소화약제이다.
② 특징
  ㉠ 이산화탄소는 상온에서 무색, 무취의 기체이며, 비중(공기 1)은 1.529로 공기보다 약 1.5배 정도 무겁고 승화점이 $-78.5°C$, 임계온도는 약 $31°C$이다.
  ㉡ CO_2는 불활성 기체로 비교적 안정성이 높고 불연성이며 부식성도 없다.
  ㉢ 다른 불활성 기체(질소, 아르곤, 네온)에 비해 가격이 저렴하고 실용적이며 비중이 크기 때문에 심부화재에 적합하다.
  ㉣ 냉각, 압축에 의해 쉽게 액화할 수 있고, 기화잠열이 크고 기화 팽창률이 크다.
  ㉤ 저온으로 고체화한 것을 드라이아이스라고 하며 냉각제로 많이 사용한다.
  ㉥ 비전도성 불연성 가스이고 화재를 진압한 후 잔존물이 없어서 소방 대상물을 오염, 손상시키지 않기 때문에 전산실, 정밀기계실의 소화에 효과적이다.
  ㉦ 소화작업 진행 시 인체에 묻으면 동상에 걸리기 쉽고 질식의 위험이 있으며 온실가스로서 지구온난화를 일으키는 물질이다.
  ㉧ CO_2 가스용기는 「고압가스 안전관리법」의 적용을 받으며 고압식 저장용기의 충전비는 1.5 이상이 되어야 한다.
  ㉨ 상온에서 압력을 가하면 쉽게 액화된다.

(4) 할로젠화합물(할로겐화합물) 소화약제
CH_4, C_2H_6과 같은 물질에 수소원자가 분리되고 할로젠(할로겐) 원소, 즉 불소(F_2), 염소(Cl_2), 아이오딘(I_2, 요오드)로 치환된 물질로 주된 소화효과는 냉각, 부촉매 소화효과이다.(산소공급원의 차단에 의한 질식소화가 아님) 하론 소화약제의 구성은 예를 들어 하론 1301에서 천의 자리 숫자는 C의 개수, 백의 자리 숫자는 F의 개수, 십의 자리 숫자는 Cl의 개수, 일의 자리 숫자는 Br의 개수를 나타낸다.

Halon 번호와 화학식

Halon 번호	분자식
1001	CH_3Br
10001	CH_3I
1011	CH_2ClBr
1202	CF_2Br_2
1211	CF_2ClBr
1301	CF_3Br
104	CCl_4
2402	$C_2F_4Br_2$

① 특징

㉠ 변질, 분해가 없고, 전기적으로 부도체이므로 유류 화재, 전기 화재에 많이 사용된다.

㉡ 상온에서 압축하면 쉽게 액체 상태로 변하기 때문에 용기에 쉽게 저장할 수 있다.

㉢ 부촉매에 의한 연소의 억제 작용이 크다.

㉣ 소화능력은 할로젠(할로겐) 원소와 수소의 치환 능력에 따라 결정이 되기 때문에 원소별로 보면 I > Br > Cl > F 순으로 효과가 있다.

㉤ CO_2 소화제와 같이 전기시설, 컴퓨터실, 통신기계시설, 정밀기계실에 많이 사용된다.

㉥ 가격이 CO_2에 비해 매우 비싸고 CFC 계열의 물질로 오존층 파괴의 원인물질이다.

㉦ 열분해에 의해서 생성되는 물질은 유해하다.

㉧ 수명이 반영구적이다.

㉨ 끓는점이 낮아 기화되기 쉬우나 공기보다 무겁고 불연성이다.

㉩ 증발 잔유물이 없다.

② 종류

㉠ 하론 1301 소화약제
 • CH_4에 수소원자가 탈리되고 F와 Br으로 치환된 물질로 CF_3Br이라고 하며 BTM(Bromo Trifluoro Methane) 소화제라고도 한다.
 • 상온에서 무색, 무취의 기체로 비전도성이다.
 • 공기보다 5.1배 무겁다.
 • 고압용기 내에 액체로 보존한다.
 • 인체에 독성이 약하고 B급(유류) 화재와 C급(전기) 화재에 적합하다.

㉡ 하론 1211 소화약제
 • CH_4에 수소원자가 탈리되고 F와 Cl, Br으로 치환된 물질로 CF_2ClBr이라고 하며 BCF(Bromo Chloro diFluoro Methane) 소화제라고도 한다.
 • 상온에서 기체이며 공기보다 5.7배 무겁다.
 • 비점은 −4°C이고 B급(유류) 화재와 C급(전기) 화재에 적합하다.

㉢ 하론 1011 소화약제
 • CH_4에 Cl과 Br으로 치환된 물질로 CH_2ClBr이며 CB(Chloro Bromo Methane) 소화제라고도 한다.
 • 상온에서 액체이며 증기 비중은 4.5이다.
 • B급(유류) 화재와 C급(전기) 화재에 적합하다.

㉣ 하론 2402 소화약제
 • 에탄에 수소원자가 탈리되고 F와 Br으로 치환된 물질로 $C_2F_4Br_2$이며 FB(Tetra Fluoro diBromo Ethane) 소화제라고도 한다.
 • 상온에서 액체이며 저장용기에 충전할 경우에는 방출압력원인 질소(N_2)와 함께 충전하여야 하며 기체 비중이 가장 높은 소화약제이다.
 • B급(유류) 화재와 C급(전기) 화재에 적합하다.

㉤ 사염화탄소 소화약제
 • CTC(Carbon Tetra Chloride) 소화제라고 하며 무색 투명한 액체이다.
 • 공기, 수분, 탄산가스와 반응하여 맹독성 기체인 포스겐($COCl_2$)을 생성시키기 때문에 실내에서는 소방법상 사용 금지토록 규정되어 있다.

③ 할로젠화합물(할로겐화합물) 소화약제가 가져야 할 성질

    ㉠ 끓는점이 낮을 것

    ㉡ 증기(기화)가 되기 쉬울 것

    ㉢ 전기 화재에 적응성이 있을 것

    ㉣ 공기보다 무겁고 불연성일 것

    ㉤ 증발 잔유물이 없을 것

(5) 분말 소화약제

① 분말 소화약제의 가압용 및 축압용 가스는 질소가스 또는 이산화탄소를 사용한다.

② 분말을 구성하고 있는 주성분과 첨가제, 코팅처리제를 불연성 가스의 압력원으로 방호 대상물에 방출하여 소화 작업을 진행하는 약제이다.

③ 약제의 종류에 따라 제1종에서 제4종까지 구분할 수 있다. 제3종 분말 소화약제인 제1인산암모늄($NH_4H_2PO_4$) 소화약제가 가장 널리 사용되고 이 약제는 A급, B급, C급 화재에도 소화효과가 있다.

④ 제1종 분말: 식용유, 지방질유의 화재 소화 시 가연물과의 비누화 반응으로 소화효과가 증대된다.

⑤ 제3종 분말: A급, B급, C급 화재에 모두 소화효과가 있고, 차고 또는 주차장에 설치하는 분말 소화약제이다.

⑥ 제4종 분말: 값이 비싸고, A급 화재에는 소화효과가 없다.

⑦ 분말 소화약제의 소화효과: 제1종 < 제2종 < 제3종

⑧ 분말 소화약제의 종류, 착색된 색깔, 열분해 반응식

종류	주성분	착색	적응화재	열분해 반응식
제1종 분말	$NaHCO_3$ (탄산수소나트륨)	백색	B, C	$2NaHCO_3$ $\rightarrow Na_2CO_3 + CO_2 + H_2O$
제2종 분말	$KHCO_3$ (탄산수소칼륨)	담회색	B, C	$2KHCO_3$ $\rightarrow K_2CO_3 + CO_2 + H_2O$
제3종 분말	$NH_4H_2PO_4$ (제1인산암모늄)	담홍색	A, B, C	$NH_4H_2PO_4$ $\rightarrow HPO_3 + NH_3 + H_2O$
제4종 분말	$KHCO_3 + (NH_2)_2CO$ (탄산수소칼륨 + 요소)	회색	B, C	$2KHCO_3 + (NH_2)_2CO$ $\rightarrow K_2CO_3 + 2NH_3 + 2CO_2$

(6) 불활성가스 소화약제

헬륨, 네온, 아르곤 또는 질소가스 중 하나 이상의 원소를 기본 성분으로 하는 소화약제를 말하며 종류로는 IG-541, IG-55 등이 있다.

① IG-541: 불활성가스 혼합기체

    구성: N_2(52%) + Ar(40%) + CO_2(8%)

② IG-55: 불활성가스 혼합기체

    구성: N_2(50%) + Ar(50%)

(7) 기타 소화약제

① 겨울철에도 사용 가능하도록 어는점을 낮추기 위해 물에 탄산칼륨(K_2CO_3)을 보강시킨 강화액 소화약제가 있다.

② 산과 알칼리, 즉 황산(H_2SO_4)과 탄산수소나트륨($NaHCO_3$)의 화학반응을 일으키면 CO_2가 발생되는데 이 CO_2를 압력원으로 방사되는 산, 알칼리 소화약제가 있다.

(8) 간이 소화용구

　① 건조된 모래(건조사)

　　㉠ 반드시 건조되어 있을 것

　　㉡ 가연물이 함유되어 있지 않을 것

　　㉢ 포대나 반절 드럼통에 보관할 것

　　㉣ 부속기구로 삽과 양동이를 비치할 것

　② 팽창질석과 팽창진주암: 발화점이 낮은 알킬알루미늄 등의 화재에 사용되는 불연성 고체로서 가열하면 $1,000°C$ 이상에서는 10~15배 팽창되므로 매우 가볍다고 할 수 있다.

　③ 중조톱밥: 중조와 톱밥의 혼합물로 이루어져 있고 인화성 액체의 소화 용도로 개발되었으며 모세관 현상의 원리를 이용한 소화기구이다.

2 소화기

1. 소화기별 종류 및 특성

(1) 물 소화기

물에 의한 냉각작용으로 물에 계면활성제, 인산염, 알칼리금속의 탄산염 등을 첨가하여 소화효과, 침투력을 증진시키며 방염효과도 얻을 수 있는 소화기로 펌프식, 축압식, 가압식 소화기 등이 있다.

(2) 산·알칼리 소화기

별도의 용기에 탄산수소나트륨($NaHCO_3$)과 황산(H_2SO_4)을 수납하여 전도시키거나 파병에 의해서 투약제가 혼합하면 화학작용이 진행되어 가압용 가스(CO_2)에 의해 약제를 방출시키는 소화기로 전도식과 파병식이 있다.(유류 화재 부적합, 전기 시설물 화재 사용금지, 보관 중 전도금지, 겨울철 동결주의)

$$2NaHCO_3 + H_2SO_4 \rightarrow Na_2SO_4 + 2CO_2 + 2H_2O$$

　① 전도식: 용기 본체를 외통이라 하고 용기 상부의 합성수지 용기를 내통이라 하는데, 외통에는 탄산수소나트륨($NaHCO_3$)과 물, 내통에는 진한 황산을 넣어 전도시키면 투약제가 혼합되어 화학작용이 진행되어 약제를 방출구로 방출시키는 방식이다.

　② 파병식(이중병식): 용기 본체의 중앙부 상단에 황산이 든 앰플을 파열시켜 투약제가 혼합되어 화학작용이 진행되어 가압원인 CO_2가 발생하여 CO_2의 압력으로 약제를 방출시키는 방식이다.

(3) 강화액 소화기

물의 소화능력을 향상시키고 한랭지역, 겨울철에 사용할 수 있도록 어는점을 낮추기 위해 물에 탄산칼륨(K_2CO_3)을 보강시켜 만든 소화기를 말하며 액성은 알칼리성이다. 종류로는 축압식, 가스가압식, 반응식(파병식) 소화기 등이 있다.

(4) 할로젠화합물(할로겐화합물) 소화기

메탄, 에탄과 같은 유기물질에 소화성능이 우수한 할로젠족(할로겐족)의 원소 F_2(불소), Cl_2(염소), Br_2(브로민, 브롬)를 치환시켜 만든 물질로 증발성이 강한 액체를 화재 면에 뿌려주게 되면 열을 흡수하여 액체를 증발시킨다. 이때 증발된 증기는 불연성이고 공기보다 무거우므로 공기의 출입을 차단하는 질식소화 효과가 있고, 할로젠(할로겐) 원소가 산소와 결합하기 전에 가연성 유리 '기'와 결합하는 부촉매 효과가 있다.

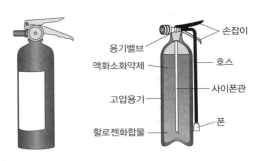

손잡이
용기밸브
액화소화약제
호스
고압용기
사이폰관
폰
할로젠화합물

① **종류**: 수동 펌프식, 수동 축압식, 축압식

② **소화제의 효과**: 억제효과(부촉매효과), 희석효과, 냉각효과

③ **할로젠화합물(할로겐화합물) 소화기 사용 시 주의사항**

   ㉠ 발생가스는 유독하기 때문에 흡입하지 말 것

   ㉡ 좁고 밀폐된 실내에서는 사용하지 말 것

   ㉢ 사용 후에는 신속히 환기할 것

   ㉣ 지하층, 무창층 및 환기에 유효한 개구부의 넓이가 부족한 장소에는 설치해서는 안 된다고 규정하고 있다.

(5) 분말 소화기

분말 소화약제 탄산수소나트륨($NaHCO_3$), 탄산수소칼륨($KHCO_3$), 인산암모늄 ($NH_4H_2PO_4$), 탄산수소칼륨+요소[$KHCO_3 + (NH_2)_2CO$] 등과 첨가제, 코팅 처리제 등에 따라서 제1종~제4종까지 나뉜다. 이 약제를 화재 면에 뿌려주면 열분해 반응을 일으켜 생성되는 물질 CO_2, H_2O, HPO_3(메타인산)에 의해 질식효과, 냉각효과를 얻을 수 있다.

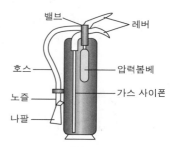

종별	소화약제	약제의 착색	열분해 반응식
제1종 분말	탄산수소나트륨($NaHCO_3$)	백색	$2NaHCO_3 \rightarrow CO_2 + H_2O + Na_2CO_3$
제2종 분말	탄산수소칼륨($KHCO_3$)	담회색	$2KHCO_3 \rightarrow CO_2 + H_2O + K_2CO_3$
제3종 분말	제1인산암모늄($NH_4H_2PO_4$)	담홍색	$NH_4H_2PO_4 \rightarrow NH_3 + HPO_3 + H_2O$
제4종 분말	탄산수소칼륨+요소 $KHCO_3 + (NH_2)_2CO$	회색	$2KHCO_3 + (NH_2)_2CO$ $\rightarrow K_2CO_3 + 2NH_3 + 2CO_2$

① **종류**

   ㉠ 축압식: 용기 본체에 분말 소화약제를 채우고 용기 상부에 N_2 가스를 축압하는 것으로 반드시 지시 압력계를 설치하고 사용할 수 있는 정상 범위는 녹색, 비정상 범위는 황색이나 적색으로 표시되고, 분말 소화약제 저장 용기에 CO_2나 N_2를 고압으로 충전하여 약제와 고압가스가 함께 분출하는 형식이다.

   ㉡ 가압식: 용기는 철제이고 용기 본체 내부 또는 외부에 설치된 봄베 속에 충전되어 있는 CO_2나 N_2를 압력원으로 하는 소화기를 말하며, 소화약제로 Na, K을 사용한다. 분말 소화약제를 방출시키기 위해 가압용 가스를 사용하는데 일반적으로 질소가스를 가장 많이 사용한다.

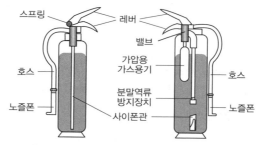

▲ 축압식 분말 소화기   ▲ 가스 가압식 분말 소화기

② **적응화재**: 제1·2종 분말 소화기는 B·C급 화재에만 적용되는 데 비해 제3종 분말은 열분해해서 부착성이 좋은 메타인산(HPO_3)을 생성시키므로 A·B·C급 화재에 적용된다.

※ 메타인산(HPO_3)은 방염성과 부착성이 좋은 막을 형성하여 연소에 필요한 산소의 유입을 차단(질식효과)하여 연소를 중단시킨다.

ⓐ 제1종 분말, 제2종 분말 소화기: 이산화탄소와 수증기에 의한 질식효과 및 열분해에 의한 냉각효과와 나트륨염과 칼륨염에 의한 부촉매효과가 매우 좋다.

$$2NaHCO_3 \rightarrow Na_2CO_3 + CO_2 + H_2O(270℃에서 \ 열분해 \ 반응식)$$
$$2KHCO_3 \rightarrow K_2CO_3 + CO_2 + H_2O(190℃에서 \ 열분해 \ 반응식)$$

ⓑ 제3종 분말소화기의 분해: 주성분인 제1인산암모늄은 약 150℃ 부근에서 분해되기 시작하여 다음과 같이 열분해된다.

$$(190℃) \ NH_4H_2PO_4 \rightarrow H_3PO_4(올소인산) + NH_3$$
$$(215℃) \ 2H_3PO_4 \rightarrow H_4P_2O_7(피로인산) + H_2O$$
$$(360℃ \ 이상) \ H_4P_2O_7 \rightarrow 2HPO_3(메타인산) + H_2O$$
$$최종분해식: \ NH_4H_2PO_4 \rightarrow HPO_3(메타인산) + H_2O + NH_3$$

ⓒ 제3종 분말소화기의 소화 원리
- 열분해 시 생성된 불연성 가스(NH_3, H_2O)에 의한 질식효과
- 열분해 시 흡열반응에 의한 냉각효과
- 열분해 시 유리된 NH_4^+와 분말 표면의 흡착에 의한 부촉매 효과
- 반응과정에서 생성된 올소인산(H_3PO_4)에 의한 섬유소의 탈수 및 탄화효과
- 반응과정에서 생성된 메타인산(HPO_3)에 의한 방진효과
- 분말 운무에 의한 열방사의 차단 효과
  - 제1인산암모늄이 열분해될 때 생성되는 올소인산(H_3PO_4)에 의해 종이, 목재, 섬유 등을 구성하고 있는 섬유소를 연소하기 어려운 탄소로 급속히 변화시키는 작용(탈수·탄화작용)에 의하여 섬유소를 난연성의 탄소와 물로 분해하여 연소 반응을 차단시킨다.
  - 섬유소를 탈수 및 탄화시킨 올소인산(H_3PO_4)은 다시 고온에서 2차 분해되면서 최종적으로 가장 안정된 유리상의 메타인산(HPO_3)이 되는데 이 메타인산은 가연성 물질이 숯불 형태로 연소하는 것을 방지하는 작용으로 숯불에 융착하여 유리상의 피막을 이루는 산소의 유입을 차단하므로 재연소 방지효과가 크다.

> **고득점 Point** **인산**
> - 인의 산소산으로 화학식은(H_3PO_4)이다.
> - 인산은 1~3개의 수소 원자가 다른 원소로 치환됨에 따라 세 종류의 염[H_3PO_4(올소인산), $H_4P_2O_7$(피로인산), HPO_3(메타인산)]이 만들어지는데 일반적으로 인산이라 하면 올소인산을 말하며 무색의 사방주상 결정형태를 띤다.
> - 융점은 42℃, 무수물은 조해성이 강하다.

(6) CO₂ 소화기(탄산가스 소화기)

① 특징

ⓐ 기체로 방사되기 때문에 구석구석까지 잘 침투하고 소화효과도 좋으며, 자체 압력으로 분출이 가능하기 때문에 별도의 가압장치가 필요 없다.

ⓑ 약제에 의한 오손이 작고, 전기 절연성도 아주 좋기 때문에 전기 화재에도 효과가 있다.

ⓒ 소화작용은 질식효과와 냉각효과에 의한다.

ⓓ CO_2 소화약제가 대기 중에 방사하게 되면 산소의 농도 21%를 15% 이하로 낮추는 질식효과가 있는 반면 비점이 -78.5℃로 방사 시 피부에 직접 닿을 경우 동상의 위험이 있다.

ⓔ 저장용기의 충전비는 고압식은 1.5 이상 1.9 이하, 저압식은 1.1 이상 1.4 이하로 한다.

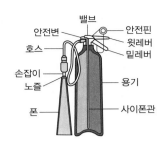

② **종류**: 소형(레버식)과 대형(핸들식)이 있다.

③ CO_2 소화설비 설치 금지 장소

　　㉠ 금속 수소화물을 저장하는 곳

　　㉡ Na, K, Mg, Ti을 저장하는 곳

　　㉢ 수용인원이 많고 2분 이내에 대피가 곤란한 곳

　　㉣ 물질 자체에 산소공급원을 다량 함유하고 있고 자기 연소성 물질(제5류 위험물)을 저장, 취급하는 곳

④ CO_2 소화기의 장·단점

　　㉠ 장점

　　　　• 전기절연성(전기의 부도체)이 우수하여 전기 화재(C급 화재)에 용이하다.

　　　　• 기체이므로 소화 후 청소할 필요가 없다.

　　　　• 소화약제에 대한 오손(동결, 부패, 변질)이 적다.

　　　　• 자체의 압력만으로 방출할 수 있다.

　　㉡ 단점

　　　　• 고압가스이므로 중량이 무겁고 취급이 불편하다.

　　　　• 직사광선이 있는 곳, 보일러실 등에 설치 시 위험하다.

　　　　• 피부에 닿으면 동상에 걸릴 우려가 있다.

　　　　• 금속분 화재 시 연소 확대의 우려가 있다.

　　　　• 소화약제 자체의 유독성은 적으나, 공기 중 산소 농도를 저하시키므로 밀폐된 공간에서 사용 시 질식으로 인
　　　　　명피해가 발생할 수 있다.

(7) 포말 소화기

① **포말 소화기의 보존 및 사용상 주의사항**

　　㉠ 전기나 알코올류 화재에는 사용하지 못한다.

　　㉡ 동절기에는 동결하지 않도록 조치를 취한다.

　　㉢ 사용 후에는 깨끗이 물로 닦은 후 국가검정에 합격된 소화약제를 충전하고 합격표지를 부착한다.

　　㉣ 안전한 장소에 보관하고 넘어지지 않게 한다.

② **화학포**: 외약제인 탄산수소나트륨($NaHCO_3$)과 내약제인 황산알루미늄[$Al_2(SO_4)_3$]이 서로 화학반응을 일으켜 가압원인 CO_2를 압력원으로 해서 약제를 방출시키는 방식이다.

③ **기계포**: 단백질 분해물 계면 활성제인 것을 발포장치에 공기와 혼합시킨 것을 말한다.(내알코올성 폼, 알코올 폼)

2. 소화기의 유지 관리

(1) 소화기의 공통적 사항

① 바닥면에서 높이가 1.5m 이하가 되도록 배치할 것

② 통행에 지장이 없고 사용 시 쉽게 반출할 수 있는 곳에 설치할 것

③ 각 소화제가 동결, 변질 또는 분출할 우려가 없는 곳에 설치할 것

④ 소화기를 설치한 곳이 잘 보이도록 「소화기」라고 표시를 할 것

(2) 소화기 사용 시 주의사항

① 적용 화재에만 사용할 것

② 성능에 따라 화재 면에 근접하여 사용할 것

③ 소화작업을 진행할 때는 바람을 등지고 풍상에서 풍하의 방향으로 소화작업을 진행할 것

④ 소화작업은 양옆으로 비로 쓸듯이 골고루 방사할 것

⑤ 소화기는 화재 초기만 효과가 있고 화재가 확대된 후에는 효과가 없기 때문에 주의하고 대형 소화설비의 대용은 될 수 없다. 또한 만능 소화기는 없다고 보는 것이 타당하다.

(3) 소화기 외부 표시사항(소화기의 형식승인 및 제품검사의 기술기준)

① 적응화재 표시

② 충전된 소화약제의 주성분 및 중량 표시

③ 사용 방법

④ 취급상의 주의사항

⑤ 소화능력단위

⑥ 제조년월 및 제조번호

CHAPTER 04

위험물 제조소등의 안전계획

❶ 소화 난이도 및 소화설비 적용

1. 소화설비의 종류 및 특성

(1) 소화기구

초기의 화재를 소화할 목적으로 사람이 조작하는 기구이며 소화기에는 수동식소화기, 자동식소화기, 간이소화용구의 3종류가 있으며 소화기의 소화능력과 적응성은 소화시험에 의해 결정된다.

분말소화기의 표면에는 적응화재를 A급 – 흰색 원에 보통 화재용, B급 – 노란색 원에 유류 화재용, C급 – 파란색 원에 전기 화재용이라고 표시하며, 소화능력은 'A급 ○단위, B급 ○단위, C'로 표시한다.

(2) 수계 소화설비

수계 소화설비는 물이 가지고 있는 소화약제로서의 특성을 이용하여 화재를 진압하는 소화설비이다. 물은 다른 소화약제보다도 월등한 소화성능을 가지고 있으며, 비용 면에서도 저렴하게 이용할 수 있는 장점이 있다. 다만 물은 0℃에서 동결하여 추운 곳에서는 보온시설을 갖추어야 하며, 전기적으로는 도체여서 감전의 위험도 있다. 또한, 유류화재, 고온의 물체로 인한 화재에 사용할 경우 수증기 폭발이 발생할 위험이 있으므로 사용을 금지한다.

① **옥내소화전설비**: 자체 소방대에 의하여 신속하게 화재를 진압할 수 있도록 건축물 내에 설치하는 고정식 소화설비로서 수원(물탱크), 가압송수장치(펌프), 배관, 제어반, 소화전함, 호스, 노즐, 비상전원(발전기) 등으로 구성되어 있다.

② **옥외소화전설비**: 건축물의 1층 또는 2층의 화재발생 시 건축물의 화재를 유효하게 진압할 수 있도록 건축물의 외부에 설치하는 고정식 소화설비로서 옥내화재의 소화는 물론 인접건물로부터의 연소확대를 방지하기 위한 목적으로 설치한다. 주요 구성요소는 옥내소화전 설비의 구성요소와 유사하지만, 소화전 방수구가 옥외에 설치되고 배관, 호스, 노즐의 크기가 옥내소화전보다 훨씬 크다.

③ **스프링클러설비**: 주로 고층건물, 백화점, 극장, 호텔, 대규모 창고건물 등에 설치된 자동살수장치이다. 천장에 설치된 스프링클러헤드(방수기구)가 화재를 감지하여 헤드의 감열부분이 녹아 떨어지면서 배관 내의 압력수(또는 압축공기)가 방출되어 배관 내의 압력 저하와 함께 가압송수장치가 자동으로 동작, 물이 헤드로부터 방수되면서 화재를 제어 또는 진압하는 소화설비로서 수원 및 가압송수장치, 경보장치, 헤드, 배관 및 제어반 등으로 구성되어 있다.

핵심 Point   **스프링클러설비**

• 특징
 – 물줄기를 세분화하여 물방울로 만들어서 표면적을 증가시켜 화재 시 발생된 열을 신속히 탈취하여 냉각효과를 높인 것이다.
 – 헤드의 온도감지성능이 우수하고 화재 시 신속히 소화수를 살수하여 대부분의 화재를 진압 또는 제어할 수 있으며 인명안전과 재산피해 감소에 많은 기여를 하고 있다.
• 장점
 – 초기화재에 적합하다.
 – 소화약제가 물이기 때문에 비용이 절감되고 경제적이다.
 – 감지부가 기계적이므로 오보 및 오작동이 적다.
 – 자동화되어 있어 화재 시 사람이 없을 때에도 효과적이다.
• 단점
 – 초기 설치비용이 크다.
 – 타설비보다 시공이 복잡하다.
 – 피재물의 물로 인한 피해가 크다.

---

④ 물분무설비: 스프링클러설비와 유사하나 물분무헤드로부터 방사되는 물방울의 직경이 스프링클러헤드로부터 방사되는 물방울의 1/2~1/5 정도로 작아 물안개 형태로 화재장소에 방사된다. 물분무 소화설비는 주로 위험물을 취급하는 공장에 설치하며, 변전소의 대형 변압기에도 설치한다. 또한 화재진압뿐만 아니라 인접화재로부터의 연소방지를 위해서도 사용된다. 물분무 등 소화설비에는 물분무 소화설비, 포 소화설비, 이산화탄소 소화설비, 할로젠화합물(할로겐화합물) 소화설비, 분말 소화설비가 해당된다.

⑤ 포 소화설비: 물로 소화하기 어렵거나 물로 인하여 화재가 확대될 우려가 있는 액체 위험물이나 장치 등을 소화할 목적으로 개발된 설비로서 소화약제는 물 94%, 포 소화약제 6%(또는 물 97%, 포 소화약제 3%)를 혼합하여 사용하며 혼합된 소화약제가 방출시에는 거품(泡)이 연소물의 표면을 덮어 연소에 필요한 공기의 접촉을 차단하여 질식시키고, 거품에 포함된 물에 의한 냉각작용에 의해 화재가 진압된다. 포 소화설비는 스프링클러설비와 유사하나 포 소화약제 저장탱크, 물과 포 소화약제를 혼합시키는 장치, 포 방출장치 등이 더 설치되어 있다.

(3) 가스계 소화설비

가스계 소화설비는 화재진압에 가스(기체)의 성질을 이용하여 소화약제로 사용하는 소화설비이다.

① 이산화탄소(CO_2) 소화설비

  ㉠ 주로 사람이 근무하지 않는 장소(변전실, 발전실, 옥내 유류저장소 등)에 설치된다.

  ㉡ 이산화탄소로 공기 중의 산소농도를 14% 이하로 저하시키는 질식작용과 이산화탄소를 방출할 때 액상이 기상으로 변화하면서 기화열을 흡수하는 냉각작용을 이용한다.

  ㉢ 이산화탄소 소화설비는 저장시설(주로 고압가스용기), 기동장치, 화재감지시설, 운반하기 위한 배관, 분사노즐, 경보사이렌, 이산화탄소가 방출된 장소의 출입을 금지하기 위한 방출표시 등과 제어반으로 구성되어 있다.

  ㉣ 이산화탄소 소화설비가 작동될 때 실내에 있는 사람은 동상과 질식사망의 위험이 있으므로 인체에 미치는 영향에 유념하여야 한다.

  > **핵심 Point** | **이산화탄소 소화설비의 특징**
  > • 이산화탄소가 방출된 장소의 산소농도를 저하시켜 질식효과에 의한 소화작용을 한다.
  > • 이산화탄소가 불연성인 이유는 이미 산소와 완전한 반응을 일으켰기 때문이다.
  > • 15℃에서 1kg의 이산화탄소는 약 534L의 기체로 팽창을 하여 이산화탄소가 방출된 장소의 외부로부터 신선한 공기가 유입되지 못하도록 한다.
  > • 액상의 이산화탄소가 기화될 때에는 많은 열을 흡수한다.
  > • 자체 압력으로 방출할 수 있으며 상온에서 방출될 때 압력이 높아(60kg/cm²) 침투력이 좋다.
  > • 기체이기 때문에 비교적 장소에 구애받지 않고 침투ㆍ확산하여 소화할 수 있다.
  > • 전기 부도체로서 절연성이 공기의 1.2배이며 C급 화재에 적응성이 좋다.

② 할로젠화합물(할로겐화합물) 및 불활성기체 소화설비: 할로젠화합물(할로겐화합물) 소화약제는 불소, 염소, 브로민(브롬) 또는 아이오딘(요오드) 중 하나 이상의 원소를 포함하고 있는 유기화합물을 기본 성분으로 하는 소화약제이고, 불활성기체 소화약제는 헬륨, 네온, 아르곤 또는 질소가스 중 하나 이상의 원소를 기본 성분으로 하는 소화약제이다.

2. 소화설비 설치기준

(1) 옥내소화전설비의 기준

① 옥내소화전의 개폐밸브 및 호스접속구는 바닥면으로부터 1.5m 이하의 높이에 설치할 것

② 옥내소화전설비의 비상전원은 자가발전설비 또는 축전지설비에 의하되 용량은 옥내소화전설비를 유효하게 45분 이상 작동시키는 것이 가능할 것

③ 옥내소화전의 개폐밸브 및 방수용 기구를 격납하는 상자(소화전함)는 불연재료로 제작하고 점검에 편리하고 화재 발생 시 연기가 충만할 우려가 없는 장소 등 쉽게 접근이 가능하고 화재 등에 의한 피해를 받을 우려가 적은 장소에 설치할 것

④ 가압송수장치의 시동을 알리는 표시등(시동표시등)은 적색으로 하고 옥내소화전함의 내부 또는 그 직근의 장소에 설치할 것. 다만, 별도의 정해진 조건을 충족하는 경우에는 시동표시등을 설치하지 아니할 수 있다.

> ※ 별도의 정해진 조건: 설치한 적색의 표시등을 점멸시키는 것에 의하여 가압송수장치의 시동을 알리는 것이 가능한 경우 및 자체소방대를 둔 제조소 등으로서 가압송수장치의 기동장치를 기동용 수압개폐장치로 사용하는 경우

⑤ 옥내소화전설비의 설치의 표시

　㉠ 옥내소화전함에는 그 표면에 '소화전'이라고 표시할 것

　㉡ 옥내소화전함의 상부의 벽면에 적색의 표시등을 설치하되, 당해 표시등의 부착면과 15° 이상의 각도가 되는 방향으로 10m 떨어진 곳에서 용이하게 식별이 가능하도록 할 것

⑥ 압력수조를 이용한 가압송수장치

　㉠ 압력수조의 압력은 다음 식에 의하여 구한 수치 이상으로 할 것

$$P = p_1 + p_2 + p_3 + 0.35 (\text{MPa})$$

여기서, P : 필요한 압력(MPa)
p_1 : 소방용 호스의 마찰손실수두압(MPa)
p_2 : 배관의 마찰손실수두압(MPa)
p_3 : 낙차의 환산수두압(MPa)

　㉡ 압력수조의 수량은 당해 압력수조 체적의 2/3 이하일 것

　㉢ 압력수조에는 압력계, 수위계, 배수관, 보급수관, 통기관 및 맨홀을 설치할 것

⑦ 펌프를 이용한 가압송수장치 기준

　㉠ 펌프의 토출량(L/min)은 옥내소화전의 설치개수가 가장 많은 층에 대해 당해 설치개수(설치개수가 5개 이상인 경우에는 5개로 한다)에 260(L/min)을 곱한 양 이상이 되도록 할 것

　㉡ 펌프의 전양정은 다음 식에 의하여 구한 수치 이상으로 할 것

$$H = h_1 + h_2 + h_3 + 35(\text{m})$$

여기서, H : 펌프의 전양정(m)
h_1 : 소방용 호스의 마찰손실수두(m)
h_2 : 배관의 마찰손실수두(m)
h_3 : 낙차(m)

　㉢ 펌프의 토출량이 정격토출량의 150%인 경우에는 전양정은 정격전양정의 65% 이상일 것

　㉣ 펌프는 전용으로 할 것. 다만, 다른 소화설비와 병용 또는 겸용하여도 각각의 소화설비의 성능에 지장을 주지 아니하는 경우에는 그러하지 아니하다.

(2) 옥외소화전설비의 기준

① 옥외소화전의 개폐밸브 및 호스접속구는 지반면으로부터 1.5m 이하의 높이에 설치할 것

② 옥외소화전설비는 습식으로 하고 동결방지조치를 할 것. 다만, 동결방지조치가 곤란한 경우에는 습식 외의 방식으로 할 수 있다.

(3) 스프링클러설비의 기준

① 개방형 스프링클러 헤드는 방호대상물의 모든 표면이 헤드의 유효사정 내에 있도록 설치하고, 설치 시 아래의 내용을 반영한다.

  ㉠ 스프링클러 헤드의 반사판으로부터 하방으로 0.45m, 수평방향으로 0.3m의 공간을 보유할 것

  ㉡ 스프링클러 헤드는 헤드의 축심이 당해 헤드의 부착면에 대하여 직각이 되도록 설치할 것

② 폐쇄형 스프링클러 헤드는 방호대상물의 모든 표면이 헤드의 유효사정 내에 있도록 설치하고, 설치 시 아래의 내용을 반영한다.

  ㉠ 스프링클러 헤드의 반사판과 당해 헤드의 부착면과의 거리는 0.3m 이하일 것

  ㉡ 스프링클러 헤드는 당해 헤드의 부착면으로부터 0.4m 이상 돌출한 보 등에 의하여 구획된 부분마다 설치할 것. 다만, 당해 보 등의 상호 간의 거리(보 등의 중심선을 기산점으로 함)가 1.8m 이하인 경우에는 그러하지 아니하다.

  ㉢ 급배기용 덕트 등의 긴변의 길이가 1.2m를 초과하는 것이 있는 경우에는 당해 덕트 등의 아래면에도 스프링클러 헤드를 설치할 것

  ㉣ 스프링클러 헤드는 그 부착장소의 평상시의 최고 주위온도에 따라 다음 표에 정한 표시온도를 갖는 것을 설치할 것

부착장소의 최고 주위온도(℃)	표시온도(℃)
28 미만	58 미만
28 이상 39 미만	58 이상 79 미만
39 이상 64 미만	79 이상 121 미만
64 이상 106 미만	121 이상 162 미만
106 이상	162 이상

③ 스프링클러설비에는 아래 내용처럼 각층 또는 방사구역마다 제어밸브를 설치한다.

  ㉠ 제어밸브는 개방형 스프링클러 헤드를 이용하는 스프링클러설비에 있어서는 방수구역마다, 폐쇄형 스프링클러 헤드를 사용하는 스프링클러설비에 있어서는 당해 방화대상물의 층마다, 바닥면으로부터 0.8m 이상 1.5m 이하의 높이에 설치할 것

  ㉡ 제어밸브에는 함부로 닫히지 아니하는 조치를 강구할 것

  ㉢ 제어밸브에는 직근의 보기 쉬운 장소에 '스프링클러설비의 제어밸브'라고 표시할 것

(4) 물분무 소화설비의 기준

① 물분무 소화설비에 2 이상의 방사구역을 두는 경우에는 화재를 유효하게 소화할 수 있도록 인접하는 방사구역이 상호 중복되도록 할 것

② 고압의 전기설비가 있는 장소에는 당해 전기설비와 분무헤드 및 배관 사이에 전기절연을 위하여 필요한 공간을 보유할 것

③ 물분무 소화설비에는 각층 또는 방사구역마다 제어밸브, 스트레이너 및 일제개방밸브 또는 수동식 개방밸브를 설치할 것

④ 물분무 소화설비의 제어밸브 및 기타 밸브는 다음의 기준에 의하여 설치한다.

  ㉠ 제어밸브는 바닥으로부터 0.8m 이상 1.5m 이하의 위치에 설치할 것

  ㉡ 제어밸브의 가까운 곳의 보기 쉬운 곳에 '제어밸브'라고 표시한 표지를 할 것

(5) 포 소화설비의 기준

① 고정식의 포 소화설비의 포 방출구 등의 설치기준

　㉠ 포 방출구의 구분

- Ⅰ형: 고정지붕구조의 탱크에 상부포주입법(고정포 방출구를 탱크 옆판의 상부에 설치하여 액표면상에 포를 방출하는 방법)을 이용하는 것
- Ⅱ형: 고정지붕구조 또는 부상덮개부착 고정지붕구조(옥외저장탱크의 액상에 금속제의 플로팅, 팬 등의 덮개를 부착한 고정지붕구조)의 탱크에 상부포주입법을 이용하는 것
- 특형: 부상지붕구조의 탱크에 상부포주입법을 이용하는 것
- Ⅲ형: 고정지붕구조의 탱크에 저부포주입법(탱크의 액면하에 설치된 포 방출구로부터 포를 탱크 내에 주입하는 방법)을 이용하는 것
- Ⅳ형: 고정지붕구조의 탱크에 저부포주입법을 이용하는 것

　㉡ 포 방출구는 다음 표의 액표면적 1m²당 필요한 포 수용액량에 당해 탱크의 액표면적을 곱하여 얻은 양을 방출률 이상으로 방출할 수 있도록 설치

포 방출구의 종류 위험물의 구분	Ⅰ형		Ⅱ형		특형		Ⅲ형		Ⅳ형	
	포 수용액량	방출률	포 수용액량	방출률	포 수용액량	방출률	포 수용액량	방출률	포 수용액량	방출률
제4류 위험물 중 인화점이 21℃ 미만인 것	120	4	220	4	240	8	220	4	220	4
제4류 위험물 중 인화점이 21℃ 이상 70℃ 미만인 것	80	4	120	4	160	8	120	4	120	4
제4류 위험물 중 인화점이 70℃ 이상인 것	60	4	100	4	120	8	100	4	100	4

※ 포 수용액량의 단위: L/m², 방출률의 단위: L/m²·min

　㉢ 포헤드방식의 포헤드는 아래 내용을 참고하여 설치

- 포헤드는 방호대상물의 모든 표면이 포헤드의 유효사정 내에 있도록 설치할 것
- 방사구역은 100m² 이상(방호대상물의 표면적이 100m² 미만인 경우에는 당해 표면적)으로 할 것

② 수원의 수량은 포 수용액을 만들기 위하여 필요한 양 이상이 되도록 할 것

　㉠ 이동식 포 소화설비는 4개(호스접속구가 4개 미만인 경우에는 그 개수)의 노즐을 동시에 사용할 경우에 각 노즐선단의 방사압력은 0.35MPa 이상이고 방사량은 옥내에 설치한 것은 200L/min 이상으로 할 것

　㉡ 옥외에 설치한 것은 400L/min 이상으로 30분간 방사할 수 있는 양으로 할 것

③ 압력수조를 이용하는 가압송수장치는 다음 정한 것에 의하여 설치할 것

　㉠ 가압송수장치의 압력수조의 압력은 다음 식에 의하여 구한 수치 이상으로 할 것

$$P = p_1 + p_2 + p_3 + p_4$$

여기서, P: 필요한 압력(MPa)
　　　　p_1: 고정식 포 방출구의 설계압력 또는 이동식 포 소화설비 노즐방사압력(MPa)
　　　　p_2: 배관의 마찰손실수두압(MPa)
　　　　p_3: 낙차의 환산수두압(MPa)
　　　　p_4: 이동식 포 소화설비의 소방용 호스의 마찰손실수두압(MPa)

ⓒ 압력수조의 수량은 당해 압력수조 체적의 2/3 이하일 것

ⓒ 압력수조에는 압력계, 수위계, 배수관, 보급수관, 통기관 및 맨홀을 설치할 것

④ 기동장치는 자동식의 기동장치 또는 수동식의 기동장치를 설치하여야 한다.

⑤ 포 소화약제의 혼합장치: 물과 포 소화약제를 혼합하여 규정농도의 포 수용액을 제조하는 기기적인 장치

ⓐ 펌프 프로포셔너 방식(Pump Proportioner Type): 펌프의 토출관과 흡입관 사이의 배관 도중에 흡입기를 설치하여 펌프에서 토출된 물의 일부를 보내고 농도조절밸브에서 조정된 포 소화약제의 필요량을 포 소화약제 탱크에서 펌프 흡입측으로 보내어 이를 혼합하는 방식이다.

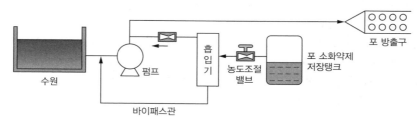

ⓑ 프레져 프로포셔너 방식(Pressure Proportioner Type): 펌프와 발포기 중간에 설치된 벤츄리관의 벤츄리 작용과 펌프 가압수의 압력에 의하여 포 소화약제를 흡입, 혼합하는 방식이다.

※ 벤츄리 작용: 관의 도중을 가늘게 하여 흡인력으로 약제와 물을 혼합하는 작용

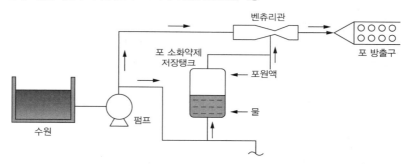

ⓒ 라인 프로포셔너 방식(Line Proportioner Type): 펌프와 발포기 중간에 설치된 벤츄리관의 벤츄리 작용에 의해 포 소화약제를 흡입, 혼합하는 방식이다.

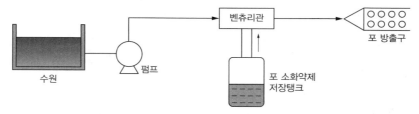

ⓓ 프레져 사이드 프로포셔너 방식(Pressure Side Proportioner Type): 펌프의 토출배관에 압입기를 설치하여 포 소화약제 압입용 펌프로 포 소화약제를 압입시켜 혼합하는 방식이다.

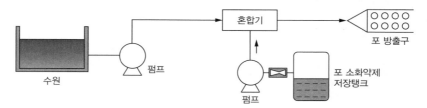

(6) 불활성가스 소화설비의 기준

- 전역방출방식: 고정식 소화약제 공급장치에 배관 및 분사헤드를 고정 설치하여 밀폐 방호구역 내에 불활성가스 소화약제를 방출하는 방식
- 국소방출방식: 고정식 소화약제 공급장치에 배관 및 분사헤드를 설치하여 직접 화점에 불활성가스 소화약제를 방출하는 방식

① 전역방출방식의 불활성가스 소화설비의 분사헤드
  ㉠ 방사된 소화약제가 방호구역의 전역에 균일하고 신속하게 방사할 수 있도록 설치할 것
  ㉡ 이산화탄소를 방사하는 분사헤드의 방사압력은 고압식의 것에 있어서는 2.1MPa 이상, 저압식의 것에 있어서는 1.05MPa 이상일 것

② 전역방출방식 또는 국소방출방식의 불활성가스 소화설비
  ㉠ 이산화탄소를 소화약제로 하는 저장용기의 충전비는 고압식인 경우에는 1.5 이상 1.9 이하이고, 저압식인 경우에는 1.1 이상 1.4 이하일 것
  ㉡ 배관은 다음에 정하는 것에 의할 것
    - 전용으로 할 것
    - 강관의 배관은「압력배관용 탄소강관」(KS D 3562) 중에서 고압식인 것은 스케줄 80 이상, 저압식인 것은 스케줄 40 이상의 것 또는 이와 동등 이상의 강도를 갖는 것으로서 아연도금 등에 의한 방식처리를 한 것을 사용할 것
    - 동관의 배관은「이음매 없는 구리 및 구리합금관」(KS D 5301) 또는 이와 동등 이상의 강도를 갖는 것으로서 고압식인 것은 16.5MPa 이상, 저압식인 것은 3.75MPa 이상의 압력에 견딜 수 있는 것을 사용할 것
    - 관이음쇠는 고압식인 것은 16.5MPa 이상, 저압식인 것은 3.75MPa 이상의 압력에 견딜 수 있는 것으로서 적절한 방식처리를 한 것을 사용할 것
    - 낙차(배관의 가장 낮은 위치로부터 가장 높은 위치까지의 수직거리)는 50m 이하일 것
  ㉢ 저압식 저장용기는 다음에 정하는 것에 의할 것(이산화탄소의 경우)
    - 저압식 저장용기에는 액면계 및 압력계를 설치할 것
    - 저압식 저장용기에는 2.3MPa 이상의 압력 및 1.9MPa 이하의 압력에서 작동하는 압력경보장치를 설치할 것
    - 저압식 저장용기에는 용기 내부의 온도를 영하 20℃ 이상 영하 18℃ 이하로 유지할 수 있는 자동냉동기를 설치할 것
    - 저압식 저장용기에는 파괴판을 설치할 것
    - 저압식 저장용기에는 방출밸브를 설치할 것
  ㉣ 기동용가스용기는 다음에 정한 것에 의할 것
    - 기동용가스용기는 25MPa 이상의 압력에 견딜 수 있는 것으로 할 것
    - 기동용가스용기의 내용적은 1L 이상으로 하고 당해 용기에 저장하는 이산화탄소의 양은 0.6kg 이상으로 하되 그 충전비는 1.5 이상일 것
    - 기동용가스용기에는 안전장치 및 용기밸브를 설치할 것

(7) 할로젠화합물(할로겐화합물) 소화설비의 기준

① 전역방출방식 할로젠화합물(할로겐화합물) 소화설비의 분사헤드

⊙ 방사된 소화약제가 방호구역의 전역에 균일하고 신속하게 확산할 수 있도록 설치할 것

ⓒ 디브로모테트라플루오로에탄(하론 2402)을 방사하는 분사헤드는 당해 소화약제를 무상(霧狀)으로 방사하는 것일 것

ⓒ 분사헤드의 방사압력은 하론 2402를 방사하는 것은 0.1MPa 이상, 브로모클로로디플루오로메탄(하론 1211)을 방사하는 것은 0.2MPa 이상, 브로모트리플루오로메탄(하론 1301)을 방사하는 것은 0.9MPa 이상일 것

ⓔ 하론 2402, 하론 1211, 하론 1301을 방사할 때 정해진 소화약제의 양을 30초 이내에 균일하게 방사할 것

② 할로젠화합물(할로겐화합물) 소화약제의 저장용기 또는 저장탱크에 저장하는 소화약제의 양

⊙ 국소방출방식은 다음 기준에 따라 산출한 양에 하론 2402 또는 하론 1211은 1.1을, 하론 1301은 1.25를 각각 곱하여 얻은 양 이상으로 할 것

• 윗면이 개방된 용기에 저장하는 경우와 화재 시 연소면이 한 면에 한정되고 가연물이 비산할 우려가 없는 경우에는 다음 표에 따른 양으로 할 것

소화약제의 종별	방호대상물의 표면적 1m²에 대한 소화약제의 양
하론 2402	8.8kg
하론 1211	7.6kg
하론 1301	6.8kg

• 위의 경우 외에는 방호공간(방호대상물의 각 부분으로부터 0.6m의 거리에 따라 둘러싸인 공간을 말함)의 체적 1m³에 대하여 다음의 식에 따라 산출한 양으로 할 것

$$Q = X - Y\frac{a}{A}$$

Q: 단위 체적당 소화약제의 양(kg/m³)
a: 방호대상물의 주위에 설치된 벽의 면적의 합계(m²)
A: 방호공간 전체 둘레의 면적(m²)
X 및 Y: 다음 표의 수치

소화약제의 종별	X의 수치	Y의 수치
하론 2402	5.2	3.9
하론 1211	4.4	3.3
하론 1301	4.0	3.0

ⓒ 위험물의 종류에 대한 가스계 및 분말 소화약제의 계수

소화약제의 종별 / 위험물의 종류	이산화탄소	할로젠화합물		분말			
		하론 1301	하론 1211	제1종	제2종	제3종	제4종
아세톤	1.0	1.0	1.0	1.0	1.0	1.0	1.0
아닐린	1.1	1.1	1.1	1.0	1.0	1.0	1.0
에탄올	1.2	1.0	1.2	1.2	1.2	1.2	1.2
에틸아민	1.0	1.0	1.0	1.1	1.1	1.1	1.1
휘발유	1.0	1.0	1.0	1.0	1.0	1.0	1.0
경유	1.0	1.0	1.0	1.0	1.0	1.0	1.0
원유	1.0	1.0	1.0	1.0	1.0	1.0	1.0
초산(아세트산)	1.1	1.1	1.1	1.0	1.0	1.0	1.0
이황화탄소	3.0	4.2	1.0	−	−	−	−

※ "−" 표시는 해당 위험물에 소화약제로 사용 불가함을 표시한다.

③ 전역방출방식 또는 국소방출방식의 할로젠화합물(할로겐화합물) 소화설비

　　㉠ 할로젠화합물(할로겐화합물) 소화설비에 사용하는 소화약제는 하론 2402, 하론 1211 또는 하론 1301로 할 것

　　㉡ 저장용기 등의 충전비는 하론 2402 중에서 가압식저장용기등에 저장하는 것은 0.51 이상 0.67 이하, 축압식저장용기 등에 저장하는 것은 0.67 이상 2.75 이하, 하론 1211은 0.7 이상 1.4 이하, 하론 1301은 0.9 이상 1.6 이하일 것

④ 이동식 할로젠화합물(할로겐화합물) 소화설비: 하나의 노즐마다 온도 20℃에서 1분당 다음 표에 정한 소화약제의 종류에 따른 양 이상을 방사할 수 있도록 할 것

소화약제의 종별	소화약제의 양 (kg)
하론 2402	45
하론 1211	40
하론 1301	35

(8) 분말 소화설비의 기준

① 전역방출방식의 분말 소화설비의 분사헤드

　　㉠ 방사된 소화약제가 방호구역의 전역에 균일하고 신속하게 확산할 수 있도록 설치할 것

　　㉡ 분사헤드의 방사압력은 0.1MPa 이상일 것

　　㉢ 정해진 소화약제의 양을 30초 이내에 균일하게 방사할 것

② 전역방출방식 또는 국소방출방식의 분말 소화설비의 가압용 또는 축압용 가스는 질소 또는 이산화탄소로 할 것

③ 이동식 분말 소화설비에서 하나의 노즐마다 매 분당 소화약제 방사량은 다음 표에 정한 소화약제의 종류에 따른 양 이상으로 할 것

소화약제의 종류	소화약제의 양(kg)
제1종 분말	45⟨50⟩
제2종 분말 또는 제3종 분말	27⟨30⟩
제4종 분말	18⟨20⟩

※ 오른쪽에 기재된 ⟨ ⟩ 속의 수치는 전체 소화약제의 양임

3. 소화설비 사용법

(1) 화재의 종류에 따른 소화기 선택

① 일반 화재(A급 화재): 물 또는 물을 많이 함유한 용액에 의한 냉각소화, 산·알칼리, 강화액, 포말 소화기 등이 유효하다.

② 유류 및 가스 화재(B급 화재): 공기 차단에 의한 질식소화 효과를 위해 포말 소화기, CO_2 소화기, 분말 소화기, 할로젠화합물(할로겐화합물, 하론) 소화기 등이 유효하다.

③ 전기 화재(C급 화재): 질식, 냉각효과에 의한 소화가 유효하며, 전기적 절연성을 가진 소화기로 소화해야 한다. CO_2 소화기, 분말 소화기, 할로젠화합물(할로겐화합물, 하론) 소화기 등이 유효하다.

④ 금속 화재(D급 화재): 소화에 물을 사용하면 안 되며, 건조사, 팽창진주암 등 질식소화가 유효하다.

(2) 소화기 사용상 주의사항

① 적응화재에만 사용할 것

② 성능에 따라 화재 면에 근접하여 사용할 것

③ 소화작업을 진행할 때는 바람을 등지고 풍상에서 풍하의 방향으로 소화작업을 진행할 것

④ 소화작업은 양 옆으로 비로 쓸 듯이 골고루 방사할 것
⑤ 소화기는 화재 초기만 효과가 있고 화재가 확대된 후에는 효과가 없는 것에 유의할 것
⑥ 만능 소화기는 없다고 볼 것

2 경보설비의 설치기준 및 적용

1. 경보설비의 종류 및 특징

경보설비는 화재로 인한 인적, 물적 피해를 경감하기 위해서 화재 발생 초기단계에서 발생되는 열분해 생성물, 연기 또는 열을 발견하여 소방대상물의 관계자에게 경보장치로 화재발생을 통보하고 신속한 피난을 위해 건물 내에 있는 사람에게 경보를 보내는 설비로서 초기 화재진압과 재난에 매우 중요한 기능을 한다.

▲ 경종   ▲ 발신기

경보설비의 종류에는 비상경보설비(비상벨설비, 자동식 사이렌설비, 단독경보형 감지기), 비상방송설비, 누전경보기, 자동화재탐지설비, 자동화재속보설비 및 가스누설경보기가 있다.

(1) 자동화재탐지설비

자동화재탐지설비는 화재에 의하여 발생한 열, 연기, 불꽃 또는 연소생성물을 초기단계에 자동적으로 탐지하여 화재신호를 보내는 감지기, 화재를 발견한 사람이 수동으로 화재신호를 보내는 발신기, 감지기나 발신기로부터 보내 온 신호를 수신하여 화재 장소를 표시하거나 필요한 신호를 제어해 주는 수신기, 화재의 발생을 통보해 주는 경보장치, 배선, 전원 등으로 구성되어 있다.

▲ 자동화재탐지설비

(2) 비상경보설비

비상경보설비는 화재를 빠른 시간 내에 당해 소방대상물에 있는 사람들에게 경보를 발하여 피난의 개시 및 초기 소화

활동을 신속히 전개토록 하기 위한 설비로 가장 많이 설치하는 설비에는 비상벨설비 및 자동식 사이렌설비가 있다. 비상벨은 누름 버튼 스위치(발신기), 경종, 위치표시등, 전원장치 등으로 구성되어 있다.

(3) 비상방송설비

자동화재탐지설비와 연동 또는 수동기동장치에 의해 화재의 발생 또는 상황을 소방대상물 내의 관계자에게 스피커를 통하여 통보하는 장치이다. 주요 구성품은 방송용 앰프, 전원장치(비상전원 포함), 스피커 및 이를 연결하는 배선이다.

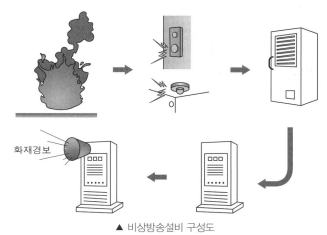

화재경보

▲ 비상방송설비 구성도

(4) 누전화재경보기

누전전류에 의한 화재를 예방하고 전기설비의 안전을 위하여 건축물의 천장, 바닥, 벽 등의 보강재로 사용하는 금속류 등이 누전경로가 되어 화재를 발생시킬 우려가 있어 이를 방지하기 위해 누설전류가 흐르면 경보를 발하고, 전원 공급을 차단시킬 수 있는 시설 등으로 구성된 장치이다.

(5) 단독경보형 감지기

화재발생을 감지하는 기능과 경보를 하는 기능이 합쳐진 감지기이다. 화재발생 상황을 단독으로 감지하여 감지기 자체 내에 내장된 음향장치로 관계인 등에게 대피 가능토록 경보를 발하는 시설로서, 주 전원을 건전지로 사용한다. 주 전원을 건전지로 사용하기 때문에 별도 전원장치 등 설치에 따른 어려움이 없다.

2. 경보설비 설치기준

(1) 비상경보설비

① 비상벨설비 또는 자동식사이렌설비

    ㉠ 비상벨설비 또는 자동식사이렌설비는 부식성가스 또는 습기 등으로 인하여 부식의 우려가 없는 장소에 설치하여야 한다.

    ㉡ 지구음향장치는 특정소방대상물의 층마다 설치하되, 해당 층의 각 부분으로부터 하나의 음향장치까지의 수평거리가 25m 이하가 되도록 하고, 해당 층의 각 부분에 유효하게 경보를 발할 수 있도록 설치하여야 한다.

    ㉢ 음향장치는 정격전압의 80% 전압에서 음향을 발할 수 있도록 하여야 한다.

    ㉣ 음향장치의 음향의 크기는 음향장치의 중심으로부터 1m 떨어진 위치에서 90dB 이상이 되는 것으로 하여야 한다.

② 단독경보형감지기

    ㉠ 각 실(이웃하는 실내의 바닥 면적이 각각 30m² 미만이고 벽체의 상부의 전부 또는 일부가 개방되어 이웃하는 실내와 공기가 상호 유통되는 경우에는 이를 1개의 실로 봄)마다 설치하되, 바닥면적이 150m²를 초과하는 경우에는 150m² 마다 1개 이상 설치할 것

    ㉡ 계단실은 최상층의 계단실 천장(외기가 상통하는 계단실의 경우를 제외함)에 설치할 것

(2) 비상방송설비

① 확성기의 음성입력은 3W(실내에 설치하는 것에 있어서는 1W) 이상일 것

② 확성기는 각층마다 설치하되, 그 층의 각 부분으로부터 하나의 확성기까지의 수평거리가 25m 이하가 되도록 하고, 해당층의 각 부분에 유효하게 경보를 발할 수 있도록 설치할 것

③ 음량조정기를 설치하는 경우 음량조정기의 배선은 3선식으로 할 것

④ 조작부의 조작스위치는 바닥으로부터 0.8m 이상 1.5m 이하의 높이에 설치할 것

(3) 자동화재탐지설비

① 자동화재탐지설비의 경계구역은 다음 각호의 기준에 따라 설정하여야 한다. 다만, 감지기의 형식승인 시 감지거리, 감지면적 등에 대한 성능을 별도로 인정받은 경우에는 그 성능인정범위를 경계구역으로 할 수 있다.

    ㉠ 하나의 경계구역이 2개 이상의 건축물에 미치지 아니하도록 할 것

    ㉡ 하나의 경계구역이 2개 이상의 층에 미치지 아니하도록 할 것. 다만, 500m² 이하의 범위 안에서는 2개의 층을 하나의 경계구역으로 할 수 있다.

    ㉢ 하나의 경계구역의 면적은 600m²이하로 하고 한 변의 길이는 50m 이하로 할 것. 다만, 해당 특정소방대상물의 주된 출입구에서 그 내부 전체가 보이는 것에 있어서는 한 변의 길이가 50m의 범위 내에서 1,000m² 이하로 할 수 있다.

② 수신기

　　㉠ 해당 특정소방대상물의 경계구역을 각각 표시할 수 있는 회선 수 이상의 수신기를 설치할 것

　　㉡ 해당 특정소방대상물에 가스누설탐지설비가 설치된 경우에는 가스누설탐지설비로부터 가스누설신호를 수신하여 가스누설경보를 할 수 있는 수신기를 설치할 것(가스누설탐지설비의 수신부를 별도로 설치한 경우에는 제외)

③ 중계기

　　㉠ 수신기에서 직접 감지기회로의 도통시험을 하지 아니하는 것에 있어서는 수신기와 감지기 사이에 설치할 것

　　㉡ 조작 및 점검에 편리하고 화재 및 침수 등의 재해로 인한 피해를 받을 우려가 없는 장소에 설치할 것

　　㉢ 수신기에 따라 감시되지 아니하는 배선을 통하여 전력을 공급받는 것에 있어서는 전원입력측의 배선에 과전류차단기를 설치하고 해당 전원의 정전이 즉시 수신기에 표시되는 것으로 하며, 상용전원 및 예비전원의 시험을 할 수 있도록 할 것

④ 감지기

　　㉠ 자동화재탐지설비의 감지기는 부착높이에 따라 차동식, 정온식 등 종류별로 감지기를 설치하여야 한다.

　　㉡ 다음의 장소에는 연기감지기를 설치하여야 한다. 다만, 교차회로방식에 따른 감지기가 설치된 장소 또는 ㉠항 단서에 따른 감지기가 설치된 장소에는 그러하지 아니하다.

　　　• 계단 · 경사로 및 에스컬레이터 경사로

　　　• 복도(30m 미만의 것을 제외)

　　　• 엘리베이터 승강로(권상기실이 있는 경우에는 권상기실) · 린넨슈트 · 파이프 피트 및 덕트 기타 이와 유사한 장소

　　　• 천장 또는 반자의 높이가 15m 이상 20m 미만의 장소

⑤ 음향장치 및 시각경보장치

　　㉠ 주음향장치는 수신기의 내부 또는 그 직근에 설치할 것

　　㉡ 층수가 11층(공동주택의 경우에는 16층) 이상의 특정소방대상물은 다음에 따라 경보를 발할 수 있도록 하여야 한다.

　　　• 2층 이상의 층에서 발화한 때에는 발화층 및 그 직상 4개층에 경보를 발할 것

　　　• 1층에서 발화한 때에는 발화층 · 그 직상 4개층 및 지하층에 경보를 발할 것

　　　• 지하층에서 발화한 때에는 발화층 · 그 직상층 및 그 밖의 지하층에 경보를 발할 것

⑥ 발신기

　　㉠ 조작이 쉬운 장소에 설치하고, 스위치는 바닥으로부터 0.8m 이상 1.5m 이하의 높이에 설치할 것

　　㉡ 특정소방대상물의 층마다 설치하되, 해당 특정소방대상물의 각 부분으로부터 하나의 발신기까지의 수평거리가 25m 이하가 되도록 할 것. 다만, 복도 또는 별도로 구획된 실로서 보행거리가 40m 이상일 경우에는 추가로 설치하여야 한다.

　　㉢ 발신기의 위치를 표시하는 표시등은 함의 상부에 설치하되, 그 불빛은 부착면으로부터 15° 이상의 범위 안에서 부착지점으로부터 10m 이내의 어느 곳에서도 쉽게 식별할 수 있는 적색등으로 하여야 한다.

⑦ 전원

　　㉠ 상용전원은 전기가 정상적으로 공급되는 축전지, 전기저장장치 또는 교류전압의 옥내 간선으로 하고, 전원까지의 배선은 전용으로 할 것

　　㉡ 개폐기에는 '자동화재탐지설비용'이라고 표시한 표지를 할 것

ⓒ 자동화재탐지설비에는 그 설비에 대한 감시상태를 60분간 지속한 후 유효하게 10분 이상 경보할 수 있는 축전지설비(수신기에 내장하는 경우를 포함) 또는 전기저장장치를 설치하여야 한다. 다만, 상용전원이 축전지설비인 경우 또는 건전지를 주전원으로 사용하는 무선식 설비인 경우에는 그러하지 아니하다.

(4) 자동화재속보설비

① 자동화재탐지설비와 연동으로 작동하여 자동적으로 화재발생 상황을 소방관서에 전달되는 것으로 할 것

② 조작스위치는 바닥으로부터 0.8m 이상 1.5m 이하의 높이에 설치할 것

③ 속보기는 소방관서에 통신망으로 통보하도록 하며, 데이터 또는 코드전송방식을 부가적으로 설치할 수 있다. 다만, 데이터 및 코드전송방식의 기준은 소방청장이 정한다.

④ 문화재에 설치하는 자동화재속보설비는 속보기에 감지기를 직접 연결하는 방식(자동화재탐지설비 1개의 경계구역에 한함)으로 할 수 있다.

⑤ 속보기는 소방청장이 정하여 고시한 「자동화재속보설비의 속보기의 성능인증 및 제품검사의 기술기준」에 적합한 것으로 설치하여야 한다.

(5) 누전경보기

경계전로의 정격전류가 60A를 초과하는 전로에 있어서는 1급 누전경보기를, 60A 이하의 전로에 있어서는 1급 또는 2급 누전경보기를 설치할 것. 다만, 정격전류가 60A를 초과하는 경계전로가 분기되어 각 분기회로의 정격전류가 60A 이하로 되는 경우 당해 분기회로마다 2급 누전경보기를 설치한 때에는 당해 경계전로에 1급 누전경보기를 설치한 것으로 본다.

당신이 상상할 수 있다면 그것을 이룰 수 있고,
당신이 꿈꿀 수 있다면 그 꿈대로 될 수 있다.

– 윌리엄 아서 워드(William Arthur Ward)

화재예방과 소화방법　출제예상문제

01

소화약제로서 물이 갖는 특성에 대한 설명으로 옳지 않은 것은?

① 유화효과(emulsification effect)도 기대할 수 있다.
② 증발잠열이 커서 기화 시 다량의 열을 제거한다.
③ 기화팽창률이 커서 질식효과가 있다.
④ 용융잠열이 커서 주수 시 냉각효과가 뛰어나다.

해설

① 물을 안개형태로 흩어서 뿌리면 유류의 표면을 덮어 증기발생을 억제하기도 하는데 이를 유화효과라고 한다.
② 물은 증발잠열이 커서 기화 시 다량의 열을 흡수하여 온도를 낮춘다.
③ 물은 기화팽창률이 크기 때문에 수증기로 변할 때 부피가 커진다. 이때 부피가 커진 수증기가 공기를 차단하여 질식효과가 있다.
④ 물은 용융잠열이 아닌 기화잠열이 커서 주수 시 냉각효과가 뛰어나다.

02

산·알칼리 소화기에서 외통에는 주로 어떤 화학물질이 채워져 있는가?

① HNO_3
② $NaOH$
③ H_2SO_4
④ $NaHCO_3$

해설

구분	적응화재	원리	종류	구성물질
산·알칼리 소화기	A급 화재	냉각 소화	파병식 전도식	• 산: H_2SO_4(내통) • 알칼리: $NaHCO_3$(외통)

03

탄산칼륨 등이 사용되어 한랭지역에서 사용이 가능한 소화기는?

① 분말 소화기
② 강화액 소화기
③ 포말 소화기
④ 이산화탄소 소화기

해설

물의 소화능력을 향상시키고, 한랭지역에서 사용할 수 있도록 물에 탄산칼륨을 보강시킨 용액을 첨가한 소화기를 강화액 소화기라고 한다.

04

제1인산암모늄($NH_4H_2PO_4$) 소화약제가 열분해되어 생성되는 물질로서 목재, 섬유 등을 구성하고 있는 섬유소를 탈수·탄화시켜 연소를 억제하는 것은?

① CO_2
② NH_5PO_4
③ H_3PO_4
④ NH_3

해설

제1인산암모늄이 열분해될 때 생성되는 올소인산(H_3PO_4)은 종이, 목재, 섬유 등을 구성하고 있는 섬유소를 연소하기 어려운 탄소로 급속히 변화시키는 작용(탈수·탄화작용)에 의하여 섬유소를 난연성의 탄소와 물로 분해하여 연소 반응을 차단시킨다.

$$NH_4H_2PO_4 \rightarrow H_3PO_4(올소인산) + NH_3$$

05

트리에틸알루미늄의 화재 발생 시 물을 이용한 소화가 위험한 이유를 옳게 설명한 것은?

① 가연성의 수소가스가 발생하기 때문에
② 유독성의 포스핀가스가 발생하기 때문에
③ 유독성의 포스겐가스가 발생하기 때문에
④ 가연성의 에탄가스가 발생하기 때문에

해설

트리에틸알루미늄은 물과 접촉하면 폭발적으로 반응하여 에탄(C_2H_6)을 발생시키므로 주수소화는 위험하다.

$$(C_2H_5)_3Al + 3H_2O \rightarrow Al(OH)_3 + 3C_2H_6 \uparrow$$

06

표준상태에서 적린 8mol이 완전연소하여 오산화인을 만드는 데 필요한 이론공기량은 약 몇 L인가? (단, 공기 중 산소는 21vol%이다.)

① 1,066.7 　　　　　　② 806.7
③ 224 　　　　　　　　④ 22.4

해설

$4P + 5O_2 \rightarrow 2P_2O_5$

적린 4mol이 완전연소하기 위해서는 산소 5mol이 필요하고, 표준상태에서 산소 1mol의 부피는 22.4L이다. 이 관계를 이용하여 비례식을 만들면 다음과 같다.

$8mol : x\text{L} = 4mol : 5 \times 22.4\text{L}$
$x = 224\text{L}$

$$\text{이론공기량} = \frac{\text{이론산소량}}{\text{공기 중 산소의 부피}(\%)} = \frac{224}{0.21} = 1,066.7\text{L}$$

07

다음 할로젠화합물(할로겐화합물)의 화학식과 Halon 번호가 옳게 연결된 것은?

① CH_2ClBr – Halon 1211
② CF_2ClBr – Halon 104
③ $C_2F_4Br_2$ – Halon 2402
④ CF_3Br – Halon 1011

해설

천의 자리 숫자는 C의 개수, 백의 자리 숫자는 F의 개수, 십의 자리 숫자는 Cl의 개수, 일의 자리 숫자는 Br의 개수를 나타낸다.

오답해설

① CF_2ClBr – Halon 1211
② CCl_4 – Halon 104
④ CH_2ClBr – Halon 1011

08

다음 중 탄산수소칼륨을 주성분으로 하는 분말 소화약제의 착색은 무엇인가?

① 백색 　　　　　　　　② 담회색
③ 담홍색 　　　　　　　④ 회색

해설

종류	주성분	착색
제1종 분말	$NaHCO_3$(탄산수소나트륨)	백색
제2종 분말	$KHCO_3$(탄산수소칼륨)	담회색
제3종 분말	$NH_4H_2PO_4$(제1인산암모늄)	담홍색
제4종 분말	$KHCO_3 + (NH_2)_2CO$ (탄산수소칼륨＋요소)	회색

09

가연성 물질이 점화원 없이 축적된 열만 가지고 스스로 연소가 시작되는 최저온도는?

① 연소점 　　　　　　　② 발화점
③ 인화점 　　　　　　　④ 분해점

해설

가연성 물질이 점화원 없이 축적된 열만으로 연소(자연발화)를 일으키는 최저의 온도를 발화점이라고 한다. 발화점이 낮은 물질일수록 위험성이 크다.

10

가연물의 주된 연소형태에 대한 설명으로 옳지 않은 것은?

① 황(유황)의 연소형태는 증발연소이다.
② 목재의 연소형태는 분해연소이다.
③ 에테르의 연소형태는 표면연소이다.
④ 숯의 연소형태는 표면연소이다.

해설

에테르의 연소형태는 증발연소이다.

11

불활성가스 소화약제 중 IG−541의 구성성분이 아닌 것은?

① He   ② Ar

③ CO_2 ④ N_2

해설

불활성가스 소화약제의 구성성분
- IG−541의 구성성분: N_2(52%), Ar(40%), CO_2(8%)
- IG−55의 구성성분: N_2(50%), Ar(50%)

12

대통령령이 정하는 제조소 등의 관계인은 그 제조소 등에 대하여 행정안전부령이 정하는 바에 따라 연 몇 회 이상 정기점검을 실시해야 하는가? (단, 특정옥외탱크저장소의 정기점검은 제외한다.)

① 1   ② 2

③ 3   ④ 4

해설

대통령령이 정하는 제조소 등의 관계인은 그 제조소 등에 대하여 행정안전부령이 정하는 바에 따라 연 1회 이상 정기점검을 실시해야 한다.

13

다음 중 연소의 3요소를 모두 갖춘 것은?

① 휘발유, 공기, 수소

② 적린, 수소, 성냥불

③ 성냥불, 황, 염소산암모늄

④ 알코올, 수소, 염소산암모늄

해설

연소의 3요소는 점화에너지, 가연물, 산소공급원이다.
③번에서 점화에너지는 성냥불, 가연물은 황, 염소산암모늄은 산소공급원이다.
염소산암모늄(NH_4ClO_3)은 분해되어 산소를 발생시키므로 산소공급원이 될 수 있다.

오답해설

① 휘발유(가연물), 공기(산소공급원), 수소(가연물): 점화에너지가 없다.
② 적린(가연물), 수소(가연물), 성냥불(점화에너지): 산소공급원이 없다.
④ 알코올(가연물), 수소(가연물), 염소산암모늄(산소공급원): 점화에너지가 없다.

14

가연물이 연소될 때 소화를 위한 평균적인 한계산소량은 약 얼마인가?

① 1~7vol%   ② 11~15vol%

③ 18~21vol%   ④ 21~25vol%

해설

소화가 될 수 있는 평균적인 한계산소량은 11~15vol%이다.

15

물이 일반적인 소화약제로 사용될 수 있는 특징에 대한 설명 중 틀린 것은?

① 증발잠열이 크기 때문에 냉각시키는 데 효과적이다.

② 물을 사용한 봉상주수 소화기는 A급, B급 및 C급 화재의 진압에 우수하다.

③ 비교적 쉽게 구해서 이용이 가능하다.

④ 펌프, 호스 등을 이용하여 이송이 비교적 용이하다.

해설

물을 사용한 봉상주수 소화기는 A급 화재의 진압에만 우수하다.

16

이산화탄소 소화기의 장·단점에 대한 설명으로 옳지 않은 것은?

① 밀폐된 공간에서 사용 시 질식으로 인명피해가 발생할 수 있다.

② 전도성이어서 전류가 통하는 장소에서의 사용은 위험하다.

③ 자체의 압력으로 방출할 수가 있다.

④ 기체이기 때문에 비교적 장소에 구애받지 않고 침투·확산하여 소화할 수 있다.

해설

이산화탄소 소화기는 전기절연성(전기의 부도체)이 우수하여 전기 화재에 용이하다.

17

나이트로(니트로)셀룰로오스 위험물의 화재 시에 가장 적절한 소화약제는?

① 사염화탄소　　　　② 탄산가스
③ 물　　　　　　　　④ 인산염류

해설
나이트로(니트로)셀룰로오스와 같은 제5류 위험물은 물질 내에 산소공급원을 포함하고 있기 때문에 화재 시 질식소화는 적당하지 않고 다량의 주수소화(물을 이용한 소화방법)가 효과적이다.

18

알코올류 40,000L에 대한 소화설비의 소요단위는?

① 5단위　　　　　　② 10단위
③ 15단위　　　　　④ 20단위

해설
위험물의 1소요단위는 지정수량의 10배이고, 알코올의 지정수량은 400L이다.

소요단위 $=\dfrac{40,000}{400 \times 10}=10$단위

19

고체의 일반적인 연소형태에 속하지 않는 것은?

① 표면연소　　　　　② 확산연소
③ 자기연소　　　　　④ 증발연소

해설
확산연소는 비교적 분자량이 작은 기체 물질(수소, 아세틸렌 등)에서 일어나는 연소의 형태이다.

20

외벽이 내화구조인 위험물저장소 건축물의 연면적이 1,500m²인 경우 소요단위는?

① 6　　　　　　　　② 10
③ 13　　　　　　　④ 14

해설
· 제조소 또는 취급소용 건축물로서 외벽이 내화구조로 된 것에 있어서는 연면적 100m²를, 외벽이 내화구조가 아닌 것에 있어서는 연면적 50m²를 각각 소요단위 1단위로 한다.
· 저장소용 건축물로서 외벽이 내화구조로 된 것에 있어서는 연면적 150m²를, 외벽이 내화구조가 아닌 것에 있어서는 연면적 75m²를 소요단위 1단위로 한다.

$\dfrac{1,500}{150}=10$단위

21

고급알코올 황산에스터염(황산에스테르염)을 주성분으로 한 냄새가 없는 황색의 액체로서 밀폐 또는 준밀폐구조물의 화재 시 고팽창포로 사용하여 화재를 진압할 수 있는 포 소화약제는?

① 단백포 소화약제
② 합성계면활성제 포소화약제
③ 내알코올 포소화약제
④ 수성막포 소화약제

해설
합성계면활성제 포소화약제는 계면활성제인 알킬벤젠술폰산염, 고급알코올 황산에스터(황산에스테르) 등을 주성분으로 사용하여 포의 안정성을 위해 안정제를 첨가한 소화약제로 1%, 1.5%, 3%, 6%형이 있다.

22

위험물에서 화재가 발생한 경우 사용이 가능한 소화약제가 잘못 연결된 것은?

① 질산암모늄 – H_2O

② 마그네슘 – CO_2

③ 트리에틸알루미늄 – 팽창질석

④ 나이트로(니트로)글리세린 – H_2O

해설

마그네슘(Mg)은 이산화탄소(CO_2)와 반응하여 산화마그네슘(MgO)과 가연성 가스인 일산화탄소(CO) 또는 가연성인 탄소(C)를 생성한다. 따라서 마그네슘에서 화재가 발생한 경우 이산화탄소 소화기는 사용할 수 없다.

$Mg + CO_2 \rightarrow MgO + CO$

$2Mg + CO_2 \rightarrow 2MgO + C$

오답해설

① 질산암모늄은 제1류 위험물로 물로 소화할 수 있다.

③ 트리에틸알루미늄은 물과 반응하여 에탄 가스를 발생시키므로 팽창질석, 팽창진주암 또는 마른모래로 소화해야 한다.

④ 나이트로(니트로)글리세린은 제5류 위험물로 분자 내에 산소를 포함하고 있기 때문에 질식소화는 효과가 없고 다량의 물을 이용하여 소화해야 한다.

23

다음 (   ) 안에 알맞은 반응 계수를 차례대로 옳게 나타낸 것은?

$6NaHCO_3 + Al_2(SO_4)_3 + 18H_2O$
$\rightarrow (\ \ )Na_2SO_4 + (\ \ )Al(OH)_3 + (\ \ )CO_2 + 18H_2O$

① 3, 2, 6   ② 3, 6, 2

③ 6, 2, 3   ④ 2, 6, 3

해설

$6NaHCO_3 + Al_2(SO_4)_3 + 18H_2O$
$\rightarrow 3Na_2SO_4 + 2Al(OH)_3 + 6CO_2 + 18H_2O$

24

분말 소화기의 분말 소화약제 주성분이 아닌 것은?

① $NaHCO_3$ ② $KHCO_3$

③ $NH_4H_2PO_4$ ④ $NaOH$

해설

종류	주성분	착색	적응 화재	열분해 반응식
제1종 분말	$NaHCO_3$ (탄산수소나트륨)	백색	B, C	$2NaHCO_3 \rightarrow Na_2CO_3 + CO_2 + H_2O$
제2종 분말	$KHCO_3$ (탄산수소칼륨)	담회색	B, C	$2KHCO_3 \rightarrow K_2CO_3 + CO_2 + H_2O$
제3종 분말	$NH_4H_2PO_4$ (제1인산암모늄)	담홍색	A, B, C	$NH_4H_2PO_4 \rightarrow HPO_3 + NH_3 + H_2O$
제4종 분말	$KHCO_3 + (NH_2)_2CO$ (탄산수소칼륨+요소)	회색	B, C	$2KHCO_3 + (NH_2)_2CO \rightarrow K_2CO_3 + 2NH_3 + 2CO_2$

25

준특정옥외탱크저장소에서 저장 또는 취급하는 액체위험물의 최대수량 범위를 옳게 나타낸 것은?

① 50만L 미만

② 50만L 이상 100만L 미만

③ 100만L 이상 200만L 미만

④ 200만L 이상

해설

준특정옥외탱크저장소: 옥외탱크저장소 중 저장 또는 취급하는 액체위험물의 최대수량이 50만L 이상 100만L 미만의 것

26

벼락으로부터 재해를 예방하기 위하여 「위험물안전관리법령」상 피뢰설비를 설치하여야 하는 위험물제조소의 기준은? (단, 제6류 위험물을 취급하는 위험물제조소는 제외한다.)

① 모든 위험물을 취급하는 제조소

② 지정수량 5배 이상의 위험물을 취급하는 제조소

③ 지정수량 10배 이상의 위험물을 취급하는 제조소

④ 지정수량 20배 이상의 위험물을 취급하는 제조소

해설

지정수량의 10배 이상의 위험물을 취급하는 제조소에는 피뢰침을 설치하여야 한다.

27

황린의 소화활동상 주의사항에 대한 설명으로 틀린 것은?

① 증기의 누출에 주의하고 재발화하지 않도록 하여야 한다.
② 주수소화 시 비산하여 연소가 확대될 위험이 있으므로 주의한다.
③ 유독가스가 발생하므로 보호장구 및 공기호흡기를 착용하는 것이 안전하다.
④ 연소 시 유독한 오황화인(오황화린)을 발생시키므로 주의하여야 한다.

해설

황린은 공기 중에서 격렬하게 연소하며 오산화인이라는 유독성 가스를 발생한다.
$P_4 + 5O_2 \rightarrow 2P_2O_5$(오산화인)

28

이산화탄소 소화약제의 저장용기 설치장소에 대한 설명으로 틀린 것은?

① 방호구역 내의 장소에 설치하여야 한다.
② 직사광선 및 빗물이 침투할 우려가 적은 장소에 설치하여야 한다.
③ 온도변화가 적은 장소에 설치하여야 한다.
④ 온도가 섭씨 40도 이하인 곳에 설치하여야 한다.

해설

이산화탄소 소화약제의 저장용기는 방호구역 내의 장소가 아니라 방호구역 외의 장소에 설치하여야 한다.

29

옥내소화전은 위험물제조소 등의 건축물의 층마다 당해 층의 각 부분에서 하나의 호스 접속구까지의 수평거리가 몇 m 이하가 되도록 설치하는가?

① 10
② 15
③ 20
④ 25

해설

호스 접속구(방수구)는 각 층마다 설치하고 각 부분으로부터 수평거리 25m 이하가 되도록 설치한다.

30

내화구조의 위험물취급소 건축물의 연면적이 500m²인 경우 소요단위는?

① 4단위
② 5단위
③ 6단위
④ 7단위

해설

제조소 또는 취급소용 건축물로서 외벽이 내화구조로 된 것에 있어서는 연면적 100m²를, 외벽이 내화구조가 아닌 것에 있어서는 연면적 50m²를 각각 소요단위 1단위로 한다.

$\frac{500}{100} = 5$단위

31

전역방출방식의 분말 소화설비에서 분사헤드의 방사압력은 몇 MPa 이상인가?

① 0.1
② 0.2
③ 0.3
④ 0.4

해설

전역방출방식의 분말 소화설비에서 분사헤드의 방사압력은 0.1MPa 이상이고 소화약제 저장량을 30초 이내에 균일하게 방사하여야 한다.

32

다음 물질을 혼합하였을 때 위험성이 가장 낮은 것은?

① 과산화나트륨과 마그네슘분
② 황화인(황화린)과 과산화칼륨
③ 염소산칼륨과 황분
④ 나이트로(니트로)셀룰로오스와 에탄올

해설

• 나이트로(니트로)셀룰로오스는 알코올(에탄올)과 반응하지 않고, 안정하기 때문에 알코올에 습면하여 저장 또는 운반을 한다.
• 제4류 위험물(알코올)과 제5류 위험물(나이트로(니트로)셀룰로오스)은 혼합하여도 위험성이 크지 않기 때문에 혼재가 가능한 위험물이다.

33

메탄올 화재 시 수성막포 소화약제의 소화효과가 없는 이유를 가장 옳게 설명한 것은?

① 유독가스가 발생하므로
② 메탄올은 포와 반응하여 가연성 가스를 발생하므로
③ 화염의 온도가 높아지므로
④ 메탄올이 수성막포에 대하여 소포성을 가지므로

해설

메탄올은 물에 잘 녹는 물질이기 때문에 수성막포가 소포된다.

34

클로로벤젠 300,000L의 소요단위는 얼마인가?

① 20
② 30
③ 200
④ 300

해설

클로로벤젠의 지정수량은 1,000L이고, 위험물의 1소요단위는 지정수량의 10배이다.

$$\frac{300,000}{1,000 \times 10} = 30$$

35

최소 착화에너지를 측정하기 위해 콘덴서를 이용하여 불꽃 방전실험을 하고자 한다. 콘덴서의 전기 용량을 C, 방전전압을 V, 전기량을 Q라 할 때 착화에 필요한 최소 전기에너지 E를 옳게 나타낸 것은?

① $E = \frac{1}{2}CQ^2$
② $E = \frac{1}{2}C^2V$
③ $E = \frac{1}{2}QV^2$
④ $E = \frac{1}{2}CV^2$

해설

축전기의 정전용량 $C(\text{F})$에 $V(\text{V})$ 전압이 가해져서 $Q(\text{C})$의 전하가 축적되어 있을 때 정전에너지 $E = \frac{1}{2}QV = \frac{1}{2}CV^2$이다.

36

인화알루미늄의 화재 시 주수소화를 하면 발생하는 가연성 기체는?

① 아세틸렌
② 메탄
③ 포스겐
④ 포스핀

해설

인화알루미늄은 건조 상태에서는 안정하나 습기가 있으면 격렬하게 가수반응(加水反應)을 일으켜 포스핀(PH_3)을 생성하여 강한 독성물질로 변한다.
$$AlP + 3H_2O \rightarrow PH_3 \uparrow + Al(OH)_3$$

37

소화기에 'B−2'라고 표시되어 있었다. 이 표시의 의미를 가장 옳게 나타낸 것은?

① 일반화재에 대한 능력단위 2단위에 적용되는 소화기
② 일반화재에 대한 무게단위 2단위에 적용되는 소화기
③ 유류화재에 대한 능력단위 2단위에 적용되는 소화기
④ 유류화재에 대한 무게단위 2단위에 적용되는 소화기

해설

소화기에 표시된 'B − 2'는 B급화재(유류화재)에 적용할 수 있는 능력단위 2단위의 소화기라는 것을 의미한다.

38

다음 중 증발잠열이 가장 큰 것은?

① 아세톤
② 사염화탄소
③ 이산화탄소
④ 물

해설

물은 증발잠열이 539cal/g로 매우 크기 때문에 화재에 대한 소화약제로 사용된다.
이산화탄소는 상온에서 기체일 정도로 증발잠열은 크지 않으며, 아세톤도 증발잠열이 크지 않아 상온에서 휘발성이 좋다. 사염화탄소는 상온에서 액체이나 물보다 증발잠열이 크지 않다.

39

복합용도 건축물의 옥내저장소의 기준에서 옥내저장소의 용도에 사용되는 부분의 바닥면적을 몇 m² 이하로 하여야 하는가?

① 30　　　　　　　② 50
③ 75　　　　　　　④ 100

해설
복합용도 건축물의 옥내저장소 용도에 사용되는 부분의 바닥면적은 75m²를 초과하지 아니하도록 한다.

40

가연성 가스나 증기의 농도를 연소한계(하한) 이하로 하여 소화하는 방법은?

① 희석소화　　　　② 제거소화
③ 질식소화　　　　④ 냉각소화

해설 희석소화
가연물로부터 발생하는 가연성 증기의 농도를 엷게 하여 연소범위의 하한계 이하로 함으로써 소화의 목적을 달성하는 소화법이다.

41

화학포 소화약제의 주성분은?

① 황산알루미늄과 탄산수소나트륨
② 황산알루미늄과 탄산나트륨
③ 황산나트륨과 탄산나트륨
④ 황산나트륨과 탄산수소나트륨

해설
화학포 소화약제는 화학반응을 일으켜 거품을 방사할 수 있도록 만든 소화약제이다. 황산알루미늄($Al_2(SO_4)_3$)과 탄산수소나트륨($NaHCO_3$)에 기포안정제를 서로 혼합하면 화학적으로 반응을 일으켜 방사 압력원인 CO_2가 발생되고, CO_2 가스압력에 의해 거품을 방사하는 형식이다.

42

대형 수동식 소화기를 설치하는 경우 방호대상물의 각 부분으로부터 하나의 대형 수동식 소화기까지의 거리는 보행거리가 몇 m 이하가 되도록 하여야 하는가?

① 10　　　　　　　② 20
③ 25　　　　　　　④ 30

해설
대형 수동식 소화기는 방호대상물의 각 부분으로부터 하나의 대형 수동식 소화기까지의 보행거리가 30m 이하가 되도록 설치해야 한다.(「위험물안전관리법 시행규칙」 별표 17)

43

다음 중 분말 소화설비의 기준에서 가압용 가스로 정한 것에 해당하는 가스는?

① 공기　　　　　　② 질소
③ 산소　　　　　　④ 염소

해설
분말 소화설비의 기준에서 가압용 가스로 정한 것은 질소 또는 이산화탄소이다.

44

화재 예방을 위하여 이황화탄소는 액면 자체 위에 물을 채워주는데 그 이유로 가장 타당한 것은?

① 공기와 접촉하면 불쾌한 냄새가 나기 때문에
② 발화점을 낮추기 위하여
③ 불순물을 물에 용해시키기 위하여
④ 가연성 증기의 발생을 방지하기 위하여

해설
이황화탄소의 증기는 가연성이 있고, 인체에 매우 유독하므로 증기의 발생을 억제하기 위하여 이황화탄소(액체) 액면 위에 물을 채워 저장한다.

45

소화기의 본체 용기에 표시하여야 하는 사항이 아닌 것은?

① 제조회사 대표자명과 제조자명
② 총 중량
③ 취급상 주의사항
④ 사용방법

[해설] 소화기의 본체 용기에 표시하여야 하는 사항
- 적응화재 표시
- 충전된 소화약제의 주성분 및 중량 표시
- 사용방법
- 취급상 주의사항
- 소화능력단위
- 제조년월 및 제조번호

46

할로젠화합물(할로겐화합물) 소화약제가 전기 화재에 사용될 수 있는 이유에 대한 다음 설명 중 가장 적합한 것은?

① 전기적으로 부도체이다.
② 액체의 유동성이 좋다.
③ 탄산가스와 반응하여 포스겐가스를 만든다.
④ 증기의 비중이 공기보다 작다.

[해설]
할로젠화합물(할로겐화합물) 소화약제는 전기적으로 부도체이기 때문에 전기 화재에 적응성이 있다.

47

옥내소화전설비의 기준에서 옥내소화전설비 비상전원의 용량은 옥내소화전설비를 유효하게 몇 분 이상 작동시킬 수 있어야 하는가?

① 15   ② 30
③ 45   ④ 60

[해설]
옥내소화전설비 비상전원의 용량은 옥내소화전설비를 유효하게 45분 이상 작동시킬 수 있어야 한다.

48

제4류 위험물의 탱크화재에서 발생되는 보일오버(Boil Over)에 대한 설명으로 가장 거리가 먼 것은?

① 원추형 탱크의 지붕판이 폭발에 의해 날아가고 화재가 확대될 때 저장된 연소 중인 기름에서 발생할 수 있는 현상이다.
② 화재가 지속된 부유식 탱크나 지붕과 측판을 약하게 결합한 구조의 기름 탱크에서도 일어난다.
③ 원유, 중유 등을 저장하는 탱크에서 발생할 수 있다.
④ 대량으로 증발된 가연성 액체가 갑자기 연소했을 때 생기는 커다란 구형의 불꽃을 말한다.

[해설]
대량으로 증발된 가연성 액체가 갑자기 연소했을 때 생기는 커다란 구형의 불꽃은 파이어볼에 대한 설명이다.

49

옥내소화전설비에서 펌프를 이용한 가압송수장치의 전양정 H는 소정의 산식에 의한 수치 이상이어야 한다. 전양정 H를 구하는 식으로 옳은 것은? (단, h_1은 소방용 호스의 마찰손실수두, h_2는 배관의 마찰손실수두, h_3는 낙차이며, h_1, h_2, h_3의 단위는 모두 m이다.)

① $H = h_1 + h_2 + h_3$
② $H = h_1 + h_2 + h_3 + 0.35$
③ $H = h_1 + h_2 + h_3 + 35$
④ $H = h_1 + h_2 + 0.35$

해설

펌프를 이용한 가압송수장치의 기준에서 펌프의 전양정은 다음 식에 의하여 구한 수치 이상으로 한다.

$H = h_1 + h_2 + h_3 + 35(m)$

여기서, H : 펌프의 전양정(m)

h_1 : 소방용 호스의 마찰손실수두(m)

h_2 : 배관의 마찰손실수두(m)

h_3 : 낙차(m)

50

다음에서 설명하는 소화약제에 해당하는 것은?

- 무색 · 무취이며 비전도성이다.
- 증기상태의 비중은 약 1.5이다.
- 임계온도는 약 31℃이다.

① 탄산수소나트륨
② 이산화탄소
③ 하론 1301
④ 황산알루미늄

해설

CO_2는 무색 · 무취이고 비중이 1.53, 임계온도는 약 31℃, 승화점이 -78.6℃인 기체로 물에 잘 녹는다.

$$CO_2의\ 증기비중 = \frac{CO_2의\ 분자량}{공기의\ 평균분자량} = \frac{44}{28.84} = 1.53$$

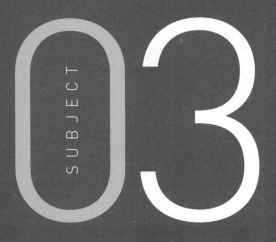

SUBJECT

03

위험물 성상 및 취급

기출기반으로 정리한
압축이론

출제경향

위험물 성상 및 취급 과목에서는 제1류~제6류 위험물의 특징과 취급 방법을 묻는 문제가 대부분이며 평균 4~5문제 정도 위험물안전관리법령에 관한 문제가 나옵니다. 암기해야 할 분량이 많아 대부분의 수험생들이 어렵게 느끼는 과목입니다.

또한, 특히 「위험물안전관리법 시행령」(시행 07.31)에 따라 제5류 위험물 지정수량 및 세부기준이 개정되었습니다. 이론에 관련사항을 반영하였으며, 이점 참고하여 학습 부탁드립니다.

비전공자 공부방법

기출문제를 풀기에 앞서 제1류~제6류 위험물의 종류와 특징을 먼저 암기하는 것이 중요합니다. 기출문제를 풀 때도 문제만 풀고 넘어가는 방식보다는 각 보기의 위험물에 대한 설명과 해설을 꼼꼼하게 체크하며 공부 해야 합니다.

화학 전공자 공부방법

제1류~제6류 위험물에 대해 알고 있다면 이론에 앞서 기출문제를 풀어보고 많이 틀리는 부분 위주로 이론 공부를 하는 것이 좋습니다. 지정수량, 위험물의 저장방법과 같은 빈출문제에서 점수를 잃지 않도록 조심해 야 합니다.

01 위험물의 종류 및 성질

1 관련 개념 정리

1. 위험물의 정의

위험물이라 함은 인화성 또는 발화성 등의 성질을 가지는 것으로 대통령령이 정하는 물품을 말한다.

(1) 제1류 위험물(산화성 고체)

산화성 고체라 함은 고체[액체(1atm 및 20℃에서 액상인 것 또는 20℃ 초과 40℃ 이하에서 액상인 것을 말함) 또는 기체(1atm 및 20℃에서 기상인 것을 말함) 외의 것을 말함]로서 산화력의 위험성 또는 충격에 대한 민감성을 판단하기 위하여 소방청장이 정하여 고시하는 성질과 상태를 나타내는 것을 말한다.

(2) 제2류 위험물(가연성 고체, 인화성 고체)

황(유황), 철분, 금속분, 마그네슘분 등의 비교적 낮은 온도에서 발화하기 쉬운 가연성 고체 위험물과 고형알코올, 그 밖에 1atm에서 인화점이 40℃ 미만인 고체, 즉 인화성 고체 위험물을 말한다.

(3) 제3류 위험물(금수성 물질 및 자연발화성 물질)

공기 중에서 발화 위험성이 있는 것 또는 물과 접촉하여 발화하거나 가연성 가스의 발생 위험성이 있는 자연발화성 물질 및 물과의 접촉을 금해야 하는 류의 위험물들을 말한다. 즉 물과 접촉하거나 대기 중의 수분과 접촉하면 발열, 발화하는 물질을 말한다.

(4) 제4류 위험물(인화성 액체)

비교적 낮은 온도에서 불을 끌어당기듯이 연소를 일으키는 위험물로서 인화의 위험성이 대단히 큰 액체 위험물을 말한다. 즉 인화점이 낮은 가연성 액체를 말하며, 액체 표면에서 증발된 가연성 증기와의 혼합기체에 의하여 폭발 위험성을 가지는 물질을 말한다.

(5) 제5류 위험물(자기반응성 물질, 즉 폭발성 물질)

자기반응성 물질이라 함은 고체 또는 액체로서 폭발의 위험성 또는 가열, 분해의 격렬함을 갖고 있는 위험물을 말한다. 즉, 나이트로기(니트로기, NO_2)가 2개 이상인 강한 폭발성을 나타내는 물질들이 제5류 위험물에 해당하며 자기반응성 물질의 폭발성에 의한 위험도를 판단하기 위해 열분석 시험을 한다.

(6) 제6류 위험물(산화성 액체)

산화성 액체라 함은 강산화성 액체로서 산화력의 잠재적인 위험성을 갖고 있는 위험물을 말한다.

2. 지정수량

(1) 개념

위험물의 종류별로 위험성을 고려하여 대통령령으로 정하는 수량을 말하며 보통 고체 위험물들은 kg으로 표시하고 액체 위험물은 L 단위로 표시한다. 지정수량이 작을수록 위험도 측면에서 더 위험한 물질이라 할 수 있다.

(2) 2품명 이상의 위험물의 환산

지정수량에 미달되는 위험물 2품명 이상을 동일한 장소 또는 시설에서 제조·저장 또는 취급할 경우에 품명별로 제조·저장 또는 취급하는 수량을 품명별 지정수량으로 나누어 얻은 수치의 합계가 1 이상이 될 때에는 이를 지정수량 이상의 위험물로 취급한다.

> 계산 방법
>
> $$계산값 = \frac{A품명의 저장수량}{A품명의 지정수량} + \frac{B품명의 저장수량}{B품명의 지정수량} + \frac{C품명의 저장수량}{C품명의 지정수량} + \cdots$$
>
> 계산값 ≥ 1: 위험물(위험물안전관리법 규제)
> 계산값 < 1: 소량위험물(시·도 조례 규제)

3. 혼합 발화

위험물을 2가지 이상 또는 그 이상으로 서로 혼합한다든지, 접촉하면 발열·발화하는 현상을 말한다.

다음 표는 위험물이 서로 혼합저장할 수 있는 위험물과 없는 위험물로 구별하여 운반 취급할 때 주의해야 할 위험물을 나타낸 것이다.(지정수량 $\frac{1}{10}$ 이하의 위험물은 적용 제외)

〈혼재 가능 위험물〉

구분	제1류	제2류	제3류	제4류	제5류	제6류
제1류		×	×	×	×	○
제2류	×		×	○	○	×
제3류	×	×		○	×	×
제4류	×	○	○		○	×
제5류	×	○	×	○		×
제6류	○	×	×	×	×	

※ ○ 표시는 혼재할 수 있음. × 표시는 혼재할 수 없음을 나타냄

> 혼재 가능 위험물
> • 423 → 제4류와 제2류, 제4류와 제3류는 서로 혼재 가능
> • 524 → 제5류와 제2류, 제5류와 제4류는 서로 혼재 가능
> • 61 → 제6류와 제1류는 서로 혼재 가능

4. 위험물의 일반적인 성질과 지정수량

유별	성질	품명		지정수량
		위험물		**지정수량**
제1류	산화성 고체	1. 아염소산염류		50kg
		2. 염소산염류		50kg
		3. 과염소산염류		50kg
		4. 무기과산화물		50kg
		5. 브로민산염류(브롬산염류)		300kg
		6. 질산염류		300kg
		7. 아이오딘산염류(요오드산염류)		300kg
		8. 과망가니즈산염류(과망간산염류)		1,000kg
		9. 다이크로뮴산염류(중크롬산염류)		1,000kg
		10. 그 밖에 행정안전부령으로 정하는 것		50kg, 300kg 또는 1,000kg
제2류	가연성 고체	1. 황화인(황화린)		100kg
		2. 적린		100kg
		3. 황(유황)		100kg
		4. 철분		500kg
		5. 금속분		500kg
		6. 마그네슘		500kg
		7. 그 밖에 행정안전부령으로 정하는 것		100kg 또는 500kg
		8. 제1호 내지 제7호의 1에 해당하는 어느 하나 이상을 함유한 것		
		9. 인화성 고체		1,000kg
제3류	자연 발화성 물질 및 금수성 물질	1. 칼륨		10kg
		2. 나트륨		10kg
		3. 알킬알루미늄		10kg
		4. 알킬리튬		10kg
		5. 황린		20kg
		6. 알칼리금속(칼륨 및 나트륨 제외) 및 알칼리토금속		50kg
		7. 유기금속화합물(알킬알루미늄 및 알킬리튬 제외)		50kg
		8. 금속의 수소화물		300kg
		9. 금속의 인화물		300kg
		10. 칼슘 또는 알루미늄의 탄화물		300kg
		11. 그 밖에 행정안전부령으로 정하는 것		10kg, 20kg, 50kg 또는 300kg
		12. 제1호 내지 제11호의 1에 해당하는 어느 하나 이상을 함유한 것		
제4류	인화성 액체	1. 특수인화물		50L
		2. 제1석유류	비수용성 액체	200L
			수용성 액체	400L
		3. 알코올류		400L
		4. 제2석유류	비수용성 액체	1,000L
			수용성 액체	2,000L
		5. 제3석유류	비수용성 액체	2,000L
			수용성 액체	4,000L
		6. 제4석유류		6,000L
		7. 동식물유류		10,000L

위험물			지정수량
유별	성질	품명	
제5류	자기 반응성 물질	1. 유기과산화물	제1종: 10kg 제2종: 100kg
		2. 질산에스터류(질산에스테르류)	
		3. 나이트로화합물(니트로화합물)	
		4. 나이트로소화합물(니트로소화합물)	
		5. 아조화합물	
		6. 다이아조화합물(디아조화합물)	
		7. 하이드라진(히드라진) 유도체	
		8. 하이드록실아민(히드록실아민)	
		9. 하이드록실아민염류(히드록실아민염류)	
		10. 그 밖에 행정안전부령으로 정하는 것	
		11. 제1호 내지 제10호의 1에 해당하는 어느 하나 이상을 함유한 것	
제6류	산화성 액체	1. 과염소산	300kg
		2. 과산화수소	300kg
		3. 질산	300kg
		4. 그 밖에 행정안전부령으로 정하는 것	300kg
		5. 제1호 내지 제4호의 1에 해당하는 어느 하나 이상을 함유한 것	300kg

핵심 Point **위험물의 정의**

- 철분이라 함은 철의 분말로서 53㎛의 표준체를 통과하는 것이 50(중량)% 미만인 것은 제외한다.
- 특수인화물이라 함은 이황화탄소, 다이에틸에터(디에틸에테르), 그 밖에 1atm에서 발화점이 섭씨 100℃ 이하인 것 또는 인화점이 −20℃ 이하이고, 비점이 40℃ 이하인 것을 말한다.
- 제1석유류라 함은 아세톤, 휘발유, 그 밖에 1atm에서 인화점이 21℃ 미만인 것을 말한다.
- 알코올류라 함은 1분자를 구성하는 탄소원자의 수가 1개부터 3개까지인 포화 1가 알코올(변성알코올을 포함)을 말한다.
- 제2석유류라 함은 등유, 경유, 그 밖에 1atm에서 인화점이 21℃ 이상 70℃ 미만인 것을 말한다. 다만, 도료류 그 밖의 물품에 있어서 가연성 액체량이 40(중량)% 이하이면서 인화점이 40℃ 이상인 동시에 연소점이 60℃ 이상인 것은 제외한다.
- 제3석유류라 함은 중유, 크레오소트유(클레오소트유) 그 밖에 1atm에서 인화점이 70℃ 이상 200℃ 미만인 것을 말한다. 다만, 도료류 그 밖의 물품은 가연성 액체량이 40(중량)% 이하인 것은 제외한다.
- 과산화수소는 농도가 36(중량)% 이상인 것에 한한다.
- 질산은 비중이 1.49 이상인 것에 한한다.

5. 위험물의 성질과 취급

	제1류(산화성 고체)	제2류(가연성 고체)	제3류(금수성, 자연발화성)
일반적 성질	무색결정 또는 백색분말 반응성이 크고 분해 시 산소 발생 강력한 산화제로 작용 불연·조연성의 무기화합물 유기물 혼합 등에 의한 폭발 위험 충격에 약함 물에 대한 비중＞1 물에 녹거나 조해성 있음	가연성의 고체 물에 대한 비중＞1 물에 녹지 않음 강환원성이고 대부분 무기화합물 산소와 쉽게 결합 연소속도 빠르고 연소열 큼	대부분 무기물의 고체 자연발화성 물과 반응하여 가연성 가스 발생 (황린 제외) 물에 대한 비중＞1 (K, Na, 알킬알루미늄, 알킬리튬 제외)
위험성	가연물과 접촉, 혼합 시 심한 연소 또는 경우에 따른 폭발 위험 독성 또는 부식성이 있는 물질 있음	착화온도가 낮아 발화가 용이하고 연소속도가 빠름 금속분은 물 또는 습기에 의해 자연발화 또는 폭발할 수 있음 (수소가스 발생)	물과 반응하여 가연성 가스 발생 물과 접촉 또는 공기 중 노출에 의해 자연발화할 수 있음
저장/취급	가연물, 직사광선, 화기를 피해 밀폐된 용기에 담아 통풍이 잘 되는 차가운 곳에 저장 충격, 마찰, 타격 등 차단 공기나 물, 습기, 가연성 물질과의 혼합, 혼재, 접촉을 피해야 함 강산류와 절대 접촉 금지	가열, 화기, 불티, 불꽃, 고온 등과의 접촉을 피해야 함 철분, 마그네슘 등 금속분류는 물, 습기, 산과의 접촉을 피해야 함 저장용기는 밀봉하여 용기가 파손, 누출되지 않도록 하며 통풍이 잘 되는 냉암소에 저장	용기는 완전 밀폐하여 소분하여 저장하고 파손 및 부식되지 않도록 관리 공기, 물, 수분과의 접촉을 방지 산화성 물질 및 강산류와 혼합 방지 알칼리 금속은 산소가 함유되지 않은 석유류에 저장 보호액 표면에 노출되지 않도록 주의
소화방법	주수소화 (무기과산화물, 삼산화크로뮴(삼산화크롬) 제외) 무기과산화물류 중 알칼리금속의 과산화물은 마른 모래 등의 살포에 의한 질식소화 소화작업 시 산성물질 발생하므로 보호구 착용할 것	황(유황), 적린 : 냉각소화(주수소화) 금속분, 철분, 마그네슘 : 질식소화(주수소화 시 수소에 의한 폭발 위험) 연소 시 다량의 열과 연기, 유독가스 발생하므로 보호장구 착용할 것	주수소화, 물에 의한 냉각소화 엄금 단, 황린의 경우 초기화재 시 주수소화 가능 마른 모래, 팽창질석, 팽창진주암, 분말소화약제, 탄산수소염류 소화약제 등 질식소화

제4류(인화성 액체)	제5류(자기반응성)	제6류(산화성 액체)
상온에서 액체 인화되기 쉬움(비교적 발화점 낮음) 물에 대한 비중 < 1 예외: CS_2, 염화아세틸, 클로로벤젠, 제3석유류 등 대체로 물에 녹지 않음 발생증기는 공기보다 무거움	자기반응성, 자연발화성 외부로부터의 산소 공급 없이도 폭발 가능 연소속도 빠름 가열, 마찰, 충격에 약함 유기화합물 질소 함유 유기질소화합물(유기과산화물류 제외) 가연물인 동시에 산소공급원	산화성, 부식성 강산성(과산화수소 제외), 물에 녹기 쉬움 불연성(다른 물질과 혼합 시 발화) 물에 대한 비중 > 1
연소범위의 하한값이 낮음 정전기가 축적되기 쉬움 석유류는 정전기 발생 제거 조치 필요	외부 산소 공급 없이 스스로 연소할 수 있으며, 연소속도가 빠르고 폭발적임	증기 유독, 피부 접촉 시 점막 부식 제2류, 제3류, 제4류, 제5류, 강환원제, 일반가연물과 접촉 시 혼촉 발화하거나 위험한 상태가 된다.
누설 방지, 화기 및 점화원으로부터 멀리 저장 용기는 밀전하여 통풍이 양호한 찬 곳에 저장 가연성 증기의 발생 및 누설 주의 정전기 발생 주의 증기는 가급적 높은 곳으로 배출	점화원, 분해촉진물질, 가열, 충격, 마찰, 직사광선, 습도에 주의하고 통풍이 양호한 찬 곳에 보관 화재 발생 시 소화가 어렵기 때문에 가급적 소분하여 저장 용기 파손 및 균열 주의 안정제 증발에 주의하고 증발 시 즉시 보충	화기, 직사광선, 강환원제, 유기물질, 가연성 위험물, 물, 습기 등과 접촉 금지 물이나 염기성 물질과 접촉 금지
주수소화 절대 금물 소량 연소 시 소화약제로(CO_2, 분말, 할로젠화합물(할로겐화합물) 질식소화 대량 연소 시 포에 의한 질식소화 수용성 위험물에는 내알코올포 사용 또는 다량의 물로 희석하여 소화	다량의 물로 냉각소화 질식소화는 적절하지 않음 소화 시 공기호흡기를 착용하고 바람의 위쪽에서 소화작업	제거소화(가연물과 격리) 소화작업 후 다량의 물로 씻어내리고, 마른 모래로 위험물 비산 방지 소량 누출 시 다량의 물로 희석 가능하지만 물과 반응하여 발열하므로 원칙적으로 주수소화 금지 (단, 과산화수소 화재 시는 다량의 물을 이용하여 희석소화)

2 제1류 위험물

유별	성질	품명	지정수량
제1류	산화성 고체	1. 아염소산염류	50kg
		2. 염소산염류	50kg
		3. 과염소산염류	50kg
		4. 무기과산화물	50kg
		5. 브로민산염류(브롬산염류)	300kg
		6. 질산염류	300kg
		7. 아이오딘산염류(요오드산염류)	300kg
		8. 과망가니즈산염류(과망간산염류)	1,000kg
		9. 다이크로뮴산염류(중크롬산염류)	1,000kg
		10. 그 밖에 행정안전부령으로 정하는 것	50kg, 300kg 또는 1,000kg

핵심 Point | **제1류 위험물**

질산나트륨, 다이크로뮴산(중크롬산)나트륨, 과염소산마그네슘, 과염소산칼륨, 과산화나트륨, 염소산암모늄, 과망가니즈산(과망간산)칼륨, 염소산칼륨, 퍼옥소이황산염류

1. 제1류 위험물의 종류 및 위험성·유해성

(1) 일반적인 성질

① 대부분 무색결정 또는 백색분말의 고체 상태이고 비중이 1보다 크며 물에 잘 녹는다.

② 반응성이 커서 분해하면 산소를 발생하고, 대표적 성질은 산화성 고체로 모든 품목이 산소를 함유한 강력한 산화제이다.

③ 자신은 불연성 물질(인화점 없음)로서 환원성 또는 가연성 물질에 대하여 강한 산화성을 가지고 모두 무기화합물이다. 즉 다른 가연물의 연소를 돕는 지연성 물질(조연성 물질)이다.

④ 방출된 산소원자는 분해 직후의 산화력이 특히 강하다.

⑤ 유기물의 혼합 등에 의해서 폭발의 위험성이 있고, 가열, 충격, 마찰, 타격 등 약간의 충격에 의해 분해반응이 개시되며 그 반응은 연쇄적으로 진행되는가 하면, 다른 화학물질(정촉매)과의 접촉에 의해서도 분해가 촉진된다.

$$2KClO_3 \longrightarrow 2KCl + 3O_2 \uparrow$$

⑥ 물에 대한 비중은 1보다 크며 물에 녹는 것이 많고, 조해성이 있는 것도 있으며 수용액 상태에서도 산화성이 있다.(조해성: 공기 중의 수분을 흡수하여 녹아버리는 성질)

⑦ 농도가 진한 용액은 가연성 물질과 접촉 시 혼촉 발화 위험이 있다.

⑧ 무기과산화물은 물과 반응하여 산소를 발생하고 많은 열을 발생시킨다.

$$2Na_2O_2 + 2H_2O \longrightarrow 4NaOH + O_2 \uparrow + 열$$

(2) 위험성

① 산소를 방출하기 때문에 조연성(지연성)이 강하고, 가열하거나 제6류 위험물과 혼합하면 산화성이 증대되어 위험하다.

② 단독으로 분해 폭발하는 물질(NH_4NO_3, NH_4ClO_3)도 있지만 가열, 충격, 촉매, 이물질 등과의 접촉으로 분해가 시작되어 가연물과 접촉, 혼합에 의해 심하게 연소하거나 경우에 따라서는 폭발한다.

③ 독성이 있는 위험물에는 염소산염류, 질산염류, 다이크로뮴산염류(중크롬산염류) 등이 있고 부식성이 있는 위험물에는 과산화칼륨, 과산화나트륨 등의 무기과산화물 등이 있다.

④ 무기과산화물은 물과 반응하여 발열하고 산소를 방출하기 때문에 제3류 위험물과 비슷한 금수성 물질이며, 삼산화크로뮴(삼산화크롬)은 물과 반응하여 강산이 되어 심하게 발열한다. 염산과의 혼합, 접촉에 의해 발열하고 황린과 접촉하면 폭발할 수 있다.

(3) 저장 및 취급방법

① 가연물, 직사광선 및 화기를 피하고 통풍이 잘 되는 차가운 곳에 저장하고 용기는 밀폐하여 저장한다.

② 충격, 마찰, 타격 등 점화에너지를 차단한다.

③ 용기의 가열, 파손, 전도를 방지하고 공기, 습기, 물, 가연성 물질과의 혼합, 혼재를 방지한다.

④ 특히 공기나 물과의 접촉을 피한다.(무기과산화물류인 경우)

⑤ 환원제, 산화되기 쉬운 물질, 제2류, 제3류, 제4류, 제5류 위험물과의 접촉 및 혼합을 금지한다.

⑥ 강 산류와 접촉을 절대 금한다.

⑦ 조해성 물질은 습기를 차단하고 용기를 밀폐시킨다.

⑧ 환기가 잘 되는 냉암소에 용기는 밀폐하여 저장한다.

⑨ 무기과산화물, 삼산화크로뮴(삼산화크롬)은 물기를 엄금해야 한다.

⑩ 알코올, 벤젠 및 에테르 등과 접촉하면 순간적으로 발열 또는 발화하는 위험물은 삼산화크로뮴(삼산화크롬, CrO_3)이다.

(4) 소화방법

① 무기과산화물류, 삼산화크로뮴(삼산화크롬)을 제외하고는 다량의 물을 사용하는 것이 유효하다. 무기과산화물류(주수소화는 절대 금지)는 물과 반응하여 산소와 열을 발생하므로 건조 분말 소화약제나 건조사를 사용한 질식소화가 유효하다.

② 가연물과 혼합 연소 시 폭발 위험이 있으므로 주의해야 한다.

③ 위험물 자체의 화재가 아니고 다른 가연물의 화재이다.

④ 산성물질이므로 소화작업 시 공기호흡기, 보안경 및 방호복 등 보호장구를 착용한다.

(5) 제1류 위험물 각론

① 아염소산염류(지정수량 50kg) $MClO_2$

　㉠ 일반적인 성질: 아염소산($HClO_2$)의 수소이온이 떨어져 나가고 금속 또는 다른 원자단으로 치환된 형태의 염을 말하며, 고체물질이고, Ag, Pb, Hg염을 제외하고는 물에 잘 녹는다. 가열, 충격, 마찰 등에 의해 폭발하며, 중금속염은 예민한 폭발성이 있어 기폭제로 사용된다.

　㉡ 종류 및 성상

　　• 아염소산나트륨($NaClO_2$)

　　　− 자신은 불연성이고 무색의 결정성 분말로 조해성이 있으며 물에 잘 녹는다.

　　　− 불안정하여 180℃ 이상 가열하면 산소를 방출한다.

　　　− 아염소산나트륨은 강산화제로서 산화력이 매우 크고 단독으로 폭발을 일으킨다.

　　　− 금속분, 황(유황) 등 환원성 물질과 접촉하면 즉시 폭발한다.

　　　− 티오황산나트륨, 다이에틸에터(디에틸에테르) 등과 혼합하면 혼촉 발화의 위험이 있다.

　　　− 이산화염소에 수산화나트륨과 환원제를 가하고 다시 수산화칼슘을 작용시켜 만든다.

　　• 아염소산칼륨($KClO_2$)

　　　− 분해온도 160℃ 이상

　　　− 아염소산나트륨과 비슷한 성질을 갖는다.

② 염소산염류(지정수량 50kg) $MClO_3$

      ⊙ 일반적인 성질: 염소산($HClO_3$)의 수소이온이 떨어져 나가고 금속 또는 다른 원자단으로 치환된 형태의 염을 말하며 대부분 물에 녹으며 상온에서 안정하나 열에 의해 분해하게 되면 산소를 발생한다. 햇빛에 장시간 방치하였을 때는 분해하여 아염소산염이 생성된다. 염소산염을 가열, 충격 및 산을 첨가시키면 폭발 위험성이 나타난다.

      ⓛ 종류 및 성상

        • 염소산칼륨($KClO_3$=염소산칼리=클로로산칼리)

          – 제1류 위험물로 무색, 무취의 단사정계 판상결정 또는 불연성 분말로서 이산화망간 등이 존재하면 분해가 촉진되어 산소를 방출한다.

          – 분해온도 400℃, 비중 2.34, 융점 365℃

          – 온수, 글리세린에 잘 녹고, 냉수, 알코올에는 잘 녹지 않는다.

          – 열분해하여 산소를 발생한다.

> 400℃일 때 반응: $2KClO_3 \rightarrow KClO_4 + KCl + O_2 \uparrow$
> 540~560℃일 때 반응: $KClO_4 \rightarrow KCl + 2O_2 \uparrow$
> 염소산칼륨의 완전 분해식: $2KClO_3 \rightarrow 2KCl + 3O_2 \uparrow$

          – 산과 반응하여 ClO_2를 발생하고 폭발 위험이 있다.

          – 맛이 있으며 인체에 유독하다.

          – 환기가 잘 되고 찬 곳에 보관한다.

          – 용기가 파손되지 않도록 하고 밀봉하여 저장한다.

          – 가열, 충격, 마찰에 주의하고 강산이나 중금속류와의 혼합을 피한다.

          – 소화방법은 주수소화가 좋다.

        • 염소산나트륨($NaClO_3$=클로로산나트륨=염소산소다)

          – 물, 알코올에는 녹고, 산성 수용액에서는 강한 산화작용을 보인다.

          – 무색, 무취의 입방정계 주상결정으로 풍해성은 없다.

          – 비중 2.5, 융점 248℃, 분해온도 300℃(산소를 발생)

> $2NaClO_3 \longrightarrow 2NaCl + 3O_2 \uparrow$

          – 알코올, 에테르, 물에 잘 녹고, 조해성과 흡습성이 있다.(조해성이 강하므로 저장용기는 밀전함)

          – 산과 반응하여 유독한 이산화염소(ClO_2)를 발생하고 폭발 위험이 있다.

> $6NaClO_3 + 3H_2SO_4 \longrightarrow 2HClO_4 + 3Na_2SO_4 + 4ClO_2 + 2H_2O$

          – 가열, 충격, 마찰을 피하고, 환기가 잘 되는 냉암소에 밀전 보관한다.

          – 분해를 촉진하는 약품류와의 접촉을 피한다.

          – 소화방법은 주수소화가 좋다.

          – 황, 목탄, 유기물 등과 혼합한 것은 위험하다.

          – 철을 부식시키므로 철제용기에 저장하지 말고 유리용기에 저장한다.

        • 염소산암모늄(NH_4ClO_3)

          – 분해온도: 130℃, 부식성, 폭발성, 조해성의 중요한 특징이 있고 수용액은 산성이다.

          – 물보다 무거운 무색의 결정이다.

        • 기타 염소산: 염소산은($AgClO_3$), 염소산납[$Pb(ClO_3)_2H_2O$], 염소산아연[$Zn(ClO_3)_2$], 염소산바륨 [$Ba(ClO_3)_2$] 등이 있다.

③ 과염소산염류(지정수량 50kg) MClO₄

    ⊙ 일반적인 성질: 과염소산($HClO_4$)의 수소이온이 떨어져 나가고 금속 또는 다른 원자단으로 치환된 형태의 염을 말하며 대부분 물에 녹으며 유기용매에도 녹는 것이 많고, 무색 무취의 결정성 분말이다. 타 물질의 연소를 촉진시키고, 수용액은 화학적으로 안정하며 불용성의 염 이외에는 조해성이 있다.

    ⓒ 종류 및 성상

      • 과염소산칼륨($KClO_4$=과염소산칼리=퍼클로로산칼리)

        – 무색, 무취의 사방정계 결정 또는 백색 분말로서, 강산화성 물질이며 불연성 고체이다.

        – 분해온도 400℃, 융점 525℃, 비중 2.53

        – 물, 알코올, 에테르에 잘 녹지 않는다.

        – 400℃에서 분해하기 시작하여 610℃에서 완전 분해된다.

$$KClO_4 \longrightarrow KCl + 2O_2 \uparrow$$

        – 황산과 반응하면 폭발성 가스가 생성된다.

        – 가연물과의 혼합 시 가열, 마찰, 외부적 충격에 의해 폭발한다.

        – 소화방법은 주수소화가 좋다.(물과 접촉해도 위험성이 거의 없음)

      • 과염소산나트륨($NaClO_4$=과염소산소다)

        – 무색, 무취의 사방정계 결정으로 조해성이 있다.

        – 분해온도 482℃, 융점 482℃, 비중 2.02

        – 물, 에틸알코올, 아세톤에 잘 녹고, 에테르에는 녹지 않는다.

        – 기타 성질은 과염소산칼륨에 준한다.

        – 소화방법은 주수소화가 좋다.

        – 열분해하면 산소를 방출한다.

$$NaClO_4 \longrightarrow NaCl + 2O_2 \uparrow$$

        – 산화제이다.

④ 무기과산화물(알칼리금속의 무기과산화물(M_2O_2)과 알칼리금속 이외의 무기과산화물(MO_2))(지정수량 50kg)

    ⊙ 일반적인 성질: 과산화수소(H_2O_2)의 수소이온이 떨어져 나가고 금속 또는 다른 원자단으로 치환된 화합물을 말하며 분자 속에 $-O-O-$를 갖는 물질을 말한다.

    ⓒ 종류 및 성상

      • 과산화나트륨(Na_2O_2=과산화소다)

        – 순수한 것은 백색이지만 보통 황색의 분말 또는 과립상이다.

        – 분해온도 460℃, 융점 460℃, 비중 2.805

        – 유기물, 가연물, 황 등의 혼입을 막고, 가열, 충격을 피한다.(가열하면 산소 방출)

        – 공기 중에서 서서히 CO_2를 흡수하여 탄산염을 만들고 산소를 방출한다.(이산화탄소 소화설비는 부적합함)

$$2Na_2O_2 + 2CO_2 \longrightarrow 2Na_2CO_3 + O_2 \uparrow$$

        – 상온에서 물과 격렬하게 반응하며 열을 발생하고 산소를 방출시켜 위험성이 증가한다.(주수소화 불가, 저장 및 취급 시 물과 습기의 접촉을 피해야 함)

$$2Na_2O_2 + 2H_2O \longrightarrow 4NaOH + O_2 \uparrow$$

– 묽은 산과 반응하여 과산화수소를 발생시킨다.

$$Na_2O_2 + 2CH_3COOH \longrightarrow H_2O_2 + 2CH_3COONa$$

– 강산화제로서 금, 니켈을 제외한 다른 금속을 침식하여 산화물을 만든다.
– 자신은 불연성 물질이지만 가열하면 분해하여 산소를 방출한다.

$$2Na_2O_2 \longrightarrow 2Na_2O + O_2\uparrow$$

– 알코올에는 잘 녹지 않는다.
– 소화방법은 마른 모래나 암분 또는 탄산수소염류 등으로 피복소화가 좋고 주수소화하면 위험하며, 이산화탄소, 할로젠화합물(할로겐화합물)의 소화방법은 산소를 방출해 위험하다.
– 흡습성, 조해성이 있으므로 직사광선을 받는 곳이나 습기를 주의하여 저장한다.
– 용기는 수분이 들어가지 않도록 밀전 및 밀봉 저장한다.
– 표백제, 산화제로 사용한다.

• 과산화칼륨(K_2O_2＝과산화칼리)
– 오렌지색 또는 무색의 분말로 흡습성이 있으며 에탄올에 녹는 것으로서 물과 급격히 반응하여 발열하고 산소를 방출시킨다.
– 융점 490℃, 비중 2.9
– 기타 화학반응은 과산화나트륨과 동일하다.
– 염산과 반응하여 과산화수소를 발생시킨다.

$$K_2O_2 + 2HCl \longrightarrow 2KCl + H_2O_2$$

– 과산화칼륨은 물과 반응하여 산소를 방출시킨다.(주수소화 시 위험성 증가)

$$2K_2O_2 + 2H_2O \longrightarrow 4KOH + O_2\uparrow$$

– 과산화칼륨은 이산화탄소와 반응하여 산소를 방출시킨다.

$$2K_2O_2 + 2CO_2 \longrightarrow 2K_2CO_3 + O_2\uparrow$$

– 가열하면 산소를 방출하며 분해되므로 위험하고 가연물의 혼입, 마찰, 충격, 특히 물과의 접촉은 매우 위험하다.
– 용기는 밀전, 밀봉하여 수분이 들어가지 않도록 하고 갈색의 착색 유리병에 저장한다.
– 소화방법은 마른 모래나 암분 또는 탄산수소염류 등으로 피복소화가 좋고 주수소화하면 위험하다.

• 기타 과산화리튬(Li_2O_2), 과산화루비듐(Rb_2O_2), 과산화세슘(Cs_2O_2) 등이 있다.

• 과산화마그네슘(MgO_2)
– 백색 분말이며 물에 녹지 않는다.
– 시판품의 MgO_2 함량이 15~25% 정도이다.
– 염산과 반응하여 과산화수소를 발생시킨다.

$$MgO_2 + 2HCl \longrightarrow MgCl_2 + H_2O_2$$

– 습기나 물에 의하여 활성산소를 방출하기 때문에 특히 방습에 주의한다.

– 가열하면 분해된다.

$$2MgO_2 \longrightarrow 2MgO + O_2 \uparrow$$

– 분해 촉진제와 접촉을 피하고, 유기물, 환원제와 섞이면 마찰, 가열에 의해 폭발의 위험이 있다.
– 산화제와 혼합하여 가열하면 폭발 위험성이 있기 때문에 산류와 격리하고, 마찰, 충격, 가열을 피하고 용기는 밀봉, 밀전한다.
– 소화방법은 마른 모래에 의한 피복소화가 적절하다.
• 과산화칼슘(CaO_2)
– 백색 또는 담황색 분말이다.
– 물에는 잘 녹지 않고 알코올, 에테르에는 녹지 않는다.
– 염산과 반응하여 과산화수소를 생성시킨다.

$$CaO_2 + 2HCl \longrightarrow CaCl_2 + H_2O_2$$

– 수화물이 포함된 것을 가열하면 약 $100℃$ 부근에서 결정수를 잃고 분해온도에서 폭발적으로 산소를 방출한다.

$$2CaO_2 \longrightarrow 2CaO + O_2 \uparrow$$

– 소화방법은 마른 모래에 의한 피복소화가 적절하다.
• 과산화바륨(BaO_2)
– 백색 또는 회색의 정방정계 분말이다.
– 알칼리토금속의 과산화물 중에서 가장 안정하다.
– 물에는 약간 녹고, 알코올, 에테르, 아세톤에는 녹지 않는다.
– 산과 반응하여 과산화수소를 생성시킨다.

$$BaO_2 + H_2SO_4 \longrightarrow BaSO_4 + H_2O_2$$

– 가열하면 분해하여 산소를 방출한다.

$$2BaO_2 \longrightarrow 2BaO + O_2 \uparrow$$

– 소화방법: 건조사에 의한 피복소화, CO_2 가스 등으로 소화한다.

⑤ 브로민산염류(브롬산염류, 취소산염류)(지정수량 300kg)
　㉠ 일반적인 성질: 브로민산염류(브롬산염류, $HBrO_3$)의 수소이온이 떨어져 나가고 금속 또는 원자단으로 치환된 화합물로 대부분 무색 또는 백색의 결정이고 물에 녹는다.
　㉡ 종류 및 성상
　　• 브로민산칼륨(브롬산칼륨, $KBrO_3$)
　　　– 백색 결정 또는 결정성 분말이다.
　　　– 물에는 잘 녹고 알코올에는 잘 녹지 않는다.
　　　– 황(유황), 숯, 마그네슘 등과 다른 가연물과 혼합되면 위험하다.
　　　– 염소산칼륨보다 안정하다.
　　　– 열분해 반응식은 다음과 같다.

$$2KBrO_3 \longrightarrow 2KBr + 3O_2 \uparrow$$

- 브로민산나트륨(브롬산나트륨, $NaBrO_3$)
  - 무색 결정이다.
  - 물에 잘 녹는다.

⑥ **질산염류(지정수량 300kg) MNO_3**

　ⓐ 일반적인 성질: 질산(HNO_3)의 수소이온이 떨어져 나가고 금속 또는 원자단으로 치환된 화합물을 말한다.(금속에 대한 부식성은 없음) 대부분 무색, 백색의 결정 및 분말로 물에 잘 녹으며 조해성이 강하다. 화약, 폭약의 원료로 사용된다.

　ⓑ 종류 및 성상
- 질산나트륨($NaNO_3$＝칠레초석, 지정수량 300kg)
  - 무색, 무취의 투명한 결정 또는 백색 분말이다.
  - 분해온도 380℃, 융점 308℃, 비중 2.26
  - 조해성이 크고 흡습성이 강하므로 습도에 주의한다. 물과 글리세린에 잘 녹는다.
  - 가열하면 약 380℃에서 열분해하여 산소를 방출하므로 주의가 필요하다.

$$2NaNO_3 \longrightarrow 2NaNO_2 + O_2 \uparrow$$

  - 가연물, 유기물, 차아황산나트륨과 함께 가열하면 위험하다.
  - 황산에 의해 분해하여 질산을 유리시킨다.
  - 티오황산나트륨과 함께 가열하면 폭발한다.
  - 소화방법은 주수소화로 한다.
  - 충격, 마찰, 타격 등은 피한다.
- 질산칼륨(KNO_3＝초석)
  - 무색 또는 백색 결정 분말이며 흑색화약의 원료로 사용된다.
  - 분해온도 400℃, 융점 336℃, 비중 2.1
  - 자극성 짠맛과 산화성이 있다.
  - 물에는 잘 녹으나 알코올에는 잘 녹지 않는다.
  - 단독으로는 분해되지 않지만 가열하면 용융 분해하여 산소와 아질산칼륨을 생성한다.

$$2KNO_3 \longrightarrow 2KNO_2 + O_2 \uparrow$$

  - 질산칼륨에 황(유황), 탄소(숯)를 혼합하면 흑색화약이 되며 가열, 충격, 마찰에 주의해야 한다.
  - 소화방법은 주수소화로 한다.
- 질산암모늄(NH_4NO_3＝초반)
  - 무색, 무취의 백색 결정 고체이다.
  - 분해온도 210℃, 융점 210℃, 비중 1.72
  - 조해성이 있고 물, 알코올, 알칼리에 잘 녹는다.
  - 물을 흡수하면 흡열반응을 한다.
  - 급격히 가열하면 산소가 발생되고, 충격을 주면 단독으로도 폭발한다.

$$2NH_4NO_3 \longrightarrow 4H_2O + 2N_2 \uparrow + O_2 \uparrow$$

  - 강력한 산화제이기 때문에 혼합화약의 재료로 쓰인다.
  - 소화방법은 주수소화로 한다.

- 질산은($AgNO_3$)
  - 사진감광제, 사진제판, 보온병 제조 등에 사용된다.
  - 아이오딘(요오드)에틸시안은과 혼합되면 폭발성 물질이 생성되어 폭발의 위험성이 있다.

⑦ 아이오딘산염류(요오드산염류)(지정수량 300kg)
  - ㉠ 일반적인 성질: 아이오딘산(요오드산, HIO_3)의 수소이온이 떨어져 나가고 금속 또는 원자단으로 치환된 형태의 화합물로 대부분 결정성 고체이다.
  - ㉡ 종류 및 성상
    - 아이오딘산(요오드산)칼륨(KIO_3)
      - 비중 3.93
      - 가연물과 혼합하여 가열하면 폭발한다.
      - 염소산칼륨보다는 위험성이 작다.
      - 광택이 나는 무색의 결정성 분말이다.
      - 물, 진한 황산에는 녹고, 알코올에는 녹지 않는다.
      - 융점 이상으로 가열하면 산소를 방출하며 가연물과 혼합하면 폭발 위험이 있다.
    - 아이오딘산(요오드산)칼슘[$Ca(IO_3)_2 \cdot 6H_2O$]
      - 백색, 조해성 결정, 물에 잘 녹는다.
      - 융점 42℃, 무수물의 융점 575℃
    - 기타 아이오딘산(요오드산)아연[$Zn(IO_3)_2 \cdot 6H_2O$], 아이오딘산(요오드산)나트륨($NaIO_3$), 아이오딘산(요오드산)은($AgIO_3$), 아이오딘산(요오드산)바륨[$Ba(IO_3)_2 \cdot H_2O$], 아이오딘산(요오드산)마그네슘[$Mg(IO_3)_2 \cdot 4H_2O$] 등이 있다.

⑧ 과망가니즈산염류(과망간산염류)(지정수량 1,000kg)
  - ㉠ 일반적인 성질: 과망가니즈산(과망간산, $HMnO_4$)의 수소가 떨어져 나가고 금속 또는 원자단으로 치환된 형태의 화합물을 말한다.
  - ㉡ 종류 및 성상
    - 과망가니즈산(과망간산)칼륨($KMnO_4$)
      - 상온에서는 안정하며, 흑자색 또는 적자색 사방정계 결정이다.
      - 분해온도 240℃, 비중 2.7
      - 알코올, 에테르, 글리세린 등 유기물과 접촉을 금한다.
      - 물에 녹아 진한 보라색이 되고 강한 산화력과 살균력이 있다.
      - 가열하면 240℃에서 분해하여 산소를 방출시키고 아세톤, 메틸알코올, 빙초산에 잘 녹는다.

$$2KMnO_4 \longrightarrow K_2MnO_4 + MnO_2 + O_2 \uparrow$$

      - 강한 살균력을 갖고 있으며, 수용액을 만들어 무좀 등의 치료제로 사용된다.
      - 묽은 황산과 반응하여 산소를 방출한다.

$$4KMnO_4 + 6H_2SO_4 \longrightarrow 2K_2SO_4 + 4MnSO_4 + 6H_2O + 5O_2 \uparrow$$

      - 진한 황산과 폭발적으로 반응하여 여러 가지 분해 생성물을 만든다.

- $2KMnO_4 + H_2SO_4 \longrightarrow K_2SO_4 + 2HMnO_4$
- $2HMnO_4 \longrightarrow Mn_2O_7 + H_2O$
- $2Mn_2O_7 \longrightarrow 4MnO_2 + 3O_2 \uparrow$

- 강력한 산화제이고, 직사광선을 피하고 저장용기는 밀봉하고 냉암소에 저장한다.
- 목탄, 황 등의 환원성 물질과 접촉 시 충격에 의해 폭발의 위험성이 있다.
- 산, 가연물, 유기물과 격리 저장하고, 용기는 금속 또는 유리 용기를 사용한다.
- 소화방법: 다량의 주수소화 또는 건조사에 의한 피복소화로 한다.
- 과망가니즈산(과망간산)나트륨($NaMnO_4 \cdot 3H_2O$)
  - 적자색 결정이다.
  - 조해성이 강하고 물에 매우 잘 녹는다.
- 과망가니즈산(과망간산)칼슘[$Ca(MnO_4)_2 \cdot 2H_2O$]
  - 자색 결정이다.
  - 비중 2.4, 물에 잘 녹는다.

⑨ 다이크로뮴산염류(중크롬산염류)(지정수량 1,000kg)
 ㉠ 일반적인 성질: 다이크로뮴산(중크롬산, $H_2Cr_2O_7$)의 수소가 떨어져 나가고 금속 또는 원자단으로 치환된 화합물로 대부분 황적색의 결정이며 대부분 물에 잘 녹는다.
 ㉡ 종류 및 성상
  - 다이크로뮴산(중크롬산)칼륨($K_2Cr_2O_7$)
    - 등적색 판상결정이다.
    - 분해온도 500℃, 융점 398℃, 비중 2.69
    - 흡습성, 수용성, 알코올에는 불용이다.
    - 산과 반응하여 산소를 방출시킨다.

$$2K_2Cr_2O_7 + 8H_2SO_4 \longrightarrow 2K_2SO_4 + 2Cr_2(SO_4)_3 + 8H_2O + 3O_2 \uparrow$$

    - 부식성이 강하고 단독으로는 안정하다.
    - 가연물과 유기물이 혼입되면 마찰, 충격에 의해 발화, 폭발한다.
  - 다이크로뮴산(중크롬산)나트륨($Na_2Cr_2O_7 \cdot 2H_2O$)
    - 오렌지색의 단사정계 결정이다.
    - 분해온도 400℃, 융점 356℃, 비중 2.52
    - 수용성, 알코올에는 녹지 않는다.
    - 단독으로는 안정하나 가연물, 유기물과 혼입되면 마찰, 충격에 의해 발화, 폭발한다.

유별	성질	품명	지정수량
		위험물	
제2류	가연성 고체	1. 황화인(황화린)	100kg
		2. 적린	100kg
		3. 황(유황)	100kg
		4. 철분	500kg
		5. 금속분	500kg
		6. 마그네슘	500kg
		7. 그 밖에 행정안전부령으로 정하는 것	100kg 또는 500kg
		8. 제1호 내지 제7호의 1에 해당하는 어느 하나 이상을 함유한 것	
		9. 인화성 고체	1,000kg

핵심 Point   **제2류 위험물**

마그네슘, 적린, 황(유황), 황화인(황화린)

---

1. 제2류 위험물의 종류 및 위험성·유해성

(1) 제2류 위험물의 일반적 성질

① 가연성 고체로서 낮은 온도에서 착화하기 쉬운 속연성 물질(이연성 물질)이다.

② 비중은 1보다 크고 물에 녹지 않으며 산소를 함유하지 않기 때문에 강한 환원성 물질이고 대부분 무기화합물이다.

③ 산화되기 쉽고 산소와 쉽게 결합을 이룬다.

④ 연소속도가 빠르고 연소열도 크며 연소 시 유독가스가 발생하는 것도 있다.

⑤ 모든 물질이 가연성이고 무기과산화물류와 혼합한 것은 수분에 의해서 발화한다.

⑥ 금속분(철분, 마그네슘분, 금속분류 등)은 산소와의 결합력이 크고 이온화 경향이 큰 금속일수록 산화되기 쉽다.(물이나 산과의 접촉을 피함)

(2) 위험성

① 대부분 다른 가연물에 비해 착화온도가 낮고 발화가 용이하며 연소속도가 빠르고 연소 시 다량의 빛과 열을 발생한다.(연소열이 큼)

② 금속분은 물 또는 습기와 접촉하면 자연발화한다.

③ 산화제와 혼합한 물질은 가열·충격·마찰에 의해 발화, 폭발 위험이 있으며, 금속분에 물을 가하면 수소가스가 발생하여 폭발 위험이 있다.

④ 금속분이 미세한 가루 또는 박 모양일 경우 산화 표면적의 증가로 공기와 혼합 및 열전도성이 작아져서 열의 축적이 쉽기 때문에 연소를 일으키기 쉽다.

(3) 저장 및 취급방법

① 가열하거나 화기를 피하며 불티, 불꽃, 고온체와의 접촉을 피한다.

② 산화제, 제1류 및 제6류 위험물과의 혼합과 혼촉을 피한다.

③ 철분, 마그네슘, 금속분류는 물, 습기, 산과의 접촉을 피하여 저장한다.

④ 저장용기는 밀봉하고 용기의 파손과 누출에 주의한다.

⑤ 통풍이 잘 되는 냉암소에 보관, 저장한다.

(4) 소화방법

① 황(유황)은 물에 의한 냉각소화가 가능하다.

② 금속분, 철분, 마그네슘의 연소 시 주수하면 급격한 수증기 또는 물과 반응 시 발생된 수소에 의한 폭발 위험과 연소 중인 금속의 비산으로 화재면적을 확대시킬 수 있으므로 건조사, 건조분말에 의한 질식소화를 한다.

③ 적린은 물에 의한 냉각소화가 가능하다.

④ 연소 시 다량의 열과 연기 및 유독성 가스가 발생하므로 가스 흡입 방지를 위해 방호의와 공기호흡기 등 보호구를 착용한다.

　㉠ 칼륨(K), 칼슘(Ca), 나트륨(Na)은 찬물과 반응하여 수소가스를 발생시킨다.

　㉡ 마그네슘(Mg), 알루미늄(Al), 아연(Zn), 철(Fe)은 뜨거운 물과 반응해서 수소가스를 발생시킨다.

　㉢ 니켈(Ni), 주석(Sn), 납(Pb)은 묽은 산과 반응해서 수소가스를 발생시킨다.

⑤ 인화성 고체는 물분무 소화설비에 적응성이 있으므로 주수에 의한 냉각소화가 적당하다.

(5) 제2류 위험물 각론

① **황화인(황화린)(지정수량 100kg)**

　㉠ 일반적인 성질: 제2류 위험물인 가연성 고체로, 황화인(황화린)에는 3가지(삼황화인(삼황화린), 오황화인(오황화린), 칠황화인(칠황화린))의 중요한 형태가 있다. 황화인(황화린)이 분해하면 유독하고 가연성인 황화수소(H_2S) 가스를 발생시키고 연소 시에는 이산화황을 발생시킨다.

　　• 삼황화인(삼황화린, P_4S_3): 착화점이 약 100℃인 황색의 결정으로 조해성이 없고 물, 염산, 황산에는 녹지 않으나, 질산, 이황화탄소, 알칼리에는 녹는다. 성냥, 유기합성 등에 사용된다.

$$\text{연소반응식: } P_4S_3 + 8O_2 \longrightarrow 2P_2O_5 \uparrow + 3SO_2 \uparrow$$

　　• 오황화인(오황화린, P_2S_5): P_2S_5는 담황색 결정으로 조해성과 흡습성이 있고, 알칼리에 분해하여 H_2S(황화수소)와 H_3PO_4(인산)가 된다. 습한 공기 중에 분해하여 황화수소를 발생하고, 알코올, 이황화탄소에 녹으며 선광제, 윤활유 첨가제, 의약품 등에 사용된다.

　　※ 황화수소의 성질: 무색, 썩은 달걀냄새, 가연성, 부식성, 유독성, 수용성

$$\text{물과의 반응식: } P_2S_5 + 8H_2O \longrightarrow 5H_2S + 2H_3PO_4$$
$$\text{연소반응식: } 2P_2S_5 + 15O_2 \longrightarrow 2P_2O_5 \uparrow + 10SO_2 \uparrow$$

　　• 칠황화인(칠황화린, P_4S_7): 담황색 결정으로 조해성이 있고, CS_2에 약간 녹고, 찬물에는 서서히, 더운물에는 급격히 녹아 분해하여 H_2S(황화수소)를 발생하고 유기합성 등에 사용된다.

	삼황화인(삼황화린)	오황화인(오황화린)	칠황화인(칠황화린)
화학식	P_4S_3	P_2S_5	P_4S_7
비중	2.03	2.09	2.19
비점	407℃	514℃	523℃
융점	172℃	290℃	310℃
착화점	약 100℃	142℃	–
색상	황색 결정	담황색 결정	담황색 결정
물에 대한 용해성	불용성	조해성	조해성
CS_2에 대한 용해성	소량	77g/100g	0.03g/100g

　㉡ 위험성

　　• 황린, 과산화물, 과망가니즈산염(과망간산염), 금속분(Pb, Sn, 유기물)과 접촉하면 자연발화한다.

- 삼황화인(삼황화린)은 공기 중 약 100℃에서 발화하고 마찰에 의해서도 쉽게 연소한다.
- 미립자를 흡수했을 때는 기관지 및 눈의 점막을 자극한다.
- 공기 중에서 연소하여 발생되는 연소 생성물은 모두 유독하다.

$$P_4S_3 + 8O_2 \longrightarrow 2P_2O_5 \uparrow + 3SO_2 \uparrow$$

- 물과 접촉하여 가수분해하거나 습한 공기 중 분해하여 H_2S가 발생하며 H_2S는 유독성, 가연성 기체로 위험하다.

ⓒ 저장 및 취급방법
- 가열, 충격과 마찰 금지, 직사광선 차단, 화기엄금을 해야 한다.
- 소량이면 유리병에 넣고 대량이면 양철통에 넣어 보관하며, 용기는 밀폐하여 차고 건조하며 통풍이 잘 되는 비교적 안전한 곳에 저장한다.
- 빗물의 침투를 막고 습기와의 접촉을 피한다.
- 산화제, 금속분, 과산화물, 과망가니즈산염(과망간산염), 알칼리, 알코올류와의 접촉을 피한다.
- 특히 삼황화인(삼황화린)은 자연발화성이기 때문에 가열, 습기 및 산화제와의 접촉을 피한다.

ⓔ 소화방법
- 물에 의한 냉각소화는 적당하지 않으며(H_2S 발생), 건조분말, CO_2, 건조사 등으로 질식소화한다.
- 연소 시 발생하는 유독성 연소생성물(P_2O_5, SO_2)의 흡입방지를 위해 공기호흡기 등 보호구를 착용해야 한다.

② 적린(붉은 인=P)(지정수량 100kg)
ⓐ 일반적인 성질
- 황린의 동소체로 암적색 무취의 분말이나 자연발화성이 없어 공기 중에서 안전하다.
- 착화온도: 260℃, 비중: 2.2
- 황린에 비해 화학적 활성이 작다.
- PBr_3(브로민화인, 브롬화인)에 녹고, CS_2, 물, 에테르, 암모니아에 녹지 않는다.
- 상온에서 할로젠(할로겐) 원소와 반응하지 않고, 조해성이 있으며 화학적으로 안정하다.
- 성냥, 불꽃놀이, 의약, 농약, 유기합성 등에 사용된다.

ⓑ 위험성
- 연소 시 P_2O_5(오산화인)의 흰 연기가 생긴다.

$$4P + 5O_2 \longrightarrow 2P_2O_5 \uparrow$$

- CS_2, S, NH_3와 접촉하면 발화한다.
- Na_2O_2, $KClO_2$, $NaClO_2$와 같은 산화제와 혼합 시 마찰, 충격에 의해 쉽게 발화한다.
- 황린에 비해 대단히 안정하다.
- 자연발화성이 없다.
- 공기 중에 부유하고 있는 분진은 분진폭발을 일으킨다.

ⓒ 저장 및 취급방법
- 제1류 위험물, 산화제와 혼합되지 않도록 하고 폭발성, 가연성 물질과 격리하며, 직사광선을 피하여 냉암소에 보관하고, 물속에 저장하기도 한다.
- 화기접근을 금지하고, 산화제 특히 염소산염류의 혼합은 절대 금지한다.
- 인화성, 발화성, 폭발성 물질 등과는 멀리하여 저장한다.

  ② 소화방법
    • 다량의 경우 물에 의해 냉각소화하며 소량의 경우 모래나 CO_2로 질식소화한다.
    • 연소 시 발생하는 오산화인의 흡입방지를 위해 보호구를 착용해야 한다.
 ③ 황(유황, 지정수량 100kg)

구분	단사황	사방황	고무상황
색상	노란색	노란색	흑갈색
결정형	바늘 모양	팔면체	무정형
비중	1.96	2.07	–
비등점	445℃	–	–
융점	119℃	113℃	–
물에 대한 용해도	녹지 않음	녹지 않음	녹지 않음
CS_2에 대한 용해도	잘 녹음	잘 녹음	녹지 않음
온도에 대한 안정성	95.9℃ 이상에서 안정	95.9℃ 이하에서 안정	–

  ㉠ 일반적인 성질
    • 황색의 고체 또는 분말이고 단사황, 사방황, 고무상황의 동소체이며 조해성이 없고 물이나 산에는 녹지 않으나 알코올에는 약간 녹고 고무상황은 붉은 갈색이며, 무정형으로 녹는점이 일정치 않으며 CS_2에 녹지 않지만 단사황과 사방황은 CS_2에 잘 녹는다.
    • 공기 중에서 연소하면 푸른빛을 내며 이산화황(SO_2)을 발생한다.

$$S + O_2 \longrightarrow SO_2 \uparrow$$

    • 자연에서 산출되는 황(유황)을 가열하여 녹인 다음 냉각시키면 노란색의 바늘 모양의 결정의 단사황을 얻을 수 있다.
    • 저온에서는 안정하나 높은 온도에서는 여러 원소와 황화물을 만든다.
    • 비전도성 물질로 전기절연체로 쓰이며, 탄성고무, 성냥, 흑색화약 등에 쓰인다.
  ㉡ 위험성: 상온에서는 자연발화하지 않지만 매우 연소하기 쉬운 가연성 고체로 연소 시 유독한 이산화황(아황산가스, SO_2)을 발생하여 소화가 곤란하며 산화제와 목탄가루 등과 혼합되어 있는 것은 약간의 가열, 충격 등에 의해 착화 폭발을 일으킨다.
  ㉢ 저장 및 취급방법
    • 산화제와 격리 저장하고, 화기 및 가열, 충격, 마찰에 주의한다.
    • 용기는 차고 건조하며 환기가 잘 되는 곳에 저장하고, 덩어리 상태일 경우 운반할 때 운반용기에 수납하지 않아도 되는 위험물이다.
    • 분말은 분진폭발의 위험성이 있으므로 특히 주의해야 한다.
    • 정전기 축적을 방지한다.
    • 분말은 유리 또는 금속제 용기에 넣어 보관하고, 고체 덩어리는 폴리에틸렌 포대 등에 보관한다.
  ㉣ 소화방법
    • 소규모 화재는 모래로 질식소화하며, 대규모 화재는 다량의 물로 분무주수한다.
    • 연소 중 발생하는 유독성 가스(SO_2)의 흡입방지를 위해 방독마스크 등의 보호장구를 착용한다.
 ④ 철분(Fe)(지정수량 500kg)
  ㉠ 일반적인 성질
    • 비중은 1.76, 융점은 1,535℃이며 비등점은 2,730℃이다.
    • 은백색의 광택이 나는 금속분말이다.

- 53㎛의 표준체를 통과하는 것이 50중량퍼센트(%) 이상인 것을 말한다.
- 공기 중에서 서서히 산화하여 산화철(Fe_2O_3)이 되어 백색의 광택이 황갈색으로 변화하고, 기름이 묻은 분말일 경우에는 자연발화의 위험이 있다.

  ⓒ 위험성
- 장시간 방치하면 자연발화의 위험성이 있다.
- 미세한 분말은 분진폭발을 일으킨다.
- 더운 물 또는 묽은 산과 반응하여 수소를 발생하고 경우에 따라 폭발한다.
- 산화성 물질과 혼합하는 것은 매우 위험하다.

  ⓒ 저장 및 취급방법
- 화기엄금, 가열, 충격, 마찰을 피한다.
- 산화제와 접촉하지 않도록 저장한다.
- 산이나 물, 습기와 접촉을 피한다.
- 저장 용기는 밀폐시키고 습기나 빗물이 침투하지 않도록 해야 한다.
- 분말이 비산되지 않도록 완전 밀봉하여 저장한다.
- 분말취급 시는 환기가 잘 되게 해야 한다.

  ⓔ 소화방법: 건조사, 소금분말, 건조분말, 소석회로 질식소화하고 주수소화는 위험하다.

⑤ 마그네슘(Mg)(지정수량 500kg)
  ⊙ 일반적인 성질
- 비중: 1.74, 융점: 651℃, 비점: 1,102℃
- 알칼리토금속에 속하는 은백색의 경금속으로서 물과 접촉하면 수소를 발생시키며, 백색의 광택이 있는 금속으로 공기 중에서 서서히 산화되어 광택을 잃는다.
- 알칼리금속에는 침식당하지 않지만 산, 염류에 의해 침식당하고, 공기 중 부식성은 적으나 알칼리에 안정하다.
- 수소와는 반응하지 않고, 할로젠(할로겐) 원소와 반응하여 금속할로젠화합물(금속할로겐화합물)을 만든다.

$$Mg+Br_2 \longrightarrow MgBr_2$$

- 알루미늄보다 열전도율 및 전기전도도가 낮고, 용도로서는 환원제, 사진촬영, 섬광분, 주물 제조 등에 쓰인다.
- 황산과 반응하여 수소가스가 발생한다.

$$Mg+H_2SO_4 \longrightarrow MgSO_4+H_2\uparrow$$

  ⓒ 위험성
- 공기 중에서는 잘 발화하지 않지만 미세한 분말이나 얇은 선으로 만들거나 산화제와 혼합된 상태에서는 발화하면 자외선 영역의 빛을 포함하는 밝은 흰색 불꽃을 내며 연소하며, 가열하면 연소하기 쉽고 양이 많으면 순간적으로 맹렬하게 폭발한다.

$$2Mg+O_2 \longrightarrow 2MgO$$

- 공기 중의 습기나 수분에 의하여 자연발화할 수 있다.
- 무기과산화물과 혼합한 것은 마찰에 의해 발화할 수 있다.
- 저농도의 산소 중에서 연소하며 CO_2와 같은 질식성 가스 중에서도 연소한다.
- 상온에서는 물을 분해하지 못해 안정하고, 뜨거운 물이나 과열 수증기와 접촉하면 격렬하게 수소가 발생하며 연소 시 주수하면 위험성이 증대된다.

$$\text{물과 반응식} : Mg + 2H_2O \longrightarrow Mg(OH)_2 + H_2 \uparrow$$

• 강산과 반응하여 수소가스를 발생한다.

$$Mg + 2HCl \longrightarrow MgCl_2 + H_2 \uparrow$$

ⓒ 저장 및 취급방법
  • 화기엄금, 가열, 충격, 마찰을 피한다.
  • 산화제와 접촉하지 않도록 저장한다.
  • 산이나 물, 습기와 접촉을 피한다.
  • 저장 용기는 밀폐시키고 습기나 빗물이 침투하지 않도록 해야 한다.
  • 분말이 비산되지 않도록 완전 밀봉하여 저장한다.
  • 분말 취급 시는 환기가 잘 되게 해야 한다.

ⓔ 소화방법
  • 분말의 비산을 막기 위해 모래나 멍석으로 피복 후 소화한다.
  • 물, 건조분말, CO_2, N_2, 포, 할로젠화합물(할로겐화합물) 소화약제는 적응성이 없으므로 사용을 금지한다.
  • 마그네슘은 다음과 같이 이산화탄소와 반응하여 산화마그네슘(MgO)과 가연성 가스인 일산화탄소(CO) 또는 가연성인 탄소(C)를 생성한다. 따라서 마그네슘 분말 화재 시 이산화탄소 소화약제는 적응성이 없다.

$$Mg + CO_2 \longrightarrow MgO + CO$$
$$2Mg + CO_2 \longrightarrow 2MgO + C$$

⑥ **금속분류**(지정수량 500kg): 여기에서 금속분이라 함은 알칼리금속, 알칼리토금속 및 철분, 마그네슘분 이외의 금속분을 말한다. 그리고 구리분, 니켈분과 150㎛의 체를 통과하는 것이 50중량퍼센트(%) 미만인 것은 위험물에서 제외된다.

  ⓐ 알루미늄분(Al)
  • 은백색의 경금속이다.
  • 연성과 전성이 좋고 열전도율, 전기전도도가 크며, +3가의 화합물을 만든다.
  • 물(수증기)과 반응하여 수소를 발생한다.

$$2Al + 6H_2O \longrightarrow 2Al(OH)_3 + 3H_2 \uparrow$$

  • 산성 물질과 반응하여 수소를 발생한다.

$$2Al + 6HCl \longrightarrow 2AlCl_3 + 3H_2 \uparrow$$

  • 알칼리와 반응하여 수소(H_2)를 발생한다.

$$2Al + 2NaOH + 2H_2O \longrightarrow 2NaAlO_2 + 3H_2 \uparrow$$

  • 산화제와 혼합 시 가열, 충격, 마찰에 의해 착화하므로 격리시켜 저장한다.
  • 습기와 수분에 의해 자연발화하기도 한다.

- 연소하면 많은 열을 발생시키고, 공기 중에서 표면에 치밀한 산화피막을 형성하여 내부를 보호한다.

$$4Al + 3O_2 \longrightarrow 2Al_2O_3 + 399kcal$$

- 유리병에 넣어 건조한 곳에 저장하고, 분진폭발할 염려가 있기 때문에 화기에 주의해야 한다.
- 소화방법은 분말의 비산을 막기 위해 모래, 멍석으로 피복 후 소화한다.

ⓒ 아연분(Zn)

- 은백색 분말이다.
- 산 또는 알칼리와 반응하여 수소를 발생시킨다.
- 유리병에 넣어 건조한 곳에 저장하고, 직사광선, 고열을 피하고 냉암소에 저장한다.
- 소화방법은 분말의 비산을 막기 위해 모래나 멍석으로 피복 후 소화한다.

⑦ 인화성 고체(지정수량 1,000kg)

㉠ 일반적인 성질: 상온에서 고체인 것으로 고형알코올과 그 밖에 1atm에서 인화점이 40℃ 미만인 것을 말한다.

㉡ 종류

- 고무풀
  - 생고무에 인화성 용제, 휘발유를 가공하여 풀과 같은 상태로 만든 것이다.
  - 인화점은 대략 −20℃ 미만이다.
  - 상온에서 인화성 증기를 발생한다.
- 래커 퍼티
  - 백색 진탕상태, 래커 에나멜의 기초도료이다.
  - 인화점은 21℃ 미만이다.
  - 휘발성 물질로 대기 중에 인화성 증기를 발생시킨다.
  - 공기 중에서는 단시간에 고체화된다.
- 고형알코올
  - 합성수지에 메탄올을 혼합 침투시켜 한천상(寒天狀)으로 만든 것이며 등산용 고체 알코올을 말한다.
  - 인화점은 30℃이고 30℃ 미만에서 가연성의 증기를 발생하기 쉽고 매우 인화하기 쉽다.
  - 화기엄금, 점화원을 피하고 찬 곳에 저장한다.
  - 증기발생을 억제하고, 증기발생 시 즉시 배출시켜야 한다.
  - 강산화제와 접촉하면 위험하다.

유별	성질	위험물 품명	지정수량
제3류	자연발화성 물질 및 금수성 물질	1. 칼륨	10kg
		2. 나트륨	10kg
		3. 알킬알루미늄	10kg
		4. 알킬리튬	10kg
		5. 황린	20kg
		6. 알칼리금속(칼륨 및 나트륨을 제외) 및 알칼리토금속	50kg
		7. 유기금속화합물(알킬알루미늄 및 알킬리튬을 제외)	50kg
		8. 금속의 수소화물	300kg
		9. 금속의 인화물	300kg
		10. 칼슘 또는 알루미늄의 탄화물	300kg
		11. 그 밖에 행정안전부령으로 정하는 것	10kg, 20kg,
		12. 제1호 내지 제11호에 해당하는 어느 하나 이상을 함유한 것	50kg 또는 300kg

> **핵심 Point**　제3류 위험물
>
> 황린, 알킬알루미늄, 탄화칼슘, 수소화리튬, 수소화나트륨, 칼륨, 나트륨

1. 제3류 위험물의 종류 및 위험성·유해성

(1) 제3류 위험물의 일반적인 성질

① 대부분 무기물의 고체이지만 알킬알루미늄과 같은 액체 위험물도 있다.

② 자연발화성 물질 및 물과 반응하여 가연성 가스를 발생하는 물질이다.

③ 물에 대해 위험한 반응을 일으키는 물질(황린 제외)이다.

④ K, Na, 알킬알루미늄, 알킬리튬은 물보다 가볍고 나머지는 물보다 무겁다.

⑤ 알킬알루미늄, 알킬리튬과 유기금속화합물류는 유기화합물에 속한다.

(2) 위험성

① 황린을 제외하고 모든 품목은 물과 반응하여 가연성 가스를 발생한다.

② 일부 물질들은 물과 접촉에 의해 발화하고, 공기 중에 노출되면 자연발화를 일으킨다.

(3) 저장 및 취급방법

① 소분해서 저장하고 저장용기는 파손 및 부식을 막으며 완전 밀폐하여 공기와의 접촉을 방지하고 물과 수분의 침투 및 접촉을 금하여야 한다.

② 산화성 물질과 강 산류와의 혼합을 방지한다.

③ K, Na 및 알칼리금속은 석유 등의 산소가 함유되지 않은 석유류에, 보호액 속에 저장하는 위험물은 보호액 표면에 노출되지 않도록 주의해야 한다.

(4) 소화방법

① 주수를 엄금하며 어떤 경우든 물에 의한 냉각소화는 불가능하다.(황린의 경우 초기화재 시 물로 소화 가능)

② 가장 효과적인 소화약제는 마른 모래, 팽창질석과 팽창진주암, 분말 소화약제 중 탄산수소염류 소화약제가 가장 효과적이다.

③ K, Na은 격렬히 연소하기 때문에 적절한 소화약제가 없다.

④ 황린 등은 연소 시 유독가스가 발생하므로 방독마스크를 착용해야 한다.

(5) 제3류 위험물 각론

① 칼륨(K)(지정수량 10kg)

  ㉠ 일반적인 성질

   • 비중 0.86, 융점 63.5°C, 비점 759°C

   • 은백색의 무른 경금속으로 융점(63.5°C) 이상의 온도에서 금속칼륨의 불꽃 반응 시 색상은 연보라색을 띤다.

   • 보호액(등유, 경유, 파라핀유, 벤젠 등)에 저장하며, 공기 중에 장시간 저장 시 산화하여 표면에 K_2O, KOH, K_2CO_3와 같은 물질로 피복된다.

   • 공기 중의 수분과 반응하여 수소를 발생하며 자연발화를 일으키기 쉬우므로 석유(등유) 속에 저장한다.(석유 속에 저장하는 이유: 수분과 접촉을 차단하고 공기 산화를 방지)

   • 화학적 활성이 강하고 산화되기 쉬운 금속이다.

  ㉡ 위험성

   • 가열하면 연소하여 산화칼륨을 생성시킨다.

$$4K + O_2 \longrightarrow 2K_2O$$

   • 공기 중의 수분(물)과 반응하여 수산화칼륨과 수소를 발생한다.(주수소화 불가)

$$2K + 2H_2O \longrightarrow 2KOH + H_2 \uparrow + 92.8kcal$$

   • 화학적 활성이 크며 알코올과 반응하여 칼륨알코올레이드와 수소를 발생시킨다.

$$2K + 2C_2H_5OH \longrightarrow 2C_2H_5OK + H_2 \uparrow$$

   • CO_2와 CCl_4와 접촉하면 폭발적으로 반응한다.

$$4K + 3CO_2 \longrightarrow 2K_2CO_3 + C$$
$$4K + CCl_4 \longrightarrow 4KCl + C$$

   • 연소할 때 증기가 피부에 닿거나 호흡하면 자극을 받는다.

   • 피부와 접촉하면 화상을 입는다.

  ㉢ 저장 및 취급방법

   • 반드시 등유, 경유, 유동파라핀 등의 보호액 속에 저장한다.

   • 습기나 물과 접촉하지 않도록 한다.

   • 화기를 엄금하며 가급적 소량씩 나누어 저장, 취급하고 용기의 파손 및 보호액 누설에 주의해야 한다.

  ㉣ 소화방법

   • 주수소화는 절대 엄금한다.

   • 건조사, 건조된 소금, 탄산칼슘 분말의 혼합물로 피복하여 질식소화한다.

② 나트륨(Na)(지정수량 10kg)

  ㉠ 일반적인 성질

   • 비중 0.97(물보다 가벼움), 융점 97.7°C, 비점 881°C

   • 불꽃반응을 하면 노란 불꽃을 나타내며 비중, 녹는점, 끓는점 모두 금속나트륨이 금속칼륨보다 크다.

   • 은백색의 무른 경금속으로 물보다 가볍다.

- 수은에 격렬히 녹아 나트륨아말감을 만들며 액체 암모니아에 녹아 나트륨아미드와 수소를 발생한다.(나트륨 아미드는 물과 반응하여 NH_3를 발생함)
- 공기 중의 수분이나 알코올과 반응하여 수소를 발생하며 자연발화를 일으키기 쉬우므로 석유, 유동파라핀 속에 저장한다.

$$2Na + 2H_2O \longrightarrow 2NaOH + H_2 \uparrow$$
$$2Na + 2C_2H_5OH \longrightarrow 2C_2H_5ONa(\text{나트륨에톡사이드}) + H_2 \uparrow$$

- 활성이 크며 모든 비금속원소와 잘 반응한다.
ⓒ 위험성
- 가연성 고체로 공기 중에 장시간 방치하면 자연발화를 일으킨다.
- 수분 또는 습기가 있는 공기와 접촉하면 수소를 발생한다.(주수소화 불가)
- 기타 금속칼륨에 준한다.
ⓒ 저장 및 취급방법
- 습기나 물에 접촉하지 않도록 할 것
- 보호액(등유, 경유, 유동파라핀유, 벤젠) 속에 저장할 것(공기와의 접촉을 막기 위하여)
- 보호액 속에 저장할 경우 용기 파손에 유의하고, 보호액 표면에 노출되지 않도록 할 것
- 저장 시는 소분하여 병에 넣고 습기가 닿지 않도록 소분 병을 밀전 또는 밀봉할 것
- 소화방법은 팽창질석, 마른 모래를 사용할 것

③ 알킬알루미늄(R_3Al)(**지정수량 10kg**)
ⓐ 일반적인 성질
- 알킬기(C_nH_{2n+1})와 알루미늄의 화합물 또는 알킬기, 알루미늄과 할로젠(할로겐)원소의 화합물을 말하며, 보관 시 불활성 기체를 봉입하는 장치를 갖추어야 한다.
- $C_1 \sim C_4$까지는 공기와 접촉하면 자연발화를 일으키지만, 탄소수가 5 이상인 것은 점화하지 않으면 연소하지 않는다.
- **트리에틸알루미늄의 연소식**

$$2(C_2H_5)_3Al + 21O_2 \longrightarrow Al_2O_3 + 12CO_2 + 15H_2O$$

- 물과 접촉 시 폭발 위험이 있다.
- 트리에틸알루미늄의 비중은 0.83으로 물보다 가벼우며, 자극적인 냄새와 독성이 있는 유기화합물질이다.
- 트리에틸알루미늄은 무색, 투명한 액체로 물 또는 에탄올과 접촉하면 폭발적으로 반응하여 에탄(C_2H_6)을 발생시켜 위험하다.[트리메틸알루미늄은 물과 반응하면 메탄(CH_4)을 발생함]

$$(C_2H_5)_3Al + 3H_2O \longrightarrow Al(OH)_3 + 3C_2H_6$$
$$(C_2H_5)_3Al + 3C_2H_5OH \longrightarrow (C_2H_5O)_3Al + 3C_2H_6$$

- 미사일 연료, 알루미늄 도금원료, 유기합성용 시약 등에 쓰인다.
- 소화제로는 마른 모래 및 팽창질석과 팽창진주암이 가장 효과적이다.
- 용기는 밀봉하여 저장하며, 화기의 접근을 피해야 한다.
ⓒ 종류
- 트리에틸알루미늄[$(C_2H_5)_3Al$(=TEA)]

- 트리이소부틸알루미늄[(C₄H₉)₃Al]
- 트리메틸알루미늄[(CH₃)₃Al(=TMA)]

④ 알킬리튬(LiR)(지정수량 10kg)
  ㉠ 일반적인 성질
  - 금수성이며 자연발화성 물질이다.
  - 리튬과 물이 만나면 심하게 발열하고 가연성 수소가스를 발생하므로 위험하다.

$$2Li + 2H_2O \longrightarrow 2LiOH + H_2 \uparrow$$

  ㉡ 종류
  - 부틸리튬(C_4H_9Li)
  - 메틸리튬(CH_3Li)
  - 에틸리튬(C_2H_5Li)

⑤ 황린(백린=P_4)(지정수량 20kg)
  ㉠ 일반적인 성질
  - 비중 1.82, 발화점 34℃
  - 백색 또는 담황색의 가연성 고체이고 마늘과 비슷한 냄새가 난다.
  - 발화점이 34℃로 낮기 때문에 자연발화하기 쉽다.
  - 물과는 반응도 하지 않고, 녹지도 않기 때문에 물속에 저장한다.(이때의 물의 액성은 약알칼리성. CS_2, 알코올, 벤젠에 잘 녹음)
  - 증기는 공기보다 무겁고 자극적이며 맹독성이 있으므로 고무장갑, 보호복을 반드시 착용하고 취급한다.
  - 화학적 활성이 커 많은 원소와 직접 결합하며 특히 황(유황), 산소, 할로젠(할로겐)과 격렬하게 결합한다.
  - 독성이 있는 물질이며 공기 중에서 인광을 낸다.
  - 황린은 공기를 차단하고 250℃로 가열하면 적린이 된다.
  ㉡ 위험성
  - 발화점이 매우 낮고 산소와의 화합력이 강하고 공기 중에 방치하면 액화되면서 자연발화를 일으킨다.
  - 소화 후에도 방치하면 재발화한다.
  - 공기 중에서 격렬하게 연소(산화)하며 유독성 가스(오산화인)도 발생한다.

$$P_4 + 5O_2 \longrightarrow 2P_2O_5 \uparrow$$

  - 강알칼리 용액과 반응하여 pH9 이상이 되면 가연성, 유독성의 포스핀 가스를 발생한다.

$$P_4 + 3KOH + 3H_2O \longrightarrow PH_3 \uparrow + 3KH_2PO_2$$

  - 피부에 닿으면 화상을 입으며 근육 또는 뼈 속으로 흡수되는 성질이 있다.
  ㉢ 저장 및 취급방법
  - 화기엄금해야 하고, 고온체와 직사광선을 차단해야 하며, 산화제와 혼합되지 않게 저장한다.
  - pH9 정도의 물속에 저장하며 보호액이 증발되지 않도록 한다.
  - PH_3의 생성을 방지하기 위하여 보호액을 pH9(약알칼리성)로 유지시킨다.

- 맹독성 물질이므로 고무장갑, 보호복, 보호안경 등 보호장구 및 공기호흡기를 착용하고 취급하는 것이 안전하다.
- 증기의 누출에 주의하고 재발화하지 않도록 하여야 한다.
- 공기 중 누출 시는 즉시 통풍, 환기시키고 황린의 저장용기는 금속 또는 유리 용기를 사용하고 밀봉하여 냉암소에 저장한다.

 ② 소화방법
- 물, 포, CO_2, 건조분말 소화약제에 의한 질식소화가 유효하다.
- 주수소화 시 비산하여 연소가 확대될 위험이 있으므로 주의한다.

⑥ 알칼리금속(K, Na 제외) 및 알칼리토금속(지정수량 50kg)
 ㉠ 알칼리금속
- 리튬(Li)
  - 은백색의 연한 고체이고, 원자량: 6.94, 융점: 180℃, 비점: 1,336℃, 발화점: 179℃이다.
  - 물과 접촉하면 수소를 발생시킨다.

$$2Li + 2H_2O \longrightarrow 2LiOH + H_2 \uparrow$$

- 루비듐(Rb)
  - 은백색의 부드러운 금속이고, 원자량: 85.5이다.
  - 화학적 성질은 칼륨에 준한다.
- 세슘(Cs)
  - 은백색의 연한 금속이고, 원자량: 132.9이다.
  - 주요 광석은 폴루사이트($CsAlSi_2O_6$)이다.

 ㉡ 알칼리토금속
- 베릴륨(Be)
  - 원자량: 9.01이다.
  - 분말인 경우 연소하기 쉽고, 고온에서는 산화속도가 빠르다.
- 칼슘(Ca)
  - 은백색의 고체이고, 원자량: 40.08이다.
  - 연성과 전성이 있고 공기 중에 가열하면 연소한다.
  - 물과 접촉하면 수소를 발생시킨다.

$$Ca + 2H_2O \longrightarrow Ca(OH)_2 + H_2 \uparrow$$

⑦ 유기금속화합물(알킬알루미늄, 알킬리튬 제외)
 ㉠ 지정수량은 50kg이다.
 ㉡ 종류
- 다이에틸텔루륨(디에틸텔루륨)[$Te(C_2H_5)_2$]
- 다이메틸아연(디메틸아연)[$Zn(CH_3)_2$]
- 사에틸납[$Pb(C_2H_5)_4$]

⑧ 금속의 수소화물(지정수량 300kg)

  ㉠ 수소화리튬(LiH)

- 대용량의 저장 용기에는 아르곤과 같은 불활성기체를 봉입한다.
- 물과 반응하여 수산화리튬과 수소를 생성한다.
- 질소와 직접 결합하여 생성물로 질화리튬을 만든다.

  ㉡ 수소화나트륨(NaH)

- 회색 입방정계 결정이다.
- 물과 격렬하게 반응하므로 주수소화가 부적당하다.(수산화나트륨 및 수소 발생)

$$NaH + H_2O \longrightarrow NaOH + H_2 \uparrow$$

  ㉢ 수소화칼슘(CaH$_2$)

- 회색의 사방정계 결정이다.
- 물과 격렬하게 반응하여 수소가스를 발생시킨다.

$$CaH_2 + 2H_2O \longrightarrow Ca(OH)_2 + 2H_2 \uparrow$$

⑨ 금속의 인화물(지정수량 300kg)

  ㉠ 인화알루미늄(AlP)

- 분자량: 58, 융점: 1,000℃ 이상이다.
- 담배 및 곡물의 저장창고의 훈증제로 사용되는 약제로, 화합물 분자는 AlP로서 짙은 회색 또는 황색 결정체이다.
- 건조 상태에서는 안정하나 습기가 있으면 격렬하게 가수반응(加水反應)을 일으켜 포스핀(PH$_3$)을 생성하여 강한 독성물질로 변한다. 따라서 일단 개봉하면 보관이 불가능하므로 전부 사용하여야 한다.

$$AlP + 3H_2O \longrightarrow PH_3 \uparrow + Al(OH)_3$$

  ㉡ 인화칼슘(Ca$_3$P$_2$＝인화석회)

- 분자량: 182, 융점: 1,600℃, 비중: 2.5이다.
- 독성이 강한 적갈색의 괴상고체이고, 알코올·에테르에 녹지 않고, 약산과 반응하여 인화수소(PH$_3$)를 발생시킨다.

$$Ca_3P_2 + 6HCl \longrightarrow 3CaCl_2 + 2PH_3 \uparrow$$

- 건조한 공기 중에서 안정하나 300℃ 이상에서 산화한다.
- 인화석회(Ca$_3$P$_2$) 취급 시 가장 주의해야 할 사항은 습기 및 수분이다.
- 인화칼슘(Ca$_3$P$_2$)과 물이 반응하면 유독성, 가연성의 포스핀(PH$_3$＝인화수소)과 수산화칼슘을 생성시킨다.

$$Ca_3P_2 + 6H_2O \longrightarrow 3Ca(OH)_2 + 2PH_3 \uparrow$$

- 소화방법: CO$_2$, 건조석회, 금속화재용 분말 소화약제를 사용한다.

⑩ 칼슘 또는 알루미늄의 탄화물(지정수량 300kg)

    ⊙ 종류

        • 탄화칼슘(카바이드, CaC_2, 지정수량 300kg)

            - 백색의 입방 결정이고, 비중: 2.22, 융점: 2,370℃, 발화점: 335℃이다.

            - 순수한 것은 백색의 고체이나 보통은 회흑색 덩어리 상태의 괴상고체이다.

            - 물과 반응하여 수산화칼슘(소석회)과 아세틸렌가스가 생성된다.

$$CaC_2 + 2H_2O \longrightarrow Ca(OH)_2 + C_2H_2 \uparrow$$

            - 고온에서 질소 가스와 반응하여 석회질소가 된다.

$$CaC_2 + N_2 \longrightarrow CaCN_2 + C$$

            - 건조된 공기 중에서는 위험하지 않고 습한 공기와는 상온에서도 반응한다.(물기엄금, 충격주의)

            - 산화물을 환원시킨다.(350℃ 이상으로 열을 가하면 산화됨)

            - 용기는 밀봉하고, 찌꺼기는 가연물이나 화기가 없는 개방지에서 폐기한다.

            - 아세틸렌(C_2H_2) 가스를 발생하는 물질: Li_2C_2, Na_2C_2, K_2C_2, MgC_2, CaC_2

            - 메탄(CH_4) 가스를 발생하는 물질: Al_4C_3

            - 메탄(CH_4) 가스와 수소(H_2)가스를 발생하는 물질: Mn_3C

$$Mn_3C + 6H_2O \longrightarrow 3Mn(OH)_2 + CH_4 \uparrow + H_2 \uparrow$$

        • 탄화알루미늄(Al_4C_3)

            - 황색결정 또는 분말이다.

            - 황색(순수한 것은 백색)의 단단한 결정 또는 분말로서 1,400℃ 이상 가열 시 분해된다.

            - 물과 반응하여 가연성 메탄가스를 발생시키므로 인화 위험이 있다.

$$Al_4C_3 + 12H_2O \longrightarrow 4Al(OH)_3 + 3CH_4 \uparrow$$

    ⊙ 위험성

        • 발생하는 가연성 가스(아세틸렌)는 산소 기체보다 가벼우며, 연소범위(약 2.5~81%)가 대단히 넓고 분해폭발을 일으킨다.

            • 연소반응식: $2C_2H_2 + 5O_2 \longrightarrow 4CO_2 \uparrow + 2H_2O$
            • 폭발반응식: $C_2H_2 \longrightarrow 2C + H_2 \uparrow$

        • 물과 반응 시 생성되는 수산화칼슘[$Ca(OH)_2$]은 독성이 있기 때문에 인체에 피부점막 염증이나, 시력장애를 일으킨다.

        • 발생되는 아세틸렌가스는 금속(Cu, Ag, Hg 등)과 반응하여 폭발성 화합물인 금속아세틸라이드(M_2C_2)를 생성한다.

$$C_2H_2 + 2Ag \longrightarrow Ag_2C_2 + H_2 \uparrow$$

위험물			지정수량
유별	성질	품명	
제4류	인화성 액체	1. 특수인화물	50L
		2. 제1석유류 · 비수용성 액체	200L
		2. 제1석유류 · 수용성 액체	400L
		3. 알코올류	400L
		4. 제2석유류 · 비수용성 액체	1,000L
		4. 제2석유류 · 수용성 액체	2,000L
		5. 제3석유류 · 비수용성 액체	2,000L
		5. 제3석유류 · 수용성 액체	4,000L
		6. 제4석유류	6,000L
		7. 동식물유류	10,000L

1. 제4류 위험물의 종류 및 위험성·유해성

(1) 제4류 위험물의 일반적인 성질

① 상온에서 인화성 액체이며 대단히 인화되기 쉽다. 인화점이란 점화원이 존재할 때 불이 붙을 수 있는 최저온도를 말한다.

② 발화온도가 낮은 물질은 위험하다. 발화점이란 점화원 없이 축적된 열만으로 연소를 일으킬 수 있는 최저온도를 말한다.

③ 물보다 가볍고 물에 녹지 않는다.

④ 발생된 증기는 공기보다 무겁다.

⑤ 비점이 낮은 경우 기화하기 쉬우므로 가연성 증기가 공기와 약간만 혼합하여도 연소하기 쉽다.

⑥ 비점이 낮을수록 위험성이 높다.

⑦ 활성화에너지가 작을수록 연소 위험성은 증가한다. 산소 농도가 증가하거나, 온도와 압력이 상승하면 최소점화에너지는 감소한다.

(2) 위험성

① 증기의 성질은 인화성 또는 가연성이다.(인화점이 낮은 것은 증기량이 많이 생겨 인화범위도 넓어짐)

② 증기는 공기보다 무겁다.

③ 연소범위의 하한값이 낮다.

④ 정전기가 축적되기 쉽다.

⑤ 석유류는 전기의 부도체이기 때문에 정전기 발생을 제거할 수 있는 조치를 해야 한다.

⑥ 액체 비중은 물보다 가볍고 물에 녹지 않는 것이 많다.

※ 액체 비중이 1보다 큰 물질: CS_2(1.26), 염화아세틸(1.1), 클로로벤젠(1.1), 제3석유류 등

※ 수용성: 알코올류, 에스터류(에스테르류), 아민류, 알데하이드류(알데히드류) 등

⑦ 발생하는 가연성 증기는 공기보다 무겁다.

⑧ 비교적 발화점이 낮다.

※ CS_2: 90℃, 다이에틸에터(디에틸에테르): 160℃, 아세트알데하이드(아세트알데히드): 185℃

(3) 저장 및 취급방법

① 액체의 누설 및 증기의 누설을 방지한다.

② 폭발성 분위기를 형성하지 않도록 한다.

③ 화기 및 점화원으로부터 멀리 저장하고, 용기는 밀전하여 통풍이 양호한 곳, 찬 곳에 저장한다.

④ 인화점 이상으로 가열하지 말고, 가연성 증기의 발생, 누설에 주의해야 한다.

⑤ 증기는 가급적 높은 곳으로 배출시키고, 정전기가 축적되지 않도록 주의해야 한다.

(4) 소화방법

① 제4류 위험물은 비중이 물보다 작기 때문에 주수소화하면 화재 면을 확대시킬 수 있으므로 절대 금물이다.

② 소량 위험물의 연소 시는 물을 제외한 소화약제로 CO_2, 분말, 할로젠화합물(할로겐화합물)로 질식소화하는 것이 효과적이며 대량의 경우에는 포에 의한 질식소화가 좋다.

③ 수용성 위험물에는 알코올 포를 사용하거나 다량의 물로 희석시켜 가연성 증기의 발생을 억제하여 소화한다.

(5) 제4류 위험물 각론

① 특수인화물(지정수량 50L): 다이에틸에터(디에틸에테르), 이황화탄소, 아세트알데하이드(아세트알데히드), 산화프로필렌, 이소프렌

  ㉠ 다이에틸에터(＝디에틸에테르, 산화에틸, 에테르, 에틸에테르＝$C_2H_5OC_2H_5$)(지정수량: 50L)

  • 일반적인 성질

   − 분자구조는 일반식 R−O−R이고 전기의 부도체이므로 정전기가 발생하기 쉽다.

   − 휘발성이 높은 물질로서 마취작용이 있고 무색투명한 특유의 향이 있는 액체이다.

   − 비극성 용매로서 물에 잘 녹지 않고, 알코올에 잘 녹는다.

   − 분자량: 74.12, 비중: 0.72, 비점: 34.48℃, 착화점(발화점): 160℃, 인화점: −45℃, 증기비중: 2.55, 연소범위: 1.7~48%

   − 알코올의 축화합물이다.

$$C_2H_5OH + C_2H_5OH \xrightarrow{\text{진한 } H_2SO_4} C_2H_5OC_2H_5 + H_2O$$

   − 인화성이며 과산화물이 생성되면 제5류 위험물과 같은 위험성을 갖는다.

    ※ 과산화물 검출시약: 아이오딘화(요오드화)칼륨(KI) 10% 수용액을 가하면 황색으로 변한다.

  • 위험성

   − 인화점이 낮고 휘발하기 쉽다.(제4류 위험물 중 인화점이 가장 낮음)

   − 발생된 증기는 마취성이 있다.

   − 연소범위의 하한이 낮고 연소범위가 넓다.

   − 화재 예방상 일광을 피하여 보관하여야 하며, 장시간 공기와 접촉하면 과산화물이 생성될 수 있고, 가열, 충격, 마찰에 의해 폭발할 수도 있다.

  • 저장 및 취급방법

   − 용기는 갈색병을 사용하여 냉암소에 보관한다.

   − 용기의 파손, 누출에 주의하고 통풍을 잘 시켜야 한다.

   − 보관 시 여유공간을 둔다.

   − 정전기 생성 방지를 위해 약간의 $CaCl_2$를 넣어준다.

  • 소화방법

   − 이산화탄소에 의한 질식소화가 가장 효과적이다.

   − 하론 소화약제, 포 소화약제도 효과가 있다.

  ㉡ 이황화탄소: CS_2

  • 일반적인 성질

   − 순수한 것은 무색 투명한 액체, 불순물이 존재하면 황색을 띠며 냄새가 난다.

- 가연성, 불쾌한 냄새가 난다.
- 물에 녹지 않으나, 알코올, 에테르, 벤젠 등의 유기용제에는 잘 녹는다.
- 황, 황린, 수지, 고무 등을 잘 녹인다.
- 비스코스레이온 원료로서 인화점: $-30℃$, 발화점: $90℃$, 비점: $46℃$, 비중: 1.26, 증기비중: 2.6, 연소범위: 1~50%

- 위험성
  - 제4류 위험물 중에서도 착화점이 낮고, 증기는 유독하므로 마시면 인체에 해롭다.
  - 나트륨과 접촉하면 발화하고 연소범위의 하한이 낮고 연소범위가 넓고 인화점이 낮다.
  - 연소하면 청색 불꽃을 발생하고 자극성이 강한 유독가스(이산화황)를 발생한다.

$$CS_2 + 3O_2 \longrightarrow CO_2 + 2SO_2 \uparrow$$

  - 고온의 물(150℃ 이상)과 반응하면 이산화탄소와 황화수소를 발생한다.

$$CS_2 + 2H_2O \longrightarrow CO_2 + 2H_2S \uparrow$$

- 저장 및 취급방법
  - 용기나 탱크에 저장할 때는 물속에 보관해야 한다. 물에 불용이며, 물보다 무겁다.(이황화탄소는 액면 자체 위에 물을 채워주는데 이는 가연성 증기의 발생을 억제하기 위함임)
  - 직사광선을 피하고 용기는 밀봉하고 통풍이 잘 되는 곳에 저장하며 화기는 멀리하여야 한다.

- 소화방법
  - 이산화탄소, 하론, 분말 소화약제 등으로 질식소화한다.
  - 물로 피복하여 소화한다.

ⓒ 아세트알데하이드(아세트알데히드): CH_3CHO(지정수량 50L)

- 일반적인 성질
  - 인화점: $-38℃$, 발화점: $185℃$, 비중: 0.8(물보다 가벼움), 연소범위: 4.0~60%, 비점: $21℃$
  - 무색의 액체로 인화성이 강하다.
  - 수용성 물질이고 유기물을 잘 녹인다.
  - 과망가니즈산(과망간산)칼륨에 의해 쉽게 산화되는 유기화합물이다.

- 위험성
  - 증기의 냄새는 자극성이 있다.
  - 산과 접촉하면 중합하여 발열한다.
  - 아세트알데하이드(아세트알데히드)는 산소에 의해 산화되기 쉽다.

$$2CH_3CHO + O_2 \longrightarrow 2CH_3COOH$$

  - 아세트알데하이드(아세트알데히드)가 「위험물안전관리법령」상 위험물로 지정된 이유는 끓는점, 인화점, 발화점이 낮아 화재의 위험성이 높기 때문이다.

- 저장 및 취급방법
  - 밀봉, 밀전하여 냉암소에 저장한다.(공기와 접촉 시 과산화물 생성)
  - 용기는 구리, 은, 수은, 마그네슘 또는 이의 합금을 사용하지 말아야 한다.(폭발성을 가진 물질을 만들기 때문)
  - 용기 내부에는 불연성 가스(N_2, Ar)를 채워 봉입한다.

② 산화프로필렌[CH_3CHOCH_2, 프로필렌옥사이드](지정수량 50L)
  • 일반적인 성질
    – 인화점: $-37℃$, 발화점: $430℃$, 비중: 0.83, 연소범위: 1.9~36%, 비점: $34℃$, 증기압: 445mmHg($20℃$)
    – 연소범위가 넓고 증기압도 매우 높은 물질이다. 물 또는 유기용제(벤젠, 에테르, 알코올 등)에 잘 녹는 무색 투명한 액체로서 증기는 인체에 해롭다.
    – 구조식

```
            H   H   H
            |   |   |
      H  —  C — C — C — H
            \  /    |
             O      H
```

  • 위험성
    – 화학적으로 활성이 크고 반응을 할 때에는 발열반응을 한다.
    – 액체가 피부에 닿으면 화상을 입고 증기를 마시면 심할 때는 폐부종을 일으킨다.
  • 저장 및 취급방법
    – 구리, 은, 수은, 마그네슘 또는 이의 합금과 반응하여 폭발성의 아세틸라이드를 생성하므로 용기에 해당 재료를 사용하지 말아야 한다.
    – 산, 알칼리가 존재하면 중합반응을 하므로 용기의 상부는 불연성 가스(N_2) 또는 수증기로 봉입하여 저장한다.

② 제1석유류(지정수량: 비수용성 200L, 수용성 400L): 아세톤, 가솔린(휘발유), 벤젠, 톨루엔, 메틸에틸케톤, 피리딘, 초산에스터류(초산에스테르류), 의산에스터류(의산에스테르류), 시안화수소, 염화아세틸
  ㉠ 아세톤(다이메틸케톤): CH_3COCH_3(지정수량 400L)
    • 일반적인 성질
      – 인화점: $-18℃$, 발화점: $465℃$, 비중: 0.8(물보다 가벼움), 연소범위: 2.5~12.8%
      – 무색의 휘발성 액체로 독특한 냄새가 있다.
      – 수용성이며 유기용제(알코올, 에테르)와 잘 혼합된다.
      – 아세틸렌을 저장할 때 용제로 사용된다.
      – 증기는 공기보다 무겁다.
    • 위험성
      – 피부에 닿으면 탈지작용이 있다.
      – 아이오딘포름(요오드포름) 반응을 한다.
      – 일광에 의해 분해하여 과산화물을 생성시킨다.
    • 저장 및 취급방법
      – 화기에 주의하고 저장용기는 밀봉하여 냉암소에 저장한다.
      – 화재 시 분무상의 주수소화가 가장 좋으며 탄산가스, 알코올 폼을 사용한다.
  ㉡ 가솔린(휘발유) 주성분: C_5H_{12}~C_9H_{20}(지정수량 200L)
    • 일반적인 성질
      – 인화점: $-43℃$~$-20℃$, 발화점: $300℃$ 이상, 비중: 0.65~0.76(물보다 가벼움), 연소범위: 1.2~7.6%, 유출온도: $30℃$~$210℃$, 증기비중: 3~4(공기보다 무거움), 탄소수가 5~9까지의 포화·불포화 탄화수소의 혼합물

– 가솔린의 일반적 제조방법은 다음과 같다.

> –직류법
> –분해증류법
> –접촉개질법

– 특유한 냄새가 나는 무색의 액체이다.
– 비수용성, 유기용제와 잘 섞이고 고무, 수지, 유지를 녹인다.
– 전기의 부도체이다.
– 휘발이 쉬워 상온에서도 가연성 증기가 발생하고 인화성이 크다.
– 포화·불포화 탄화수소 혼합물이다.
– 가솔린의 다른 명칭

> –리그로인   –솔벤트 나프타
> –닐리벤젠   –석유에테르
> –석유벤젠

- 위험성
  – 부피 팽창률이 0.00135/℃이므로 저장 시 안전공간을 둔다.
  – 옥탄가를 높이기 위해 사에틸납[$Pb(C_2H_5)_4$]을 첨가시켜 오렌지 또는 청색으로 착색시킨다.
  – 가솔린의 착색

> –공업용: 무색
> –자동차용: 오렌지색
> –항공기용: 청색

  – 정전기에 의해 인화되기 쉽다.
  – 휘발하기 쉽고 인화성이 크다.
- 저장 및 취급방법
  – 증기는 공기보다 무거우며 용기의 누설 및 증기의 배출이 되지 않게 해야 한다.
  – 화기를 피하고 통풍이 잘 되는 찬 곳에 저장한다.
  – 포말소화나 CO_2, 분말에 의한 질식소화를 한다.
ⓒ 벤젠: C_6H_6(지정수량 200L)
- 일반적인 성질
  – 인화점: −11℃, 발화점: 498℃, 비중: 0.9(물보다 가벼움), 증기의 비중: 약 2.8, 연소범위: 1.2~8%, 융점: 5.5℃, 비점: 80℃
  – 인화점이 낮은 독특한 냄새가 나는 무색의 휘발성 액체로 정전기가 발생하기 쉽고, 증기는 독성·마취성이 있다.
  – 비수용성이고, 알코올, 에테르에 잘 녹는다.
  – 불을 붙이면 그을음이 많은 불꽃을 내며 타는데 그 이유는 H의 수에 비해 C의 수가 많기 때문이다.
  – 불포화결합을 이루고 있으나 첨가반응보다는 치환반응이 많다.
- 위험성
  – 유해한도(일정한 농도 이상에서는 인체에 해로운 물질의 흡입한계 농도): 100ppm, 서한도(위생학적인 측면에서 허용농도): 35ppm

- 2% 이상의 고농도 증기를 5~10분 정도 마시면 치명적이다.
- 비전도성 물질이므로 취급할 때 정전기의 발생 위험이 있다.
- 저장 및 취급방법
  - 벤젠의 융점이 5.5℃, 인화점이 −11℃이므로 겨울철에는 고체 상태이면서 가연성 증기를 발생시키기 때문에 취급에 주의해야 한다.
  - 기타 가솔린에 준한다.
ⓒ 톨루엔(메틸벤젠): $C_6H_5CH_3$(지정수량 200L)
  - 일반적인 성질
    - 인화점: 4℃, 발화점: 480℃, 비중: 0.9, 연소범위: 1.1~7.1%
    - 특유한 냄새가 나는 무색의 액체이며 비수용성이다.
    - 알코올, 에테르, 벤젠에 잘 녹고 수지, 유지, 고무 등을 잘 녹인다.
    - 산화(MnO_2+황산)시키면 안식향산(벤조산=C_6H_5COOH)이 된다.
    - TNT의 주원료로 사용된다.
  - 위험성
    - 독성은 벤젠보다 약하다.
    - 증기는 마취성이 있고, 피부에 접촉 시 자극성, 탈지작용이 있다.
    - 유체마찰 등으로 정전기가 생겨서 인화하기도 한다.
  - 저장 및 취급방법: 가솔린에 준한다.
ⓜ 메틸에틸케톤(MEK): $CH_3COC_2H_5$(지정수량 200L)
  - 인화점: −9℃, 발화점: 505℃, 비중: 0.8(물보다 가벼움), 연소범위: 1.8~11.5%, 증기비중: 2.5(공기보다 무거움)
  - 직사광선을 피하고 통풍이 잘 되는 냉암소에 저장한다.
  - 아세톤과 비슷한 냄새가 나는 무색의 휘발성 액체이다.
  - 유기용제에 잘 녹으며, 수지, 유지를 잘 녹인다.
  - 피부에 닿으면 탈지작용을 한다.
  - 비점이 낮고 인화점이 낮아 인화의 위험이 크다.
ⓗ 피리딘: C_5H_5N(지정수량 400L)
  - 인화점: 20℃, 발화점: 482℃, 녹는점: −42℃, 끓는점: 115.5℃, 비중: 0.9779(25℃)로 물보다 가볍다, 연소범위: 1.8~12.4%
  - 무색의 악취를 가진 액체이다.
  - 약알칼리성을 나타내고 독성이 있으며, 상온에서 인화의 위험이 있다.
  - 수용액 상태에서도 인화의 위험성이 있으므로 화기에 주의해야 한다.
  - 벤젠의 경우와 같이 공명(共鳴) 구조와 방향족성(芳香族性)이 있다.
  - 약한 염기성을 가지고 있으므로 산에는 염(鹽)을 만들며 녹는다.
  - 물·에탄올·에테르와 섞인다.
ⓢ 초산에스터류(초산에스테르류)
  - 초산메틸: CH_3COOCH_3(지정수량 200L)
    - 인화점: −13℃, 발화점: 505℃, 비중: 0.9(물보다 가벼움), 연소범위: 3.1~16%
    - 휘발성, 인화성이 강하다.
    - 피부에 닿으면 탈지작용을 한다.

- 마취성이 있는 액체로 향기가 난다.
- 상온에서는 무색의 신맛이 있는 액체이다.
- 초산에틸: $CH_3COOC_2H_5$(지정수량 200L)
  - 인화점: $-4℃$, 발화점: $427℃$, 비중: 0.9(물보다 가벼움), 끓는점: $77.15℃$, 연소범위: 2.2~11.5%
  - 무색투명한 액체로 과일향기가 난다.

◎ 의산에스터류(의산에스테르류)
- 의산메틸= 포름산메틸: $HCOOCH_3$(지정수량 400L)

  인화점: $-19℃$, 발화점: $449℃$, 비중: 0.97, 연소범위: 5~23%
- 의산에틸($HCOOC_2H_5$)=포름산메틸에스터(포름산메틸에스테르)(지정수량 200L)
  - 인화점: $-20℃$, 발화점: $440℃$, 비중: 0.9, 연소범위: 2.7~16.5%
  - 증기는 다소 마취성이 있으나 독성은 없다.
  - 수용성이고 휘발하기 쉽다.
  - 나이트로(니트로)셀룰로오스용 용제로 사용된다.

㉧ 시안화수소(청산): HCN(지정수량 400L)
- 일반적인 성질
  - 인화점: $-17℃$, 발화점: $535℃$, 비중: 0.69, 연소범위: 5.6~46.5%, 증기비중: 0.94
  - 특유한 냄새가 나는 무색의 액체이다.
  - 물, 알코올에 잘 녹고 수용액은 약산성이다.
  - 제4류 위험물 중에 유일하게 증기가 공기보다 가볍다.
- 위험성
  - 휘발성이 매우 높아 인화의 위험성이 크다.
  - 맹독성 물질이다.
  - 저온에서는 안정하나 소량의 수분 또는 알칼리와 혼합되면 중합폭발의 우려가 있다.
- 저장 및 취급방법
  - 안정제로서 철분 또는 황산 등의 무기산을 넣어준다.
  - 저장 중 수분 또는 알칼리와 접촉되지 않도록 용기는 밀봉한다.
  - 색이 암갈색으로 변했다거나 중합반응이 일어난 것은 즉시 폐기한다.

㉨ 사이클로헥산: C_6H_{12}

  인화점: $-17℃$, 발화점: $268℃$, 비중: 0.8, 연소범위: 1.3~8.4%

㉩ 에틸벤젠: $C_6H_5C_2H_5$

  인화점: $15℃$, 발화점: $432℃$, 비중: 0.86, 연소범위: 1.2~6.8%

③ 알코올류(지정수량 400L)

핵심 Point 「위험물안전관리법」상 알코올류

알코올류는 1분자를 구성하는 탄소원자의 수가 1개부터 3개까지인 포화1가알코올(변성알코올 포함)이다. 다만, 다음의 하나에 해당되는 것은 제외한다.
- 1분자를 구성하는 탄소원자의 수가 1개 내지 3개의 포화1가 알코올의 함유량이 60중량퍼센트 미만인 수용액
- 가연성 액체량이 60중량퍼센트 미만이고 인화점 및 연소점이 에틸알코올 60중량퍼센트 수용액의 인화점 및 연소점을 초과하는 것

㉠ 메틸알코올(메탄올=목정): CH_3OH
- 인화점: $11℃$, 발화점: $440℃$, 비점: $65℃$, 비중: 0.8, 연소범위: 6.0~50%
- 증기는 가열된 산화구리를 환원하여 구리를 만들고 포름알데하이드(포름알데히드)가 된다.

- 산화 · 환원 반응식

$$CH_3OH \underset{\text{환원(포름알데하이드)}}{\overset{\text{산화}}{\rightleftarrows}} HCHO \underset{\text{환원}}{\overset{\text{산화}}{\rightleftarrows}} HCOOH \text{(의산)}$$

- 무색 투명한 휘발성 액체로서 물, 에테르에 잘 녹고, 알코올류 중에서 수용성이 가장 높다.
- 독성이 있다.(소량 마시면 눈이 멀게 된다.)
- 증기비중이 공기보다 크다.

ⓒ 에틸알코올(에탄올): C_2H_5OH
- 인화점: 13℃, 발화점: 400℃, 비중: 0.8, 연소범위: 3.1~27.7%, 무색투명한 휘발성 액체로 수용성이다.
- 산화 · 환원 반응식

$$C_2H_5OH \underset{\text{환원}}{\overset{\text{산화}}{\rightleftarrows}} CH_3CHO \underset{\text{환원}}{\overset{\text{산화}}{\rightleftarrows}} CH_3COOH$$

- 140℃에서 진한 황산과의 반응식

$$2C_2H_5OH \xrightarrow{\text{진한 } H_2SO_4} C_2H_5OC_2H_5 + H_2O$$

- 160℃에서 진한 황산과의 반응식

$$C_2H_5OH \xrightarrow{\text{진한 } H_2SO_4} C_2H_4 + H_2O$$

- 에틸알코올 검출에 사용되는 반응은 아이오딘포름(요오드포름) 반응이다.(에틸알코올에 수산화칼륨과 아이오딘(요오드)을 가하고 반응시키면 아이오딘포름(요오드포름)의 노란색 침전물이 생김)

$$C_2H_5OH + 6KOH + 4I_2 \longrightarrow \underset{\text{아이오딘포름(요오드포름)}}{CHI_3} + 5KI + HCOOK + 5H_2O$$

※ 아이오딘포름(요오드포름) 반응: 아세틸기를 지니는 메틸케톤이 염기 존재 시 아이오딘(요오드)과 반응하여 아이오딘포름(요오드포름)을 생성하는 반응으로 케톤, 알데하이드(알데히드), 메틸케톤으로 산화가능한 에탄올은 아이오딘포름(요오드포름) 반응으로 검출이 가능하다.

④ **제2석유류**(지정수량: 비수용성 1,000L, 수용성 2,000L)
등유, 경유, 의산, 초산(=아세트산, CH_3COOH), 테레핀유, 스틸렌, 클로로벤젠, 크실렌, 아크릴산, 큐멘, 벤즈알데하이드(벤즈알데히드, C_6H_5CHO), 하이드라진(히드라진)

㉠ 등유(지정수량 1,000L)
- 원유 증류 시 휘발유와 경유 사이에서 유출되는 포화 · 불포화 탄화수소 혼합물이다.
- 인화점: 40~70℃, 발화점: 210℃, 증기비중: 4~5(공기보다 무거움), 연소범위: 1~6%, 유출온도: 150~300℃, 비중: 0.74~0.78(물보다 가벼움)
- 비수용성, 여러 가지 유기용제와 잘 섞이고 유지, 수지를 잘 녹인다.
- 화기를 피해야 한다.
- 통풍이 잘 되는 곳에 밀봉 밀전한다.

- 누출에 주의하고 용기에는 항상 여유를 남긴다.
- 정전기 불꽃으로 인하여 화재 위험성이 있다.

ⓛ 경유(지정수량 1,000L)
- 원유 증류 시 등유보다 조금 높은 온도에서 유출되는 탄화수소 화합물이다.
- 인화점: 50~70℃, 발화점: 200℃, 비중: 0.8, 증기비중: 4~5, 연소범위: 1.1~6.0%, 유출온도: 150~350℃
- 비수용성, 담황색 액체로 등유와 비슷하다.

ⓒ 의산(포름산＝개미산): HCOOH(지정수량 2,000L)
- 비중: 1.22, 연소범위: 18~51%
- 초산보다 강산이고 수용성이며 물보다 무겁다.
- 피부에 대한 부식성(수종)이 있고, 점화하면 푸른 불꽃을 내면서 연소한다.
- 강한 환원제이며 물, 알코올, 에테르에 어떤 비율로도 혼합된다.
- 저장 시 산성이므로 내산성 용기를 사용한다.

ⓔ 초산(아세트산＝빙초산): CH₃COOH(지정수량 2,000L)
- 인화점: 39℃, 발화점: 463℃, 비중: 1.05, 연소범위: 4.0~19.9%
- 수용성이고 물보다 무겁다.
- 피부에 닿으면 발포(수종)를 일으킨다.
- 융점(녹는점)이 16.6℃이므로 겨울에는 얼음과 같은 상태로 존재하기 때문에 빙초산이라고도 한다.
- ※ 무수 초산[(CH₃CO)₂O]: 무색 투명한 자극성이 있는 액체로 비중은 1.084, 융점은 −68.0℃, 비점은 140.0℃, 인화점은 49.0℃이다.

ⓜ 테레핀유(송정유)(지정수량 1,000L)
- 피넨($C_{10}H_{16}$)이 80~90% 함유된 소나무과 식물에 함유된 기름으로 송정유(松精油)라고도 한다.
- 인화점: 34℃, 발화점: 253℃, 비중: 0.86, 비점: 153~175℃
- 헝겊 및 종이 등에 스며들면 자연발화를 일으킨다.
- 물에 녹지 않으나, 알코올, 에테르에 녹으며 유지 등을 녹인다.
- 화학적으로는 유지는 아니지만 건성유와 유사한 산화성이기 때문에 공기 중에서 산화한다.
- 테레핀유가 묻은 얇은 천에 염소가스를 접촉시키면 폭발한다.

ⓑ 스틸렌(비닐벤젠): $C_6H_5CH=CH_2$(지정수량 1,000L)
- 인화점: 31℃, 발화점: 490℃, 비중: 0.91, 비점: 145℃
- 가열, 빛 또는 과산화물에 의해 중합체를 만들면 폴리스틸렌이 된다.

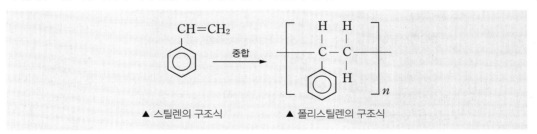
▲ 스틸렌의 구조식　　▲ 폴리스틸렌의 구조식

- 비수용성이고 메탄올, 에탄올, 에테르, CS_2에 잘 녹는다.

ⓢ 클로로벤젠(염화페닐): C_6H_5Cl(지정수량 1,000L)
- 인화점: 27℃, 발화점: 590℃, 비중: 1.34, 연소범위: 1.3~11%
- 비수용성, 물보다 무겁다.
- DDT(Dichloro Diphenyl Trichloroethane)의 원료로 사용한다.

• 구조식

◎ 크실렌(자일렌): $C_6H_4(CH_3)_2$(지정수량 1,000L)

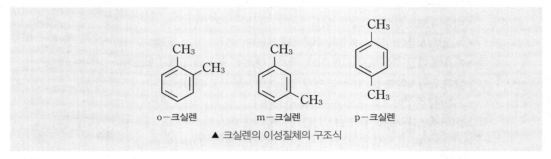

▲ 크실렌의 이성질체의 구조식

⑤ 제3석유류(지정수량: 비수용성 2,000L, 수용성 4,000L)

중유, 크레오소트유(클레오소트유), 아닐린, 나이트로벤젠(니트로벤젠), 에틸렌글리콜, 글리세린, 담금질유, 메타 크레졸

㉠ 중유(지정수량 2,000L)
• KS M에 의한 분류는 다음과 같다.
– A중유 → 요업, 금속제련
– B중유 → 내연기관
– C중유 → 보일러, 제련, 대형 내연기관
• 직류 중유
– 인화점 60~150℃, 착화점 254~405℃, 유출온도 300~350℃, 비중 0.85
– 점도가 낮고 분무성이 좋으며, 착화가 잘 된다.
– 디젤기관의 연료로 사용, 비수용성이다.
• 분해중유
– 인화점 70~150℃, 착화점 380℃, 비중 0.98
– 점도와 비중이 직류 중유보다 높고 분무성이 좋지 않다.
• 혼합중유
– 순수한 중유에 등유와 경유를 용도에 따라 혼합한 것
– 비중, 인화점, 착화점은 일정하지 않다.
– 화재면의 액체가 포말과 함께 혼합되면 넘쳐 흐르는 현상, 즉 슬롭오버 현상을 일으킨다.

㉡ 크레오소트유(클레오소트유)(지정수량 2,000L)
• 주성분: 나프탈렌, 안트라센
• 인화점: 74℃, 발화점: 336℃, 비중: 1.05
• 황색 또는 암록색의 액체이다.
• 비수용성이고 알코올, 에테르, 벤젠, 톨루엔에 잘 녹는다.
• 물보다 무겁고 독성이 있다.
• 타르산이 있어 용기를 부식하기 때문에 내산성 용기를 사용해야 한다.
• 목재의 방부제로 많이 사용한다.

© 아닐린: $C_6H_5NH_2$(지정수량 2,000L)

- 약한 염기로 아세트산, 염산, 황산 등과 반응하여 염을 만든다.
- 인화점: 70℃, 발화점: 615℃, 비중: 1.02, 융점: −6℃
- 비수용성이며, 물보다 무겁고 독성이 있다.
- HCl과 반응하여 염산염을 만든다.
- 황색, 담황색의 액체이다.
- $CaOCl_2$ 용액에서 붉은 보라색을 띤다.
- 나이트로벤젠(니트로벤젠)을 수소로 환원시켜 얻는다.(나이트로벤젠(니트로벤젠)의 증기에 수소를 혼합한 뒤 촉매를 사용하여 환원시켜 얻음)
- 알칼리금속 및 알칼리토금속과 반응하여 수소와 아닐리드를 생성한다.
- 피부와 접촉 시 급성 또는 만성 중독을 일으킨다.
- 구조식

② 나이트로벤젠(니트로벤젠): $C_6H_5NO_2$(지정수량 2,000L)

- 무색의 액체로서 인화점: 88℃, 발화점: 480℃, 녹는점: 5.7℃, 끓는점: 211℃, 비중: 1.2(0℃)이다.
- 물에는 잘 녹지 않지만, 유기용매(有機溶媒)와는 잘 섞인다.
- 벤젠을 황산과 질산의 혼합산 속에서 나이트로화(니트로화)시켜 얻는다.
- 아닐린의 원료로 염료공업에서 중요하고, 또 유기반응의 용매로도 사용된다.
- 독성이 강하고 피부에 흡수되기 쉬우므로 취급할 때 조심해야 한다.

  ※ 나이트로화(니트로화): $C_6H_6+HNO_3 \xrightarrow{\text{진한 } H_2SO_4} C_6H_5NO_2+H_2O$

- 물보다 무겁다.
- 이산화탄소 소화기에 적응성이 있다.
- 구조식

⑩ 에틸렌글리콜: $C_2H_4(OH)_2$(지정수량 4,000L)

- 인화점: 120℃, 발화점: 398℃, 비중: 1.1, 비점: 198℃
- 흡습성이 있고 무색 무취의 단맛이 나는 끈끈한 액체이다.
- 수용성이고 2가 알코올에 해당한다.
- 독성이 있고 자동차의 부동액의 주원료로 사용된다.

• 구조식

$$HO-\underset{\underset{H}{|}}{\overset{\overset{H}{|}}{C}}-\underset{\underset{H}{|}}{\overset{\overset{H}{|}}{C}}-OH$$

ⓑ 글리세린(글리세롤): $C_3H_5(OH)_3$(지정수량 4,000L)
　• 흡습성이 있고 무색 무취의 단맛이 나는 끈끈한 액체이다.
　• 독성이 없고, 수용성이며 3가 알코올에 해당한다.
　• 나이트로(니트로)글리세린, 화장품의 주원료로 사용된다.
　• 구조식

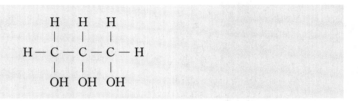

⑥ 제4석유류(지정수량 6,000L)
　㉠ 기계유, 실린더유 등의 윤활유가 해당한다.
　㉡ 플라스틱의 가소성을 가지게 하기 위해 첨가되는 가소제유(DOP, TCP 등)도 제4석유류에 해당된다.
　㉢ 실온에서는 인화 위험성이 없지만 가열하면 연소될 수 있다.
　㉣ 일단 연소되기 시작하면 액온이 상승되면서 연소가 확대된다.
　㉤ 저장할 때에는 증기의 누설을 방지하고 환기를 잘 시켜야 한다.

⑦ 동식물유류(지정수량 10,000L)

㉠ 건성유
- 요오드값이 130 이상인 것이다.
- 건성유는 섬유류 등에 스며들지 않도록 한다.(자연발화의 위험성이 있기 때문에)
- 공기 중 산소와 결합하기 쉽다.
- 고급지방산의 글리세린에스터(글리세린에스테르)이다.
- 해바라기기름, 동유, 정어리기름, 아마인유(아마씨유), 들기름, 대구유, 상어유 등(요오드가: 아마인유＞해바라기유)

㉡ 반건성유
- 요오드값이 100∼130인 것이다.
- 채종유, 면실유, 참기름, 옥수수기름, 콩기름, 쌀겨기름, 청어유 등

㉢ 불건성유
- 요오드값이 100 이하인 것이다.
- 불건성유는 공기 중에서 쉽게 굳지 않는다.
- 땅콩기름, 야자유, 소기름, 고래기름, 피마자유, 올리브유

※ 동식물유류를 구분할 때 요오드값을 기준으로 하지만, 이 기준은 절대적인 값은 아니다. 예를 들어 해바라기기름은 요오드값이 125∼135이기 때문에 130 미만인 경우도 있지만 대략적으로 건성유로 분류한다. 따라서 동식물유류의 분류에 해당하는 물질과 요오드값 기준 정도를 알고 있으면 된다.

6 제5류 위험물

위험물			지정수량
유별	성질	품명	
제5류	자기 반응성 물질	1. 유기과산화물	제1종: 10kg 제2종: 100kg
		2. 질산에스터류(질산에스테르류)	
		3. 나이트로화합물(니트로화합물)	
		4. 나이트로소화합물(니트로소화합물)	
		5. 아조화합물	
		6. 다이아조화합물(디아조화합물)	
		7. 하이드라진(히드라진) 유도체	
		8. 하이드록실아민(히드록실아민)	
		9. 하이드록실아민염류(히드록실아민염류)	
		10. 그 밖에 행정안전부령으로 정하는 것	
		11. 제1호 내지 제10호의 1에 해당하는 어느 하나 이상을 함유한 것	

> **핵심 Point**   **제5류 위험물**
>
> 질산메틸, 나이트로(니트로)글리세린, 나이트로(니트로)글리콜, 트리나이트로(니트로)톨루엔(TNT), 아세틸퍼옥사이드, 질산구아니딘, 나이트로(니트로)셀룰로오스, 피크린산, 유기과산화물

1. 제5류 위험물의 종류 및 위험성 · 유해성

(1) 제5류 위험물의 일반적인 성질

① 자기반응성 유기질 화합물로 자연발화의 위험성을 갖는다. 즉 외부로부터 산소의 공급 없이도 가열, 충격 등에 의해 연소폭발을 일으킬 수 있는 물질이다.

② 연소속도가 대단히 빠르고 가열, 마찰, 충격에 의해 폭발하는 물질이 많다.

③ 유기화합물이며 유기과산화물류를 제외하고는 질소를 함유한 유기질소 화합물이다.

④ 가연물인 동시에 물질 자체 내에 다량의 산소공급원을 포함하고 있는 물질이기 때문에 화약의 주원료로 사용하고 있다.

⑤ 장시간 저장하면 자연발화를 일으키는 경우도 있다.

(2) 위험성

① 외부의 산소 없이도 자신이 연소하며, 연소속도가 빠르며 폭발적이다.(유기과산화물류, 질산에스터류(질산에스테르류), 나이트로화합물류(니트로화합물류), 나이트로소화합물류(니트로소화합물류) 등이 해당됨)

② 아조화합물류, 다이아조화합물류(디아조화합물류), 하이드라진(히드라진) 유도체류는 고농도인 경우 충격에 민감하며 연소 시 순간적으로 폭발할 수 있다.

(3) 저장 및 취급방법

① 점화원 및 분해를 촉진시키는 물질로부터 멀리하고 저장 시 가열, 충격, 마찰 등을 피한다.

② 직사광선 차단, 습도에 주의하고 통풍이 양호한 찬 곳에 보관한다.

③ 강산화제, 강산류, 기타 물질이 혼입되지 않도록 한다.

④ 화재 발생 시 소화가 곤란하므로 가급적 조금씩 나누어 저장하고 용기의 파손 및 균열에 주의한다.

⑤ 안정제(용제 등)가 함유되어 있는 것은 안정제의 증발을 막고 증발되었을 때는 즉시 보충한다.

⑥ 운반용기 및 포장 외부에 화기엄금, 충격주의 등을 표시해야 한다.

⑦ 화재 시 폭발의 위험성이 있으므로 충분한 안전거리를 확보하여야 한다.

(4) **소화방법**

① 자기반응성 물질이기 때문에 CO_2, 분말, 하론, 포 등에 의한 질식소화는 적당하지 않으며, 다량의 물로 냉각소화 하는 것이 적당하다.

② 밀폐 공간 내에서 화재가 발생했을 때에는 반드시 공기호흡기를 착용하고 바람의 위쪽에서 소화작업을 한다.

③ 유독가스 발생에 유의하여 공기호흡기를 착용한다.

(5) **제5류 위험물 각론**

① 유기과산화물: 과산화벤조일(벤조일퍼옥사이드), 메틸에틸케톤퍼옥사이드(MEKPO)

ⓐ 일반적인 성질

- 일반적으로 $-O-O-$기를 가진 산화물을 유기과산화물이라 한다.
- 직사광선을 피하고 찬 곳에 저장한다.
- 본질적으로 불안정하며 자기반응성 물질이기 때문에 무기과산화물류보다 더 위험하다.
- 화기나 열원으로부터 멀리한다.
- 산화제와 환원제 모두 가까이 하지 말아야 한다.
- 용기의 파손에 의하여 누출 위험이 있으므로 정기적으로 점검한다.
- 다량의 주수소화가 효과적이다.

ⓑ 위험성

- 산소원자 사이의 결합이 약하기 때문에 가열, 충격, 마찰에 의해 폭발을 일으키기 쉽다.
- 누설된 유기과산화물은 배수구로 흘려보내지 말아야 하고, 액체이면 팽창질석과 팽창진주암으로 흡수시키고, 고체이면 팽창질석과 진주암으로 혼합해서 처리해야 한다.
- 일단 점화되면 폭발에 이르는 경우가 많아 소화작업 시 주의하여야 한다.

ⓒ 종류

- 과산화벤조일(벤조일퍼옥사이드): $(C_6H_5CO)_2O_2$
  - 무색·무미의 결정고체, 비수용성, 알코올에 약간 녹는다.
  - 발화점 80℃, 융점 103~106℃, 비중 1.33(25℃)
  - 상온에서 안정된 물질(고체), 강한 산화작용이 있다.
  - 가열하면 100℃에서 흰 연기를 내며 분해한다.
  - 강한 산화성 물질로 열, 빛, 충격, 마찰 등에 의해 폭발의 위험이 있다.
  - 수분을 흡수하거나 불활성 희석제(프탈산디메틸, 프탈산디부틸)의 첨가에 의해 폭발성을 낮출 수 있다.
  - 이물질의 혼입을 방지하고, 직사광선 차단, 마찰 및 충격 등의 물리적 에너지원을 배제한다.
  - 소맥분, 표백제, 의약, 화장품 등에 사용한다.
  - 구조식

$$O=C-O-O-C=O$$

  - 메틸에틸케톤퍼옥사이드(MEKPO)
    - 무색의 기름처럼 보인다.
    - 물에 약간 용해되고 에테르, 알코올, 케톤류에 녹는다.

② 질산에스터류(질산에스테르류): 나이트로(니트로)셀룰로오스(NC), 나이트로(니트로)글리세린(NG), 질산메틸, 질산에틸, 나이트로(니트로)글리콜, 펜트리트

○ 일반적인 성질
- 질산에스터류(질산에스테르류)란 질산(HNO_3)의 수소(H) 원자가 떨어져 나가고 알킬기($R-$, C_nH_{2n+1}) 등으로 치환된 화합물의 총칭으로 질산메틸, 질산에틸, 나이트로(니트로)셀룰로오스, 나이트로(니트로)글리세린, 나이트로(니트로)글리콜 등이 있다.
- 부식성이 강한 물질이고 가열, 충격으로 폭발이 쉬우며 폭약의 원료로 많이 사용된다.
- 분자 내부에 산소를 함유하고 있어 불안정하며 가열, 충격, 마찰에 의해 폭발할 수 있다.

○ 종류
- 나이트로(니트로)셀룰로오스(NC): $C_6H_7O_2(ONO_2)_3$(질화면)
  - 셀룰로오스에 진한 질산과 진한 황산을 3:1의 비율로 혼합작용시키면 나이트로(니트로)셀룰로오스가 만들어진다.
  - 분해온도: 130℃, 자연발화온도: 180℃
  - 무연화약으로 사용되며 질화도가 클수록 위험하다.
  - 햇빛, 열, 산에 의해 자연발화의 위험이 있으므로 열원을 멀리하고 가열, 마찰을 피한다.
  - 질화도: 나이트로(니트로)셀룰로오스 중의 질소 함유(%)
  - 나이트로(니트로)셀룰로오스를 저장 운반 시 물 또는 알코올에 습면하고, 안정제를 가해서 냉암소에 저장한다.
  - 질소 함유량 약 11%의 나이트로(니트로)셀룰로오스를 장뇌와 알코올에 녹여 교질상태로 만든 것을 셀룰로이드라 한다.
  - 소화방법은 다량의 주수소화가 효과적이다.
- 나이트로(니트로)글리세린(NG): $C_3H_5(ONO_2)_3$
  - 비점: 250℃, 비중: 1.596(물보다 무거움), 증기비중: 7.84
  - 상온에서 무색투명한 기름 모양의 액체이며, 제5류 자기반응성 물질로 자기연소를 한다.
  - 가열·마찰·충격에 민감하며 폭발하기 쉽다.
  - 규조토에 흡수시켜 다이너마이트를 제조한다.
  - 분해 반응식

$$4C_3H_5(ONO_2)_3 \longrightarrow 12CO_2\uparrow + 10H_2O\uparrow + 6N_2\uparrow + O_2\uparrow$$

  - 정식 명칭은 삼질산글리세롤이지만 보통 NG로 약기(略記)한다.
  - 결정에는 안정형과 불안정형이 있는데, 안정형의 녹는점은 13.2~13.5℃, 불안정형의 녹는점은 1.9~2.2℃이다.
  - 민감하고 강력한 폭발력이 있어 크게 주목을 받았다.
  - 공업제품은 8℃ 부근에서 동결하고(순수한 것은 겨울철에 동결될 수 있음), 14℃ 부근에서 융해한다. 물에는 별로 녹지 않으나, 알코올이나 에테르, 벤젠 등 유기용매에 잘 녹는다.
- 질산메틸: CH_3ONO_2
  - 무색 투명하고 향긋한 냄새가 나는 액체로 단맛이 있다.
  - 융점: −82.3℃, 비점: 66℃, 증기비중: 2.65, 비중: 1.22
  - 비수용성, 인화성이 있고 알코올, 에테르에 녹는다.
  - 소화방법은 분무상의 물, 알코올 폼 등을 사용한다.
  - 상온에서 액체이다.
- 질산에틸: $C_2H_5ONO_2$
  - 무색 투명한 향긋한 냄새가 나는 액체(상온에서)로 단맛이 있고, 비점 이상으로 가열하면 폭발한다.

- 인화점: $-10°C$, 비점: $88°C$, 증기비중: 3.14(공기보다 무거움), 비중: 1.11
- 비수용성, 인화성이 있고 알코올, 에테르에 녹는다.
- 불꽃 등 화기를 멀리하고, 용기는 밀봉하고 통풍이 잘 되는 냉암소에 저장한다.
- 물보다 무겁고, 제4류 위험물 제1석유류와 비슷하고 휘발성이 크므로 증기의 인화성에 유의해야 한다.

③ 나이트로화합물(니트로화합물): 트리나이트로(니트로)톨루엔(TNT), 트리나이트로(니트로)페놀(피크린산)
  ㉠ 일반적인 성질
    • 나이트로화합물(니트로화합물)이란 유기화합물의 수소 원자가 나이트로기(니트로기, $-NO_2$)로 치환된 화합물이다.
    • 물과 반응하지 않으므로 운반 시 방수성 덮개가 필요없다.
  ㉡ 위험성
    • 나이트로기(니트로기)가 많을수록 연소하기 쉽고 폭발력도 커진다.
    • 공기 중 자연발화 위험은 없으나, 가열·충격·마찰에 의해 폭발한다.
    • 연소 시 다량의 유독가스를 발생시키므로 주의해야 한다.(CO, N_2O 등)
  ㉢ 종류
    • 트리나이트로(니트로)톨루엔(TNT): $C_6H_2CH_3(NO_2)_3$
      - 담황색의 결정이며 일광하에 다갈색으로 변하고 중성물질이기 때문에 금속과 반응하지 않는다.
      - 톨루엔에 질산, 황산을 반응시켜 생성되는 물질이 트리나이트로(니트로)톨루엔이다.

$$C_6H_5CH_3 + 3HNO_3 \xrightarrow{H_2SO_4} C_6H_2CH_3(NO_2)_3 + 3H_2O$$

      - 비수용성이고 아세톤, 벤젠, 알코올, 에테르에 잘 녹고, 가열이나 충격을 주면 폭발할 수 있다.
      - 분해 반응식

$$2C_6H_2CH_3(NO_2)_3 \longrightarrow 12CO\uparrow + 2C + 3N_2 + 5H_2\uparrow$$

      - 피크르산에 비해 충격, 마찰에 둔감하고 기폭약을 쓰지 않으면 폭발하지 않는다.
      - 사람의 머리카락(모발)을 변색시키는 작용이 있다.
      - 폭약의 원료로 사용되며, 폭발 시 다량의 가스를 발생시킨다.
      - 자기반응성 물질로 자기연소가 가능하다.
      - 소화방법은 다량의 주수소화가 적당하다.
    • 트리나이트로(니트로)페놀: $C_6H_2(OH)(NO_2)_3$(피크르산=피크린산=TNP)
      - 자기반응성의 제5류 위험물로 황색의 침상 결정이다.
      - 피크린산의 저장 및 취급에 있어서는 드럼통에 넣어서 밀봉시켜 저장하고, 건조할수록 위험성이 증가된다. 독성이 있으며 냉수에는 녹기 힘들고 더운물, 에테르, 벤젠, 알코올에 잘 녹는다.

– 분해 반응식

$$2C_6H_2OH(NO_2)_3 \longrightarrow 4CO_2\uparrow + 6CO\uparrow + 3N_2\uparrow + 2C + 3H_2\uparrow$$

– 구리, 아연, 납과 반응하여 피크린산 염을 만들고 단독으로는 마찰, 충격에 둔감하여 폭발하지 않는다.
– 금속염 물질과 혼합하는 것은 위험하며, 소화방법은 다량의 주수소화가 적당하다.
– 황색염료와 산업용도폭선의 심약으로 사용되는 것으로 페놀에 진한 황산을 녹이고 이것을 질산에 작용시켜 생성된다.
– 구조식

④ **나이트로소화합물(니트로소화합물):** 파라다이나이트로소(파라디니트로소)벤젠, 다이나이트로소(디니트로소)레조르신, 다이나이트로소(디니트로소)펜타메틸렌테드라민
   ㉠ 일반적인 성질
     • 나이트로소화합물(니트로소화합물)이란 나이트로소기(니트로소기, $-NO$)를 가진 화합물을 말한다.
     • 자기연소성이며, 폭발성 물질이다.
   ㉡ 위험성
     • 대부분 불안정하며 연소속도가 매우 빠르다.
     • 가열, 충격, 마찰 등에 의해 폭발할 수 있다.
   ㉢ 종류
     • 파라다이나이트로소(파라디니트로소)벤젠: $C_6H_4(NO)_2$
     • 다이나이트로소(디니트로소)레조르신: $C_6H_2(OH)_2(NO)_2$
     • 다이나이트로소(디니트로소)펜타메틸렌테드라민(DPT): $C_5H_{10}N_4(NO)_2$

⑤ **아조화합물:** 아조벤젠, 하이드록시아조벤젠, 아미노아조벤젠, 아족시벤젠
   ㉠ 일반적인 성질: 아조화합물이란 아조기($-N=N-$)가 탄화수소의 탄소원자와 결합되어 있는 화합물을 말한다.
   ㉡ 종류
     • 아조벤젠($C_6H_5N=NC_6H_5$)
     • 하이드록시아조벤젠(히드록시아조벤젠, $C_6H_5N=NC_6H_4OH$)

⑥ **다이아조화합물(디아조화합물):** 다이아조메테인(디아조메탄), 다이아조다이나이트로페놀(디아조디니트로페놀), 다이아조아세토나이트릴(디아조아세토니트릴)
   ㉠ 일반적인 성질
     • 다이아조기(디아조기, $-N\equiv N$)가 탄화수소의 탄소원자와 결합되어 있는 화합물로서 가열, 충격, 마찰에 의한 폭발위험이 높다.
     • 분진이 체류하는 곳에서는 분진폭발 위험이 있다.
     • 저장 시 안정제를 사용한다.(황산알루미늄 등)
   ㉡ 종류
     • 다이아조메테인(디아조메탄, CH_2N_2)

- 다이아조다이나이트로페놀(디아조디니트로페놀, DDNP), 다이아조아세토나이트릴(디아조아세토니트릴, C_2HN_3), 메틸다이아조아세테이트(메틸디아조아세테이트, $C_3H_4N_2O_2$)

⑦ 하이드라진(히드라진) 유도체
  ㉠ 하이드라진(히드라진, N_2H_4)은 유기화합물로부터 얻어진 물질이다.
  ㉡ 종류는 다이나이트로페닐하이드라진(디니트로페닐히드라진), 황산하이드라진(황산히드라진) 등이 있다.

7 제6류 위험물

유별	성질	위험물 품명	지정수량
제6류	산화성 액체	1. 과염소산	300kg
		2. 과산화수소	300kg
		3. 질산	300kg
		4. 그 밖에 행정안전부령으로 정하는 것	300kg
		5. 제1호 내지 제4호의 1에 해당하는 어느 하나 이상을 함유한 것	300kg

핵심 Point 제6류 위험물

삼불화브로민(삼불화브롬), 오불화아이오딘(오불화요오드), 질산(비중 1.49 이상), 과염소산, 과산화수소(농도가 36(중량)% 이상)

1. 제6류 위험물의 종류 및 위험성 · 유해성

(1) 제6류 위험물의 일반적인 성질
① 산화성 액체(산화성 무기화합물)이며 자신들은 모두 불연성 물질이다.
② 과산화수소를 제외하고 강산성 물질이며 물에 녹기 쉽다.
③ 강한 부식성이 있고 모두 산소를 포함하고 있으며 다른 물질을 산화시킨다.
④ 불연성 물질이며 가연물, 유기물 등과의 혼합으로 발화한다.
⑤ 피복이나 피부에 묻지 않게 주의한다.(증기는 유독하며 피부와 접촉 시 점막을 부식시키기 때문임)
⑥ 비중이 1보다 크다.

(2) 위험성
① 자신은 불연성 물질이지만 산화성이 커 다른 물질의 연소를 돕는다.(지연성)
② 제2류, 제3류, 제4류, 제5류, 강환원제, 일반 가연물과 접촉하면 혼촉, 발화하거나 가열 등에 의해 매우 위험한 상태로 된다.
③ 과산화수소를 제외하고 물과 접촉하면 심하게 발열하고 연소하지는 않는다.
④ 염기와 작용하여 염과 물을 만들고, 발열한다.

(3) 저장 및 취급방법
① 화기엄금, 직사광선 차단, 강환원제, 유기물질, 가연성 위험물과 접촉을 피한다.
② 물이나 염기성 물질, 제1류 위험물과의 접촉을 피한다.
③ 용기는 내산성으로 하며 밀전, 파손방지, 전도방지, 변형방지에 주의하고 물, 습기에 주의해야 한다.

(4) 소화방법
① 불연성이지만 연소를 돕는 물질이므로 화재 시에는 가연물과 격리하도록 한다.
② 소화작업을 진행한 후 많은 물로 씻어 내리고, 마른 모래로 위험물의 비산(飛散)을 방지한다.

③ 화재진압 시 공기호흡기, 방호의, 고무장갑, 고무장화 등을 반드시 착용한다.

④ 이산화탄소와 할로젠화합물(할로겐화합물) 소화기는 산화성 액체 위험물의 화재에 사용하지 않는다.

⑤ 소량 누출 시에는 다량의 물로 희석할 수 있지만 물과 반응하여 발열하므로 원칙적으로 소화 시 주수소화를 금지 시킨다.(과산화수소 화재 시에는 다량의 물을 사용하여 희석소화가 가능함)

⑥ 마른 모래나 포 소화기가 적응성이 있다.

(5) 제6류 위험물 각론

① 과염소산: $HClO_4$(지정수량 300kg)

ㄱ 일반적인 성질

  • 제6류 위험물로 무색, 무취의 유동하기 쉬운 액체로 흡습성이 강하며 휘발성이 있고, 가열하면 폭발하고 산성이 강한 편이다.

  • 불연성 물질이지만 염소산 중에서 제일 강한 산이다.

  • 비중: 1.76, 비점: 39°C

  • 과염소산은 수용성으로, 물과 작용해서 액체 수화물을 만든다.

  • 산화제로 사용되어 금속 또는 금속산화물과 반응하여 과염소산염을 만들며 Fe, Cu, Zn과 격렬히 반응하여 산화물을 만든다.

  • 방치하면 분해하고 가열하면 폭발한다.

ㄴ 위험성

  • 대단히 불안정한 강산으로 산화력이 강하고 종이, 나무조각과 접촉하면 연소와 동시에 폭발한다.

  • 일반적으로 물과 접촉하면 발열한다.

  • 과염소산을 상압에서 가열하면 분해되고 유독성 가스인 HCl을 발생시킨다.

ㄷ 저장 및 취급방법

  • 밀폐용기에 넣어 저장하고 통풍이 양호한 곳에 저장한다.

  • 화기, 직사광선, 유기물 · 가연물과 접촉해서는 안 된다.

  • 누설 시 톱밥, 종이 등으로 섞어 폐기하지 않도록 한다.

  • 물과의 접촉을 피하고 충격, 마찰을 주지 않도록 해야 한다.

ㄹ 소화방법

  • 다량의 물로 분무주수하거나 분말 소화약제를 사용한다.

  • 유기물이 존재하면 폭발할 수 있으므로 주의해야 한다.

② 과산화수소: H_2O_2(지정수량 300kg)

ㄱ 일반적인 성질

  • 금속과산화물을 묽은 산에 반응시켜 생성되는 물질로서 무색의 액체이며, 비중은 1.5이다.

  • 물보다 무겁고 수용액이 불안하여 금속가루나 수산이온이 있으면 분해한다.

  • 물, 알코올, 에테르에는 녹지만, 벤젠 · 석유에는 녹지 않는다.

  • 산화제 및 환원제로도 사용되며 표백, 살균작용을 한다.(상온에서 $2H_2O_2 \rightarrow 2H_2O + O_2$로 분해되어 발생기 산소를 발생하기 때문임)

  • 농도 36wt% 이상은 위험물에 속한다.(농도에 따라 위험물이 아닐 수도 있음)

ㄴ 위험성

  • 강력한 산화제로 분해하여 발생한 O는 산화력이 강하다.(산화제이지만 환원제로 작용하는 경우도 있으며, 자체로 가연성은 아님)

  • 상온에서 $2H_2O_2 \rightarrow 2H_2O + O_2$로 서서히 분해되어 산소를 방출한다.

  • 직사광선에 의해 분해되고, 농도 66% 이상은 충격, 마찰에 의해서도 단독으로 분해폭발 위험이 있다.

- Ag, Pt 등 금속분말 또는 이산화망간(MnO_2), AgO, PbO 등과 같은 산화물과 혼합하면 급격히 반응(분해 촉진)하여 산소를 방출하여 폭발하기도 하며, 진한 것이 피부에 닿으면 화상을 입는다.
- 암모니아와의 접촉은 폭발의 위험이 있으므로 피한다.

  ⓒ 저장 및 취급방법
- 햇빛 차단, 화기엄금, 충격금지, 환기가 잘 되는 냉암소에 저장, 온도 상승 방지, 과산화수소의 저장용기마개는 구멍 뚫린 마개 사용(용기의 내압상승을 방지하기 위함)
- 농도가 클수록 위험성이 크므로 분해방지 안정제, 인산나트륨, 인산(H_3PO_4), 요산($C_5H_4N_4O_3$), 글리세린 등을 첨가하여 산소분해를 억제한다.
- 과산화수소는 자신이 분해하여 발생기 산소를 발생시켜 강한 산화작용을 한다. 이는 아이오딘화(요오드화)칼륨-녹말 종이를 보라색(청자색)으로 변화시키는 것으로 확인되며, 과산화수소는 과산화바륨 등에 황산을 작용시켜 얻는다.
- 유리용기에 장시간 보관하면 직사광선에 의해 분해될 위험성이 있으므로 갈색의 착색병에 보관한다.

  ⓔ 소화방법
- 다량의 물을 사용하여 소화할 수 있으며 연소의 상황에 따라 분무주수도 효과가 있다.
- 마른 모래에 적응성이 있다.
- 피부와 접촉을 막기 위해 보호의를 착용한다.

③ 질산: HNO_3(지정수량 300kg)
  ㉠ 일반적인 성질
- 불연성 물질이며 위험등급은 I이다.
- 흡습성이 강하여 습한 공기 중에서 자연발화하지 않고 발열하는 무색 또는 담황색의 무거운 액체이다.
- 유독성이 강한 산화성 물질로 자극성, 부식성이 강하며 비점이 낮아 휘발성이고 햇빛에 의해 일부 분해한다.
- 물과 반응하여 강한 산성을 나타낸다.
- Ag는 진한 질산에 용해되는 금속이다.
- 진한 질산은 Fe, Ni, Cr, Al과 반응하여 부동태를 형성한다.(부동태를 형성한다는 말은 더 이상 산화작용을 하지 않는다는 의미임)
- 「위험물안전관리법」상 위험물에 해당하는 질산은 비중이 1.49 이상이고, 진한 질산을 가열할 경우 분해되어 액체 표면에 적갈색의 증기(유독가스)가 떠 있게 된다.

  ㉡ 위험성
- 진한 질산을 가열하면 분해되어 산소를 발생하므로 강한 산화작용을 한다.
- 환원되기 쉬운 물질이 존재할 때는 분해촉진으로 산소를 발생하여 위험하다.
- 칼슘과 묽은 질산이 반응하여 수소기체를 발생시킨다.

$$2HNO_3 + Ca \longrightarrow Ca(NO_3)_2 + H_2 \uparrow$$

- 진한 질산을 가열, 분해 시 유독성의 적갈색 NO_2 가스가 발생하고 여러 금속과 반응하여 가스를 방출한다.

  ㉢ 저장 및 취급방법
- 공기 중에서 빛을 받으며 갈색의 연기(NO_2)를 내기 때문에 갈색병에 보관해야 한다.
- 화기엄금, 직사광선 차단, 물기와 접촉금지, 통풍이 잘 되는 찬 곳에 저장한다.

  ㉣ 소화방법
- 소량 화재인 경우 다량의 물로 희석소화하고, 다량의 경우 포나 마른 모래 등으로 소화한다.
- 다량의 경우 안전거리를 확보하여 소화작업을 진행한다.

위험물 저장·취급 및 운송·운반

1. 위험물의 저장기준

(1) 저장·취급의 공통기준

① 제조소 등에서 규정에 의한 신고와 관련되는 품명 외의 위험물 또는 이러한 허가 및 신고와 관련되는 수량 또는 지정수량의 배수를 초과하는 위험물을 저장 또는 취급하지 아니하여야 한다.

② 위험물을 저장 또는 취급하는 건축물, 그 밖의 공작물 또는 설비는 당해 위험물의 성질에 따라 차광 또는 환기를 실시하여야 한다.

③ 위험물은 온도계, 습도계, 압력계, 그 밖의 계기를 감시하여 당해 위험물의 성질에 맞는 적정한 온도, 습도 또는 압력을 유지하도록 저장 또는 취급하여야 한다.

④ 가연성의 액체·증기 또는 가스가 새거나 체류할 우려가 있는 장소 또는 가연성의 미분이 현저하게 부유할 우려가 있는 장소에서는 전선과 전기기구를 완전히 접속하고 불꽃을 발하는 기계·기구·공구·신발 등을 사용하지 아니하여야 한다.

⑤ 위험물을 보호액 중에 보존하는 경우에는 당해 위험물이 보호액으로부터 노출되지 아니하도록 하여야 한다.

⑥ 지정수량 이상의 위험물을 저장소가 아닌 장소에서 저장하거나 제조소 등이 아닌 장소에서 취급하여서는 아니 된다. 다만, 시·도의 조례가 정하는 바에 따라 관할소방서장의 승인을 받아 지정수량 이상의 위험물을 90일 이내의 기간 동안 임시로 저장 또는 취급하는 경우에는 제조소 등이 아닌 장소에서 지정수량 이상의 위험물을 취급할 수 있다.

⑦ 지정수량 미만인 위험물의 저장 또는 취급에 관한 기술상의 기준은 특별시·광역시 및 도의 조례로 정한다.

(2) 위험물의 유별 저장·취급의 공통기준

① 제1류 위험물은 가연물과의 접촉·혼합이나 분해를 촉진하는 물품과의 접근 또는 과열·충격·마찰 등을 피하는 한편, 알칼리금속의 과산화물 및 이를 함유한 것에 있어서는 물과의 접촉을 피하여야 한다.

② 제2류 위험물은 산화제와의 접촉·혼합이나 불티·불꽃·고온체와의 접근 또는 과열을 피하는 한편, 철분·금속분·마그네슘 및 이를 함유한 것에 있어서는 물이나 산과의 접촉을 피하고 인화성 고체에 있어서는 함부로 증기를 발생시키지 아니하여야 한다.

③ 제3류 위험물 중 자연발화성 물질에 있어서는 불티·불꽃 또는 고온체와의 접근·과열 또는 공기와의 접촉을 피하고, 금수성 물질에 있어서는 물과의 접촉을 피하여야 한다.

④ 제4류 위험물은 불티·불꽃·고온체와의 접근 또는 과열을 피하고, 함부로 증기를 발생시키지 아니하여야 한다.

⑤ 제5류 위험물은 불티·불꽃·고온체와의 접근이나 과열·충격 또는 마찰을 피하여야 한다.

⑥ 제6류 위험물은 가연물과의 접촉·혼합이나 분해를 촉진하는 물품과의 접근 또는 과열을 피하여야 한다.

(3) 저장의 기준

① 저장소에는 위험물 외의 물품을 저장하지 아니하여야 한다. 다만, 다음의 경우에 해당하면 그러하지 아니하다.

    ㉠ 옥내저장소 또는 옥외저장소에서 규정에 의한 위험물과 위험물이 아닌 물품을 함께 저장하는 경우, 위험물과 위험물이 아닌 물품은 각각 모아서 저장하고 상호 간에는 1m 이상의 간격을 두어야 한다.

    ㉡ 옥외탱크저장소·옥내탱크저장소·지하탱크저장소 또는 이동탱크저장소에서 당해 옥외탱크저장소 등의 구조 및 설비에 나쁜 영향을 주지 아니하면서 규정에서 정하는 위험물이 아닌 물품을 저장하는 경우

② 유별을 달리하는 위험물은 동일한 저장소(내화구조의 격벽으로 완전히 구획된 실이 2 이상 있는 저장소에 있어서는 동일한 실)에 저장하지 아니하여야 한다. 다만, 옥내저장소 또는 옥외저장소에 있어서 다음의 각 목의 규정에 의한 위험물을 저장하는 경우로서 위험물을 유별로 정리하여 저장하는 한편, 서로 1m 이상의 간격을 두는 경우에는 그러하지 아니하다.

    ㉠ 제1류 위험물(알칼리금속의 과산화물 또는 이를 함유한 것을 제외)과 제5류 위험물을 저장하는 경우

    ㉡ 제1류 위험물과 제6류 위험물을 저장하는 경우

    ㉢ 제1류 위험물과 제3류 위험물 중 자연발화성 물질(황린 또는 이를 함유한 것에 한함)을 저장하는 경우

    ㉣ 제2류 위험물 중 인화성 고체와 제4류 위험물을 저장하는 경우

    ㉤ 제3류 위험물 중 알킬알루미늄 등과 제4류 위험물(알킬알루미늄 또는 알킬리튬을 함유한 것에 한함)을 저장하는 경우

    ㉥ 제4류 위험물 중 유기과산화물 또는 이를 함유하는 것과 제5류 위험물 중 유기과산화물 또는 이를 함유한 것을 저장하는 경우

③ 제3류 위험물 중 황린, 그 밖에 물속에 저장하는 물품과 금수성 물질은 동일한 저장소에서 저장하지 아니하여야 한다.

④ 옥내저장소에 있어서 위험물은 규정에 의한 바에 따라 용기에 수납하여 저장하여야 한다. 다만, 덩어리 상태의 황(유황)과 「총포·도검·화약류 등의 안전관리에 관한 법률」에 따른 화약류에 해당하는 위험물에 있어서는 그러하지 아니하다.

⑤ 옥내저장소에서 동일 품명의 위험물이더라도 자연발화할 우려가 있는 위험물 또는 재해가 현저하게 증대할 우려가 있는 위험물을 다량 저장하는 경우에는 지정수량의 10배 이하마다 구분하여 상호 간 0.3m 이상의 간격을 두어 저장하여야 한다. 다만, 「총포·도검·화약류 등의 안전관리에 관한 법률」에 위험물 또는 기계에 의하여 하역하는 구조로 된 용기에 수납한 위험물에 있어서는 그러하지 아니하다.

⑥ 옥내저장소에서 위험물을 저장하는 경우에는 다음의 높이를 초과하여 용기를 겹쳐 쌓지 아니하여야 한다.

    ㉠ 기계에 의하여 하역하는 구조로 된 용기만을 겹쳐 쌓는 경우에 있어서는 6m

    ㉡ 제4류 위험물 중 제3석유류, 제4석유류 및 동식물유류를 수납하는 용기만을 겹쳐 쌓는 경우에 있어서는 4m

    ㉢ 그 밖의 경우에 있어서는 3m

⑦ 옥내저장소에서는 용기에 수납하여 저장하는 위험물의 온도가 55℃를 넘지 아니하도록 필요한 조치를 강구하여야 한다.

⑧ 옥외저장탱크·옥내저장탱크 또는 지하저장탱크의 주된 밸브 및 주입구의 밸브 또는 뚜껑은 위험물을 넣거나 빼낼 때 외에는 폐쇄하여야 한다.

⑨ 옥외저장탱크의 주위에 방유제가 있는 경우에는 그 배수구를 평상시 폐쇄하여 두고, 당해 방유제의 내부에 유류 또는 물이 괴었을 때에는 지체없이 이를 배출하여야 한다.

⑩ 알킬알루미늄 등, 아세트알데하이드(아세트알데히드) 등 및 다이에틸에터(디에틸에테르) 등(다이에틸에터(디에틸에테르) 또는 이를 함유한 것을 말함)의 저장기준은 다음과 같다.

    ㉠ 이동저장탱크에 알킬알루미늄 등을 저장하는 경우에는 20kPa 이하의 압력으로 불활성의 기체를 봉입하여 둘 것

    ㉡ 옥외저장탱크·옥내저장탱크 또는 이동저장탱크에 새롭게 아세트알데하이드(아세트알데히드) 등을 주입하는 때에는 미리 당해 탱크 안의 공기를 불활성 기체와 치환하여 둘 것

    ㉢ 이동저장탱크에 아세트알데하이드(아세트알데히드) 등을 저장하는 경우에는 항상 불활성의 기체를 봉입하여 둘 것

    ㉣ 옥외저장탱크·옥내저장탱크 또는 지하저장탱크 중 압력탱크 외의 탱크에 저장하는 다이에틸에터(디에틸에테르) 등 또는 아세트알데하이드(아세트알데히드) 등의 온도는 산화프로필렌과 이를 함유한 것 또는 다이에틸에터(디에틸에테르) 등에 있어서는 30℃ 이하로, 아세트알데하이드(아세트알데히드) 또는 이를 함유한 것에 있어서는 15℃ 이하로 각각 유지할 것

ⓜ 옥외저장탱크·옥내저장탱크 또는 지하저장탱크 중 압력탱크에 저장하는 아세트알데하이드(아세트알데히드) 등 또는 다이에틸에터(디에틸에테르) 등의 온도는 40℃ 이하로 유지할 것

ⓗ 보냉장치가 있는 이동저장탱크에 저장하는 아세트알데하이드(아세트알데히드) 등 또는 다이에틸에터(디에틸에테르) 등의 온도는 당해 위험물의 비점 이하로 유지할 것

ⓢ 보냉장치가 없는 이동저장탱크에 저장하는 아세트알데하이드(아세트알데히드) 등 또는 다이에틸에터(디에틸에테르) 등의 온도는 40℃ 이하로 유지할 것

(4) 지정수량 이상의 위험물을 저장하기 위한 장소와 그에 따른 저장소의 구분

지정수량 이상의 위험물을 저장하기 위한 장소	저장소의 구분
1. 옥내(지붕과 기둥 또는 벽 등에 의하여 둘러싸인 곳을 말한다. 이하 같음)에 저장(위험물을 저장하는데 따르는 취급을 포함한다. 이하 이 표에서 같음)하는 장소. 다만, 제3호의 장소를 제외한다.	옥내저장소
2. 옥외에 있는 탱크(제4호 내지 제6호 및 제8호에 규정된 탱크를 제외한다. 이하 제3호에서 같음)에 위험물을 저장하는 장소	옥외탱크저장소
3. 옥내에 있는 탱크에 위험물을 저장하는 장소	옥내탱크저장소
4. 지하에 매설한 탱크에 위험물을 저장하는 장소	지하탱크저장소
5. 간이탱크에 위험물을 저장하는 장소	간이탱크저장소
6. 차량(피견인자동차에 있어서는 앞차축을 갖지 아니하는 것으로서 당해 피견인자동차의 일부가 견인자동차에 적재되고 당해 피견인자동차와 그 적재물의 중량의 상당부분이 견인자동차에 의하여 지탱되는 구조의 것에 한함)에 고정된 탱크에 위험물을 저장하는 장소	이동탱크저장소
7. 옥외에 다음의 하나에 해당하는 위험물을 저장하는 장소. 다만, 제2호의 장소를 제외한다. 가. 제2류 위험물 중 황(유황) 또는 인화성 고체(인화점이 섭씨 0도 이상인 것에 한함) 나. 제4류 위험물 중 제1석유류(인화점이 섭씨 0도 이상인 것에 한함)·알코올류·제2석유류·제3석유류·제4석유류 및 동식물유류 다. 제6류 위험물 라. 제2류 위험물 및 제4류 위험물 중 특별시·광역시 또는 도의 조례에서 정하는 위험물(「관세법」 제154조의 규정에 의한 보세 구역 안에 저장하는 경우에 한함) 마. 「국제해사기구에 관한 협약」에 의하여 설치된 국제해사기구가 채택한 「국제해상위험물규칙」(IMDG Code)에 적합한 용기에 수납된 위험물	옥외저장소
8. 암반 내의 공간을 이용한 탱크에 액체의 위험물을 저장하는 장소	암반탱크저장소

2. 위험물의 취급의 기준

(1) 위험물의 취급 중 제조에 관한 기준

① 증류공정에 있어서는 위험물을 취급하는 설비의 내부압력의 변동 등에 의하여 액체 또는 증기가 새지 아니하도록 할 것

② 추출공정에 있어서는 추출관의 내부압력이 비정상으로 상승하지 아니하도록 할 것

③ 건조공정에 있어서는 위험물의 온도가 부분적으로 상승하지 아니하는 방법으로 가열 또는 건조할 것

④ 분쇄공정에 있어서는 위험물의 분말이 현저하게 부유하고 있거나 위험물의 분말이 현저하게 기계·기구 등에 부착하고 있는 상태로 그 기계·기구를 취급하지 아니할 것

(2) 위험물의 취급 중 소비에 관한 기준

① 분사도장작업은 방화상 유효한 격벽 등으로 구획된 안전한 장소에서 실시할 것

② 담금질 또는 열처리작업은 위험물이 위험한 온도에 이르지 아니하도록 하여 실시할 것

③ 버너를 사용하는 경우에는 버너의 역화를 방지하고 위험물이 넘치지 아니하도록 할 것

(3) **이동탱크저장소(컨테이너식 이동탱크저장소를 제외함)에서의 취급기준**

① 이동저장탱크로부터 위험물을 저장 또는 취급하는 탱크에 액체의 위험물을 주입할 경우에는 그 탱크의 주입구에 이동저장탱크의 주입호스를 견고하게 결합할 것

② 이동저장탱크로부터 액체 위험물을 용기에 옮겨 담지 아니할 것

③ 이동저장탱크로부터 위험물을 저장 또는 취급하는 탱크에 인화점이 40℃ 미만인 위험물을 주입할 때에는 이동탱크저장소의 원동기를 정지시킬 것

3. 위험물의 운반기준

(1) 운반용기

① 운반용기의 재질은 강판, 알루미늄판, 양철판, 유리, 금속판, 종이, 플라스틱, 섬유판, 고무류, 합성섬유, 삼, 짚 또는 나무로 한다.

② 운반용기는 견고하여 쉽게 파손될 우려가 없고, 그 입구로부터 수납된 위험물이 샐 우려가 없도록 하여야 한다.

③ 운반용기의 최대용적 또는 중량(고체)

내장용기 용기의 종류	내장용기 최대용적 또는 중량	외장용기 용기의 종류	외장용기 최대용적 또는 중량	제1류 I	제1류 II	제1류 III	제2류 II	제2류 III	제3류 I	제3류 II	제3류 III	제5류 I	제5류 II
유리용기 또는 플라스틱 용기	10L	나무상자 또는 플라스틱 상자(필요에 따라 불활성의 완충재를 채울 것)	125kg	○	○	○	○	○	○	○	○	○	○
			225kg		○	○		○		○	○		○
		파이버판 상자(필요에 따라 불활성의 완충재를 채울 것)	40kg	○	○	○	○	○	○	○	○	○	○
			55kg		○	○		○		○	○		○
금속제 용기	30L	나무상자 또는 플라스틱 상자	125kg	○	○	○	○	○	○	○	○	○	○
			225kg		○	○		○		○	○		○
		파이버판 상자	40kg	○	○	○	○	○	○	○	○	○	○
			55kg		○	○		○		○	○		○

(2) 적재방법

① 위험물은 규정에 의한 운반용기에 기준에 따라 수납하여 적재하여야 한다. 다만, 덩어리 상태의 황(유황)을 운반하기 위하여 적재하는 경우 또는 위험물을 동일구내에 있는 제조소 등의 상호 간에 운반하기 위하여 적재하는 경우에는 그러하지 않다.

ㄱ 위험물이 온도변화 등에 의하여 누설되지 아니하도록 운반용기를 밀봉하여 수납할 것

ㄴ 수납하는 위험물과 위험한 반응을 일으키지 아니하는 등 당해 위험물의 성질에 적합한 재질의 운반용기에 수납할 것

ㄷ 고체 위험물은 운반용기 내용적의 95% 이하의 수납률로 수납할 것

ㄹ 액체 위험물은 운반용기 내용적의 98% 이하의 수납률로 수납하되, 55℃의 온도에서 누설되지 아니하도록 충분한 공간용적을 유지하도록 할 것

ㅁ 알킬알루미늄 등(알킬알루미늄·알킬리튬 또는 이중 어느 하나 이상을 함유하는 것)은 운반용기 내용적의 90% 이하의 수납률로 수납하되, 50℃의 온도에서 5% 이상의 공간용적을 유지하도록 할 것

② 위험물은 당해 위험물이 용기 밖으로 쏟아지거나 위험물을 수납한 운반용기가 전도·낙하 또는 파손되지 아니하도록 적재하여야 한다.

③ 운반용기는 수납구를 위로 향하게 하여 적재하여야 한다.

CHAPTER 02 위험물 저장·취급 및 운송·운반 • 187

④ 적재하는 위험물의 성질에 따라 일광의 직사 또는 빗물의 침투를 방지하기 위하여 유효하게 피복하는 등 다음 각 목에 정하는 기준에 따른 조치를 하여야 한다.

　　㉠ 제1류 위험물, 제3류 위험물 중 자연발화성 물질, 제4류 위험물 중 특수인화물, 제5류 위험물 또는 제6류 위험물은 차광성이 있는 피복으로 가릴 것

　　㉡ 제1류 위험물 중 알칼리금속의 과산화물 또는 이를 함유한 것, 제2류 위험물 중 철분·금속분·마그네슘 또는 이들 중 어느 하나 이상을 함유한 것 또는 제3류 위험물 중 금수성 물질은 방수성이 있는 피복으로 덮을 것

　　㉢ 제5류 위험물 중 55℃ 이하의 온도에서 분해될 우려가 있는 것은 보냉 컨테이너에 수납하는 등 적정한 온도관리를 할 것

　　㉣ 액체 위험물 또는 위험등급Ⅱ의 고체 위험물을 기계에 의하여 하역하는 구조로 된 운반용기에 수납하여 적재하는 경우에는 당해 용기에 대한 충격 등을 방지하기 위한 조치를 강구할 것

⑤ 위험물은 다음에 따라 종류를 달리하는 그 밖의 위험물 또는 재해를 발생시킬 우려가 있는 물품과 함께 적재하지 아니하여야 한다.

　　㉠ 혼재가 금지되고 있는 위험물

　　㉡「고압가스 안전관리법」에 의한 고압가스(소방청장이 정하여 고시하는 것을 제외함)

⑥ 위험물을 수납한 운반용기를 겹쳐 쌓는 경우에는 그 높이를 3m 이하로 하고, 용기의 상부에 걸리는 하중은 당해 용기 위에 당해 용기와 동종의 용기를 겹쳐 쌓아 3m의 높이로 하였을 때에 걸리는 하중 이하로 하여야 한다.

⑦ 위험물은 그 운반용기의 외부에 다음 각 목에 정하는 바에 따라 위험물의 품명, 수량 등을 표시하여 적재하여야 한다. 다만, UN의 위험물 운송에 관한 권고(RTDG)에서 정한 기준 또는 소방청장이 정하여 고시하는 기준에 적합한 표시를 한 경우에는 그러하지 아니하다.

　　㉠ 위험물의 품명·위험등급·화학명 및 수용성(수용성 표시는 제4류 위험물로서 수용성인 것에 한함)

　　㉡ 위험물의 수량

　　㉢ 수납하는 위험물에 따라 다음의 규정에 의한 주의사항

　　　• 제1류 위험물 중 알칼리금속의 과산화물 또는 이를 함유한 것에 있어서는 '화기·충격주의', '물기엄금' 및 '가연물 접촉주의', 그 밖의 것에 있어서는 '화기·충격주의' 및 '가연물 접촉주의'

　　　• 제2류 위험물 중 철분·금속분·마그네슘 또는 이들 중 어느 하나 이상을 함유한 것에 있어서는 '화기주의' 및 '물기엄금', 인화성 고체에 있어서는 '화기엄금', 그 밖의 것에 있어서는 '화기주의'

　　　• 제3류 위험물 중 자연발화성 물질에 있어서는 '화기엄금' 및 '공기접촉엄금', 금수성 물질에 있어서는 '물기엄금'

　　　• 제4류 위험물에 있어서는 '화기엄금'

　　　• 제5류 위험물에 있어서는 '화기엄금' 및 '충격주의'

　　　• 제6류 위험물에 있어서는 '가연물 접촉주의'

(3) 운반방법

① 위험물 또는 위험물을 수납한 운반용기가 현저하게 마찰 또는 동요를 일으키지 아니하도록 운반하여야 한다.

② 지정수량 이상의 위험물을 차량으로 운반하는 경우에는 해당 차량에 다음의 기준에 의한 위험물의 위험성을 알리는 표지를 설치하여야 한다.

　　㉠ 한 변의 길이가 0.3m 이상, 다른 한 변의 길이가 0.6m 이상인 직사각형(횡형 사각형)의 판으로 할 것

　　㉡ 바탕은 흑색으로 하고, 황색의 반사도료로 '위험물'이라고 표시할 것

　　㉢ 표지는 이동탱크저장소의 경우 전면 상단 및 후면 상단, 위험물운반차량의 경우 전면 및 후면에 부착할 것

③ 지정수량 이상의 위험물을 차량으로 운반하는 경우에 있어서 다른 차량에 바꾸어 싣거나 휴식·고장 등으로 차량을 일시 정차시킬 때에는 안전한 장소를 택하고 운반하는 위험물의 안전확보에 주의하여야 한다.

④ 지정수량 이상의 위험물을 차량으로 운반하는 경우에는 당해 위험물에 적응성이 있는 소형 수동식 소화기를 당해 위험물의 소요단위에 상응하는 능력단위 이상을 갖추어야 한다.

⑤ 위험물의 운반 도중 위험물이 현저하게 새는 등 재난발생의 우려가 있는 경우에는 응급조치를 강구하는 동시에 가까운 소방관서 그 밖의 관계기관에 통보하여야 한다.

(4) 위험물의 위험등급

위험물의 위험등급은 위험등급 I · 위험등급 II 및 위험등급 III으로 구분하며, 각 위험등급에 해당하는 위험물은 다음과 같다.

① 위험등급 I 의 위험물
　　㉠ 제1류 위험물 중 아염소산염류, 염소산염류, 과염소산염류, 무기과산화물, 그 밖에 지정수량이 50kg인 위험물
　　㉡ 제3류 위험물 중 칼륨, 나트륨, 알킬알루미늄, 알킬리튬, 황린, 그 밖에 지정수량이 10kg 또는 20kg인 위험물
　　㉢ 제4류 위험물 중 특수인화물
　　㉣ 제5류 위험물 중 지정수량이 10kg인 위험물
　　㉤ 제6류 위험물

② 위험등급 II 의 위험물
　　㉠ 제1류 위험물 중 브로민산염류(브롬산염류), 질산염류, 아이오딘산염류(요오드산염류), 그 밖에 지정수량이 300kg인 위험물
　　㉡ 제2류 위험물 중 황화인(황화린), 적린, 황(유황), 그 밖에 지정수량이 100kg인 위험물
　　㉢ 제3류 위험물 중 알칼리금속(칼륨 및 나트륨을 제외함) 및 알칼리토금속, 유기금속화합물(알킬알루미늄 및 알킬리튬을 제외함), 그 밖에 지정수량이 50kg인 위험물
　　㉣ 제4류 위험물 중 제1석유류 및 알코올류
　　㉤ 제5류 위험물 중 ① ㉣에 정하는 위험물 외의 것

③ 위험등급 III의 위험물: 위험등급 I, II를 제외한 위험물

4. 위험물의 운송기준

(1) 운송책임자의 감독 또는 지원의 방법

① 운송책임자가 이동탱크저장소에 동승하여 운송 중인 위험물의 안전확보에 관하여 운전자에게 필요한 감독 또는 지원을 하는 방법

② 다만, 운전자가 운반책임자의 자격이 있는 경우에는 운송책임자의 자격이 없는 자가 동승할 수 있다.

③ **운송책임자의 감독, 지원을 받아 운송하여야 하는 것으로 대통령령이 정하는 위험물**: 알킬알루미늄, 알킬리튬을 함유하는 위험물

④ 운송의 감독 또는 지원을 위하여 마련한 별도의 사무실에 운송책임자가 대기하면서 다음의 사항을 이행하는 방법
　　㉠ 운송경로를 미리 파악하고 관할소방관서 또는 관련업체(비상대응에 관한 협력을 얻을 수 있는 업체를 말함)에 대한 연락체계를 갖추는 것
　　㉡ 이동탱크저장소의 운전자에 대하여 수시로 안전확보 상황을 확인하는 것
　　㉢ 비상시의 응급처치에 관하여 조언을 하는 것
　　㉣ 그 밖에 위험물의 운송 중 안전확보에 관하여 필요한 정보를 제공하고 감독 또는 지원하는 것

⑵ **이동탱크저장소에 의한 위험물의 운송 시 기준**

① 위험물운송자는 운송의 개시 전에 이동저장탱크의 배출밸브 등의 밸브와 폐쇄장치, 맨홀 및 주입구의 뚜껑, 소화기 등의 점검을 충분히 실시할 것

② 위험물운송자는 장거리(고속국도에 있어서는 340km 이상, 그 밖의 도로에 있어서는 200km 이상을 말함)에 걸치는 운송을 하는 때에는 2명 이상의 운전자로 할 것, 다만 다음 중 하나에 해당하는 경우에는 그러하지 아니하다.

　㉠ 운송책임자의 동승: 운송책임자가 별도의 사무실이 아닌 이동탱크저장소에 함께 동승한 경우

　㉡ 운송위험물의 위험성이 낮은 경우: 운송하는 위험물이 제2류 위험물, 제3류 위험물(칼슘 또는 알루미늄의 탄화물과 이것만을 함유한 것에 한함), 제4류 위험물(특수인화물 제외함)인 경우

　㉢ 적당한 휴식을 취하는 경우: 운송 도중에 2시간 이내마다 20분 이상씩 휴식을 취하는 경우

③ 위험물운송자는 이동탱크저장소를 휴식·고장 등으로 일시 정차시킬 때에는 안전한 장소를 택하고 당해 이동탱크저장소의 안전을 위한 감시를 할 수 있는 위치에 있는 등 운송하는 위험물의 안전확보에 주의할 것

④ 위험물운송자는 이동저장탱크로부터 위험물이 현저하게 새는 등 재해발생의 우려가 있는 경우에는 재난을 방지하기 위한 응급조치를 강구하는 동시에 소방관서 그 밖의 관계기관에 통보할 것

⑤ 위험물(제4류 위험물에 있어서는 특수인화물 및 제1석유류에 한함)을 운송하게 하는 자는 위험물안전카드를 위험물운송자로 하여금 휴대하게 할 것

위험물 제조소등의 유지관리

1 위험물 저장소 및 취급소의 위치, 구조, 설비기준

핵심 Point 방화문 용어 개정

• 갑종방화문과 을종방화문은 건축관계법규에 정의된 용어이다.
• 건축관계법규가 개정되면서 갑종방화문은 60분+방화문 또는 60분 방화문으로, 을종방화문은 30분방화문으로 용어가 개정되었다.
• 「위험물안전관리법령」상에도 위와 같이 갑종방화문은 60분+방화문 또는 60분 방화문, 을종방화문은 30분방화문으로 개정되었다.
• 가독성을 위해 본문에는 60분+방화문(갑종방화문), 30분방화문(을종방화문)으로 병기 수록하였다.

1. 제조소의 위치구조설비 기준

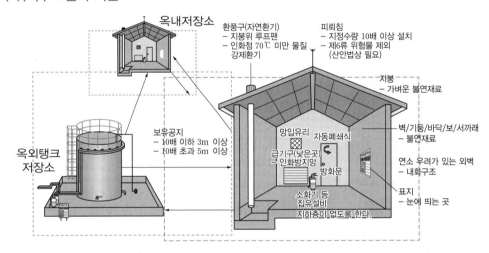

(1) 안전거리

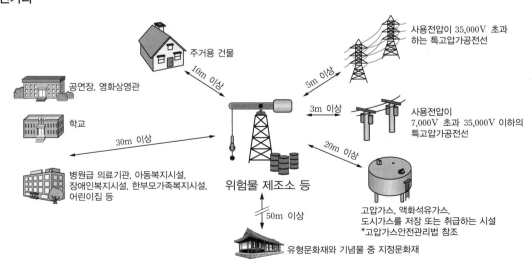

① 제조소(제6류 위험물을 취급하는 제조소를 제외함)는 규정에 의한 건축물의 외벽 또는 이에 상당하는 공작물의 외측으로부터 당해 제조소의 외벽 또는 이에 상당하는 공작물의 외측까지의 사이에 규정에 의한 수평거리(이하 '안전거리'라 함)를 두어야 한다.
  ㉠ 건축물 그 밖의 공작물로서 주거용으로 사용되는 것에 있어서는 10m 이상
  ㉡ 학교·병원·극장, 그 밖에 다수인을 수용하는 시설로서 다음의 하나에 해당하는 것에 있어서는 30m 이상
   • 학교
   • 병원급 의료기관
   • 공연장, 영화상영관 그 밖에 이와 유사한 시설로서 3백명 이상의 인원을 수용할 수 있는 것
   • 아동복지시설, 노인복지시설, 장애인복지시설, 한부모가족복지시설, 어린이집, 성매매피해자 등을 위한 지원시설, 정신건강증진시설, 가정폭력 피해자보호시설 그 밖에 이와 유사한 시설로서 20명 이상의 인원을 수용할 수 있는 것
  ㉢ 유형문화재와 기념물 중 지정문화재에 있어서는 50m 이상
  ㉣ 고압가스, 액화석유가스 또는 도시가스를 저장 또는 취급하는 시설로서 다음의 하나에 해당하는 것에 있어서는 20m 이상. 다만, 당해 시설의 배관 중 제조소가 설치된 부지 내에 있는 것은 제외한다.
   • 「고압가스 안전관리법」의 규정에 의하여 허가를 받거나 신고를 하여야 하는 고압가스제조시설(용기에 충전하는 것을 포함) 또는 고압가스 사용시설로서 1일 30m³ 이상의 용적을 취급하는 시설이 있는 것
   • 「고압가스 안전관리법」의 규정에 의하여 허가를 받거나 신고를 하여야 하는 고압가스저장시설
   • 「고압가스 안전관리법」의 규정에 의하여 허가를 받거나 신고를 하여야 하는 액화산소를 소비하는 시설
   • 「액화석유가스의 안전관리 및 사업법」의 규정에 의하여 허가를 받아야 하는 액화석유가스제조시설 및 액화석유가스저장시설
   • 「도시가스사업법」 제2조 제5호의 규정에 의한 가스공급시설
  ㉤ 사용전압이 7,000V 초과 35,000V 이하의 특고압 가공전선에 있어서는 3m 이상
  ㉥ 사용전압이 35,000V를 초과하는 특고압 가공전선에 있어서는 5m 이상
② 규정에 의한 건축물 등은 기준에 의하여 불연재료로 된 방화상 유효한 담 또는 벽을 설치하는 경우 같은 표의 기준에 의하여 안전거리를 단축할 수 있다.

핵심 Point   제조소 등의 안전거리의 단축기준

(1) 방화상 유효한 담을 설치한 경우의 안전거리는 다음 표와 같다.

구분	취급하는 위험물의 최대수량 (지정수량의 배수)	안전거리(이상)(단위: m)		
		주거용 건축물	학교· 유치원 등	문화재
제조소·일반취급소(취급하는 위험물의 양이 주거지역에 있어서는 30배, 상업지역에 있어서는 35배, 공업지역에 있어서는 50배 이상인 것을 제외)	10배 미만	6.5	20	35
	10배 이상	7.0	22	38
옥내저장소(취급하는 위험물의 양이 주거지역에 있어서는 지정수량의 120배, 상업지역에 있어서는 150배, 공업지역에 있어서는 200배 이상인 것을 제외)	5배 미만	4.0	12.0	23.0
	5배 이상 10배 미만	4.5	12.0	23.0
	10배 이상 20배 미만	5.0	14.0	26.0
	20배 이상 50배 미만	6.0	18.0	32.0
	50배 이상 200배 미만	7.0	22.0	38.0
옥외탱크저장소(취급하는 위험물의 양이 주거지역에 있어서는 지정수량의 600배, 상업지역에 있어서는 700배, 공업지역에 있어서는 1,000배 이상인 것을 제외)	500배 미만	6.0	18.0	32.0
	500배 이상 1,000배 미만	7.0	22.0	38.0
옥외저장소(취급하는 위험물의 양이 주거지역에 있어서는 지정수량의 10배, 상업지역에 있어서는 15배, 공업지역에 있어서는 20배 이상인 것을 제외)	10배 미만	6.0	18.0	32.0
	10배 이상 20배 미만	8.5	25.0	44.0

(2) 방화상 유효한 담의 높이는 다음에 의하여 산정한 높이 이상으로 한다.

① $H \leq pD^2 + a$인 경우

$h = 2$

② $H > pD^2 + a$인 경우

$h = H - p(D^2 - d^2)$

③ ① 및 ②에서 D, H, a, d, h 및 p는 다음과 같다.

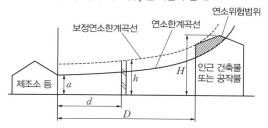

D: 제조소 등과 인근 건축물 또는 공작물과의 거리(m)
H: 인근 건축물 또는 공작물의 높이(m)
a: 제조소 등의 외벽의 높이(m)
d: 제조소 등과 방화상 유효한 담과의 거리(m)
h: 방화상 유효한 담의 높이(m)
p: 상수

(2) 보유공지

보유공지는 위험물 제조소의 주변에 확보해야 하는 절대공간을 말한다. 절대공간이란 어떤 물건 등도 놓여 있어서는 안 되는 공간이라는 의미이다. 즉 안전거리가 단순 거리의 개념이라면 보유공지는 공간의 규제 개념이다. 또한 안전거리는 위험물 제조소와 방호대상물이 동시에 존재할 때 설정된 개념인데 반하여 보유공지는 위험물 제조소 그 자체의 존재로 인하여 대두되는 개념이다.

① 위험물을 취급하는 건축물 그 밖의 시설의 주위에는 그 취급하는 위험물의 최대수량에 따라 다음 표에 의한 너비의 공지를 보유하여야 한다.

취급하는 위험물의 최대수량	공지의 너비
지정수량의 10배 이하	3m 이상
지정수량의 10배 초과	5m 이상

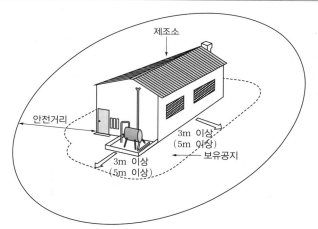

② 제조소의 작업공정이 다른 작업장의 작업공정과 연속되어 있어, 제조소의 건축물 그 밖의 공작물의 주위에 공지를 두게 되면 그 제조소의 작업에 현저한 지장이 생길 우려가 있는 경우 당해 제조소와 다른 작업장 사이에 기준에 따라 방화상 유효한 격벽을 설치한 때에는 당해 제조소와 다른 작업장 사이에 규정에 의한 공지를 보유하지 아니할 수 있다.

방화상 유효한 격벽

배관 관통부
(몰탈충전)

보유공지

3m 이상
(5m 이상)

(3) 표지 및 게시판

① 제조소에는 보기 쉬운 곳에 다음 각 목의 기준에 따라 '위험물 제조소'라는 표시를 한 표지를 설치하여야 한다.

    ㉠ 표지는 한 변의 길이가 0.3m 이상, 다른 한 변의 길이가 0.6m 이상인 직사각형으로 할 것

    ㉡ 표지의 바탕은 백색으로, 문자는 흑색으로 할 것

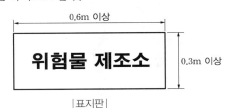

0.6m 이상

위험물 제조소

0.3m 이상

|표지판|

② 제조소에는 보기 쉬운 곳에 다음의 기준에 따라 방화에 관하여 필요한 사항을 게시한 게시판을 설치하여야 한다.

    ㉠ 게시판은 한 변의 길이가 0.3m 이상, 다른 한 변의 길이가 0.6m 이상인 직사각형으로 할 것

    ㉡ 게시판에는 저장 또는 취급하는 위험물의 유별·품명 및 저장최대수량 또는 취급최대수량, 지정수량의 배수 및 안전관리자의 성명 또는 직명을 기재할 것

    ㉢ 게시판의 바탕은 백색으로, 문자는 흑색으로 할 것

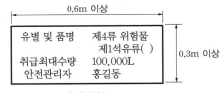

0.6m 이상

유별 및 품명	제4류 위험물 제1석유류( )
취급최대수량	100,000L
안전관리자	홍길동

0.3m 이상

|게시판|

    ㉣ ㉡의 게시판 외에 저장 또는 취급하는 위험물에 따라 다음의 규정에 의한 주의사항을 표시한 게시판을 설치할 것

      • 제1류 위험물 중 알칼리금속의 과산화물과 이를 함유한 것 또는 제3류 위험물 중 금수성 물질에 있어서는 '물기엄금'

      • 제2류 위험물(인화성 고체를 제외함)에 있어서는 '화기주의'

- 제2류 위험물 중 인화성 고체, 제3류 위험물 중 자연발화성 물질, 제4류 위험물 또는 제5류 위험물에 있어서는 '화기엄금'
  - ㉤ ㉣의 게시판의 색은 '물기엄금'을 표시하는 것에 있어서는 청색바탕에 백색문자로, '화기주의' 또는 '화기엄금'을 표시하는 것에 있어서는 적색바탕에 백색문자로 할 것

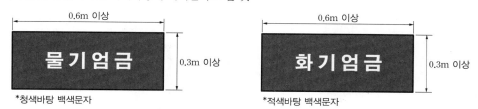

(4) 건축물의 구조

① 지하층이 없도록 하여야 한다. 다만, 위험물을 취급하지 아니하는 지하층으로서 위험물의 취급장소에서 새어나온 위험물 또는 가연성의 증기가 흘러 들어갈 우려가 없는 구조로 된 경우에는 그러하지 아니하다.

② 벽·기둥·바닥·보·서까래 및 계단을 불연재료로 하고, 연소(延燒)의 우려가 있는 외벽(소방청장이 정하여 고시하는 것에 한함)은 출입구 외의 개구부가 없는 내화구조의 벽으로 하여야 한다. 이 경우 제6류 위험물을 취급하는 건축물에 있어서 위험물이 스며들 우려가 있는 부분에 대하여는 아스팔트 그 밖에 부식되지 아니하는 재료로 피복하여야 한다.

③ 지붕(작업공정상 제조기계시설 등이 2층 이상에 연결되어 설치된 경우에는 최상층의 지붕을 말함)은 폭발력이 위로 방출될 정도의 가벼운 불연재료로 덮어야 한다. 다만, 위험물을 취급하는 건축물이 다음의 하나에 해당하는 경우에는 그 지붕을 내화구조로 할 수 있다.

   ㉠ 제2류 위험물(분말상태의 것과 인화성 고체를 제외함), 제4류 위험물 중 제4석유류·동식물유류 또는 제6류 위험물을 취급하는 건축물인 경우

   ㉡ 다음의 기준에 적합한 밀폐형 구조의 건축물인 경우
   - 발생할 수 있는 내부의 과압(過壓) 또는 부압(負壓)에 견딜 수 있는 철근콘크리트 구조일 것
   - 외부화재에 90분 이상 견딜 수 있는 구조일 것

④ 출입구와 비상구에는 60분+방화문(갑종방화문) 또는 30분방화문(을종방화문)을 설치하되, 연소의 우려가 있는 외벽에 설치하는 출입구에는 수시로 열 수 있는 자동폐쇄식의 60분+방화문(갑종방화문)을 설치하여야 한다.

⑤ 위험물을 취급하는 건축물의 창 및 출입구에 유리를 이용하는 경우에는 망입유리로 하여야 한다.

⑥ 액체의 위험물을 취급하는 건축물의 바닥은 위험물이 스며들지 못하는 재료를 사용하고, 적당한 경사를 두어 그 최저부에 집유설비를 하여야 한다.

(5) 채광·조명 및 환기설비

① 위험물을 취급하는 건축물에는 다음 각 목의 기준에 의하여 위험물을 취급하는데 필요한 채광·조명 및 환기의 설비를 설치하여야 한다.

   ㉠ 채광설비는 불연재료로 하고, 연소의 우려가 없는 장소에 설치하되 채광면적을 최소로 할 것

   ㉡ 조명설비는 다음의 기준에 적합하게 설치할 것
   - 가연성 가스 등이 체류할 우려가 있는 장소의 조명등은 방폭등으로 할 것
   - 전선은 내화·내열전선으로 할 것
   - 점멸스위치는 출입구 바깥 부분에 설치할 것. 다만, 스위치의 스파크로 인한 화재·폭발의 우려가 없을 경우에는 그러하지 아니하다.

ⓒ 환기설비는 다음의 기준에 의할 것
- 환기는 자연배기방식으로 할 것
- 급기구는 당해 급기구가 설치된 실의 바닥면적 150m²마다 1개 이상으로 하되, 급기구의 면적은 800cm² 이상으로 할 것. 다만 바닥면적이 150m² 미만인 경우에는 다음의 크기로 하여야 한다.

바닥면적	급기구의 면적
60m² 미만	150cm² 이상
60m² 이상 90m² 미만	300cm² 이상
90m² 이상 120m² 미만	450cm² 이상
120m² 이상 150m² 미만	600cm² 이상

- 급기구는 낮은 곳에 설치하고 가는 눈의 구리망 등으로 인화방지망을 설치할 것
- 환기구는 지붕 위 또는 지상 2m 이상의 높이에 회전식 고정 벤티레이터 또는 루프팬 방식으로 설치할 것

(6) 배출설비

가연성의 증기 또는 미분이 체류할 우려가 있는 건축물에는 그 증기 또는 미분을 옥외의 높은 곳으로 배출할 수 있도록 다음 각 호의 기준에 의하여 배출설비를 설치하여야 한다.

① 배출설비는 국소방식으로 하여야 한다. 다만, 다음의 하나에 해당하는 경우에는 전역방식으로 할 수 있다.
   ㉠ 위험물취급설비가 배관이음 등으로만 된 경우
   ㉡ 건축물의 구조ㆍ작업장소의 분포 등의 조건에 의하여 전역방식이 유효한 경우
② 배출설비는 배풍기ㆍ배출덕트ㆍ후드 등을 이용하여 강제적으로 배출하는 것으로 하여야 한다.
③ 배출능력은 1시간당 배출장소 용적의 20배 이상인 것으로 하여야 한다. 다만, 전역방식의 경우에는 바닥면적 1m²당 18m³ 이상으로 할 수 있다.

(7) 정전기 제거설비

위험물을 취급함에 있어서 정전기가 발생할 우려가 있는 설비에는 다음 중 하나에 해당하는 방법으로 정전기를 유효하게 제거할 수 있는 설비를 설치하여야 한다.
① 접지에 의한 방법
② 공기 중의 상대습도를 70% 이상으로 하는 방법
③ 공기를 이온화하는 방법

(8) 피뢰설비

지정수량의 10배 이상의 위험물을 취급하는 제조소(제6류 위험물을 취급하는 위험물제조소를 제외함)에는 피뢰침을 설치하여야 한다. 다만, 제조소의 주위의 상황에 따라 안전상 지장이 없는 경우에는 피뢰침을 설치하지 아니할 수 있다.

(9) 방유제

옥외에 있는 위험물취급탱크로서 액체 위험물(이황화탄소를 제외함)을 취급하는 것의 주위에는 다음의 기준에 의하여 방유제를 설치해야 한다.
① 하나의 취급탱크 주위에 설치하는 방유제의 용량은 당해 탱크용량의 50% 이상으로 하고, 2 이상의 취급탱크 주위에 하나의 방유제를 설치하는 경우 그 방유제의 용량은 당해 탱크 중 용량이 최대인 것의 50%에 나머지 탱크용량 합계의 10%를 가산한 양 이상이 되게 한다.
② 이 경우 방유제의 용량은 당해 방유제의 내용적에서 용량이 최대인 탱크 외의 탱크의 방유제 높이 이하 부분의 용적, 당해 방유제 내에 있는 모든 탱크의 지반면 이상 부분의 기초의 체적, 간막이 둑의 체적 및 당해 방유제 내에 있는 배관 등의 체적을 뺀 것으로 한다.

⑽ **위험물의 성질에 따른 제조소의 특례**

① 알킬알루미늄 등을 취급하는 제조소의 특례

ㄱ 알킬알루미늄 등을 취급하는 설비의 주위에는 누설범위를 국한하기 위한 설비와 누설된 알킬알루미늄 등을 안전한 장소에 설치된 저장실에 유입시킬 수 있는 설비를 갖출 것

ㄴ 알킬알루미늄 등을 취급하는 설비에는 불활성 기체를 봉입하는 장치를 갖출 것

※ 알킬알루미늄 등: 제3류 위험물 중 알킬알루미늄·알킬리튬 또는 이중 어느 하나 이상을 함유하는 것

② 아세트알데하이드(아세트알데히드) 등을 취급하는 제조소의 특례

ㄱ 아세트알데하이드(아세트알데히드) 등을 취급하는 설비는 은·수은·동·마그네슘 또는 이들을 성분으로 하는 합금으로 만들지 아니할 것

ㄴ 아세트알데하이드(아세트알데히드) 등을 취급하는 설비에는 연소성 혼합기체의 생성에 의한 폭발을 방지하기 위한 불활성 기체 또는 수증기를 봉입하는 장치를 갖출 것

※ 아세트알데하이드(아세트알데히드) 등: 제4류 위험물 중 특수인화물의 아세트알데하이드(아세트알데히드)·산화프로필렌 또는 이중 어느 하나 이상을 함유하는 것

2. 옥내저장소의 위치, 구조, 설비기준

⑴ **옥내저장소의 기준**

① 옥내저장소는 규정에 준하여 안전거리를 두어야 한다. 다만, 다음의 하나에 해당하는 옥내저장소는 안전거리를 두지 아니할 수 있다.

ㄱ 제4석유류 또는 동식물유류의 위험물을 저장 또는 취급하는 옥내저장소로서 그 최대수량이 지정수량의 20배 미만인 것

ㄴ 제6류 위험물을 저장 또는 취급하는 옥내저장소

ㄷ 지정수량의 20배(하나의 저장창고의 바닥면적이 150m² 이하인 경우에는 50배) 이하의 위험물을 저장 또는 취급하는 옥내저장소로서 다음의 기준에 적합한 것

• 저장창고의 벽·기둥·바닥·보 및 지붕이 내화구조인 것

• 저장창고의 출입구에 수시로 열 수 있는 자동폐쇄방식의 60분+방화문(갑종방화문)이 설치되어 있을 것

• 저장창고에 창을 설치하지 아니할 것

② 저장창고의 벽·기둥 및 바닥은 내화구조로 하고, 보와 서까래는 불연재료로 하여야 한다. 다만, 지정수량의 10배 이하의 위험물의 저장창고 또는 제2류와 제4류의 위험물(인화성 고체 및 인화점이 70℃ 미만인 제4류 위험물을 제외함)만의 저장창고에 있어서는 연소의 우려가 없는 벽·기둥 및 바닥은 불연재료로 할 수 있다.

③ 저장창고는 지붕을 폭발력이 위로 방출될 정도의 가벼운 불연재료로 하고, 천장을 만들지 아니하여야 한다. 다만, 제2류 위험물(분말 상태의 것과 인화성 고체를 제외함)과 제6류 위험물만의 저장창고에 있어서는 지붕을 내화구조로 할 수 있고, 제5류 위험물만의 저장창고에 있어서는 당해 저장창고 내의 온도를 저온으로 유지하기 위하여 난연재료 또는 불연재료로 된 천장을 설치할 수 있다.

④ 저장창고의 출입구에는 60분+방화문(갑종방화문) 또는 30분방화문(을종방화문)을 설치하되, 연소의 우려가 있는 외벽에 있는 출입구에는 수시로 열 수 있는 자동폐쇄식의 60분+방화문(갑종방화문)을 설치하여야 한다.

⑤ 저장창고의 창 또는 출입구에 유리를 이용하는 경우에는 망입유리로 하여야 한다.

⑥ 제1류 위험물 중 알칼리금속의 과산화물 또는 이를 함유하는 것, 제2류 위험물 중 철분·금속분·마그네슘 또는 이중 어느 하나 이상을 함유하는 것, 제3류 위험물 중 금수성 물질 또는 제4류 위험물의 저장창고의 바닥은 물이 스며 나오거나 스며들지 아니하는 구조로 하여야 한다.

⑦ 지정수량의 10배 이상의 저장창고(제6류 위험물의 저장창고를 제외함)에는 피뢰침을 설치하여야 한다. 다만, 저장창고의 주위의 상황에 따라 안전상 지장이 없는 경우에는 피뢰침을 설치하지 아니할 수 있다.

⑵ 복합용도 건축물의 옥내저장소의 기준

옥내저장소 중 지정수량의 20배 이하의 것(옥내저장소 외의 용도로 사용하는 부분이 있는 건축물에 설치하는 것에 한함)의 위치·구조 및 설비의 기술기준은 다음의 기준에 의하여야 한다.

① 옥내저장소는 벽·기둥·바닥 및 보가 내화구조인 건축물의 1층 또는 2층의 어느 하나의 층에 설치하여야 한다.

② 옥내저장소의 용도에 사용되는 부분의 바닥은 지면보다 높게 설치하고 그 층고를 6m 미만으로 하여야 한다.

③ 옥내저장소의 용도에 사용되는 부분의 바닥면적은 75m² 이하로 하여야 한다.

④ 옥내저장소의 용도에 사용되는 부분은 벽·기둥·바닥·보 및 지붕(상층이 있는 경우에는 상층의 바닥)을 내화구조로 하고, 출입구 외의 개구부가 없는 두께 70mm 이상의 철근콘크리트조 또는 이와 동등 이상의 강도가 있는 구조의 바닥 또는 벽으로 당해 건축물의 다른 부분과 구획되도록 하여야 한다.

⑤ 옥내저장소의 용도에 사용되는 부분의 출입구에는 수시로 열 수 있는 자동폐쇄방식의 60분+방화문(갑종방화문)을 설치하여야 한다.

⑥ 옥내저장소의 용도에 사용되는 부분에는 창을 설치하지 아니하여야 한다.

⑦ 옥내저장소의 용도에 사용되는 부분의 환기설비 및 배출설비에는 방화상 유효한 댐퍼 등을 설치하여야 한다.

⑶ 위험물의 성질에 따른 옥내저장소의 특례

① 다음의 하나에 해당하는 위험물을 저장 또는 취급하는 옥내저장소에 있어서는 일반적인 옥내저장소의 기준에 의하되, 위험물의 성질에 따라 강화되는 기준을 따라야 한다.

    ㉠ 제5류 위험물 중 유기과산화물 또는 이를 함유하는 것으로서 지정수량이 10kg인 것(이하 '지정과산화물'이라 함)

    ㉡ 알킬알루미늄 등

    ㉢ 하이드록실아민(히드록실아민) 등

② 지정과산화물을 저장 또는 취급하는 옥내저장소에 대하여 강화되는 기준

    ㉠ 옥내저장소는 당해 옥내저장소의 외벽으로부터 규정에 의한 건축물의 외벽 또는 이에 상당하는 공작물의 외측까지의 사이에 안전거리를 두어야 한다.

    ㉡ 옥내저장소의 저장창고의 기준

        • 저장창고는 150m² 이내마다 격벽으로 완전하게 구획할 것. 이 경우 당해 격벽은 두께 30cm 이상의 철근콘크리트조 또는 철골철근콘크리트조로 하거나 두께 40cm 이상의 보강콘크리트블록조로 하고, 당해 저장창고의 양측의 외벽으로부터 1m 이상, 상부의 지붕으로부터 50cm 이상 돌출하게 하여야 한다.

        • 저장창고의 외벽은 두께 20cm 이상의 철근콘크리트조나 철골철근콘크리트조 또는 두께 30cm 이상의 보강콘크리트블록조로 할 것

    ㉢ 저장창고의 출입구에는 60분+방화문(갑종방화문)을 설치할 것

    ㉣ 저장창고의 창은 바닥면으로부터 2m 이상의 높이에 두되, 하나의 벽면에 두는 창의 면적의 합계를 당해 벽면의 면적의 80분의 1 이내로 하고, 하나의 창의 면적을 0.4m² 이내로 할 것

3. 옥외탱크저장소의 위치, 구조, 설비기준

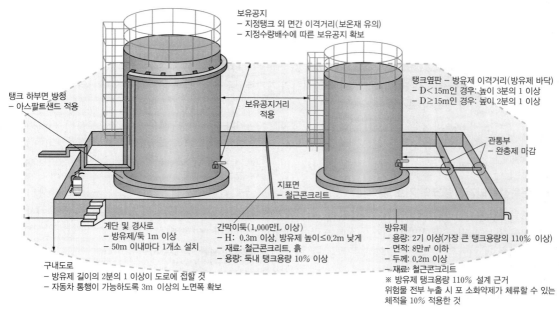

보유공지
- 지정탱크 외 면간 이격거리(보온재 유의)
- 지정수량배수에 따른 보유공지 확보

탱크 하부면 방청
- 아스팔트샌드 적용

보유공지거리 적용

탱크옆판 – 방유제 이격거리(방유제 바닥)
- D<15m인 경우: 높이 3분의 1 이상
- D≥15m인 경우: 높이 2분의 1 이상

관통부
- 완충제 마감

지표면
- 철근콘크리트

계단 및 경사로
- 방유제/둑 1m 이상
- 50m 이내마다 1개소 설치

간막이둑(1,000만L 이상)
- H: 0.3m 이상, 방유제 높이≤0.2m 낮게
- 재료: 철근콘크리트, 흙
- 용량: 둑내 탱크용량 10% 이상

방유제
- 용량: 2기 이상(가장 큰 탱크용량의 110% 이상)
- 면적: 8만㎡ 이하
- 두께: 0.2m 이상
- 재료: 철근콘크리트
※ 방유제 탱크용량 110% 설계 근거
위험물 전부 누출 시 포 소화약제가 체류할 수 있는 체적을 10% 적용한 것

구내도로
- 방유제 길이의 2분의 1 이상이 도로에 접할 것
- 자동차 통행이 가능하도록 3m 이상의 노면폭 확보

▲ 옥외탱크저장소 구조

(1) 안전거리

위험물을 저장 또는 취급하는 옥외탱크(이하 옥외저장탱크라 함)는 규정에 준하여 안전거리를 두어야 한다.

(2) 보유공지

옥외저장탱크(위험물을 이송하기 위한 배관 그 밖에 이에 준하는 공작물을 제외함)의 주위에는 그 저장 또는 취급하는 위험물의 최대수량에 따라 옥외저장탱크의 측면으로부터 다음 표에 의한 너비의 공지를 보유하여야 한다.

저장 또는 취급하는 위험물의 최대수량	공지의 너비
지정수량의 500배 이하	3m 이상
지정수량의 500배 초과 1,000배 이하	5m 이상
지정수량의 1,000배 초과 2,000배 이하	9m 이상
지정수량의 2,000배 초과 3,000배 이하	12m 이상
지정수량의 3,000배 초과 4,000배 이하	15m 이상
지정수량의 4,000배 초과	당해 탱크의 수평단면의 최대지름(가로형인 경우에는 긴 변)과 높이 중 큰 것과 같은 거리 이상. 다만, 30m 초과의 경우에는 30m 이상으로 할 수 있고, 15m 미만의 경우에는 15m 이상으로 하여야 한다.

(3) 특정옥외저장탱크의 기초 및 지반

① 특정옥외탱크저장소: 옥외탱크저장소 중 그 저장 또는 취급하는 액체 위험물의 최대수량이 100만L 이상의 것

  ㉠ 특정옥외저장탱크: 특정옥외탱크저장소의 옥외저장탱크

  ㉡ 특정옥외저장탱크의 기초 및 지반은 당해 기초 및 지반상에 설치하는 특정옥외저장탱크 및 그 부속설비의 자중, 저장하는 위험물의 중량 등의 하중(이하 '탱크하중'이라 함)에 의하여 발생하는 응력에 대하여 안전한 것으로 하여야 한다.

② 기초 및 지반은 다음 각 목에 정하는 기준에 적합하여야 한다.

  ㉠ 지반은 암반의 단층, 절토 및 성토에 걸쳐 있는 등 활동(滑動)을 일으킬 우려가 있는 경우가 아닐 것

ⓛ 지반은 다음의 하나에 적합할 것

- 소방청장이 정하여 고시하는 범위 내에 있는 지반이 표준관입시험 및 평판재하시험에 의하여 각각 표준관입시험치가 20 이상 및 평판재하시험치[5mm 침하 시에 있어서의 시험치(K30치)로 한다. 제4호에서 같음]가 1m³당 100MN 이상의 값일 것
- 소방청장이 정하여 고시하는 범위 내에 있는 지반이 다음의 기준에 적합할 것
  - 탱크하중에 대한 지지력 계산에 있어서의 지지력안전율 및 침하량 계산에 있어서의 계산침하량이 소방청장이 정하여 고시하는 값일 것
  - 기초(소방청장이 정하여 고시하는 것에 한한다. 이하 이 호에서 같음)의 표면으로부터 3m 이내의 기초직하의 지반부분이 기초와 동등 이상의 견고성이 있고, 지표면으로부터의 깊이가 15m까지의 지질(기초의 표면으로부터 3m 이내의 기초직하의 지반부분을 제외함)이 소방청장이 정하여 고시하는 것 외의 것일 것

(4) 준특정옥외저장탱크의 기초 및 지반

① 준특정옥외저장탱크: 옥외탱크저장소 중 그 저장 또는 취급하는 액체 위험물의 최대수량이 50만L 이상 100만L 미만의 것의 기초 및 지반은 법에서 정하는 바에 따라 견고하게 하여야 한다.

② 기초 및 지반은 탱크하중에 의하여 발생하는 응력에 대하여 안전한 것으로 하여야 한다.

(5) 옥외저장탱크의 외부구조 및 설비

① 옥외저장탱크는 특정옥외저장탱크 및 준특정옥외저장탱크 외에는 두께 3.2mm 이상의 강철판 또는 소방청장이 정하여 고시하는 규격에 적합한 재료로, 특정옥외저장탱크 및 준특정옥외저장탱크는 소방청장이 정하여 고시하는 규격에 적합한 강철판 또는 이와 동등 이상의 기계적 성질 및 용접성이 있는 재료로 틈이 없도록 제작하여야 하고, 압력탱크(최대상용압력이 대기압을 초과하는 탱크를 말함)외의 탱크는 충수시험, 압력탱크는 최대상용압력의 1.5배의 압력으로 10분간 실시하는 수압시험에서 각각 새거나 변형되지 아니하여야 한다.

② 특정옥외저장탱크의 용접부는 소방청장이 정하여 고시하는 바에 따라 실시하는 방사선투과시험, 진공시험 등의 비파괴시험에 있어서 소방청장이 정하여 고시하는 기준에 적합한 것이어야 한다.

③ 옥외저장탱크 중 압력탱크(최대상용압력이 부압 또는 정압 5kPa을 초과하는 탱크를 말함)외의 탱크(제4류 위험물의 옥외저장탱크에 한함)에 있어서는 밸브 없는 통기관 또는 대기밸브 부착 통기관을 다음 각 목에 정하는 바에 의하여 설치하여야 하고, 압력탱크에 있어서는 「위험물안전관리법 시행규칙」 별표 4 Ⅷ 제4호의 규정에 의한 안전장치를 설치하여야 한다.

ⓐ 밸브 없는 통기관

- 지름은 30mm 이상일 것
- 끝부분은 수평면보다 45도 이상 구부려 빗물 등의 침투를 막는 구조로 할 것
- 인화점이 38℃ 미만인 위험물만을 저장 또는 취급하는 탱크에 설치하는 통기관에는 화염방지장치를 설치하고, 그 외의 탱크에 설치하는 통기관에는 40메쉬(mesh) 이상의 구리망 또는 동등 이상의 성능을 가진 인화방지장치를 설치할 것. 다만, 인화점이 70℃ 이상인 위험물만을 해당 위험물의 인화점 미만의 온도로 저장 또는 취급하는 탱크에 설치하는 통기관에는 인화방지장치를 설치하지 않을 수 있다.
- 가연성의 증기를 회수하기 위한 밸브를 통기관에 설치하는 경우에 있어서는 당해 통기관의 밸브는 저장탱크에 위험물을 주입하는 경우를 제외하고는 항상 개방되어 있는 구조로 하는 한편, 폐쇄하였을 경우에 있어서는 10kPa 이하의 압력에서 개방되는 구조로 할 것. 이 경우 개방된 부분의 유효단면적은 777.15mm² 이상이어야 한다.

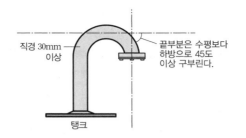

직경 30mm 이상

끝부분은 수평보다 하방으로 45도 이상 구부린다.

탱크

ⓛ 대기밸브 부착 통기관

- 5kPa 이하의 압력 차이로 작동할 수 있을 것
- 밸브 없는 통기관에서 인화방지장치 기준에 적합할 것

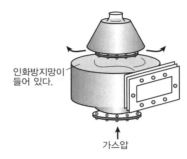

인화방지망이 들어 있다.

가스압

④ 이황화탄소의 옥외저장탱크는 벽 및 바닥의 두께가 0.2m 이상이고 누수가 되지 아니하는 철근콘크리트의 수조에 넣어 보관하여야 한다. 이 경우 보유공지·통기관 및 자동계량장치는 생략할 수 있다.

(6) 특정옥외저장탱크의 구조

① 특정옥외저장탱크는 주하중(탱크하중, 탱크와 관련되는 내압, 온도 변화의 영향 등에 의한 것을 말한다. 이하 같음) 및 종하중(적설하중, 풍하중, 지진의 영향 등에 의한 것을 말한다. 이하 같음)에 의하여 발생하는 응력 및 변형에 대하여 안전한 것으로 하여야 한다.

② 특정옥외저장탱크의 1m²당 풍하중 계산공식

$$q = 0.588k\sqrt{h}$$

여기서, q: 풍하중(kN/m²)
k: 풍력계수(원통형 탱크의 경우는 0.7, 그 외의 탱크는 1.0)
h: 지반면으로부터의 높이(m)

(7) 준특정옥외저장탱크의 구조

① 준특정옥외저장탱크는 주하중 및 종하중에 의하여 발생하는 응력 및 변형에 대하여 안전한 것으로 하여야 한다.

② 준특정옥외저장탱크의 구조는 다음 각 목에 정하는 기준에 적합하여야 한다.

㉠ 두께가 3.2mm 이상일 것

㉡ 준특정옥외저장탱크의 옆판에 발생하는 상시의 원주방향 인장응력은 소방청장이 정하여 고시하는 허용응력 이하일 것

㉢ 준특정옥외저장탱크의 옆판에 발생하는 지진 시의 축방향 압축응력은 소방청장이 정하여 고시하는 허용응력 이하일 것

(8) 방유제

제3류, 제4류 및 제5류 위험물 중 인화성이 있는 액체(이황화탄소를 제외함)의 옥외탱크저장소의 탱크 주위에는 다음의 기준에 의하여 방유제를 설치하여야 한다.

① 방유제의 용량은 방유제 안에 설치된 탱크가 하나인 때에는 그 탱크 용량의 110% 이상, 2기 이상인 때에는 그 탱크 중 용량이 최대인 것의 용량의 110% 이상으로 할 것. 이 경우 방유제의 용량은 당해 방유제의 내용적에서 용량이 최대인 탱크 외의 탱크의 방유제 높이 이하 부분의 용적, 당해 방유제 내에 있는 모든 탱크의 지반면 이상 부분의 기초의 체적, 간막이 둑의 체적 및 당해 방유제 내에 있는 배관 등의 체적을 뺀 것으로 한다.

② 방유제의 높이는 0.5m 이상 3m 이하, 두께 0.2m 이상, 지하매설깊이 1m 이상으로 할 것

③ 방유제 내의 면적은 8만m² 이하로 할 것

④ 방유제 내에 설치하는 옥외저장탱크의 수는 10(방유제 내에 설치하는 모든 옥외저장탱크의 용량이 20만L 이하이고, 당해 옥외저장탱크에 저장 또는 취급하는 위험물의 인화점이 70℃ 이상 200℃ 미만인 경우에는 20) 이하로 할 것. 다만, 인화점이 200℃ 이상인 위험물을 저장 또는 취급하는 옥외저장탱크에 있어서는 그러하지 아니하다.

⑤ 방유제 외면의 2분의 1 이상은 자동차 등이 통행할 수 있는 3m 이상의 노면폭을 확보한 구내도로(옥외저장탱크가 있는 부지 내의 도로를 말한다. 이하 같음)에 직접 접하도록 할 것. 다만, 방유제 내에 설치하는 옥외저장탱크의 용량합계가 20만L 이하인 경우에는 소화활동에 지장이 없다고 인정되는 3m 이상의 노면폭을 확보한 도로 또는 공지에 접하는 것으로 할 수 있다.

⑥ 방유제는 옥외저장탱크의 지름에 따라 그 탱크의 옆판으로부터 다음에 정하는 거리를 유지할 것. 다만, 인화점이 200℃ 이상인 위험물을 저장 또는 취급하는 것에 있어서는 그러하지 아니하다.
  ㉠ 지름이 15m 미만인 경우에는 탱크 높이의 3분의 1 이상
  ㉡ 지름이 15m 이상인 경우에는 탱크 높이의 2분의 1 이상

⑦ 용량이 1,000만L 이상인 옥외저장탱크의 주위에 설치하는 방유제에는 다음의 규정에 따라 당해 탱크마다 간막이 둑을 설치할 것
  ㉠ 간막이 둑의 높이는 0.3m(방유제 내에 설치되는 옥외저장탱크의 용량의 합계가 2억L를 넘는 방유제에 있어서는 1m) 이상으로 하되, 방유제의 높이보다 0.2m 이상 낮게 할 것
  ㉡ 간막이 둑은 흙 또는 철근콘크리트로 할 것
  ㉢ 간막이 둑의 용량은 간막이 둑 안에 설치된 탱크의 용량의 10% 이상일 것

4. 옥내탱크저장소의 위치, 구조, 설비기준

(1) 위험물을 저장 또는 취급하는 옥내탱크(이하 옥내저장탱크라 함)는 단층건축물에 설치된 탱크전용실에 설치할 것

(2) 옥내저장탱크와 탱크전용실의 벽과의 사이 및 옥내저장탱크의 상호 간에는 0.5m 이상의 간격을 유지할 것. 다만, 탱크의 점검 및 보수에 지장이 없는 경우에는 그러하지 아니하다.

(3) 옥내탱크저장소에는 보기 쉬운 곳에 '위험물 옥내탱크저장소'라는 표시를 한 표지와 방화에 관하여 필요한 사항을 게시한 게시판을 설치하여야 한다.

(4) 옥내저장탱크의 용량(동일한 탱크전용실에 옥내저장탱크를 2 이상 설치하는 경우에는 각 탱크의 용량의 합계를 말함)은 지정수량의 40배(제4석유류 및 동식물유류 외의 제4류 위험물에 있어서 당해 수량이 20,000L를 초과할 때에는 20,000L) 이하일 것

(5) 탱크전용실은 벽·기둥 및 바닥을 내화구조로 하고, 보를 불연재료로 하며, 연소의 우려가 있는 외벽은 출입구 외에는 개구부가 없도록 할 것. 다만, 인화점이 70℃ 이상인 제4류 위험물만의 옥내저장탱크를 설치하는 탱크전용실에 있어서는 연소의 우려가 없는 외벽·기둥 및 바닥을 불연재료로 할 수 있다.

(6) 탱크전용실은 지붕을 불연재료로 하고, 천장을 설치하지 아니할 것

(7) 탱크전용실의 창 및 출입구에는 60분+방화문(갑종방화문) 또는 30분방화문(을종방화문)을 설치하는 동시에, 연소의 우려가 있는 외벽에 두는 출입구에는 수시로 열 수 있는 자동폐쇄식의 60분+방화문(갑종방화문)을 설치할 것

5. 지하탱크저장소의 위치, 구조, 설비기준

(1) 지하탱크저장소(탱크전용실)의 구조

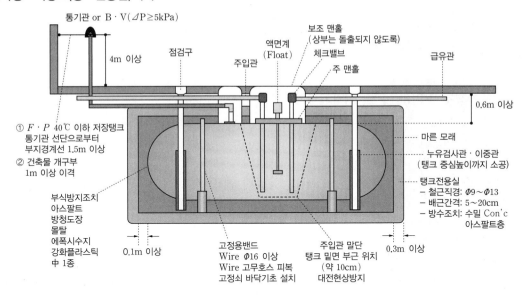

(2) 지하탱크저장소의 기준

① 위험물을 저장 또는 취급하는 지하탱크(지하저장탱크)는 지면하에 설치된 탱크전용실에 설치하여야 한다. 다만, 제4류 위험물의 지하저장탱크가 다음의 ㉠ 내지 ㉧의 기준에 적합한 때에는 그러하지 아니하다.

㉠ 당해 탱크를 지하철·지하가 또는 지하터널로부터 수평거리 10m 이내의 장소 또는 지하 건축물 내의 장소에 설치하지 아니할 것

㉡ 당해 탱크를 그 수평투영의 세로 및 가로보다 각각 0.6m 이상 크고 두께가 0.3m 이상인 철근콘크리트조의 뚜껑으로 덮을 것

㉢ 뚜껑에 걸리는 중량이 직접 당해 탱크에 걸리지 아니하는 구조일 것

㉣ 당해 탱크를 견고한 기초 위에 고정할 것

㉤ 당해 탱크를 지하의 가장 가까운 벽·피트(Pit: 인공지하구조물)·가스관 등의 시설물 및 대지경계선으로부터 0.6m 이상 떨어진 곳에 매설할 것

② 탱크전용실은 지하의 가장 가까운 벽·피트·가스관 등의 시설물 및 대지경계선으로부터 0.1m 이상 떨어진 곳에 설치하고, 지하저장탱크와 탱크전용실의 안쪽과의 사이는 0.1m 이상의 간격을 유지하도록 하며, 당해 탱크의 주위에 마른 모래 또는 습기 등에 의하여 응고되지 아니하는 입자지름 5mm 이하의 마른 자갈분을 채워야 한다.

③ 지하저장탱크의 윗부분은 지면으로부터 0.6m 이상 아래에 있어야 한다.

④ 지하저장탱크를 2 이상 인접해 설치하는 경우에는 그 상호 간에 1m(당해 2 이상의 지하저장탱크의 용량의 합계가 지정수량의 100배 이하인 때에는 0.5m) 이상의 간격을 유지하여야 한다.

⑤ 탱크전용실은 벽·바닥 및 뚜껑을 다음의 기준에 적합한 철근콘크리트조 또는 이와 동등 이상의 강도가 있는 구조로 설치하여야 한다.

ⓐ 벽·바닥 및 뚜껑의 두께는 0.3m 이상일 것

ⓑ 벽·바닥 및 뚜껑의 내부에는 직경 9mm부터 13mm까지의 철근을 가로 및 세로로 5cm부터 20cm까지의 간격으로 배치할 것

ⓒ 벽·바닥 및 뚜껑의 재료에 수밀콘크리트를 혼입하거나 벽·바닥 및 뚜껑의 중간에 아스팔트층을 만드는 방법으로 적정한 방수조치를 할 것

6. 간이탱크저장소의 위치, 구조, 설비기준

(1) 위험물을 저장 또는 취급하는 간이탱크(간이저장탱크)는 옥외에 설치하여야 한다. 다만, 다음의 기준에 적합한 전용실 안에 설치하는 경우에는 그러하지 아니하다.

① 전용실의 구조는 「위험물안전관리법 시행규칙」 별표 7 Ⅰ제1호 규정에 의한 옥내탱크저장소의 탱크전용실의 구조의 기준에 적합할 것

② 전용실의 창 및 출입구는 「위험물안전관리법 시행규칙」 별표 7 Ⅰ제1호 규정에 의한 옥내탱크저장소의 창 및 출입구의 기준에 적합할 것

③ 전용실의 바닥은 「위험물안전관리법 시행규칙」 별표 7 Ⅰ제1호 규정에 의한 옥내탱크저장소의 탱크전용실의 바닥의 구조의 기준에 적합할 것

④ 전용실의 채광·조명·환기 및 배출의 설비는 「위험물안전관리법 시행규칙」 별표 5 Ⅰ제14호의 규정에 의한 옥내저장소의 채광·조명·환기 및 배출의 설비의 기준에 적합할 것

(2) 간이저장탱크의 용량은 600L 이하이어야 한다.

(3) 간이저장탱크는 두께 3.2mm 이상의 강판으로 흠이 없도록 제작하여야 하며, 70kPa의 압력으로 10분간의 수압시험을 실시하여 새거나 변형되지 아니하여야 한다.

(4) 간이저장탱크의 외면에는 녹을 방지하기 위한 도장을 하여야 한다. 다만, 탱크의 재질이 부식의 우려가 없는 스테인리스 강판 등인 경우에는 그러하지 아니하다.

7. 이동탱크저장소의 위치, 구조, 설비기준

(1) 상치장소

① 옥외에 있는 상치장소는 화기를 취급하는 장소 또는 인근의 건축물로부터 5m 이상(인근의 건축물이 1층인 경우에는 3m 이상)의 거리를 확보하여야 한다. 다만, 하천의 공지나 수면, 내화구조 또는 불연재료의 담 또는 벽 그 밖에 이와 유사한 것에 접하는 경우를 제외한다.

② 옥내에 있는 상치장소는 벽·바닥·보·서까래 및 지붕이 내화구조 또는 불연재료로 된 건축물의 1층에 설치하여야 한다.

(2) 이동저장탱크의 구조

① 이동저장탱크의 구조는 다음 각 목의 기준에 의하여야 한다.

ⓐ 탱크(맨홀 및 주입관의 뚜껑을 포함)는 두께 3.2mm 이상의 강철판 또는 이와 동등 이상의 강도·내식성 및 내열성이 있다고 인정하여 소방청장이 정하여 고시하는 재료 및 구조로 위험물이 새지 아니하게 제작할 것

ⓑ 압력탱크(최대상용압력이 46.7kPa 이상인 탱크) 외의 탱크는 70kPa의 압력으로, 압력탱크는 최대상용압력의 1.5배의 압력으로 각각 10분간의 수압시험을 실시하여 새거나 변형되지 아니할 것. 이 경우 수압시험은 용접부에 대한 비파괴시험과 기밀시험으로 대신할 수 있다.

② 이동저장탱크는 그 내부에 4,000L 이하마다 3.2mm 이상의 강철판 또는 이와 동등 이상의 강도·내열성 및 내식성이 있는 금속성의 것으로 칸막이를 설치하여야 한다. 다만, 고체인 위험물을 저장하거나 고체인 위험물을 가열하여 액체 상태로 저장하는 경우에는 그러하지 아니하다.

(3) 표지 및 게시판

① 설치위치: 이동탱크저장소의 경우 전면 상단 및 후면 상단, 위험물운반차량의 경우 전면 및 후면
② 규격 및 형상: 직사각형(횡형 사각형, 한 변의 길이가 0.6m 이상, 다른 한 변의 길이가 0.3m 이상)
③ 색상 및 문자: 흑색바탕에 황색의 반사도료로 '위험물'이라고 표시한 표지

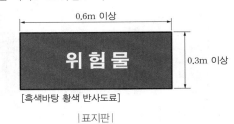

[흑색바탕 황색 반사도료]

|표지판|

(4) 위험물의 성질에 따른 이동탱크저장소의 특례

① 알킬알루미늄 등을 저장 또는 취급하는 이동탱크저장소는 기본적으로 준수하여야 하는 규정 외에 아래와 같이 강화되는 기준에 의하여야 한다.
　㉠ 이동저장탱크는 두께 10mm 이상의 강판 또는 이와 동등 이상의 기계적 성질이 있는 재료로 기밀하게 제작되고 1MPa 이상의 압력으로 10분간 실시하는 수압시험에서 새거나 변형하지 아니하는 것일 것
　㉡ 이동저장탱크의 용량은 1,900L 미만일 것
　㉢ 안전장치는 이동저장탱크의 수압시험의 압력의 3분의 2를 초과하고 5분의 4를 넘지 아니하는 범위의 압력으로 작동할 것
　㉣ 이동저장탱크의 맨홀 및 주입구의 뚜껑은 두께 10mm 이상의 강판 또는 이와 동등 이상의 기계적 성질이 있는 재료로 할 것
　㉤ 이동저장탱크의 배관 및 밸브 등은 당해 탱크의 윗부분에 설치할 것
　㉥ 이동탱크저장소에는 이동저장탱크 하중의 4배의 전단하중에 견딜 수 있는 걸고리체결금속구 및 모서리체결금속구를 설치할 것
　㉦ 이동저장탱크는 불활성의 기체를 봉입할 수 있는 구조로 할 것
　㉧ 이동저장탱크는 그 외면을 적색으로 도장하는 한편, 백색문자로서 동판(胴板)의 양측면 및 경판(鏡板)에 별표 4 Ⅲ제2호 라목의 규정에 의한 주의사항을 표시할 것
② 아세트알데하이드(아세트알데히드) 등을 저장 또는 취급하는 이동탱크저장소는 기본적으로 준수하여야 하는 규정 외에 아래와 같이 강화되는 기준에 의하여야 한다.
　㉠ 이동저장탱크는 불활성의 기체를 봉입할 수 있는 구조로 할 것
　㉡ 이동저장탱크 및 그 설비는 은·수은·동·마그네슘 또는 이들을 성분으로 하는 합금으로 만들지 아니할 것

8. 옥외저장소의 위치, 구조, 설비기준

(1) 옥외저장소의 구조

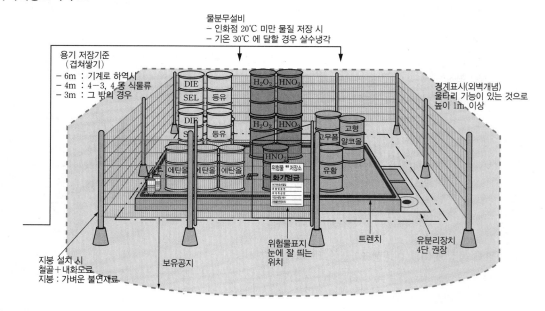

(2) 위험물을 용기에 수납하여 저장 또는 취급하는 것의 위치·구조 및 설비의 기술기준

① 옥외저장소는 규정에 준하여 안전거리를 둘 것

② 옥외저장소는 습기가 없고 배수가 잘 되는 장소에 설치할 것

③ 위험물을 저장 또는 취급하는 장소의 주위에는 경계표시(울타리의 기능이 있는 것에 한함)를 하여 명확하게 구분할 것

④ 경계표시의 주위에는 그 저장 또는 취급하는 위험물의 최대수량에 따라 다음 표에 의한 너비의 공지를 보유할 것. 다만, 제4류 위험물 중 제4석유류와 제6류 위험물을 저장 또는 취급하는 옥외저장소의 보유공지는 다음 표에 의한 공지의 너비의 3분의 1 이상의 너비로 할 수 있다.

저장 또는 취급하는 위험물의 최대수량	공지의 너비
지정수량의 10배 이하	3m 이상
지정수량의 10배 초과 20배 이하	5m 이상
지정수량의 20배 초과 50배 이하	9m 이상
지정수량의 50배 초과 200배 이하	12m 이상
지정수량의 200배 초과	15m 이상

⑤ 옥외저장소에는 보기 쉬운 곳에 '위험물 옥외저장소'라는 표시를 한 표지와 방화에 관하여 필요한 사항을 게시한 게시판을 설치하여야 한다.

⑥ 옥외저장소에 선반을 설치하는 경우에는 다음의 기준에 의할 것

   ⊙ 선반은 불연재료로 만들고 견고한 지반면에 고정할 것

   ⓛ 선반은 당해 선반 및 그 부속설비의 자중·저장하는 위험물의 중량·풍하중·지진의 영향 등에 의하여 생기는 응력에 대하여 안전할 것

   ⓒ 선반의 높이는 6m를 초과하지 아니할 것

   ⓔ 선반에는 위험물을 수납한 용기가 쉽게 낙하하지 아니하는 조치를 강구할 것

9. 암반탱크저장소의 위치, 구조, 설비기준

(1) 암반탱크 설치기준
① 암반탱크는 암반투수계수가 1초당 10만 분의 1m 이하인 천연암반 내에 설치할 것
② 암반탱크는 저장할 위험물의 증기압을 억제할 수 있는 지하수면하에 설치할 것
③ 암반탱크의 내벽은 암반균열에 의한 낙반을 방지할 수 있도록 볼트·콘크리크 등으로 보강할 것
④ 위험물 암반탱크의 공간용적은 당해 탱크 내에 용출하는 7일간의 지하수 양에 상당하는 용적과 당해 탱크 내용적의 100분의 1의 용적 중에서 보다 큰 용적을 공간용적으로 한다.

(2) 암반탱크의 수리조건
① 암반탱크 내로 유입되는 지하수의 양은 암반 내의 지하수 충전량보다 적을 것
② 암반탱크의 상부로 물을 주입하여 수압을 유지할 필요가 있는 경우에는 수벽공을 설치할 것
③ 암반탱크에 가해지는 지하수압은 저장소의 최대운영압보다 항상 크게 유지할 것

10. 주유취급소의 위치, 구조, 설비기준

(1) 주유공지 및 급유공지
① 주유취급소의 고정주유설비의 주위에는 주유를 받으려는 자동차 등이 출입할 수 있도록 너비 15m 이상, 길이 6m 이상의 콘크리트 등으로 포장한 공지(주유공지)를 보유하여야 하고, 고정급유설비를 설치하는 경우에는 고정급유설비의 호스기기의 주위에 필요한 공지(급유공지)를 보유하여야 한다.
② 주유취급소의 공지의 바닥은 주위 지면보다 높게 하고, 그 표면을 적당하게 경사지게 하여 새어나온 기름, 그 밖의 액체가 공지의 외부로 유출되지 아니하도록 배수구·집유설비 및 유분리장치를 하여야 한다.

(2) 고정주유설비 등
① 주유취급소에는 자동차 등의 연료탱크에 직접 주유하기 위한 고정주유설비를 설치하여야 한다.
② 고정주유설비 또는 고정급유설비의 설치기준
　　㉠ 고정주유설비의 중심선을 기점으로 하여 도로경계선까지 4m 이상, 부지경계선·담 및 건축물의 벽까지 2m(개구부가 없는 벽까지는 1m) 이상의 거리를 유지하고, 고정급유설비의 중심선을 기점으로 하여 도로경계선까지 4m 이상, 부지경계선 및 담까지 1m 이상, 건축물의 벽까지 2m(개구부가 없는 벽까지는 1m) 이상의 거리를 유지할 것
　　㉡ 고정주유설비와 고정급유설비의 사이에는 4m 이상의 거리를 유지할 것

(3) 캐노피
① 배관이 캐노피 내부를 통과할 경우에는 1개 이상의 점검구를 설치할 것
② 캐노피 외부의 점검이 곤란한 장소에 배관을 설치하는 경우에는 용접이음으로 할 것
③ 캐노피 외부의 배관이 일광열의 영향을 받을 우려가 있는 경우에는 단열재로 피복할 것

11. 판매취급소의 위치, 구조, 설비기준
저장 또는 취급하는 위험물의 수량이 지정수량의 20배 이하인 판매취급소(이하 제1종 판매취급소라 함)의 위치·구조 및 설비의 기준은 다음과 같다.

(1) 제1종 판매취급소는 건축물의 1층에 설치할 것

(2) 위험물을 배합하는 실

    ① 바닥면적은 $6m^2$ 이상 $15m^2$ 이하로 할 것

    ② 내화구조 또는 불연재료로 된 벽으로 구획할 것

    ③ 바닥은 위험물이 침투하지 아니하는 구조로 하여 적당한 경사를 두고 집유설비를 할 것

    ④ 출입구에는 수시로 열 수 있는 자동폐쇄식의 60분+방화문(갑종방화문)을 설치할 것

    ⑤ 출입구 문턱의 높이는 바닥면으로부터 $0.1m$ 이상으로 할 것

    ⑥ 내부에 체류한 가연성의 증기 또는 가연성의 미분을 지붕 위로 방출하는 설비를 할 것

12. 이송취급소의 위치, 구조, 설비기준

(1) 설치장소는 다음의 장소 외로 하여야 함

    ① 철도 및 도로의 터널 안

    ② 고속국도 및 자동차전용도로의 차도·갓길 및 중앙분리대

    ③ 호수·저수지 등으로서 수리의 수원이 되는 곳

    ④ 급경사지역으로서 붕괴의 위험이 있는 지역

(2) 비파괴시험

    ① 배관 등의 용접부는 비파괴시험을 실시하여 합격할 것. 이 경우 이송기지 내의 지상에 설치된 배관 등은 전체 용접부의 20% 이상을 발췌하여 시험할 수 있다.

    ② 비파괴시험의 방법, 판정기준 등은 소방청장이 정하여 고시하는 바에 의할 것

13. 탱크의 용량

(1) 위험물을 저장 또는 취급하는 탱크의 용량은 당해 탱크의 내용적에서 공간용적을 뺀 용적으로 한다.

(2) 공간용적

탱크의 공간용적은 탱크 내부에 여유를 가질 수 있는 공간이다. 이는 위험물의 과주입 또는 온도의 상승으로 부피의 증가에 따른 체적팽창에 의한 위험물의 넘침을 막아주는 기능을 가지고 있다. 일반적인 탱크의 공간용적은 탱크 내용적의 5/100 이상 10/100 이하로 한다.

(3) 탱크의 내용적 계산

    ① 타원형 탱크의 내용적

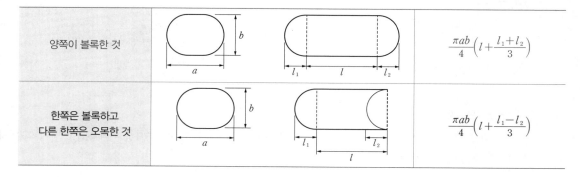

양쪽이 볼록한 것		$\dfrac{\pi ab}{4}\left(l+\dfrac{l_1+l_2}{3}\right)$
한쪽은 볼록하고 다른 한쪽은 오목한 것		$\dfrac{\pi ab}{4}\left(l+\dfrac{l_1-l_2}{3}\right)$

② 원통형 탱크의 내용적

횡으로 설치한 것		$\pi r^2\left(l + \dfrac{l_1 + l_2}{3}\right)$
세로로 설치한 것		$\pi r^2 l$

③ 그 밖의 탱크: 탱크의 형태에 따라 수학적 계산방법에 의할 것

2 제조소등의 소방시설 점검

1. 제조소 등의 소화난이도 등급

(1) 소화설비

① 소화난이도등급 I 의 제조소 등 및 소화설비

㉠ 소화난이도등급 I 에 해당하는 제조소 등

제조소 등의 구분	제조소 등의 규모, 저장 또는 취급하는 위험물의 품명 및 최대수량 등
제조소 일반취급소	연면적 1,000m² 이상인 것
	지정수량의 100배 이상인 것(고인화점 위험물만을 100℃ 미만의 온도에서 취급하는 것 및 제48조의 위험물을 취급하는 것은 제외)
	지반면으로부터 6m 이상의 높이에 위험물 취급설비가 있는 것(고인화점 위험물만을 100℃ 미만의 온도에서 취급하는 것은 제외)
	일반취급소로 사용되는 부분 외의 부분을 갖는 건축물에 설치된 것(내화구조로 개구부 없이 구획된 것 및 고인화점 위험물만을 100℃ 미만의 온도에서 취급하는 것 및 화학실험의 일반취급소는 제외)
주유취급소	「위험물안전관리법 시행규칙」 별표 13 V제2호에 따른 면적의 합이 500m²를 초과하는 것
옥내 저장소	지정수량의 150배 이상인 것(고인화점 위험물만을 저장하는 것 및 「위험물안전관리법 시행규칙」 제48조의 위험물을 저장하는 것은 제외)
	연면적 150m²를 초과하는 것(150m² 이내마다 불연재료로 개구부 없이 구획된 것 및 인화성 고체 외의 제2류 위험물 또는 인화점 70℃ 이상의 제4류 위험물만을 저장하는 것은 제외)
	처마 높이가 6m 이상인 단층건물의 것
	옥내저장소로 사용되는 부분 외의 부분이 있는 건축물에 설치된 것(내화구조로 개구부 없이 구획된 것 및 인화성 고체 외의 제2류 위험물 또는 인화점 70℃ 이상의 제4류 위험물만을 저장하는 것은 제외)
옥외탱크저장소	액표면적이 40m² 이상인 것(제6류 위험물을 저장하는 것 및 고인화점 위험물만을 100℃ 미만의 온도에서 저장하는 것은 제외)
	지반면으로부터 탱크 옆판의 상단까지 높이가 6m 이상인 것(제6류 위험물을 저장하는 것 및 고인화점 위험물만을 100℃ 미만의 온도에서 저장하는 것은 제외)
	지중탱크 또는 해상탱크로서 지정수량의 100배 이상인 것(제6류 위험물을 저장하는 것 및 고인화점 위험물만을 100℃ 미만의 온도에서 저장하는 것은 제외)
	고체 위험물을 저장하는 것으로서 지정수량의 100배 이상인 것

제조소 등의 구분		
옥내탱크저장소	액표면적이 40m² 이상인 것(제6류 위험물을 저장하는 것 및 고인화점 위험물만을 100℃ 미만의 온도에서 저장하는 것은 제외)	
	바닥면으로부터 탱크 옆판의 상단까지 높이가 6m 이상인 것(제6류 위험물을 저장하는 것 및 고인화점 위험물만을 100℃ 미만의 온도에서 저장하는 것은 제외)	
	탱크전용실이 단층건물 외의 건축물에 있는 것으로서 인화점 38℃ 이상 70℃ 미만의 위험물을 지정수량의 5배 이상 저장하는 것(내화구조로 개구부 없이 구획된 것은 제외)	
옥외저장소	덩어리 상태의 황(유황)을 저장하는 것으로서 경계표시 내부의 면적(2 이상의 경계표시가 있는 경우에는 각 경계표시의 내부의 면적을 합한 면적)이 100m² 이상인 것	
	「위험물안전관리법 시행규칙」 별표 11 Ⅲ의 위험물을 저장하는 것으로서 지정수량의 100배 이상인 것	
암반탱크저장소	액표면적이 40m² 이상인 것(제6류 위험물을 저장하는 것 및 고인화점 위험물만을 100℃ 미만의 온도에서 저장하는 것은 제외)	
	고체 위험물만을 저장하는 것으로서 지정수량의 100배 이상인 것	
이송취급소	모든 대상	

※ 제조소 등의 구분별로 오른쪽란에 정한 제조소 등의 규모, 저장 또는 취급하는 위험물의 수량 및 최대수량 등의 어느 하나에 해당하는 제조소 등은 소화난이도등급 I에 해당하는 것으로 한다.

ⓒ 소화난이도등급 I의 제조소 등에 설치하여야 하는 소화설비

제조소 등의 구분			소화설비
제조소 및 일반취급소			옥내소화전설비, 옥외소화전설비, 스프링클러설비 또는 물분무 등 소화설비(화재발생 시 연기가 충만할 우려가 있는 장소에는 스프링클러설비 또는 이동식 외의 물분무 등 소화설비에 한함)
주유취급소			스프링클러설비(건축물에 한정함), 소형 수동식 소화기 등(능력단위의 수치가 건축물 그 밖의 공작물 및 위험물의 소요단위의 수치에 이르도록 설치할 것)
옥내저장소	처마 높이가 6m 이상인 단층건물 또는 다른 용도의 부분이 있는 건축물에 설치한 옥내저장소		스프링클러설비 또는 이동식 외의 물분무 등 소화설비
	그 밖의 것		옥외소화전설비, 스프링클러설비, 이동식 외의 물분무 등 소화설비 또는 이동식 포소화설비(포 소화전을 옥외에 설치하는 것에 한함)
옥외탱크저장소	지중탱크 또는 해상탱크 외의 것	황(유황)만을 저장·취급하는 것	물분무 소화설비
		인화점 70℃ 이상의 제4류 위험물만을 저장·취급하는 것	물분무 소화설비 또는 고정식 포 소화설비
		그 밖의 것	고정식 포 소화설비(포 소화설비가 적응성이 없는 경우에는 분말 소화설비)
	지중탱크		고정식 포 소화설비, 이동식 이외의 불활성가스 소화설비 또는 이동식 이외의 할로젠화합물(할로겐화합물) 소화설비
	해상탱크		고정식 포 소화설비, 물분무 소화설비, 이동식 이외의 불활성가스 소화설비 또는 이동식 이외의 할로젠화합물(할로겐화합물) 소화설비
옥내탱크저장소	황(유황)만을 저장·취급하는 것		물분무 소화설비
	인화점 70℃ 이상의 제4류 위험물만을 저장·취급하는 것		물분무 소화설비, 고정식 포 소화설비, 이동식 이외의 불활성가스 소화설비, 이동식 이외의 할로젠화합물(할로겐화합물) 소화설비 또는 이동식 이외의 분말 소화설비
	그 밖의 것		고정식 포 소화설비, 이동식 이외의 불활성가스 소화설비, 이동식 이외의 할로젠화합물(할로겐화합물) 소화설비 또는 이동식 이외의 분말 소화설비
옥외저장소 및 이송취급소			옥내소화전설비, 옥외소화전설비, 스프링클러설비 또는 물분무 등 소화설비(화재발생 시 연기가 충만할 우려가 있는 장소에는 스프링클러설비 또는 이동식 이외의 물분무 등 소화설비에 한함)

암반 탱크 저장소	황(유황)만을 저장·취급하는 것	물분무 소화설비
	인화점 70℃ 이상의 제4류 위험물만을 저장·취급하는 것	물분무 소화설비 또는 고정식 포 소화설비
	그 밖의 것	고정식 포 소화설비(포 소화설비가 적응성이 없는 경우에는 분말 소화설비)

② 소화난이도등급 II 의 제조소 등 및 소화설비

㉠ 소화난이도등급 II 에 해당하는 제조소 등

제조소 등의 구분	제조소 등의 규모, 저장 또는 취급하는 위험물의 품명 및 최대수량 등
제조소 일반취급소	연면적 600m² 이상인 것
	지정수량의 10배 이상인 것(고인화점 위험물만을 100℃ 미만의 온도에서 취급하는 것 및 「위험물안전관리법 시행규칙」 제48조의 위험물을 취급하는 것은 제외)
	「위험물안전관리법 시행규칙」 별표 16의 일반취급소로서 소화난이도등급 I 의 제조소 등에 해당하지 아니하는 것(고인화점 위험물만을 100℃ 미만의 온도에서 취급하는 것은 제외)
옥내저장소	단층건물 이외의 것
	「위험물안전관리법 시행규칙」 별표 5 II 또는 IV 제1호의 옥내저장소
	지정수량의 10배 이상인 것(고인화점 위험물만을 저장하는 것 및 제48조의 위험물을 저장하는 것은 제외)
	연면적 150m² 초과인 것
	「위험물안전관리법 시행규칙」 별표 5 III 의 옥내저장소로서 소화난이도등급 I 의 제조소 등에 해당하지 아니하는 것
옥외탱크저장소 옥내탱크저장소	소화난이도등급 I 의 제조소 등 외의 것(고인화점 위험물만을 100℃ 미만의 온도로 저장하는 것 및 제6류 위험물만을 저장하는 것은 제외)
옥외저장소	덩어리 상태의 황(유황)을 저장하는 것으로서 경계표시 내부의 면적(2 이상의 경계표시가 있는 경우에는 각 경계표시의 내부의 면적을 합한 면적)이 5m² 이상 100m² 미만인 것
	「위험물안전관리법 시행규칙」 별표 11 III 의 위험물을 저장하는 것으로서 지정수량의 10배 이상 100배 미만인 것
	지정수량의 100배 이상인 것(덩어리 상태의 황(유황) 또는 고인화점 위험물을 저장하는 것은 제외)
주유취급소	옥내주유취급소로서 소화난이도등급 I 의 제조소 등에 해당하지 아니하는 것
판매취급소	제2종 판매취급소

※ 제조소 등의 구분별로 오른쪽란에 정한 제조소 등의 규모, 저장 또는 취급하는 위험물의 수량 및 최대수량 등의 어느 하나에 해당하는 제조소 등은 소화난이도등급 II 에 해당하는 것으로 한다.

㉡ 소화난이도등급 II 의 제조소 등에 설치하여야 하는 소화설비

제조소 등의 구분	소화설비
제조소 옥내저장소 옥외저장소 주유취급소 판매취급소 일반취급소	방사능력범위 내에 당해 건축물, 그 밖의 공작물 및 위험물이 포함되도록 대형 수동식 소화기를 설치하고, 당해 위험물의 소요단위의 1/5 이상에 해당되는 능력단위의 소형 수동식 소화기 등을 설치할 것
옥외탱크저장소 옥내탱크저장소	대형 수동식 소화기 및 소형 수동식 소화기 등을 각각 1개 이상 설치할 것

※ 옥내소화전설비, 옥외소화전설비, 스프링클러설비 또는 물분무 등 소화설비를 설치한 경우에는 당해 소화설비의 방사능력범위 내의 부분에 대해서는 대형 수동식 소화기를 설치하지 아니할 수 있다.

※ 소형 수동식 소화기 등이란 제4호의 규정에 의한 소형 수동식 소화기 또는 기타 소화설비를 말한다.

③ 소화난이도등급Ⅲ의 제조소 등 및 소화설비

　㉠ 소화난이도등급Ⅲ에 해당하는 제조소 등

제조소 등의 구분	제조소 등의 규모, 저장 또는 취급하는 위험물의 품명 및 최대수량 등
제조소 일반취급소	「위험물안전관리법 시행규칙」 제48조의 위험물을 취급하는 것
	「위험물안전관리법 시행규칙」 제48조의 위험물 외의 것을 취급하는 것으로서 소화난이도등급Ⅰ 또는 소화난이도등급Ⅱ의 제조소 등에 해당하지 아니하는 것
옥내저장소	「위험물안전관리법 시행규칙」 제48조의 위험물을 취급하는 것
	「위험물안전관리법 시행규칙」 제48조의 위험물 외의 것을 취급하는 것으로서 소화난이도등급Ⅰ 또는 소화난이도등급Ⅱ의 제조소 등에 해당하지 아니하는 것
지하탱크저장소 간이탱크저장소 이동탱크저장소	모든 대상
옥외저장소	덩어리 상태의 황(유황)을 저장하는 것으로서 경계표시 내부의 면적(2 이상의 경계표시가 있는 경우에는 각 경계표시의 내부의 면적을 합한 면적)이 5m² 미만인 것
	덩어리 상태의 황(유황) 외의 것을 저장하는 것으로서 소화난이도등급Ⅰ 또는 소화난이도등급Ⅱ의 제조소 등에 해당하지 아니하는 것
주유취급소	옥내주유취급소 외의 것으로서 소화난이도등급Ⅰ의 제조소 등에 해당하지 아니하는 것
제1종 판매취급소	모든 대상

※ 제조소 등의 구분별로 오른쪽란에 정한 제조소 등의 규모, 저장 또는 취급하는 위험물의 수량 및 최대수량 등의 어느 하나에 해당하는 제조소 등은 소화난이도등급Ⅲ에 해당하는 것으로 한다.

　㉡ 소화난이도등급Ⅲ의 제조소 등에 설치하여야 하는 소화설비

제조소 등의 구분	소화설비	설치기준	
지하탱크저장소	소형 수동식 소화기 등	능력단위의 수치가 3 이상	2개 이상
이동탱크저장소	자동차용 소화기	무상의 강화액 8L 이상	2개 이상
		이산화탄소 3.2킬로그램 이상	
		브로모클로로다이플루오로메탄(일브롬화일염화이플루오르화메탄)(CF₂ClBr) 2L 이상	
		브로모트라이플루오로메탄(일브롬화삼플루오르화메탄)(CF₃Br) 2L 이상	
		다이브로모테트라플루오로에탄(이브롬화사플루오르화에탄)(C₂F₄Br₂) 1L 이상	
		소화분말 3.3킬로그램 이상	
	마른 모래 및 팽창질석 또는 팽창진주암	마른 모래 150L 이상	
		팽창질석 또는 팽창진주암 640L 이상	
그 밖의 제조소 등	소형 수동식 소화기 등	능력단위의 수치가 건축물, 그 밖의 공작물 및 위험물의 소요단위의 수치에 이르도록 설치할 것. 다만, 옥내소화전설비, 옥외소화전설비, 스프링클러설비, 물분무 등 소화설비 또는 대형 수동식 소화기를 설치한 경우에는 당해 소화설비의 방사능력 범위 내의 부분에 대하여는 수동식 소화기 등을 그 능력단위의 수치가 당해 소요단위의 수치의 1/5 이상이 되도록 하는 것으로 족함	

※ 알킬알루미늄 등을 저장 또는 취급하는 이동탱크저장소에 있어서는 자동차용 소화기를 설치하는 외에 마른 모래나 팽창질석 또는 팽창진주암을 추가로 설치하여야 한다.

④ **전기설비의 소화설비**: 제조소 등에 전기설비(전기배선, 조명기구 등은 제외)가 설치된 경우에는 당해 장소의 면적 100m²마다 소형 수동식 소화기를 1개 이상 설치할 것

2. 위험물의 성질에 따른 소화설비의 적응성

(1) 소화설비의 적응성

소화설비의 구분		건축물·그 밖의 공작물	전기설비	제1류 알칼리금속과산화물 등	제1류 그 밖의 것	제2류 철분·금속분·마그네슘 등	제2류 인화성 고체	제2류 그 밖의 것	제3류 금수성 물질	제3류 그 밖의 것	제4류 위험물	제5류 위험물	제6류 위험물
옥내소화전 또는 옥외소화전설비		○			○		○	○		○		○	○
스프링클러설비		○			○		○	○		○	△	○	○
물분무 등 소화설비	물분무 소화설비	○	○		○		○	○		○	○	○	○
	포 소화설비	○			○		○	○		○	○	○	○
	불활성가스 소화설비		○				○				○		
	할로젠화합물(할로겐화합물) 소화설비		○				○				○		
	분말 소화설비 — 인산염류 등	○	○		○		○	○			○		○
	분말 소화설비 — 탄산수소염류 등		○	○		○	○		○		○		
	분말 소화설비 — 그 밖의 것			○		○			○				
대형·소형 수동식 소화기	봉상수(棒狀水) 소화기	○			○		○	○		○		○	○
	무상수(霧狀水) 소화기	○	○		○		○	○		○		○	○
	봉상강화액 소화기	○			○		○	○		○		○	○
	무상강화액 소화기	○	○		○		○	○		○	○	○	○
	포 소화기	○			○		○	○		○	○	○	○
	이산화탄소 소화기		○				○				○		△
	할로젠화합물(할로겐화합물) 소화기		○				○				○		
	분말 소화기 — 인산염류 소화기	○	○		○		○	○			○		○
	분말 소화기 — 탄산수소염류 소화기		○	○		○	○		○		○		
	분말 소화기 — 그 밖의 것			○		○			○				
기타	물통 또는 수조	○			○		○	○		○		○	○
	마른 모래(건조사)			○	○	○	○	○	○	○	○	○	○
	팽창질석 또는 팽창진주암			○	○	○	○	○	○	○	○	○	○

(2) ○ 표시는 당해 소방대상물 및 위험물에 대하여 소화설비가 적응성이 있음을 표시하고, △ 표시는 제4류 위험물을 저장 또는 취급하는 장소의 살수기준면적에 따라 스프링클러설비의 살수밀도가 다음 표에 정하는 기준 이상인 경우에는 당해 스프링클러설비가 제4류 위험물에 대하여 적응성이 있음을, 제6류 위험물을 저장 또는 취급하는 장소로서 폭발의 위험이 없는 장소에 한하여 이산화탄소 소화기가 제6류 위험물에 대하여 적응성이 있음을 각각 표시한다.

살수 기준면적(m²)	방사밀도(L/m²분)		비고
	인화점 38℃ 미만	인화점 38℃ 이상	
279 미만	16.3 이상	12.2 이상	살수 기준면적은 내화구조의 벽 및 바닥으로 구획된 하나의 실의 바닥면적을 말하고, 하나의 실의 바닥면적이 465m² 이상인 경우의 살수 기준면적은 465m²로 한다. 다만, 위험물의 취급을 주된 작업내용으로 하지 아니하고 소량의 위험물을 취급하는 설비 또는 부분이 넓게 분산되어 있는 경우에는 방사밀도는 8.2L/m²분 이상, 살수 기준면적은 279m² 이상으로 할 수 있음
279 이상 372 미만	15.5 이상	11.8 이상	
372 이상 465 미만	13.9 이상	9.8 이상	
465 이상	12.2 이상	8.1 이상	

3. 소요단위 및 능력단위 산정

(1) 소요단위 및 능력단위의 개념

① 소요단위: 소화설비의 설치대상이 되는 건축물 그 밖의 공작물의 규모 또는 위험물의 양의 기준단위

② 능력단위: 소요단위에 대응하는 소화설비의 소화능력의 기준단위

(2) 소요단위의 계산방법(건축물, 그 밖의 공작물 또는 위험물의 소요단위)

① 제조소 또는 취급소의 건축물은 외벽이 내화구조인 것은 연면적 100m²를 1소요단위로 하며, 외벽이 내화구조가 아닌 것은 연면적 50m²를 1소요단위로 할 것

② 저장소의 건축물은 외벽이 내화구조인 것은 연면적 150m²를 1소요단위로 하고, 외벽이 내화구조가 아닌 것은 연면적 75m²를 1소요단위로 할 것

③ 제조소 등의 옥외에 설치된 공작물은 외벽이 내화구조인 것으로 간주하고 공작물의 최대수평투영면적을 연면적으로 간주하여 ① 및 ②의 규정에 의하여 소요단위를 산정할 것

④ 위험물은 지정수량의 10배를 1소요단위로 할 것

(3) 소화설비의 능력단위

① 수동식 소화기의 능력단위는「수동식 소화기의 형식승인 및 검정기술기준」에 의하여 형식승인 받은 수치로 할 것

② 기타 소화설비(소화전용 물통, 수조, 마른 모래, 팽창질석, 팽창진주암 등)의 능력단위는 다음의 표에 의할 것

소화설비	용량	능력단위
소화전용 물통	8L	0.3
수조(소화전용 물통 3개 포함)	80L	1.5
수조(소화전용 물통 6개 포함)	190L	2.5
마른 모래(삽 1개 포함)	50L	0.5
팽창질석 또는 팽창진주암(삽 1개 포함)	160L	1.0

4. 옥내소화전설비의 설치기준

(1) 옥내소화전은 제조소 등의 건축물의 층마다 당해 층의 각 부분에서 하나의 호스접속구까지의 수평거리가 25m 이하가 되도록 설치할 것. 이 경우 옥내소화전은 각 층의 출입구 부근에 1개 이상 설치하여야 한다.

(2) 수원의 수량은 옥내소화전이 가장 많이 설치된 층의 옥내소화전 설치개수(설치개수가 5개 이상인 경우는 5개)에 7.8m³를 곱한 양 이상이 되도록 설치할 것

(3) 옥내소화전설비는 각 층을 기준으로 하여 당해 층의 모든 옥내소화전(설치개수가 5개 이상인 경우는 5개의 옥내소화전)을 동시에 사용할 경우에 각 노즐선단의 방수압력이 350kPa 이상이고 방수량이 260L/min 이상의 성능이 되도록 할 것

(4) 옥내소화전설비에는 비상전원을 설치할 것

5. 옥외소화전설비의 설치기준

(1) 옥외소화전은 방호대상물(당해 소화설비에 의하여 소화하여야 할 제조소 등의 건축물, 그 밖의 공작물 및 위험물을 말한다. 이하 같음)의 각 부분(건축물의 경우에는 당해 건축물의 1층 및 2층의 부분에 한함)에서 하나의 호스접속구까지의 수평거리가 40m 이하가 되도록 설치할 것. 이 경우 그 설치개수가 1개일 때는 2개로 하여야 한다.

(2) 수원의 수량은 옥외소화전의 설치개수(설치개수가 4개 이상인 경우는 4개의 옥외소화전)에 $13.5m^3$를 곱한 양 이상이 되도록 설치할 것

(3) 옥외소화전설비는 모든 옥외소화전(설치개수가 4개 이상인 경우는 4개의 옥외소화전)을 동시에 사용할 경우에 각 노즐선단의 방수압력이 350kPa 이상이고, 방수량이 1분당 450L 이상의 성능이 되도록 할 것

(4) 옥외소화전설비에는 비상전원을 설치할 것

6. 스프링클러설비의 설치기준

(1) 스프링클러 헤드는 방호대상물의 천장 또는 건축물의 최상부 부근에 설치하되, 방호대상물의 각 부분에서 하나의 스프링클러 헤드까지의 수평거리가 1.7m 이하가 되도록 설치할 것

(2) 개방형 스프링클러 헤드를 이용한 스프링클러설비의 방사구역(하나의 일제개방밸브에 의하여 동시에 방사되는 구역을 말한다. 이하 같음)은 $150m^2$ 이상(방호대상물의 바닥면적이 $150m^2$ 미만인 경우에는 당해 바닥면적)으로 할 것

(3) 수원의 수량은 폐쇄형 스프링클러 헤드를 사용하는 것은 30(헤드의 설치개수가 30 미만인 방호대상물인 경우에는 당해 설치개수), 개방형 스프링클러 헤드를 사용하는 것은 스프링클러 헤드가 가장 많이 설치된 방사구역의 스프링클러 헤드 설치 개수에 $2.4m^3$를 곱한 양 이상이 되도록 설치할 것

(4) 스프링클러설비는 규정에 의한 개수의 스프링클러 헤드를 동시에 사용할 경우에 각 끝부분의 방사압력이 100kPa 이상이고, 방수량이 1분당 80L 이상의 성능이 되도록 할 것

(5) 스프링클러설비에는 비상전원을 설치할 것

7. 물분무 소화설비의 설치기준

(1) **분무헤드의 개수 및 배치**

① 분무헤드로부터 방사되는 물분무에 의하여 방호대상물의 모든 표면을 유효하게 소화할 수 있도록 설치할 것

② 방호대상물의 표면적(건축물에 있어서는 바닥면적) $1m^2$당 (3)의 규정에 의한 양의 비율로 계산한 수량을 표준방사량(당해 소화설비의 헤드의 설계압력에 의한 방사량)으로 방사할 수 있도록 설치할 것

(2) 물분무 소화설비의 방사구역은 $150m^2$ 이상(방호대상물의 표면적이 $150m^2$ 미만인 경우에는 당해 표면적)으로 할 것

(3) 수원의 수량은 분무헤드가 가장 많이 설치된 방사구역의 모든 분무헤드를 동시에 사용할 경우에 당해 방사구역의 표면적 $1m^2$당 1분당 20L의 비율로 계산한 양으로 30분간 방사할 수 있는 양 이상이 되도록 설치할 것

(4) 물분무 소화설비는 (3)의 규정에 의한 분무헤드를 동시에 사용할 경우에 각 선단의 방사압력이 350kPa 이상으로 표준방사량을 방사할 수 있는 성능이 되도록 할 것

(5) 물분무 소화설비에는 비상전원을 설치할 것

8. 포 소화설비의 설치기준

(1) 고정식 포 소화설비의 포 방출구 등은 방호대상물의 형상, 구조, 성질, 수량 또는 취급방법에 따라 표준방사량으로 당해 방호대상물의 화재를 유효하게 소화할 수 있도록 필요한 개수를 적당한 위치에 설치할 것

(2) 이동식 포 소화설비(포 소화전 등 고정된 포 수용액 공급장치로부터 호스를 통하여 포 수용액을 공급받아 이동식 노즐에 의하여 방사하도록 된 소화설비를 말함)의 포 소화전은 옥내에 설치하는 것은 옥내소화전 설치기준의 규정을,

옥외에 설치하는 것은 옥외소화전 설치기준의 규정을 준용할 것

(3) 수원의 수량 및 포 소화약제의 저장량은 방호대상물의 화재를 유효하게 소화할 수 있는 양 이상이 되도록 할 것

(4) 포 소화설비에는 비상전원을 설치할 것

9. 불활성가스 소화설비의 설치기준

(1) 전역방출방식 불활성가스 소화설비의 분사헤드는 불연재료의 벽·기둥·바닥·보 및 지붕(천장이 있는 경우에는 천장)으로 구획되고 개구부에 자동폐쇄장치(60분+방화문(갑종방화문), 30분방화문(을종방화문) 또는 불연재료의 문으로 이산화탄소 소화약제가 방사되기 직전에 개구부를 자동적으로 폐쇄하는 장치를 말함)가 설치되어 있는 부분(방호구역)에 해당 부분의 용적 및 방호대상물의 성질에 따라 표준방사량으로 방호대상물의 화재를 유효하게 소화할 수 있도록 필요한 개수를 적당한 위치에 설치할 것. 다만, 해당 부분에서 외부로 누설되는 양 이상의 불활성가스 소화약제를 유효하게 추가하여 방출할 수 있는 설비가 있는 경우는 해당 개구부의 자동폐쇄장치를 설치하지 아니할 수 있다.

(2) 국소방출방식 불활성가스 소화설비의 분사헤드는 방호대상물의 형상, 구조, 성질, 수량 또는 취급방법에 따라 방호대상물에 이산화탄소 소화약제를 직접 방사하여 표준방사량으로 방호대상물의 화재를 유효하게 소화할 수 있도록 필요한 개수를 적당한 위치에 설치할 것

(3) 이동식 불활성가스 소화설비의 호스접속구는 모든 방호대상물에 대하여 당해 방호대상물의 각 부분으로부터 하나의 호스접속구까지의 수평거리가 15m 이하가 되도록 설치할 것

(4) 불활성가스 소화약제용기에 저장하는 불활성가스 소화약제의 양은 방호대상물의 화재를 유효하게 소화할 수 있는 양 이상이 되도록 할 것

(5) 전역방출방식 또는 국소방출방식의 불활성가스 소화설비에는 비상전원을 설치할 것

10. 할로젠화합물(할로겐화합물) 소화설비의 설치기준

할로젠화합물(할로겐화합물) 소화설비의 설치기준은 불활성가스 소화설비의 기준을 준용할 것

11. 분말 소화설비의 설치기준

분말 소화설비의 설치기준은 불활성가스 소화설비의 기준을 준용할 것

12. 수동식 소화기의 설치기준

(1) 대형 수동식 소화기의 설치기준은 방호대상물의 각 부분으로부터 하나의 대형 수동식 소화기까지의 보행거리가 30m 이하가 되도록 설치할 것. 다만, 옥내소화전설비, 옥외소화전설비, 스프링클러설비 또는 물분무 등 소화설비와 함께 설치하는 경우에는 그러하지 아니하다.

(2) 소형 수동식 소화기 등의 설치기준은 소형 수동식 소화기 또는 그 밖의 소화설비는 지하탱크저장소, 간이탱크저장소, 이동탱크저장소, 주유취급소 또는 판매취급소에서는 유효하게 소화할 수 있는 위치에 설치하여야 하며, 그 밖의 제조소 등에서는 방호대상물의 각 부분으로부터 하나의 소형 수동식 소화기까지의 보행거리가 20m 이하가 되도록 설치할 것. 다만, 옥내소화전설비, 옥외소화전설비, 스프링클러설비, 물분무 등 소화설비 또는 대형 수동식 소화기와 함께 설치하는 경우에는 그러하지 아니하다.

13. 경보설비의 설치기준

(1) 제조소 등별로 설치하여야 하는 경보설비의 종류

제조소 등의 구분	제조소 등의 규모, 저장 또는 취급하는 위험물의 종류 및 최대수량 등	경보설비
1. 제조소 및 일반취급소	• 연면적 500m² 이상인 것 • 옥내에서 지정수량의 100배 이상을 취급하는 것(고인화점 위험물만을 100℃ 미만의 온도에서 취급하는 것을 제외함) • 일반취급소로 사용되는 부분 외의 부분이 있는 건축물에 설치된 일반취급소(일반취급소와 일반취급소 외의 부분이 내화구조의 바닥 또는 벽으로 개구부 없이 구획된 것을 제외함)	자동화재 탐지설비
2. 옥내저장소	• 지정수량의 100배 이상을 저장 또는 취급하는 것(고인화점 위험물만을 저장 또는 취급하는 것을 제외함) • 저장창고의 연면적이 150m²를 초과하는 것. [연면적 150m² 이내마다 불연재료의 격벽으로 개구부 없이 완전히 구획된 것과 제2류 위험물(인화성 고체는 제외) 또는 제4류의 위험물(인화점이 70℃ 미만인 것은 제외)만을 저장 또는 취급하는 것에 있어서는 저장창고의 연면적이 500m² 이상의 것에 한함] • 처마 높이가 6m 이상인 단층건물의 것 • 옥내저장소로 사용되는 부분 외의 부분이 있는 건축물에 설치된 옥내저장소. [옥내저장소와 옥내저장소 외의 부분이 내화구조의 바닥 또는 벽으로 개구부 없이 구획된 것과 제2류(인화성 고체는 제외) 또는 제4류의 위험물(인화점이 70℃ 미만인 것은 제외)만을 저장 또는 취급 하는 것을 제외함]	
3. 옥내탱크저장소	단층 건물 외의 건축물에 설치된 옥내탱크저장소로서 소화난이도등급 I 에 해당하는 것	
4. 주유취급소	옥내주유취급소	
5. 옥외탱크저장소	특수인화물, 제1석유류 및 알코올류를 저장 또는 취급하는 탱크의 용량이 1,000만ℓ 이상인 것	자동화재탐지설비, 자동화재속보설비
6. 1~5호의 자동화재탐지설비 설치 대상에 해당하지 아니하는 제조소 등(이송취급소는 제외)	지정수량의 10배 이상을 저장 또는 취급하는 것	자동화재 탐지설비, 비상경보설비, 확성장치 또는 비상방송설비 중 1종 이상

(2) 자동화재탐지설비의 설치기준

① 자동화재탐지설비의 경계구역은 건축물 그 밖의 공작물의 2 이상의 층에 걸치지 아니하도록 할 것. 다만, 하나의 경계구역의 면적이 500m² 이하이면서 당해 경계구역이 두 개의 층에 걸치는 경우이거나 계단ㆍ경사로ㆍ승강기의 승강로 그 밖에 이와 유사한 장소에 연기감지기를 설치하는 경우에는 그러하지 아니하다.

② 하나의 경계구역의 면적은 600m² 이하로 하고 그 한 변의 길이는 50m 이하로 할 것

③ 감지기는 지붕 또는 벽의 옥내에 면한 부분에 유효하게 화재의 발생을 감지할 수 있도록 설치할 것

④ 자동화재탐지설비에는 비상전원을 설치할 것

14. 피난설비의 설치기준

(1) 주유취급소 중 건축물의 2층 이상의 부분을 점포ㆍ휴게음식점 또는 전시장의 용도로 사용하는 것에 있어서는 당해 건축물의 2층 이상으로부터 주유취급소의 부지 밖으로 통하는 출입구와 당해 출입구로 통하는 통로ㆍ계단 및 출입구에 유도등을 설치하여야 한다.

(2) 유도등에는 비상전원을 설치하여야 한다.

CHAPTER 04 위험물안전관리 감독 및 행정처리

1 위험물안전관리법상 행정사항

1. 제조소 등 허가

(1) 제조소 등의 설치허가 또는 변경허가를 받으려는 자는 설치허가 또는 변경허가신청서에 행정안전부령으로 정하는 서류를 첨부하여 특별시장·광역시장·특별자치시장·도지사 또는 특별자치도지사(이하 '시·도지사'라 함)에게 제출하여야 한다.

(2) 시·도지사는 제조소 등의 설치허가 또는 변경허가 신청 내용이 기준에 적합하다고 인정하는 경우에는 허가를 하여야 한다.

2. 제조소 등 완공검사

(1) 제조소 등에 대한 완공검사를 받고자 하는 자는 이를 시·도지사에게 신청하여야 한다.

(2) 규정에 의한 신청을 받은 시·도지사는 제조소 등에 대하여 완공검사를 실시하고, 완공검사를 실시한 결과 해당 제조소 등이 규정에 의한 기술기준(탱크안전성능검사에 관련된 것을 제외함)에 적합하다고 인정하는 때에는 완공검사합격확인증을 교부하여야 한다.

3. 탱크안전성능검사

(1) 탱크안전성능검사의 대상이 되는 탱크

① **기초·지반검사**: 옥외탱크저장소의 액체위험물탱크 중 그 용량이 100만 리터 이상인 탱크

② **충수(充水)·수압검사**: 액체위험물을 저장 또는 취급하는 탱크

③ **용접부검사**: ①의 규정에 의한 탱크

④ **암반탱크검사**: 액체위험물을 저장 또는 취급하는 암반 내의 공간을 이용한 탱크

(2) 탱크안전성능검사는 기초·지반검사, 충수·수압검사, 용접부검사 및 암반탱크검사로 구분한다.

(3) 탱크안전성능검사의 면제

① 규정에 의하여 시·도지사가 면제할 수 있는 탱크안전성능검사는 충수·수압검사로 한다.

② 위험물탱크에 대한 충수·수압검사를 면제받고자 하는 자는 탱크안전성능시험자(탱크시험자) 또는 기술원으로부터 충수·수압검사에 관한 탱크안전성능시험을 받아 법 제9조 제1항의 규정에 의한 완공검사를 받기 전(지하에 매설하는 위험물탱크에 있어서는 지하에 매설하기 전)에 당해 시험에 합격하였음을 증명하는 서류를 시·도지사에게 제출하여야 한다.

4. 제조소 등 지위승계

(1) 제조소 등의 설치자(제6조 제1항의 규정에 따라 허가를 받아 제조소 등을 설치한 자)가 사망하거나 그 제조소 등을 양도·인도한 때 또는 법인인 제조소 등의 설치자의 합병이 있는 때에는 그 상속인, 제조소 등을 양수·인수한 자 또는 합병 후 존속하는 법인이나 합병에 의하여 설립되는 법인은 그 설치자의 지위를 승계한다.

(2) 「민사집행법」에 의한 경매, 「채무자 회생 및 파산에 관한 법률」에 의한 환가, 「국세징수법」·「관세법」 또는 「지방세징수법」에 의한 압류재산의 매각과 그 밖에 이에 준하는 절차에 따라 제조소 등의 시설의 전부를 인수한 자는 그 설치자의 지위를 승계한다.

(3) 규정에 따라 제조소 등의 설치자의 지위를 승계한 자는 행정안전부령이 정하는 바에 따라 승계한 날부터 30일 이내에 시·도지사에게 그 사실을 신고하여야 한다.

5. 제조소 등의 폐지

제조소 등의 관계인(소유자·점유자 또는 관리자를 말한다.)은 당해 제조소 등의 용도를 폐지(장래에 대하여 위험물시설로서의 기능을 완전히 상실시키는 것을 말함)한 때에는 행정안전부령이 정하는 바에 따라 제조소 등의 용도를 폐지한 날부터 14일 이내에 시·도지사에게 신고하여야 한다.

2 위험물안전관리법상 행정처분

1. 제조소 등 사용정지, 허가취소

시·도지사는 제조소 등의 관계인이 규정을 위반하는 때에는 행정안전부령이 정하는 바에 따라 규정에 따른 허가를 취소하거나 6월 이내의 기간을 정하여 제조소 등의 전부 또는 일부의 사용정지를 명할 수 있다.

2. 과징금처분

(1) 시·도지사는 제조소 등에 대한 사용의 정지가 그 이용자에게 심한 불편을 주거나 그 밖에 공익을 해칠 우려가 있는 때에는 사용정지처분에 갈음하여 2억 원 이하의 과징금을 부과할 수 있다.

(2) (1)의 규정에 따른 과징금을 부과하는 위반행위의 종별·정도 등에 따른 과징금의 금액, 그 밖의 필요한 사항은 행정안전부령으로 정한다.

(3) 시·도지사는 과징금을 납부하여야 하는 자가 납부기한까지 이를 납부하지 아니한 때에는 「지방행정제재·부과금의 징수에 관한 법률」에 따라 징수한다.

3 정기점검 및 정기검사

1. 정기점검의 횟수

대통령령이 정하는 제조소 등의 관계인은 그 제조소 등에 대하여 연 1회 이상 행정안전부령이 정하는 바에 따라 규정에 따른 기술기준에 적합한지의 여부를 정기적으로 점검하고 점검결과를 기록하여 보존하여야 한다.

2. 정기점검 및 정기검사의 내용

규정에 따른 정기점검의 대상이 되는 제조소 등의 관계인 가운데 대통령령이 정하는 제조소 등의 관계인은 행정안전부령이 정하는 바에 따라 소방본부장 또는 소방서장으로부터 해당 제조소 등이 규정에 따른 기술기준에 적합하게 유지되고 있는지의 여부에 대하여 정기적으로 검사를 받아야 한다.

4 행정감독

1. 출입 · 검사

소방청장, 시·도지사, 소방본부장 또는 소방서장은 위험물의 저장 또는 취급에 따른 화재의 예방 또는 진압대책을 위하여 필요한 때에는 위험물을 저장 또는 취급하고 있다고 인정되는 장소의 관계인에 대하여 필요한 보고 또는 자료제출을 명할 수 있으며, 관계공무원으로 하여금 당해 장소에 출입하여 그 장소의 위치·구조·설비 및 위험물의 저장·취급상황에 대하여 검사하게 하거나 관계인에게 질문하게 하고 시험에 필요한 최소한의 위험물 또는 위험물로 의심되는 물품을 수거하게 할 수 있다. 다만, 개인의 주거는 관계인의 승낙을 얻은 경우 또는 화재발생의 우려가 커서 긴급한 필요가 있는 경우가 아니면 출입할 수 없다.

2. 각종행정명령

(1) 탱크시험자에 대한 명령

시·도지사, 소방본부장 또는 소방서장은 탱크시험자에 대하여 당해 업무를 적정하게 실시하게 하기 위하여 필요하다고 인정하는 때에는 감독상 필요한 명령을 할 수 있다.

(2) 무허가장소의 위험물에 대한 조치명령

시·도지사, 소방본부장 또는 소방서장은 위험물에 의한 재해를 방지하기 위하여 제6조 제1항의 규정에 따른 허가를 받지 아니하고 지정수량 이상의 위험물을 저장 또는 취급하는 자(제6조 제3항의 규정에 따라 허가를 받지 아니하는 자를 제외함)에 대하여 그 위험물 및 시설의 제거 등 필요한 조치를 명할 수 있다.

(3) 제조소 등에 대한 긴급 사용정지명령 등

시·도지사, 소방본부장 또는 소방서장은 공공의 안전을 유지하거나 재해의 발생을 방지하기 위하여 긴급한 필요가 있다고 인정하는 때에는 제조소 등의 관계인에 대하여 당해 제조소 등의 사용을 일시정지하거나 그 사용을 제한할 것을 명할 수 있다.

(4) 저장 · 취급기준 준수명령 등

① 시·도지사, 소방본부장 또는 소방서장은 제조소 등에서의 위험물의 저장 또는 취급이 제5조 제3항의 규정에 위반된다고 인정하는 때에는 당해 제조소 등의 관계인에 대하여 동항의 기준에 따라 위험물을 저장 또는 취급하도록 명할 수 있다.

② 시·도지사, 소방본부장 또는 소방서장은 관할하는 구역에 있는 이동탱크저장소에서의 위험물의 저장 또는 취급이 제5조 제3항의 규정에 위반된다고 인정하는 때에는 당해 이동탱크저장소의 관계인에 대하여 동항의 기준에 따라 위험물을 저장 또는 취급하도록 명할 수 있다.

③ 시·도지사, 소방본부장 또는 소방서장은 제2항의 규정에 따라 이동탱크저장소의 관계인에 대하여 명령을 한 경우에는 행정안전부령이 정하는 바에 따라 제6조 제1항의 규정에 따라 당해 이동탱크저장소의 허가를 한 시·도지사, 소방본부장 또는 소방서장에게 신속히 그 취지를 통지하여야 한다.

(5) 응급조치 · 통보 및 조치명령

제조소 등의 관계인은 당해 제조소 등에서 위험물의 유출, 그 밖의 사고가 발생한 때에는 즉시 그리고 지속적으로 위험물의 유출 및 확산의 방지, 유출된 위험물의 제거 그 밖에 재해의 발생방지를 위한 응급조치를 강구하여야 한다.

3. 벌칙

(1) 제조소 등 또는 위험물시설의 설치에 따른 허가를 받지 않고 지정수량 이상의 위험물을 저장 또는 취급하는 장소에서

위험물을 유출·방출 또는 확산시켜 사람의 생명·신체 또는 재산에 대하여 위험을 발생시킨 자는 1년 이상 10년 이하의 징역에 처한다.

(2) (1)의 규정에 따른 죄를 범하여 사람을 상해(傷害)에 이르게 한 때에는 무기 또는 3년 이상의 징역에 처하며, 사망에 이르게 한 때에는 무기 또는 5년 이상의 징역에 처한다.

(3) 업무상 과실로 (1)의 죄를 범한 자는 7년 이하의 금고 또는 7천만 원 이하의 벌금에 처한다.

(4) (3)의 규정에 따라 사람을 사상(死傷)에 이르게 한 자는 10년 이하의 징역 또는 금고나 1억 원 이하의 벌금에 처한다.

5 기타 관련사항

1. 화학소방자동차에 갖추어야 하는 소화능력 및 설비의 기준

화학소방자동차의 구분	소화능력 및 설비의 기준
포 수용액 방사차	포 수용액의 방사능력이 매분 2,000L 이상일 것
	소화약액탱크 및 소화약액혼합장치를 비치할 것
	10만L 이상의 포 수용액을 방사할 수 있는 양의 소화약제를 비치할 것
분말 방사차	분말의 방사능력이 매초 35kg 이상일 것
	분말탱크 및 가압용 가스설비를 비치할 것
	1,400kg 이상의 분말을 비치할 것
할로겐화합물(할로겐화합물) 방사차	할로겐화합물(할로겐화합물)의 방사능력이 매초 40kg 이상일 것
	할로겐화합물탱크(할로겐화합물탱크) 및 가압용 가스설비를 비치할 것
	1,000kg 이상의 할로겐화합물(할로겐화합물)을 비치할 것
이산화탄소 방사차	이산화탄소의 방사능력이 매초 40kg 이상일 것
	이산화탄소 저장용기를 비치할 것
	3,000kg 이상의 이산화탄소를 비치할 것
제독차	가성소다(가성소오다) 및 규조토를 각각 50kg 이상 비치할 것

2. 자체소방대을 두어야 하는 제조소

(1) **자체소방조직을 두어야 하는 제조소의 기준**

① 제조소 또는 일반취급소에서 취급하는 제4류 위험물의 최대수량의 합이 지정수량의 3천 배 이상

② 옥외탱크저장소에 저장하는 제4류 위험물의 최대수량이 지정수량의 50만 배 이상

(2) 자체소방대를 설치하는 사업소의 관계인(소유자·점유자 또는 관리자를 말한다.)은 다음 규정에 의하여 자체소방대에 화학소방자동차 및 자체소방대원을 두어야 한다. 다만, 화재, 그 밖의 재난발생 시 다른 사업소 등과 상호응원에 관한 협정을 체결하고 있는 사업소에 있어서는 행정안전부령이 정하는 바에 따라 다음 표의 범위 안에서 화학소방자동차 및 인원의 수를 달리할 수 있다.

사업소의 구분	화학소방자동차	자체소방대원의 수
제조소 또는 일반취급소에서 취급하는 제4류 위험물의 최대수량의 합이 지정수량의 3천 배 이상 12만 배 미만인 사업소	1대	5인
제조소 또는 일반취급소에서 취급하는 제4류 위험물의 최대수량의 합이 지정수량의 12만 배 이상 24만 배 미만인 사업소	2대	10인
제조소 또는 일반취급소에서 취급하는 제4류 위험물의 최대수량의 합이 지정수량의 24만 배 이상 48만 배 미만인 사업소	3대	15인
제조소 또는 일반취급소에서 취급하는 제4류 위험물의 최대수량의 합이 지정수량의 48만 배 이상인 사업소	4대	20인
옥외탱크저장소에 저장하는 제4류 위험물의 최대수량이 지정수량의 50만 배 이상인 사업소	2대	10인

(3) 자체소방대에 두어야 하는 화학소방자동차 중 포 수용액을 방사하는 화학소방자동차는 전체 법정 화학소방자동차 대수의 2/3 이상으로 하여야 한다.

3. 위험물안전관리자

(1) 제조소 등의 관계인은 위험물의 안전관리에 관한 직무를 수행하게 하기 위하여 제조소 등마다 대통령령이 정하는 위험물의 취급에 관한 자격이 있는 자(위험물취급자격자)를 위험물안전관리자(안전관리자)로 선임하여야 한다.

(2) 규정에 따라 안전관리자를 선임한 제조소 등의 관계인은 그 안전관리자를 해임하거나 안전관리자가 퇴직한 때에는 해임하거나 퇴직한 날부터 30일 이내에 다시 안전관리자를 선임하여야 한다.

(3) 제조소 등의 관계인은 규정에 따라 안전관리자를 선임한 경우에는 선임한 날부터 14일 이내에 행정안전부령으로 정하는 바에 따라 소방본부장 또는 소방서장에게 신고하여야 한다.

(4) 제조소 등의 종류 및 규모에 따라 선임하여야 하는 안전관리자의 자격

제조소 등의 종류 및 규모			안전관리자의 자격
제조소	1. 제4류 위험물만을 취급하는 것으로서 지정수량 5배 이하의 것		위험물기능장, 위험물산업기사, 위험물기능사, 안전관리자교육이수자 또는 소방공무원경력자
	2. 제1호에 해당하지 아니하는 것		위험물기능장, 위험물산업기사 또는 2년 이상의 실무경력이 있는 위험물기능사
저장소	1. 옥내저장소	제4류 위험물만을 저장하는 것으로서 지정수량 5배 이하의 것	위험물기능장, 위험물산업기사, 위험물기능사, 안전관리자교육이수자 또는 소방공무원경력자
		제4류 위험물 중 알코올류 · 제2석유류 · 제3석유류 · 제4석유류 · 동식물유류만을 저장하는 것으로서 지정수량 40배 이하의 것	
	2. 옥외탱크저장소	제4류 위험물만 저장하는 것으로서 지정수량 5배 이하의 것	
		제4류 위험물 중 제2석유류 · 제3석유류 · 제4석유류 · 동식물유류만을 저장하는 것으로서 지정수량 40배 이하의 것	
	3. 옥내탱크저장소	제4류 위험물만을 저장하는 것으로서 지정수량 5배 이하의 것	
		제4류 위험물 중 제2석유류 · 제3석유류 · 제4석유류 · 동식물유류만을 저장하는 것	
	4. 지하탱크저장소	제4류 위험물만을 저장하는 것으로서 지정수량 40배 이하의 것	
		제4류 위험물 중 제1석유류 · 알코올류 · 제2석유류 · 제3석유류 · 제4석유류 · 동식물유류만을 저장하는 것으로서 지정수량 250배 이하의 것	
	5. 간이탱크저장소로서 제4류 위험물만을 저장하는 것		
	6. 옥외저장소 중 제4류 위험물만을 저장하는 것으로서 지정수량의 40배 이하의 것		
	7. 보일러, 버너 그 밖에 이와 유사한 장치에 공급하기 위한 위험물을 저장하는 탱크저장소		
	8. 선박주유취급소, 철도주유취급소 또는 항공기주유취급소의 고정주유설비에 공급하기 위한 위험물을 저장하는 탱크저장소로서 지정수량의 250배(제1석유류의 경우에는 지정수량의 100배)이하의 것		
	9. 제1호 내지 제8호에 해당하지 아니하는 저장소		위험물기능장, 위험물산업기사 또는 2년 이상의 실무경력이 있는 위험물기능사

위험물 성상 및 취급   출제예상문제

01

과산화나트륨이 물과 반응할 때의 변화를 가장 적절하게 설명한 것은?

① 산화나트륨과 수소를 발생한다.
② 물을 흡수하여 탄산나트륨이 된다.
③ 산소를 방출하며 수산화나트륨이 된다.
④ 서서히 물에 녹아 안정한 수용액이 된다.

해설 과산화나트륨
• 상온에서 물과 격렬하게 반응하며 열을 발생하고 산소를 방출시킨다.
• 과산화나트륨은 다음과 같이 물과 반응하여 수산화나트륨이 되고, 산소를 방출한다.

$2Na_2O_2 + 2H_2O \rightarrow 4NaOH + O_2 \uparrow$

02

염소산칼륨과 염소산나트륨을 각각 가열하여 열분해시킬 때 공통적으로 발생하는 것은?

① 산소   ② 염소
③ 이산화탄소   ④ 물

해설
염소산칼륨과 염소산나트륨을 각각 가열하여 열분해시키면 다음과 같이 산소가 발생한다.
$2KClO_3 \rightarrow 2KCl + 3O_2 \uparrow$
$2NaClO_3 \rightarrow 2NaCl + 3O_2 \uparrow$

03

다음 중 자연발화 위험성이 가장 큰 물질은?

① 황린   ② 황화인(황화린)
③ 황   ④ 적린

해설
• 발화점이 낮은 물질일수록 자연발화 위험성이 크다.
• 자연발화 위험성이 가장 큰 물질은 황린(발화점 34℃)이다.
• 보기에 있는 물질의 발화점은 황화인(황화린, 100℃), 황(232℃), 적린 (260℃)이다.

04

탄화칼슘에 대한 설명 중 옳은 것은?

① 상온의 건조한 공기 중에서 매우 불안정하여 격렬하게 산화반응을 한다.
② 물과 반응하여 생성되는 기체는 산소 기체보다 무겁다.
③ 물과 반응하여 생기는 기체의 연소범위는 약 2.5~81% 로 매우 넓다.
④ 순수한 것은 갈색의 액체상이다.

해설
탄화칼슘(CaC_2)이 물과 반응할 때 발생되는 아세틸렌(C_2H_2)의 폭발범위는 약 2.5~81%로 매우 넓다.
$CaC_2 + 2H_2O \rightarrow Ca(OH)_2 + C_2H_2 \uparrow$

05

유별을 달리하는 위험물의 혼재 기준에서 다음 중 혼재가 가능한 위험물은? (단, 지정수량 10배의 위험물을 가정한다.)

① 제1류와 제4류   ② 제2류와 제3류
③ 제3류와 제4류   ④ 제1류와 제5류

해설 혼재 가능 위험물
• 423 → 제4류와 제2류, 제4류와 제3류는 서로 혼재 가능
• 524 → 제5류와 제2류, 제5류와 제4류는 서로 혼재 가능
• 61 → 제6류와 제1류는 서로 혼재 가능

06

나이트로(니트로)셀룰로오스의 안전한 저장 및 운반에 대한 설명으로 옳은 것은?

① 습도가 높으면 위험하므로 건조한 상태로 취급한다.
② 아닐린과 혼합한다.
③ 산을 첨가하여 중화시킨다.
④ 알코올로 습면시킨다.

해설

나이트로(니트로)셀룰로오스를 저장 및 운반할 경우 물 또는 알코올에 습면하고, 안정제를 가해 냉암소에 저장한다.

07

질산의 성질에 대한 다음 설명 중 거리가 가장 먼 것은?

① 질산을 가열하면 적갈색의 일산화질소를 발생하면서 연소한다.
② 환원성이 강한 물질과의 혼합은 위험하다.
③ 부식성을 가지고 있다.
④ 「위험물안전관리법」에 위험물로 규정한 질산은 물보다 무겁다.

해설

진한 질산을 가열하면 다음과 같이 적갈색의 이산화질소를 발생하면서 분해한다.
$$4HNO_3 \rightarrow 2H_2O + 4NO_2\uparrow + O_2\uparrow$$

08

다음 중 탄화칼슘이 물과 반응했을 때 옳은 반응은?

① 탄화칼슘+물 → 소석회+산소
② 탄화칼슘+물 → 생석회+인화수소
③ 탄화칼슘+물 → 생석회+일산화탄소
④ 탄화칼슘+물 → 소석회+아세틸렌

해설

탄화칼슘은 물과 반응하여 수산화칼슘(소석회)과 아세틸렌가스가 생성된다.
$$CaC_2 + 2H_2O \rightarrow Ca(OH)_2 + C_2H_2\uparrow$$

09

은백색의 금속으로 노란 불꽃을 내면서 연소하고, 수분과 접촉하면 수소를 발생하는 물질은?

① 탄산알루미늄
② 인화석회
③ 나트륨
④ 칼륨

해설

나트륨은 은백색의 금속으로 노란 불꽃을 내면서 연소하고, 수분과 접촉하면 수소를 발생시킨다.

10

메틸에틸케톤의 취급 방법에 대한 설명으로 틀린 것은?

① 쉽게 연소하므로 화기 접근을 금한다.
② 직사광선을 피하고 통풍이 잘 되는 곳에 저장한다.
③ 탈지작용이 있으므로 피부에 접촉하지 않도록 주의한다.
④ 유리 용기를 피하고 수지, 섬유소 등의 재질로 된 용기에 저장한다.

해설

메틸에틸케톤은 수지, 유지 등을 녹이므로 수지, 섬유소 등의 재질로 된 용기에는 저장할 수 없다.

11

다음 그림은 제5류 위험물 중 유기과산화물을 저장하는 옥내저장소의 저장창고를 개략적으로 보여주고 있다. 창과 바닥으로부터 높이(a)와 하나의 창의 면적(b)은 각각 얼마로 하여야 하는가? (단, 이 저장창고의 바닥면적은 150m² 이내이다.)

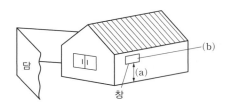

① (a) 2m 이상, (b) 0.8m² 이내
② (a) 3m 이상, (b) 0.6m² 이내
③ (a) 2m 이상, (b) 0.4m² 이내
④ (a) 3m 이상, (b) 0.3m² 이내

해설

유기과산화물 저장창고의 창은 바닥면으로부터 2m 이상의 높이에 두되, 하나의 벽면에 두는 창의 면적의 합계를 당해 벽면 면적의 80분의 1 이내로 하고, 하나의 창 면적을 0.4m² 이내로 하여야 한다.

12

다음 물질 중 취급하는 장치가 구리나 마그네슘으로 되어 있을 때 반응을 일으켜서 폭발성의 아세틸라이드를 생성하는 것은?

① 이황화탄소
② 이소프로필알코올
③ 산화프로필렌
④ 아세톤

해설

산화프로필렌은 구리, 은, 수은, 마그네슘 또는 이의 합금과 반응하여 폭발성의 아세틸라이드를 생성하므로 저장용기에 해당 재료를 사용하지 않아야 한다.

13

CH_3COCH_3로 나타내는 위험물의 명칭은?

① 에틸알코올
② 아세톤
③ 초산메틸
④ 메탄올

해설

아세톤(디메틸케톤＝CH_3COCH_3)

14

공기 중에 노출되면 자연발화의 위험이 있고 물과 접촉하면 폭발의 위험이 따르는 것은?

① CH_3COCH_3
② $(CH_3)_3Al$
③ CH_3CHO
④ CS_2

해설 트리메틸알루미늄[$(CH_3)_3Al$]

• 알킬알루미늄으로 탄소의 수가 3개이다.
• 공기 중에 노출되면 자연발화의 위험이 있다.
• 물과 접촉하면 심하게 반응하며 가연성 가스인 메탄을 발생시켜 폭발의 위험이 있다.

$$(CH_3)_3Al+3H_2O \rightarrow Al(OH)_3+3CH_4 \uparrow$$

관련이론 보기에 있는 물질의 명칭

① 아세톤
② 트리메틸알루미늄
③ 아세트알데하이드(아세트알데히드)
④ 이황화탄소

15

「위험물안전관리법령」상 제6류 위험물에 해당하는 물질로서 햇빛에 의해 갈색의 연기를 내며 분해할 위험이 있으므로 갈색병에 보관해야 하는 것은?

① 질산
② 황산
③ 염산
④ 과산화수소

해설

질산(HNO_3)은 제6류 위험물로 공기 중에서 빛을 받으면 갈색의 연기(NO_2)를 내기 때문에 갈색 병에 보관해야 한다.
과산화수소(H_2O_2)도 제6류 위험물이지만 갈색의 연기를 내지 않고, 상온에서 서서히 분해되어 산소를 방출한다.

16

과산화수소 용액의 분해를 방지하기 위한 방법으로 가장 거리가 먼 것은?

① 햇빛을 차단한다.　　　② 가열하여 보관한다.
③ 인산을 가한다.　　　　④ 요산을 가한다.

> **해설** **과산화수소 용액의 분해 방지 방법**
> • 햇빛 차단, 화기엄금, 충격금지, 환기가 잘 되는 냉암소에 저장, 온도 상승 방지, 과산화수소의 저장용기 마개는 구멍 뚫린 마개를 사용한다.
> • 분해방지 안정제[인산나트륨, 인산(H_3PO_4), 요산($C_5H_4N_4O_3$), 글리세린 등]를 첨가하여 산소 분해를 억제한다.

17

위험물 제조소 등의 안전거리의 단축기준과 관련해서 $H \leq pD^2 + a$인 경우 방화상 유효한 담의 높이는 2m 이상으로 한다. 다음 중 H에 해당되는 것은?

① 인근 건축물의 높이(m)
② 제조소 등의 외벽의 높이(m)
③ 제조소 등과 공작물과의 거리(m)
④ 제조소 등과 방화상 유효한 벽과의 거리(m)

> **해설**
> 방화상 유효한 담의 높이는 다음에 의하여 산정한 높이 이상으로 한다.
> • $H \leq pD^2 + a$인 경우
> 　$h = 2$
> • $H > pD^2 + a$인 경우
> 　$h = H - p(D^2 - d^2)$

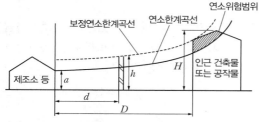

> D: 제조소 등과 인근 건축물과의 거리(m)
> H: 인근 건축물 또는 공작물의 높이(m)
> a: 제조소 등의 외벽의 높이(m)
> d: 제조소 등과 방화상 유효한 담과의 거리(m)
> h: 방화상 유효한 담의 높이(m)
> p: 상수

18

황린의 성질에 대한 설명으로 옳은 것은?

① 발화점이 260℃ 이상이다.
② 독성이 거의 없는 물질이다.
③ 물에 잘 용해되고 활발하게 반응한다.
④ 공기 중 산화되어 P_2O_5가 생성된다.

> **해설** **황린**
> • 맹독성 물질로 발화점은 34℃이다.
> • 물과는 반응하지 않고, 녹지 않기 때문에 물속에 저장한다.
> • CS_2, 알코올, 벤젠에 잘 녹는다.
> • 공기 중에서 산화되어 오산화인이 생성된다.
> 　$P_4 + 5O_2 \rightarrow 2P_2O_5$(오산화인)

19

동식물유류는 요오드값에 따라 건성유, 반건성유, 불건성유로 분류한다. 일반적으로 건성유의 요오드값 기준은 얼마인가?

① 100 이하　　　　　② 100 이상 130 미만
③ 130 이상　　　　　④ 200 이상

> **해설**
> • 건성유: 요오드값이 130 이상인 것
> • 반건성유: 요오드값이 100~130인 것
> • 불건성유: 요오드값이 100 이하인 것

20

제6류 위험물의 위험성 및 성질에 관한 설명 중 옳은 것은?

① 산화성 무기화합물이다.
② 가연성 액체이다.
③ 제2류 위험물과 혼재가 가능하다.
④ 과산화수소를 제외하고는 염기성 물질이다.

> **해설** **제6류 위험물**
> • 산화성 무기화합물이며, 자신들은 불연성 물질이다.
> • 과산화수소를 제외하고는 강산성 물질이다.
> • 제1류 위험물과 혼재가 가능하다.

21

제1류 위험물 중 알칼리금속의 과산화물 운반용기에 반드시 표시하여야 할 주의사항을 모두 옳게 나열한 것은?

① 화기·충격주의, 물기엄금, 가연물 접촉주의
② 화기·충격주의, 화기엄금
③ 화기엄금, 물기엄금
④ 화기·충격엄금, 가연물 접촉주의

해설 **위험물 운반용기 표시사항**

제1류 위험물 중 알칼리금속의 과산화물 또는 이를 함유한 것은 '화기·충격주의', '물기엄금' 및 '가연물 접촉주의', 그 밖의 것에 있어서는 '화기·충격주의' 및 '가연물 접촉주의' 주의사항을 운반용기에 표시하여야 한다.

22

그림과 같은 위험물을 저장하는 탱크의 내용적은 약 몇 m^3인가? (단, r은 10m, l은 15m이다.)

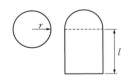

① 3,612   ② 4,712
③ 5,812   ④ 6,912

해설 **세로로 설치한 원통형 탱크의 내용적**

r: 10m, l: 15m이고, 내용적은 $\pi r^2 l$이다.
$\pi r^2 l = \pi \times 10^2 \times 15 = 4,712m^3$

23

지정수량 이상의 위험물을 차량으로 운반하는 경우 당해 차량에 표지를 설치하여야 한다. 다음 중 표지의 규격으로 옳은 것은?

① 장변길이: 0.6m 이상, 단변길이: 0.3m 이상
② 장변길이: 0.4m 이상, 단변길이: 0.3m 이상
③ 가로, 세로 모두 0.3m 이상
④ 가로, 세로 모두 0.4m 이상

해설

[흑색바탕 황색 반사도료]

24

위험물 지하탱크저장소의 탱크전용실 설치기준으로 틀린 것은?

① 콘크리트 구조의 벽은 두께 0.3m 이상으로 한다.
② 지하저장탱크와 탱크전용실의 안쪽과의 사이는 50cm 이상의 간격을 유지한다.
③ 콘크리트 구조의 바닥은 두께 0.3m 이상으로 한다.
④ 벽, 바닥 등에 적당한 방수 조치를 강구한다.

해설

지하저장탱크와 탱크전용실의 안쪽과의 사이는 0.1m 이상의 간격을 유지하도록 해야 한다.

25

다음 물질 중 인화점이 가장 낮은 것은?

① CS_2 ② $C_2H_5OC_2H_5$
③ CH_3COCl ④ CH_3OH

해설

다이에틸에터(디에틸에테르)($C_2H_5OC_2H_5$)의 인화점은 $-45℃$로 제4류 위험물 중에서 가장 낮다.

관련이론 **보기에 있는 물질의 인화점**

① 이황화탄소(CS_2): $-30℃$
③ 염화아세틸(CH_3COCl): $5℃$
④ 메틸알코올(CH_3OH): $11℃$

26

다음 중 탄화알루미늄이 물과 반응할 때 생성되는 가스는?

① H_2 ② CH_4
③ O_2 ④ C_2H_2

해설

탄화알루미늄이 물과 반응하면 수산화알루미늄과 메탄 가스가 발생한다.
$Al_4C_3 + 12H_2O \rightarrow 4Al(OH)_3 + 3CH_4 \uparrow$

27

다음 물질 중 물과 접촉되었을 때 위험성이 가장 작은 것은?

① CaC_2 ② $KClO_4$
③ Na ④ Ca

해설   **과염소산칼륨($KClO_4$)**
• 강산화성 물질이며 불연성 고체이다.
• 물과 접촉해도 위험성이 거의 없다.
• 소화방법으로는 주수소화가 좋다.

28

다음 중 위험등급 I의 위험물이 아닌 것은?

① 염소산염류   ② 황화인(황화린)
③ 알킬리튬   ④ 과산화수소

해설

황화인(황화린)은 제2류 위험물로 위험등급 II이다.

관련개념 **위험등급 I의 위험물**
• 제1류 위험물 중 아염소산염류, 염소산염류, 과염소산염류, 무기과산화물, 그 밖에 지정수량이 50kg인 위험물
• 제3류 위험물 중 칼륨, 나트륨, 알킬알루미늄, 알킬리튬, 황린, 그 밖에 지정수량이 10kg 또는 20kg인 위험물
• 제4류 위험물 중 특수인화물
• 제5류 위험물 중 지정수량이 10kg인 위험물
• 제6류 위험물(과산화수소)

29

피뢰침은 지정수량 몇 배 이상의 위험물을 취급하는 제조소에 설치하여야 하는가? (단, 제6류 위험물을 취급하는 위험물제조소는 제외한다.)

① 10배   ② 20배
③ 100배   ④ 200배

해설

피뢰침은 지정수량 10배 이상의 위험물을 취급하는 제조소에 설치한다.

30

다음 중 물과 반응하여 수소를 발생시키지 않는 물질은?

① 칼륨   ② 수소화붕소나트륨
③ 탄화칼슘   ④ 수소화칼슘

해설

탄화칼슘은 물과 반응하여 수산화칼슘(소석회)과 아세틸렌가스를 발생시킨다.
$CaC_2 + 2H_2O \rightarrow Ca(OH)_2 + C_2H_2 \uparrow$

31

가솔린의 성질 및 취급에 관한 설명 중 틀린 것은?

① 용기로부터 새어나오는 것을 방지해야 한다.
② 가솔린 증기는 공기보다 무겁다.
③ 소화방법으로 포에 의한 소화가 가능하다.
④ 발화점이 10℃ 정도로 낮아 상온에서도 매우 위험하다.

해설   **가솔린**
• 인화점은 $-43 \sim -20$℃이다.
• 발화점은 약 300℃이다.
• 증기비중은 $3 \sim 4$로 공기보다 무겁다.
• 지정수량은 200L이다.
• 탄소수가 $5 \sim 9$까지의 포화 · 불포화탄화수소의 혼합물이다.

32

다음 물질을 적셔서 얻은 헝겊을 대량으로 쌓아 두었을 경우 자연발화의 위험성이 가장 큰 것은?

① 아마인유
② 땅콩기름
③ 야자유
④ 올리브유

해설

자연발화의 위험성이 가장 큰 것은 건성유에 해당된다. 아마인유가 건성유이고, 나머지는 모두 불건성유이다. 건성유는 동식물유류로 요오드값이 130 이상인 것이다.

건성유의 종류: 해바라기기름, 동유, 정어리기름, 아마인유(아마씨유), 들기름, 상어유 등

33

다음 중 물보다 가벼운 것으로만 나열된 것은?

① 아크릴산, 과산화벤조일
② 아세트산, 질산메틸
③ 벤젠, 가솔린
④ 나이트로(니트로)글리세린, 경유

해설

벤젠, 가솔린은 제4류 위험물 중 제1석유류로 물보다 가볍다.

34

제4류 위험물의 일반적인 취급상 주의사항으로 옳은 것은?

① 정전기가 축적되어 있으면 화재의 우려가 있으므로 정전기가 축적되지 않게 할 것
② 위험물이 유출하였을 때 액면이 확대되지 않게 흙 등으로 잘 조치한 후 자연증발시킬 것
③ 물에 녹지 않는 위험물은 폐기할 경우 물을 섞어 하수구에 버릴 것
④ 증기의 배출은 지표로 향해서 할 것

해설

석유류는 전기의 부도체이기 때문에 정전기 발생을 제거할 수 있는 조치를 해야 한다.

35

물과 반응하면 폭발적으로 반응하여 에탄을 생성하는 물질은?

① $(C_2H_5)_2O$
② CS_2
③ CH_3CHO
④ $(C_2H_5)_3Al$

해설

트리에틸알루미늄[$(C_2H_5)_3Al$]은 물과 접촉하면 폭발적으로 반응하여 에탄(C_2H_6)을 발생시킨다.

$(C_2H_5)_3Al + 3H_2O \rightarrow Al(OH)_3 + 3C_2H_6\uparrow$

36

과산화벤조일에 대한 설명으로 틀린 것은?

① 발화점이 약 425℃로 상온에서 비교적 안전하다.
② 상온에서 고체이다.
③ 산소를 포함하는 산화성 물질이다.
④ 물을 혼합하면 폭발성이 줄어든다.

해설

과산화벤조일은 무색 무미의 결정고체로 비수용성이며 알코올에 약간 녹는 특징이 있다. 발화점은 약 80℃, 융점은 103~106℃, 비중은 1.33(25℃)이다.

37

이황화탄소를 물속에 저장하는 주된 이유는?

① 공기와 접촉하면 발화하기 때문에
② 화재 발생 시 대응을 빠르게 하기 위하여
③ 가연성 증기의 발생을 방지하기 위하여
④ 불순물을 물에 용해하여 유출시키기 위하여

해설

이황화탄소의 증기는 가연성이 있고, 인체에 매우 유독하므로 증기의 발생을 억제하기 위하여 이황화탄소(액체) 액면 위에 물을 채워 저장한다.

38

다음 각 물질의 저장방법에 대한 설명 중 틀린 것은?

① 황린은 산화제와 혼합되지 않게 저장한다.

② 황은 정전기가 축적되지 않도록 저장한다.

③ 적린은 인화성 물질로부터 격리 저장한다.

④ 마그네슘분은 물에 적시어 저장한다.

해설

마그네슘 등 금속분류는 물, 습기와의 접촉을 피해야 한다.

마그네슘은 상온에서는 물을 분해하지 못해 안정하지만 뜨거운 물이나 과열 수증기와 접촉하면 격렬하게 수소를 발생하므로 연소 시 주수하면 위험성이 증대된다.

$Mg + 2H_2O \rightarrow Mg(OH)_2 + H_2 \uparrow$

39

초산메틸의 성질에 대한 설명으로 옳은 것은?

① 마취성이 있는 액체로 향기가 난다.

② 끓는점이 100℃ 이상이고 안전한 물질이다.

③ 불연성 액체이다.

④ 초록색의 액체로 물보다 무겁다.

해설 **초산메틸(CH_3COOCH_3, 지정수량: 200L)**

· 인화점: -13℃, 발화점: 505℃, 비중: 0.9, 연소범위: 3.1~16%

· 끓는점은 약 58℃이다.

· 휘발성, 인화성이 강하다.

· 상온에서 무색의 액체이다.

· 마취성이 있는 액체로 향기가 난다.

40

금속칼륨의 보호액으로 가장 적당한 것은?

① 알코올   ② 경유

③ 아세트산   ④ 물

해설

금속칼륨은 공기와의 접촉을 막기 위하여 보호액(등유, 경유, 파라핀유, 벤젠) 속에 저장해야 한다.

41

$C_2H_5ONO_2$와 $C_6H_2(OH)(NO_2)_3$의 공통성질에 해당하는 것은?

① 품명이 나이트로화합물(니트로화합물)이다.

② 인화성과 폭발성이 있는 고체이다.

③ 무색 또는 담황색 액체로서 방향성이 있다.

④ 알코올에 녹는다.

해설

구분	질산에틸 ($C_2H_5ONO_2$)	트리나이트로(니트로)페놀 [$C_6H_2(OH)(NO_2)_3$]
유별	제5류 위험물 중 질산에스터류 (질산에스테르류)	제5류 위험물 중 나이트로화합물(니트로화합물)
성상	향기가 있는 무색투명한 액체	황색의 침상 결정
수용성	비수용성으로 알코올, 에테르에 녹는다.	아세톤, 벤젠, 알코올, 에테르에 잘 녹는다.

42

과산화수소에 대한 설명 중 틀린 것은?

① 이산화망간이 있으면 분해가 촉진된다.

② 농도가 높아질수록 위험성이 커진다.

③ 분해되면 산소를 방출한다.

④ 산소를 포함하고 있는 가연물이다.

해설

과산화수소는 제6류 위험물에 해당되는 불연성 물질이다.

43

다음과 같은 성질을 가진 물질은?

- 무색 무취의 결정이다.
- 비중 약 2.3, 녹는점 약 365℃
- 열분해하여 산소를 발생한다.

① $KClO_3$ ② $NaClO_3$

③ $Zn(ClO_3)_2$ ④ K_2O_2

해설 **염소산칼륨($KClO_3$)(염소산칼리=클로로산칼리)**

· 무색 무취 단사정계 판상결정 또는 불연성 분말로서 이산화망간 등이 존재하면 분해가 촉진되어 산소를 방출한다.

· 비중 2.34, 녹는점 365℃, 용해도 7.3(20℃)

· 온수, 글리세린에 잘 녹고, 냉수, 알코올에는 잘 녹지 않는다.

· 분해할 때 산소가 발생한다.

$2KClO_3 \rightarrow 2KCl + 3O_2 \uparrow$

44

질산칼륨의 성질에 대한 설명 중 틀린 것은?

① 물에 녹는다.
② 분자량은 약 101이다.
③ 열분해하면 산소를 방출한다.
④ 비중은 1보다 작다.

> **해설**
> 질산칼륨의 비중은 약 2.1로 1보다 크다.

45

화재 발생 시 물을 사용하면 위험성이 더 커지는 것은?

① 염소산칼륨
② 질산나트륨
③ 과산화나트륨
④ 브로민산칼륨(브롬산칼륨)

> **해설**
> 과산화나트륨은 상온에서 물과 격렬하게 반응하며 열을 발생하고 산소를 방출시킨다.
> $2Na_2O_2 + 2H_2O \rightarrow 4NaOH + O_2\uparrow$

46

다음 중 인화점이 20℃ 이상인 것은?

① CH_3COOCH_3
② CH_3COCH_3
③ CH_3COOH
④ CH_3CHO

> **해설 보기에 있는 물질의 인화점**
> ① 아세트산메틸: $-16℃$
> ② 아세톤: $-18℃$
> ③ 아세트산: $39℃$
> ④ 아세트알데하이드(아세트알데히드): $-38℃$

47

위험물 운반용기 외부에 표시하는 주의사항을 잘못 나타낸 것은?

① 적린: 화기주의
② 탄화칼슘: 물기엄금
③ 아세톤: 화기엄금
④ 과산화수소: 화기주의

> **해설**
> 과산화수소는 제6류 위험물이기 때문에 운반용기 외부에 '가연물 접촉주의'를 표시해야 한다.

48

다음 제4류 위험물 중 연소범위가 가장 넓은 것은?

① 아세트알데하이드
② 산화프로필렌
③ 휘발유
④ 아세톤

> **해설 위험물의 연소범위**
> ① 아세트알데하이드(아세트알데히드): 4.0~60%
> ② 산화프로필렌: 1.9~36%
> ③ 휘발유: 1.2~7.6%
> ④ 아세톤: 2.5~12.8%

49

산화프로필렌 300L, 메탄올 400L, 벤젠 200L를 저장하고 있는 경우 각각 지정수량 배수의 총합은 얼마인가?

① 4
② 6
③ 8
④ 10

> **해설**
> 산화프로필렌(특수인화물)의 지정수량: 50L
> 메탄올(알코올류)의 지정수량: 400L
> 벤젠(제1석유류, 비수용성)의 지정수량: 200L
> 지정수량 배수의 합 $= \dfrac{\text{저장수량의 합}}{\text{지정수량}} = \dfrac{300}{50} + \dfrac{400}{400} + \dfrac{200}{200} = 8$

50

「위험물안전관리법령」에서 정의한 제2석유류의 인화점의 범위는 1atm에서 얼마인가?

① 21℃ 미만
② 21℃ 이상 70℃ 미만
③ 70℃ 이상 200℃ 미만
④ 200℃ 이상

> **해설**
> 제2석유류의 인화점의 범위는 1atm에서 21℃ 이상 70℃ 미만이다.

삶의 순간순간이
아름다운 마무리이며
새로운 시작이어야 한다.

– 법정 스님

꿈을 현실로 만드는
에듀윌

공무원 교육
- 선호도 1위, 신뢰도 1위! 브랜드만족도 1위!
- 합격자 수 2,100% 폭등시킨 독한 커리큘럼

자격증 교육
- 8년간 아무도 깨지 못한 기록 합격자 수 1위
- 가장 많은 합격자를 배출한 최고의 합격 시스템

직영학원
- 직영학원 수 1위
- 표준화된 커리큘럼과 호텔급 시설 자랑하는 전국 22개 학원

종합출판
- 온라인서점 베스트셀러 1위!
- 출제위원급 전문 교수진이 직접 집필한 합격 교재

어학 교육
- 토익 베스트셀러 1위
- 토익 동영상 강의 무료 제공

콘텐츠 제휴 · B2B 교육
- 고객 맞춤형 위탁 교육 서비스 제공
- 기업, 기관, 대학 등 각 단체에 최적화된 고객 맞춤형 교육 및 제휴 서비스

부동산 아카데미
- 부동산 실무 교육 1위!
- 상위 1% 고소득 창업/취업 비법
- 부동산 실전 재테크 성공 비법

학점은행제
- 99%의 과목이수율
- 16년 연속 교육부 평가 인정 기관 선정

대학 편입
- 편입 교육 1위!
- 최대 200% 환급 상품 서비스

국비무료 교육
- '5년우수훈련기관' 선정
- K-디지털, 산대특 등 특화 훈련과정
- 원격국비교육원 오픈

교육문의 1600-6700 www.eduwill.net

에듀윌 위험물산업기사
필기 2주끝장

기초, 빈출, 마무리까지 위험물 맞춤형 무료특강 제공!

일반화학 과락탈출 기초 특강
위험물 전문 교수의 일반화학 기초 완성

일반화학 빈출유형 특강
일반화학에서 자주 나오는 유형 BIG 8 강의

위험물 이상기체상태방정식
자주 출제되는 '이상기체상태방정식' 개념 & 관련 문제 풀이

위험물 마무리 특강
시험 직전, 위험물 요약 정리로 마무리 학습

혜택받기 에듀윌 도서몰 ▶동영상강의실 ▶'위험물산업기사' 검색

고객의 꿈, 직원의 꿈, 지역사회의 꿈을 실현한다

에듀윌 도서몰
book.eduwill.net

- 부가학습자료 및 정오표: 에듀윌 도서몰 > 도서자료실
- 교재 문의: 에듀윌 도서몰 > 문의하기 > 교재(내용, 출간) / 주문 및 배송

2025

에듀윌
위험물산업기사
필기

2주끝장

이론편 + 기출문제편

기초, 빈출, 마무리 맞춤형 무료특강 제공

완벽 반영
개편 출제기준
&
개정 법령

ENERGY

세상을 움직이려면
먼저 나 자신을 움직여야 한다.

– 소크라테스(Socrates)

제5류 위험물 지정수량 개정(시행 24.07.31)사항

「위험물안전관리법」상 제5류 위험물 지정수량 및 세부기준이 24.07.31부로 공포되었습니다. 일부 제5류 위험물의 지정수량(제1종 10kg, 제2종 100kg) 및 위험등급(ⅠⅡⅢ)은 기존의 위험물 품명이 아닌 위험성 유무와 등급에 따라 구분하기 위하여 「위험물안전관리에 관한 세부기준(소방청 고시)」상 폭발성 및 가열분해성 시험결과에 따라 판정기준을 적용하여 결정하도록 개정되었으며, 개정된 법령에 의한 시험을 통해 위험물 해당여부 및 지정수량이 판단됩니다.

위와 관련하여 공포된 제5류 위험물 지정수량 및 세부기준은 아래와 같습니다. 참고하여 학습 부탁 드립니다.

* 「위험물안전관리법 시행령」 [별표1] 위험물 및 지정수량 (개정 24.04.30)

제5류 자기반응성 물질	1. 유기과산화물 2. 질산에스터류 3. 나이트로화합물 4. 나이트로소화합물 5. 아조화합물 6. 다이아조화합물 7. 하이드라진 유도체 8. 하이드록실아민 9. 하이드록실아민염류 10. 그 밖에 행정안전부령으로 정하는 것 11. 제1호부터 제10호까지의 어느 하나에 해당하는 위험물을 하나 이상 함유한 것	제1종: 10kg 제2종: 100kg

* 「위험물안전관리에 관한 세부기준」 제21조 및 제21조의 2 (개정 24.07.02)

- 제21조(가열분해성 판정기준 등) 가열분해성으로 인하여 자기반응성물질에 해당하는 것은 제20조에 의한 시험결과 파열판이 파열되는 것으로 하되, 그 등급은 다음 각 호와 같다(2 이상에 해당하는 경우에는 등급이 낮은 쪽으로 한다).

  1. 구멍의 직경이 1mm인 오리피스판을 이용하여 파열판이 파열되지 않는 물질: 등급Ⅲ
  2. 구멍의 직경이 1mm인 오리피스판을 이용하여 파열판이 파열되는 물질: 등급Ⅱ
  3. 구멍의 직경이 9mm인 오리피스판을 이용하여 파열판이 파열되는 물질: 등급Ⅰ

- 제21조의2(자기반응성물질 판정기준 등) 제19조에 따른 열분석시험의 결과 및 제21조에 따른 압력용기시험의 결과를 종합하여 자기반응성물질은 아래 표와 같이 구분한다.

압력용기시험 열분석시험	등급Ⅰ	등급Ⅱ	등급Ⅲ
위험성 있음	제1종	제2종	제2종
위험성 없음	제1종	제2종	비위험물

에듀윌 위험물산업기사

필기 2주끝장

기출문제편

이론은 가볍게

기출문제는 자세하게

합격은 빠르게

| 차례

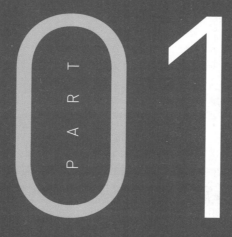

PART

01

최신 7개년
기출문제

합격 공식

위험물산업기사의 경우 대부분의 시험문제가 기존의 기출문제와 비슷하게 출제되기 때문에 많은 기출문제를 풀어보는 것이 중요합니다. 최신 7개년 기출문제를 반복해서 풀어보고 틀린 문제와 어려웠던 문제 위주로 오답노트를 정리하는 것이 좋습니다. 특히 최신 3개년 기출문제는 출제경향을 가장 잘 반영하고 있기 때문에 시험이 얼마 남지 않은 상황에서는 최근 3개년 기출문제 위주로 풀어보는 것이 좋습니다.

※ 4회 시험은 편의상 3회로 표기했습니다.(2024년부터 4회차는 3회차와 통합하여 시행됨)

최신 7개년 기출문제
100% 완벽복원

개정 전(~2024년)		개정 후(2025년~)
1과목 일반화학	⇨	1과목 물질의 물리·화학적 성질
2과목 화재예방과 소화방법		2과목 화재예방과 소화방법
3과목 위험물의 성질과 취급		3과목 위험물 성상 및 취급

※ 최신 개정 출제기준에 따라 과목명이 변경되었습니다. 〈기출문제편〉에는 당시 시험에 출제되었던 과목명 그대로 유지하였습니다.

2024년 1회 CBT 복원문제

자동채점

1과목 일반화학

01

디클로로벤젠의 구조 이성질체 수는 몇 개인가?

① 5

② 4

③ 3

④ 2

해설

디클로로벤젠은 다음과 같이 3가지 구조의 이성질체를 가질 수 있다.

02

다음 물질 중 이온결합을 하고 있는 것은?

① 얼음

② 흑연

③ 다이아몬드

④ 염화나트륨

해설

염화나트륨의 결합은 이온결합이며 얼음, 흑연, 다이아몬드의 결합은 공유결합이다.

03 고난도

Rn 은 α선 및 β선을 2번씩 방출하고 다음과 같이 변했다. 마지막 Po의 원자번호는 얼마인가? (단, Rn의 원자번호는 86, 원자량은 222이다.)

$$Rn \xrightarrow{\alpha} Po \xrightarrow{\alpha} Pb \xrightarrow{\beta} Bi \xrightarrow{\beta} Po$$

① 78

② 81

③ 84

④ 87

해설

α선 방출시 질량수는 4 감소하고 원자번호는 2 감소한다.

β선 방출시 원자번호 1이 증가한다.

따라서 Rn에서 α선 방출 2번, β선 방출 2번이므로

원자량: $222 - 4 - 4 = 214$

원자번호: $86 - 2 - 2 + 1 + 1 = 84$

04

다음 화학반응식 중 실제로 반응이 오른쪽으로 진행되는 것은?

① $2KI + F_2 \rightarrow 2KF + I_2$

② $2KBr + I_2 \rightarrow 2KI + Br_2$

③ $2KF + Br_2 \rightarrow 2KBr + F_2$

④ $2KCl + Br_2 \rightarrow 2KBr + Cl_2$

해설

① 식의 경우 반응성이 I보다 F가 더 강하기 때문에 I 대신 F가 K와 반응하여 오른쪽으로 반응이 진행된다.

17족 할로젠족(할로겐족)의 반응성은 주기율표 위쪽에 있을수록 강하다.

$F > Cl > Br > I$

05

다음 중 배수비례의 법칙이 성립되지 않는 것은?

① H_2O와 H_2O_2
② SO_2와 SO_3
③ N_2O와 NO
④ O_2와 O_3

해설 배수비례의 법칙

• 2종류의 원소가 화합하여 2종 이상의 화합물을 만들 때, 한 원소의 일정량과 결합하는 다른 원소의 질량비는 항상 간단한 정수비가 성립된다는 법칙이다.
• O_2와 O_3는 2종류의 원소가 화합한 물질이 아니다.(1종류의 원소가 화합한 물질)

06 빈출

어떤 주어진 양의 기체의 부피가 21℃, 1.4atm에서 250mL이다. 온도가 49℃로 상승되었을 때의 부피가 300mL라고 하면 이 기체의 압력은 약 얼마인가?

① 1.35atm
② 1.28atm
③ 1.21atm
④ 1.16atm

해설

보일-샤를의 법칙을 이용하여 풀 수 있다.

$$\frac{P_1V_1}{T_1} = \frac{P_2V_2}{T_2} = \frac{1.4 \times 0.25}{294} = \frac{P_2 \times 0.3}{322}$$

$$P_2 = \frac{1.4 \times 0.25 \times 322}{294 \times 0.3} = 1.28atm$$

T는 절대온도이기 때문에 섭씨온도에 273을 더해서 절대온도로 환산해야 한다.

07

전극에서 유리되고 화학물질의 무게가 전지를 통하여 사용된 전류의 양에 정비례하고 또한 주어진 전류량에 의하여 생성된 물질의 무게는 그 물질의 당량에 비례한다는 화학법칙은?

① 르 샤틀리에의 법칙
② 아보가드로의 법칙
③ 패러데이의 법칙
④ 보일-샤를의 법칙

해설 패러데이의 법칙

전기분해에서 생성되거나 소모되는 물질의 질량과 흐른 전하량(전류×시간) 사이의 정량적인 관계를 나타내는 법칙이다.

08 빈출

어떤 기체의 확산속도가 $SO_2(g)$의 2배이다. 이 기체의 분자량은 얼마인가? (단, 원자량은 S=32, O=16이다.)

① 8
② 16
③ 32
④ 64

해설

그레이엄의 법칙에 의해

$$\frac{U_1}{U_2} = \sqrt{\frac{M_2}{M_1}} = \sqrt{\frac{d_2}{d_1}} = \frac{t_2}{t_1} \left(\begin{array}{l} U : \text{확산속도}, \ M : \text{분자량} \\ d : \text{기체밀도}, \ t : \text{확산시간} \end{array} \right)$$

SO_2의 확산속도를 U_2, 분자량을 M_2, 어떤 기체의 확산속도를 U_1, 분자량을 M_1라고 한다.

$$\frac{U_1}{U_2} = \sqrt{\frac{M_2}{M_1}} \rightarrow \frac{2U_2}{U_2} = \sqrt{\frac{64}{M_1}}$$

$$M_1 = 16$$

09 고난도

다음 화합물의 수용액 농도가 모두 0.5M일 때 끓는점이 가장 높은 것은?

① $C_6H_{12}O_6$(포도당)
② $C_{12}H_{22}O_{11}$(설탕)
③ $CaCl_2$(염화칼슘)
④ $NaCl$(염화나트륨)

해설

전해질이란 물에 녹으면 양이온과 음이온으로 나누어지는 물질이고, 전해질을 물에 녹였을 때 물의 끓는점이 높아진다. ③, ④번이 전해질이다.
전해질 중에서는 물에 녹았을 때 이온을 더 많이 발생시키는 것이 끓는점이 더 높다.
③은 물에 녹아 Ca^{2+} 1개, Cl^- 2개 총 3개의 이온이 발생되고, ④는 물에 녹아 Na^+, Cl^- 총 2개의 이온이 발생한다. 따라서 ③번 염화칼슘을 물에 녹였을 때 끓는점이 가장 높다.

10

볼타전지에 관한 설명으로 틀린 것은?

① 이온화 경향이 큰 쪽의 물질이 (−)극이다.
② (+)극에서는 산화반응이 일어난다.
③ 전자는 도선을 따라 (−)극에서 (+)극으로 이동한다.
④ 전류의 방향은 전자의 이동 방향과 반대이다.

해설

① 볼타전지는 아연과 구리로 만든다. 두 금속 중 이온화 경향이 큰 아연이 (−)극이다.

②, ③ 전자는 (−)극에서 (+)극으로 이동하는 성질이 있기 때문에 (+)극에서는 전자를 얻는 반응이 일어난다. 전자를 얻는 반응은 환원반응이다.

④ 전자는 (−)극에서 (+)극으로 이동하고, 전류는 (+)극에서 (−)극으로 흐른다.

11

결합력이 큰 것부터 순서대로 나열한 것은?

① 공유결합＞수소결합＞반데르발스결합
② 수소결합＞공유결합＞반데르발스결합
③ 반데르발스결합＞수소결합＞공유결합
④ 수소결합＞반데르발스결합＞공유결합

해설 **결합력 세기**

공유결합(그물구조체)＞이온결합＞금속결합＞수소결합＞반데르발스결합

12

pH가 2인 용액은 pH가 4인 용액과 비교하면 수소이온농도가 몇 배인 용액이 되는가?

① 100배　　　　　　　　② 2배
③ 10^{-1}배　　　　　　④ 10^{-2}배

해설

$pH = -\log[H^+]$
따라서, pH가 2인 용액은 $pH = -\log(10^{-2})$,
pH가 4인 용액은 $pH = -\log(10^{-4})$
pH＝2인 용액의 수소이온농도가 pH＝4인 용액의 몇 배인지 물었으므로
$\dfrac{10^{-2}}{10^{-4}} = 100$

따라서, pH＝2인 용액의 수소이온농도는 pH＝4인 용액의 100배가 된다.

13

원자에서 복사되는 빛은 선 스펙트럼을 만드는데 이것으로부터 알 수 있는 사실은?

① 빛에 의한 광전자의 방출
② 빛이 파동의 성질을 가지고 있다는 사실
③ 전자껍질의 에너지의 불연속성
④ 원자핵 내부의 구조

해설

원자에 포함된 전자가 가질 수 있는 에너지가 불연속적이기 때문에 선 스펙트럼이 생긴다.

관련개념 **선 스펙트럼**

기체가 채워진 방전관에 높은 전압을 걸어 주면 기체의 종류에 따라 고유한 색깔의 빛을 낸다. 이 빛을 분광기로 관찰하면 특정한 파장의 빛만 밝은 선으로 띄엄띄엄 나타나는 데 이러한 스펙트럼을 선 스펙트럼이라고 한다.

14 빈출

다음 반응식에 관한 사항 중 옳은 것은?

$$SO_2 + 2H_2S \rightarrow 2H_2O + 3S$$

① SO_2는 산화제로 작용
② H_2S는 산화제로 작용
③ SO_2는 촉매로 작용
④ H_2S는 촉매로 작용

해설

반응에서 $SO_2 \rightarrow 3S$로 된 것은 산소를 잃어버렸기 때문에 자신이 환원되었다고 볼 수 있다.(＝산화제의 역할)

15

질량수 52인 크로뮴(크롬)의 중성자수와 전자수는 각각 몇 개인가? (단, 크로뮴(크롬)의 원자번호는 24이다.)

① 중성자수 24, 전자수 24
② 중성자수 24, 전자수 52
③ 중성자수 28, 전자수 24
④ 중성자수 52, 전자수 24

해설

'원자번호＝양성자수＝전자수'이다.
문제에서 크로뮴(크롬)의 원자번호가 24라고 했기 때문에 양성자수와 전자수는 24이다.
'질량수＝양성자수＋중성자수'이다.
$52 = 24 +$ 중성자수
중성자수＝$52 - 24 = 28$
∴ 중성자수 28, 전자수 24

16 빈출

H_2O가 H_2S보다 비등점이 높은 이유는?

① 이온결합을 하고 있기 때문에
② 수소결합을 하고 있기 때문에
③ 공유결합을 하고 있기 때문에
④ 분자량이 적기 때문에

해설

물(H_2O)과 같이 수소결합을 하고 있는 물질은 비등점이 높다.

17

다음 중 비극성 분자는 어느 것인가?

① HF
② H_2O
③ NH_3
④ CH_4

해설

CH_4의 분자구조는 수소원자 4개가 꼭짓점을 이루는 정사면체 모양이기 때문에 비극성 분자이다.

18

다음 중 산성 산화물에 해당하는 것은?

① BaO
② CO_2
③ CaO
④ MgO

해설

• 산성 산화물: CO_2, NO_2, SO_2
• 염기성 산화물: CaO, Na_2O, MgO, BaO
• 양쪽성 산화물: ZnO, PbO, Al_2O_3

19 빈출

다음 중 밑줄 친 원자의 산화수 값이 나머지 셋과 다른 하나는?

① $\underline{Cr}_2O_7^{2-}$
② $H_3\underline{P}O_4$
③ $H\underline{N}O_3$
④ $HC\underline{l}O_3$

해설

화합물에서 산소는 −2의 산화수를 가진다.

① −2=O_7의 산화수(−14)+Cr_2의 산화수(x)
　　x=12이므로 Cr의 산화수=6
② 0=3+x+(−8), x=5
③ 0=1+x+(−6), x=5
④ 0=1+x+(−6), x=5

따라서 산화수 값이 나머지 셋과 다른 것은 ①이다.

20

에틸렌(C_2H_4)을 원료로 하지 않은 것은?

① 아세트산
② 염화비닐
③ 에탄올
④ 메탄올

해설

메탄올(CH_3OH)은 탄소의 개수가 1개이므로 에틸렌(C_2H_4)처럼 탄소의 개수가 2개인 물질로 만들기 어렵다.

오늘날의 메탄올은 대부분 천연가스의 메탄으로부터 얻어지며 촉매를 사용하여 일산화탄소와 수소를 반응시켜 얻는다.

2과목　화재예방과 소화방법

21

Halon 1301에 대한 설명 중 틀린 것은?

① 비점은 상온보다 낮다.
② 액체 비중은 물보다 크다.
③ 기체 비중은 공기보다 크다.
④ 100℃에서도 압력을 가해 액화시켜 저장할 수 있다.

해설

① 비점은 약 −57.8℃로 상온보다 낮다.
② 액체 비중은 약 1.57로 물보다 크다.
③ 기체 비중은 약 5.13로 공기보다 크다.
　　Halon 1301=CF_3Br
　　※ 분자량=12+(19×3)+80=149

$$Halon\ 1301의\ 기체\ 비중=\frac{Halon\ 1301의\ 분자량}{공기의\ 평균분자량}$$

$$=\frac{149}{28.84}≒5.17$$

④ Halon 1301은 임계온도가 약 67℃라 100℃에서는 액화시킬 수 없다. 임계온도는 압력을 높여 기체상태의 물질을 액화시킬 수 있는 가장 높은 온도이다.

22

다음 중 증발잠열이 가장 큰 것은?

① 아세톤
② 사염화탄소
③ 이산화탄소
④ 물

해설

물은 증발잠열이 539cal/g로 매우 크기 때문에 화재에 대한 소화약제로 사용된다.

이산화탄소는 상온에서 기체일 정도로 증발잠열은 크지 않으며, 아세톤도 증발잠열이 크지 않아 상온에서 휘발성이 좋다. 사염화탄소는 상온에서 액체이나 물보다 증발잠열이 크지 않다.

23 고난도

다음은 「위험물안전관리법령」상 위험물제조소등에 설치하는 옥내소화전설비의 설치표시 기준 중 일부이다. ( ) 안에 들어갈 수치를 차례대로 옳게 나타낸 것은?

> 옥내소화전함의 상부의 벽면에 적색의 표시등을 설치하되, 당해 표시등의 부착면과 ( ) 이상의 각도가 되는 방향으로 ( ) 떨어진 곳에서 용이하게 식별이 가능하도록 할 것

① 5°, 5m
② 5°, 10m
③ 15°, 5m
④ 15°, 10m

해설

옥내소화전함의 상부의 벽면에 적색의 표시등을 설치하되, 당해 표시등의 부착면과 15° 이상의 각도가 되는 방향으로 10m 떨어진 곳에서 용이하게 식별이 가능하도록 하여야 한다.

24

「위험물안전관리법령」에서 정한 물분무 소화설비의 설치기준에서 물분무 소화설비의 방사구역은 몇 m^2 이상으로 하여야 하는가? (단, 방호대상물의 표면적이 150m^2 이상인 경우이다.)

① 75
② 100
③ 150
④ 350

해설

물분무 소화설비의 방사구역은 150m^2 이상으로 하되 방호대상물의 표면적이 150m^2 미만인 경우 당해 표면적으로 한다.

25

알코올 화재 시 수성막포 소화약제는 내알코올포 소화약제에 비하여 소화효과가 낮다. 그 이유로서 가장 타당한 것은?

① 소화약제와 섞이지 않아서 연소면을 확대하기 때문에
② 알코올은 포와 반응하여 가연성가스를 발생하기 때문에
③ 알코올이 연료로 사용되어 불꽃의 온도가 올라가기 때문에
④ 수용성 알코올로 인해 포가 소멸되기 때문에

해설

수용성 물질인 알코올이 포 속의 물을 탈취하여 포를 소멸시켜버리기 때문에 알코올 화재 시 수성막포 소화약제는 소화효과가 낮다.

26 빈출

「위험물안전관리법령」상 전역방출방식 또는 국소방출방식의 할로젠화물(할로겐화물)소화설비에서 가압용 가스용기에 충전해야 하는 가스는 무엇인가?

① 질소
② 산소
③ 수소
④ 헬륨

해설

「위험물안전관리에 관한 세부기준」에 따르면 전역방출방식 또는 국소방출방식의 할로젠화물(할로겐화물)소화설비에서 가압용 가스용기는 질소가스가 충전되어 있어야 한다고 규정되어 있다.

27 고난도

할로젠(할로겐)화합물 소화약제 중 HFC-23의 화학식은?

① CF_3I
② CHF_3
③ $CF_3CH_2CF_3$
④ C_4F_{10}

해설

HFC-23의 화학식: CHF_3

28

위험물제조소등에 설치된 옥외소화전설비는 모든 옥외소화전(설치개수가 4개 이상인 경우는 4개의 옥외소화전)을 동시에 사용할 경우에 각 노즐선단의 방수압력은 몇 kPa 이상이어야 하는가?

① 250   ② 300

③ 350   ④ 450

해설

옥외소화전설비는 모든 옥외소화전(설치개수가 4개 이상인 경우는 4개의 옥외소화전)을 동시에 사용할 경우에 각 노즐끝부분의 방수압력이 350kPa 이상이고, 방수량이 1분당 450L 이상의 성능이 되도록 하여야 한다.

29

「위험물안전관리법령」상 옥내소화전설비의 기준에서 옥내소화전의 개폐밸브 및 호스접속구의 바닥면으로부터 설치높이 기준으로 옳은 것은?

① 1.2m 이하   ② 1.2m 이상

③ 1.5m 이하   ④ 1.5m 이상

해설

「위험물안전관리법령」상 옥내소화전설비의 기준에 따르면 옥내소화전의 개폐밸브 및 호스접속구는 바닥면으로부터 1.5m 이하의 높이에 설치하여야 한다.

30

제4류 위험물을 취급하는 제조소에서 지정수량의 몇 배 이상을 취급할 경우 자체소방대를 설치하여야 하는가?

① 1,000배   ② 2,000배

③ 3,000배   ④ 4,000배

해설

제조소나 일반취급소에서 지정수량의 3,000배 이상의 제4류 위험물을 취급할 경우 자체소방대를 설치해야한다.

31

포 소화약제의 혼합 방식 중 포원액을 송수관에 압입하기 위하여 포원액용 펌프를 별도로 설치하여 혼합하는 방식은?

① 라인 프로포셔너 방식

② 프레져 프로포셔너 방식

③ 펌프 프로포셔너 방식

④ 프레져 사이드 프로포셔너 방식

해설 **프레져 사이드 프로포셔너 방식**

펌프의 토출배관에 압입기를 설치하여 포소화약제 압입용 펌프로 포소화약제를 압입시켜 혼합하는 방식이다.

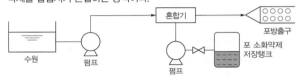

32 고난도

위험물제조소 등에 옥내소화전설비를 압력수조를 이용한 가압송수장치로 설치하는 경우 압력수조의 최소압력은 몇 MPa인가? (단, 소방용 호스의 마찰손실수두압은 3.2MPa, 배관의 마찰손실수두압은 2.2MPa, 낙차의 환산수두압은 1.79MPa이다.)

① 5.4   ② 3.99

③ 7.19   ④ 7.54

해설

옥내소화전설비 압력수조의 압력은 다음의 식에 따라 산출한 수치 이상이 되도록 해야 한다.

$P = p_1 + p_2 + p_3 + 0.35 (MPa)$

P : 필요한 압력(MPa)

p_1 : 소방용 호스의 마찰손실수두압(MPa)

p_2 : 배관의 마찰손실수두압(MPa)

p_3 : 낙차의 환산수두압(MPa)

식에 주어진 수치들을 대입하면

$P = 3.2 + 2.2 + 1.79 + 0.35 = 7.54 MPa$

33 빈출

다이에틸에터(디에틸에테르) 2,000L와 아세톤 4,000L를 옥내저장소에 저장하고 있다면 총 소요단위는 얼마인가?

① 5

② 6

③ 50

④ 60

해설

다이에틸에터(디에틸에테르)의 지정수량은 50리터, 아세톤의 지정수량은 400리터이다.

위험물의 1소요단위는 지정수량의 10배이다.

다이에틸에터(디에틸에테르)의 소요단위 $= \frac{2,000}{50 \times 10} = 4$

아세톤의 소요단위 $= \frac{4,000}{400 \times 10} = 1$이다.

총 소요단위는 $4 + 1 = 5$이다.

34

「위험물안전관리법령」상 옥내소화전 설비의 비상전원은 자가발전 설비 또는 축전지 설비로 옥내소화전 설비를 유효하게 몇 분 이상 작동할 수 있어야 하는가?

① 10분

② 20분

③ 45분

④ 60분

해설

옥내소화전 설비의 비상전원은 옥내소화전 설비를 유효하게 45분 이상 작동시킬 수 있어야 한다.

35

소화약제 또는 그 구성성분으로 사용되지 않는 물질은?

① CF_2ClBr

② $(NH_2)_2CO$

③ NH_4NO_3

④ K_2CO_3

선지분석

① CF_2ClBr: 하론 소화약제

② $(NH_2)_2CO$: 분말 소화약제

④ K_2CO_3: 강화액 소화약제

36

적린과 오황화인(오황화린)의 공통 연소생성물은?

① SO_2

② H_2S

③ P_2O_5

④ H_3PO_4

해설

오황화인(오황화린) 연소반응식: $2P_2S_5 + 15O_2 \rightarrow 2P_2O_5 + 10SO_2$

적린 연소반응식: $4P + 5O_2 \rightarrow 2P_2O_5$

적린과 오황화인(오황화린)의 공통 연소생성물은 P_2O_5이다.

37 빈출

그림과 같은 타원형 위험물탱크의 내용적은 약 얼마인가? (단, 단위는 m이다.)

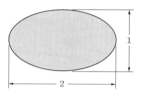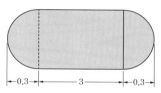

① $5.03m^3$

② $7.52m^3$

③ $9.03m^3$

④ $19.05m^3$

해설

양쪽이 볼록한 타원형 탱크의 내용적은 다음의 식을 사용하여 구한다.

$$V = \frac{\pi ab}{4}\left(l + \frac{l_1 + l_2}{3}\right) = \frac{\pi \times 2 \times 1}{4} \times \left(3 + \frac{0.3 + 0.3}{3}\right) = 5.03m^3$$

38

「위험물안전관리법령」상 전역방출방식 또는 국소방출방식의 분말소화설비의 기준에서 가압식의 분말소화설비에는 얼마 이하의 압력으로 조정할 수 있는 압력조정기를 설치하여야 하는가?

① 2.0MPa

② 2.5MPa

③ 3.0MPa

④ 5MPa

해설

가압식 분말소화설비에는 2.5MPa 이하의 압력으로 조정이 가능한 압력조정기를 설치하여야 한다.

39 빈출

다음 소화설비 중 능력단위가 1.0인 것은?

① 삽 1개를 포함한 마른 모래 50L
② 삽 1개를 포함한 마른 모래 150L
③ 삽 1개를 포함한 팽창질석 100L
④ 삽 1개를 포함한 팽창질석 160L

해설

소화설비 중 마른 모래(삽 1개 포함), 팽창질석(삽 1개 포함)의 능력단위는 다음과 같다.

소화설비	용량	능력단위
마른 모래(삽 1개 포함)	50L	0.5
팽창질석 또는 팽창진주암(삽 1개 포함)	160L	1.0

3과목 위험물의 성질과 취급

41

피크린산에 대한 설명 중 옳지 않은 것은?

① 공업용은 보통 휘황색의 침상 결정이다.
② 단독으로도 충격 및 마찰에 매우 민감하여 폭발할 위험이 있어 장기간 보관이 어렵다.
③ 알코올, 에테르, 벤젠 등에 녹는다.
④ 착화점은 약 $300\,^\circ\!C$ 이고 융점이 약 $122\,^\circ\!C$이다.

해설

피크린산은 단독으로 마찰, 충격에 둔감하여 폭발하지 않는다.

관련개념 피크린산(피크르산=TNP, $C_6H_2(OH)(NO_2)_3$, 트리나이트로페놀)

• 제5류 위험물로 황색의 침상 결정이다.
• 드럼통에 넣어서 밀봉시켜 저장하고, 건조할수록 위험성이 증가된다.
• 독성이 있으며 냉수에는 녹기 힘들고 더운물, 에테르, 벤젠, 알코올에 잘 녹는다.
• 구리, 아연, 납과 반응하여 피크린산 염을 만들고 단독으로는 마찰, 충격에 둔감하여 폭발하지 않는다.

40

화재예방상 이황화탄소의 액면위에 물을 채워두는 이유로 가장 옳은 것은?

① 공기와 접촉하면 발화하기 때문에
② 산소와 접촉하면 산화하기 때문에
③ 불순물을 물에 용해시키기 위해
④ 가연성 증기의 발생을 방지하기 위해

해설

이황화탄소는 물보다 무겁고 물에 녹지 않기 때문에 물 속에 저장이 가능하고, 가연성 증기의 발생을 방지하기 위해 물 속에 저장한다.

42

「위험물안전관리법령」상 주유취급소에서의 위험물 취급기준에 따르면 자동차 등에 인화점 몇 $^\circ\!C$ 미만의 위험물을 주유할 때에는 자동차 등의 원동기를 정지시켜야 하는가? (단, 원칙적인 경우에 한정한다.)

① 21   ② 25
③ 40   ④ 80

해설

자동차 등에 인화점 $40\,^\circ\!C$ 미만인 위험물을 주유할 때에는 자동차 등의 원동기를 정지시켜야 한다.(「위험물안전관리법 시행규칙」 별표 18)

43

다음 물질 중 증기비중이 가장 작은 것은?

① 이황화탄소
② 아세톤
③ 아세트알데하이드(아세트알데히드)
④ 다이에틸에터(디에틸에테르)

해설

증기비중은 대상 기체의 분자량을 공기의 평균분자량으로 나눠 구할 수 있는데 보기 물질들의 분자량은 다음과 같다.(C: 12, H: 1, O:16, S: 32)
① 이황화탄소 CS_2: 76
② 아세톤 CH_3COCH_3: 58
③ 아세트알데하이드(아세트알데히드) CH_3CHO: 44
④ 다이에틸에터(디에틸에테르) $C_2H_5OC_2H_5$: 74
따라서 분자량이 가장 작은 아세트알데하이드(아세트알데히드)가 증기비중이 가장 작다.

44

황린과 적린의 공통점으로 옳은 것은?

① 독성
② 발화점
③ 연소생성물
④ CS_2에 대한 용해성

해설

황린, 적린의 연소생성물은 모두 오산화인이다.
황린의 연소식: $P_4 + 5O_2 \rightarrow 2P_2O_5$
적린의 연소식: $4P + 5O_2 \rightarrow 2P_2O_5$

오답해설

① 황린은 독성이 있지만 적린은 독성이 없다.
② 황린의 발화점은 약 34℃이고, 적린의 발화점은 약 260℃이다.
④ 황린은 CS_2에 잘 녹지만 적린은 CS_2에 녹지 않는다.

45

다음 제4류 위험물 중 인화점이 가장 낮은 것은?

① 아세톤
② 아세트알데하이드(아세트알데히드)
③ 산화프로필렌
④ 다이에틸에터(디에틸에테르)

해설

다이에틸에터($C_2H_5OC_2H_5$, 디에틸에테르)의 인화점은 −45℃로 제4류 위험물 중에서도 가장 낮다.

선지분석 보기에 있는 위험물의 인화점
① 아세톤: −18℃
② 아세트알데하이드(아세트알데히드): −39℃
③ 산화프로필렌: −37℃

46 빈출

위험물을 지정수량이 큰 것부터 작은 순서로 옳게 나열한 것은?

① 나이트로화합물(니트로화합물) > 브로민산염류(브롬산염류) > 하이드록실아민(히드록실아민)
② 나이트로화합물(니트로화합물) > 하이드록실아민(히드록실아민) > 브로민산염류(브롬산염류)
③ 브로민산염류(브롬산염류) > 하이드록실아민(히드록실아민) > 나이트로화합물(니트로화합물)
④ 브로민산염류(브롬산염류) > 나이트로화합물(니트로화합물) > 하이드록실아민(히드록실아민)

해설 각 위험물의 지정수량

• 브로민산염류(브롬산염류, 제1류 위험물): 지정수량 300kg

※ 위 문제는 최신 법령이 개정된 문제입니다. 관련 개정사항은 제5류 위험물 지정수량 개정사항(p.2) 참고

47

무색 무취의 입방정계 주상결정으로 물, 알코올 등에 잘 녹고 산과 반응하여 폭발성을 지닌 이산화염소를 발생시키는 위험물로 살충제, 불꽃류의 원료로 사용되는 것은?

① 염소산나트륨
② 과염소산칼륨
③ 과산화나트륨
④ 과망가니즈산(과망간산)칼륨

> **해설** 염소산나트륨($NaClO_3$)
> • 제1류 위험물로, 무색, 무취의 단사정계 판상결정 또는 불연성 분말로서 이산화망간 등이 존재하면 분해가 촉진되어 산소를 방출한다.
> • 물, 알코올에는 녹고, 산성 수용액에서는 강한 산화작용을 보인다.
> • 주로 과염소산염 제조에 사용되고, 산화제 · 성냥 · 연화(煙花) · 폭약 재료로 사용된다.
> • 열분해하여 산소를 발생한다.
> $$2KClO_3 \rightarrow 2KCl + 3O_2 \uparrow$$

48

아세톤 150톤을 옥외탱크저장소에 저장할 경우 보유공지의 너비는 몇 m 이상으로 하여야 하는가? (단, 아세톤의 비중은 0.79이다.)

① 3
② 5
③ 9
④ 12

> **해설**
> 아세톤은 제4류 위험물 제1석유류(수용성)로 지정수량 400리터이다.
> 아세톤의 비중이 0.79이므로 아세톤 150톤은 $\frac{150,000}{0.79}L = 189,873L$로 환산 가능하고, 이 양은 아세톤의 지정수량 400리터의 약 474배에 해당한다. 지정수량의 500배 이하의 위험물을 저장하는 옥외탱크저장소의 보유공지의 너비는 3m 이상으로 하여야 한다.
> 아세톤 150톤을 옥외탱크저장소에 저장할 경우 보유공지의 너비는 3m 이상으로 하여야 한다.

49

금속나트륨에 대한 설명으로 옳은 것은?

① 청색 불꽃을 내며 연소한다.
② 경도가 높은 중금속에 해당한다.
③ 녹는점이 100℃보다 낮다.
④ 25% 이상의 알코올수용액에 저장한다.

> **해설**
> 나트륨의 녹는점은 97℃이며 불꽃 반응색은 노란색이다. 나트륨은 은백색의 무른 금속으로 석유, 유동파라핀 속에 저장한다.

50

TNT의 폭발, 분해 시 생성물이 아닌 것은?

① CO
② N_2
③ SO_2
④ H_2

> **해설** TNT의 분해반응식
> $$2C_6H_2CH_3(NO_2)_3 \rightarrow 12CO + 2C + 3N_2 + 5H_2$$

51

위험물안전관리법령에서는 위험물을 제조 외의 목적으로 취급하기 위한 장소와 그에 따른 취급소의 구분을 4가지로 정하고 있다. 다음 중 법령에서 정한 취급소의 구분에 해당되지 않는 것은?

① 주유취급소
② 특수취급소
③ 일반취급소
④ 이송취급소

> **해설**
> 「위험물안전관리법령」에서 구분한 취급소는 주유취급소, 일반취급소, 판매취급소, 이송취급소 등이 있다.

52

마그네슘의 위험성에 관한 설명으로 틀린 것은?

① 연소 시 양이 많은 경우 순간적으로 맹렬히 폭발할 수 있다.

② 가열하면 가연성 가스를 발생한다.

③ 산화제와의 혼합물은 위험성이 높다.

④ 공기 중의 습기와 반응하여 열이 축적되면 자연발화의 위험이 있다.

해설

마그네슘(Mg)은 가열하면 백색광을 내며 연소하여 산화마그네슘(MgO)으로 변한다. 가열 과정에서 가연성 가스를 발생시키진 않는다.

$2Mg + O_2 \rightarrow 2MgO$

53

「위험물안전관리법령」에 의한 위험물제조소의 설치기준으로 옳지 않은 것은?

① 위험물을 취급하는 기계·기구 그 밖의 설비는 위험물이 새거나 넘치거나 비산하는 것을 방지할 수 있는 구조로 하여야 한다.

② 위험물을 가열하거나 냉각하는 설비 또는 위험물의 취급에 수반하여 온도변화가 생기는 설비에는 온도측정장치를 설치하여야 한다.

③ 위험물을 취급함에 있어서 정전기가 발생할 우려가 있는 설비에는 정전기를 유효하게 제거할 수 있는 설비를 설치하여야 한다.

④ 위험물을 취급하는 동관을 지하에 설치하는 경우에는 지진·풍압·지반침하 및 온도변화에 안전한 구조의 지지물에 설치하여야 한다.

해설

위험물을 취급하는 동관을 지상에 설치하는 경우에 지진·풍압·지반침하 및 온도변화에 안전한 구조의 지지물에 설치하여야 한다.

54

이황화탄소의 인화점, 발화점, 끓는점에 해당하는 온도를 낮은 것부터 차례대로 나타낸 것은?

① 끓는점 < 인화점 < 발화점

② 끓는점 < 발화점 < 인화점

③ 인화점 < 끓는점 < 발화점

④ 인화점 < 발화점 < 끓는점

해설

이황화탄소의 인화점(-30℃) < 끓는점(46.3℃) < 발화점(102℃)

55

과염소산과 과산화수소의 공통된 성질이 아닌 것은?

① 비중이 1보다 크다. ② 물에 녹지 않는다.

③ 산화제이다. ④ 산소를 포함한다.

해설

과염소산과 과산화수소는 모두 제6류 위험물인 수용성 물질로 물에 녹는다.

관련개념

• 과염소산: 수용성으로, 물과 작용해서 액체수화물을 만든다.

• 과산화수소: 물, 알코올, 에테르에는 녹지만, 벤젠·석유에는 녹지 않는다.

56

위험물안전관리법령에 따른 제1류 위험물과 제6류 위험물의 공통적 성질로 옳은 것은?

① 산화성 물질이며 다른 물질을 환원시킨다.

② 환원성 물질이며 다른 물질을 환원시킨다.

③ 산화성 물질이며 다른 물질을 산화시킨다.

④ 환원성 물질이며 다른 물질을 산화시킨다.

해설

제1류 위험물(산화성 고체)과 제6류 위험물(산화성 액체)는 산화성이라는 공통적 성질을 가지며 산화성 물질은 다른 물질은 산화시킨다.

57 고난도

「위험물안전관리법령」상 위험물제조소에서 위험물을 취급하는 건축물의 구성부분 중 반드시 내화구조로 하여야 하는 것은?

① 연소의 우려가 있는 기둥
② 바닥
③ 연소의 우려가 있는 외벽
④ 계단

해설 위험물을 취급하는 건축물의 구조
• 벽, 기둥, 바닥, 보, 서까래 및 계단을 불연재료로 한다.
• 연소의 우려가 있는 외벽은 출입구 외의 개구부가 없는 내화구조의 벽으로 한다.
• 지붕은 폭발력이 위로 방출될 정도의 가벼운 불연재료로 덮어야 한다.

58

다음 중 물과 접촉 시 유독성의 가스를 발생하지는 않지만 화재의 위험성이 증가하는 것은?

① 인화칼슘
② 황린
③ 적린
④ 나트륨

해설
나트륨은 물과 반응 시 수산화나트륨과 수소가스를 발생시키며, 수소가스는 유독하지는 않지만 가연성을 가지고 있어 화재의 위험성을 증가시킨다.
$2Na + 2H_2O \rightarrow 2NaOH + H_2 \uparrow$

선지분석
① 인화칼슘이 물과 반응하면 유독성의 PH_3가 발생한다.
②, ③ 황린과 적린은 물과 반응하지 않는다.

59 빈출

「위험물안전관리법령」상 위험등급 I의 위험물이 아닌 것은?

① 염소산염류
② 황화인(황화린)
③ 알킬리튬
④ 과산화수소

해설 위험등급 I의 위험물
• 제1류 위험물 중 아염소산염류, 염소산염류, 과염소산염류, 무기과산화물, 그 밖에 지정수량이 50kg인 위험물
• 제3류 위험물 중 칼륨, 나트륨, 알킬알루미늄, 알킬리튬, 황린, 그 밖에 지정수량이 10kg 또는 20kg인 위험물
• 제4류 위험물 중 특수인화물
• 제5류 위험물 중 지정수량이 10kg인 위험물
• 제6류 위험물
※ 과산화수소는 제6류 위험물로 위험등급 I이고, 황화인(황화린)은 제2류 위험물로 위험등급 II이다.

60

옥외저장소에서 저장할 수 없는 위험물은? (단, 시 · 도 조례에서 별도로 정하는 위험물 또는 국제해상위험물규칙에 적합한 용기에 수납된 위험물은 제외한다.)

① 과산화수소
② 아세톤
③ 에탄올
④ 황(유황)

해설 옥외저장소에 저장할 수 있는 위험물
• 제2류 위험물 중 황(유황), 인화성 고체(인화점이 0℃ 이상인 것에 한함)
• 제4류 위험물 중 특수인화물을 제외한 나머지(단, 제1석유류는 인화점이 0℃ 이상인 것에 한함)
• 제6류 위험물
• 아세톤은 제4류 위험물 중 제1석유류(인화점 −18℃)에 해당하므로 옥외저장이 불가능하다.
• 과산화수소는 제6류 위험물이고, 에탄올은 제4류 위험물 중 알코올류이기 때문에 옥외에 저장할 수 있다.

1과목 일반화학

01

벤젠을 약 300℃, 높은 압력에서 Ni 촉매로 수소와 반응시켰을 때 얻어지는 물질은?

① Cyclopentane ② Cyclopropane
③ Cyclohexane ④ Cyclooctane

해설

벤젠(C_6H_6)을 약 300℃, 높은 압력에서 Ni(니켈) 촉매를 사용하여 수소 첨가 반응을 일으키면 Cyclohexane(C_6H_{12})이 생성된다.

$$\underset{\substack{H\\ |\\ H-C=C-H\\ \| \quad \|\\ H-C-C-H\\ |\\ H}}{}\ +\ 3H_2\ \xrightarrow[300℃]{Ni}\ \underset{\substack{H\ H\\ |\ |\\ H-C-C-H\\ H-C\quad C-H\\ |\ |\\ H-C-C-H\\ |\ |\\ H\ H}}{}$$

02

ns^2np^5의 전자구조를 가지지 않는 것은?

① F(원자번호 9) ② Cl(원자번호 17)
③ Se(원자번호 34) ④ I(원자번호 53)

해설

ns^2np^5의 전자구조는 할로젠족(할로겐족, 최외각전자 7개)의 전자구조이다.
F, Cl, I는 할로젠족 원소이며 Se는 16족 원소(최외각전자 6개)이다.

03 빈출

1패러데이(Faraday)의 전기량으로 물을 전기분해하였을 때 생성되는 기체 중 산소는 0℃, 1기압에서 몇 L인가?

① 5.6 ② 11.2
③ 22.4 ④ 44.8

해설

물의 전기분해 반응식은 다음과 같다.
$$2H_2O \rightarrow 2H_2 + O_2$$
물에서 O^{2-}이므로 물 1몰이 분해하기 위해서는 전자가 2몰이 이동해야 하고, 물 2몰이 분해하기 위해서는 전자가 4몰이 이동해야 한다.
1F = 96,500C = 전자 1mol의 전하량이기 때문에 물 2몰이 분해하기 위해서는 4F가 필요하다.
4F의 전기를 가하면 산소 1몰(22.4L), 수소 2몰(44.8L)이 발생한다.
문제에서 1패러데이(1F)의 전기를 가했다고 했으므로 4패러데이(4F)의 전기를 가했을 때의 $\frac{1}{4}$에 해당하는 양의 기체가 발생한다.

결국 산소는 22.4L의 $\frac{1}{4}$인 5.6L가 발생한다.

04

공기 중에 포함되어 있는 질소와 산소의 부피비는 0.79 : 0.21이므로 질소와 산소의 분자수의 비도 0.79 : 0.21이다. 이와 관계있는 법칙은?

① 아보가드로의 법칙 ② 일정 성분비의 법칙
③ 배수비례의 법칙 ④ 질량보존의 법칙

해설 **아보가드로의 법칙**

모든 기체는 같은 온도, 같은 압력 아래에서는 같은 부피 속에 같은 수의 분자를 포함하고 있다는 법칙이다.

05 빈출

황산구리 수용액을 Pt 전극을 써서 전기분해하여 음극에서 63.5g의 구리를 얻고자 한다. 10A의 전류를 약 몇 시간 흐르게 하여야 하는가? (단, 구리의 원자량은 63.5이다.)

① 2.36
② 5.36
③ 8.16
④ 9.16

해설

1F＝96,500C＝전자 1몰의 전하량

황산구리의 화학식은 $CuSO_4$이고, Cu^{2+}이다.

Cu 1몰(63.5g)을 석출하기 위해서는 전자 2몰이 필요하고, 이때 필요한 전기량은 2F이다.

2F＝96,500C×2＝193,000C

1C＝1A×1sec이고, 문제에서 전류는 10A로 주어졌으므로 전류가 흐르는 시간은 다음과 같이 구할 수 있다.

193,000C＝10A×$x$sec

x＝19,300sec

1시간은 3,600sec이므로 시간으로 환산하면 다음과 같다.

$\frac{19,300}{3,600}$＝5.36시간

06

다음과 같은 순서로 커지는 성질이 아닌 것은?

$$F_2 < Cl_2 < Br_2 < I_2$$

① 구성 원자의 전기음성도
② 녹는점
③ 끓는점
④ 구성 원자의 반지름

해설

보기의 원소는 할로젠족(할로겐족) 원소로 오른쪽으로 갈수록 원자번호가 커진다.

할로젠족(할로겐족) 원소는 원자번호가 커질수록 전기음성도는 작아진다.

할로젠족(할로겐족) 원소는 원자번호가 커지면 원자량이 커지고, 분자 사이의 결합력이 강해져 녹는점과 끓는점이 높아지며 원자반지름이 커진다.

07

물 200g에 A 물질 2.9g을 녹인 용액의 어는점은? (단, 물의 어는점내림상수는 1.86℃ · kg/mol이고, A 물질의 분자량은 58이다.)

① −0.017℃
② −0.465℃
③ 0.932℃
④ −1.871℃

해설

몰랄농도: 용매 1,000g에 용해된 용질의 몰수로 나타낸 농도

$$\Delta T_f = m \times K_f$$

m농도＝$\frac{질량(g)}{분자량} \times \frac{1,000(g)}{전체 용매(g)}$

ΔT_f: 빙점강하도, m: 몰랄농도

K_f: 어는점내림상수

$\Delta T_f = m \times K_f$에서

m농도＝$\frac{질량(g)}{분자량} \times \frac{1,000(g)}{전체 용매(g)} = \frac{2.9}{58} \times \frac{1,000}{200} = 0.25$

$\Delta T_f = m \times K_f = 0.25 \times 1.86 = 0.465$℃

물의 어는점은 0℃이며 계산 결과에 따라 어는점이 0.465℃ 내려갔으므로 물질이 녹은 용액의 어는점은 −0.465℃이다.

※ 빙점과 어는점은 같은 말이다.

08

비활성 기체원자 Ar과 같은 전자배치를 가지고 있는 것은?

① Na^+
② Li^+
③ Al^{3+}
④ S^{2-}

해설

Ar의 원자번호: 18번, S의 원자번호: 16번

S^{2-}는 S가 전자 2개를 얻었다는 것을 의미하며 이 경우 Ar과 같은 전자배치를 갖는다.

09

95wt% 황산의 비중은 1.84이다. 이 황산의 몰농도는 약 얼마인가?

① 4.5
② 8.9
③ 17.8
④ 35.6

해설

비중이 1.84이므로 95wt% 황산용액 1L의 무게는 1.84kg이다.
95wt%의 황산이므로 황산용액 중 순수 황산은 $1.84 \times 0.95 = 1.748$kg만큼 들어 있다.
황산의 분자량은 98kg/kmol이므로 황산 1.748kg의 몰수는 $1.748 \times \dfrac{1}{98}$
$= 0.0178$kmol $= 17.8$mol이다.
따라서 황산용액 1L 안에 순수한 황산이 17.8mol 녹아 있고 몰농도는 용액 1L 안에 녹아 있는 용질의 몰수로 정의되므로 이 황산의 몰농도는 17.8M이다.

10

원자에서 복사되는 빛은 선 스펙트럼을 만드는데 이것으로부터 알 수 있는 사실은?

① 빛에 의한 광전자의 방출
② 빛이 파동의 성질을 가지고 있다는 사실
③ 전자껍질의 에너지의 불연속성
④ 원자핵 내부의 구조

해설

원자에 포함된 전자가 가질 수 있는 에너지가 불연속적이기 때문에 선 스펙트럼이 생긴다.

관련개념 선 스펙트럼

기체가 채워진 방전관에 높은 전압을 걸어 주면 기체의 종류에 따라 고유한 색깔의 빛을 낸다. 이 빛을 분광기로 관찰하면 특정한 파장의 빛만 밝은 선으로 띄엄띄엄 나타나는 데 이러한 스펙트럼을 선 스펙트럼이라고 한다.

11 고난도

다음 화합물의 수용액 농도가 모두 0.5M일 때 끓는점이 가장 높은 것은?

① $C_6H_{12}O_6$(포도당)
② $C_{12}H_{22}O_{11}$(설탕)
③ $CaCl_2$(염화칼슘)
④ NaCl(염화나트륨)

해설

전해질이란 물에 녹으면 양이온과 음이온으로 나누어지는 물질이고, 전해질을 물에 녹였을 때 물의 끓는점이 높아진다. ③, ④번이 전해질이다.
전해질 중에서는 물에 녹았을 때 이온을 더 많이 발생시키는 것이 끓는점이 더 높다.
③은 물에 녹아 Ca^{2+} 1개, Cl^- 2개 총 3개의 이온이 발생되고, ④는 물에 녹아 Na^+, Cl^- 총 2개의 이온이 발생한다. 따라서 ③번 염화칼슘을 물에 녹였을 때 끓는점이 가장 높다.

12

25℃에서 83% 해리된 0.1N HCl의 pH는 얼마인가?

① 1.08
② 1.52
③ 2.02
④ 2.25

해설

83% 해리된 0.1N HCl의 수소 이온 농도는 $0.1 \times 0.83 = 0.083$mol/L이다.
$pH = -\log[H^+] = -\log[0.083] \fallingdotseq 1.08$

관련개념 pH(수소 이온 지수)

pH는 수용액 속의 수소 이온 농도를 간단히 표시하기 위하여 만든 새로운 척도로서, 용액의 액성을 표현한다. pH 계산식은 다음과 같으며, pH값이 작을수록 강한 산성을 나타낸다.

$$pH = \log \frac{1}{[H^+]} = -\log[H^+]$$

13

다음 중 헨리의 법칙으로 설명되는 것은?

① 극성이 큰 물질일수록 물에 잘 녹는다.
② 비눗물은 0℃보다 낮은 온도에서 언다.
③ 높은 산 위에서는 물이 100℃ 이하에서 끓는다.
④ 사이다의 병마개를 따면 거품이 난다.

해설

헨리의 법칙에 따르면 일정한 온도에서 일정량의 용매에 용해되는 기체의 질량과 몰수는 그 기체의 부분 압력과 비례한다. 예를 들면 사이다와 같은 탄산음료의 병마개를 따면 부분압이 감소하고 이에 따라 기체의 용해도가 감소하여 용해되지 못하는 기체가 거품으로 발생하는 것을 들 수 있다.

14

다음 화학반응에서 밑줄 친 원소가 산화된 것은?

① $H_2 + \underline{Cl_2} \rightarrow 2HCl$
② $2\underline{Zn} + O_2 \rightarrow 2ZnO$
③ $2KBr + \underline{Cl_2} \rightarrow 2KCl + Br_2$
④ $2\underline{Ag}^+ + Cu \rightarrow 2Ag + Cu^{2+}$

해설

반응 후에 산화수가 증가된 것이 산화된 것이다.
① Cl: 반응 전(0), 반응 후(−1) → 산화수 감소 → 환원
② Zn: 반응 전(0), 반응 후(+2) → 산화수 증가 → 산화
③ Cl: 반응 전(0), 반응 후(−1) → 산화수 감소 → 환원
④ Ag: 반응 전(+1), 반응 후(0) → 산화수 감소 → 환원

15 빈출

표준상태를 기준으로 수소 2.24L가 염소와 완전히 반응했다면 생성된 염화수소의 부피는 몇 L인가?

① 2.24
② 4.48
③ 22.4
④ 44.8

해설

$H_2 + Cl_2 \rightarrow 2HCl$
수소 2.24L는 0.1mol이고, 0.1mol의 수소가 염소와 반응했을 때 생성되는 염화수소는 0.2mol이다.
아보가드로의 법칙에 의해 표준상태에서 기체 분자 1mol의 부피는 22.4L이므로, 0.2mol의 부피는 22.4L × 0.2 = 4.48L이다.

16

가연물이 되기 쉬운 조건으로 가장 거리가 먼 것은?

① 열전도율이 클수록
② 활성화에너지가 작을수록
③ 화학적 친화력이 클수록
④ 산소와 접촉이 잘 될수록

해설

열전도율이 작을수록 가연물이 쉽게 될 수 있다.

17

자철광 제조법으로 빨갛게 달군 철에 수증기를 통할 때의 반응식으로 옳은 것은?

① $3Fe + 4H_2O \rightarrow Fe_3O_4 + 4H_2$
② $2Fe + 3H_2O \rightarrow Fe_2O_3 + 3H_2$
③ $Fe + H_2O \rightarrow FeO + H_2$
④ $Fe + 2H_2O \rightarrow FeO_2 + 2H_2$

해설

자철광의 주성분이 생성되는 반응식
$3Fe + 4H_2O \rightarrow Fe_3O_4 + 4H_2$

18

볼타전지에서 갑자기 전류가 약해지는 현상을 분극현상이라 한다. 분극현상을 방지해 주는 감극제로 사용되는 물질은?

① MnO_2
② $CuSO_3$
③ $NaCl$
④ $Pb(NO_3)_2$

해설 **소극제(감극제)**

분극작용을 방지하기 위해서 넣어주는 물질(산화제)이다.
⑩ MnO_2, $KMnO_4$, PbO_2, H_2O_2, $K_2Cr_2O_7$ 등

19 빈출

다음 중 물이 산으로 작용하는 반응은?

① $3Fe + 4H_2O \rightarrow Fe_3O_4 + 4H_2$
② $NH_4^+ + H_2O \rightleftharpoons NH_3 + H_3O^+$
③ $HCOOH + H_2O \rightarrow HCOO^- + H_3O^+$
④ $CH_3COO^- + H_2O \rightarrow CH_3COOH + OH^-$

해설

브뢴스테드 – 로우리의 정의에 의하면 산은 H^+를 내어놓는 분자나 이온이고, 염기는 H^+를 받아들이는 분자나 이온이다.
물(H_2O)이 산으로 작용하기 위해서는 다른 물질에 H^+를 내어놓고, 자신은 OH^-가 되어야 한다. ④의 경우에서 물(H_2O)이 CH_3COO^-에 수소를 주어 OH^-가 되었으므로 H^+를 주는 산으로 작용했다고 볼 수 있다.

20

축합중합반응에 의하여 나일론–66을 제조할 때 사용되는 주 원료는?

① 아디프산과 헥사메틸렌디아민
② 이소프렌과 아세트산
③ 염화비닐과 폴리에틸렌
④ 멜라민과 클로로벤젠

해설

아디프산과 헥사메틸렌디아민을 축합중합하여 나일론을 제조할 수 있다.

2과목 **화재예방과 소화방법**

21

이산화탄소 소화약제의 저장용기 설치 장소로서 옳지 않은 것은?

① 온도변화가 작은 곳에 설치한다.
② 직사광선 및 빗물이 침투할 우려가 없는 곳에 설치한다.
③ 방호 구역 외의 장소에 설치한다.
④ 주위온도가 $60℃$ 이하이고 온도변화가 작은 곳에 설치한다.

해설

이산화탄소 소화설비는 주위온도가 $40℃$ 이하이고 온도변화가 작은 곳에 설치하여야 한다.

관련개념 **이산화탄소(CO_2) 소화약제의 저장용기 설치 장소**

• 방호구역 외의 장소에 설치할 것. 다만, 방호구역 내에 설치할 경우에는 피난 및 조작이 용이하도록 피난구 부근에 설치해야한다.
• 온도가 $40℃$ 이하이고, 온도변화가 작은 곳에 설치할 것
• 직사광선 및 빗물이 침투할 우려가 없는 곳에 설치할 것
• 방화문으로 구획된 실에 설치할 것
• 용기 간의 간격은 점검에 지장이 없도록 $3cm$ 이상의 간격을 유지할 것

22 빈출

불활성가스 소화약제 중 IG–541의 구성성분이 아닌 것은?

① N_2
② Ar
③ Ne
④ CO_2

해설

IG–541의 구성: N_2(52%), Ar(40%), CO_2(8%)

23 빈출

외벽이 내화구조인 위험물저장소 건축물의 연면적이 1,500m²인 경우 소요단위는?

① 6
② 10
③ 13
④ 14

해설

저장소용 건축물로서 외벽이 내화구조로 된 것에 있어서는 연면적 150m²를, 외벽이 내화구조가 아닌 것에 있어서는 연면적 75m²를 소요단위 1단위로 한다.

$$소요단위 = \frac{1,500}{150} = 10$$

24

벼락으로부터 재해를 예방하기 위하여 「위험물안전관리법령」상 피뢰설비를 설치하여야 하는 위험물제조소의 기준은? (단, 제6류 위험물을 취급하는 위험물제조소는 제외한다.)

① 모든 위험물을 취급하는 제조소
② 지정수량 5배 이상의 위험물을 취급하는 제조소
③ 지정수량 10배 이상의 위험물을 취급하는 제조소
④ 지정수량 20배 이상의 위험물을 취급하는 제조소

해설

지정수량 10배 이상의 위험물을 취급하는 제조소에는 피뢰침을 설치하여야 한다.

25

「위험물안전관리법령」상 전역방출방식 또는 국소방출방식의 분말소화설비의 기준에서 가압식의 분말소화설비에는 얼마 이하의 압력으로 조정할 수 있는 압력조정기를 설치하여야 하는가?

① 2.0MPa
② 2.5MPa
③ 3.0MPa
④ 5MPa

해설

가압식 분말소화설비에는 2.5MPa 이하의 압력으로 조정이 가능한 압력조정기를 설치하여야 한다.

26

가연성 가스의 폭발 범위에 대한 일반적인 설명으로 틀린 것은?

① 가스의 온도가 높아지면 폭발 범위는 넓어진다.
② 폭발한계농도 이하에서 폭발성 혼합가스를 생성한다.
③ 공기 중에서보다 산소 중에서 폭발 범위가 넓어진다.
④ 가스압이 높아지면 하한값은 크게 변하지 않으나 상한값은 높아진다.

해설

가연성 가스는 폭발한계농도 사이에서 폭발성 혼합가스를 생성한다.

27 고난도

위험물의 취급을 주된 작업내용으로 하는 다음의 장소에 스프링클러 설비를 설치할 경우 확보하여야 하는 1분당 방사밀도는 몇 L/m^2 이상이어야 하는가? (단, 내화구조의 바닥 및 벽에 의하여 2개의 실로 구획되고, 각 실의 바닥면적은 $500m^2$이다.)

> – 취급하는 위험물: 제4류 위험물 중 제3석유류
> – 위험물을 취급하는 장소의 바닥면적: $1,000m^2$

① 8.1   ② 12.2
③ 13.9   ④ 16.3

해설

제4류 위험물 중 제3석유류의 인화점은 70℃ 이상이고, 보기에서 위험물 취급장소의 각 실의 바닥면적이 $500m^2$라고 했으므로 아래 표에서 살수기준면적 465 이상에 해당한다.

스프링클러설비 설치 시 확보하여야 하는 방사밀도(살수기준면적)

살수기준면적(m^2)	방사밀도(L/m^2분)		비고
	인화점 38℃ 미만	인화점 38℃ 이상	
279 미만	16.3 이상	12.2 이상	살수기준면적은 내화구조의 벽 및 바닥으로 구획된 하나의 실의 바닥면적을 말하고, 하나의 실의 바닥면적이 $465m^2$ 이상인 경우의 살수기준면적은 $465m^2$로 한다. 다만, 위험물의 취급을 주된 작업내용으로 하지 아니하고 소량의 위험물을 취급하는 설비 또는 부분이 넓게 분산되어 있는 경우에는 방사밀도는 8.2L/m^2분 이상, 살수기준 면적은 $279m^2$ 이상으로 할 수 있다.
279 이상 372 미만	15.5 이상	11.8 이상	
372 이상 465 미만	13.9 이상	9.8 이상	
465 이상	12.2 이상	8.1 이상	

28 빈출

다량의 비수용성 제4류 위험물의 화재 시 물로 소화하는 것이 적합하지 않은 이유는?

① 가연성 가스를 발생한다.
② 연소면을 확대한다.
③ 인화점이 내려간다.
④ 물이 열분해한다.

해설

제4류 위험물은 대부분 물보다 가볍고 비수용성이라 물에 녹지 않으므로 화재 시 물로 소화하면 화재면을 확대시키므로 적합하지 않다.

29

제3종 분말소화약제 사용 시 발생되는 것으로 방염성과 부착성이 좋은 막을 형성하는 물질은?

① HPO_3 ② Na_2CO_3
③ K_2CO_3 ④ CH_3COOH

해설

제3종 분말소화약제의 분해식
$NH_4H_2PO_4 \rightarrow HPO_3 + H_2O + NH_3$
제3종 분말소화약제가 분해될 때 생성되는 메타인산(HPO_3)은 방염성과 부착성이 좋은 막을 형성하여 연소에 필요한 산소의 유입을 차단(질식소화효과)하여 연소를 중단시킨다.

30

위험물안전관리법령상 연소의 우려가 있는 위험물제조소의 외벽의 기준으로 옳은 것은?

① 개구부가 없는 불연재료의 벽으로 하여야 한다.
② 개구부가 없는 내화구조의 벽으로 하여야 한다.
③ 출입구 외의 개구부가 없는 불연재료의 벽으로 하여야 한다.
④ 출입구 외의 개구부가 없는 내화구조의 벽으로 하여야 한다.

해설

위험물안전관리법령상 연소의 우려가 있는 위험물제조소의 외벽은 출입구 외의 개구부가 없는 내화구조의 벽으로 하여야 한다.

31

「위험물안전관리법령」에서 정한 물분무 소화설비의 설치기준에서 물분무 소화설비의 방사구역은 몇 m² 이상으로 하여야 하는가? (단, 방호대상물의 표면적이 150m² 이상인 경우이다.)

① 75 ② 100
③ 150 ④ 350

해설
물분무 소화설비의 방사구역은 150m² 이상으로 하되 방호대상물의 표면적이 150m² 미만인 경우 당해 표면적으로 한다.

32 빈출

마그네슘 분말의 화재 시 이산화탄소 소화약제는 소화적응성이 없다. 그 이유로 가장 적합한 것은?

① 분해반응에 의하여 산소가 발생하기 때문이다.
② 가연성의 일산화탄소 또는 탄소가 생성되기 때문이다.
③ 분해반응에 의하여 수소가 발생하고 이 수소는 공기 중의 산소와 폭명반응을 하기 때문이다.
④ 가연성의 아세틸렌가스가 발생하기 때문이다.

해설
마그네슘 분말은 이산화탄소와 반응하여 가연성이 있는 일산화탄소(CO) 또는 탄소(C)를 생성한다. 따라서 마그네슘 분말 화재 시 이산화탄소 소화약제는 적응성이 없다.
$Mg + CO_2 \rightarrow MgO + CO$
$2Mg + CO_2 \rightarrow 2MgO + C$

33

「위험물안전관리법령」상 이동식 불활성가스 소화설비의 호스접속구는 모든 방호대상물에 대하여 당해 방호대상물의 각 부분으로부터 하나의 호스접속구까지의 수평거리가 몇 m 이하가 되도록 설치하여야 하는가?

① 5 ② 10
③ 15 ④ 20

해설
이동식 불활성가스 소화설비의 호스접속구는 모든 방호대상물에 대하여 당해 방호대상물의 각 부분으로부터 하나의 호스접속구까지의 수평거리가 15m 이하가 되도록 설치하여야 한다.

34

「위험물안전관리법령」상 소화설비의 설치기준에서 제조소 등에 전기설비(전기배선, 조명기구 등은 제외)가 설치된 경우에는 해당 장소의 면적 몇 m²마다 소형 수동식 소화기를 1개 이상 설치하여야 하는가?

① 50 ② 75
③ 100 ④ 150

해설
제조소 등에 전기설비(전기배선, 조명기구 등은 제외함)가 설치된 경우에는 당해 장소의 면적 100m²마다 소형 수동식 소화기를 1개 이상 설치하여야 한다.

35

「위험물안전관리법령」상 지정수량의 10배 이상의 위험물을 저장·취급하는 제조소 등에 설치하여야 할 경보설비 종류에 해당되는 않는 것은?

① 확성장치
② 비상방송설비
③ 자동화재탐지설비
④ 무선통신보조설비

해설

무선통신보조설비는 경보설비가 아니라 소화활동설비에 해당된다.

지정수량의 10배 이상의 위험물을 저장 또는 취급하는 제조소 등의 경우 자동화재탐지설비, 비상경보설비, 확성장치 또는 비상방송설비 등 경보설비를 설치하여야 한다.

36

자연발화가 일어날 수 있는 조건으로 가장 옳은 것은?

① 주위의 온도가 낮을 것
② 표면적이 작을 것
③ 열전도율이 작을 것
④ 발열량이 작을 것

해설 **자연발화의 조건**

• 주위의 온도가 높을 것
• 표면적이 넓을 것
• 열전도율이 작을 것
• 발열량이 클 것

37

위험물안전관리법령에 따른 위험물제조소와 관련한 내용으로 틀린 것은?

① 채광설비는 불연재료를 사용한다.
② 환기는 자연배기방식으로 한다.
③ 조명설비의 전선은 내화·내열전선으로 한다.
④ 조명설비의 점멸스위치는 출입구 안쪽부분에 설치한다.

해설

위험물제조소 조명설비의 점멸스위치는 출입구 바깥부분에 설치하여야 한다.

관련개념 **제조소 등의 위치구조 설비 기준 – 채광·조명 및 환기설비**

① 채광설비는 불연재료로 하고, 연소의 우려가 없는 장소에 설치하되 채광면적을 최소로 할 것
② 조명설비는 다음의 기준에 적합하게 설치할 것
   • 가연성 가스 등이 체류할 우려가 있는 장소의 조명등은 방폭등으로 할 것
   • 전선은 내화·내열전선으로 할 것
   • 점멸스위치는 출입구 바깥부분에 설치할 것. 다만, 스위치의 스파크로 인한 화재·폭발의 우려가 없을 경우에는 그러하지 아니하다.
③ 환기설비는 다음의 기준에 의할 것
   • 환기는 자연배기방식으로 할 것
   • 급기구는 당해 급기구가 설치된 실의 바닥면적 $150m^2$마다 1개 이상으로 하되, 급기구의 면적은 $800cm^2$ 이상으로 할 것. 다만 바닥면적이 $150m^2$ 미만인 경우에는 다음의 크기로 하여야 한다.

바닥면적	급기구의 면적
$60m^2$ 미만	$150cm^2$ 이상
$60m^2$ 이상 $90m^2$ 미만	$300cm^2$ 이상
$90m^2$ 이상 $120m^2$ 미만	$450cm^2$ 이상
$120m^2$ 이상 $150m^2$ 미만	$600cm^2$ 이상

   • 급기구는 낮은 곳에 설치하고 가는 눈의 구리망 등으로 인화방지망을 설치할 것
   • 환기구는 지붕 위 또는 지상 2m 이상의 높이에 회전식 고정 벤티레이터 또는 루프팬 방식으로 설치할 것

38 빈출

제1종 분말소화약제가 1차 열분해되어 표준상태를 기준으로 2m³의 탄산가스가 생성되었다. 몇 kg의 탄산수소나트륨이 사용되었는가? (단, 나트륨의 원자량은 23이다.)

① 15   ② 18.75

③ 56.25   ④ 75

해설 **제1종 분말소화약제 반응식**

$2NaHCO_3 \rightarrow Na_2CO_3 + CO_2 + H_2O$

탄산수소나트륨 2mol이 반응하면 CO_2 1mol(22.4L)이 생성된다.

문제의 단위가 kg, m³이므로 CO_2 1,000몰이 생성된다고 가정하여 단위를 맞춘다.

탄산수소나트륨의 분자량 84g/mol → 1,000몰일 때 84kg

CO_2 1,000몰의 부피＝22,400L＝22.4m³

이 관계를 이용하여 다음과 같은 비례식을 세울 수 있다.

$2 \times 84\text{kg} : 22.4\text{m}^3 = x : 2\text{m}^3$

따라서 $x = \dfrac{(2 \times 84\text{kg}) \times 2\text{m}^3}{22.4\text{m}^3} = 15\text{kg}$

39

위험물안전관리법령상 질산나트륨에 대한 소화설비의 적응성으로 옳은 것은?

① 건조사만 적응성이 있다.

② 이산화탄소소화기는 적응성이 있다.

③ 포소화기는 적응성이 없다.

④ 할로젠화합물(할로겐화합물)소화기는 적응성이 없다.

해설

질산나트륨($NaNO_3$)은 질산염류의 종류 중 하나이며, 제1류 위험물 그밖에 것으로 할로젠화합물(할로겐화합물) 소화기는 적응성이 없다.

40

위험물이 물과 접촉하였을 때 발생하는 기체를 옳게 연결한 것은?

① 인화칼슘 – 포스핀   ② 과산화칼륨 – 아세틸렌

③ 나트륨 – 산소   ④ 탄화칼슘 – 수소

해설

인화칼슘이 물과 접촉하여 맹독성의 포스핀을 발생한다.

오답해설

② 과산화칼륨은 물과 반응하여 산소를 발생한다.

③ 나트륨은 수분 또는 습기가 있는 공기와 접촉하면 수소를 발생한다.

④ 탄화칼슘은 물과 접촉하여 아세틸렌을 발생한다.

3과목 위험물의 성질과 취급

41

다음 중 증기비중이 가장 큰 물질은?

① C_6H_6
② CH_3OH
③ $CH_3COC_2H_5$
④ $C_3H_5(OH)_3$

해설

증기비중은 $\dfrac{성분\ 기체의\ 분자량}{공기의\ 평균분자량}$ 이므로 분자량이 가장 큰 물질을 찾는다.

보기 분자들의 구성 원소들에 해당하는 원자량을 합산하여 분자량을 계산할 수 있다. 원소들의 원자량 (C:12, H:1, O:16)

① C_6H_6 : $(12 \times 6) + (1 \times 6) = 78$
② CH_3OH : $(12 \times 1) + (1 \times 4) + (16 \times 1) = 32$
③ $CH_3COC_2H_5$: $(12 \times 4) + (1 \times 8) + (16 \times 1) = 72$
④ $C_3H_5(OH)_3$: $(12 \times 3) + (1 \times 8) + (16 \times 3) = 92$

분자량이 가장 큰 것이 증기비중도 크기 때문에 답은 ④번이다.

42

다음 중 물과 접촉 시 유독성의 가스를 발생하지는 않지만 화재의 위험성이 증가하는 것은?

① 인화칼슘
② 황린
③ 적린
④ 나트륨

해설

나트륨은 물과 반응하면 수소를 발생하여 화재의 위험성이 증가한다. (수소는 유독성의 가스가 아니다.)

선지분석

① 인화칼슘(Ca_3P_2)은 물과 반응하여 유독성의 포스핀(PH_3)을 발생한다.
② 황린은 물에는 녹지 않기 때문에 물속에 보관한다.
③ 적린은 물과 반응하지 않는다.

43

염소산칼륨의 성질이 아닌 것은?

① 황산과 반응하여 이산화염소를 발생한다.
② 상온에서 고체이다.
③ 알코올보다는 글리세린에 더 잘 녹는다.
④ 환원력이 강하다.

해설

염소산칼륨은 제1류 위험물인 산화성 고체로 산화력이 강하다.

관련개념 염소산칼륨($KClO_3$=염소산칼리=클로로산칼리)

• 제1류 위험물로 무색, 무취의 단사정계 판상결정 또는 불연성 분말이다.
• 이산화망간 등이 존재하면 분해가 촉진되어 산소를 방출한다.
• 온수나 글리세린에는 잘 녹지만, 냉수, 알코올에는 잘 녹지 않는다.
• 다량의 산소를 함유하므로 폭약의 원료로 사용한다.
• 염소산칼륨이 열분해하면 산소와 염화칼륨이 생성된다.

$2KClO_3 \rightarrow 2KCl + 3O_2 \uparrow$

44

위험물의 적재 방법에 관한 기준으로 틀린 것은?

① 위험물은 규정에 따른 바에 따라 재해를 발생시킬 우려가 있는 물품과 함께 적재하지 아니하여야 한다.
② 적재하는 위험물의 성질에 따라 일광의 직사 또는 빗물의 침투를 방지하기 위하여 유효하게 피복하는 등 규정에서 정하는 기준에 따른 조치를 하여야 한다.
③ 증기발생·폭발에 대비하여 운반용기의 수납구를 옆 또는 아래로 향하게 하여야 한다.
④ 위험물을 수납한 운반용기가 전도·낙하 또는 파손되지 아니하도록 적재하여야 한다.

해설

증기발생·폭발에 대비하여 운반용기의 수납구를 위로 향하게 적재하여야 한다.

45

물과 접촉되었을 때 연소범위의 하한값이 2.5vol%인 가연성 가스가 발생하는 것은?

① 금속나트륨
② 인화칼슘
③ 과산화칼륨
④ 탄화칼슘

해설

탄화칼슘과 물의 반응으로 수산화칼슘(＝소석회)과 아세틸렌(C_2H_2)가스가 생성된다.

$CaC_2 + 2H_2O \rightarrow Ca(OH)_2 + C_2H_2 \uparrow$

발생되는 아세틸렌의 폭발범위는 약 2.5~81%로 매우 넓다.

46

위험물안전관리법령에서는 위험물을 제조 외의 목적으로 취급하기 위한 장소와 그에 따른 취급소의 구분을 4가지로 정하고 있다. 다음 중 법령에서 정한 취급소의 구분에 해당되지 않는 것은?

① 일반취급소
② 이송취급소
③ 특수취급소
④ 주유취급소

해설

「위험물안전관리법령」에서 구분한 취급소는 주유취급소, 일반취급소, 판매취급소, 이송취급소 등이 있다.

47

제5류 위험물 중 나이트로화합물(니트로화합물)에서 나이트로기(니트로기, Nitro group)를 옳게 나타낸 것은?

① −NO
② −NO₂
③ −NO₃
④ −NON₃

해설

분자 내에 나이트로기(니트로기, $-NO_2$)를 두 개 이상 결합하고 있는 물질이 제5류 위험물 중 나이트로화합물(니트로화합물)에 해당된다.

48 빈출

지정수량 이상의 위험물을 차량으로 운반하는 경우에 차량에 설치하는 표지의 색상에 관한 내용으로 옳은 것은?

① 흑색바탕에 청색의 도료로 "위험물"이라고 표기할 것
② 흑색바탕에 황색의 반사도료로 "위험물"이라고 표기할 것
③ 적색바탕에 흰색의 반사도료로 "위험물"이라고 표기할 것
④ 적색바탕에 흑색의 도료로 "위험물"이라고 표기할 것

해설

지정수량 이상의 위험물을 차량으로 운반하는 경우 이동저장탱크 차량의 전면 및 후면의 보기 쉬운 곳에 직사각형판의 흑색바탕에 황색의 반사도료로 "위험물"이라고 표기한 표지를 설치하여야 한다.

49

「위험물안전관리법령」상 위험물의 운반용기 외부에 표시해야 할 사항이 아닌 것은? (단, 용기의 용적은 10L이며 원칙적인 경우에 한정한다.)

① 위험물의 화학명
② 위험물의 지정수량
③ 위험물의 품명
④ 위험물의 수량

해설 위험물의 운반용기 외부에 표시해야 할 사항

• 위험물의 품명
• 화학명 및 수용성
• 위험물의 수량
• 수납하는 위험물에 따른 주의사항
• 위험등급

50

위험물의 취급 중 소비에 관한 기준으로 틀린 것은?

① 열처리 작업은 위험물이 위험한 온도에 이르지 아니하도록 하여 실시하여야 한다.
② 담금질 작업은 위험물이 위험한 온도에 이르지 아니하도록 하여 실시하여야 한다.
③ 분사도장 작업은 방화상 유효한 격벽 등으로 구획한 안전한 장소에서 하여야 한다.
④ 버너를 사용하는 경우에는 버너의 역화를 유지하고 위험물이 넘치지 아니하도록 하여야 한다.

> 해설 위험물의 취급 중 소비에 관한 기준
> • 분사도장 작업은 방화상 유효한 격벽 등으로 구획된 안전한 장소에서 실시할 것
> • 담금질 또는 열처리 작업은 위험물이 위험한 온도에 이르지 아니하도록 하여 실시할 것
> • 버너를 사용하는 경우에는 버너의 역화를 방지하고 위험물이 넘치지 아니하도록 할 것

51

황린과 적린의 성질에 대한 설명으로 틀린 것은?

① 황린은 담황색의 고체이며 마늘과 비슷한 냄새가 난다.
② 적린은 암적색의 분말이고 냄새가 없다.
③ 황린은 독성이 없고 적린은 맹독성 물질이다.
④ 황린은 이황화탄소에 녹지만 적린은 녹지 않는다.

> 해설
> 황린은 독성이 있고, 적린은 독성이 없다.
>
> 상세해설
>
> | 구분 | 황린 | 적린 |
> | --- | --- | --- |
> | 류별 | 제3류 위험물 | 제2류 위험물 |
> | 지정수량 | 20kg | 100kg |
> | 발화점 | 34℃ | 260℃ |
> | 유독성 | 독성이 있음 | 독성이 없음 |
> | 연소 생성물 | 오산화인(P_2O_5) | 오산화인(P_2O_5) |

52

다음 중 금수성 물질로만 나열된 것은?

① K, CaC_2, Na
② $KClO_3$, Na, S
③ KNO_3, CaO_2, Na_2O_2
④ $NaNO_3$, $KClO_3$, CaO_2

> 해설
> 제3류 위험물 중 황린을 제외하고는 모두 금수성 물질이다.
> 칼륨(K), 탄화칼슘(CaC_2), 나트륨(Na)은 모두 금수성 물질이다.
>
> 오답해설
> ② 염소산칼륨($KClO_3$)은 제1류 위험물이고, 황(S, 유황)은 제2류 위험물이다.
> ③ 질산칼륨(KNO_3), 과산화칼슘(CaO_2), 과산화나트륨(Na_2O_2)은 모두 제1류 위험물이다.
> ④ 질산나트륨($NaNO_3$), 염소산칼륨($KClO_3$), 과산화칼슘(CaO_2)은 모두 제1류 위험물이다.

53 빈출

산화프로필렌 300L, 메탄올 400L, 벤젠 200L를 저장하고 있는 경우 각각 지정수량 배수의 총합은 얼마인가?

① 4
② 6
③ 8
④ 10

> 해설
> 산화프로필렌, 메탄올, 벤젠은 모두 제4류 위험물이지만 지정수량은 각각 다르다.
> 산화프로필렌(특수인화물): 지정수량 50L
> 메탄올(알코올류): 지정수량 400L
> 벤젠(제1석유류, 비수용성): 지정수량 200L
> 지정수량 배수의 총합 $= \dfrac{300}{50} + \dfrac{400}{400} + \dfrac{200}{200} = 8$

54

위험물안전관리법령에서 정의한 특수인화물의 조건으로 옳은 것은?

① 1기압에서 발화점이 100℃ 이상인 것 또는 인화점이 영하 10℃ 이하이고 비점이 40℃ 이하인 것

② 1기압에서 발화점이 100℃ 이하인 것 또는 인화점이 영하 20℃ 이하이고 비점이 40℃ 이하인 것

③ 1기압에서 발화점이 200℃ 이상인 것 또는 인화점이 영하 10℃ 이하이고 비점이 40℃ 이하인 것

④ 1기압에서 발화점이 200℃ 이상인 것 또는 인화점이 영하 20℃ 이하이고 비점이 40℃ 이하인 것

해설

특수인화물이란 1기압에서 발화점이 100℃ 이하인 것 또는 인화점이 영하 20℃ 이하이고 비점이 40℃ 이하인 것을 말한다.

55 빈출

동식물유류에 대한 설명으로 틀린 것은?

① 요오드화 값이 작을수록 자연발화의 위험성이 높아진다.

② 요오드화 값이 130 이상인 것은 건성유이다.

③ 건성유에는 아마인유, 들기름 등이 있다.

④ 인화점이 물의 비점보다 낮은 것도 있다.

해설

동식물유류 중 요오드값이 큰 물질일수록 자연발화의 위험성이 높다. 동식물유류의 인화점은 250℃ 미만이므로 종류에 따라서는 인화점이 물의 비점인 100℃보다 낮은 것도 있다.

56 빈출

위험물제조소 등에 옥내소화전이 1층에 6개, 2층에 5개, 3층에 4개가 설치되었다. 이때 수원의 수량은 몇 m³ 이상이 되도록 설치하여야 하는가?

① 23.4   ② 31.8

③ 39.0   ④ 46.8

해설

수원의 수량은 옥내소화전이 가장 많이 설치된 층의 옥내소화전 설치개수 (설치개수가 5개 이상인 경우는 5개)에 7.8m³를 곱한 양 이상이 되도록 한다.

수원의 수량 = 5 × 7.8m³ = 39m³

57 빈출

제5류 위험물의 제조소에 설치하는 주의사항 게시판에서 게시판 바탕 및 문자의 색을 옳게 나타낸 것은?

① 청색바탕에 백색문자   ② 백색바탕에 청색문자

③ 백색바탕에 적색문자   ④ 적색바탕에 백색문자

해설

제5류 위험물을 저장, 취급하는 위험물제조소에 설치하는 주의사항은 "화기엄금"이며 화기엄금 게시판은 적색바탕에 백색문자로 만든다.

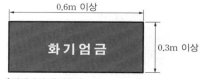

*적색바탕 백색문자

58 빈출

질산나트륨 90kg, 황(유황) 70kg, 클로로벤젠 2,000L 각각의 지정수량의 배수의 총합은?

① 2
② 3
③ 4
④ 5

해설

질산나트륨 – 제1류 위험물 중 질산염류: 지정수량 300kg
황(유황) – 제2류 위험물: 지정수량 100kg
클로로벤젠 – 제4류 위험물 중 제2석유류의 비수용성: 지정수량 1,000L
따라서 지정수량의 배수의 총합은 다음과 같다.

$$\frac{90}{300} + \frac{70}{100} + \frac{2,000}{1,000} = 3$$

59

다음 물질 중 인화점이 가장 낮은 것은?

① CS_2
② $C_2H_5OC_2H_5$
③ CH_3COCH_3
④ CH_3OH

해설

보기의 위험물은 ① 이황화탄소 ② 다이에틸에터(디에틸에테르) ③ 아세톤 ④ 메틸알코올로 모두 제4류 위험물이다.
다이에틸에터(디에틸에테르, $C_2H_5OC_2H_5$)의 인화점은 $-45℃$로 제4류 위험물 중에서도 가장 낮은 편이다.

60

제조소 등의 관계인은 당해 제조소 등의 용도를 폐지한 때에는 행정안전부령이 정하는 바에 따라 제조소 등의 용도를 폐지한 날부터 며칠 이내에 시·도지사에게 신고하여야 하는가?

① 5일
② 7일
③ 14일
④ 21일

해설

제조소 등의 관계인은 당해 제조소 등의 용도를 폐지한 때에는 행정안전부령이 정하는 바에 따라 제조소 등의 용도를 폐지한 날부터 14일 이내에 시·도지사에게 신고하여야 한다.

1과목 **일반화학**

01 빈출

금속의 산화물 3.2g을 환원시켜 금속 2.24g을 얻었다. 이 금속의 산화물의 실험식은 무엇인가? (단, 금속의 원자량은 56이다.)

① MO
② M_2O_3
③ M_3O_2
④ M_3O_4

해설

환원은 산소를 잃는 것이다.

금속의 산화물(MO)의 질량이 3.2g이고, 금속을 환원시켰을 때 금속(M)의 질량이 2.24g이므로 금속의 산화물에서 산소(O)의 질량은 0.96g이다.

금속과 산소의 질량을 각 원자의 원자량으로 나누면 몰수를 구할 수 있다.

금속의 몰수 $= \dfrac{2.24}{56} = 0.04$몰

산소의 몰수 $= \dfrac{0.96}{16} = 0.06$몰

따라서 금속의 산화물의 실험식은 M_2O_3로 쉽게 나타낼 수 있다.

※ 금속이 산화될 때에는 산소 분자(O_2)가 아니라 산소원자(O)와 반응하므로 반응한 산소의 몰수를 계산할 때에는 산소의 원자량(16)으로 나누어야 한다.

02

1몰의 에틸알코올이 완전 연소하였을 때 생성되는 이산화탄소는 몇 몰인가?

① 1몰
② 2몰
③ 3몰
④ 4몰

해설

에틸알코올 연소식: $C_2H_5OH + 3O_2 \rightarrow 2CO_2 + 3H_2O$
에틸알코올 1몰 반응 시 2몰의 이산화탄소가 생성된다.

03 빈출

질산나트륨의 물 100g에 대한 용해도는 80℃에서 148g, 20℃에서 88g이다. 80℃의 포화용액 100g을 70g으로 농축시켜서 20℃로 냉각시키면 약 몇 g의 질산나트륨이 석출되는가?

① 29.4
② 40.3
③ 50.6
④ 59.7

해설

80℃, 100g 물에 질산나트륨이 최대 148g 녹을 수 있으므로 용액 100g에 녹아 있는 질산나트륨을 구하면 다음과 같다.

$(100 + 148) : 148 = 100 : x$

$x = 59.68g$

용액 100g에는 용질 59.68g, 용매(물) 40.32g이 있다. 이때 70g으로 농축시켰으니 물 30g을 빼면 물이 10.32g 남는다. 여기서 20℃로 냉각시키면 용해도가 낮아진다.

$100 : 88 = 10.32 : y$

$y = 9.08g$의 질산나트륨이 10.32g의 물에 최대로 녹을 수 있다.

따라서 $59.68 - 9.08 = 50.6g$의 질산나트륨이 석출된다.

04

분자구조에 대한 설명으로 옳은 것은?

① BF_3는 삼각 피라미드형이고, NH_3는 선형이다.
② BF_3는 평면 정삼각형이고, NH_3는 삼각 피라미드형이다.
③ BF_3는 굽은형(V형)이고, NH_3는 삼각 피라미드형이다.
④ BF_3는 평면 정삼각형이고, NH_3는 선형이다.

해설

BF_3는 평면 정삼각형 구조이고 암모니아(NH_3)의 분자구조는 삼각 피라미드 모양이다.

05

고체상의 물질이 액체상과 평형에 있을 때의 온도와 액체의 증기압과 외부 압력이 같게 되는 온도를 각각 옳게 표시한 것은?

① 끓는점과 어는점
② 전이점과 끓는점
③ 어는점과 끓는점
④ 용융점과 어는점

해설

고체상의 물질이 액체상과 평형에 있을 때의 온도를 어는점이라고 하고, 액체의 증기압과 외부 압력이 같게 되는 온도를 끓는점이라고 한다.

06 빈출

다음 중 양쪽성 산화물에 해당하는 것은?

① NO_2
② Al_2O_3
③ MgO
④ Na_2O

해설

양쪽성 산화물: Al_2O_3, ZnO, SnO, PbO

오답해설

① 산성 산화물이다.
③, ④ 염기성 산화물이다.

07

포화 탄화수소에 해당하는 것은?

① 톨루엔
② 에틸렌
③ 프로판
④ 아세틸렌

해설

포화 탄화수소란 탄소와 수소로만 구성되어 있는 탄화수소 중 이중결합이나 삼중결합이 없는 단일결합으로만 이루어진 탄화수소를 말한다.
① 톨루엔: 벤젠고리에 1.5중결합으로 이루어져 있으므로 불포화 탄화수소
② 에틸렌: 탄소 2개가 이중결합으로 이루어진 불포화 탄화수소
③ 프로판: 탄소 3개가 단일결합으로 이루어진 포화 탄화수소
④ 아세틸렌: 탄소 2개가 삼중결합으로 이루어진 불포화 탄화수소
포화 탄화수소는 단일결합으로만 이루어진 프로판이다.

08

다음의 평형계에서 압력을 증가시키면 반응에 어떤 영향이 나타나는가?

$$N_2(g) + 3H_2(g) \rightleftharpoons 2NH_3(g)$$

① 오른쪽으로 진행
② 왼쪽으로 진행
③ 변화없음
④ 왼쪽과 오른쪽으로 모두 진행

해설

르 샤틀리에의 법칙에 의해 반응은 압력을 감소시키기 위해 오른쪽으로 진행한다.
• 압력변화 시: 압력이 높아지면 밀도가 높아지는데, 이를 평형방향으로 반응이 진행됨 (몰수가 낮아짐)
  단, 기체반응에서 주로 적용되며 고체, 액체 반응에서의 압력변화에 따른 평형이동은 무시되기도 한다.
• 온도변화 시: 온도가 높아지면 흡열반응이 일어나는 쪽으로 반응이 진행됨 (온도가 낮아짐)

09 빈출

다음의 반응에서 환원제로 쓰인 것은?

$$MnO_2 + 4HCl \rightarrow MnCl_2 + 2H_2O + Cl_2$$

① Cl_2

② $MnCl_2$

③ HCl

④ MnO_2

해설

반응식에서 산소원자의 이동을 살펴보면 MnO_2가 $MnCl_2$로 바뀌며 Mn에서 산소가 떨어져 나간다. 즉, MnO_2가 환원되었는데 이것은 4HCl이 환원제로 작용하여 MnO_2를 환원시켰기 때문이다.

환원제는 다른 물질을 환원시키고, 자신은 산화되는 물질이다. HCl은 수소를 잃으며 산화되었고, MnO_2를 환원시켰다. 따라서 HCl은 환원제로 쓰였다.

10

할로젠화수소(할로겐화수소)의 결합에너지 크기를 비교하였을 때 옳게 표시한 것은?

① $HI > HBr > HCl > HF$

② $HBr > HI > HF > HCl$

③ $HF > HCl > HBr > HI$

④ $HCl > HBr > HF > HI$

해설

할로젠화수소(할로겐화수소)의 결합에너지 크기: $HF > HCl > HBr > HI$

11 고난도

2차 알코올이 산화되면 무엇이 되는가?

① 알데하이드(알데히드)

② 에테르

③ 카르복실산

④ 케톤

해설

1차 알코올이 산화되면 알데하이드(알데히드)를 거쳐 카르복실산이 되고, 2차 알코올이 산화되면 케톤이 된다.

12 빈출

$K_2Cr_2O_7$에서 Cr의 산화수는?

① $+2$

② $+4$

③ $+6$

④ $+8$

해설

$K_2Cr_2O_7$은 화합물로 전체 산화수는 0이다.

산화수를 계산하면 K의 산화수: $+1$, Cr의 산화수: x, O의 산화수: -2 이다.

K원소 2개의 산화수 + Cr원소 2개의 산화수 + O원소 7개의 산화수 = 0 이다.

$(+1 \times 2) + (x \times 2) + (-2 \times 7) = 0$

$\therefore x = +6$

13 빈출

H₂O가 H₂S보다 비등점이 높은 이유는?

① 이온결합을 하고 있기 때문에
② 수소결합을 하고 있기 때문에
③ 공유결합을 하고 있기 때문에
④ 분자량이 적기 때문에

해설

물(H_2O)과 같이 수소결합을 하고 있는 물질은 비등점이 높다.

14

질소 2몰과 산소 3몰의 혼합기체가 나타나는 전압력이 10 기압일 때 질소의 분압은 얼마인가?

① 2기압 　　　　　② 4기압
③ 8기압 　　　　　④ 10기압

해설

질소의 분압 = 전압 × $\dfrac{성분\ 기체의\ 몰수}{전\ 기체의\ 몰수}$ = $10 \times \dfrac{2}{5} = 4$

15 빈출

다음 중 수용액의 pH가 가장 작은 것은?

① 0.01N HCl 　　　　② 0.1N HCl
③ 0.01N CH₃COOH 　④ 0.1N NaOH

해설

$pH = -\log[H^+]$, $pOH = -\log[OH^-]$이고 $pH + pOH = 14$일 때, 보기의 pH를 구하면 다음과 같다.
① $-\log[0.01] = 2$
② $-\log[0.1] = 1$
③ $-\log[0.01] = 2$
④ $pOH = -\log[0.1] = 1 \rightarrow pH = 13$
따라서 보기 ②의 pH가 1로 가장 작다.

16 빈출

CuCl₂의 용액에 5A 전류를 1시간 동안 흐르게 하면 몇 g의 구리가 석출되는가? (단, Cu의 원자량은 63.54이며, 전자 1개의 전하량은 1.602×10^{-19}C이다.)

① 3.17 　　　　　② 4.83
③ 5.93 　　　　　④ 6.35

해설

$CuCl_2$에서 구리는 Cu^{2+}이므로 구리 1몰(63.54g)이 석출되기 위해서는 전자가 2mol이 필요하며 이때 필요한 전기량은 2F이다.
1F = 96,500C = 전자 1mol의 전하량
문제에서는 5A의 전류를 1시간 동안 흐르게 하였다고 했으므로 이때 가해준 전기량은 다음과 같다.
$5A \times 3,600sec = 18,000C$
2F(193,000C)의 전기를 가했을 때 구리 1몰(63.54g)이 석출되므로 18,000C의 전기를 가했을 때 생성되는 구리의 양(x)은 다음과 같이 비례식을 만들어 구할 수 있다.
$193,000C : 63.54g = 18,000C : xg$
$x = \dfrac{18,000 \times 63.54}{193,000} = 5.93g$

17

다음 중 단원자 분자에 해당하는 것은?

① 산소 　　　　　② 질소
③ 네온 　　　　　④ 염소

해설

단원자 분자란 원자 하나로 분자의 성질을 가지는 분자를 말한다. 주기율표상에서 18족에 해당하는 헬륨, 네온 등 비활성 기체와 같은 원자와 반응성이 적은 원자들이 속한다.

18

어떤 비전해질 12g을 물 60.0g에 녹였다. 이 용액이 −1.88℃의 빙점강하를 보였을 때 이 물질의 분자량을 구하면? (단, 물의 몰랄 어는점내림상수 K_f=1.86℃/m이다.)

① 297
② 202
③ 198
④ 165

해설 빙점강하

$$\Delta T_f = m \times K_f$$

ΔT_f: 빙점강하도, m: 몰랄농도, K_f: 어는점내림상수

$\Delta T_f = m \times K_f = m \times 1.86 = 1.88℃$

m = 약 1.011

m은 몰랄농도이고 몰랄농도란 용매 1,000g에 용해된 용질의 몰수로 나타낸 농도이다.

문제에서 용매 60g에 용질을 12g 넣었다고 했으므로 용매 1,000g에 들어있는 용질의 양은 비례식으로 구할 수 있다.

$60g : 12g = 1,000g : x$

$x = 200g$

몰랄농도는 용매 1,000g에 용해된 용질의 몰수이므로 200g의 몰수는 1.011이다.

분자량은 1몰의 질량이므로 비례식으로 구할 수 있다.

$200g : 1.011mol = x : 1mol$

$x = 197.8$

19 빈출

시약의 보관방법이 옳지 않은 것은?

① Na: 석유 속에 보관
② NaOH: 공기가 잘 통하는 곳에 보관
③ P_4(황린): 물속에 보관
④ HNO_3: 갈색병에 보관

해설

NaOH는 조해성이 있어 공기 중에 방치하면 공기 중의 수분을 흡수하여 녹아버리기 때문에 외부에 노출시켜 보관해서는 안 된다.

20 빈출

다음 중 물이 산으로 작용하는 반응은?

① $NH_4^+ + H_2O \rightarrow NH_3 + H_3O^+$
② $HCOOH + H_2O \rightarrow HCOO^- + H_3O^+$
③ $CH_3COO^- + H_2O \rightarrow CH_3COOH + OH^-$
④ $HCl + H_2O \rightarrow H_3O^+ + Cl^-$

해설 브뢴스테드−로우리의 산과 염기의 정의

• 산: 양성자(H^+)를 내어 놓는 분자나 이온이다.
• 염기: 양성자(H^+)를 받아들이는 분자나 이온이다.
• 물(H_2O)이 산으로 작용하기 위해서는 양성자(H^+)를 내어 놓아야 하기 때문에 반응 후에 OH^-가 있어야 한다. 보기 중에서는 ③번 반응식만 반응 후에 OH^-가 있다.

2과목 화재예방과 소화방법

21 빈출

「위험물안전관리법령」에서 정한 다음의 소화설비 중 능력단위가 가장 큰 것은?

① 팽창진주암 160L(삽 1개 포함)
② 수조 80L(소화전용 물통 3개 포함)
③ 마른 모래 50L(삽 1개 포함)
④ 팽창질석 160L(삽 1개 포함)

해설

기타 소화설비의 능력단위는 다음과 같다.

소화설비	용량	능력단위
소화전용(轉用) 물통	8L	0.3
수조(소화전용 물통 3개 포함)	80L	1.5
수조(소화전용 물통 6개 포함)	190L	2.5
마른 모래(삽 1개 포함)	50L	0.5
팽창질석 또는 팽창진주암(삽 1개 포함)	160L	1.0

22

제3종 분말소화약제의 제조 시 사용되는 실리콘오일의 용도는?

① 경화재
② 발수제
③ 탈색제
④ 착색제

해설

분말소화약제의 제조 시 침강성을 증진시키기 위해 발수제인 실리콘오일을 사용한다.

23

강화액 소화약제에 소화력을 향상시키기 위하여 첨가하는 물질로 옳은 것은?

① 탄산칼륨
② 질소
③ 사염화탄소
④ 아세틸렌

해설

물에 탄산칼륨을 보강시켜 어는점을 낮추고 물의 소화능력을 향상시킨 것을 강화액 소화기라고 한다.

24 빈출

위험물취급소의 건축물 연면적이 $500m^2$인 경우 소요단위는? (단, 외벽은 내화구조이다.)

① 2단위
② 5단위
③ 10단위
④ 50단위

해설

제조소 또는 취급소용 건축물로서 외벽이 내화구조로 된 것에 있어서는 연면적 $100m^2$를, 외벽이 내화구조가 아닌 것에 있어서는 연면적 $50m^2$를 각각 소요단위 1단위로 한다.

$$\therefore \ \frac{500m^2}{100m^2} = 5단위$$

25

주된 소화작용이 질식소화와 거리가 먼 것은?

① 할론소화기
② 분말소화기
③ 포소화기
④ 이산화탄소소화기

해설

할론소화기의 주된 소화작용은 부촉매 소화효과(억제소화)이다.

26 빈출

불활성가스 소화약제 중 IG-100 의 성분을 옳게 나타낸 것은?

① 질소 52%, 아르곤 40%, 이산화탄소 8%

② 질소 50%, 아르곤 50%

③ 질소 100%

④ 질소 52%, 이산화탄소 40%, 아르곤 8%

해설

IG-100(불활성가스 혼합기체)의 구성은 N_2 100%이다.

27

「위험물안전관리법령」에 따른 옥내소화전설비의 기준에서 펌프를 이용한 가압송수장치의 경우 펌프의 전양정 H는 소정의 산식에 의한 수치 이상이어야 한다. 전양정 H를 구하는 식으로 옳은 것은? (단, h_1은 소방용 호스의 마찰손실수두, h_2는 배관의 마찰손실수두, h_3는 낙차이며, h_1, h_2, h_3의 단위는 모두 m이다.)

① $H=h_1+h_2+h_3$

② $H=h_1+h_2+h_3+0.35m$

③ $H=h_1+h_2+h_3+35m$

④ $H=h_1+h_2+0.35m$

해설

옥내소화전설비에서 펌프의 전양정은 다음 식에 의하여 구한 수치 이상으로 한다.

$H=h_1+h_2+h_3+35m$

여기서, H: 펌프의 전양정(단위 m)

　　　　h_1: 소방용 호스의 마찰손실수두(단위 m)

　　　　h_2: 배관의 마찰손실수두(단위 m)

　　　　h_3: 낙차(단위 m)

28

착화점에 대한 설명으로 가장 옳은 것은?

① 외부에서 점화했을 때 발화하는 최저온도

② 외부에서 점화하지 않더라도 발화하는 최저온도

③ 외부에서 점화했을 때 발화하는 최고온도

④ 외부에서 점화하지 않더라도 발화하는 최고온도

해설 착화점

- 가연성 물질이 점화원 없이 축적된 열만으로 연소(자연발화)를 일으키는 최저온도를 말한다.
- 발화점이 낮은 물질일수록 위험성이 크며 발화점은 인화점보다 높다.
- 발열량, 화학적 활성도, 산소 친화력, 압력이 높을수록 착화점은 낮아진다.
- 분자구조가 복잡할수록 착화점은 낮아진다.
- 열전도율이 낮을수록 착화점은 낮아진다.

29 빈출

제1인산암모늄 분말 소화약제의 색상과 적응화재를 옳게 나타낸 것은?

① 백색, BC급

② 담홍색, BC급

③ 백색, ABC급

④ 담홍색, ABC급

해설

종별	소화약제	착색	적응화재	열분해 반응식
제1종 분말	$NaHCO_3$ (탄산수소나트륨)	백색	B, C	$2NaHCO_3$ $\rightarrow Na_2CO_3+CO_2+H_2O$
제2종 분말	$KHCO_3$ (탄산수소칼륨)	담회색	B, C	$2KHCO_3$ $\rightarrow K_2CO_3+CO_2+H_2O$
제3종 분말	$NH_4H_2PO_4$ (제1인산암모늄)	담홍색	A, B, C	$NH_4H_2PO_4$ $\rightarrow HPO_3+NH_3+H_2O$
제4종 분말	$KHCO_3+(NH_2)_2CO$ (탄산수소칼륨+요소)	회색	B, C	$2KHCO_3+(NH_2)_2CO$ $\rightarrow K_2CO_3+2NH_3+2CO_2$

30

황린이 연소할 때 다량으로 발생하는 흰 연기는 무엇인가?

① P_2O_5　　　　　　　② P_2O_7
③ PH_3　　　　　　　　④ P_4S_3

해설

황린(P_4)은 공기 중에서 격렬하게 연소하며 유독성 가스가 발생한다.

$P_4 + 5O_2 \rightarrow 2P_2O_5$

31 빈출

피리딘 20,000리터에 대한 소화설비의 소요단위는?

① 5단위　　　　　　　② 10단위
③ 15단위　　　　　　④ 100단위

해설

위험물의 1소요단위는 지정수량의 10배이고, 피리딘의 지정수량은 400L
이다.

소요단위 $= \dfrac{20,000}{400 \times 10} = 5$단위

32

「위험물안전관리법령」상 옥내소화전설비의 비상전원은 자
가발전설비 또는 축전지설비로 옥내소화전설비를 유효하게
몇 분 이상 작동할 수 있어야 하는가?

① 10분　　　　　　　② 20분
③ 45분　　　　　　　④ 60분

해설

옥내소화전설비의 비상전원은 자가발전설비 또는 축전지설비에 의하되 용
량은 옥내소화전설비를 유효하게 45분 이상 작동시키는 것이 가능해야 한다.

33 빈출

드라이아이스의 성분을 옳게 나타낸 것은?

① H_2O　　　　　　　② CO_2
③ $H_2O + CO_2$　　　　④ $N_2 + H_2O + CO_2$

해설

드라이아이스는 고체로 된 이산화탄소(CO_2)이다.

34 빈출

고체가연물의 일반적인 연소형태에 해당하지 않는 것은?

① 확산연소　　　　　　② 증발연소
③ 분해연소　　　　　　④ 표면연소

해설　**고체의 연소형태**

표면연소, 분해연소, 증발연소, 자기연소

35

「위험물안전관리법령」상 옥내소화전설비에 적응성이 있는
위험물의 유별로만 나열된 것은?

① 제5류 위험물, 제6류 위험물
② 제2류 위험물, 제4류 위험물
③ 제4류 위험물, 제5류 위험물
④ 제1류 위험물, 제4류 위험물

해설

옥내소화전설비는 물을 이용한 소화설비로 제5류 위험물, 제6류 위험물에
적응성이 있다.
제4류 위험물에 화재가 발생한 경우 물을 이용하여 소화하면 화재면이 확
대되기 때문에 옥내소화전설비는 제4류 위험물에 적응성이 없다.
제1류 위험물과 제3류 위험물은 물과 위험한 반응을 하지 않는 위험물에
한해 옥내소화전설비가 적응성이 있다.

36 빈출

화재 예방을 위하여 이황화탄소는 액면 자체 위에 물을 채워주는데 그 이유로 가장 타당한 것은?

① 공기와 접촉하면 발생하는 불쾌한 냄새를 방지하기 위하여
② 발화점을 낮추기 위하여
③ 불순물을 물에 용해시키기 위하여
④ 가연성 증기의 발생을 방지하기 위하여

해설

이황화탄소는 비수용성 물질로 가연성 증기 발생을 억제하기 위해 물속에 저장한다.

37

열의 전달에 있어서 열 전달면적과 열전도도가 각각 2배로 증가한다면, 다른 조건이 일정한 경우 전도에 의해 전달되는 열의 양은 몇 배가 되는가?

① 0.5배
② 1배
③ 2배
④ 4배

해설

전달되는 열의 양은 열 전달면적과 열전도도에 비례한다.
열 전달면적과 열전도도가 각각 2배가 되었으므로 총 열 전달량은 4배가 될 것이다.

38

할로젠화합물(할로겐화합물) 소화약제를 전기화재에 사용할 수 있는 이유로 가장 적합한 것은?

① 액체의 유동성이 좋다.
② 탄산가스와 반응하여 포스겐을 생성한다.
③ 증기의 비중이 공기보다 작다.
④ 전기적으로 부도체이다.

해설

할로젠화합물(할로겐화합물) 소화약제는 변질되지 않고 전기적으로 부도체이기 때문에 전기화재, 유류화재에 사용할 수 있다.

39 고난도

「위험물안전관리법령」상 이산화탄소를 저장하는 저압식 저장용기에는 용기 내부의 온도를 어떤 범위로 유지할 수 있는 자동냉동기를 설치하여야 하는가?

① 영하 20℃~영하 18℃
② 영하 20℃~0℃
③ 영하 25℃~영하 18℃
④ 영하 25℃~0℃

해설

「위험물안전관리법령」상 이산화탄소를 저장하는 저압식 저장용기에는 용기 내부의 온도를 −20℃ 이상, −18℃ 이하로 유지할 수 있는 자동냉동기를 설치하여야 한다.

40

과염소산 1몰이 모두 기체로 변화하였을 때 질량은 1기압, 50℃를 기준으로 몇 g인가? (단, Cl의 원자량은 35.5이다.)

① 5.4
② 22.4
③ 100.5
④ 224

해설

과염소산의 분자식은 $HClO_4$이다.
질량보존의 법칙에 의해 과염소산이 기체로 변하여도 질량은 변하지 않는다.
따라서 과염소산 1mol의 질량은 $1+35.5+(16 \times 4)=100.5$g이다.
※ 기체의 부피는 온도와 압력에 따라 변한다.

3과목 위험물의 성질과 취급

41

피리딘에 대한 설명 중 틀린 것은?

① 물보다 가벼운 액체이다.

② 인화점은 30℃보다 낮다.

③ 제1석유류이다.

④ 지정수량이 200리터이다.

해설 피리딘 [C_5H_5N] (지정수량 400L)

① 피리딘의 비중은 약 0.9로 물보다 가볍고, 피리딘과 같은 제4류 위험물은 일반적으로 물보다 가볍다.

② 피리딘의 인화점은 약 20℃이다.

③ 피리딘은 제1석유류에 해당된다.

④ 피리딘은 제1석유류이지만 수용성이기 때문에 지정수량이 400L이다.

42

메틸에틸케톤의 저장 또는 취급 시 유의할 점으로 가장 거리가 먼 것은?

① 통풍을 잘 시킬 것

② 찬곳에 저장할 것

③ 직사일광을 피할 것

④ 저장 용기에는 증기 배출을 위해 구멍을 설치할 것

해설

메틸에틸케톤은 제4류 위험물 중 제1석유류로 증기의 인화성이 크므로 용기는 증기가 새어나오지 못하도록 밀전하여 저장한다.

43 빈출

「위험물안전관리법령」상 제1류 위험물 중 알칼리금속의 과산화물의 운반용기 외부에 표시하여야 하는 주의사항을 모두 나타낸 것은?

① "화기엄금", "충격주의" 및 "가연물 접촉주의"

② "화기·충격주의", "물기엄금" 및 "가연물 접촉주의"

③ "화기주의" 및 "물기엄금"

④ "화기엄금" 및 "물기엄금"

해설

제1류 위험물 중 알칼리금속의 과산화물 또는 이를 함유한 것에 있어서는 "화기·충격주의", "물기엄금" 및 "가연물 접촉주의" 주의사항 표시를 운반용기 외부에 하여야 한다.

44

은백색의 광택이 있고 비중이 약 2.7인 금속으로서 열, 전기의 전도성이 크며, 진한 질산에서는 부동태가 되고 묽은 질산에 잘 녹는 것은?

① Al

② Mg

③ Zn

④ Sb

해설 알루미늄분(Al)

• 은백색의 경금속이다.

• 비중은 약 2.7이다.

• 연성과 전성이 좋으며 열전도율, 전기전도도가 크며, +3가의 화합물을 만든다.

• 물(수증기)과 반응하여 수소를 발생시킨다.

• 산성 물질과 반응하여 수소를 발생한다.(진한 질산에는 녹지 않으며 묽은 질산에는 녹음)

45 고난도

「위험물안전관리법령」상 다음 사항을 참고하여 제조소의 소화설비의 소요단위의 합을 옳게 산출한 것은?

> ⓐ 제조소 건축물의 연면적은 3,000m²이다.
> ⓑ 제조소 건축물의 외벽은 내화구조이다.
> ⓒ 제조소 허가 지정수량은 3,000배이다.
> ⓓ 제조소의 옥외 공작물의 최대수평투영면적은 500m²이다.

① 335
② 395
③ 400
④ 440

해설

① 제조소 또는 취급소용 건축물로서 외벽이 내화구조로 된 것에 있어서는 연면적 100m²를, 외벽이 내화구조가 아닌 것에 있어서는 연면적 50m²를 각각 소요단위 1단위로 한다.
ⓐⓑ 보기로부터 소요단위 30을 계산한다.
② 위험물은 지정수량의 10배를 1소요단위로 한다.
ⓒ 보기로부터 지정수량의 10배가 1소요단위인데 현재 제조소의 허가 지정수량은 지정수량의 3,000배이다.

따라서 $\frac{지정수량 \times 3,000배}{지정수량 \times 10배} = 300 \rightarrow$ 소요단위 300을 계산한다.

③ 제조소 또는 취급소의 옥외 설치 공작물은 외벽이 내화구조인 것으로 간주하고 공작물의 최대수평투영면적을 연면적으로 간주하여 연면적 100m²를 소요단위 1단위로 한다.
ⓓ 보기로부터 소요단위 5를 계산한다.
계산된 소요단위를 합산하면 30+300+5=335

46 빈출

과염소산과 과산화수소의 공통된 성질이 아닌 것은?

① 비중이 1보다 크다.
② 물에 녹지 않는다.
③ 산화제이다.
④ 산소를 포함한다.

해설

과산화수소와 과염소산은 모두 제6류 위험물이고, 수용성 물질이다.

47

다음 중 물과 접촉하였을 때 위험성이 가장 높은 것은?

① S
② CH_3COOH
③ C_2H_5OH
④ K

해설

칼륨(K)은 물과 격렬하게 반응하여 수소 기체를 발생시키므로 위험하다.
$2K + 2H_2O \rightarrow 2KOH + H_2 \uparrow$
황(S), 아세트산(CH_3COOH), 에탄올(C_2H_5OH)은 물과 접촉해도 위험성이 거의 없다.

48

TNT의 폭발, 분해 시 생성물이 아닌 것은?

① CO
② N_2
③ SO_2
④ H_2

해설 TNT의 분해반응식

$2C_6H_2CH_3(NO_2)_3 \rightarrow 12CO + 2C + 3N_2 + 5H_2$

49

다음 중 비중이 1보다 큰 물질은?

① 이황화탄소
② 에틸알코올
③ 아세트알데하이드(아세트알데히드)
④ 테레핀유

해설

이황화탄소의 비중은 약 1.26으로 물보다 무겁다. 이황화탄소는 가연성 증기의 발생을 억제하기 위해 물속에 보관한다.
에틸알코올, 아세트알데하이드(아세트알데히드), 테레핀유는 모두 물보다 가벼운 제4류 위험물로 비중이 1보다 작다.

상세해설 보기에 있는 위험물의 분류

구분	유별	품명	비중
이황화탄소	제4류	특수인화물	1.26
에틸알코올	제4류	알코올류	0.8
아세트알데하이드 (아세트알데히드)	제4류	특수인화물	0.8
테레핀유	제4류	제2석유류	0.86

50 빈출

다음 중 자연발화의 위험성이 제일 높은 것은?

① 야자유
② 올리브유
③ 아마인유
④ 피마자유

해설

건성유(요오드값이 130 이상): 아마인유
불건성유(요오드값이 100 이하): 야자유, 피마자유, 올리브유
요오드값이 높을수록 자연발화의 위험이 높다.

51 빈출

산화프로필렌 350L, 메탄올 400L, 아세톤 800L를 저장하고 있는 경우 각각 지정수량 배수의 총합은 얼마인가?

① 4
② 6
③ 10
④ 13

해설 문제에 제시된 위험물의 지정수량

구분	품명	지정수량
산화프로필렌	특수인화물	50L
메탄올	알코올류	400L
아세톤	제1석유류	400L

지정수량 배수 $=\dfrac{\text{저장량}}{\text{지정수량}}$

지정수량 배수의 총합 $=\dfrac{350}{50}+\dfrac{400}{400}+\dfrac{800}{400}=10$

52

다음 물질 중 인화점이 가장 낮은 것은?

① 벤젠
② 아세톤
③ 이황화탄소
④ 다이에틸에터(디에틸에테르)

해설 보기에 있는 물질의 인화점

① 벤젠: $-11℃$
② 아세톤: $-18℃$
③ 이황화탄소: $-30℃$
④ 다이에틸에터(디에틸에테르): $-45℃$

※ 다이에틸에터(디에틸에테르)는 특수인화물 중에서도 인화점이 낮기 때문에 취급에 주의해야 한다.

53

다음은 「위험물안전관리법령」에 관한 내용이다. ( )에 해당되는 수치의 합은?

> – 안전관리자를 선임한 제조소등의 관계인은 그 안전관리자를 해임하거나 안전관리자가 퇴직한 때에는 해임하거나 퇴직한 날부터 ( )일 이내에 다시 안전관리자를 선임하여야 한다.
> – 제조소등의 관계인은 당해 제조소등의 용도를 폐지한 때에는 행정안전부령이 정하는 바에 따라 제조소등의 용도를 폐지한 날부터 ( )일 이내에 시·도지사에게 신고하여야 한다.

① 30   ② 44
③ 49   ④ 62

해설

• 안전관리자를 선임한 제조소등의 관계인은 그 안전관리자를 해임하거나 안전관리자가 퇴직한 때에는 해임하거나 퇴직한 날부터 30일 이내에 다시 안전관리자를 선임하여야 한다.
• 제조소등의 관계인(소유자·점유자 또는 관리자)은 당해 제조소등의 용도를 폐지(장래에 대하여 위험물시설로서의 기능을 완전히 상실시키는 것)한 때에는 행정안전부령이 정하는 바에 따라 제조소등의 용도를 폐지한 날부터 14일 이내에 시·도지사에게 신고하여야 한다.

54

삼황화인(삼황화린)과 오황화인(오황화린)의 공통 연소생성물을 모두 나타낸 것은?

① H_2S, SO_2 ② P_2O_5, H_2S
③ SO_2, P_2O_5 ④ H_2S, SO_2, P_2O_5

해설

삼황화인(P_4S_3, 삼황화린)의 연소반응식
$P_4S_3+8O_2 \rightarrow 3SO_2+2P_2O_5$
오황화인(P_2S_5, 오황화린)의 연소반응식
$2P_2S_5+15O_2 \rightarrow 10SO_2+2P_2O_5$
삼황화인(삼황화린)과 오황화인(오황화린)이 연소할 때는 공통적으로 SO_2와 P_2O_5가 발생한다.

55

위험물 주유취급소의 주유 및 급유 공지의 바닥에 대한 기준으로 옳지 않은 것은?

① 주위 지면보다 낮게 할 것
② 표면을 적당하게 경사지게 할 것
③ 배수구, 집유설비를 할 것
④ 유분리장치를 할 것

해설

위험물 주유취급소의 주유 및 급유 공지의 바닥은 주위 지면보다 높게 하고, 그 표면을 적당히 경사지게 하여 새어나온 기름, 그 밖의 액체가 공지의 외부로 유출되지 않도록 배수구, 집유설비 및 유분리장치를 하여야 한다.

56 빈출

위험물을 저장 또는 취급하는 탱크의 용량산정 방법에 관한 설명으로 옳은 것은?

① 탱크의 내용적에서 공간용적을 뺀 용적으로 한다.
② 탱크의 공간용적에서 내용적을 뺀 용적으로 한다.
③ 탱크의 공간용적에 내용적을 더한 용적으로 한다.
④ 탱크의 볼록하거나 오목한 부분을 뺀 용적으로 한다.

해설

위험물을 저장 또는 취급하는 탱크의 용량은 탱크의 내용적에서 공간용적을 뺀 용적으로 한다.

57

위험물의 운반에 관한 기준에서 위험물의 적재 시 혼재가 가능한 위험물은? (단, 지정수량의 5배인 경우이다.)

① 과염소산칼륨 – 황린
② 질산메틸 – 경유
③ 마그네슘 – 알킬알루미늄
④ 탄화칼슘 – 나이트로(니트로)글리세린

해설 **혼재 가능 위험물**

- 423 → 제4류와 제2류, 제4류와 제3류는 혼재 가능하다.
- 524 → 제5류와 제2류, 제5류와 제4류는 혼재 가능하다.
- 61 → 제6류와 제1류는 혼재 가능하다.

질산메틸(제5류)과 경유(제4류)는 혼재 가능하다.

58

이동저장탱크에 저장할 때 불활성 가스를 봉입하여야 하는 위험물은?

① 메틸에틸케톤퍼옥사이드
② 아세트알데하이드(아세트알데히드)
③ 아세톤
④ 트리나이트로(니트로)톨루엔

해설

아세트알데하이드(아세트알데히드)를 저장하는 이동저장탱크에는 탱크 안에 불활성 가스를 봉입하여야 한다.

59 빈출

다음과 같이 위험물을 저장할 경우 각각의 지정수량 배수의 총합은 얼마인가?

- 클로로벤젠: 1,000L
- 동식물유류: 5,000L
- 제4석유류: 12,000L

① 2.5
② 3.0
③ 3.5
④ 4.0

해설 **지정수량 배수의 총합**

$$\frac{A\text{품명의 저장수량}}{A\text{품명의 지정수량}} + \frac{B\text{품명의 저장수량}}{B\text{품명의 지정수량}} + \frac{C\text{품명의 저장수량}}{C\text{품명의 지정수량}} + \cdots$$

$$= \frac{1,000}{1,000} + \frac{5,000}{10,000} + \frac{12,000}{6,000} = 3.5$$

60

「위험물안전관리법령」상 HCN의 품명으로 옳은 것은?

① 제1석유류
② 제2석유류
③ 제3석유류
④ 제4석유류

해설

제1석유류는 아세톤, 휘발유, 그 밖에 1atm에서 인화점이 21℃ 미만인 것을 말한다. 시안화수소(HCN)도 인화점이 약 −18℃로 제1석유류에 포함된다.

2023년 1회 CBT 복원문제

자동채점

1과목 일반화학

01 빈출

다이크로뮴산(중크롬산)칼륨에서 크로뮴(크롬)의 산화수는?

① 2　　　　　　　② 4

③ 6　　　　　　　④ 8

해설

다이크로뮴산(중크롬산)칼륨($K_2Cr_2O_7$)은 화합물이기 때문에 원자들의 산화수의 총 합은 0이다.

화합물에서 칼륨의 산화수는 +1이고, 산소는 과산화물이 아닌 경우 산화수가 −2이다. 따라서 다음과 같이 크로뮴(크롬)의 산화수를 x로 놓고, 산화수를 구할 수 있다.

$(+1 \times 2) + 2x + (-2 \times 7) = 0$

$2x = 12$

$x = +6$

02 빈출

다음의 금속원소를 반응성이 큰 순서부터 나열한 것은?

> Na, Li, Cs, K, Rb

① Cs>Rb>K>Na>Li

② Li>Na>K>Rb>Cs

③ K>Na>Rb>Cs>Li

④ Na>K>Rb>Cs>Li

해설

문제에서 제시된 Na, Li, Cs, K, Rb는 모두 알칼리금속이다. 알칼리금속의 반응성은 다음과 같이 원자번호가 증가할수록 커진다.

Cs>Rb>K>Na>Li

03

다음 중 물에 대한 소금의 용해가 물리적 변화라고 할 수 있는 근거로 가장 적절한 것은?

① 소금과 물이 결합한다.

② 용액이 증발하면 소금이 남는다.

③ 용액이 증발할 때 다른 물질이 생성된다.

④ 소금이 물에 녹으면 보이지 않게 된다.

해설

물에 대한 소금의 용해가 물리적 변화이기 때문에 용액이 증발하면 소금이 남는다.

물에 대한 소금의 용해가 화학적 변화라면 용액이 증발할 때 다른 물질이 생성된다.

04

자철광 제조법으로 빨갛게 달군 철에 수증기를 통할 때의 반응식으로 옳은 것은?

① $3Fe + 4H_2O \rightarrow Fe_3O_4 + 4H_2$

② $2Fe + 3H_2O \rightarrow Fe_2O_3 + 3H_2$

③ $Fe + H_2O \rightarrow FeO + H_2$

④ $Fe + 2H_2O \rightarrow FeO_2 + 2H_2$

해설

자철광의 주성분이 생성되는 반응식

$3Fe + 4H_2O \rightarrow Fe_3O_4 + 4H_2$

---

05 빈출

H₂O가 H₂S보다 비등점이 높은 이유는?

① 이온결합을 하고 있기 때문에
② 수소결합을 하고 있기 때문에
③ 공유결합을 하고 있기 때문에
④ 분자량이 적기 때문에

> **해설**
> 물(H_2O)과 같이 수소결합을 하고 있는 물질은 비등점이 높다.

06

최외각 전자가 7개로써 할로젠(할로겐) 원소인 것은?

① Cl
② He
③ S
④ Na

> **해설**
> 할로젠(할로겐) 원소는 주기율표의 오른쪽에 위치한 17족에 해당하는 원소
> 들을 말한다. 보기에서는 Cl이 해당된다.
> 17족 원소: F(플루오린), Cl(염소), Br(브로민, 브롬), I(아이오딘, 요오드) 등

07

다음 물질 중 이온결합을 하고 있는 것은?

① 얼음
② 흑연
③ 다이아몬드
④ 염화나트륨

> **해설**
> 염화나트륨의 결합은 이온결합이며 얼음, 흑연, 다이아몬드의 결합은 공유
> 결합이다.

08 빈출

기체 A는 100℃, 730mmHg에서 부피가 257mL이다. 기체의 무게가 1.671g일 때 이 기체의 분자량은 대략적으로 얼마인가? (단, 기체 A는 이상기체이다.)

① 28
② 56
③ 207
④ 257

> **해설**
> 이상기체상태방정식을 이용하여 기체의 분자량을 구한다.
>
> $$PV = nRT = \frac{w}{M}RT$$
>
> $$M = \frac{wRT}{PV} = \frac{1.671 \times 0.082 \times 373}{\frac{730}{760} \times 0.257} = 207.04$$
>
> w(질량): 1.671g
> R(기체상수): $0.082 L \cdot atm \cdot K^{-1} \cdot mol^{-1}$
> T(절대온도): $100 + 273 = 373K$
> P(압력): $\frac{730}{760} atm$
>
> ※ 760mmHg = 1atm
> V(부피) = 0.257L

09

다음 중 일반적으로 루이스 염기로 작용하는 것은?

① CO₂
② BF₃
③ AlCl₃
④ NH₃

> **해설**
> 루이스의 산과 염기의 정의에 따르면 화학반응에서 비공유 전자쌍을 받는
> 물질을 산이라고 하고 비공유 전자쌍을 주는 물질을 염기라고 한다. 따라
> 서 루이스 염기로 작용하기 위해서는 분자 내에 비공유 전자쌍이 있어야
> 한다.
> NH_3의 경우 다음처럼 분자 내에 비공유 전자쌍을 가지고 있기 때문에 일
> 반적으로 루이스 염기로 작용한다.
>
>

10

어떤 기체가 표준상태에서 2.8L일 때 3.5g이다. 이 물질의 분자량과 같은 것은?

① He

② N_2

③ H_2O

④ N_2H_4

해설

기체는 표준상태에서 1몰일 때 부피가 22.4L이다. 이 관계를 이용하여 기체 2.8L의 몰수를 다음과 같이 비례식으로 구할 수 있다.

1몰 : 22.4L = x몰 : 2.8L

x = 0.125몰

문제에서 어떤 기체의 무게가 3.5g이라고 했고, 분자량은 기체가 1몰일 때의 무게이다. 이 관계를 이용하여 다음과 같이 비례식으로 어떤 기체의 분자량을 구할 수 있다.

0.125몰 : 3.5g = 1몰 : xg

x = 28g

보기에서는 ②번 질소(N_2)의 분자량이 28이다.

11 고난도

다음 중 쌍극자 모멘트가 0인 것은?

① $CHCl_3$

② NCl_3

③ H_2S

④ BF_3

해설

쌍극자 모멘트란 분자 내에서 양전하와 음전하가 분리된 정도를 나타내는 값으로 쌍극자 모멘트가 0이라는 것은 해당 분자가 비극성 공유결합을 하고 있다는 의미이다.

BF_3는 다음과 같이 분자 내의 중앙에 B(붕소)가 있고, F(불소)가 세 방향으로 결합된 평면 삼각형 형태의 분자이다. 따라서 BF_3는 비극성 공유결합을 하고 있다.

심화해설

NCl_3(삼염화질소)는 N에 비공유 전자쌍이 있어 분자 모형이 삼각뿔 구조이다. 따라서 NCl_3(삼염화질소)는 극성 공유결합을 하고 있다.

12

8g의 메탄을 완전연소시키는 데 필요한 산소 분자의 수는?

① 6.02×10^{23}

② 1.204×10^{23}

③ 6.02×10^{24}

④ 1.204×10^{24}

해설

$CH_4 + 2O_2 \rightarrow CO_2 + 2H_2O$

메탄(CH_4) 1몰(16g)이 완전연소할 때 필요한 산소 분자의 수는 2몰이다.

2몰의 분자 수는 $2 \times 6.02 \times 10^{23}$이다.

8g : x개 = 16g : $2 \times 6.02 \times 10^{23}$개

$16 \times x = 8 \times 2 \times 6.02 \times 10^{23}$

∴ $x = 6.02 \times 10^{23}$개

13

포화 탄화수소에 해당하는 것은?

① C_7H_8

② C_2H_4

③ C_3H_8

④ C_2H_2

해설

포화 탄화수소란 탄소와 수소로만 구성되어 있는 탄화수소 중 이중결합이나 삼중결합이 없는 단일결합으로만 이루어진 탄화수소를 말한다.

① 톨루엔(C_7H_8): 벤젠고리에 1.5중결합으로 이루어져 있으므로 불포화 탄화수소

② 에틸렌(C_2H_4): 탄소 2개가 이중결합으로 이루어진 불포화 탄화수소

③ 프로판(C_3H_8): 탄소 3개가 단일결합으로 이루어진 포화 탄화수소

④ 아세틸렌(C_2H_2): 탄소 2개가 삼중결합으로 이루어진 불포화 탄화수소

포화 탄화수소는 단일결합으로만 이루어진 프로판(C_3H_8)이다.

14

집기병 속에 물에 적신 빨간 꽃잎을 넣고 어떤 기체를 채웠더니 얼마 후 꽃잎이 탈색되었다. 이와 같이 색을 탈색(표백)시키는 성질을 가진 기체는?

① He
② CO_2
③ N_2
④ Cl_2

해설

염소(Cl_2) 기체는 색을 탈색(표백)시키는 성질이 있다.

15

ns^2np^5의 전자구조를 가지지 않는 것은?

① F(원자번호 9)
② Cl(원자번호 17)
③ Se(원자번호 34)
④ I(원자번호 53)

해설

ns^2np^5의 전자구조를 가지는 물질은 최외각 전자 수가 7개인 원소이다. 최외각 전자 수가 7개인 원소는 주기율표상 17족인 원소이다.
주기율표상 17족인 원소: F, Cl, Br, I, At, Ts
Se는 주기율표상 16족의 원소이다.
※ 위험물산업기사의 기출문제 수준에서는 주기율표상 3~12족인 전이원소에 대해 묻는 문제는 출제비중이 낮고, 주기율표상 1~2족, 13~18족의 전형원소에 대해 묻는 문제가 주로 출제된다.

16

콜로이드 용액을 친수콜로이드와 소수콜로이드로 구분할 때 소수콜로이드에 해당하는 것은?

① 녹말
② 아교
③ 단백질
④ 수산화철(Ⅲ)

해설

소수콜로이드란 소량의 전해질에 의해 엉김이 일어나는 콜로이드를 말하며 수산화철은 소수콜로이드에 해당한다. 녹말, 아교, 단백질은 모두 친수콜로이드로 물과 친화력이 크다.

17 고난도

n그램(g)의 금속을 묽은 염산에 완전히 녹였더니 m몰의 수소가 발생하였다. 이 금속의 원자가를 2가로 하면 이 금속의 원자량은?

① n/m
② 2n/m
③ n/2m
④ 2m/n

해설

원자가가 2인 금속(M)과 염산의 반응식은 다음과 같이 나타낼 수 있다.
$M + 2HCl \rightarrow MCl_2 + H_2$
금속 1몰(금속의 원자량이고, 이때의 질량을 x라 함)이 2몰의 염산과 반응하면 1몰의 수소기체가 발생한다.
따라서 다음과 같이 비례식을 만들 수 있다.
$x:1 = n:m$
$m \times x = 1 \times n$
$x = \dfrac{n}{m}$

18

다음 중 방향족 탄화수소가 아닌 것은?

① 에틸렌
② 톨루엔
③ 아닐린
④ 안트라센

해설 방향족 탄화수소

벤젠핵에 알킬기, 또는 다른 작용기가 직접 결합한 화합물로, 분자 내에 벤젠핵을 포함한다.

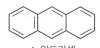

▲ 톨루엔   ▲ 아닐린   ▲ 안트라센

※ 에틸렌($CH_2=CH_2$)은 분자 내에 벤젠핵을 포함하지 않는다.

19

질산칼륨 수용액 속에 소량의 염화나트륨이 불순물로 포함되어 있다. 용해도 차이를 이용하여 이 불순물을 제거하는 방법으로 가장 적당한 것은?

① 증류
② 막분리
③ 재결정
④ 전기분해

해설 재결정

소량의 고체불순물을 포함한 혼합물을 고온에서 포화용액을 만들어 냉각시켜 분리하는 방법(용해도 차를 이용하여 분리 정제하는 방법)

㉠ 질산칼륨(KNO_3) 수용액에 소금($NaCl$)이 섞여 있을 때 분리하는 방법

20

pH에 대한 설명으로 옳은 것은?

① 건강한 사람의 혈액의 pH는 5.7이다.
② pH 값은 산성용액이 알칼리성용액보다 크다.
③ pH가 7인 용액에 지시약 메틸오렌지를 넣으면 노란색을 띤다.
④ 알칼리성용액은 pH가 7보다 작다.

해설

① 혈액은 보통 약염기성으로 정상 pH 범위는 7.35 내지 7.45이다.
② pH 값은 산성용액에서 더 작다.
③ 메틸오렌지의 변색범위는 pH 3.1~4.4로 pH가 7인 중성용액에선 색이 변하지 않아 원래의 색인 황색(노란색)을 띤다.
④ 알칼리성용액은 pH가 7보다 크다.

2과목 **화재예방과 소화방법**

21

다음 중 보통의 포 소화약제보다 알코올형포 소화약제가 더 큰 소화효과를 볼 수 있는 대상물질은?

① 경유
② 메틸알코올
③ 등유
④ 가솔린

해설

위험물 중에 메틸알코올과 같이 물에 잘 녹는 물질에 포를 방사하면 포가 잘 터져버린다. 이를 소포성이라고 하는데 소포성이 있는 물질인 수용성 액체 위험물에 화재가 났을 경우 유용하도록 만든 소화제를 알코올형포 소화약제 또는 내알코올포 소화약제라고 한다.

내알코올포 소화약제는 성분이 알코올인 것은 아니고 알코올에 잘 견디는 포소화약제이다. 따라서 알코올에 화재가 발생했을 경우 내알코올포 소화약제를 사용하면 알코올에 잘 견디는 성분으로 거품을 형성하여 공기 중의 산소를 차단할 수 있다.

22

BLEVE 현상의 의미를 가장 잘 설명한 것은?

① 가연성 액화가스 저장탱크 주위에 화재가 발생하여 탱크가 파열되고 폭발하는 현상이다.
② 대기 중에 대량의 가연성 가스가 유출하여 발생된 증기가 폭발하는 현상이다.
③ 대량의 수증기가 상층의 유류를 밀어올려 다량의 유류를 탱크 밖으로 배출하는 현상이다.
④ 고온층 아래의 저온층의 기름이 급격하게 열팽창하여 기름이 탱크 밖으로 분출하는 현상이다.

해설

BLEVE는 가연성 액화가스 저장탱크 주위에 화재가 발생하여 탱크 내부에 가열된 액체가 급격하게 비등하고 증기가 팽창하여 탱크 강판이 국부적으로 가열되어 강도가 약해진 부분에서 탱크가 파열되고 폭발하는 현상이다.

오답해설

② UVCE에 대한 설명이다.
③ Boil Over에 대한 설명이다.
④ Slop Over에 대한 설명이다.

23

위험물제조소에서 취급하는 제4류 위험물의 최대수량의 합이 지정수량의 15만배인 사업소에 두어야 할 자체소방대의 화학소방자동차와 자체소방대원의 수는 각각 얼마로 규정되어 있는가? (단, 상호응원협정을 체결한 경우는 제외한다.)

① 1대, 5인
② 2대, 10인
③ 3대, 15인
④ 4대, 20인

해설

자체소방대에 두어야 하는 화학소방자동차와 자체소방대원의 수

사업소의 구분	화학소방자동차	자체소방대원의 수
제조소 또는 일반취급소에서 취급하는 제4류 위험물의 최대수량의 합이 지정수량의 3천 배 이상 12만 배 미만인 사업소	1대	5인
제조소 또는 일반취급소에서 취급하는 제4류 위험물의 최대수량의 합이 지정수량의 12만 배 이상 24만 배 미만인 사업소	2대	10인
제조소 또는 일반취급소에서 취급하는 제4류 위험물의 최대수량의 합이 지정수량의 24만 배 이상 48만 배 미만인 사업소	3대	15인
제조소 또는 일반취급소에서 취급하는 제4류 위험물의 최대수량의 합이 지정수량의 48만 배 이상인 사업소	4대	20인
옥외탱크저장소에 저장하는 제4류 위험물의 최대수량이 지정수량의 50만 배 이상인 사업소	2대	10인

24

분말소화약제 중 제1인산암모늄의 특징이 아닌 것은?

① 백색으로 착색되어 있다.
② 전기화재에 사용할 수 있다.
③ 유류화재에 사용할 수 있다.
④ 목재화재에 사용할 수 있다.

해설

제1인산암모늄은 제3종 분말소화약제로 담홍색으로 착색되어 있다.
제3종 분말소화약제는 A급 화재(일반화재), B급 화재(유류화재), C급 화재(전기화재)에 모두 적응성이 있다.

25

고체가연물에 있어서 덩어리 상태보다 분말일 때 화재 위험성이 증가하는 이유는?

① 공기와의 접촉면적이 증가하기 때문이다.
② 열전도율이 증가하기 때문이다.
③ 흡열반응이 진행되기 때문이다.
④ 활성화에너지가 증가하기 때문이다.

해설

고체가연물의 경우 덩어리 상태보다 분말일 때 공기와의 접촉면적이 증가하기 때문에 화재 위험성이 증가된다. 고체가연물이 분말 상태가 된다고 하더라도 열전도율, 활성화에너지 등은 물질의 고유한 성질이기 때문에 변하지 않는다.

26

Halon1211의 분자식으로 알맞은 것은?

① $C_2F_4Br_2$
② CF_3Br
③ CF_2ClBr
④ CH_2ClBr

해설

① $C_2F_4Br_2$은 Halon2402이다.
② CF_3Br은 Halon1301이다.
④ CH_2ClBr은 Halon1011이다.

27

「위험물안전관리법령」에 따른 지하탱크저장소의 지하저장탱크의 기준으로 옳지 않은 것은?

① 탱크의 외면에는 녹 방지를 위한 도장을 하여야 한다.
② 탱크의 강철판 두께는 3.2mm 이상으로 하여야 한다.
③ 압력탱크는 최대상용압력의 1.5배의 압력으로 10분간 수압시험을 한다.
④ 압력탱크 외의 것은 50kPa의 압력으로 10분간 수압시험을 한다.

해설 **지하탱크저장소의 위치·구조 및 설비의 기준**

압력탱크(최대상용압력이 46.7kPa 이상인 탱크를 말함) 외의 탱크에 있어서는 70kPa의 압력으로, 압력탱크에 있어서는 최대상용압력의 1.5배의 압력으로 각각 10분간 수압시험을 실시하여 새거나 변형되지 아니하여야 한다.

28 빈출

제3종 분말소화약제 사용 시 방진효과로 A급 화재의 진화에 효과적인 물질은?

① 메타인산
② 물
③ 수산화이온
④ 암모늄이온

해설

제3종 분말소화약제의 열분해 과정에서 나오는 메타인산(HPO_3)이 방진효과가 있어 A급 화재의 진화에 효과적이다.

$NH_4H_2PO_4 \rightarrow NH_3 + HPO_3 + H_2O$

29 빈출

분말소화기에 사용되는 분말소화약제의 주성분이 아닌 것은?

① $NaHCO_3$
② $KHCO_3$
③ $NH_4H_2PO_4$
④ $NaOH$

해설

종류	주성분
제1종 분말	$NaHCO_3$ (탄산수소나트륨)
제2종 분말	$KHCO_3$ (탄산수소칼륨)
제3종 분말	$NH_4H_2PO_4$ (제1인산암모늄)
제4종 분말	$KHCO_3 + (NH_2)_2CO$ (탄산수소칼륨 + 요소)

30

위험물제조소 등에 설치하는 이산화탄소 소화설비에 있어 저압식 저장용기에 설치하는 압력경보장치의 작동압력 기준은?

① 0.9MPa 이하, 1.3MPa 이상
② 1.9MPa 이하, 2.3MPa 이상
③ 0.9MPa 이하, 2.3MPa 이상
④ 1.9MPa 이하, 1.3MPa 이상

해설

이산화탄소를 저장하는 저압식 저장용기에 설치하는 압력경보장치의 작동압력은 2.3MPa 이상, 1.9MPa 이하이다.

31 빈출

불활성가스 소화약제 중 IG-541의 구성성분이 아닌 것은?

① He
② Ar
③ CO_2
④ N_2

해설

불활성가스 소화약제의 구성성분
• IG-541의 구성성분: N_2(52%), Ar(40%), CO_2(8%)
• IG-55의 구성성분: N_2(50%), Ar(50%)

32

경보설비를 설치하여야 하는 장소에 해당되지 않는 것은?

① 지정수량 100배 이상의 제3류 위험물을 저장·취급하는 옥내저장소
② 옥내주유취급소
③ 연면적 500m²이고 취급하는 위험물의 지정수량이 100배인 제조소
④ 지정수량 10배 이상의 제4류 위험물을 저장·취급하는 이동탱크저장소

해설

지정수량의 10배 이상의 위험물을 저장 또는 취급하는 제조소 등(이동탱크저장소를 제외함)에는 화재발생 시 이를 알릴 수 있는 경보설비를 설치하여야 한다.(「위험물안전관리법 시행규칙」 제42조)

33

수소의 공기 중 연소범위에 가장 가까운 값을 나타내는 것은?

① 2.5~82.0vol%
② 5.3~13.9vol%
③ 4.0~74.5vol%
④ 12.5~55.0vol%

해설

수소의 공기 중 연소범위: 약 4.0 ~ 75vol%

34

강화액 소화약제에 소화력을 향상시키기 위하여 첨가하는 물질로 옳은 것은?

① 탄산칼륨
② 질소
③ 사염화탄소
④ 아세틸렌

해설

물에 탄산칼륨을 보강시켜 어는점을 낮추고 물의 소화능력을 향상시킨 것을 강화액 소화기라 한다.

35

적린과 오황화인(오황화린)의 공통 연소생성물은?

① SO_2
② H_2S
③ P_2O_5
④ H_3PO_4

해설

오황화인(오황화린) 연소반응식: $2P_2S_5 + 15O_2 \rightarrow 2P_2O_5 + 10SO_2$
적린 연소반응식: $4P + 5O_2 \rightarrow 2P_2O_5$
적린과 오황화인(오황화린)의 공통 연소생성물은 P_2O_5이다.

36 빈출

「위험물안전관리법령」상 제6류 위험물에 적응성이 있는 소화설비는?

① 옥외소화전설비
② 불활성가스 소화설비
③ 할로젠화합물(할로겐화합물) 소화설비
④ 분말소화설비(탄산수소염류)

해설

제6류 위험물은 산화성 액체로 옥내소화전 또는 옥외소화전설비, 물분무 소화설비, 포 소화설비 등이 적응성이 있다.
분말소화기 중 인산염류 소화기는 제6류 위험물에 적응성이 있지만, 탄산수소염류 소화기는 제6류 위험물에 적응성이 없다.

37 빈출

분말소화약제의 분해반응식이다. ( ) 안에 알맞은 것은?

$$2NaHCO_3 \rightarrow (\qquad) + CO_2 + H_2O$$

① $2NaCO$
② $2NaCO_2$
③ Na_2CO_3
④ Na_2CO_4

해설

제1종 분말소화약제의 분해반응식
$2NaHCO_3 \rightarrow Na_2CO_3 + CO_2 + H_2O$

38

하론 2402를 소화약제로 사용하는 이동식 할로젠화합물(할로겐화합물) 소화설비에는 20℃의 온도에서 하나의 노즐마다 분당 방사되는 소화약제의 양(kg)을 얼마 이상으로 하여야 하는가?

① 5
② 35
③ 45
④ 50

해설

이동식 할로젠화합물(할로겐화합물) 소화설비의 기준에 의하면 20℃에서 하나의 노즐이 하론 2402를 방사할 경우 1분당 45kg 이상의 소화약제를 방사할 수 있어야 한다.

39

「위험물안전관리법령」상 전기설비에 적응성이 없는 소화설비는?

① 포 소화설비
② 불활성가스 소화설비
③ 물분무 소화설비
④ 할로젠화합물(할로겐화합물) 소화설비

해설

「위험물안전관리법령」상 전기설비에 적응성이 없는 소화설비는 포 소화설비, 봉상수소화기, 봉상강화액소화기 등이다.

40 빈출

「위험물안전관리법령」에서 정한 다음의 소화설비 중 능력단위가 가장 큰 것은?

① 팽창진주암 160L(삽 1개 포함)
② 수조 80L(소화전용 물통 3개 포함)
③ 마른 모래 50L(삽 1개 포함)
④ 팽창질석 160L(삽 1개 포함)

해설

기타 소화설비의 능력단위는 다음과 같다.

소화설비	용량	능력단위
소화전용(轉用) 물통	8L	0.3
수조(소화전용 물통 3개 포함)	80L	1.5
수조(소화전용 물통 6개 포함)	190L	2.5
마른 모래(삽 1개 포함)	50L	0.5
팽창질석 또는 팽창진주암(삽 1개 포함)	160L	1.0

3과목 위험물의 성질과 취급

41 빈출

물에 녹지 않고 물보다 무거우므로 안전한 저장을 위해 물속에 저장하는 것은?

① 다이에틸에터(디에틸에테르)
② 아세트알데하이드(아세트알데히드)
③ 산화프로필렌
④ 이황화탄소

해설

이황화탄소는 제4류 위험물 중 특수인화물에 해당하며 비수용성으로 물보다 비중이 크며 가연성 증기 발생을 억제하기 위해 물속에 보관, 저장한다.

42

「위험물안전관리법령」상 위험물별 적응성이 있는 소화설비가 옳게 연결되지 않은 것은?

① 제4류 및 제5류 위험물 – 할로젠화합물 소화기
② 제4류 및 제6류 위험물 – 인산염류
③ 제1류 알칼리금속 과산화물 – 탄산수소염류 분말소화기
④ 제2류 및 제3류 위험물 – 팽창질석

해설

할로젠화합물(할로겐화합물) 소화설비는 제4류 위험물에 적응성이 있으나 제5류 위험물에는 적응성이 없다.

43

다음 중 발화점이 가장 낮은 것은?

① 황린 ② 황
③ 삼황화인(삼황화린) ④ 오황화인(오황화린)

해설

① 황린의 발화점: 34℃
② 황의 발화점: 232℃
③ 삼황화인(삼황화린)의 발화점: 100℃
④ 오황화인(오황화린)의 발화점: 142℃

44 빈출

자연발화를 방지하는 방법으로 가장 거리가 먼 것은?

① 통풍이 잘되게 할 것
② 열의 축적을 용이하지 않게 할 것
③ 저장실의 온도를 낮게 할 것
④ 습도를 높게 할 것

해설 자연발화 방지법
• 주위 온도를 낮출 것
• 습도를 낮게 할 것
• 통풍을 잘 시킬 것
• 열이 축적되지 않게 할 것
※ 습도가 높으면 미생물이 활발하게 활동하여 자연발화가 일어날 수 있다.

45 빈출

위험물 운반용기 외부표시의 주의사항으로 틀린 것은?

① 제1류 위험물 중 알칼리금속의 과산화물: 화기·충격주의, 물기엄금 및 가연물 접촉주의
② 제2류 위험물 중 인화성 고체: 화기엄금
③ 제4류 위험물: 화기엄금
④ 제6류 위험물: 물기엄금

해설

제6류 위험물의 운반용기 외부에 표시해야 하는 주의사항은 "가연물 접촉주의"이다.

46 빈출

어떤 공장에서 아세톤과 메탄올을 18L 용기에 각각 10개, 등유를 200L 드럼으로 3드럼을 저장하고 있다면 각각의 지정수량 배수의 총합은 얼마인가?

① 1.3
② 1.5
③ 2.3
④ 2.5

해설

지정수량 배수의 총합

$$= \frac{\text{A품명의 저장수량}}{\text{A품명의 지정수량}} + \frac{\text{B품명의 저장수량}}{\text{B품명의 지정수량}} + \frac{\text{C품명의 저장수량}}{\text{C품명의 지정수량}}$$

$$= \frac{\text{아세톤의 저장수량}}{\text{아세톤의 지정수량}} + \frac{\text{메탄올의 저장수량}}{\text{메탄올의 지정수량}} + \frac{\text{등유의 저장수량}}{\text{등유의 지정수량}}$$

$$= \frac{180}{400} + \frac{180}{400} + \frac{600}{1,000} = 1.5$$

관련개념

• 아세톤: 제4류 위험물 중 제1석유류(수용성)로 지정수량은 400L이다.
• 메탄올: 제4류 위험물 중 알코올류로 지정수량은 400L이다.
• 등유: 제4류 위험물 중 제2석유류(비수용성)로 지정수량은 1,000L이다.

47

위험물의 취급 중 소비에 관한 기준으로 틀린 것은?

① 열처리 작업은 위험물이 위험한 온도에 이르지 아니하도록 하여 실시하여야 한다.
② 담금질 작업은 위험물이 위험한 온도에 이르지 아니하도록 하여 실시하여야 한다.
③ 분사도장 작업은 방화상 유효한 격벽 등으로 구획한 안전한 장소에서 하여야 한다.
④ 버너를 사용하는 경우에는 버너의 역화를 유지하고 위험물이 넘치지 아니하도록 하여야 한다.

해설 **위험물의 취급 중 소비에 관한 기준**

• 분사도장 작업은 방화상 유효한 격벽 등으로 구획된 안전한 장소에서 실시할 것
• 담금질 또는 열처리 작업은 위험물이 위험한 온도에 이르지 아니하도록 하여 실시할 것
• 버너를 사용하는 경우에는 버너의 역화를 방지하고 위험물이 넘치지 아니하도록 할 것

48

다음은 「위험물안전관리법령」에서 정한 아세트알데하이드(아세트알데히드) 등을 취급하는 제조소의 특례에 관한 내용이다. ( ) 안에 해당하지 않는 물질은?

> 아세트알데하이드(아세트알데히드) 등을 취급하는 설비는 ( )·( )·( )·마그네슘 또는 이들을 성분으로 하는 합금으로 만들지 아니할 것

① Ag
② Hg
③ Cu
④ Fe

해설

아세트알데하이드(아세트알데히드) 등을 취급하는 제조소의 특례에 의하면 아세트알데하이드(아세트알데히드) 등을 취급하는 설비는 은(Ag)·수은(Hg)·동(Cu)·마그네슘(Mg) 또는 이들을 성분으로 하는 합금으로 만들어서는 아니 된다.

49

질산에틸에 대한 설명 중 틀린 것은?

① 물에 녹지 않는다.

② 상온에서 인화하기 어렵다.

③ 증기는 공기보다 무겁다.

④ 무색투명한 액체이다.

해설 **질산에틸($C_2H_5ONO_2$)**

· 제5류 위험물이고, 비수용성이다.

· 인화점이 $-10℃$로 증기의 인화성에 유의해야 한다.

· 증기는 공기보다 무겁다.

· 무색투명하고 향긋한 냄새가 나는 액체(상온)이다.

50

다음 중 위험물의 유별 구분이 나머지 셋과 다른 하나는?

① 다이크로뮴산나트륨

② 과염소산마그네슘

③ 과염소산칼륨

④ 과염소산

해설

① 제1류 위험물 중 다이크로뮴산염류(중크롬산염류)이다.

②, ③ 제1류 위험물 중 과염소산염류이다.

④ 제6류 위험물이다.

51 빈출

옥외탱크저장소에서 취급하는 위험물의 최대수량에 따른 보유 공지너비가 틀린 것은? (단, 원칙적인 경우에 한정한다.)

① 지정수량 500배 이하 – 3m 이상

② 지정수량 500배 초과 1,000배 이하 – 5m 이상

③ 지정수량 1,000배 초과 2,000배 이하 – 9m 이상

④ 지정수량 2,000배 초과 3,000배 이하 – 15m 이상

해설

옥외탱크저장소에서 취급하는 위험물의 최대수량이 2,000배 초과 3,000배 이하인 경우 보유 공지너비는 12m 이상이다.

52 빈출

산화프로필렌 300L, 메탄올 400L, 벤젠 200L를 저장하고 있는 경우 각각 지정수량 배수의 총합은 얼마인가?

① 4

② 6

③ 8

④ 10

해설

산화프로필렌, 메탄올, 벤젠은 모두 제4류 위험물로 지정수량은 다음과 같다.

산화프로필렌(특수인화물): 지정수량 50L

메탄올(알코올류): 지정수량 400L

벤젠(제1석유류, 비수용성): 지정수량 200L

지정수량 배수의 총합 $= \dfrac{300}{50} + \dfrac{400}{400} + \dfrac{200}{200} = 8$이다.

53 빈출

그림과 같은 타원형 탱크의 내용적은 약 몇 m^3인가?

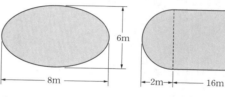

① 453

② 553

③ 653

④ 753

해설

타원형 탱크의 내용적은 다음의 식을 사용하여 구한다.

$$V = \frac{\pi ab}{4}\left(l + \frac{l_1 + l_2}{3}\right) = \frac{\pi \times 8 \times 6}{4} \times \left(16 + \frac{2+2}{3}\right) = 653m^3$$

54 빈출

「위험물안전관리법령」에서 정한 위험물의 지정수량으로 틀린 것은?

① 적린: 100kg

② 황화인(황화린): 100kg

③ 마그네슘: 100kg

④ 금속분: 500kg

해설

마그네슘의 지정수량은 500kg이다.

55 (빈출)

다음 ⓐ~ⓒ 물질 중 「위험물안전관리법령」상 제6류 위험물에 해당하는 것은 모두 몇 개인가?

> ⓐ 비중 1.49인 질산
> ⓑ 비중 1.7인 과염소산
> ⓒ 물 60g + 과산화수소 40g 혼합 수용액

① 1개   ② 2개
③ 3개   ④ 없음

해설 제6류 위험물의 종류
- 과염소산(특별한 기준 없음), 질산(비중이 1.49 이상인 것), 과산화수소 (농도가 36wt% 이상인 것)
- ⓐ, ⓑ, ⓒ 모두 제6류 위험물에 해당한다.

56

「위험물안전관리법령」에 의한 위험물제조소의 설치기준으로 옳지 않은 것은?

① 위험물을 취급하는 기계 · 기구 그 밖의 설비는 위험물이 새거나 넘치거나 비산하는 것을 방지할 수 있는 구조로 하여야 한다.
② 위험물을 가열하거나 냉각하는 설비 또는 위험물의 취급에 수반하여 온도변화가 생기는 설비에는 온도측정 장치를 설치하여야 한다.
③ 위험물을 취급함에 있어서 정전기가 발생할 우려가 있는 설비에는 정전기를 유효하게 제거할 수 있는 설비를 설치하여야 한다.
④ 위험물을 취급하는 동관을 지하에 설치하는 경우에는 지진 · 풍압 · 지반침하 및 온도변화에 안전한 구조의 지지물에 설치하여야 한다.

해설
위험물을 취급하는 동관을 지상에 설치하는 경우에 지진 · 풍압 · 지반침하 및 온도변화에 안전한 구조의 지지물에 설치하여야 한다.

57

산화프로필렌에 대한 설명으로 틀린 것은?

① 무색의 휘발성 액체이고, 물에 녹는다.
② 인화점이 상온 이하이므로 가연성 증기 발생을 억제하여 보관해야 한다.
③ 은, 마그네슘 등의 금속과 반응하여 폭발성 혼합물을 생성한다.
④ 증기압이 낮고 연소범위가 좁아서 위험성이 높다.

해설
① 산화프로필렌은 제4류 위험물 중 특수인화물로 무색의 휘발성 액체이고, 물에 녹는다.
② 산화프로필렌은 인화점이 약 −37℃로 가연성 증기 발생을 억제하여 보관해야 한다.
③ 산화프로필렌은 은, 마그네슘 또는 이의 합금과 반응하여 폭발성의 아세틸라이드를 생성한다.
④ 산화프로필렌은 연소범위가 넓고 증기압도 매우 높아서 위험성이 높은 물질이다.

58 (빈출)

인화칼슘의 성질이 아닌 것은?

① 적갈색의 고체이다.
② 물과 반응하여 포스핀 가스를 발생한다.
③ 물과 반응하여 유독한 불연성 가스를 발생한다.
④ 산과 반응하여 포스핀 가스를 발생한다.

해설
인화칼슘(Ca_3P_2)은 물과 반응하여 포스핀(PH_3)을 생성시키는데 포스핀은 유독하며 가연성을 가진다.
$$Ca_3P_2 + 6H_2O \rightarrow 3Ca(OH)_2 + 2PH_3 \uparrow$$

59

다음은 「위험물안전관리법령」에 관한 내용이다. (   )에 해당되는 수치의 합은?

> – 위험물 안전관리자를 선임한 제조소 등의 관계인은 그 안전관리자를 해임하거나 안전관리자가 퇴직한 때에는 해임하거나 퇴직한 날부터 (   )일 이내에 다시 안전관리자를 선임하여야 한다.
> – 제조소 등의 관계인은 당해 제조소 등의 용도를 폐지한 때에는 행정안전부령이 정하는 바에 따라 제조소 등의 용도를 폐지한 날부터 (   )일 이내에 시·도지사에게 신고하여야 한다.

① 30
② 44
③ 49
④ 62

해설

- 안전관리자를 선임한 제조소 등의 관계인은 그 안전관리자를 해임하거나 안전관리자가 퇴직한 때에는 해임하거나 퇴직한 날부터 30일 이내에 다시 안전관리자를 선임하여야 한다.
- 제조소 등의 관계인(소유자·점유자 또는 관리자)은 당해 제조소 등의 용도를 폐지(장래에 대하여 위험물시설로서의 기능을 완전히 상실시키는 것)한 때에는 행정안전부령이 정하는 바에 따라 제조소 등의 용도를 폐지한 날부터 14일 이내에 시·도지사에게 신고하여야 한다.

60

「위험물안전관리법령」에서 정의한 철분의 정의로 옳은 것은?

① "철분"이라 함은 철의 분말로서 53마이크로미터의 표준체를 통과하는 것이 50(중량%) 미만인 것은 제외한다.
② "철분"이라 함은 철의 분말로서 50마이크로미터의 표준체를 통과하는 것이 53(중량%) 미만인 것은 제외한다.
③ "철분"이라 함은 철의 분말로서 53마이크로미터의 표준체를 통과하는 것이 50(부피%) 미만인 것은 제외한다.
④ "철분"이라 함은 철의 분말로서 50마이크로미터의 표준체를 통과하는 것이 53(부피%) 미만인 것은 제외한다.

해설

「위험물안전관리법령」에서 철분의 정의는 다음과 같다.
"철분"이라 함은 철의 분말로서 53마이크로미터의 표준체를 통과하는 것이 50(중량%) 미만인 것은 제외한다.

2023년 2회   CBT 복원문제

자동채점

1과목   일반화학

01 빈출

표준상태를 기준으로 수소 2.24L가 염소와 완전히 반응했다면 생성된 염화수소의 부피는 몇 L인가?

① 2.24   ② 4.48
③ 22.4   ④ 44.8

해설

$H_2 + Cl_2 \rightarrow 2HCl$

수소 2.24L는 0.1mol이고, 0.1mol의 수소가 염소와 반응했을 때 생성되는 염화수소는 0.2mol이다.

아보가드로의 법칙에 의해 표준상태에서 기체 분자 1mol의 부피는 22.4L이므로, 0.2mol의 부피는 22.4L×0.2=4.48L이다.

02

27℃에서 500mL에 6g의 비전해질을 녹인 용액의 삼투압은 7.4기압이었다. 이 물질의 분자량은 약 얼마인가?

① 20.78   ② 39.89
③ 58.16   ④ 77.65

해설

비전해질의 삼투압공식은 다음과 같다.

$\pi = \dfrac{nRT}{V}$

n은 몰수로 몰수$= \dfrac{w(질량)}{M(분자량)}$이므로 공식을 다음처럼 변형할 수 있다.

$\pi = \dfrac{wRT}{MV}$

$M = \dfrac{wRT}{\pi V} = \dfrac{6 \times 0.082 \times 300}{7.4 \times 0.5} = 39.89 \text{g/mol}$

w(질량)$=6$g

R(기체상수)$=0.082$L·atm·K^{-1}·mol^{-1}

T(절대온도)$=27+273=300$K

π(삼투압)$=7.4$atm

V(부피)$=0.5$L

03

어떤 용액의 pH를 측정하였더니 4이었다. 이 용액을 1,000배 희석시킨 용액의 pH를 옳게 나타낸 것은?

① pH=3   ② pH=4
③ pH=5   ④ 6<pH<7

해설

이론상 산 수용액의 경우 10배 희석시키면 pH는 1이 증가하게 된다. 따라서 1,000배 희석시킨 산 수용액의 pH는 약 3이 증가할 것이라고 예상할 수 있으나 실제론 이론값처럼 정확하게 정수배로 증가하지 않으므로 가장 근사한 값인 ④를 답으로 한다.

04

커플링(Coupling) 반응과 관련 있는 작용기는?

① $-NH_2$ ② $-CH_3$
③ $-COOH$ ④ $-N=N-$

해설

커플링 반응: 아조 화합물을 만드는 반응을 커플링 반응이라 하며 생성되는 작용기는 아조기($-N=N-$)이다.

05

탄소, 수소, 산소로 되어있는 유기화합물 15g이 있다. 이것을 완전 연소시켜 CO_2 22g, H_2O 9g를 얻었다. 처음 물질 중 산소는 몇 g 있었는가?

① 4g

② 6g

③ 8g

④ 10g

해설

- C의 원자량은 12, O의 원자량은 16이므로
  CO_2에서 C와 O의 질량비는 12:32이다.
  따라서 CO_2가 22g일 때, C의 질량은 6g($22 \times 12/44 = 6$)이다.
- H의 원자량은 1, O의 원자량은 16이므로
  H_2O에서 H와 O의 질량비는 2:16이다.
  따라서 H_2O가 9g일 때 H의 질량 1g($9 \times 2/18 = 1$)이다.
- 질량보존의 법칙에 의해 연소 전후 탄소와 수소의 무게가 같기 때문에 연소 후 탄소 6g, 수소 1g이 있다는 것은 연소 전 처음 유기화합물 15g 중에도 탄소는 6g, 수소는 1g이 존재한다는 뜻이다.

따라서 유기화합물에서 해당 무게만큼 제외($15-6-1=8$)하면 유기화합물 중 산소의 무게(8g)를 알 수 있다.

06

다음과 같은 순서로 커지는 성질이 아닌 것은?

$$F_2 < Cl_2 < Br_2 < I_2$$

① 구성 원자의 전기음성도

② 녹는점

③ 끓는점

④ 구성 원자의 반지름

해설

보기의 원소는 할로젠족(할로겐족) 원소로 오른쪽으로 갈수록 원자번호가 커진다.

할로젠족(할로겐족) 원소는 원자번호가 커질수록 전기음성도는 작아진다.

할로젠족(할로겐족) 원소는 원자번호가 커지면 원자량이 커지고, 분자 사이의 결합력이 강해져 녹는점과 끓는점이 높아지며 원자반지름이 커진다.

07

다음은 열역학 제 몇 법칙에 대한 내용인가?

> 0K(절대영도)에서 물질의 엔트로피는 0이다.

① 열역학 제0법칙

② 열역학 제1법칙

③ 열역학 제2법칙

④ 열역학 제3법칙

해설

문제의 지문에서 설명하고 있는 것은 열역학 제3법칙에 대한 내용이다.

08

Alkyne의 일반식 표현이 올바른 것은?

① C_nH_{2n-2}

② C_nH_{2n}

③ C_2H_{2n+2}

④ C_nH_n

해설

① C_nH_{2n-2}: 알킨(Alkyne)

② C_nH_{2n}: 알켄(Alkene)

③ C_nH_{2n+2}: 알칸(Alkane)

09

일반적으로 환원제가 될 수 있는 물질이 아닌 것은?

① 수소를 내기 쉬운 물질

② 전자를 잃기 쉬운 물질

③ 산소와 화합하기 쉬운 물질

④ 발생기의 산소를 내는 물질

해설

발생기의 산소를 내는 물질은 다른 물질에 산소를 공급(=다른 물질을 산화되게 함)하기 때문에 산화제로 작용할 수 있다.

10

다음 산화환원에 관한 설명 중 틀린 것은?

① 산화수가 감소하는 것은 산화이다.

② 산소와 화합하는 것은 산화이다.

③ 전자를 얻는 것은 환원이다.

④ 양성자를 잃는 것은 산화이다.

해설

산화수가 감소하는 것은 환원반응이다.

분류	산화	환원
산소에 의한 정의	산소와 결합하는 것	산소를 잃는 것
수소에 의한 정의	수소를 잃는 것	수소와 결합하는 것
전자에 의한 정의	원자가 전자를 잃는 것	원자가 전자를 얻는 것
산화수에 의한 정의	산화수 증가	산화수 감소

11

다음 물질 중 환원제로 이용되는 물질인 것은?

① H_2SO_4

② HNO_3

③ $KMnO_4$

④ SO_2

해설

환원제는 다른 물질을 환원시키고 자신은 산화되는 물질이다. 산화와 환원은 상대적인 반응으로, 어떤 반응이냐에 따라 산화제가 될 수도, 환원제가 될 수도 있다.

보기의 물질 중 황산(H_2SO_4), 질산(HNO_3), 과망가니즈산(과망간산)칼륨($KMnO_4$)은 강산화제에 해당하므로, 환원제로 가장 적합한 것은 이산화황(SO_2)이다.

12

P 43.7wt%와 O 56.3wt%로 구성된 화합물의 실험식으로 옳은 것은? (단, 원자량은 P 32, O 16이다.)

① P_2O_4

② PO_3

③ P_2O_5

④ PO_2

해설

실험식 계산

총 질량 100g일 때 P는 43.7g, O는 56.3g

$P = \frac{43.7}{32} = 1.366mol$

$O = \frac{56.3}{16} = 3.52mol$에서 가장 작은 몰수로 나누면

$P = \frac{1.366}{1.366} = 1$일 때 $O = \frac{3.52}{1.366} = 2.577$이므로 2 : 5의 비율이다.

13 고난도

다음 반응에서 평형상수 K를 나타내는 식은 어느 것인가?

$$CO + 2H_2 \rightarrow CH_3OH$$

① $K = \frac{[CH_3OH]}{[CO][H_2]}$

② $K = \frac{[CH_3OH]}{[CO][H_2]^2}$

③ $K = \frac{[CO][H_2]}{[CH_3OH]}$

④ $K = \frac{[CO][H_2]^2}{[CH_3OH]}$

해설

일반적인 반응에서 평형상수 K를 나타내면 다음과 같다.

$aA + bB \rightarrow cC + dD$

$K = \frac{[C]^c[D]^d}{[A]^a[B]^b}$

[A], [B], [C], [D]: 물질의 몰농도

a, b, c, d: 반응식에서 물질의 계수

문제에 주어진 반응의 평형상수는 다음과 같다.

$K = \frac{[CH_3OH]}{[CO][H_2]^2}$

14

다음 중 에탄올과 구조이성질체의 관계에 있는 것은?

① CH_3OCH_3 ② CH_3COOH
③ CH_3CHO ④ CH_3OH

해설

구조이성질체란 분자식은 동일하지만, 원자 사이의 결합 관계가 다른 것을 의미하며 에탄올의 구조이성질체는 다이메틸에터(디메틸에테르)이다.

품명	에탄올	다이메틸에터(디메틸에테르)
분자식	C_2H_6O	C_2H_6O
시성식	C_2H_5OH	CH_3OCH_3
분자구조	H H | | H–C–C–O–H | | H H	H H | | H–C–O–C–H | | H H

15

80℃와 40℃에서 물에 대한 용해도가 각각 50, 30인 물질이 있다. 80℃의 이 포화용액 75g을 40℃로 냉각시키면 몇 g의 물질이 석출되겠는가?

① 25   ② 20
③ 15   ④ 10

해설

용해도란 용매 100g에 최대한 녹는 용질의 g수이다.

용해도(50)$=\dfrac{용질(50g)}{용매(100g)}\times100$이라는 의미에서 용액은 150g이다.

용액 150g을 냉각(80℃ → 40℃) 시 용해도 차가 20($=50-30$)이므로 20g이 석출된다.

$150g : 20g = 75g : x$

$\therefore\ x = 10g$이 석출된다.

16

다음 중 원소의 원자량의 표준이 되는 것은?

① ^1H ② ^{12}C
③ ^{16}O ④ ^{235}U

해설

원소의 원자량은 질량수가 12인 C를 기준으로 비교한 원자의 질량이다.
원소의 질량은 원소기호 앞에 윗첨자로 표기한다.

17 고난도

다음 중 주양자수가 4일 때 이 속에 포함된 오비탈의 수는 무엇인가?

① 4   ② 9
③ 16   ④ 32

해설

오비탈은 전자가 채워질 수 있는 공간이다.
오비탈의 종류로는 s오비탈, p오비탈, d오비탈, f오비탈이 있고, 주양자수에 따른 오비탈의 수는 다음 표와 같다.

전자껍질	주양자수	오비탈의 수
K	1	• s오비탈: 1개 • 총합: 1개
L	2	• s오비탈: 1개 • p오비탈: 3개 • 총합: 4개
M	3	• s오비탈: 1개 • p오비탈: 3개 • d오비탈: 5개 • 총합: 9개
N	4	• s오비탈: 1개 • p오비탈: 3개 • d오비탈: 5개 • f오비탈: 7개 • 총합: 16개

18

4℃의 물이 얼음의 밀도보다 큰 이유는 물 분자의 무슨 결합 때문인가?

① 이온결합   ② 공유결합
③ 배위결합   ④ 수소결합

해설

물이 얼음의 밀도보다 큰 이유는 분자와 분자 사이에 수소를 매개로 하여 결합이 형성되어 이웃한 다른 분자와 강한 인력이 작용하여 결합하기 때문이다.

19

10.0mL의 0.1M-NaOH를 25.0mL의 0.1M-HCl에 혼합하였을 때 이 혼합 용액의 pH는 얼마인가?

① 1.37 ② 2.82
③ 3.37 ④ 4.82

해설

$NV - N'V' = N''V''$

$0.1 \times 25 - 0.1 \times 10 = N'' \times 35$

$N'' \doteqdot 0.043$

$pH = -\log(N'') = -\log(0.043) \doteqdot 1.37$

20 빈출

물이 브뢴스테드 산으로 작용한 것은?

① $HCl + H_2O \rightleftharpoons H_3O^+ + Cl^-$
② $HCOOH + H_2O \rightleftharpoons HCOO^- + H_3O^+$
③ $NH_3 + H_2O \rightleftharpoons NH_4^+ + OH^-$
④ $3Fe + 4H_2O \rightleftharpoons Fe_3O_4 + 4H_2$

해설

브뢴스테드의 산은 H^+(양성자)를 내어주는 물질로 물(H_2O)이 브뢴스테드의 산이 되려면 H^+를 내어주고 OH^-가 되어야 한다.
보기에선 $NH_3 + H_2O \rightleftharpoons NH_4^+ + OH^-$ 반응이 해당한다.

2과목 화재예방과 소화방법

21

일반적으로 고급알코올 황산에스터염(황산에스테르염)을 기포제로 사용하며 냄새가 없는 황색의 액체로서 밀폐 또는 준밀폐 구조물의 화재 시 고팽창포로 사용하여 화재를 진압할 수 있는 포 소화약제는?

① 단백포 소화약제
② 합성계면활성제포 소화약제
③ 알코올형포 소화약제
④ 수성막포 소화약제

해설

합성계면활성제포 소화약제는 계면활성제인 알킬벤젠술폰산염, 고급알코올 황산에스터염(황산에스테르염) 등을 주성분으로 사용하여 포의 안정성을 위해 안정제를 첨가한 소화약제로 1%, 1.5%, 3%, 6%형이 있다.

22

과산화칼륨에 의한 화재 시 주수소화가 적합하지 않은 이유로 가장 타당한 것은?

① 산소가스가 발생하기 때문에
② 수소가스가 발생하기 때문에
③ 가연물이 발생하기 때문에
④ 금속칼륨이 발생하기 때문에

해설

과산화칼륨(K_2O_2)은 물과 반응하여 산소가 발생하기 때문에 화재 시 주수소화는 적합하지 않다.

23

연소이론에 관한 용어의 정의 중 틀린 것은?

① 발화점은 가연물을 가열할 때 점화원 없이 발화하는 최저의 온도이다.
② 연소점은 5초 이상 연소상태를 유지할 수 있는 최저의 온도이다.
③ 인화점은 가연성 증기를 형성하여 점화원이 가해졌을 때 가연성 증기가 연소범위 하한에 도달하는 최저의 온도이다.
④ 착화점은 가연물을 가열할 때 점화원 없이 발화하는 최고의 온도이다.

해설
착화점이란 가연성 물질이 점화원 없이 축적된 열만으로 연소를 일으키는 최저의 온도이다.

24

제3종 분말소화약제 사용 시 발생되는 것으로 방염성과 부착성이 좋은 막을 형성하는 물질은?

① HPO_3
② Na_2CO_3
③ K_2CO_3
④ CH_3COOH

해설
제3종 분말소화약제의 분해식
$NH_4H_2PO_4 \rightarrow HPO_3 + H_2O + NH_3$
제3종 분말소화약제가 분해될 때 생성되는 메타인산(HPO_3)은 방염성과 부착성이 좋은 막을 형성하여 연소에 필요한 산소의 유입을 차단(질식소화 효과)하여 연소를 중단시킨다.

25

「위험물안전관리법령」에 따른 옥내소화전설비의 기준에서 펌프를 이용한 가압송수장치의 경우 펌프의 전양정 H는 소정의 산식에 의한 수치 이상이어야 한다. 전양정 H를 구하는 식으로 옳은 것은? (단, h_1은 소방용 호스의 마찰손실수두, h_2는 배관의 마찰손실수두, h_3는 낙차이며, h_1, h_2, h_3의 단위는 모두 m이다.)

① $H = h_1 + h_2 + h_3$
② $H = h_1 + h_2 + h_3 + 0.35m$
③ $H = h_1 + h_2 + h_3 + 35m$
④ $H = h_1 + h_2 + 0.35m$

해설
옥내소화전설비에서 펌프의 전양정은 다음 식에 의하여 구한 수치 이상으로 한다.
$H = h_1 + h_2 + h_3 + 35m$
여기서, H: 펌프의 전양정(단위 m)
  h_1: 소방용 호스의 마찰손실수두(단위 m)
  h_2: 배관의 마찰손실수두(단위 m)
  h_3: 낙차(단위 m)

26

폭굉유도거리(DID)가 짧아지는 요건에 해당되지 않는 것은?

① 정상 연소 속도가 큰 혼합가스일 경우
② 관 속에 방해물이 없거나 관경이 큰 경우
③ 압력이 높을 경우
④ 점화원의 에너지가 클 경우

해설 폭굉유도거리(DID)가 짧아지는 경우
• 정상 연소 속도가 큰 혼합가스일수록 짧아진다.
• 관 속에 방해물이 있거나 관경이 가늘수록 짧아진다.
• 압력이 높을수록 짧아진다.
• 점화원의 에너지가 강할수록 짧아진다.

27 빈출

Halon 1301에 해당하는 할로젠화합물(할로겐화합물)의 분자식을 옳게 나타낸 것은?

① CBr_3F
② CF_3Br
③ CH_3Cl
④ CCl_3H

해설

하론 소화약제에서 첫째 자리 숫자는 C의 개수, 둘째 자리 숫자는 F의 개수, 셋째 자리 숫자는 Cl의 개수, 넷째 자리 숫자는 Br의 개수를 나타낸다. 따라서 Halon 1301의 분자식은 CF_3Br이다.

28 빈출

불활성가스 소화약제 중 "IG-55"의 성분 및 그 비율을 옳게 나타낸 것은? (단, 용량비 기준이다.)

① 질소 : 이산화탄소＝55 : 45
② 질소 : 이산화탄소＝50 : 50
③ 질소 : 아르곤＝55 : 45
④ 질소 : 아르곤＝50 : 50

해설

IG－55 불활성가스 혼합기체의 구성은 $N_2(50\%)+Ar(50\%)$이다.

29 빈출

할로젠화합물(할로겐화합물) 소화약제의 구비조건과 거리가 먼 것은?

① 전기절연성이 우수할 것
② 공기보다 가벼울 것
③ 증발 잔유물이 없을 것
④ 인화성이 없을 것

해설

할로젠화합물(할로겐화합물) 소화약제는 공기보다 무거워야 한다.

관련개념 할로젠화합물(할로겐화합물) 소화약제가 가져야 할 성질

• 끓는점이 낮을 것
• 증기(기화)가 되기 쉬울 것
• 전기화재에 적응성이 있을 것
• 공기보다 무겁고 불연성일 것
• 증발 잔유물이 없을 것

30

과산화수소의 화재예방 방법으로 틀린 것은?

① 암모니아의 접촉은 폭발의 위험이 있으므로 피한다.
② 완전히 밀전·밀봉하여 외부 공기와 차단한다.
③ 불투명 용기를 사용하여 직사광선이 닿지 않게 한다.
④ 분해를 막기 위해 분해방지 안정제를 사용한다.

해설

과산화수소는 상온에서도 서서히 분해하여 산소를 발생시킨다. 따라서 완전히 밀전·밀봉하여 저장하면 압력이 상승하여 폭발할 수 있기 때문에 구멍 뚫린 마개가 있는 저장용기에 보관해야 한다.

31

다음 중 소화기의 외부 표시사항으로 거리가 먼 것은?

① 유효기간
② 적응화재 표시
③ 능력단위
④ 취급상 주의사항

해설 소화기 외부 표시사항

적응화재 표시, 충전된 소화약제의 주성분 및 중량 표시, 사용 방법, 취급상의 주의사항, 소화능력단위, 제조 연월 및 제조번호

32

다음 중 연소가 잘 발생할 수 있는 일반적인 경우의 설명으로 틀린 것은?

① 온도가 상승하면 연소가 잘 된다.
② 산소와 친화력이 클수록 연소가 잘 된다.
③ 연소범위가 넓을수록 연소가 잘 된다.
④ 발화점이 높을수록 연소가 잘 된다.

해설

발화점은 점화원 없이 축적된 열만으로 연소를 일으킬 수 있는 최저온도이다. 따라서 발화점이 낮을수록 연소가 잘 된다.

33 빈출

다음 중 소화약제의 성분이 아닌 것은?

① $NaHCO_3$
② N_2H_4
③ CF_3Br
④ CF_2ClBr

해설

②번은 하이드라진(히드라진, N_2H_4)의 화학식으로 소화약제의 성분이 아니다. 하이드라진(히드라진)은 제4류 위험물 중 제2석유류이다.

34 빈출

강화액 소화기에 대한 설명으로 옳은 것은?

① 물의 유동성을 크게 하기 위한 유화제를 첨가한 소화기이다.
② 물의 표면장력을 강화한 소화기이다.
③ 산 알칼리 액을 주성분으로 한다.
④ 물의 소화효과를 높이기 위해 염류를 첨가한 소화기이다.

해설

물의 소화효과를 높이고, 물이 어는 것을 방지하기 위해 물에 탄산칼륨을 보강시킨 소화기를 강화액 소화기라 한다.

35

스프링클러설비에서 방사구역마다 제어밸브를 설치하고자 한다. 바닥면으로부터 높이 기준으로 옳은 것은?

① 0.8m 이상 1.5m 이하
② 1.0m 이상 1.5m 이하
③ 0.5m 이상 0.8m 이하
④ 1.5m 이상 1.8m 이하

해설

방사구역마다 스프링클러설비의 제어밸브 설치 시에는 바닥면으로부터 높이 0.8m 이상 1.5m 이하에 설치하여야 한다.

36

과산화나트륨의 화재 시 소화방법으로 다음 중 가장 적당한 것은?

① 포 소화약제
② 물
③ 마른 모래
④ 탄산가스

해설

과산화나트륨 화재 시 적절한 소화방법은 마른 모래나 탄산수소염류 등으로 피복소화가 적절하고 주수소화는 위험하다.

37

다음 중 화재 시 물을 사용할 경우 가장 위험한 물질은?

① 염소산칼륨
② 인화칼슘
③ 황린
④ 과산화수소

해설

인화칼슘(Ca_3P_2)과 물이 반응하면 유독가스인 포스핀(PH_3=인화수소)을 생성시킨다.
$Ca_3P_2 + 6H_2O \rightarrow 3Ca(OH)_2 + 2PH_3 \uparrow$

38

주된 소화작용이 질식소화와 거리가 먼 것은?

① 할론소화기
② 분말소화기
③ 포소화기
④ 이산화탄소소화기

해설

할론소화기의 주된 소화작용은 부촉매 소화효과(억제소화)이다.

39

「위험물안전관리법령」상 지정수량의 10배 이상의 위험물을 저장·취급하는 제조소 등에 설치하여야 할 경보설비 종류에 해당되는 않는 것은?

① 확성장치
② 비상방송설비
③ 자동화재탐지설비
④ 무선통신보조설비

해설

무선통신보조설비는 경보설비가 아니라 소화활동설비에 해당된다.

지정수량의 10배 이상의 위험물을 저장 또는 취급하는 제조소 등의 경우 자동화재탐지설비, 비상경보설비, 확성장치 또는 비상방송설비 등 경보설비를 설치하여야 한다.

40

「위험물안전관리법령」상 이동탱크저장소로 위험물을 운송하게 하는 자는 위험물안전카드를 위험물운송자로 하여금 휴대하게 하여야 한다. 다음 중 이에 해당하는 위험물이 아닌 것은?

① 휘발유
② 과산화수소
③ 경유
④ 벤조일퍼옥사이드

해설

위험물(제4류 위험물에 있어서는 특수인화물 및 제1석유류에 한함)을 운송하게 하는 자는 위험물안전카드를 위험물운송자로 하여금 휴대하게 하여야 한다.

경유는 제2석유류에 해당하므로 위에 해당하지 않는다.

3과목 위험물의 성질과 취급

41

과산화나트륨에 관한 설명 중 옳지 않은 것은?

① 가열하면 산소를 방출한다.
② 순수한 것은 엷은 녹색이지만 시판품은 진한 청색이다.
③ 아세트산과 반응하여 과산화수소가 발생된다.
④ 표백제, 산화제로 사용한다.

해설

과산화나트륨(Na_2O_2)은 제1류 위험물 중 무기과산화물로 순수한 것은 백색이지만 보통 황색의 분말이다.

관련개념

과산화나트륨과 아세트산의 반응식

$Na_2O_2 + 2CH_3COOH \rightarrow H_2O_2 + 2CH_3COONa$

과산화나트륨의 분해반응식

$2Na_2O_2 \rightarrow 2Na_2O + O_2$

42 빈출

과산화나트륨이 물과 반응할 때의 변화를 가장 옳게 설명한 것은?

① 산화나트륨과 수소를 발생한다.
② 물을 흡수하여 탄산나트륨이 된다.
③ 산소를 방출하며 수산화나트륨이 된다.
④ 서서히 물에 녹아 과산화나트륨의 안정한 수용액이 된다.

해설

과산화나트륨은 상온에서 물과 격렬하게 반응하여 열을 발생하고 산소를 방출시키며 수산화나트륨(NaOH)이 된다.

$2Na_2O_2 + 2H_2O \rightarrow 4NaOH + O_2\uparrow$

43 빈출

탄화칼슘은 물과 반응하면 어떤 기체가 발생하는가?

① 과산화수소　　　　② 일산화탄소
③ 아세틸렌　　　　　④ 에틸렌

해설

탄화칼슘(CaC_2)이 물과 반응하면 수산화칼슘{$Ca(OH)_2$}과 아세틸렌가스(C_2H_2)가 생성된다.

$CaC_2 + 2H_2O \rightarrow Ca(OH)_2 + C_2H_2 \uparrow$

44

다음은 「위험물안전관리법령」에 관한 내용이다. (　)에 해당되는 수치의 합은?

− 위험물 안전관리자를 선임한 제조소 등의 관계인은 그 안전관리자를 해임하거나 안전관리자가 퇴직한 때에는 해임하거나 퇴직한 날부터 (　　)일 이내에 다시 안전관리자를 선임하여야 한다.
− 제조소 등의 관계인은 당해 제조소 등의 용도를 폐지한 때에는 행정안전부령이 정하는 바에 따라 제조소 등의 용도를 폐지한 날부터 (　　)일 이내에 시·도지사에게 신고하여야 한다.

---

① 30　　　　　　　　② 44
③ 49　　　　　　　　④ 62

해설

• 안전관리자를 선임한 제조소 등의 관계인은 그 안전관리자를 해임하거나 안전관리자가 퇴직한 때에는 해임하거나 퇴직한 날부터 30일 이내에 다시 안전관리자를 선임하여야 한다.
• 제조소 등의 관계인(소유자·점유자 또는 관리자)은 당해 제조소 등의 용도를 폐지(장래에 대하여 위험물시설로서의 기능을 완전히 상실시키는 것)한 때에는 행정안전부령이 정하는 바에 따라 제조소 등의 용도를 폐지한 날부터 14일 이내에 시·도지사에게 신고하여야 한다.

45 빈출

제1류 위험물 중 무기과산화물 150kg, 질산염류 300kg, 다이크로뮴산염류(중크롬산염류) 3,000kg을 저장하고 있다. 각 물질의 지정수량의 배수의 총합은 얼마인가?

① 5　　　　　　　　② 6
③ 7　　　　　　　　④ 8

해설

지정수량의 배수 $= \dfrac{\text{저장수량의 합}}{\text{지정수량}}$

무기과산화물의 지정수량(50kg) 배수: $\dfrac{150}{50} = 3$

질산염류의 지정수량(300kg) 배수: $\dfrac{300}{300} = 1$

다이크로뮴산염류(중크롬산염류)의 지정수량(1,000kg) 배수: $\dfrac{3,000}{1,000} = 3$

따라서 각 물질의 지정수량의 배수의 총합은 3 + 1 + 3 = 7이다.

46

이동저장탱크로부터 위험물을 저장 또는 취급하는 탱크에 인화점이 몇 ℃ 미만인 위험물을 주입할 때에는 이동탱크저장소의 원동기를 정지시켜야 하는가?

① 21　　　　　　　　② 40
③ 71　　　　　　　　④ 200

해설

이동저장탱크로부터 위험물을 저장 또는 취급하는 탱크에 인화점이 40℃ 미만인 위험물을 주입할 때에는 이동탱크저장소의 원동기를 정지시켜야 한다.

47

황화인(황화린) 취급 시 주의사항에 관한 설명으로 잘못된 것은?

① P_4S_3는 황색 결정으로 조해성이 있고, 50℃에서 자연분해한다.

② P_2S_5는 담황색 결정으로 조해성이 있고, 알칼리와 분해하여 H_2S와 H_3PO_4가 된다.

③ P_4S_7는 담황색 결정으로 조해성이 있고, 물에 녹아 유독한 H_2S를 발생한다.

④ P_4S_3과 P_2S_5의 연소생성물은 P_2O_5와 SO_2가 발생한다.

해설 **황화인(황화린): 제2류 위험물**

· 삼황화인(삼황화린, P_4S_3)
  − 착화점 100℃, 황색의 결정성 덩어리로, 물, 염산, 황산에 녹지 않으며 끓는물에서 분해한다.
  − 질산, 알칼리, 이황화탄소에 녹는다.
  − 과산화물, 과망가니즈산염(과망간산염), 금속분과 공존하고 있을 때 자연 발화한다.
  − 연소반응식($P_4S_3+8O_2 \rightarrow 2P_2O_5+3SO_2$)
· 오황화인(오황화린, P_2S_5)
  − 담황색 결정, 조해성 물질, 이황화탄소(CS_2)에 잘 녹는다.
  − 물, 알칼리에 분해하여 유독성인 황화수소(H_2S), 인산(H_3PO_4)이 된다. ($P_2S_5+8H_2O \rightarrow 5H_2S+2H_3PO_4$)
  − 연소반응식($2P_2S_5+15O_2 \rightarrow 2P_2O_5+10SO_2$)
· 칠황화인(칠황화린, P_4S_7)
  − 담황색 결정, 조해성 물질, 이황화탄소에 약간 녹는다.
  − 온수에서 급격히 분해하여 유독성인 황화수소(H_2S)를 발생한다.

48

셀룰로이드의 자연발화 형태를 가장 옳게 나타낸 것은?

① 잠열에 의한 발화
② 미생물에 의한 발화
③ 분해열에 의한 발화
④ 흡착열에 의한 발화

해설
셀룰로이드의 자연발화 형태는 분해열에 의한 발화에 해당한다.

49

다음 중 금속나트륨의 보호액으로 적당한 것은?

① 페놀
② 벤젠
③ 아세트산
④ 에틸알코올

해설
금속나트륨은 공기와의 접촉을 막기 위해 보호액(등유, 경유, 파라핀유, 벤젠) 속에 저장하여야 한다.

50

다음 위험물 중 혼재가 가능한 위험물은?

① 과염소산칼륨−황린
② 질산메틸−경유
③ 마그네슘−알킬알루미늄
④ 탄화칼슘−나이트로(니트로)글리세린

해설 **혼재 가능 위험물**

423 → 제4류와 제2류, 제4류와 제3류는 혼재 가능
524 → 제5류와 제2류, 제5류와 제4류는 혼재 가능
61 → 제6류와 제1류는 혼재 가능
따라서 ② 질산메틸(제5류)과 경유(제4류)는 혼재 가능하다.

선지분석
① 과염소산칼륨(제1류) − 황린(제3류) → 혼재 불가
③ 마그네슘(제2류) − 알킬알루미늄(제3류) → 혼재 불가
④ 탄화칼슘(제3류) − 나이트로(니트로)글리세린(제5류) → 혼재 불가

51 빈출

금속칼륨이 물과 반응했을 때 생성되는 물질로 옳은 것은?

① 산화칼륨+수소
② 산화칼륨+산소
③ 수산화칼륨+수소
④ 수산화칼륨+산소

해설
칼륨이 물과 반응하면 수산화칼륨(KOH)과 수소(H_2)를 발생시킨다.
$2K+2H_2O \rightarrow 2KOH+H_2$

52 빈출

다음 중 물과 반응하여 산소를 발생하는 것은?

① $KClO_3$ ② Na_2O_2
③ $KClO_4$ ④ CaC_2

해설

금속의 과산화물은 물과 반응하여 산소를 발생시킨다.
$2Na_2O_2 + 2H_2O \rightarrow 4NaOH + O_2\uparrow$

오답해설

①, ③ 제1류 위험물이고 물과 반응하지 않는다.
④ 제3류 위험물이고 물과 반응하여 아세틸렌 가스(C_2H_2)를 발생시킨다.
     $CaC_2 + 2H_2O \rightarrow Ca(OH)_2 + C_2H_2\uparrow$

53

다음 중 분진폭발의 위험성이 가장 작은 것은?

① 석탄분   ② 시멘트
③ 설탕   ④ 커피

해설

분진폭발을 일으키지 않는 물질에는 모래, 시멘트분말, 생석회가 있다.

54 빈출

옥내탱크저장소에서 탱크 상호 간에는 얼마 이상의 간격을 두어야 하는가? (단, 탱크의 점검 및 보수에 지장이 없는 경우는 제외한다.)

① 0.5m   ② 0.7m
③ 1.0m   ④ 1.2m

해설 옥내탱크저장소의 기준

옥내저장탱크와 탱크전용실의 벽과의 사이 및 옥내저장탱크 상호 간에는 0.5m 이상의 간격을 유지해야 한다. 다만, 탱크의 점검 및 보수에 지장이 없는 경우에는 그러하지 아니하다.(「위험물안전관리법 시행규칙」 별표7)
※ 지하저장탱크와 탱크 전용실 안쪽과의 사이는 0.1m 이상의 간격을 유지해야 한다.

55

위험물 제조소의 배출설비의 배출능력은 1시간당 배출장소 용적의 몇 배 이상인 것으로 해야 하는가? (단, 전역방식의 경우는 제외한다.)

① 5   ② 10
③ 15   ④ 20

해설

제조소 배출설비의 배출능력은 1시간당 배출장소 용적의 20배 이상인 것으로 해야 한다.

56

「위험물안전관리법령」상 제4류 위험물 중 1기압에서 인화점이 21℃인 물질은 제 몇 석유류에 해당하는가?

① 제1석유류   ② 제2석유류
③ 제3석유류   ④ 제4석유류

해설

제2석유류라 함은 제4류 위험물 중 등유, 경유 그 밖에 1기압에서 인화점이 21℃ 이상 70℃ 미만인 것을 말한다.

57

제6류 위험물의 취급 방법에 대한 설명 중 옳지 않은 것은?

① 가연성 물질과의 접촉을 피한다.
② 지정수량의 1/10을 초과할 경우 제2류 위험물과의 혼재를 금한다.
③ 피부와 접촉하지 않도록 주의한다.
④ 위험물제조소에는 "화기엄금" 및 "물기엄금" 주의사항을 표시한 게시판을 반드시 설치하여야 한다.

해설

제6류 위험물의 제조소에는 별도의 주의사항을 표시한 게시판을 설치하지 않아도 되고, 운반용기 외부에 "가연물접촉주의"를 표시해야 한다.

58

「위험물안전관리법령」상 운반용기 외부에 표시하여야 하는 주의사항으로 옳은 것은?

① 황린: 화기주의

② 나트륨: 물기주의

③ 마그네슘 : 화기주의, 충격주의, 물기엄금

④ 과염소산 : 가연물접촉주의

해설

과염소산은 제6류 위험물에 해당되므로 운반용기 외부에는 주의사항으로 "가연물접촉주의"를 표시한다.

구분	운반용기 외부에 표시하여야 하는 주의사항
제1류 위험물	• 알칼리금속의 과산화물 : 화기주의, 충격주의, 물기엄금, 가연물접촉주의 • 그 밖의 것 : 화기주의, 충격주의, 가연물접촉주의
제2류 위험물	• 철분, 금속분, 마그네슘 : 화기주의, 물기엄금 • 인화성고체 : 화기엄금 • 그 밖의 것 : 화기주의
제3류 위험물	• 자연발화성물질 : 화기엄금, 공기접촉엄금 • 금수성물질 : 물기엄금
제4류 위험물	화기엄금
제5류 위험물	화기엄금, 충격주의
제6류 위험물	가연물접촉주의

59 고난도

다음과 같은 성질을 갖는 위험물로 예상할 수 있는 것은?

• 지정수량: 400L	• 증기비중: 2.07
• 인화점: 12℃	• 녹는점: −89.5℃

① 메탄올

② 벤젠

③ 이소프로필알코올

④ 휘발유

해설

보기 중 지정수량이 400L인 것은 제4류 위험물 중 알코올류인 메탄올과 이소프로필알코올이다.

벤젠과 휘발유는 제1석유류, 비수용성 물질로 지정수량이 200L이다.

증기비중은 물질의 분자량을 공기의 평균분자량(약 29)으로 나누어서 구할 수 있다.

메탄올(CH_3OH)의 분자량 $=32g/mol$

메탄올의 증기비중 $= \dfrac{32}{29} = 1.10$

이소프로필알코올[$(CH_3)_2CHOH$]의 분자량 $=60g/mol$

이소프로필알코올의 증기비중 $= \dfrac{60}{29} = 2.07$

※ 물질의 인화점, 녹는점 등은 모두 암기하기는 어렵지만, 자주 나오는 위험물의 지정수량, 분자량과 증기비중 구하는 방법 등은 기억하는 것이 좋다.

60 빈출

「위험물안전관리법령」에 따른 위험물제조소의 안전거리 기준으로 틀린 것은?

① 주택으로부터 10m 이상

② 학교, 병원, 극장으로부터는 30m 이상

③ 유형문화재와 기념물 중 지정문화재로부터는 70m 이상

④ 고압가스 등을 저장·취급하는 시설로부터는 20m 이상

해설

위험물제조소는 유형문화재와 기념물 중 지정문화재에 있어서는 50m 이상의 안전거리를 두어야 한다.

1과목 일반화학

01

분자구조에 대한 설명으로 옳은 것은?

① BF_3는 삼각 피라미드형이고, NH_3는 선형이다.
② BF_3는 평면 정삼각형이고, NH_3는 삼각 피라미드형이다.
③ BF_3는 굽은형(V형)이고, NH_3는 삼각 피라미드형이다.
④ BF_3평면 정삼각형이고, NH_3는 선형이다.

해설

BF_3는 평면 정삼각형 구조이고 암모니아(NH_3)의 분자구조는 삼각 피라미드 모양이다.

02

다음 중 금속의 반응성이 큰 것부터 작은 순서대로 바르게 나열된 것은?

① Mg, K, Sn, Ag
② Au, Ag, Na, Zn
③ Fe, Ni, Hg, Mg
④ Ca, Na, Pb, Pt

해설 금속의 반응성 순서

· K>Ca>Na>Mg>Al>Zn>Fe>Ni>Sn>Pb>H>Cu>Hg >Ag>Pt>Au
· 반응성이 큰 금속일수록 전자를 잃고 양이온이 된다.
· 이온화경향이 큰 금속일수록 반응성이 크다.

03

금속은 열, 전기를 잘 전도한다. 이와 같은 물리적 특성을 갖는 가장 큰 이유는?

① 금속의 원자 반지름이 크다.
② 자유전자를 가지고 있다.
③ 비중이 대단히 크다.
④ 이온화 에너지가 매우 크다.

해설

금속은 자유전자를 가지고 있기 때문에 열과 전기를 잘 전도한다.

04 고난도

n그램(g)의 금속을 묽은 염산에 완전히 녹였더니 m몰의 수소가 발생하였다. 이 금속의 원자가를 2가로 하면 이 금속의 원자량은?

① n/m
② 2n/m
③ n/2m
④ 2m/n

해설

원자가가 2인 금속(M)과 염산의 반응식은 다음과 같이 나타낼 수 있다.
$M+2HCl \rightarrow MCl_2+H_2$
금속 1몰(금속의 원자량이고, 이때의 질량을 x라 함)이 2몰의 염산과 반응하면 1몰의 수소기체가 발생한다.
따라서 다음과 같이 비례식을 만들 수 있다.
$x:1=n:m$
$m \times x=1 \times n$
$x=\dfrac{n}{m}$

05 빈출

730mmHg, 100℃에서 257mL 부피의 용기 속에 어떤 기체가 채워져 있고 그 무게는 1.671g이다. 이 물질의 분자량은 약 얼마인가?

① 28

② 56

③ 207

④ 257

해설

이상기체 상태방정식을 이용하여 분자량$\left(M=\dfrac{w}{PV}RT\right)$을 구할 수 있다.

여기서, w : 기체의 질량(g), R : 이상기체상수 0.082atm·L/mol·K,

T : 절대온도(K), P : 압력(atm), V : 부피(L)

① 단위환산

· T : 100℃＋273＝373K(℃ → K)

· P : 1atm＝760mmHg이므로

$$730mmHg \times \frac{1atm}{760mmHg} ≒ 0.96atm(mmHg \to atm)$$

· V : 1,000mL＝1L이므로, 257mL＝0.257L

② 이상기체 상태방정식에 대입하면

$$M=\frac{1.671}{0.96 \times 0.257} \times 0.082 \times 373 ≒ 207$$

06

염소원자의 최외각 전자수는 몇 개인가?

① 1

② 2

③ 7

④ 8

해설

염소는 주기율표의 오른쪽에 위치한 17족에 해당하는 할로젠(할로겐) 원소로 최외각 전자가 7개이다.

07

이온결합물질의 일반적인 성질에 관한 설명 중 틀린 것은?

① 녹는점이 비교적 높다.

② 단단하며 부스러지기 쉽다.

③ 고체와 액체 상태에서 모두 도체이다.

④ 물과 같은 극성용매에 용해되기 쉽다.

해설

이온결합물질은 액체상태에서는 전해질이므로 도체이나 고체상태에서는 전자(e^-)의 움직임이 없어 부도체이다.

08

자철광 제조법으로 빨갛게 달군 철에 수증기를 통할 때의 반응식으로 옳은 것은?

① $3Fe+4H_2O \to Fe_3O_4+4H_2$

② $2Fe+3H_2O \to Fe_2O_3+3H_2$

③ $Fe+H_2O \to FeO+H_2$

④ $Fe+2H_2O \to FeO_2+2H_2$

해설

자철광의 주성분이 생성되는 반응식

$3Fe+4H_2O \to Fe_3O_4+4H_2$

09 빈출

다음 화학반응 중 H_2O가 염기로 작용한 것은?

① $CH_3COOH+H_2O \to CH_3COO^-+H_3O^+$

② $NH_3+H_2O \to NH_4^++OH^-$

③ $CO_3^{2-}+2H_2O \to H_2CO_3+2OH^-$

④ $Na_2O+H_2O \to 2NaOH$

해설

브뢴스테드와 로우리의 정의에 의하면 염기는 H^+(양성자)을 받아들이는 물질로 H_2O가 염기로 작용하여 H^+을 받아들이면 H_3O^+이 되므로 반응식의 우변에 H_3O^+이 있는 보기를 답으로 찾는다.

10 빈출

20%의 소금물을 전기분해하여 수산화나트륨 1몰을 얻는 데는 1A의 전류를 몇 시간 통해야 하는가?

① 13.4
② 26.8
③ 53.6
④ 104.2

해설

산화전극 반응 (+)극: $2Cl^- \rightarrow Cl_2 + 2e^-$ (염소 기체 발생)
환원전극 반응 (−)극: $2H_2O + 2e^- \rightarrow H_2 + 2OH^-$ (수소 기체 발생)
$$2OH^- + 2Na^+ \rightarrow 2NaOH(수산화나트륨 생성)$$
환원전극 알짜반응식: $2H_2O + 2Na^+ + 2e^- \rightarrow 2NaOH + H_2$

환원전극 알짜반응식에서 전자와 수산화나트륨의 반응비가 1:1이므로 전자 1개가 이동할 때 수산화나트륨 1개가 생성된다.
1mol의 NaOH를 얻기 위해 이동한 전자의 몰수는 1mol이고 전자 1mol이 이동(전하량 96,500C)하기 위해 1A의 전류가 흘러야 하는 시간은 $1C = 1A \times 1sec$, $96,500C = 1A \times 96,500sec$에서 96,500초이다.
이를 시간으로 환산하면 26.8시간이다.

11

다음 중 비공유 전자쌍을 가장 많이 가지고 있는 것은?

① CO_2
② CH_4
③ H_2O
④ NH_3

해설 보기에 있는 물질의 비공유 전자쌍의 개수

구분	구조식	비공유 전자쌍
CO_2	$\ddot{O} = C = \ddot{O}$	4
CH_4	H | H−C−H | H	0
H_2O	$\ddot{O}$ H H	2
NH_3	H−N̈−H | H	1

12

CO_2 44g을 만들려면 C_3H_8 분자가 약 몇 개가 완전연소 해야 하는가?

① 2.01×10^{23}
② 2.01×10^{22}
③ 6.02×10^{22}
④ 6.02×10^{23}

해설

C_3H_8의 완전연소식은 $C_3H_8 + 5O_2 \rightarrow 3CO_2 + 4H_2O$이므로 완전연소 시 반응하는 C_3H_8과 생성되는 CO_2의 비율은 1:3이다.
CO_2 44g은 1몰이고 CO_2 44g(1몰)을 만들기 위해서는 1/3몰의 C_3H_8가 필요하다.
1몰의 C_3H_8의 분자수는 6.02×10^{23}개이므로 C_3H_8의 1/3몰의 분자수는 2.01×10^{23}개이다.

13

포화 탄화수소에 해당하는 것은?

① 톨루엔
② 에틸렌
③ 프로판
④ 아세틸렌

해설

포화 탄화수소란 구조식을 그렸을 때 단일결합으로만 이루어진 것을 말한다.
톨루엔은 벤젠 고리에 '−CH_3'가 치환된 것으로, 벤젠이 1.5중 결합이다.
에틸렌은 2중 결합, 아세틸렌은 3중 결합이다.

14 빈출

H_2O가 H_2S보다 비등점이 높은 이유는?

① 이온결합을 하고 있기 때문에
② 수소결합을 하고 있기 때문에
③ 공유결합을 하고 있기 때문에
④ 분자량이 적기 때문에

해설

물(H_2O)과 같이 수소결합을 하고 있는 물질은 비등점이 높다.

15

알루미늄 이온(Al^{3+}) 한 개에 대한 설명으로 틀린 것은?

① 질량수는 27이다.　　② 양성자수는 13이다.

③ 중성자수는 13이다.　④ 전자수는 10이다.

해설

알루미늄의 원자번호는 13으로 13개의 양성자와 14개의 중성자를 갖는다. 중성의 알루미늄 원자는 '양성자수＝전자수'이므로 전자수＝13이고 Al^{3+}은 Al 원자가 전자를 3개 잃었으므로 전자수는 10이 된다. 알루미늄이 이온이 되어도 중성자와 양성자수는 변함이 없으므로 중성자 수＝14, 양성자수＝13이고, 질량수는 27이다.

16

다음 중 방향족 탄화수소가 아닌 것은?

① 에틸렌　　　　　　② 톨루엔

③ 아닐린　　　　　　④ 안트라센

해설　방향족 탄화수소

벤젠핵에 알킬기, 또는 다른 작용기가 직접 결합한 화합물로, 분자 내에 벤젠핵을 포함한다.

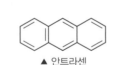

▲ 톨루엔　　▲ 아닐린　　　▲ 안트라센

※ 에틸렌($CH_2=CH_2$)은 분자 내에 벤젠핵을 포함하지 않는다.

17

질산칼륨 수용액 속에 소량의 염화나트륨이 불순물로 포함되어 있다. 용해도 차이를 이용하여 이 불순물을 제거하는 방법으로 가장 적당한 것은?

① 증류　　　　　　　② 막분리

③ 재결정　　　　　　④ 전기분해

해설　재결정

소량의 고체불순물을 포함한 혼합물을 고온에서 포화용액을 만들어 냉각시켜 분리하는 방법(용해도 차를 이용하여 분리 정제하는 방법)

예 질산칼륨(KNO_3) 수용액에 소금($NaCl$)이 섞여 있을 때 분리하는 방법

18

이온평형계에서 평형에 참여하는 이온과 같은 종류의 이온을 외부에서 넣어주면 그 이온의 농도를 감소시키는 방향으로 평형이 이동한다는 이론과 관계있는 것은?

① 공통이온효과　　　② 가수분해효과

③ 물의 자체 이온화 현상　④ 이온용액의 총괄성

해설　공통이온효과

이온화 평형 상태에 있는 수용액 속에 들어 있는 이온과 동일한 이온, 즉 공통이온을 수용액에 넣어 줄 때 그 이온의 농도가 감소하는 방향으로 평형이 이동하는 현상이다.

19

콜로이드 용액을 친수콜로이드와 소수콜로이드로 구분할 때 소수콜로이드에 해당하는 것은?

① 녹말　　　　　　　② 아교

③ 단백질　　　　　　④ 수산화철(Ⅲ)

해설

소수콜로이드란 소량의 전해질에 의해 엉김이 일어나는 콜로이드를 말하며 수산화철은 소수콜로이드에 해당한다. 녹말, 아교, 단백질은 모두 친수콜로이드로 물과 친화력이 크다.

20

집기병 속에 물에 적신 빨간 꽃잎을 넣고 어떤 기체를 채웠더니 얼마 후 꽃잎이 탈색되었다. 이와 같이 색을 탈색(표백)시키는 성질을 가진 기체는?

① He　　　　　　　② CO_2

③ N_2　　　　　　④ Cl_2

해설

염소(Cl_2) 기체는 색을 탈색(표백)시키는 성질이 있다.

2과목 화재예방과 소화방법

21

메탄올 화재 시 수성막포소화약제의 소화효과가 없는 이유를 가장 옳게 설명한 것은?

① 유독가스가 발생하므로
② 메탄올은 포와 반응하여 가연성 가스를 발생하므로
③ 화염의 온도가 높아지므로
④ 메탄올이 수성막포에 대하여 소포성을 가지므로

해설

알코올이나 아세톤과 같은 수용성의 액체로 인한 화재에 일반적인 수성막포를 사용하면 수용성 용매가 포 속의 물을 탈취하여 소포작용에 의해 포가 금방 소멸하여 소화약제로서의 기능을 상실하게 된다.

22

최소 착화에너지를 측정하기 위해 콘덴서를 이용하여 불꽃방전 실험을 하고자 한다. 콘덴서의 전기용량을 C, 방전전압을 V, 전기량을 Q라 할 때 착화에 필요한 최소전기에너지 E를 옳게 나타낸 것은?

① $E = \frac{1}{2}CQ^2$

② $E = \frac{1}{2}C^2V$

③ $E = \frac{1}{2}QV^2$

④ $E = \frac{1}{2}CV^2$

해설 **전기불꽃에너지 공식**

$E = \frac{1}{2}QV = \frac{1}{2}CV^2$, $Q = CV$

여기서, E: 전기불꽃에너지, Q: 전기량(전하량), V: 방전전압

23 고난도

처마의 높이가 6m 이상인 단층건물에 설치된 옥내저장소의 소화설비로 고려될 수 없는 것은?

① 고정식 포소화설비
② 옥내소화전설비
③ 고정식 불활성가스 소화설비
④ 고정식 분말소화설비

해설

처마의 높이가 6m 이상인 단층건물의 옥내저장소에 설치하여야 하는 소화설비는 스프링클러설비 또는 이동식 외의 물분무 등 소화설비이다.
물분무 등 소화설비의 종류: 물분무 소화설비, 포소화설비, 불활성가스 소화설비, 할로젠화합물(할로겐화합물) 소화설비, 분말소화설비

24

Halon1211인 물질의 분자식은?

① CF_2Br_2

② CF_2ClBr

③ CF_3Br

④ $C_2F_4Br_2$

해설

일반적으로 Halon 번호의 첫번째 숫자는 C의 개수, 두번째 숫자는 F의 개수, 세번째 숫자는 Cl의 개수, 네번째 숫자는 Br의 개수를 나타낸다.

종류	CF_2ClBr	CF_2Br_2	$C_2F_4Br_2$	CF_3Br
명칭	할론1211	할론1202	할론2402	할론1301

25

「위험물안전관리법령」상 분말소화설비의 기준에서 가압용 또는 축압용 가스로 알맞은 것은?

① 산소 또는 수소
② 수소 또는 질소
③ 질소 또는 이산화탄소
④ 이산화탄소 또는 산소

해설

전역방출방식 또는 국소방출방식의 분말소화설비의 가압용 또는 축압용 가스는 질소 또는 이산화탄소로 한다.

26

분말소화약제 중 제1인산암모늄의 특징이 아닌 것은?

① 백색으로 착색되어 있다.
② 전기화재에 사용할 수 있다.
③ 유류화재에 사용할 수 있다.
④ 목재화재에 사용할 수 있다.

해설

제1인산암모늄은 제3종 분말소화약제로 담홍색으로 착색되어 있다.
제3종 분말소화약제는 A급 화재(일반화재), B급 화재(유류화재), C급 화재(전기화재)에 모두 적응성이 있다.

27 빈출

제3종 분말소화약제 사용 시 방진효과로 A급 화재의 진화에 효과적인 물질은?

① 메타인산
② 물
③ 수산화이온
④ 암모늄이온

해설

제3종 분말소화약제의 열분해 과정에서 나오는 메타인산(HPO_3)이 방진효과가 있어 A급 화재의 진화에 효과적이다.
$$NH_4H_2PO_4 \rightarrow NH_3 + HPO_3 + H_2O$$

28

BLEVE 현상의 의미를 가장 잘 설명한 것은?

① 가연성 액화가스 저장탱크 주위에 화재가 발생하여 탱크가 파열되고 폭발하는 현상이다.
② 대기 중에 대량의 가연성 가스가 유출하여 발생된 증기가 폭발하는 현상이다.
③ 대량의 수증기가 상층의 유류를 밀어올려 다량의 유류를 탱크 밖으로 배출하는 현상이다.
④ 고온층 아래의 저온층의 기름이 급격하게 열팽창하여 기름이 탱크 밖으로 분출하는 현상이다.

해설

BLEVE는 가연성 액화가스 저장탱크 주위에 화재가 발생하여 탱크 내부에 가열된 액체가 급격하게 비등하고 증기가 팽창하여 탱크 강판이 국부적으로 가열되어 강도가 약해진 부분에서 탱크가 파열되고 폭발하는 현상이다.

오답해설

② UVCE에 대한 설명이다.
③ Boil Over에 대한 설명이다.
④ Slop Over에 대한 설명이다.

29 고난도

위험물제조소 등의 스프링클러 설비의 기준에 있어 개방형 스프링클러 헤드는 스프링클러 헤드의 반사판으로부터 하방 및 수평방향으로 각각 몇 m의 공간을 보유하여야 하는가?

① 하방 0.3m, 수평방향 0.45m
② 하방 0.3m, 수평방향 0.3m
③ 하방 0.45m, 수평방향 0.45m
④ 하방 0.45m, 수평방향 0.3m

해설

개방형 스프링클러 헤드는 방호대상물의 모든 표면이 헤드의 유효사정 내에 있도록 설치하고, 다음 기준에 의해 설치한다.

• 스프링클러 헤드의 반사판으로부터 하방으로 0.45m, 수평방향으로 0.3m의 공간을 보유할 것
• 스프링클러 헤드는 헤드의 축심이 당해 헤드의 부착면에 대하여 직각이 되도록 설치할 것

30

제4류 위험물의 저장·취급 시 화재예방 및 주의사항에 대한 일반적인 설명으로 틀린 것은?

① 증기의 누출에 유의할 것
② 증기는 낮은 곳에 체류하기 쉬우므로 조심할 것
③ 전도성이 좋은 석유류는 정전기 발생에 유의할 것
④ 서늘하고 통풍이 양호한 곳에 저장할 것

> **해설**
> 전도성이 좋지 않은 석유류는 정전기 발생에 유의해야 한다.

31

자연발화가 잘 일어나는 조건에 해당하지 않는 것은?

① 주위 습도가 높을 것　　② 열전도율이 클 것
③ 주위 온도가 높을 것　　④ 표면적이 넓을 것

> **해설**
> 열전도율이 낮을 때 자연발화가 잘 발생한다.

32 빈출

「위험물안전관리법령」상 위험물과 적응성이 있는 소화설비가 잘못 짝지어진 것은?

① K – 탄산수소염류 분말소화설비
② $C_2H_5OC_2H_5$ – 불활성가스소화설비
③ Na – 건조사
④ CaC_2 – 물통

> **해설**
> 탄화칼슘(CaC_2)은 제3류 위험물로 물과 반응하여 아세틸렌가스가 발생하므로 주수소화는 금지한다.
> $CaC_2 + 2H_2O \rightarrow Ca(OH)_2 + C_2H_2 \uparrow$

33

가연물의 주된 연소형태에 대한 설명으로 옳지 않은 것은?

① 황(유황)의 연소형태는 증발연소이다.
② 목재의 연소형태는 분해연소이다.
③ 에테르의 연소형태는 표면연소이다.
④ 숯의 연소형태는 표면연소이다.

> **해설**
> 에테르의 연소형태는 증발연소이다.

34

트리에틸알루미늄의 소화약제로서 다음 중 가장 적당한 것은?

① 마른모래, 팽창질석
② 물, 수성막포
③ 할로젠화물(할로겐화물), 단백포
④ 이산화탄소, 강화액

> **해설**
> 트리에틸알루미늄의 소화제로는 마른모래 또는 팽창질석과 팽창진주암이 가장 효과적이다.

35

「위험물안전관리법령」에서 정한 물분무 소화설비의 설치기준에서 물분무 소화설비의 방사구역은 몇 m^2 이상으로 하여야 하는가? (단, 방호대상물의 표면적이 $150m^2$ 이상인 경우이다.)

① 75　　　　　　　② 100
③ 150　　　　　　④ 350

> **해설**
> 물분무 소화설비의 방사구역은 $150m^2$ 이상으로 하되 방호대상물의 표면적이 $150m^2$ 미만인 경우 당해 표면적으로 한다.

36 빈출

스프링클러 설비의 장점이 아닌 것은?

① 소화약제가 물이므로 소화약제의 비용이 절감된다.
② 초기 시공비가 매우 적게 든다.
③ 화재 시 사람의 조작 없이 작동이 가능하다.
④ 초기화재의 진화에 효과적이다.

해설

스프링클러 소화설비는 타 설비보다 시공이 복잡하여 초기에 시공비가 많이 든다.

37 빈출

클로로벤젠 300,000L의 소요단위는 얼마인가?

① 20
② 30
③ 200
④ 300

해설

클로로벤젠의 지정수량은 1,000L이다.
위험물의 1소요단위는 지정수량의 10배이다.
클로로벤젠 300,000L는 $\dfrac{300,000}{1,000 \times 10} = 30$소요단위이다.

38

표준상태에서 벤젠 2mol이 완전연소하는 데 필요한 이론 공기요구량은 몇 L인가? (단, 공기 중 산소는 21vol%이다.)

① 168
② 336
③ 1,600
④ 3,200

해설

벤젠의 연소반응식: $2C_6H_6 + 15O_2 \rightarrow 12CO_2 + 6H_2O$
반응식에 의하면 2몰의 벤젠이 완전연소하기 위해서는 15몰의 O_2가 필요하다.
필요산소량은 $15 \times 22.4L = 336L$이고 공기 중의 산소는 21%이기 때문에 필요한 이론 공기요구량 $\dfrac{336L}{0.21} = 1,600L$이다.

39 빈출

소화약제로서 물이 갖는 특성에 대한 설명으로 옳지 않은 것은?

① 유화효과(emulsification effect)도 기대할 수 있다.
② 증발잠열이 커서 기화 시 다량의 열을 제거한다.
③ 기화팽창률이 커서 질식효과가 있다.
④ 용융잠열이 커서 주수 시 냉각효과가 뛰어나다.

해설

① 물을 안개형태로 흩어서 뿌리면 유류의 표면을 덮어 증기발생을 억제하기도 하는데 이를 유화효과라고 한다.
② 물은 증발잠열이 커서 기화 시 다량의 열을 흡수하여 온도를 낮춘다.
③ 물은 기화팽창율이 크기 때문에 수증기로 변할 때 부피가 커진다. 이때 부피가 커진 수증기가 공기를 차단하여 질식효과가 있다.
④ 물은 용융잠열이 아닌 기화잠열이 커서 주수 시 냉각효과가 뛰어나다.

40

「위험물안전관리법령」상 전역방출방식 또는 국소방출방식의 분말소화설비의 기준에서 가압식의 분말소화설비에는 얼마 이하의 압력으로 조정할 수 있는 압력조정기를 설치하여야 하는가?

① 2.0MPa
② 2.5MPa
③ 3.0MPa
④ 5MPa

해설

가압식 분말소화설비에는 2.5MPa 이하의 압력으로 조정이 가능한 압력조정기를 설치하여야 한다.

3과목　위험물의 성질과 취급

41 빈출

어떤 공장에서 아세톤과 메탄올을 18L 용기에 각각 10개, 등유를 200L 드럼으로 3드럼을 저장하고 있다면 각각의 지정수량 배수의 총합은 얼마인가?

① 1.3　　　　　　② 1.5
③ 2.3　　　　　　④ 2.5

해설

지정수량 배수의 총합

$$= \frac{A품명의\ 저장수량}{A품명의\ 지정수량} + \frac{B품명의\ 저장수량}{B품명의\ 지정수량} + \frac{C품명의\ 저장수량}{C품명의\ 지정수량}$$

$$= \frac{아세톤의\ 저장수량}{아세톤의\ 지정수량} + \frac{메탄올의\ 저장수량}{메탄올의\ 지정수량} + \frac{등유의\ 저장수량}{등유의\ 지정수량}$$

$$= \frac{180}{400} + \frac{180}{400} + \frac{600}{1,000} = 1.5$$

관련개념

- 아세톤: 제4류 위험물 중 제1석유류(수용성)로 지정수량은 400L이다.
- 메탄올: 제4류 위험물 중 알코올류로 지정수량은 400L이다.
- 등유: 제4류 위험물 중 제2석유류(비수용성)로 지정수량은 1,000L이다.

42

「위험물안전관리법령」상 위험물별 적용성이 있는 소화설비가 옳게 연결되지 않은 것은?

① 제4류 및 제5류 위험물 – 할로젠화합물(할로겐화합물) 소화기
② 제4류 및 제6류 위험물 – 인산염류
③ 제1류 알칼리금속 과산화물 – 탄산수소염류 분말소화기
④ 제2류 및 제3류 위험물 – 팽창질석

해설

할로젠화합물(할로겐화합물) 소화설비는 제4류 위험물에 적용성이 있으나 제5류 위험물에는 적용성이 없다.

43

다음 중 인화점이 가장 낮은 것은?

① 실린더유　　　　② 가솔린
③ 벤젠　　　　　　④ 메틸알코올

해설

① 실린더유의 인화점: 200℃ 이상 250℃ 미만
② 가솔린의 인화점: −43℃ ~ −20℃
③ 벤젠의 인화점: −11℃
④ 메틸알코올의 인화점: 11℃

44 빈출

다음 중 자연발화의 위험성이 제일 높은 것은?

① 야자유　　　　　② 올리브유
③ 아마인유　　　　④ 피마자유

해설

건성유(요오드값이 130 이상): 아마인유
불건성유(요오드값이 100 이하): 야자유, 피마자유, 올리브유
요오드값이 높을수록 자연발화의 위험이 높다.

45

다음 중 증기비중이 가장 큰 것은?

① 벤젠
② 아세톤
③ 아세트알데하이드(아세트알데히드)
④ 톨루엔

해설

증기비중은 $\dfrac{성분\ 기체의\ 분자량}{공기의\ 평균분자량}$ 이므로 분자량이 가장 큰 물질이 증기비중이 가장 크다.

보기에 있는 물질의 분자량은 다음과 같다.

① 벤젠(C_6H_6): 78g/mol
② 아세톤(CH_3COCH_3): 58g/mol
③ 아세트알데하이드(CH_3CHO, 아세트알데히드): 44g/mol
④ 톨루엔($C_6H_5CH_3$): 92g/mol

46 고난도

물과 접촉하면 위험한 물질로만 나열된 것은?

① CH_3CHO, CaC_2, $NaClO_4$

② K_2O_2, $K_2Cr_2O_7$, CH_3CHO

③ Na, CaC_2, K

④ Na, $K_2Cr_2O_7$, $NaClO_4$

해설

나트륨, 탄화칼슘, 칼륨은 물과 반응 시 가연성 가스를 발생시키므로 위험하다.

- Na(나트륨): 수분 또는 습기가 있는 공기와 접촉하면 수소를 발생한다.(주수소화 불가)
- CaC_2(탄화칼슘): 물과 반응하여 가연성인 아세틸렌가스가 생성된다.
- K(칼륨): 물과 반응하여 수산화칼륨과 수소를 발생한다.(주수소화 불가)

47 빈출

지정수량에 따른 제4류 위험물 옥외탱크저장소 주위의 보유공지 너비의 기준으로 틀린 것은?

① 지정수량의 500배 이하 – 3m 이상

② 지정수량의 500배 초과 1,000배 이하 – 5m 이상

③ 지정수량의 1,000배 초과 2,000배 이하 – 9m 이상

④ 지정수량의 2,000배 초과 3,000배 이하 – 15m 이상

해설 옥외저장탱크의 보유공지 기준

저장 또는 취급하는 위험물의 최대수량	공지의 너비
지정수량의 500배 이하	3m 이상
지정수량의 500배 초과 1,000배 이하	5m 이상
지정수량의 1,000배 초과 2,000배 이하	9m 이상
지정수량의 2,000배 초과 3,000배 이하	12m 이상

48

질산과 과염소산의 공통 성질로 옳은 것은?

① 강한 산화력과 환원력이 있다.

② 물과 접촉하면 반응이 없으므로 화재 시 주수소화가 가능하다.

③ 가연성이 없으며 가연물 연소 시에 소화를 돕는다.

④ 모두 산소를 함유하고 있다.

해설

질산과 과염소산은 제6류 위험물로 제6류 위험물은 산소를 함유하고 있는 산화성 액체(산화성 무기화합물)이며 자신들은 모두 불연성 물질이다.

49

연소반응을 위한 산소 공급원이 될 수 없는 것은?

① 과망가니즈산(과망간산)칼륨

② 염소산칼륨

③ 탄화칼슘

④ 질산칼륨

해설

과망가니즈산(과망간산)칼륨($KMnO_4$), 염소산칼륨($KClO_3$), 탄화칼슘(CaC_2), 질산칼륨(KNO_3) 중 산소 공급원으로 작용할 수 있는 위험물은 산소를 포함하고 있어야 한다.
탄화칼슘은 산소 원소를 포함하고 있지 않아 산소 공급원으로 작용할 수 없다.

50

과산화벤조일에 대한 설명으로 틀린 것은?

① 벤조일퍼옥사이드라고도 한다.

② 상온에서 고체이다.

③ 산소를 포함하지 않는 환원성 물질이다.

④ 희석제를 첨가하여 폭발성을 낮출 수 있다.

해설

과산화벤조일은 강한 산화성 물질로 열, 빛, 충격, 마찰 등에 의해 폭발의 위험이 있다.

51 빈출

「위험물안전관리법령」에 따른 위험물제조소의 안전거리 기준으로 틀린 것은?

① 주택으로부터 10m 이상

② 학교로부터 30m 이상

③ 유형문화재와 기념물 중 지정문화재로부터는 30m 이상

④ 병원으로부터 30m 이상

해설

위험물제조소는 유형문화재와 기념물 중 지정문화재에 있어서는 50m 이상의 안전거리를 두어야 한다.

52

다음은 「위험물안전관리법령」에서 정한 제조소등에서의 위험물의 저장 및 취급에 관한 기준 중 위험물의 유별 저장·취급 공통기준의 일부이다. (　) 안에 알맞은 위험물 유별은?

> (　) 위험물은 가연물과의 접촉·혼합이나 분해를 촉진하는 물품과의 접근 또는 과열을 피하여야 한다.

① 제2류 　　　　② 제3류

③ 제5류 　　　　④ 제6류

해설

제6류 위험물은 가연물과의 접촉·혼합이나 분해를 촉진하는 물품과의 접근 또는 과열을 피하여야 한다.

53 빈출

다음 중 물과 접촉했을 때 위험성이 가장 큰 것은?

① 금속칼륨

② 황린

③ 과산화벤조일

④ 다이에틸에터(디에틸에테르)

해설

칼륨은 물을 만나면 폭발적으로 반응하며 수산화칼륨과 수소를 발생시키므로 위험성이 크다.

$2K + 2H_2O \rightarrow 2KOH + H_2\uparrow$

54

다음 그림은 제5류 위험물 중 유기과산화물을 저장하는 옥내저장소의 저장창고를 개략적으로 보여주고 있다. 창과 바닥으로부터 높이(a)와 하나의 창의 면적(b)은 각각 얼마로 하여야 하는가? (단, 이 저장창고의 바닥 면적은 150m² 이내이다.)

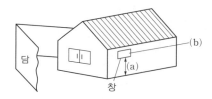

① (a) 2m 이상, (b) 0.6m² 이내

② (a) 3m 이상, (b) 0.4m² 이내

③ (a) 2m 이상, (b) 0.4m² 이내

④ (a) 3m 이상, (b) 0.6m² 이내

해설

유기과산화물 저장소의 창은 바닥으로부터 2m 이상, 창 면적은 0.4m² 이내로 하여야 한다.

55 빈출

지정수량 이상의 위험물을 차량으로 운반하는 경우에 차량에 설치하는 표지의 색상에 관한 내용으로 옳은 것은?

① 흑색바탕에 청색의 도료로 "위험물"이라고 표기할 것

② 흑색바탕에 황색의 반사도료로 "위험물"이라고 표기할 것

③ 적색바탕에 흰색의 반사도료로 "위험물"이라고 표기할 것

④ 적색바탕에 흑색의 도료로 "위험물"이라고 표기할 것

해설

지정수량 이상의 위험물을 차량으로 운반하는 경우 이동저장탱크 차량의 전면 및 후면의 보기 쉬운 곳에 직사각형판의 흑색바탕에 황색의 반사도료로 "위험물"이라고 표기한 표지를 설치하여야 한다.

56

「위험물안전관리법령」상 옥내저장소의 안전거리를 두지 않을 수 있는 경우는?

① 지정수량 20배 이상의 동식물유류
② 지정수량 20배 미만의 특수인화물
③ 지정수량 20배 미만의 제4석유류
④ 지정수량 20배 이상의 제5류 위험물

해설

제4석유류 또는 동식물유류의 위험물을 저장 또는 취급하는 옥내저장소로서 그 최대수량이 지정수량의 20배 미만이면 안전거리를 두지 않을 수 있다.

57

옥외저장탱크를 강철판으로 제작할 경우 두께기준은 몇 mm 이상인가? (단, 특정옥외저장탱크 및 준특정옥외저장탱크는 제외한다.)

① 1.2
② 2.2
③ 3.2
④ 4.2

해설

옥외저장탱크를 강철판으로 제작할 경우 탱크의 강철판 두께는 3.2mm 이상으로 하여야 한다.

58

금속나트륨에 대한 설명으로 옳은 것은?

① 청색 불꽃을 내며 연소한다.
② 경도가 높은 중금속에 해당한다.
③ 녹는점이 100℃보다 낮다.
④ 25% 이상의 알코올수용액에 저장한다.

해설

나트륨의 녹는점은 97℃이며 불꽃 반응색은 노란색이다. 나트륨은 은백색의 무른 금속으로 석유, 유동파라핀 속에 저장한다.

59

다음은 「위험물안전관리법령」에서 정한 아세트알데하이드(아세트알데히드) 등을 취급하는 제조소의 특례에 관한 내용이다. ( ) 안에 해당하지 않는 물질은?

> 아세트알데하이드(아세트알데히드) 등을 취급하는 설비는 ( ) · ( ) · ( ) · 마그네슘 또는 이들을 성분으로 하는 합금으로 만들지 아니할 것

① Ag
② Hg
③ Cu
④ Fe

해설

아세트알데하이드(아세트알데히드) 등을 취급하는 제조소의 특례에 의하면 아세트알데하이드(아세트알데히드) 등을 취급하는 설비는 은(Ag) · 수은(Hg) · 동(Cu) · 마그네슘(Mg) 또는 이들을 성분으로 하는 합금으로 만들어서는 아니 된다.

60 고난도

「위험물안전관리법령」상 위험물제조소에서 위험물을 취급하는 건축물의 구성부분 중 반드시 내화구조로 하여야 하는 것은?

① 연소의 우려가 있는 기둥
② 바닥
③ 연소의 우려가 있는 외벽
④ 계단

해설 위험물을 취급하는 건축물의 구조

• 벽, 기둥, 바닥, 보, 서까래 및 계단을 불연재료로 한다.
• 연소의 우려가 있는 외벽은 출입구 외의 개구부가 없는 내화구조의 벽으로 한다.
• 지붕은 폭발력이 위로 방출될 정도의 가벼운 불연재료로 덮어야 한다.

인생은 곱셈이다.

어떤 찬스가 와도 내가 제로라면
아무런 의미가 없다.

– 나카무라 미츠루

1과목　일반화학

01 고난도

프리델 – 크래프츠 반응에서 사용하는 촉매는?

① $HNO_3 + H_2SO_4$
② SO_3
③ Fe
④ $AlCl_3$

해설

프리델 – 크래프츠 반응은 다음과 같다.

$$C_6H_6 + CH_3Cl \xrightarrow{\ AlCl_3\ } C_6H_5CH_3 + HCl$$
$$\text{(톨루엔)}$$

02

0℃의 얼음 20g을 100℃의 수증기로 만드는 데 필요한 열량은? (단, 융해열은 80cal/g, 기화열은 539cal/g이다.)

① 3,600cal
② 11,600cal
③ 12,380cal
④ 14,380cal

해설

① 0℃ 얼음 20g을 0℃ 물 20g으로 만드는 데 필요한 열량
　$20g \times 80cal/g = 1,600cal$
② 0℃ 물 20g을 100℃ 물 20g으로 만드는 데 필요한 열량
　$20g \times 1cal/g \cdot ℃ \times (100-0)℃ = 2,000cal$
③ 100℃ 물 20g을 100℃ 수증기 20g으로 만드는 데 필요한 열량
　$20g \times 539cal/g = 10,780cal$
①+②+③ = 14,380cal

03

다음 ( ) 안에 알맞은 말을 차례대로 옳게 나열한 것은?

> 납축전지는 (㉠)극은 납으로, (㉡)극은 이산화납으로 되어 있는데 방전시키면 두 극이 다 같이 회백색의 (㉢)로 된다. 따라서 용액 속의 (㉣)은 소비되고 용액의 비중이 감소한다.

① ㉠: +, ㉡: −, ㉢: $PbSO_4$, ㉣: H_2SO_4
② ㉠: −, ㉡: +, ㉢: $PbSO_4$, ㉣: H_2SO_4
③ ㉠: +, ㉡: −, ㉢: H_2SO_4, ㉣: $PbSO_4$
④ ㉠: −, ㉡: +, ㉢: H_2SO_4, ㉣: $PbSO_4$

해설

$(-)Pb \mid H_2SO_4(aq) \mid PbO_2(+)$

납축전지 $\begin{cases} \text{방전} \to \text{두 극의 질량은 모두 증가, 용액의 비중은 감소} \\ \text{충전} \to \text{두 극의 질량은 모두 감소, 용액의 비중은 증가} \end{cases}$

$(-)$극 $Pb \rightleftharpoons PbSO_4$
$(+)$극 $PbO_2 \rightleftharpoons PbSO_4$

04

다음 중 몰랄농도의 정의로 옳은 것은?

① 용액 1,000L에 녹아 있는 용질의 몰수이다.
② 용매 1,000g에 녹아 있는 용질의 몰수이다.
③ 용액 1,000L에 녹아 있는 용질의 몰수이다.
④ 용매 1,000g에 녹아 있는 용액의 몰수이다.

해설

몰랄농도(m)는 용매 1,000g에 녹아 있는 용질의 몰수이다.
몰랄농도는 용매의 질량(kg)을 사용하기 때문에 온도가 변하는 조건일 때 사용한다.

$$몰랄농도 = \frac{용질의\ 몰수}{용매의\ 질량(kg)}$$

05

농도를 모르는 H_2SO_4 용액 10mL를 중화하는 데 0.1N NaOH 20mL가 필요했다. 이때 H_2SO_4의 몰 농도(M)는 얼마인가?

① 0.2   ② 0.5

③ 0.1   ④ 0.05

해설

중화적정에 사용하는 공식 $NV = N'V'$를 사용한다.

H_2SO_4 용액의 N농도를 x라고 놓으면 다음 식이 성립한다.

$x \times 10 = 0.1 \times 20$

$x = 0.2$

H_2SO_4 용액의 N농도 $= 0.2N$

H_2SO_4는 2가 산이므로 몰농도 × 2 = 노르말농도(N)이다.

H_2SO_4의 몰농도(M) $= \dfrac{\text{노르말농도(N)}}{2} = \dfrac{0.2}{2} = 0.1M$

06 빈출

0.1N HCl 1.0mL를 물로 희석하여 1,000mL로 하면 pH는 얼마가 되는가?

① 2   ② 3

③ 4   ④ 5

해설

1,000mL로 희석했을 때 부피를 x라고 하고, 중화적정에 사용하는 공식 $NV = N'V'$를 사용한다.

$0.1 \times 1 = x \times 1,000$

$x = 1 \times 10^{-4}$

HCl에는 수소 원자가 1개이므로 위에서 구한 노르말농도(N)가 HCl 용액 속의 수소 이온 농도와 같다.

$pH = -\log[H^+] = -\log[1 \times 10^{-4}] = 4$

07

96wt% H_2SO_4(A)와 60wt% H_2SO_4(B)를 혼합하여 80wt% H_2SO_4 100kg을 만들려고 한다. 각각 몇 kg씩 혼합해야 하는가?

① A: 55.6, B: 44.4

② A: 30, B: 70

③ A: 44.4, B: 55.6

④ A: 70, B: 30

해설

농도가 다른 두 종류의 황산 용액을 혼합해도 무게는 변하지 않으므로 A의 황산 용액의 무게를 x, B의 황산 용액의 무게를 y로 놓으면 다음 식이 성립한다.

$0.96x + 0.6y = 0.8 \times 100$

$x + y = 100$

$y = 100 - x$

$0.96x + 0.6 \times (100 - x) = 80$

$0.96x + 60 - 0.6x = 80$

$0.36x = 80 - 60$

$0.36x = 20$

$x = 55.6$

$y = 100 - x$이므로

$y = 100 - 55.6 = 44.4$

08

벤젠을 니켈 촉매를 사용하여 수소 첨가 반응을 일으켰을 때 생성되는 물질은 무엇인가?

① Cyclopropane   ② Cyclohexane

③ Cyclobutane   ④ Cyclopentane

해설

벤젠(C_6H_6)에 니켈 촉매를 사용하여 수소 첨가 반응을 일으키면 Cyclohexane(C_6H_{12})가 생성된다.

09

알루미늄 이온(Al^{3+}) 한 개에 대한 설명으로 틀린 것은?

① 질량수는 27이다.　　② 양성자수는 13이다.

③ 중성자수는 13이다.　④ 전자수는 10이다.

해설

알루미늄의 원자번호는 13으로 13개의 양성자와 14개의 중성자를 갖는다.
중성의 알루미늄 원자는 '양성자수＝전자수'이므로 전자수＝13이고
Al^{3+}은 Al 원자가 전자를 3개 잃었으므로 전자수는 10이 된다.
알루미늄이 이온이 되어도 중성자와 양성자수는 변함이 없으므로 중성자
수＝14, 양성자수＝13이고, 질량수는 27이다.

11

27℃에서 500mL에 6g의 비전해질을 녹인 용액의 삼투압
은 7.4기압이었다. 이 물질의 분자량은 약 얼마인가?

① 20.78　　　　　② 39.89

③ 58.16　　　　　④ 77.65

해설

비전해질의 삼투압공식은 다음과 같다.

$$\pi = \frac{nRT}{V}$$

n은 몰수로 몰수＝$\frac{w(질량)}{M(분자량)}$이므로 공식을 다음처럼 변형할 수 있다.

$$\pi = \frac{wRT}{MV}$$

$$M = \frac{wRT}{\pi V} = \frac{6 \times 0.082 \times 300}{7.4 \times 0.5} = 39.89\text{g/mol}$$

w(질량)＝6g
R(기체상수)＝$0.082\text{L} \cdot \text{atm} \cdot \text{K}^{-1} \cdot \text{mol}^{-1}$
T(절대온도)＝27＋273＝300K
π(삼투압)＝7.4atm
V(부피)＝0.5L

10 빈출

$K_2Cr_2O_7$에서 Cr의 산화수는?

① +2　　　　　② +4

③ +6　　　　　④ +8

해설

$K_2Cr_2O_7$은 화합물로 전체 산화수는 0이다.
산화수를 계산하면 K의 산화수: +1, Cr의 산화수: x, O의 산화수: −2
이다.
K원소 2개의 산화수＋Cr원소 2개의 산화수＋O원소 7개의 산화수＝0
이다.
$(+1 \times 2) + (x \times 2) + (-2 \times 7) = 0$
$\therefore x = +6$

12

다음에서 설명하는 물질의 명칭은?

- HCl과 반응하며 염산염을 만든다.
- 나이트로벤젠(니트로벤젠)을 수소로 환원하여 만든다.
- $CaOCl_2$ 용액에서 붉은 보라색을 띤다.

① 페놀　　　　　② 아닐린

③ 톨루엔　　　　④ 벤젠술폰산

해설 **아닐린($C_6H_5NH_2$)의 특징**

• 비수용성, 물보다 무겁고 독성이 있다.
• HCl과 반응하여 염산염을 만든다.
• 특유한 냄새가 나는 기름성 액체이다.
• $CaOCl_2$ 용액에서 붉은 보라색을 띤다.
• 나이트로벤젠(니트로벤젠)을 수소로 환원시켜 얻는다.

13

어떤 기체 30g의 부피가 같은 조건에서 이산화탄소 11g의 부피와 같다. 어떤 기체의 분자량은 얼마인가?

① 100
② 110
③ 120
④ 130

해설

이상기체상태방정식을 이용하여 어떤 기체의 분자량을 구할 수 있다.

$$PV = nRT = \frac{w}{M}RT$$

$$V = \frac{wRT}{PM}$$

문제에서 어떤 기체와 이산화탄소 11g의 부피가 같다고 했으므로 다음과 같은 식이 성립한다.

$$\frac{30 \times R \times T}{P \times M} = \frac{11 \times R \times T}{P \times 44}$$

이산화탄소(CO_2)의 분자량 $= 12 + (16 \times 2) = 44$이다.

문제에서 같은 조건이라고 했으므로, R, T, P는 같은 값이다. 따라서 위의 식을 소거하여 다음과 같이 간단하게 정리할 수 있다.

$$\frac{30}{M} = \frac{11}{44}$$

$$M = 30 \times \frac{44}{11} = 120$$

14 빈출

황산구리 용액에 10A의 전류를 1시간 통하면 구리(원자량 63.54)를 몇 g 석출하겠는가?

① 7.2g
② 11.85g
③ 23.7g
④ 31.77g

해설

1F = 전자 1mol의 전하량 = 96,500C

황산구리($CuSO_4$)에서 구리는 Cu^{2+}이다.

$Cu^{2+} + 2e^- \rightarrow Cu$

구리 1mol(63.54g)을 석출하기 위해서는 2F가 필요하므로 1F(96,500C)의 전류를 통하면 $\frac{63.54}{2}$ g의 구리가 석출된다. '1C = 1A × sec(초)'이므로 이 관계를 이용하여 비례식을 만들면 다음과 같다.

$$96,500C : \frac{63.54}{2} = 10A \times 3,600초 : x$$

$$x \times 96,500 = \frac{63.54}{2} \times 10 \times 3,600$$

$$x = 11.85g$$

15 빈출

화약제조에 사용되는 물질인 질산칼륨에서 N의 산화수는 얼마인가?

① +1
② +3
③ +5
④ +7

해설

질산칼륨(KNO_3)

K 산화수 = +1, O 산화수 = -2

$\underline{(+1) \times 1개}_K + \underline{(-2) \times 3개}_O + (N 산화수) = 0$ 이 되어야 한다.

N의 산화수는 +5

16 고난도

다음 중 쌍극자 모멘트가 0인 것은?

① $CHCl_3$
② NCl_3
③ H_2S
④ BF_3

해설

쌍극자 모멘트란 분자 내에서 양전하와 음전하가 분리된 정도를 나타내는 값으로 쌍극자 모멘트가 0이라는 것은 해당 분자가 비극성 공유결합을 하고 있다는 의미이다.

BF_3는 다음과 같이 분자 내의 중앙에 B(붕소)가 있고, F(불소)가 세 방향으로 결합된 평면 삼각형 형태의 분자이다. 따라서 BF_3는 비극성 공유결합을 하고 있다.

심화해설

NCl_3(삼염화질소)는 N에 비공유 전자쌍이 있어 분자 모형이 삼각뿔 구조이다. 따라서 NCl_3(삼염화질소)는 극성 공유결합을 하고 있다.

17

다음 중 금속의 반응성이 큰 것부터 작은 순서대로 바르게
나열된 것은?

① Mg, K, Sn, Ag

② Au, Ag, Na, Zn

③ Fe, Ni, Hg, Mg

④ Ca, Na, Pb, Pt

> **해설** 금속의 반응성 순서
> - K>Ca>Na>Mg>Al>Zn>Fe>Ni>Sn>Pb>H>Cu>Hg
>   >Ag>Pt>Au
> - 반응성이 큰 금속일수록 전자를 잃고 양이온이 된다.
> - 이온화경향이 큰 금속일수록 반응성이 크다.

18 빈출

[H^+]=2×10^{-6}M인 용액의 pH는 약 얼마인가?

① 5.7

② 4.7

③ 3.7

④ 2.7

> **해설**
> $pH = -\log[H^+]$
> $pH = -\log[2 \times 10^{-6}] = 5.7$

19

표준상태에서 수소의 밀도는 몇 g/L인가?

① 0.389

② 0.289

③ 0.189

④ 0.089

> **해설**
> 표준상태에서 수소 1mol의 부피는 22.4L이다.
> 수소(H_2)의 분자량은 2g이다.
> 수소의 밀도 $= \dfrac{2}{22.4} = 0.089$g/L

20

다음 중 물에 대한 소금의 용해가 물리적 변화라고 할 수 있
는 근거로 가장 적절한 것은?

① 소금과 물이 결합한다.

② 용액이 증발하면 소금이 남는다.

③ 용액이 증발할 때 다른 물질이 생성된다.

④ 소금이 물에 녹으면 보이지 않게 된다.

> **해설**
> 물에 대한 소금의 용해가 물리적 변화이기 때문에 용액이 증발하면 소금이
> 남는다.
> 물에 대한 소금의 용해가 화학적 변화라면 용액이 증발할 때 다른 물질이
> 생성된다.

2과목 화재예방과 소화방법

21

제4류 위험물을 저장하는 방법으로 옳지 않은 것은?

① 액체의 누설을 방지한다.

② 냉암소에 저장한다.

③ 화기 및 점화원으로부터 멀리 저장한다.

④ 정전기가 축적되도록 저장한다.

해설

제4류 위험물은 인화성 액체로 공기 중에 증기가 일정 비율 이상 존재하면 폭발할 수 있으므로 정전기가 축적되지 않도록 주의하여 저장해야 한다.

22 빈출

분말 소화약제에 해당하는 착색으로 옳은 것은?

① 탄산수소칼륨 – 청색

② 제1인산암모늄 – 담홍색

③ 탄산수소칼륨 – 담홍색

④ 제1인산암모늄 – 청색

해설

종류	주성분	착색
제1종 분말	$NaHCO_3$(탄산수소나트륨)	백색
제2종 분말	$KHCO_3$(탄산수소칼륨)	담회색
제3종 분말	$NH_4H_2PO_4$(제1인산암모늄)	담홍색
제4종 분말	$KHCO_3 + (NH_2)_2CO$ (탄산수소칼륨 + 요소)	회색

23 빈출

수소화나트륨 저장창고에 화재가 발생하였을 때 주수소화가 부적합한 이유로 옳은 것은?

① 발열반응을 일으키고 수소를 발생한다.

② 수화반응을 일으키고 수소를 발생한다.

③ 중화반응을 일으키고 수소를 발생한다.

④ 중합반응을 일으키고 수소를 발생한다.

해설

수소화나트륨(NaH)은 제3류 위험물 중 금수성 물질에 해당되고, 물과 격렬하게 반응하여 많은 열과 함께 수소를 발생한다. 따라서 수소화나트륨 화재 발생 시 주수소화는 부적합하다.

$$NaH + H_2O \rightarrow NaOH + H_2 \uparrow$$

24

수성막포 소화약제를 수용성 알코올 화재 시 사용하면 소화 효과가 떨어지는 가장 큰 이유는?

① 유독가스가 발생하므로

② 화염의 온도가 높으므로

③ 알코올은 포와 반응하여 가연성 가스를 발생하므로

④ 알코올이 포 속의 물을 탈취하여 포가 파괴되므로

해설

수성막포 소화약제가 알코올 화재에 효과가 없는 이유는 수용성 물질인 알코올이 포 속의 물을 탈취하여 포를 소멸시켜버리기 때문이다.

25 빈출

다음 중 고체의 일반적인 연소형태에 대한 설명으로 틀린 것은?

① 숯은 표면연소를 한다.
② 나프탈렌은 증발연소를 한다.
③ 양초는 자기연소를 한다.
④ 목재는 분해연소를 한다.

해설

양초(파라핀)는 고체가 가열되면서 가연성 가스를 발생시켜 연소하는 형태이다. 이러한 연소형태를 증발연소라고 한다.

관련개념 자기연소

• 공기 중의 산소를 필요로 하지 않고 그 물질 자체에 함유되어 있는 산소로부터 내부 연소하는 것이다.
• TNT, 나이트로(니트로)셀룰로오스, 나이트로(니트로)글리세린과 같은 제5류 위험물이 자기연소를 한다.

26 빈출

연소의 주된 형태가 표면연소에 해당하는 것은?

① 석탄
② 목탄
③ 목재
④ 황(유황)

해설

표면연소: 목탄(숯), 코크스, 금속분 등
석탄과 목재는 분해연소이고, 황(유황)은 증발연소이다.

27

화재의 위험성이 감소한다고 판단할 수 있는 경우는?

① 주변의 온도가 낮을수록
② 폭발 하한값이 작아지고 폭발범위가 넓을수록
③ 산소농도가 높을수록
④ 착화온도가 낮아지고 인화점이 낮을수록

해설

주변의 온도가 위험물의 발화점이나 인화점보다 낮으면 화재의 위험성이 감소된다.

28 고난도

제1종 분말 소화약제 저장용기의 충전비는 얼마 이상으로 해야 하는가?

① 0.85
② 1.05
③ 1.50
④ 2.05

해설 분말 소화약제 저장용기의 충전비 기준

소화약제의 종별	충전비의 범위
제1종 분말	0.85 이상 1.45 이하
제2종 분말 또는 제3종 분말	1.05 이상 1.75 이하
제4종 분말	1.50 이상 2.50 이하

29

BLEVE 현상의 의미를 가장 잘 설명한 것은?

① 가연성 액화가스 저장탱크 주위에 화재가 발생하여 탱크가 파열되고 폭발하는 현상이다.
② 대기 중에 대량의 가연성 가스가 유출하여 발생된 증기가 폭발하는 현상이다.
③ 대량의 수증기가 상층의 유류를 밀어올려 다량의 유류를 탱크 밖으로 배출하는 현상이다.
④ 고온층 아래의 저온층의 기름이 급격하게 열팽창하여 기름이 탱크 밖으로 분출하는 현상이다.

해설

BLEVE는 가연성 액화가스 저장탱크 주위에 화재가 발생하여 탱크 내부에 가열된 액체가 급격하게 비등하고 증기가 팽창하여 탱크 강판이 국부적으로 가열되어 강도가 약해진 부분에서 탱크가 파열되고 폭발하는 현상이다.

오답해설

② UVCE에 대한 설명이다.
③ Boil Over에 대한 설명이다.
④ Slop Over에 대한 설명이다.

30

자체소방대에 두어야 하는 화학소방자동차 중 포 수용액을 방사하는 화학소방자동차는 전체 법정 화학소방자동차 대수의 얼마 이상으로 하여야 하는가?

① 1/3 ② 2/3
③ 1/5 ④ 2/5

해설
자체소방대에 두어야 하는 화학소방자동차 중 포 수용액을 방사하는 화학소방자동차는 전체 법정 화학소방자동차 대수의 2/3 이상으로 해야 한다.

31 빈출

강화액 소화기에 대한 설명으로 옳은 것은?

① 물의 유동성을 크게 하기 위한 유화제를 첨가한 소화기이다.
② 물의 표면장력을 강화한 소화기이다.
③ 산 알칼리 액을 주성분으로 한다.
④ 물의 소화효과를 높이기 위해 염류를 첨가한 소화기이다.

해설
물의 소화효과를 높이고, 물이 어는 것을 방지하기 위해 물에 탄산칼륨을 보강시킨 소화기를 강화액 소화기라 한다.

32

「위험물안전관리법령」에 따른 불활성가스 소화설비의 저장용기 설치 기준으로 틀린 것은?

① 방호구역 외의 장소에 설치할 것
② 저장용기에는 안전장치(용기밸브에 설치되어 있는 것은 제외)를 설치할 것
③ 저장용기의 외면에 소화약제의 종류와 양, 제조년도 및 제조자를 표시할 것
④ 온도가 섭씨 40도 이하이고 온도 변화가 적은 장소에 설치할 것

해설
「위험물안전관리에 관한 세부기준」에 의하면 저장용기에는 안전장치(용기밸브에 설치되어 있는 것을 포함함)를 설치해야 한다.

33

가연성 고체 위험물의 화재에 대한 설명으로 틀린 것은?

① 적린과 황(유황)은 물에 의한 냉각소화를 한다.
② 금속분, 철분, 마그네슘이 연소하고 있을 때에는 주수해서는 안 된다.
③ 금속분, 철분, 마그네슘, 황화인(황화린)은 마른 모래, 팽창질석 등으로 소화를 한다.
④ 금속분, 철분, 마그네슘의 연소 시에는 수소와 유독가스가 발생하므로 충분한 안전거리를 확보해야 한다.

해설
금속분, 철분, 마그네슘의 연소 시에는 수소와 유독가스가 발생하지 않고 금속분, 철분, 마그네슘의 산화물이 발생한다.

34 빈출

트리에틸알루미늄의 화재 발생 시 물을 이용한 소화가 위험한 이유를 옳게 설명한 것은?

① 가연성의 수소가스가 발생하기 때문에
② 유독성의 포스핀가스가 발생하기 때문에
③ 유독성의 포스겐가스가 발생하기 때문에
④ 가연성의 에탄가스가 발생하기 때문에

해설
트리에틸알루미늄은 물과 접촉하면 폭발적으로 반응하여 에탄(C_2H_6)을 발생시키므로 주수소화는 위험하다.
$(C_2H_5)_3Al + 3H_2O \rightarrow Al(OH)_3 + 3C_2H_6 \uparrow$

35

과산화수소의 화재예방 방법으로 틀린 것은?

① 암모니아의 접촉은 폭발의 위험이 있으므로 피한다.
② 완전히 밀전·밀봉하여 외부 공기와 차단한다.
③ 불투명 용기를 사용하여 직사광선이 닿지 않게 한다.
④ 분해를 막기 위해 분해방지 안정제를 사용한다.

해설
과산화수소는 상온에서도 서서히 분해하여 산소를 발생시킨다. 따라서 완전히 밀전·밀봉하여 저장하면 압력이 상승하여 폭발할 수 있기 때문에 구멍 뚫린 마개가 있는 저장용기에 보관해야 한다.

36

「위험물안전관리법령」상 이동탱크저장소에 의한 위험물의 운송 시 위험물운송자가 위험물안전카드를 휴대하지 않아도 되는 물질은?

① 휘발유   ② 과산화수소
③ 경유   ④ 벤조일퍼옥사이드

해설

위험물(제4류 위험물에 있어서는 특수인화물 및 제1석유류에 한함)을 운송하게 하는 자는 위험물안전카드를 위험물운송자로 하여금 휴대하게 해야 한다.

휘발유는 제4류 위험물 중 제1석유류이고, 과산화수소는 제6류 위험물이고, 벤조일퍼옥사이드는 제5류 위험물이다. 하지만 경유는 제4류 위험물 중 제2석유류이기 때문에 위험물 운송 시 위험물운송자가 위험물안전카드를 휴대하지 않아도 된다.

37

다음 중 물분무소화설비가 적응성이 없는 대상물은?

① 전기설비
② 제4류 위험물
③ 알칼리금속의 과산화물
④ 인화성 고체

해설

알칼리금속의 과산화물은 물과 반응하여 산소와 함께 많은 열을 발생시키기 때문에 물분무소화설비처럼 물을 이용한 소화설비는 적응성이 없다.

심화해설 물분무소화설비가 제4류 위험물에 적응성이 있는 이유
물분무소화설비는 스프링클러설비와 유사하나 방사되는 물방울의 직경이 스프링클러설비보다 작아 물을 물안개 형태로 화재장소에 방사한다.
물분무소화설비는 물을 물안개 형태로 방사하기 때문에 냉각소화 효과 뿐만 아니라 공기 중에 산소를 차단하는 질식소화 효과도 있다. 따라서 제4류 위험물에 적응성이 있다.

38

유기과산화물의 화재 예방상 주의사항으로 옳지 않은 것은?

① 직사일광을 피하고 찬 곳에 저장한다.
② 모든 열원으로부터 멀리한다.
③ 용기의 파손에 의하여 누출 위험이 있으므로 정기적으로 점검한다.
④ 환원제는 상관없으나 산화제와는 멀리한다

해설

유기과산화물을 저장할 때에는 산화제와 환원제 모두 가까이 하지 말아야 한다.

39

묽은 질산이 칼슘과 반응하였을 때 발생하는 기체는?

① 산소   ② 질소
③ 수소   ④ 수산화칼슘

해설

묽은 질산과 칼슘이 반응하면 수소 기체가 발생한다.
$2HNO_3 + Ca \rightarrow Ca(NO_3)_2 + H_2\uparrow$

40

다음 [보기]의 물질 중 「위험물안전관리법령」상 제1류 위험물에 해당하는 것의 지정수량을 모두 합산한 값은?

┌ 보기 ┐
질산나트륨, 아이오딘산(요오드산), 과염소산, 과산화나트륨
└────┘

① 350kg   ② 400kg
③ 650kg   ④ 1,350kg

해설

[보기]의 물질 중 제1류 위험물은 질산나트륨, 과산화나트륨이고 지정수량은 질산나트륨(질산염류)은 300kg, 과산화나트륨(무기과산화물)은 50kg이다.
제1류 위험물에 해당하는 것의 지정수량의 합은 350kg이다.
과염소산염류는 제1류 위험물이지만, 과염소산은 제6류 위험물이다.
아이오딘산염류(요오드산염류)는 제1류 위험물이지만 아이오딘산(요오드산)은 「위험물안전관리법령」상 위험물이 아니다.

3과목 위험물의 성질과 취급

41

다음 중 인화점이 가장 낮은 것은?

① C_6H_6　　　　　② CH_3COCH_3
③ CS_2　　　　　④ $C_2H_5OC_2H_5$

> **해설**
>
> 다이에틸에터($C_2H_5OC_2H_5$, 디에틸에테르)의 인화점은 −45℃로 제4류 위험물 중에서도 가장 낮다.

> **선지분석** 보기에 있는 위험물의 인화점
>
> ① 벤젠(C_6H_6): −11℃
> ② 아세톤(CH_3COCH_3): −18℃
> ③ 이황화탄소(CS_2): −30℃

42

제5류 위험물 중 상온(25℃)에서 동일한 물리적 상태(고체, 액체, 기체)로 존재하는 것으로만 나열한 것은?

① 나이트로(니트로)글리세린, 나이트로(니트로)셀룰로오스
② 질산메틸, 나이트로(니트로)글리세린
③ 트리나이트로(니트로)톨루엔, 질산메틸
④ 나이트로(니트로)글리콜, 트리나이트로(니트로)톨루엔

> **해설**
>
> 나이트로(니트로)글리세린과 질산메틸, 나이트로(니트로)글리콜은 상온에서 액체로 존재한다. 나이트로(니트로)셀룰로오스, 트리나이트로(니트로)톨루엔은 상온에서 고체로 존재한다.

43 고난도

물과 접촉하면 위험한 물질로만 나열된 것은?

① CH_3CHO, CaC_2, $NaClO_4$
② K_2O_2, $K_2Cr_2O_7$, CH_3CHO
③ K_2O_2, Na, CaC_2
④ Na, $K_2Cr_2O_7$, $NaClO_4$

> **해설**
>
> • K_2O_2: 과산화칼륨은 물과 반응하여 산소를 방출시킨다.(주수소화 시 위험성 증가)
> • Na: 수분 또는 습기가 있는 공기와 접촉하면 수소를 발생한다.(주수소화 불가)
> • CaC_2: 물과 반응하여 가연성인 아세틸렌가스가 생성된다.

44 빈출

다음 중 일반적인 연소의 형태가 나머지 셋과 다른 하나는?

① 나프탈렌　　　　② 코크스
③ 양초　　　　　　④ 황(유황)

> **해설**
>
> • 코크스: 표면연소
> • 나프탈렌, 양초, 황(유황): 증발연소

45

알루미늄의 연소생성물을 옳게 나타낸 것은?

① Al_2O_3　　　　　② $Al(OH)_3$
③ Al_2O_3, H_2O　　④ $Al(OH)_3$, H_2O

> **해설**
>
> 알루미늄이 연소하면 산화알루미늄(Al_2O_3)이 생성된다.
> $4Al + 3O_2 \rightarrow 2Al_2O_3$

46

「위험물안전관리법령」상 위험물별 적응성이 있는 소화설비가 옳게 연결되지 않은 것은?

① 제4류 및 제5류 위험물 – 할로젠화합물(할로겐화합물) 소화기
② 제4류 및 제6류 위험물 – 인산염류
③ 제1류 알칼리금속 과산화물 – 탄산수소염류 분말소화기
④ 제2류 및 제3류 위험물 – 팽창질석

해설

할로젠화합물(할로겐화합물) 소화설비는 제4류 위험물에 적응성이 있으나 제5류 위험물에는 적응성이 없다.

47

다음 중 물과 반응하면 에탄 가스가 발생하는 것은?

① $(C_2H_5)_3Al$
② Li
③ C_2H_5OH
④ $C_2H_5OC_2H_5$

해설

트리에틸알루미늄$[(C_2H_5)_3Al]$은 물과 반응하면 에탄 가스가 발생된다.
$(C_2H_5)_3Al + 3H_2O \rightarrow Al(OH)_3 + 3C_2H_6$

오답해설

② 리튬(Li)은 물과 반응하면 수소 가스가 발생한다.
③ 에틸알코올(C_2H_5OH)은 물과 반응하여 가스가 발생하지 않는다.
④ 다이에틸에터$(C_2H_5OC_2H_5$, 디에틸에테르)는 물과 반응하여 가스가 발생하지 않는다.

48

다음 중 제6류 위험물이 아닌 것은?

① 삼불화브로민
② 오불화아이오딘
③ 질산
④ 질산구아니딘

해설

질산구아니딘은 제5류 위험물 중 그 밖에 행정안전부령으로 정하는 것에 해당된다.

오답해설

①, ②: 제6류 위험물 중 그 밖에 행정안전부령으로 정하는 것에 해당된다.
③: 제6류 위험물이다.

49

오황화인(오황화린)이 물과 작용해서 발생하는 기체는?

① 이황화탄소
② 황화수소
③ 포스겐가스
④ 인화수소

해설

오황화인(오황화린)과 물의 반응식: $P_2S_5 + 8H_2O \rightarrow 5H_2S\uparrow + 2H_3PO_4$
오황화인(오황화린)이 물과 반응하여 발생하는 기체는 황화수소이다.

50 빈출

짚, 헝겊 등을 다음의 물질과 적셔서 대량으로 쌓아 두었을 경우 자연발화의 위험성이 제일 높은 것은?

① 동유
② 야자유
③ 올리브유
④ 피마자유

해설

요오드값이 높을수록 자연발화의 위험이 높다.
건성유(요오드값이 130 이상): 동유
불건성유(요오드값이 100 이하): 야자유, 피마자유, 올리브유

51

위험물 운반용기 외부에 표시하는 주의사항을 잘못 나타낸 것은?

① 적린: 화기주의
② 과산화수소: 화기주의
③ 아세톤: 화기엄금
④ 탄화칼슘: 물기엄금

해설

과산화수소는 제6류 위험물이기 때문에 운반용기 외부에 '가연물 접촉주의'를 표시해야 한다.

선지분석

① 적린은 제2류 위험물 중 철분, 금속분, 마그네슘, 인화성 고체가 아니기 때문에 화기주의를 표기해야 한다.
③ 아세톤은 제4류 위험물이기 때문에 화기엄금을 표시해야 한다.
④ 탄화칼슘은 제3류 위험물로 금수성 물질이기 때문에 물기엄금을 표기해야 한다.

52

염소산칼륨의 성질에 대한 설명으로 틀린 것은?

① 비중은 약 2.3으로 물보다 무겁다.
② 강산과의 접촉은 위험하다.
③ 열분해되면 산소를 방출한다.
④ 냉수에도 잘 녹는다.

해설

염소산칼륨($KClO_3$)은 온수, 글리세린에는 잘 녹고, 냉수, 알코올에는 잘 녹지 않는다.

54

마그네슘 리본에 불을 붙여 이산화탄소 기체 속에 넣었을 때 일어나는 현상은?

① 즉시 소화된다.
② 연소를 지속하며 유독성의 기체가 발생한다.
③ 연소를 지속하며 수소 기체가 발생한다.
④ 산소가 발생하며 서서히 소화된다.

해설

마그네슘 리본에 불을 붙여 이산화탄소 기체 속에 넣으면 연소를 지속하며 연소식은 아래와 같다.

$Mg + CO_2 \rightarrow MgO + CO$

연소 시 발생하는 CO(일산화탄소)는 헤모글로빈과의 결합력이 산소보다 강하여 질식을 유발하는 유독성 기체이다.

53

다음 중 물과 접촉하였을 때 위험성이 가장 높은 것은?

① S
② CH_3COOH
③ C_2H_5OH
④ K

해설

칼륨(K)은 물과 격렬하게 반응하여 수소 기체를 발생시키므로 위험하다.

$2K + 2H_2O \rightarrow 2KOH + H_2 \uparrow$

황(S), 아세트산(CH_3COOH), 에탄올(C_2H_5OH)은 물과 접촉해도 위험성이 거의 없다.

55 빈출

지정수량 이상의 위험물을 차량으로 운반하는 경우에 차량에 설치하는 표지의 색상에 관한 내용으로 옳은 것은?

① 흑색바탕에 청색의 도료로 "위험물"이라고 표기할 것
② 흑색바탕에 황색의 반사도료로 "위험물"이라고 표기할 것
③ 적색바탕에 흰색의 반사도료로 "위험물"이라고 표기할 것
④ 적색바탕에 흑색의 도료로 "위험물"이라고 표기할 것

해설

지정수량 이상의 위험물을 차량으로 운반하는 경우 이동저장탱크 차량의 전면 및 후면의 보기 쉬운 곳에 직사각형판의 흑색바탕에 황색의 반사도료로 "위험물"이라고 표기한 표지를 설치하여야 한다.

2022년 1회

56 빈출

연면적이 1,000m²이고 외벽이 내화구조인 위험물취급소의 소화설비 소요단위는 얼마인가?

① 5 ② 10
③ 20 ④ 100

해설

제조소 또는 취급소용 건축물로서 외벽이 내화구조로 된 것에 있어서는 연면적 100m²를 소요단위 1단위로 한다. 따라서 연면적이 1,000m²이고 외벽이 내화구조인 위험물취급소의 소화설비 소요단위는 $\frac{1,000}{100}=10$이다.

57

다음 제4류 위험물 중 연소범위가 가장 넓은 것은?

① 아세트알데하이드(아세트알데히드)
② 산화프로필렌
③ 휘발유
④ 아세톤

해설

① 아세트알데하이드(아세트알데히드)의 연소범위: 4~60%
② 산화프로필렌의 연소범위: 1.9~36%
③ 휘발유의 연소범위: 1.2~7.6%
④ 아세톤의 연소범위: 2.5 ~ 12.8%

58

과염소산칼륨과 적린을 혼합하는 것이 위험한 이유로 가장 타당한 것은?

① 마찰열이 발생하여 과염소산칼륨이 자연발화할 수 있기 때문에
② 과염소산칼륨이 연소하면서 생성된 연소열이 적린을 연소시킬 수 있기 때문에
③ 산화제인 과염소산칼륨과 가연물인 적린이 혼합하면 가열, 충격 등에 의해 연소·폭발할 수 있기 때문에
④ 혼합하면 용해되어 액상 위험물이 되기 때문에

해설

과염소산칼륨($KClO_4$)은 산화성 고체인 제1류 위험물로 분자 내에 산소를 많이 포함하고 있어 산소 공급원이 될 수 있다.
적린(P)은 가연성 고체로 제2류 위험물이다. 따라서 과염소산칼륨과 적린을 혼합하면 가열, 충격 등에 의하여 연소, 폭발할 수 있다.

59

다음 중 할로젠화합물(할로겐화합물) 소화약제가 아닌 것은?

① 디브로모테트라플루오르에탄
② 사염화탄소
③ 브로모클로로메탄
④ 탄산가스

해설

탄산가스는 이산화탄소 소화약제이다.

선지분석

① 디브로모테트라플루오르에탄: 하론 2402
② 사염화탄소: 하론 104
③ 브로모클로로메탄: 하론 1011

60

알킬알루미늄에 대한 설명으로 틀린 것은?

① 물과 폭발적인 반응을 한다.
② 이동저장탱크는 외면을 적색으로 도장하고, 용량은 1,900L 미만으로 한다.
③ 탄소수가 4개까지는 안전하나 5개 이상으로 증가할수록 자연발화의 위험성이 증가한다.
④ 화재 시 발생하는 흰 연기는 인체에 유해하다.

해설

알킬알루미늄(R_3Al)은 탄소수가 1~4개까지는 공기와 접촉하면 자연발화되지만, 탄소수가 5 이상인 것은 점화하지 않으면 연소하지 않는다.

관련개념 알킬알루미늄(R_3Al)
• 제3류 위험물로 지정수량은 10kg이다.
• 물과 접촉하면 폭발할 수 있다.
• 트리에틸알루미늄은 물보다 가볍고, 물과 반응하면 폭발적으로 반응하여 에탄 가스가 발생된다.

2022년 2회 CBT 복원문제

자동채점

1과목 일반화학

01

물 100g에 황산구리결정(CuSO₄ · 5H₂O) 2g을 넣으면 몇 %의 황산구리 용액이 되는가? (단, $CuSO_4$의 분자량은 160g/mol이다.)

① 1.25% ② 1.96%
③ 2.4% ④ 4.42%

해설

문제에서 황산구리 5수화물의 분자량은 250g[160+(5×18)=250]이다.
황산구리 결정 2g에 있는 황산구리의 양은 다음과 같이 구한다.

$250 : 160 = 2 : a$

$a = 2 \times \dfrac{160}{250} = 1.28g$

$wt = \dfrac{1.28}{(2+100)} \times 100 = 1.255\%$

02

어떤 물질이 산소 50wt%, 황 50wt%로 구성되어 있다. 이 물질의 실험식을 옳게 나타낸 것은?

① SO ② SO_2
③ SO_3 ④ SO_4

해설

산소 원자와 황 원자의 질량비는 16 : 32 = 1 : 2이므로 만약 같은 무게라면 산소가 2배 많아야 한다.
산소와 황이 같은 무게로 구성되어 있기 때문에 산소원자의 수는 황의 2배이다. 따라서 이 물질의 실험식은 SO_2이다.

03 빈출

20℃에서 4L를 차지하는 기체가 있다. 동일한 압력 40℃에서는 몇 L를 차지하는가?

① 0.23 ② 1.23
③ 4.27 ④ 5.27

해설

샤를의 법칙에 따라 다음 관계가 성립한다.

$\dfrac{V_1}{T_1} = \dfrac{V_2}{T_2} = \dfrac{4L}{293K} = \dfrac{V_2}{313K}$

$V_2 = 4.27L$

T는 절대온도이기 때문에 섭씨온도에 273을 더해야 한다.

04

98g의 H_2SO_4로 0.5M 황산 용액을 몇 mL 만들 수 있는가?

① 500mL ② 1,000mL
③ 2,000mL ④ 3,000mL

해설

몰농도(M)는 용액 1L에 녹아 있는 용질의 몰수로 나타내는 농도이다.

$몰농도 = \dfrac{용질의\ 몰수(mol)}{용액의\ 부피(L)}$

황산(H_2SO_4)의 분자량 = (1×2)+32+(16×4)=98
황산(H_2SO_4) 98g은 1mol이다.

$0.5M = \dfrac{1mol}{x}$

$x = 2L = 2,000mL$

05

다음 중 산소와 화합하지 않는 원소는?

① 헬륨
② 인
③ 황
④ 질소

해설

헬륨(He)은 주기율표의 제18족에 해당되는 비활성 기체로 다른 물질과 잘 반응하지 않아 산소와 화합하지 않는다.

06 고난도

다음 중 올레핀계 탄화수소에 해당하는 것은?

① CH_4
② $CH_2=CH_2$
③ $CH \equiv CH$
④ CH_3CHO

해설

탄소끼리의 이중결합이 하나 들어 있는 것을 올레핀계 탄화수소라고 한다.
올레핀계 탄화수소의 분자식은 C_nH_{2n}으로 표시된다.
에틸렌(C_2H_4, $CH_2=CH_2$)이 가장 대표적인 올레핀계 탄화수소이다.

07

Mg^{2+}의 전자수는 몇 개 인가?

① 2
② 10
③ 12
④ 6×10^{23}

해설

Mg의 전자수는 12개인데 그중에서 2개를 잃고 Mg^{2+}가 되었으므로 Mg^{2+}의 전자수는 10개이다.

08

d 오비탈이 수용할 수 있는 최대 전자의 총수는?

① 6
② 8
③ 10
④ 14

해설

M껍질 이상의 전자껍질 하나에 대하여 d 오비탈은 5개의 오비탈이 존재하며 하나의 오비탈에 2개의 전자가 들어갈 수 있으므로 총 10개의 전자를 수용 가능하다.

09

질산칼륨을 물에 용해시키면 용액의 온도가 떨어진다. 다음 사항 중 옳지 않은 것은?

① 용해시간과 용해도는 무관하다.
② 질산칼륨의 용해 시 열을 흡수한다.
③ 온도가 상승할수록 용해도는 증가한다.
④ 질산칼륨 포화용액을 냉각시키면 불포화용액이 된다.

해설

질산칼륨 포화용액을 냉각시키면 용해도가 감소하여 과포화상태가 되거나 질산칼륨이 석출된다.
질산칼륨을 물에 용해시킬 때 온도가 떨어진다는 것은 질산칼륨이 물에 용해되는 반응이 흡열반응이라는 것이고 이것은 용액의 온도가 높을수록 질산칼륨이 더 많이 녹을 수 있고 용액의 온도가 낮을수록 녹을 수 있는 질산칼륨의 양이 더 적어진다는 의미이다.

10 빈출

어떤 주어진 양의 기체의 부피가 21℃, 1.4atm에서 250mL이다. 온도가 49℃로 상승되었을 때의 부피가 300mL라고 하면 이 기체의 압력은 약 얼마인가?

① 1.35atm
② 1.28atm
③ 1.21atm
④ 1.16atm

해설

보일-샤를의 법칙을 이용하여 풀 수 있다.

$$\frac{P_1V_1}{T_1} = \frac{P_2V_2}{T_2} = \frac{1.4 \times 0.25}{294} = \frac{P_2 \times 0.3}{322}$$

$$P_2 = \frac{1.4 \times 0.25 \times 322}{294 \times 0.3} = 1.28atm$$

T는 절대온도이기 때문에 섭씨온도에 273을 더해서 절대온도로 환산해야 한다.

11

분자식 $HClO_2$의 명명으로 옳은 것은?

① 염소산 　　　　　② 아염소산

③ 차아염소산 　　　 ④ 과염소산

해설

① 염소산: $HClO_3$

② 아염소산: $HClO_2$

③ 차아염소산: $HClO$

④ 과염소산: $HClO_4$

12 빈출

1기압, 27℃에서 어떤 기체 2g의 부피가 0.82L이다. 이 기체의 분자량은 약 얼마인가?

① 16 　　　　　② 32

③ 60 　　　　　④ 72

해설

$PV = \dfrac{w}{M}RT$

$M = \dfrac{wRT}{PV} = \dfrac{2 \times 0.082 \times 300}{1 \times 0.82} = 60$

w(기체의 질량): 2g

R(기체상수): $0.082 L \cdot atm \cdot K^{-1} \cdot mol^{-1}$

T(절대온도): $27 + 273 = 300K$

P(압력): 1atm

V(부피): 0.82L

13

다음 중 알칼리금속의 반응성이 강한 이유로 가장 적절한 것은?

① 밀도와 녹는점이 낮기 때문이다.

② 은백색의 금속이기 때문이다.

③ 이온화 에너지가 작기 때문이다.

④ 같은 주기에서 다른 족 원소에 비해 원자반지름이 작기 때문이다.

해설

알칼리금속은 주기율표의 1족에 해당되는 원소로 이온화에너지가 작아 쉽게 전자를 잃고 이온이 된다. 따라서 알칼리금속은 반응성이 강하다.

14

아세틸렌의 성질과 관계가 없는 것은?

① 이중결합을 가지고 있다.

② 용접에 이용된다.

③ 합성화학원료로 쓸 수 있다.

④ 염화수소와 반응하여 염화비닐을 생성한다.

해설

아세틸렌(C_2H_2)은 삼중결합을 가지고 있다.

$H-C \equiv C-H$

15

불꽃 반응 시 보라색을 나타내는 금속은?

① Li 　　　　　② K

③ Na 　　　　　④ Ba

해설 **불꽃반응색**

Li(리튬): 빨간색, K(칼륨): 보라색, Na(나트륨): 노란색, Ba(바륨): 황록색

16 (빈출)

1패러데이(Faraday)의 전기량으로 물을 전기분해하였을 때 생성되는 기체 중 산소는 0℃, 1기압에서 몇 L인가?

① 5.6
② 11.2
③ 22.4
④ 44.8

해설

물의 전기분해 반응식은 다음과 같다.

$2H_2O \rightarrow 2H_2 + O_2$

물에서 O^{2-}이므로 물 1몰이 분해하기 위해서는 전자가 2몰이 이동해야 하고, 물 2몰이 분해하기 위해서는 전자가 4몰이 이동해야 한다.

$1F = 96,500C =$ 전자 1mol의 전하량이기 때문에 물 2몰이 분해하기 위해서는 4F가 필요하다.

4F의 전기를 가하면 산소 1몰(22.4L), 수소 2몰(44.8L)이 발생한다.

문제에서 1패러데이(1F)의 전기를 가했다고 했으므로 4패러데이(4F)의 전기를 가했을 때의 $\frac{1}{4}$에 해당하는 양의 기체가 발생한다.

결국 산소는 22.4L의 $\frac{1}{4}$인 5.6L가 발생한다.

17

원자번호가 34번인 Se이 반응할 때 다음 중 어떤 원소의 전자수와 같아지려고 하는가?

① He
② Ne
③ Ar
④ Kr

해설

옥텟규칙에 따르면 주기율표 상에 있는 원소들은 안정해지기 위해 18족 원소의 전자배치 구조를 따라간다.

16족인 Se(원자번호 34번, 셀레늄)은 주기율표에서 가장 가까운 18족 원소인 Kr(원자번호 36, 크립톤)의 전자배치 구조를 따라간다.

18

Si의 전자배치로 알맞은 것은?

① $1s^2 2s^2 2p^6 3s^1 3p^1$
② $1s^2 2s^2 2p^6 3s^2 3p^2$
③ $1s^2 2s^2 2p^6 3s^2$
④ $1s^2 2s^2 2p^6 3p^4$

해설

규소(Si)는 원자번호 14번으로 전자가 14개이기 때문에 ②번과 같은 전자배치를 가진다.

④번의 경우 전자의 개수는 14개로 맞지만 전자는 에너지가 낮은 오비탈부터 순서대로 채워진다.

3s 오비탈이 3p 오비탈보다 에너지가 낮기 때문에 전자는 3s 오비탈부터 채워진다.

19 (빈출)

다음 중 물이 산으로 작용하는 반응은?

① $NH_4^+ + H_2O \rightarrow NH_3 + H_3O^+$
② $CH_3COO^- + H_2O \rightarrow CH_3COOH + OH^-$
③ $HCOOH + H_2O \rightarrow HCOO^- + H_3O^+$
④ $HCl + H_2O \rightarrow H_3O^+ + Cl^-$

해설 브뢴스테드-로우리의 산과 염기의 정의

- 산: 양성자(H^+)를 내어 놓는 분자나 이온이다.
- 염기: 양성자(H^+)를 받아들이는 분자나 이온이다.
- 물(H_2O)이 산으로 작용하기 위해서는 양성자(H^+)를 내어 놓아야 하기 때문에 반응 후에 OH^-가 있어야 한다. 보기 중에서는 ②번 반응식만 반응 후에 OH^-가 있다.

20

다음 중 나이트로벤젠(니트로벤젠)을 수소로 환원하여 만드는 물질은 무엇인가?

① 페놀
② 아닐린
③ 톨루엔
④ 벤젠술폰산

해설

나이트로벤젠(니트로벤젠, $C_6H_5NO_2$)이 촉매의 존재 하에 수소를 넣고 환원시키면 아닐린($C_6H_5NH_2$)이 생성된다.

2과목 화재예방과 소화방법

21

할로젠화합물(할로겐화합물) 소화약제를 전기화재에 사용할 수 있는 이유로 가장 적합한 것은?

① 액체의 유동성이 좋다.
② 탄산가스와 반응하여 포스겐을 생성한다.
③ 증기의 비중이 공기보다 작다.
④ 전기적으로 부도체이다.

해설

할로젠화합물(할로겐화합물) 소화약제는 변질되지 않고 전기적으로 부도체이기 때문에 전기화재, 유류화재에 사용할 수 있다.

22 빈출

위험물제조소 등에 옥내소화전이 1층에 6개, 2층에 5개, 3층에 4개가 설치되었다. 이때 수원의 수량은 몇 m^3 이상이 되도록 설치하여야 하는가?

① 23.4   ② 31.8
③ 39.0   ④ 46.8

해설

수원의 수량은 옥내소화전이 가장 많이 설치된 층의 옥내소화전 설치개수(설치 개수가 5개 이상인 경우는 5개)에 $7.8m^3$를 곱한 양 이상이 되도록 한다.

수원의 수량 $= 5 \times 7.8m^3 = 39m^3$

23 빈출

드라이아이스의 성분을 옳게 나타낸 것은?

① H_2O ② CO_2
③ $H_2O + CO_2$ ④ $N_2 + H_2O + CO_2$

해설

드라이아이스는 고체로 된 이산화탄소(CO_2)이다.

24

「위험물안전관리법령」상 옥내소화전설비에 적응성이 있는 위험물의 유별로만 나열된 것은?

① 제5류 위험물, 제6류 위험물
② 제2류 위험물, 제4류 위험물
③ 제4류 위험물, 제5류 위험물
④ 제1류 위험물, 제4류 위험물

해설

옥내소화전설비는 물을 이용한 소화설비로 제5류 위험물, 제6류 위험물에 적응성이 있다.

제4류 위험물에 화재가 발생한 경우 물을 이용하여 소화하면 화재면이 확대되기 때문에 옥내소화전설비는 제4류 위험물에 적응성이 없다.

제1류 위험물과 제3류 위험물은 물과 위험한 반응을 하지 않는 위험물에 한해 옥내소화전설비가 적응성이 있다.

25 빈출

위험물취급소의 건축물 연면적이 $500m^2$인 경우 소요단위는? (단, 외벽은 내화구조이다.)

① 2단위   ② 5단위
③ 10단위   ④ 50단위

해설

제조소 또는 취급소용 건축물로서 외벽이 내화구조로 된 것에 있어서는 연면적 $100m^2$를, 외벽이 내화구조가 아닌 것에 있어서는 연면적 $50m^2$를 각각 소요단위 1단위로 한다.

$\therefore \dfrac{500m^2}{100m^2} = 5$단위

26

「위험물안전관리법령」상 옥내소화전설비의 비상전원은 자가발전설비 또는 축전지 설비로 옥내소화전 설비를 유효하게 몇 분 이상 작동할 수 있어야 하는가?

① 10분   ② 20분
③ 45분   ④ 60분

해설

옥내소화전설비의 비상전원은 자가발전설비 또는 축전지설비에 의하되 용량은 옥내소화전설비를 유효하게 45분 이상 작동시키는 것이 가능해야 한다.

27 빈출

분말 소화기에 사용되는 분말 소화약제의 주성분이 아닌 것은?

① $NaHCO_3$

② $KHCO_3$

③ $NH_4H_2PO_4$

④ $NaOH$

해설

종류	주성분
제1종 분말	$NaHCO_3$ (탄산수소나트륨)
제2종 분말	$KHCO_3$ (탄산수소칼륨)
제3종 분말	$NH_4H_2PO_4$ (제1인산암모늄)
제4종 분말	$KHCO_3 + (NH_2)_2CO$ (탄산수소칼륨 + 요소)

28

제3종 분말소화약제 사용 시 발생되는 것으로 방염성과 부착성이 좋은 막을 형성하는 물질은?

① HPO_3

② Na_2CO_3

③ K_2CO_3

④ CH_3COOH

해설

제3종 분말소화약제의 분해식

$$NH_4H_2PO_4 \rightarrow HPO_3 + H_2O + NH_3$$

제3종 분말소화약제가 분해될 때 생성되는 메타인산(HPO_3)은 방염성과 부착성이 좋은 막을 형성하여 연소에 필요한 산소의 유입을 차단(질식소화효과)하여 연소를 중단시킨다.

29 빈출

스프링클러 설비의 장점이 아닌 것은?

① 소화약제가 물이므로 소화약제의 비용이 절감된다.

② 초기 시공비가 매우 적게 든다.

③ 화재 시 사람의 조작 없이 작동이 가능하다.

④ 초기화재의 진화에 효과적이다.

해설

스프링클러 소화설비는 타 설비보다 시공이 복잡하여 초기에 시공비가 많이 든다.

30 빈출

다음 제1류 위험물 중 물과의 접촉이 가장 위험한 것은?

① 아염소산나트륨

② 과산화나트륨

③ 과염소산나트륨

④ 다이크로뮴산암모늄

해설

과산화나트륨은 상온에서 물과 격렬하게 반응하며 열을 발생하고 산소를 방출시킨다.

$$2Na_2O_2 + 2H_2O \rightarrow 4NaOH + O_2 \uparrow$$

31

다음 [보기]의 물질 중 「위험물안전관리법령」상 제1류 위험물에 해당하는 것의 지정수량을 모두 합산한 값은?

┤ 보기 ├

퍼옥소이황산염류, 아이오딘산(요오드산), 과염소산, 차아염소산염류

① 350kg

② 400kg

③ 650kg

④ 1,350kg

해설

[보기] 물질 중 제1류 위험물은 퍼옥소이황산염류, 차아염소산염류이고 지정수량은 퍼옥소이황산염류: 300kg, 차아염소산염류: 50kg으로 지정수량의 합은 350kg이다.

과염소산: 제6류 위험물, 아이오딘산(요오드산): 비위험물

32

위험물제조소 등에 설치하는 이산화탄소 소화설비에 있어 저압식 저장용기에 설치하는 압력경보장치의 작동압력 기준은?

① 0.9MPa 이하, 1.3MPa 이상

② 1.9MPa 이하, 2.3MPa 이상

③ 0.9MPa 이하, 2.3MPa 이상

④ 1.9MPa 이하, 1.3MPa 이상

해설

이산화탄소를 저장하는 저압식 저장용기에 설치하는 압력경보장치의 작동압력은 2.3MPa 이상, 1.9MPa 이하이다.

33 빈출

물을 소화약제로 사용하는 장점이 아닌 것은?

① 구하기 쉽다.
② 취급이 간편하다.
③ 기화잠열이 크다.
④ 피연소 물질에 대한 피해가 없다.

해설

물은 강한 압력으로 피연소 물질에 닿게 되므로 피해가 크다.

34 빈출

불활성가스 소화약제 중 "IG-55"의 성분 및 그 비율을 옳게 나타낸 것은? (단, 용량비 기준이다.)

① 질소 : 이산화탄소=55 : 45
② 질소 : 이산화탄소=50 : 50
③ 질소 : 아르곤=55 : 45
④ 질소 : 아르곤=50 : 50

해설

IG-55 불활성가스 혼합기체의 구성은 $N_2(50\%)+$ $Ar(50\%)$이다.

35

강화액소화약제에 첨가하는 물질은 무엇인가?

① $KClO_3$
② Na_2CO_3
③ K_2CO_3
④ CH_3COOH

해설

물은 겨울에 얼기 때문에 물을 이용한 소화약제는 겨울철에 사용하기 어렵다.
물을 이용한 소화약제를 겨울철에도 사용할 수 있도록 물에 탄산칼륨(K_2CO_3)을 첨가하여 어는점을 낮춘 것을 강화액소화약제라고 한다.

36 고난도

할로젠화합물(할로겐화합물)소화설비 기준에서 하론 2402를 가압식 저장용기에 저장하는 경우 충전비로 옳은 것은?

① 0.51 이상 0.67 이하
② 0.7 이상 1.4 미만
③ 0.9 이상 1.6 이하
④ 0.67 이상 2.75 이하

해설

저장용기 등의 충전비는 하론 2402 중에서 가압식 저장용기 등에 저장하는 것은 0.51 이상 0.67 이하, 축압식 저장용기 등에 저장하는 것은 0.67 이상 2.75 이하, 하론 1211은 0.7 이상 1.4 이하, 하론 1301은 0.9 이상 1.6 이하로 한다.

37

위험물의 저장액(보호액)으로 틀린 것은?

① 금속나트륨 - 등유
② 황린 - 물
③ 나이트로(니트로)셀룰로오스 - 알코올
④ 인화칼슘 - 물

해설

인화칼슘(Ca_3P_2)은 물과 반응하면 유독성, 가연성이 있는 포스핀(PH_3) 가스를 발생시키므로 물에 저장해서는 안 된다.
$Ca_3P_2+6H_2O \rightarrow 3Ca(OH)_2+2PH_3\uparrow$

38

포소화약제의 주된 소화효과를 바르게 나열한 것은?

① 냉각소화, 질식소화
② 억제소화, 질식소화
③ 냉각소화, 억제소화
④ 제거소화, 질식소화

해설

포소화약제란 물에 의한 소화능력을 향상시키기 위하여 거품을 방사할 수 있는 약제를 첨가한 것이다.
포소화약제의 구성성분의 대부분은 물이기 때문에 냉각소화효과가 있고, 방사 시 거품이 생성되면 공기와의 접촉을 차단하기 때문에 질식소화효과가 있다.

39 빈출

인화알루미늄의 화재 시 주수소화를 하면 발생하는 가연성 기체는?

① 아세틸렌 ② 메탄
③ 포스겐 ④ 포스핀

해설

인화알루미늄은 건조 상태에서는 안정하나 습기가 있으면 격렬하게 가수 반응(加水反應)을 일으키고 포스핀(PH$_3$)을 생성하여 강한 독성물질로 변한다.

$AlP + 3H_2O \rightarrow PH_3 + Al(OH)_3$

※ 포스겐의 화학식은 COCl$_2$로 인화알루미늄의 화재와는 관련이 없다.

40

과산화수소의 화재예방 방법으로 틀린 것은?

① 암모니아의 접촉은 폭발의 위험이 있으므로 피한다.
② 완전히 밀전·밀봉하여 외부 공기와 차단한다.
③ 불투명 용기를 사용하여 직사광선이 닿지 않게 한다.
④ 분해를 막기 위해 분해방지 안정제를 사용한다.

해설

과산화수소는 상온에서도 서서히 분해하여 산소를 발생시킨다. 따라서 완전히 밀전·밀봉하여 저장하면 압력이 상승하여 폭발할 수 있기 때문에 구멍 뚫린 마개가 있는 저장용기에 보관해야 한다.

3과목 위험물의 성질과 취급

41

다음 중 질산나트륨에 대한 설명으로 틀린 것은?

① 검은색의 분말 형태이다.
② 조해성이 크고 흡습성이 강하다.
③ 가열하면 산소를 방출한다.
④ 충격, 마찰, 타격 등을 피해야 한다.

해설

질산나트륨은 무색, 무취의 투명한 결정 또는 백색 분말이다.

관련개념

질산나트륨(NaNO$_3$)
• 제1류 위험물 중 질산염류에 해당되며 지정수량은 300kg이다.
• 가열하면 열분해하여 산소를 방출한다.

$2NaNO_3 \rightarrow 2NaNO_2 + O_2 \uparrow$

42

다음 중 위험물의 유별 구분이 나머지 셋과 다른 하나는?

① 다이크로뮴산나트륨(중크롬산나트륨)
② 과염소산마그네슘
③ 과염소산칼륨
④ 과염소산

해설

① 제1류 위험물 중 다이크로뮴산염류(중크롬산염류)이다.
②, ③ 제1류 위험물 중 과염소산염류이다.
④ 제6류 위험물이다.

43

제4류 위험물 중 제1석유류를 저장, 취급하는 장소에서 정전기를 방지하기 위한 방법으로 볼 수 없는 것은?

① 가급적 습도를 낮춘다.
② 주위 공기를 이온화시킨다.
③ 위험물 저장, 취급설비를 접지시킨다.
④ 사용기구 등은 도전성 재료를 사용한다.

해설

정전기를 방지하기 위해서는 공기 중의 상대습도를 70% 이상으로 높여야 한다.

44

「위험물안전관리법령」상 $C_6H_2(NO_2)_3OH$의 품명에 해당하는 것은?

① 유기과산화물
② 질산에스터류(질산에스테르류)
③ 나이트로화합물(니트로화합물)
④ 아조화합물

해설

$C_6H_2(NO_2)_3OH$는 트리나이트로(니트로)페놀(피크르산＝피크린산＝TNP)로 제5류 위험물 중 나이트로화합물(니트로화합물)에 해당한다.

45

오황화인(오황화린)이 물과 작용해서 발생하는 기체는?

① 이황화탄소
② 황화수소
③ 포스겐가스
④ 인화수소

해설

오황화인(오황화린)과 물의 반응식: $P_2S_5 + 8H_2O \rightarrow 5H_2S \uparrow + 2H_3PO_4$
오황화인(오황화린)이 물과 반응하여 발생하는 기체는 황화수소이다.

46 빈출

질산나트륨 90kg, 황(유황) 70kg, 클로로벤젠 2,000L 각각의 지정수량의 배수의 총합은?

① 2
② 3
③ 4
④ 5

해설

질산나트륨 – 제1류 위험물 중 질산염류: 지정수량 300kg
황(유황) – 제2류 위험물: 지정수량 100kg
클로로벤젠 – 제4류 위험물 중 제2석유류의 비수용성: 지정수량 1,000L
따라서 지정수량의 배수의 총합은 다음과 같다.

$$\frac{90}{300} + \frac{70}{100} + \frac{2,000}{1,000} = 3$$

47 빈출

옥외탱크저장소에서 취급하는 위험물의 최대수량에 따른 보유 공지너비가 틀린 것은? (단, 원칙적인 경우에 한정한다.)

① 지정수량 500배 이하 – 3m 이상
② 지정수량 500배 초과 1,000배 이하 – 5m 이상
③ 지정수량 1,000배 초과 2,000배 이하 – 9m 이상
④ 지정수량 2,000배 초과 3,000배 이하 – 15m 이상

해설

옥외탱크저장소에서 취급하는 위험물의 최대수량이 2,000배 초과 3,000배 이하인 경우 보유 공지너비는 12m 이상이다.

48

질산나트륨을 저장하고 있는 옥내저장소(내화구조의 격벽으로 완전히 구획된 실이 2 이상 있는 경우에는 동일한 실)에 함께 저장하는 것이 법적으로 허용되는 것은? (단, 위험물을 유별로 정리하여 서로 1m 이상의 간격을 두는 경우이다.)

① 적린
② 인화성 고체
③ 동식물유류
④ 과염소산

해설

문제에서 제시한 질산나트륨은 제1류 위험물이다. 제1류 위험물은 제6류 위험물과 함께 저장할 수 있다. 보기에서 ④ 과염소산이 제6류 위험물이다.

관련개념

1m 이상의 간격을 두는 경우 저장소에 함께 저장할 수 있는 위험물

• 제1류 위험물(알칼리금속의 과산화물 또는 이를 함유한 것을 제외)과 제5류 위험물을 저장하는 경우
• 제1류 위험물과 제6류 위험물을 저장하는 경우
• 제1류 위험물과 제3류 위험물 중 자연발화성 물질(황린 또는 이를 함유한 것에 한함)을 저장하는 경우
• 제2류 위험물 중 인화성 고체와 제4류 위험물을 저장하는 경우
• 제3류 위험물 중 알킬알루미늄 등과 제4류 위험물(알킬알루미늄 또는 알킬리튬을 함유한 것에 한함)을 저장하는 경우
• 제4류 위험물 중 유기과산화물 또는 이를 함유하는 것과 제5류 위험물 중 유기과산화물 또는 이를 함유한 것을 저장하는 경우

49

「위험물안전관리법령」상 옥내저장탱크의 상호 간에는 몇 m 이상의 간격을 유지하여야 하는가?

① 0.3
② 0.5
③ 1.0
④ 1.5

해설

옥내저장탱크와 탱크전용실의 벽과의 사이 및 옥내저장탱크의 상호 간에는 0.5m 이상의 간격을 유지하여야 한다.

50

피리딘에 대한 설명 중 틀린 것은?

① 물보다 가벼운 액체이다.
② 인화점은 30℃보다 낮다.
③ 제1석유류이다.
④ 지정수량이 200리터이다.

해설 피리딘 [C_5H_5N] (지정수량 400L)

① 피리딘의 비중은 약 0.9로 물보다 가볍고, 피리딘과 같은 제4류 위험물은 일반적으로 물보다 가볍다.
② 피리딘의 인화점은 약 20℃이다.
③ 피리딘은 제1석유류에 해당된다.
④ 피리딘은 제1석유류이지만 수용성이기 때문에 지정수량이 400L이다.

51 빈출

자연발화를 방지하는 방법으로 가장 거리가 먼 것은?

① 통풍이 잘되게 할 것
② 열의 축적을 용이하지 않게 할 것
③ 저장실의 온도를 낮게 할 것
④ 습도를 높게 할 것

해설 자연발화 방지법

• 주위 온도를 낮출 것
• 습도를 낮게 할 것
• 통풍을 잘 시킬 것
• 열이 축적되지 않게 할 것
※ 습도가 높으면 미생물이 활발하게 활동하여 자연발화가 일어날 수 있다.

52

위험물 주유취급소의 주유 및 급유 공지의 바닥에 대한 기준으로 옳지 않은 것은?

① 주위 지면보다 낮게 할 것
② 표면을 적당하게 경사지게 할 것
③ 배수구, 집유설비를 할 것
④ 유분리장치를 할 것

해설

위험물 주유취급소의 주유 및 급유 공지의 바닥은 주위 지면보다 높게 하고, 그 표면을 적당히 경사지게 하여 새어나온 기름, 그 밖의 액체가 공지의 외부로 유출되지 않도록 배수구, 집유설비 및 유분리장치를 하여야 한다.

53

염소산나트륨의 성질에 속하지 않는 것은?

① 환원력이 강하다.
② 무색결정이다.
③ 주수소화가 가능하다.
④ 강산과 혼합하면 폭발할 수 있다.

해설

산화력이란 자신은 환원되면서 상대방을 산화시키려는 힘이다.
염소산나트륨은 제1류 위험물인 산화성 고체로 산화력이 강하다.

관련개념 염소산나트륨과 산과의 반응

염소산나트륨($NaClO_3$)은 산과 반응하여 유독한 이산화염소(ClO_2)를 발생하고 폭발할 수 있다.

$6NaClO_3 + 3H_2SO_4 \rightarrow 2HClO_4 + 3Na_2SO_4 + 4ClO_2 + 2H_2O$

54

메틸알코올과 에틸알코올의 공통성질이 아닌 것은?

① 무색투명한 휘발성 액체이다.
② 물에 잘 녹는다.
③ 비중은 물보다 작다.
④ 인체에 대한 유독성이 없다.

해설

메틸알코올은 유독성이 강해 사람이 마시면 실명할 수 있다.
에틸알코올은 술의 원료로도 사용되는 물질로 메틸알코올에 비해 독성이 적다.

55

다음 중 금수성 물질로만 나열된 것은?

① K, CaC_2, Na
② $KClO_3$, Na, S
③ KNO_3, CaO_2, Na_2O_2
④ $NaNO_3$, $KClO_3$, CaO_2

해설

제3류 위험물 중 황린을 제외하고는 모두 금수성 물질이다.
칼륨(K), 탄화칼슘(CaC_2), 나트륨(Na)은 모두 금수성 물질이다.

오답해설
② 염소산칼륨($KClO_3$)은 제1류 위험물이고, 황(S, 유황)은 제2류 위험물이다.
③ 질산칼륨(KNO_3), 과산화칼슘(CaO_2), 과산화나트륨(Na_2O_2)은 모두 제1류 위험물이다.
④ 질산나트륨($NaNO_3$), 염소산칼륨($KClO_3$), 과산화칼슘(CaO_2)은 모두 제1류 위험물이다.

56 고난도

황린을 밀폐용기 속에서 260℃로 가열하여 얻은 물질을 연소시킬 때 주로 생성되는 물질은?

① CO_2 ② CuO
③ PO_2 ④ P_2O_5

해설

황린(P_4)을 밀폐용기 속에서 260℃로 가열하면 적린(P)이 된다.
적린이 연소하면 오산화인(P_2O_5)의 흰 연기가 생긴다.
$4P + 5O_2 \rightarrow 2P_2O_5$

57

메틸에틸케톤의 취급 방법에 대한 설명으로 틀린 것은?

① 쉽게 연소하므로 화기 접근을 금한다.

② 직사광선을 피하고 통풍이 잘되는 곳에 저장한다.

③ 탈지작용이 있으므로 피부에 접촉하지 않도록 주의한다.

④ 유리 용기를 피하고 수지, 섬유소 등의 재질로 된 용기에 저장한다.

해설

메틸에틸케톤(제4류 위험물, 제1석유류)은 수지, 유지 등을 녹이므로 수지, 섬유소 등의 재질로 된 용기에는 저장할 수 없다.

58 빈출

어떤 공장에서 아세톤과 메탄올을 18L 용기에 각각 10개, 등유를 200L 드럼으로 3드럼을 저장하고 있다면 각각의 지정수량 배수의 총합은 얼마인가?

① 1.3

② 1.5

③ 2.3

④ 2.5

해설

지정수량 배수의 총합

$= \dfrac{\text{A품명의 저장수량}}{\text{A품명의 지정수량}} + \dfrac{\text{B품명의 저장수량}}{\text{B품명의 지정수량}} + \dfrac{\text{C품명의 저장수량}}{\text{C품명의 지정수량}}$

$= \dfrac{\text{아세톤의 저장수량}}{\text{아세톤의 지정수량}} + \dfrac{\text{메탄올의 저장수량}}{\text{메탄올의 지정수량}} + \dfrac{\text{등유의 저장수량}}{\text{등유의 지정수량}}$

$= \dfrac{180}{400} + \dfrac{180}{400} + \dfrac{600}{1,000} = 1.5$

관련개념

• 아세톤: 제4류 위험물 중 제1석유류(수용성)로 지정수량은 400L이다.

• 메탄올: 제4류 위험물 중 알코올류로 지정수량은 400L이다.

• 등유: 제4류 위험물 중 제2석유류(비수용성)로 지정수량은 1,000L이다.

59

다음 중 건성유에 해당하지 않는 것은?

① 아마인유

② 동유

③ 야자유

④ 들기름

해설

건성유는 요오드값이 130 이상인 것으로 동유, 아마인유, 들기름, 해바라기기름 등이 있다.

야자유는 요오드값이 100 이하인 불건성유이다.

60

다음 중 물과 반응할 때 위험성이 가장 큰 것은?

① 과산화바륨

② 과산화수소

③ 과염소산나트륨

④ 과산화나트륨

해설

과산화나트륨(Na_2O_2)은 상온에서 물과 격렬하게 반응하여 열을 발생하고 산소를 방출시켜 위험성이 크다.

$2Na_2O_2 + 2H_2O \rightarrow 4NaOH + O_2$

오답해설

① 과산화바륨은 알칼리토금속의 과산화물 중에서는 가장 안정하고, 물에 약간 녹는다.

② 과산화수소는 물과 만나면 발열하지만 과산나트륨처럼 격렬한 반응을 하지는 않는다.

③ 과염소산나트륨은 물에 녹지 않고, 물과 위험한 반응을 하지 않아 화재 발생 시 물을 이용하여 소화할 수 있다.

2022년 3회 CBT 복원문제

자동채점

1과목 일반화학

01

다음 중 같은 분자식을 가지면서 각각을 서로 겹치게 할 수 없는 거울상의 구조를 갖는 이성질체를 무엇이라고 하는가?

① 구조이성질체
② 기하이성질체
③ 광학이성질체
④ 분자이성질체

해설

광학이성질체는 분자식은 같지만 서로 다른 구조를 가지고 있고, 두 분자가 거울에 비춘 모양으로 같다고 하여 거울상의 구조를 갖는다고 한다.

오답해설

① 구조이성질체란 분자식은 동일하지만 원자 사이의 결합이 다른 물질이다.
② 기하이성질체란 분자 안에서 작용기의 방향에 따라 다른 구조를 가지는 것으로 시스형과 트랜스형이 있다.
④ 분자이성질체는 이성질체의 종류에 해당되지 않는다.

02

벤젠에 관한 설명으로 틀린 것은?

① 화학식은 C_6H_{12}이다.
② 알코올, 에테르에 잘 녹는다.
③ 물보다 가볍다.
④ 추운 겨울날씨에 응고될 수 있다.

해설

벤젠의 화학식은 C_6H_6이다.

03 고난도

다음 반응에서 평형상수 K를 나타내는 식은 어느 것인가?

$$CO + 2H_2 \rightarrow CH_3OH$$

① $K = \dfrac{[CH_3OH]}{[CO][H_2]}$
② $K = \dfrac{[CH_3OH]}{[CO][H_2]^2}$
③ $K = \dfrac{[CO][H_2]}{[CH_3OH]}$
④ $K = \dfrac{[CO][H_2]^2}{[CH_3OH]}$

해설

일반적인 반응에서 평형상수 K를 나타내면 다음과 같다.

$$aA + bB \rightarrow cC + dD$$

$$K = \frac{[C]^c[D]^d}{[A]^a[B]^b}$$

[A], [B], [C], [D]: 물질의 몰농도
a, b, c, d: 반응식에서 물질의 계수
문제에 주어진 반응의 평형상수는 다음과 같다.

$$K = \frac{[CH_3OH]}{[CO][H_2]^2}$$

04 빈출

반감기가 5일인 미지의 시료가 2g이 있을 경우 10일이 지나면 남는 양은 몇 g인가?

① 2
② 1
③ 0.5
④ 0.25

해설

반감기란 어떤 물질의 양이 초기 값의 절반이 되는 데 걸리는 시간이다.
문제에서 미지의 시료의 반감기가 5일이라고 했으므로 5일이 지나면 미지의 시료는 1g이 되고, 다시 5일이 지나면 또 절반이 줄어들어 0.5g이 된다.

05

분자구조에 대한 설명으로 옳은 것은?

① BF_3는 삼각 피라미드형이고, NH_3는 선형이다.
② BF_3는 평면 정삼각형이고, NH_3는 삼각 피라미드형이다.
③ BF_3는 굽은형(V형)이고, NH_3는 삼각 피라미드형이다.
④ BF_3는 평면 정삼각형이고, NH_3는 선형이다.

해설

BF_3는 평면 정삼각형 구조이고 암모니아(NH_3)의 분자구조는 삼각 피라미드 모양이다.

06 빈출

H_2O가 H_2S보다 비등점이 높은 이유는?

① 이온결합을 하고 있기 때문에
② 수소결합을 하고 있기 때문에
③ 공유결합을 하고 있기 때문에
④ 분자량이 적기 때문에

해설

물(H_2O)과 같이 수소결합을 하고 있는 물질은 비등점이 높다.

07 빈출

밑줄 친 원소의 산화수가 +5인 것은?

① $H_3\underline{P}O_4$
② $K\underline{Mn}O_4$
③ $K_2\underline{Cr}_2O_7$
④ $K_3[\underline{Fe}(CN)_6]$

해설

H_3PO_4의 전체 산화수는 0이다.
H_3의 산화수는 +3, O_4의 산화수는 −8, P의 산화수는 a라고 한다.
+3−8+a=0이 되어야 하므로 a=+5로 P의 산화수는 +5이다.

08

볼타전지에 관한 설명으로 틀린 것은?

① 이온화 경향이 큰 쪽의 물질이 (−)극이다.
② (+)극에서는 산화반응이 일어난다.
③ 전자는 도선을 따라 (−)극에서 (+)극으로 이동한다.
④ 전류의 방향은 전자의 이동 방향과 반대이다.

해설

① 볼타전지는 아연과 구리로 만든다. 두 금속 중 이온화 경향이 큰 아연이 (−)극이다.
②, ③ 전자는 (−)극에서 (+)극으로 이동하는 성질이 있기 때문에 (+)극에서는 전자를 얻는 반응이 일어난다. 전자를 얻는 반응은 환원반응이다.
④ 전자는 (−)극에서 (+)극으로 이동하고, 전류는 (+)극에서 (−)극으로 흐른다.

09

황산구리 결정 $CuSO_4 \cdot 5H_2O$ 25g을 100g의 물에 녹였을 때 몇 wt% 농도의 황산구리($CuSO_4$) 수용액이 되는가? (단, $CuSO_4$ 분량량은 160이다.)

① 1.28%
② 1.60%
③ 12.8%
④ 16.0%

해설

$CuSO_4$의 분자량: 160
$CuSO_4 \cdot 5H_2O$의 분자량: 160+90=250
$CuSO_4$의 함량비: $\frac{160}{250}$=0.64
순수한 $CuSO_4$의 질량: 25g×0.64=16g
$wt\%$농도=$\frac{용질의 양}{용액의 양}$×100=$\frac{16g}{(100+25)g}$×100=12.8wt%

10

다음 물질 중에서 염기성인 것은?

① $C_6H_5NH_2$
② $C_6H_5NO_2$
③ C_6H_5OH
④ C_6H_5COOH

해설

① 아닐린으로 암모니아와 성질이 비슷하며 약한 염기성을 띤다.
② 나이트로벤젠(니트로벤젠)은 물에 녹지 않고, 중성을 띤다.
③ 페놀로 물에 조금 녹아 약한 산성을 나타낸다.
④ 벤조산으로 물에 녹아 산성을 나타낸다.

11 빈출

다음 반응식에 관한 사항 중 옳은 것은?

$$SO_2 + 2H_2S \rightarrow 2H_2O + 3S$$

① SO_2는 산화제로 작용
② H_2S는 산화제로 작용
③ SO_2는 촉매로 작용
④ H_2S는 촉매로 작용

해설

반응에서 $SO_2 \rightarrow 3S$로 된 것은 산소를 잃어버렸기 때문에 자신이 환원되었다고 볼 수 있다.(=산화제의 역할)

12 고난도

다음 중 주양자수가 4일 때 이 속에 포함된 오비탈의 수는 무엇인가?

① 4
② 9
③ 16
④ 32

해설

오비탈은 전자가 채워질 수 있는 공간이다.
오비탈의 종류로는 s오비탈, p오비탈, d오비탈, f오비탈이 있고, 주양자수에 따른 오비탈의 수는 다음 표와 같다.

전자껍질	주양자수	오비탈의 수
K	1	• s오비탈: 1개 • 총합: 1개
L	2	• s오비탈: 1개 • p오비탈: 3개 • 총합: 4개
M	3	• s오비탈: 1개 • p오비탈: 3개 • d오비탈: 5개 • 총합: 9개
N	4	• s오비탈: 1개 • p오비탈: 3개 • d오비탈: 5개 • f오비탈: 7개 • 총합: 16개

13

0℃, 1기압에서 1g의 수소가 들어 있는 용기에 산소 32g을 넣었을 때 용기의 총 내부 압력은? (단, 온도는 일정하다.)

① 1기압
② 2기압
③ 3기압
④ 4기압

해설

1g의 수소는 0.5mol이고 32g의 산소는 1mol이다.
같은 온도, 같은 부피에서 기체의 몰수만 0.5mol에서 1.5mol로 3배 증가했으므로 압력도 3배 증가하여 처음 1기압의 3배인 3기압이 된다.

14 빈출

미지농도의 염산 용액 100mL를 중화하는데 0.2N NaOH 용액 250mL가 소모되었다. 이 염산의 농도는 몇 N인가?

① 0.05
② 0.2
③ 0.25
④ 0.5

해설

중화적정에 사용하는 공식 $NV = N'V'$을 사용한다.
$100 \times x = 250 \times 0.2$
$x = 0.5N$

15

최외각 전자가 2개 또는 8개로써 불활성인 것은?

① Na 과 Br
② N 와 Cl
③ C 와 B
④ He 와 Ne

해설

주기율표의 가장 오른쪽의 18족에 해당하는 원소들을 찾으면 된다.
보기에선 He(헬륨)과 Ne(네온)이 해당한다.

16

다음 중 아세토페논의 화학식은 무엇인가?

① C_2H_5OH
② $C_6H_5NO_2$
③ $C_6H_5CH_3$
④ $C_6H_5COCH_3$

해설

④는 아세토페논의 화학식으로 제4류 위험물의 제3석유류(비수용성)이다.

오답해설

① 페놀의 화학식이다.
② 나이트로벤젠(니트로벤젠)의 화학식이다.
③ 톨루엔의 화학식이다.

17 고난도

$Fe(CN)_6^{4-}$와 4개의 K^+ 이온으로 이루어진 물질 $K_4Fe(CN)_6$을 무엇이라고 하는가?

① 착화합물
② 할로젠화합물
③ 유기혼합물
④ 수소화합물

해설

$Fe(CN)_6^{4-}$와 같이 중심에 있는 전이금속의 양이온에 몇 개의 분자 또는 이온이 결합되어 있는 물질을 착물이라고 한다. 이러한 착물이 포함되어 있는 화합물을 착화합물이라고 한다.

※ 위험물산업기사 일반화학 수준에서 착화합물의 정확한 정의를 이해하기 보다는 정답을 체크하는 형식으로 학습하는 것이 효율적인 문제입니다.

18

다음 중 할로젠(할로겐)원소에 대한 설명 중 옳지 않은 것은?

① 아이오딘(요오드)의 최외각 전자는 7개이다.
② 브로민(브롬)은 상온에서 적갈색 기체로 존재한다.
③ 염화이온은 염화은의 흰색 침전 생성에 관여한다.
④ 할로젠(할로겐)원소 중 원자 반지름이 가장 작은 원자는 F이다.

해설

할로젠(할로겐)원소는 상온에서 브로민(브롬)을 제외하고는 모두 기체이다. 브로민(브롬, Br)은 상온에서 적갈색 액체이다.

관련개념 할로젠(할로겐)원소의 성질

• 최외각 전자가 7개이므로 전자 1개를 받아 −1가의 음이온이 되기 쉽다.
• 원자번호가 커질수록 원자 반지름이 커지며 녹는점, 끓는점이 높아진다.
• 할로젠(할로겐)원소 중 F의 원자번호가 가장 작기 때문에 원자 반지름이 가장 작다.
• 염화이온(Cl^-)은 은이온(Ag^+)와 만나면 흰색 침전이 생긴다.

19

다음 물질 중 이온결합을 하고 있는 것은?

① 얼음
② 흑연
③ 다이아몬드
④ 염화나트륨

해설

염화나트륨의 결합은 이온결합이며 얼음, 흑연, 다이아몬드의 결합은 공유결합이다.

20 빈출

다음 중 산화와 환원에 대한 설명으로 틀린 것은?

① 전자를 잃는 것이 산화이다.
② 산소를 잃는 것이 환원이다.
③ 수소를 잃는 것이 산화이다.
④ 산화수가 감소하는 것이 산화이다.

해설 산화와 환원의 정의

분류	산화	환원
산소	산소와 결합하는 것	산소를 잃는 것
수소	수소를 잃는 것	수소와 결합하는 것
전자	전자를 잃는 것	전자를 얻는 것
산화수	산화수가 증가하는 것	산화수가 감소하는 것

| 2과목 | **화재예방과 소화방법** |

21 빈출

Halon 1301에 해당하는 할로젠화합물(할로겐화합물)의 분자식을 옳게 나타낸 것은?

① CBr_3F　　　　　② CF_3Br
③ CH_3Cl　　　　　④ CCl_3H

해설

하론 소화약제에서 첫째 자리 숫자는 C의 개수, 둘째 자리 숫자는 F의 개수, 셋째 자리 숫자는 Cl의 개수, 넷째 자리 숫자는 Br의 개수를 나타낸다. 따라서 Halon 1301의 분자식은 CF_3Br이다.

22

「위험물안전관리법령」에 따른 이동식 할로젠화합물(할로겐화합물)소화설비의 기준에 의하면 20℃에서 하나의 노즐이 하론 2402를 방사할 경우 1분당 몇 kg의 소화약제를 방사할 수 있어야 하는가?

① 35　　　　　② 40
③ 45　　　　　④ 50

해설

이동식 할로젠화합물(할로겐화합물)소화설비에서 하나의 노즐마다 온도 20℃에서의 1분당 방사량은 다음과 같다.
• 하론 2402: 45kg 이상
• 하론 1211: 40kg 이상
• 하론 1301: 35kg 이상

23 빈출

연소의 3요소 중 하나에 해당하는 역할이 나머지 셋과 다른 위험물은?

① 과산화수소　　　　　② 과산화나트륨
③ 질산칼륨　　　　　④ 황린

해설

연소의 3요소: 산소 공급원, 가연물, 점화원
황린은 자연발화성을 가진 가연물로 보기의 나머지 물질과 역할이 다르다.
산소공급원: 과산화수소, 과산화나트륨, 질산칼륨

24 빈출

불활성가스 소화약제 중 IG−541의 구성성분이 아닌 것은?

① N_2　　　　　② Ar
③ Ne　　　　　④ CO_2

해설

IG−541의 구성: N_2(52%), Ar(40%), CO_2(8%)

25

다음 점화에너지 중 물리적 변화에서 얻을 수 있는 것은 무엇인가?

① 압축열　　　　　② 산화열
③ 중합열　　　　　④ 분해열

해설

압축열은 외부에서 압력을 가해 기체의 부피를 줄일 때 발생하는 것으로 기계적 에너지에 의해 발생하는 열에 해당되므로 물리적 변화에서 얻을 수 있다.

26

벤조일퍼옥사이드의 화재 예방상 주의사항에 대한 설명 중 틀린 것은?

① 열, 충격 및 마찰에 의해 폭발할 수 있으므로 주의한다.
② 진한 질산, 진한 황산과의 접촉을 피한다.
③ 비활성의 희석제를 첨가하면 폭발성을 낮출 수 있다.
④ 수분과 접촉하면 폭발의 위험이 있으므로 주의한다.

해설
벤조일퍼옥사이드의 분해 및 폭발을 억제하기 위하여 수분을 흡수하거나 희석제를 첨가한다.

27 빈출

고체가연물의 일반적인 연소형태에 해당하지 않는 것은?

① 등심연소   ② 증발연소
③ 분해연소   ④ 표면연소

해설 **고체의 연소형태**
표면연소, 분해연소, 증발연소, 자기연소

28

다음 중 화재발생 시 물을 사용할 경우 가장 위험한 위험물은 무엇인가?

① 염소산칼륨   ② 황린
③ 인화칼슘   ④ 과산화수소

해설 **고체의 연소형태**
인화칼슘(Ca_3P_2)이 물과 반응하면 유독성, 가연성의 인화수소(PH_3)가 발생하므로 화재 발생 시 물을 사용하여 소화할 수 없다.
$Ca_3P_2 + 6H_2O \rightarrow 3Ca(OH)_2 + 2PH_3 \uparrow$

29

다음 중 연소가 잘 발생할 수 있는 일반적인 경우의 설명으로 틀린 것은?

① 온도가 상승하면 연소가 잘 된다.
② 산소와 친화력이 클수록 연소가 잘 된다.
③ 연소범위가 넓을수록 연소가 잘 된다.
④ 발화점이 높을수록 연소가 잘 된다.

해설
발화점은 점화원 없이 축적된 열만으로 연소를 일으킬 수 있는 최저온도이다. 따라서 발화점이 낮을수록 연소가 잘 된다.

30

「위험물안전관리법령」상 물분무소화설비의 제어밸브는 바닥면으로부터 어느 위치에 설치해야 하는가?

① 0.5m 이상, 1.5m 이하
② 0.8m 이상, 1.5m 이하
③ 1m 이상, 1.5m 이하
④ 1.5m 이상

해설
물분무소화설비의 제어밸브는 바닥면으로부터 0.8m 이상 1.5m 이하의 높이에 설치해야 한다.
「위험물안전관리법령」에 따르면 소화설비 중 손으로 조작하는 것은 대부분 바닥면으로부터 0.8m 이상 1.5m 이하의 높이에 설치하는 것으로 규정되어 있다.

31

Halon 1011 속에 함유되지 않은 원소는?

① H   ② Cl
③ Br   ④ F

해설
Halon 뒤의 번호 중 천의 자리의 숫자는 C의 개수, 백의 자리의 숫자는 F의 개수, 십의 자리의 숫자는 Cl의 개수, 일의 자리의 숫자는 Br의 개수이다. C에는 4개의 원소가 결합해야 하기 때문에 Cl, Br 외에 H가 2개가 결합한다. 따라서 Halon 1011의 화학식은 CH_2ClBr로 F는 포함되지 않는다.

32 고난도

이산화탄소소화설비의 배관의 설치기준으로 옳은 것은?

① 원칙적으로 겸용이 가능하도록 한다.
② 동관의 배관은 고압식인 경우 16.5MPa 이상의 압력에 견뎌야 한다.
③ 관이음쇠는 저압식의 경우 5.0MPa 이상의 압력에 견뎌야 한다.
④ 배관의 가장 높은 곳과 낮은 곳의 수직거리는 30m 이하이어야 한다.

해설

이산화탄소소화설비에서 동관의 배관은 고압식인 것은 16.5MPa 이상, 저압식인 것은 3.75MPa 이상의 압력에 견딜 수 있는 것을 사용해야 한다.

오답해설

① 이산화탄소소화설비의 배관은 전용으로 사용해야 한다.
③ 관이음쇠는 고압식인 것은 16.5MPa 이상, 저압식인 것은 3.75MPa 이상의 압력에 견뎌야 한다.
④ 배관의 가장 높은 곳과 낮은 곳의 수직거리는 50m 이하이어야 한다.

33

다음 중 화재 시 다량의 물에 의한 냉각소화가 가장 효과적인 것은?

① 금속의 수소화물
② 알칼리금속과산화물
③ 유기과산화물
④ 금속분

해설

유기과산화물에서 화재가 발생한 경우 다량의 물을 사용하여 소화하는 것이 유효하다.
무기과산화물류는 물과 반응하여 산소와 열을 발생하므로 주수소화는 금지되며 분말 소화약제나 건조사를 사용한 질식소화가 유효하다.

34

다음 A~D 중 분말소화약제로만 나타낸 것은?

A. 탄산수소나트륨	B. 탄산수소칼륨
C. 황산구리	D. 제1인산암모늄

① A, B, C, D
② A, D
③ A, B, C
④ A, B, D

해설 **분말소화약제의 성분**

종별	주성분
제1종 분말	탄산수소나트륨($NaHCO_3$)
제2종 분말	탄산수소칼륨($KHCO_3$)
제3종 분말	제1인산암모늄($NH_4H_2PO_4$)
제4종 분말	탄산수소칼륨+요소($KHCO_3 + (NH_2)_2CO$)

35 빈출

폐쇄형 스프링클러 헤드는 부착장소의 평상시 최고 주위온도에 따라서 결정된 표시온도의 것을 사용해야 한다. 부착장소의 최고 주위온도가 28℃ 이상 39℃ 미만일 때, 표시온도는?

① 58℃ 미만
② 58℃ 이상 79℃ 미만
③ 79℃ 이상 121℃ 미만
④ 121℃ 이상 162℃ 미만

해설

부착장소의 최고 주위온도(℃)	표시온도(℃)
28 미만	58 미만
28 이상 39 미만	58 이상 79 미만
39 이상 64 미만	79 이상 121 미만
64 이상 106 미만	121 이상 162 미만
106 이상	162 이상

36 빈출

소화설비의 설치기준에 있어서 위험물저장소의 건축물로서 외벽이 내화구조로 된 것은 연면적 몇 m²를 1 소요단위로 하는가?

① 50
② 75
③ 100
④ 150

해설

저장소의 건축물은 외벽이 내화구조로 된 것에 있어서는 연면적 150m²를, 외벽이 내화구조가 아닌 것에 있어서는 연면적 75m²를 각각 1 소요단위로 한다.

37

다음 중 가연성 물질이 아닌 것은?

① $C_2H_5OC_2H_5$
② $KClO_4$
③ $C_2H_4(OH)_2$
④ P_4

해설

과염소산칼륨($KClO_4$)은 제1류 위험물 중 과염소산염류이며 강산화성의 불연성 고체이다.

오답해설

① $C_2H_5OC_2H_5$: 다이에틸에터(디에틸에테르)이고, 제4류 위험물이며 가연성 물질이다.
③ $C_2H_4(OH)_2$: 에틸렌글리콜이고, 제4류 위험물이며 가연성 물질이다.
④ P_4: 황린이고, 제3류 위험물이며 가연성 물질이다.

38 고난도

물은 냉각소화에 주로 사용되는 소화약제이다. 물의 소화효과를 높이기 위하여 무상주수함으로써 부가적으로 작용하는 소화효과로 나열된 것은?

① 질식소화, 제거소화
② 질식소화, 유화소화
③ 타격소화, 유화소화
④ 타격소화, 피복소화

해설

무상주수는 물분무 소화설비와 같이 물을 분무노즐을 이용하여 매우 작은 물방울 형태로 분사하는 방법이다.
무상주수를 통해 분사된 물은 안개 모양이 되면서 가연물과 공기와의 접촉을 차단하는 질식소화 효과를 가지게 된다. 유화소화는 비수용성인 유류화재에서 물을 매우 작은 물방울 형태로 분사하면 유류의 표면에 불연성의 막을 형성하여 소화하는 것이다.

39

다음 중 공기포 소화약제가 아닌 것은?

① 단백포 소화약제
② 합성계면활성제포 소화약제
③ 화학포 소화약제
④ 수성막포 소화약제

해설

포소화약제는 발포방법에 따라 화학포 소화약제와 공기포(기계포) 소화약제로 구분된다.
화학포 소화약제는 화학반응에 의해 발생되는 이산화탄소를 포핵으로 한 것이고, 공기포 소화약제는 물과 약제의 혼합액에 공기를 불어넣는 것이다.
공기포 소화약제에는 단백포 소화약제, 불화단백포 소화약제, 합성계면활성제포 소화약제, 수성막포 소화약제, 내알코올포 소화약제 등이 있다.

40 빈출

「위험물안전관리법령」상 마른 모래(삽 1개 포함) 50L의 능력단위는?

① 0.3 ② 0.5
③ 1.0 ④ 1.5

해설 **기타 소화설비의 능력단위**

소화설비	용량	능력단위
소화전용(轉用) 물통	8L	0.3
수조(소화전용 물통 3개 포함)	80L	1.5
수조(소화전용 물통 6개 포함)	190L	2.5
마른 모래(삽 1개 포함)	50L	0.5
팽창질석 또는 팽창진주암(삽 1개 포함)	160L	1.0

3과목 위험물의 성질과 취급

41

칼륨과 나트륨의 공통 성질이 아닌 것은?

① 물보다 비중 값이 작다.
② 수분과 반응하여 수소를 발생한다.
③ 광택이 있는 무른 금속이다.
④ 지정수량이 50kg이다.

해설

• 칼륨과 나트륨은 제3류 위험물로 모두 지정수량이 10kg이다.
• 제3류 위험물 중 칼륨과 나트륨을 제외한 알칼리금속 및 알칼리토금속의 지정수량이 50kg이다.

42 빈출

탄화칼슘은 물과 반응하면 어떤 기체가 발생하는가?

① 과산화수소 ② 일산화탄소
③ 아세틸렌 ④ 에틸렌

해설

탄화칼슘(CaC_2)이 물과 반응하면 수산화칼슘{$Ca(OH)_2$}과 아세틸렌가스(C_2H_2)가 생성된다.

$$CaC_2 + 2H_2O \rightarrow Ca(OH)_2 + C_2H_2 \uparrow$$

43

「위험물안전관리법령」상 제4류 위험물 옥외저장탱크의 대기밸브부착 통기관은 몇 kPa 이하의 압력차이로 작동할 수 있어야 하는가?

① 2   ② 3
③ 4   ④ 5

해설

제4류 위험물 옥외저장탱크의 대기밸브부착 통기관은 5kPa 이하의 압력차이로 작동할 수 있어야 한다.

44

「위험물안전관리법령」상 HCN의 품명으로 옳은 것은?

① 제1석유류   ② 제2석유류
③ 제3석유류   ④ 제4석유류

해설

제1석유류는 아세톤, 휘발유, 그 밖에 1atm에서 인화점이 21℃ 미만인 것을 말한다. 시안화수소(HCN)도 인화점이 약 −18℃로 제1석유류에 포함된다.

45

제2류 위험물과 제5류 위험물의 공통적인 성질은?

① 가연성 물질이다.   ② 강한 산화제이다.
③ 액체 물질이다.   ④ 산소를 함유한다.

해설

① 제2류 위험물은 가연성 고체이고, 제5류 위험물은 자기반응성물질이다. 자기반응성물질은 물질 내에 가연물과 산소공급원을 포함하고 있기 때문에 가연성 물질이다.
② 제2류 위험물은 자신이 산소와 결합하여 산화되기 때문에 환원제이다. 제5류 위험물은 산소공급원으로 작용하면 산화제이고, 가연물로 작용하면 환원제이다.
③ 제2류 위험물은 고체이고, 제5류 위험물은 종류에 따라 액체인 것도 있고 고체인 것도 있다.
④ 제2류 위험물은 산소를 함유하고 있지 않고, 제5류 위험물은 일부 물질을 제외하고는 대부분 산소를 함유하고 있다.

46

P_4S_7에 고온의 물을 가하면 분해된다. 이때 주로 발생하는 유독물질의 명칭은?

① 아황산   ② 황화수소
③ 인화수소   ④ 오산화린

해설

P_4S_7은 담황색 결정으로 조해성이 있고, CS_2에 약간 녹고, 물에 녹아 유독한 황화수소(H_2S)를 발생하고 유기합성 등에 쓰인다.

47 빈출

아세트알데하이드(아세트알데히드)의 저장 시 주의할 사항으로 틀린 것은?

① 구리나 마그네슘 합금 용기에 저장한다.
② 화기를 가까이 하지 않는다.
③ 용기의 파손에 유의한다.
④ 찬 곳에 저장한다.

해설

아세트알데하이드(아세트알데히드)의 저장용기는 구리, 은, 수은, 마그네슘, 또는 이의 합금을 사용해서는 안 된다.
아세트알데하이드(아세트알데히드)는 구리, 은, 수은, 마그네슘 등과 반응하여 폭발성이 있는 금속아세틸라이드를 생성한다.

48

옥내저장소에서 안전거리 기준이 적용되는 경우는?

① 지정수량 20배 미만의 제4석유류를 저장하는 것
② 제2류 위험물 중 덩어리 상태의 황(유황)을 저장하는 것
③ 지정수량 20배 미만의 동식물유류를 저장하는 것
④ 제6류 위험물을 저장하는 것

> **해설** **옥내저장소에서 안전거리를 두지 않아도 되는 경우**
> • 제4석유류 또는 동식물유류의 위험물을 저장 또는 취급하는 옥내저장소로서 그 최대수량이 지정수량의 20배 미만인 것
> • 제6류 위험물을 저장 또는 취급하는 옥내저장소

49

「위험물안전관리법령」상 1기압에서 제3석유류의 인화점 범위로 옳은 것은?

① 21℃ 이상 70℃ 미만
② 70℃ 이상 200℃ 미만
③ 200℃ 이상 300℃ 미만
④ 300℃ 이상 400℃ 미만

> **해설**
> 제3석유류라 함은 중유, 크레오소트유(클레오소트유), 그 밖에 1atm에서 인화점이 70℃ 이상 200℃ 미만인 것을 말한다. 다만, 도료류, 그 밖의 물품은 가연성 액체량이 40(중량)% 이하인 것은 제외한다.

50

다음 물질 중 발화점이 가장 낮은 것은?

① CS_2　　　　　　② C_6H_6
③ CH_3COCH_3　　　④ CH_3COOCH_3

> **해설**
> ① 이황화탄소의 발화점: 90℃
> ② 벤젠의 발화점: 498℃
> ③ 아세톤의 발화점: 465℃
> ④ 초산메틸의 발화점: 505℃

51

다음 중 분자량이 가장 큰 위험물은 무엇인가?

① 과염소산　　　　　② 과산화수소
③ 질산　　　　　　　④ 하이드라진(히드라진)

> **해설**
> ① 과염소산($HClO_4$)의 분자량
> 　$1+35.5+(16×4)=100.5$
> ② 과산화수소(H_2O_2)의 분자량
> 　$(1×2)+(16×2)=34$
> ③ 질산(HNO_3)의 분자량
> 　$1+14+(16×3)=63$
> ④ 하이드라진(히드라진, N_2H_4)의 분자량
> 　$(14×2)+(1×4)=32$

52

다음 제4류 위험물에 해당하는 것은?

① $Pb(N_3)_2$　　　　② CH_3ONO_2
③ N_2H_4　　　　　　④ NH_2OH

> **해설**
> 하이드라진(히드라진, N_2H_4)은 제4류 위험물 중 제2석유류이다.
> 하이드라진(히드라진)은 제4류 위험물이고, 하이드라진(히드라진) 유도체가 제5류 위험물인 것을 주의해야 한다.

> **오답해설**
> ① 아지화납으로 제5류 위험물이다.
> ② 질산메틸로 제5류 위험물이다.
> ④ 하이드록실아민(히드록실아민)으로 제5류 위험물이다.

53

「위험물안전관리법령」상 제조소 등의 관계인이 정기적으로 점검해야 할 대상이 아닌 것은?

① 지정수량의 10배 이상의 위험물을 취급하는 제조소
② 지하탱크저장소
③ 이동탱크저장소
④ 지정수량의 100배 이상의 위험물을 저장하는 옥외탱크 저장소

해설

지정수량의 200배 이상의 위험물을 저장하는 옥외탱크저장소가 정기적으로 점검해야 할 대상이다.

관련개념 정기점검 대상인 제조소 등

• 지정수량의 10배 이상의 위험물을 취급하는 제조소
• 지정수량의 100배 이상의 이상물을 저장하는 옥외저장소
• 지정수량의 150배 이상의 위험물을 저장하는 옥내저장소
• 지정수량의 200배 이상의 위험물을 저장하는 옥외탱크저장소
• 암반탱크저장소
• 이송취급소
• 지하탱크저장소
• 이동탱크저장소

54

과산화벤조일에 대한 설명으로 틀린 것은?

① 발화점이 약 425℃로 상온에서 비교적 안전하다.
② 상온에서 고체이다.
③ 산소를 포함하는 산화성 물질이다.
④ 물을 혼합하면 폭발성이 줄어든다.

해설

과산화벤조일[$(C_6H_5CO)_2O_2$]은 발화점이 약 80℃이다.
과산화벤조일은 강한 산화성 물질로 충격에 의해 폭발할 위험이 있기 때문에 물을 혼합하거나 불활성 희석제를 첨가하여 폭발성을 낮추어 취급한다.

55 빈출

제5류 위험물의 제조소에 설치하는 주의사항 게시판에서 게시판 바탕 및 문자의 색을 옳게 나타낸 것은?

① 청색바탕에 백색문자
② 백색바탕에 청색문자
③ 백색바탕에 적색문자
④ 적색바탕에 백색문자

해설

제5류 위험물을 저장, 취급하는 위험물제조소에 설치하는 주의사항은 "화기엄금"이며 화기엄금 게시판은 적색바탕에 백색문자로 만든다.

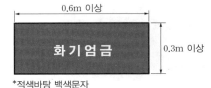

*적색바탕 백색문자

56

다음 중 조해성이 있는 황화인(황화린)만 모두 선택하여 나열한 것은?

$P_4S_3,\ P_2S_5,\ P_4S_7$

① $P_4S_3,\ P_2S_5$
② $P_4S_3,\ P_4S_7$
③ $P_2S_5,\ P_4S_7$
④ $P_4S_3,\ P_2S_5,\ P_4S_7$

해설 조해성

조해성은 고체가 대기 중에 방치되어 있을 때 대기 중의 수분을 흡수하여 스스로 녹는 성질이다.
오황화인(오황화린, P_2S_5), 칠황화인(칠황화린, P_4S_7)은 조해성이 있지만 삼황화인(삼황화린, P_4S_3)은 조해성이 없다.

57

벤젠의 성질에 대한 설명 중 틀린 것은?

① 증기는 유독하다.
② 물에 녹지 않는다.
③ CS_2보다 인화점이 낮다.
④ 독특한 냄새가 있는 액체이다.

해설

벤젠(C_6H_6)의 인화점은 약 $-11℃$이고, 이황화탄소(CS_2)의 인화점은 약 $-30℃$이다.
제4류 위험물은 인화점으로 구분하는 데 특수인화물은 인화점이 $-20℃$ 이하인 것이고, 제1석유류는 인화점이 $21℃$ 이하인 것이다.
두 위험물의 인화점을 암기하고 있지는 못하더라도 벤젠은 제1석유류이고, 이황화탄소는 특수인화물이므로 이황화탄소가 벤젠보다 인화점이 낮다는 것을 유추할 수 있다.

58 빈출

가솔린 저장량이 2,000L일 때 소화설비 설치를 위한 소요단위는?

① 1   ② 2
③ 3   ④ 4

해설

가솔린은 제1석유류(비수용성)로 지정수량이 200L이다.
위험물의 소요단위는 지정수량의 10배를 1소요단위로 한다.
가솔린 2,000L에 대한 소화설비 설치를 위한 소요단위는 다음과 같다.

$$\frac{2,000L}{200L \times 10} = 1$$

59

염소는 2가지 동위원소로 구성되어 있다. 원자량이 35인 염소는 75% 존재하고, 원자량이 37인 염소는 25% 존재한다고 가정하면 염소의 평균원자량은 얼마인가?

① 34.5   ② 35.5
③ 36.5   ④ 37.5

해설

원자의 평균원자량을 구할 때에는 각 원자의 평균원자량으로 구한다.
염소의 평균원자량 $= (35 \times 0.75) + (37 \times 0.25) = 35.5$
※ 분자량을 계산할 때 염소의 원자량은 35.5로 계산한다는 것을 기억하고 있으면 계산하지 않고도 답을 구할 수 있는 문제이다.

60 빈출

지정수량에 따른 제4류 위험물 옥외탱크저장소 주위의 보유공지 너비의 기준으로 틀린 것은?

① 지정수량의 500배 이하 $-$ 3m 이상
② 지정수량의 500배 초과 1,000배 이하 $-$ 5m 이상
③ 지정수량의 1,000배 초과 2,000배 이하 $-$ 9m 이상
④ 지정수량의 2,000배 초과 3,000배 이하 $-$ 15m 이상

해설 옥외저장탱크의 보유공지 기준

저장 또는 취급하는 위험물의 최대수량	공지의 너비
지정수량의 500배 이하	3m 이상
지정수량의 500배 초과 1,000배 이하	5m 이상
지정수량의 1,000배 초과 2,000배 이하	9m 이상
지정수량의 2,000배 초과 3,000배 이하	12m 이상

2021년 1회 CBT 복원문제

1과목 │ 일반화학

01

자철광 제조법으로 빨갛게 달군 철에 수증기를 통할 때의 반응식으로 옳은 것은?

① $3Fe + 4H_2O \rightarrow Fe_3O_4 + 4H_2$

② $2Fe + 3H_2O \rightarrow Fe_2O_3 + 3H_2$

③ $Fe + H_2O \rightarrow FeO + H_2$

④ $Fe + 2H_2O \rightarrow FeO_2 + 2H_2$

해설

자철광의 주성분이 생성되는 반응식

$3Fe + 4H_2O \rightarrow Fe_3O_4 + 4H_2$

02 고난도

다음 중 −CONH− 결합이 존재하는 것은?

① 나이트로(니트로)셀룰로오스

② 염화비닐

③ 단백질

④ 트리나이트로(니트로)톨루엔

해설

분자 내에 −CONH− 결합이 존재하는 것을 펩타이드 결합이라고 한다. 단백질 또는 나일론은 펩타이드 결합이 존재하는 화합물이다.

오답해설

① 분자식이 $C_6H_7O_2(ONO_2)_3$로 −CONH− 결합은 존재하지 않는다.

② 분자식이 CH_2CHCl로 −CONH− 결합은 존재하지 않는다.

④ 분자식이 $C_6H_2CH_3(NO_2)_3$로 −CONH− 결합은 존재하지 않는다.

03 빈출

다이크로뮴산(중크롬산)칼륨에서 크로뮴(크롬)의 산화수는?

① 2

② 4

③ 6

④ 8

해설

다이크로뮴산(중크롬산)칼륨($K_2Cr_2O_7$)은 화합물이기 때문에 원자들의 산화수의 총 합은 0이다.

화합물에서 칼륨의 산화수는 $+1$이고, 산소는 과산화물이 아닌 경우 산화수가 -2이다. 따라서 다음과 같이 크로뮴(크롬)의 산화수를 x로 놓고, 산화수를 구할 수 있다.

$(+1 \times 2) + 2x + (-2 \times 7) = 0$

$2x = 12$

$x = +6$

04

다음 중 일반적으로 루이스 염기로 작용하는 것은?

① CO_2

② BF_3

③ $AlCl_3$

④ NH_3

해설

루이스의 산과 염기의 정의에 따르면 화학반응에서 비공유 전자쌍을 받는 물질을 산이라고 하고 비공유 전자쌍을 주는 물질을 염기라고 한다. 따라서 루이스 염기로 작용하기 위해서는 분자 내에 비공유 전자쌍이 있어야 한다.

NH_3의 경우 다음처럼 분자 내에 비공유 전자쌍을 가지고 있기 때문에 일반적으로 루이스 염기로 작용한다.

05

어떤 기체가 표준상태에서 2.8L일 때 3.5g이다. 이 물질의 분자량과 같은 것은?

① He
② N_2
③ H_2O
④ N_2H_4

해설

기체는 표준상태에서 1몰일 때 부피가 22.4L이다. 이 관계를 이용하여 기체 2.8L의 몰수를 다음과 같이 비례식으로 구할 수 있다.

1몰 : 22.4L = x몰 : 2.8L

x = 0.125몰

문제에서 어떤 기체의 무게가 3.5g이라고 했고, 분자량은 기체가 1몰일 때의 무게이다. 이 관계를 이용하여 다음과 같이 비례식으로 어떤 기체의 분자량을 구할 수 있다.

0.125몰 : 3.5g = 1몰 : xg

x = 28g

보기에서는 ②번 질소(N_2)의 분자량이 28이다.

06 <빈출>

어떤 기체 2g이 100℃에서 압력이 730mmHg, 부피가 600mL일 때 이 기체의 분자량은 얼마인가?

① 98
② 100
③ 102
④ 106

해설

이상기체상태방정식을 이용하여 기체의 분자량을 구한다.

$$PV = nRT = \frac{w}{M}RT$$

$$M = \frac{wRT}{PV} = \frac{2 \times 0.082 \times 373}{0.9605 \times 0.6} = 106.15$$

w(기체의 질량) = 2g

R(기체상수) = 0.082L·atm·K^{-1}·mol^{-1}

T(절대온도) = 100 + 273 = 373K

P(압력) = 0.9605atm

※ 760mmHg가 1atm이다. 수식에 $\frac{730}{760}$ 을 직접 대입해도 된다.

V(부피) = 0.6L

07

다음 중 비공유 전자쌍을 가장 많이 가지고 있는 것은?

① CO_2
② CH_4
③ H_2O
④ NH_3

해설 보기에 있는 물질의 비공유 전자쌍의 개수

구분	구조식	비공유 전자쌍
CO_2	$\ddot{O} = C = \ddot{O}$	4
CH_4	H–C–H (with H above and below)	0
H_2O	$\ddot{O}$ with H H	2
NH_3	H–N–H with H below	1

08

수소 1.2몰과 염소 2몰이 반응할 경우 생성되는 염화수소의 몰수는?

① 1.2
② 2
③ 2.4
④ 4.8

해설

$H_2 + Cl_2 \rightarrow 2HCl$

수소와 염소는 1 : 1의 비율로 반응한다.

1.2몰 : 1.2몰 : 2.4몰

※ 염소는 2몰 중에서 1.2몰만 반응하고, 0.8몰은 그대로 남는다.

09

8g의 메탄을 완전연소시키는 데 필요한 산소 분자의 수는?

① 6.02×10^{23} ② 1.204×10^{23}
③ 6.02×10^{24} ④ 1.204×10^{24}

해설

$CH_4 + 2O_2 \rightarrow CO_2 + 2H_2O$
메탄(CH_4) 1몰(16g)이 완전연소할 때 필요한 산소 분자의 수는 2몰이다.
2몰의 분자 수는 $2 \times 6.02 \times 10^{23}$이다.
$8g : x개 = 16g : 2 \times 6.02 \times 10^{23}개$
$16 \times x = 8 \times 2 \times 6.02 \times 10^{23}$
$\therefore x = 6.02 \times 10^{23}개$

10

포화 탄화수소에 해당하는 것은?

① 톨루엔   ② 에틸렌
③ 프로판   ④ 아세틸렌

해설

포화 탄화수소란 구조식을 그렸을 때 단일결합으로만 이루어진 것을 말한다.
톨루엔은 벤젠 고리에 '$-CH_3$'가 치환된 것으로, 벤젠이 1.5중 결합이다.
에틸렌은 2중 결합, 아세틸렌은 3중 결합이다.

11

볼타전지의 기전력은 약 1.3V인데 전류가 흐르기 시작하면 곧 0.4V로 된다. 이러한 현상을 무엇이라 하는가?

① 감극   ② 소극
③ 분극   ④ 충전

해설 **분극현상**

볼타전지에서 기전력은 약 1.3V 정도이지만 잠시 사용하면 0.4V로 떨어진다. 이러한 분극현상은 (+)극 표면에서 발생한 수소기체가 Cu판에 붙어서 H^+의 환원반응을 방해하기 때문에 발생한다.

12 고난도

다음 중 카르보닐기를 갖는 화합물은?

① $C_6H_5CH_3$ ② $C_6H_5NH_2$
③ CH_3OCH_3 ④ CH_3COCH_3

해설

유기화합물에서 탄소 사슬의 중간에 탄소 원자가 산소 원자와 이중결합을 갖는 원자단을 카르보닐기라고 한다. 아세톤(CH_3COCH_3)은 카르보닐기를 갖는 화합물이다.

▲ 카르보닐기   ▲ 아세톤 구조식

오답해설

① 톨루엔의 분자식이다.
② 아닐린의 분자식이다.
③ 다이메틸에터(디메틸에테르)의 분자식이다.

13

귀금속인 금이나 백금 등을 녹이는 왕수의 제조비율로 옳은 것은?

① 질산 3부피 + 염산 1부피
② 질산 3부피 + 염산 2부피
③ 질산 1부피 + 염산 3부피
④ 질산 2부피 + 염산 3부피

해설

금이나 백금 등은 한 종류의 산에는 녹지 않지만 질한 질산과 진한 염산을
1:3의 부피비로 혼합한 왕수에는 녹는다.

14

집기병 속에 물에 적신 빨간 꽃잎을 넣고 어떤 기체를 채웠더니 얼마 후 꽃잎이 탈색되었다. 이와 같이 색을 탈색(표백)시키는 성질을 가진 기체는?

① He
② CO_2
③ N_2
④ Cl_2

해설

염소(Cl_2) 기체는 색을 탈색(표백)시키는 성질이 있다.

15 빈출

미지농도의 염산 용액 100mL를 중화하는데 0.2N NaOH 용액 250mL가 소모되었다. 이 염산의 농도는 몇 N인가?

① 0.05
② 0.2
③ 0.25
④ 0.5

해설

중화적정에 사용하는 공식 $NV = N'V'$을 사용한다.
$100 \times x = 250 \times 0.2$
$x = 0.5N$

16

이온결합물질의 일반적인 성질에 관한 설명 중 틀린 것은?

① 녹는점이 비교적 높다.
② 단단하며 부스러지기 쉽다.
③ 고체와 액체 상태에서 모두 도체이다.
④ 물과 같은 극성용매에 용해되기 쉽다.

해설

이온결합물질은 액체상태에서는 전해질이므로 도체이나 고체상태에서는 전자(e^-)의 움직임이 없어 부도체이다.

17

황산구리 결정 $CuSO_4 \cdot 5H_2O$ 25g을 100g의 물에 녹였을 때 몇 wt% 농도의 황산구리($CuSO_4$) 수용액이 되는가? (단, $CuSO_4$ 분자량은 160이다.)

① 1.28%
② 1.60%
③ 12.8%
④ 16.0%

해설

$CuSO_4$의 분자량: 160
$CuSO_4 \cdot 5H_2O$의 분자량: $160 + 90 = 250$
$CuSO_4$의 함량비: $\dfrac{160}{250} = 0.64$
황산구리 결정 25g 중 순수한 $CuSO_4$의 질량: $25g \times 0.64 = 16g$
$wt\%농도 = \dfrac{용질의 양}{용액의 양} \times 100 = \dfrac{16g}{(100+25)g} \times 100 = 12.8wt\%$

18 고난도

기하이성질체 때문에 극성 분자와 비극성 분자를 가질 수 있는 것은?

① C_2H_4
② C_2H_3Cl
③ $C_2H_2Cl_2$
④ C_2HCl_3

해설

디클로로에텐($C_2H_2Cl_2$)은 Cl과 H의 위치에 따라 2종류의 기하이성질체가 존재한다.

cis-1,2-dichloroethene   trans-1,2-dichloroethene

디클로로에텐의 이성질체 중 cis형은 극성 분자이고, trans형은 비극성 분자이다. 실제로 cis-1,2-dichloroethene의 끓는점은 약 60.3℃이고, trans-1,2-dichloroethene의 끓는점은 약 47.5℃로 극성 분자인 cis-1,2-dichloroethene의 끓는점이 더 높다.

19

CO_2 44g을 만들려면 C_3H_8 분자가 약 몇 개가 완전연소 해야 하는가?

① 2.01×10^{23}
② 2.01×10^{22}
③ 6.02×10^{22}
④ 6.02×10^{23}

해설

C_3H_8의 완전연소식은 $C_3H_8 + 5O_2 \rightarrow 3CO_2 + 4H_2O$이므로 완전연소 시 반응하는 C_3H_8과 생성되는 CO_2의 비율은 1 : 3이다.
CO_2 44g은 1몰이고 CO_2 44g(1몰)을 만들기 위해서는 1/3몰의 C_3H_8가 필요하다.
1몰의 C_3H_8의 분자수는 6.02×10^{23}개이므로 C_3H_8의 1/3몰의 분자수는 2.01×10^{23}개이다.

20

황산 수용액 400mL 속에 순황산이 98g 녹아 있다면 이 용액의 농도는 몇 N인가?

① 3
② 4
③ 5
④ 6

해설

황산(H_2SO_4)의 분자량은 98g/mol이다.
※ 수소(H)의 원자량은 1, 황(S)의 원자량은 32, 산소(O)의 원자량은 16이다.
N농도를 구하기 전에 먼저 몰농도를 구한다.
$$\text{몰농도} = \frac{\text{용질의 몰수(mol)}}{\text{용액의 부피(L)}} = \frac{1}{0.4} = 2.5\text{mol/L}$$
황산에서 수소 원자는 2개가 있으므로 몰농도에서 2를 곱해야 N농도가 된다.
∴ N농도 $= 2.5 \times 2 = 5$

2과목	화재예방과 소화방법

21

전역방출방식의 할로젠화물(할로겐화물)소화설비 중 하론 1301을 방사하는 분사헤드의 방사압력은 얼마 이상이어야 하는가?

① 0.1MPa
② 0.2MPa
③ 0.5MPa
④ 0.9MPa

해설

전역방출방식의 할로젠화물(할로겐화물)소화설비 중 분사헤드의 방사압력은 하론 2402를 방출하는 것은 0.1MPa 이상, 하론 1211을 방출하는 것은 0.2MPa 이상, 하론 1301을 방출하는 것은 0.9MPa 이상으로 해야 한다.

22 빈출

다음 위험물의 저장창고에서 화재가 발생하였을 때 주수에 의한 냉각소화가 적절치 않은 위험물은?

① $NaClO_3$
② Na_2O_2
③ $NaNO_3$
④ $NaBrO_3$

해설

과산화나트륨(Na_2O_2)은 물과 격렬하게 반응하여 열을 발생하고 산소를 방출시키기 때문에 화재가 발생하였을 때 주수(물)에 의한 냉각소화를 하면 안 된다.
$$2Na_2O_2 + 2H_2O \rightarrow 4NaOH + O_2 \uparrow$$
①, ③, ④번은 모두 제1류 위험물로 화재 발생 시 주수에 의한 냉각소화를 할 수 있다.

23 빈출

소화약제로서 물이 갖는 특성에 대한 설명으로 옳지 않은 것은?

① 유화효과(emulsification effect)도 기대할 수 있다.
② 증발잠열이 커서 기화 시 다량의 열을 제거한다.
③ 기화팽창률이 커서 질식효과가 있다.
④ 용융잠열이 커서 주수 시 냉각효과가 뛰어나다.

해설
① 물을 안개형태로 흩어서 뿌리면 유류의 표면을 덮어 증기발생을 억제하기도 하는데 이를 유화효과라고 한다.
② 물은 증발잠열이 커서 기화 시 다량의 열을 흡수하여 온도를 낮춘다.
③ 물은 기화팽창율이 크기 때문에 수증기로 변할 때 부피가 커진다. 이때 부피가 커진 수증기가 공기를 차단하여 질식효과가 있다.
④ 물은 용융잠열이 아닌 기화잠열이 커서 주수 시 냉각효과가 뛰어나다.

24

제조소 등에 전기설비(전기배선, 조명기구 등은 제외함)가 설치된 장소의 바닥면적이 200m²인 경우 설치해야 하는 소형수동식소화기의 최소개수는?

① 1개   ② 2개
③ 3개   ④ 4개

해설
제조소 등에 전기설비(전기배선, 조명기구 등은 제외함)가 설치된 경우에는 당해 장소의 100m²마다 소형수동식소화기를 1개 이상 설치해야 한다.

25

탱크 내 액체가 급격히 비등하고 증기가 팽창하면서 폭발을 일으키는 현상은?

① Fire ball   ② Back draft
③ BLEVE   ④ Flash over

해설
BLEVE는 가연성 액화가스 저장탱크 주위에서 화재가 발생하여 탱크 내부에 가열된 액체가 급격하게 비등하고 증기가 팽창하여 탱크 강판이 국부 가열되어 강도가 약해진 부분에서 탱크가 파열되고 폭발하는 현상이다.

오답해설
① 인화성 증기가 공기 중에서 확산하여 커다란 공의 형태로 폭발하는 것으로 BLEVE가 발생할 때 일어나는 현상 중의 하나이다.
② 화재가 발생한 실내에는 산소가 부족하다. 이때 갑자기 산소가 다량 공급되면 연소가스가 순간적으로 발화하는 현상이다.
④ 용기나 방 등과 같은 어느 계에서 가연물의 대부분이 거의 동시에 착화 온도에 달하는 현상이다.

26

네슬러 시약에 의하여 적갈색으로 검출되는 물질은 어느 것인가?

① 질산이온   ② 암모늄이온
③ 아황산이온   ④ 일산화탄소

해설
NH_4^+이온(암모늄이온)은 네슬러 시약에 의하여 검출한다.(적갈색 침전)

27 빈출

주성분이 탄산수소나트륨인 소화약제는 제 몇 종 분말소화약제인가?

① 제1종 ② 제2종
③ 제3종 ④ 제4종

해설

종별	소화약제	착색	적응화재	열분해 반응식
제1종 분말	$NaHCO_3$ (탄산수소나트륨)	백색	B, C	$2NaHCO_3$ → $Na_2CO_3+CO_2+H_2O$
제2종 분말	$KHCO_3$ (탄산수소칼륨)	담회색	B, C	$2KHCO_3$ → $K_2CO_3+CO_2+H_2O$
제3종 분말	$NH_4H_2PO_4$ (제1인산암모늄)	담홍색	A, B, C	$NH_4H_2PO_4$ → $HPO_3+NH_3+H_2O$
제4종 분말	$KHCO_3+(NH_2)_2CO$ (탄산수소칼륨+요소)	회색	B, C	$2KHCO_3+(NH_2)_2CO$ → $K_2CO_3+2NH_3+2CO_2$

28 빈출

클로로벤젠 300,000L의 소요단위는 얼마인가?

① 20 ② 30
③ 200 ④ 300

해설

클로로벤젠의 지정수량은 1,000L이고, 위험물의 1 소요단위는 지정수량의 10배이다.

클로로벤젠 300,000L의 소요단위는 $\frac{300,000}{1,000\times10}=30$이다.

29 고난도

「위험물안전관리법령」상 인화성 고체와 질산에 공통적으로 적응성이 있는 소화설비는?

① 불활성가스 소화설비
② 할로젠화합물(할로겐화합물) 소화설비
③ 탄산수소염류분말 소화설비
④ 포 소화설비

해설

인화성 고체는 분말 소화설비 중 인산염류, 탄산수소염류 외의 그 밖의 것을 제외하고 모든 소화설비에 적응성이 있으므로 질산(제6류 위험물)에 적응성이 있는 소화설비를 찾는다. 보기에서는 포 소화설비만 질산에 적응성이 있다.

30

「위험물안전관리법령」상 옥내소화전설비의 기준에서 옥내소화전의 개폐밸브 및 호스접속구의 바닥면으로부터 설치높이 기준으로 옳은 것은?

① 1.2m 이하 ② 1.2m 이상
③ 1.5m 이하 ④ 1.5m 이상

해설

「위험물안전관리법령」상 옥내소화전설비의 기준에 따르면 옥내소화전의 개폐밸브 및 호스접속구는 바닥면으로부터 1.5m 이하의 높이에 설치하여야 한다.

31 빈출

「위험물안전관리법령」에서 정한 다음의 소화설비 중 능력단위가 가장 큰 것은?

① 팽창진주암 160L(삽 1개 포함)
② 수조 80L(소화전용 물통 3개 포함)
③ 마른 모래 50L(삽 1개 포함)
④ 팽창질석 160L(삽 1개 포함)

해설 기타 소화설비의 능력단위

소화설비	용량	능력단위
소화전용(轉用) 물통	8L	0.3
수조(소화전용 물통 3개 포함)	80L	1.5
수조(소화전용 물통 6개 포함)	190L	2.5
마른 모래(삽 1개 포함)	50L	0.5
팽창질석 또는 팽창진주암(삽 1개 포함)	160L	1.0

32 빈출

트리에틸알루미늄의 화재 발생 시 물을 이용한 소화가 위험한 이유를 옳게 설명한 것은?

① 가연성의 수소가스가 발생하기 때문에
② 유독성의 포스핀가스가 발생하기 때문에
③ 유독성의 포스겐가스가 발생하기 때문에
④ 가연성의 에탄가스가 발생하기 때문에

해설

트리에틸알루미늄은 물과 접촉하면 폭발적으로 반응하여 에탄(C_2H_6)을 발생시키므로 주수소화는 위험하다.

$(C_2H_5)_3Al+3H_2O$ → $Al(OH)_3+3C_2H_6\uparrow$

　|정답| 27 ① 28 ② 29 ④ 30 ③ 31 ② 32 ④

33

제1석유류를 저장하는 옥외탱크저장소에 특형 포 방출구를 설치하는 경우, 방출률은 액표면적 1m² 당 1분에 몇 리터 이상이어야 하는가?

① 9.5L
② 8.0L
③ 6.5L
④ 3.7L

해설

제1석유류는 아세톤, 휘발유, 그 밖의 1atm에서 인화점이 21℃ 미만인 것을 말하며 포 방출구 설치 시 방출률은 아래 표와 같다.

포 방출구의 종류	Ⅰ형		Ⅱ형		특형		Ⅲ형		Ⅳ형	
위험물의 구분	포 수용 액량	방출률	포 수용 액량	방출률	포 수용 액량	방출률	포 수용 액량	방출률	포 수용 액량	방출률
제4류 위험물 중 인화점이 21℃ 미만인 것	120	4	220	4	240	8	220	4	220	4

※ 포 수용액량의 단위: L/m², 방출률의 단위: L/m² · min

34

이산화탄소 소화기는 어떤 현상에 의해서 온도가 내려가 드라이아이스를 생성하는가?

① 줄 - 톰슨 효과
② 사이펀
③ 표면장력
④ 모세관

해설 **줄 - 톰슨 효과**

기체 또는 액체가 소화기 내부의 가는 관을 통과할 때 온도와 압력이 급강하하여 관이 막히는 현상이다. 이산화탄소 소화기는 줄 - 톰슨 현상에 의해 드라이아이스가 생성된다.

35 빈출

「위험물안전관리법령」상 지정수량의 3천 배 초과 4천 배 이하의 위험물을 저장하는 옥외탱크저장소에 확보하여야 하는 보유공지의 너비는 얼마인가?

① 6m 이상
② 9m 이상
③ 12m 이상
④ 15m 이상

해설 **옥외탱크저장소의 보유공지**

위험물의 최대수량	공지의 너비
지정수량의 500배 이하	3m 이상
지정수량의 500배 초과 1,000배 이하	5m 이상
지정수량의 1,000배 초과 2,000배 이하	9m 이상
지정수량의 2,000배 초과 3,000배 이하	12m 이상
지정수량의 3,000배 초과 4,000배 이하	15m 이상

36

메탄올에 대한 설명으로 틀린 것은?

① 무색투명한 액체이다.
② 완전 연소하면 CO_2와 H_2O가 생성된다.
③ 비중 값이 물보다 작다.
④ 산화하면 포름산을 거쳐 최종적으로 포름알데하이드 (포름알데히드)가 된다.

해설

메탄올은 산화하면 포름알데하이드(포름알데히드)를 거쳐 최종적으로 포름산이 된다.

$$CH_3OH \xrightarrow{\text{산화}} HCHO \xrightarrow{\text{산화}} HCOOH$$
(메탄올)　　　　포름알데하이드　　　(포름산)

37

제3류 위험물의 소화방법에 대한 설명으로 옳지 않은 것은?

① 제3류 위험물은 모두 물에 의한 소화가 불가능하다.
② 팽창질석은 제3류 위험물에 적응성이 있다.
③ K, Na의 화재 시에는 물을 사용할 수 없다.
④ 할로젠화합물(할로겐화합물) 소화설비는 제3류 위험물에 적응성이 없다.

해설 **제3류 위험물 소화방법**

• 주수를 엄금하며 물에 의한 냉각소화는 불가능하지만 황린의 경우 초기 화재 시 물로 소화가 가능하다.
• 가장 효과적인 소화약제는 마른 모래, 팽창질석과 팽창진주암, 탄산수소염류 분말소화약제이다.

38 빈출

위험물의 운반용기 외부에 표시하여야 하는 주의사항에 '화기엄금'이 포함되지 않은 것은?

① 제1류 위험물 중 알칼리금속의 과산화물
② 제2류 위험물 중 인화성 고체
③ 제3류 위험물 중 자연발화성 물질
④ 제5류 위험물

해설 **운반용기 외부 표시사항**

구분	표시사항
알칼리금속의 과산화물	화기 · 충격주의, 물기엄금, 가연물 접촉주의
인화성 고체	화기엄금
자연발화성 물질	화기엄금 및 공기접촉엄금
제5류 위험물	화기엄금 및 충격주의

39

고체가연물에 있어서 덩어리 상태보다 분말일 때 화재 위험성이 증가하는 이유는?

① 공기와의 접촉면적이 증가하기 때문이다.
② 열전도율이 증가하기 때문이다.
③ 흡열반응이 진행되기 때문이다.
④ 활성화에너지가 증가하기 때문이다.

해설

고체가연물의 경우 덩어리 상태보다 분말일 때 공기와의 접촉면적이 증가하기 때문에 화재 위험성이 증가된다. 고체가연물이 분말 상태가 된다고 하더라도 열전도율, 활성화에너지 등은 물질의 고유한 성질이기 때문에 변하지 않는다.

40

분말소화약제 중 제1인산암모늄의 특징이 아닌 것은?

① 백색으로 착색되어 있다.
② 전기화재에 사용할 수 있다.
③ 유류화재에 사용할 수 있다.
④ 목재화재에 사용할 수 있다.

해설

제1인산암모늄은 제3종 분말소화약제로 담홍색으로 착색되어 있다.
제3종 분말소화약제는 A급 화재(일반화재), B급 화재(유류화재), C급 화재(전기화재)에 모두 적응성이 있다.

3과목 위험물의 성질과 취급

41 고난도

다음 위험물을 옥내저장소에 저장할 때 내부에 체류한 가연성의 증기를 지붕 위로 배출하는 설비를 갖추어야 하는 것은?

① 피리딘
② 과산화수소
③ 마그네슘
④ 실린더유

해설

옥내저장소의 저장창고에 인화점이 70℃ 미만인 위험물을 저장할 때에는 내부에 체류한 가연성의 증기를 지붕 위로 배출하는 설비를 갖추어야 한다. 피리딘은 제4류 위험물 중 제1석유류로 인화점이 약 20℃이므로 옥내저장소에 저장할 때 가연성의 증기를 지붕 위로 배출하는 설비를 갖추어야 한다.

오답해설

② 과산화수소는 제6류 위험물로 인화점을 측정하기 어렵다.
③ 마그네슘은 제2류 위험물로 인화점을 측정하기 어렵다.
④ 실린더유는 제4석유류이다. 제4석유류는 인화점이 200℃ 이상 250℃ 미만인 것이다.

42

과염소산칼륨과 적린을 혼합하는 것이 위험한 이유로 가장 타당한 것은?

① 마찰열이 발생하여 과염소산칼륨이 자연발화할 수 있기 때문에
② 과염소산칼륨이 연소하면서 생성된 연소열이 적린을 연소시킬 수 있기 때문에
③ 산화제인 과염소산칼륨과 가연물인 적린이 혼합하면 가열, 충격 등에 의해 연소 · 폭발할 수 있기 때문에
④ 혼합하면 용해되어 액상 위험물이 되기 때문에

해설

과염소산칼륨($KClO_4$)은 산화성 고체인 제1류 위험물로 분자 내에 산소를 많이 포함하고 있어 산소 공급원이 될 수 있다.
적린(P)은 가연성 고체로 제2류 위험물이다. 따라서 과염소산칼륨과 적린을 혼합하면 가열, 충격 등에 의하여 연소, 폭발할 수 있다.

43 빈출

적재 시 일광의 직사를 피하기 위하여 차광성이 있는 피복으로 가려야 하는 것은?

① 메탄올　　　　　　　② 철분
③ 가솔린　　　　　　　④ 과산화수소

해설

제1류 위험물, 제3류 위험물 중 자연발화성 물질, 제4류 위험물 중 특수인화물, 제5류 위험물 또는 제6류 위험물은 적재 시 차광성이 있는 피복으로 가려야 한다.
과산화수소는 제6류 위험물이기 때문에 적재 시 차광성이 있는 피복으로 가려야 한다.

오답해설

①, ③ 메탄올은 제4류 위험물이지만 알코올류이고, 가솔린은 제4류 위험물이지만 제1석유류이다.
② 철분은 제2류 위험물이다.

44

다음 중 오황화인(오황화린)이 분해될 때 생성되는 기체에 대한 설명으로 옳은 것은?

① 노란색이다.
② 냄새가 나지 않는다.
③ 불연성이다.
④ 독성이 있다.

해설

오황화인(P_2S_5, 오황화린)은 습한 공기 중에서 분해되어 독성이 있는 기체인 황화수소(H_2S)를 발생시킨다.

관련개념

황화수소(H_2S)의 성질

• 무색, 썩은 달걀과 비슷한 냄새가 난다.
• 가연성이고, 독성이 있다.
• 물에 녹는다.

45

다음 [보기]의 물질 중 「위험물안전관리법령」상 제1류 위험물에 해당하는 것의 지정수량을 모두 합산한 값은?

┤ 보기 ├

퍼옥소이황산염류, 아이오딘산(요오드산),
과염소산, 차아염소산염류

① 350kg　　　　　　　② 400kg
③ 650kg　　　　　　　④ 1,350kg

해설

[보기] 물질 중 제1류 위험물은 퍼옥소이황산염류, 차아염소산염류이고 지정수량은 퍼옥소이황산염류: 300kg, 차아염소산염류: 50kg으로 지정수량의 합은 350kg이다.
과염소산: 제6류 위험물, 아이오딘산(요오드산): 비위험물
※ 퍼옥소이황산염류, 차아염소산염류는 제1류 위험물 중 행정안전부령으로 정하는 것이다.

46 빈출

[그림]과 같은 위험물을 저장하는 탱크의 내용적은 약 몇 m^3인가? (단, r은 10m, l은 25m이다.)

┤ 그림 ├

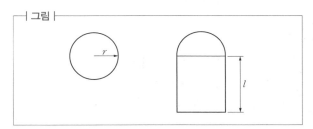

① 3,612　　　　　　　② 4,712
③ 5,812　　　　　　　④ 7,854

해설

세로로 설치한 원형 탱크의 내용적을 계산하는 방법은 다음과 같다.
$\pi r^2 l = \pi \times 10^2 \times 25 = 7,854m^3$

47

「위험물안전관리법령」상 제4류 위험물 옥외저장탱크의 대기밸브 부착 통기관은 몇 kPa 이하의 압력차이로 작동할 수 있어야 하는가?

① 2   ② 3
③ 4   ④ 5

> **해설**
>
> 제4류 위험물 옥외저장탱크의 대기밸브 부착 통기관은 5kPa 이하의 압력차이로 작동할 수 있어야 한다.

48

옥내저장소에서 안전거리 기준이 적용되는 경우는?

① 지정수량 20배 미만의 제4석유류를 저장하는 것
② 제2류 위험물 중 덩어리 상태의 황(유황)을 저장하는 것
③ 지정수량 20배 미만의 동식물유류를 저장하는 것
④ 제6류 위험물을 저장하는 것

> **해설**   옥내저장소에서 안전거리를 두지 않아도 되는 경우
>
> • 제4석유류 또는 동식물유류의 위험물을 저장 또는 취급하는 옥내저장소로서 그 최대수량이 지정수량의 20배 미만인 것
> • 제6류 위험물을 저장 또는 취급하는 옥내저장소

49 빈출

옥내저장창고의 바닥을 물이 스며 나오거나 스며들지 않는 구조로 해야 하는 위험물은?

① 과염소산칼륨
② 나이트로(니트로)셀룰로오스
③ 적린
④ 트리에틸알루미늄

> **해설**
>
> 제1류 위험물 중 알칼리금속의 과산화물 또는 이를 함유한 것, 제2류 위험물 중 철분·금속분·마그네슘 또는 이중 어느 하나 이상을 함유하는 것, 제3류 위험물 중 금수성 물질 또는 제4류 위험물의 저장창고의 바닥은 물이 스며 나오거나 스며들지 않는 구조로 해야 한다.
>
> 트리에틸알루미늄은 제3류 위험물 중 금수성 물질인 알킬알루미늄에 해당되므로 저장창고의 바닥을 물이 스며 나오거나 스며들지 않는 구조로 해야 한다.

> **상세해설**   보기에 있는 위험물의 분류

구분	유별	품명
과염소산칼륨	제1류	과염소산염류
나이트로(니트로)셀룰로오스	제5류	질산에스터류(질산에스테르류)
적린	제2류	적린
트리에틸알루미늄	제3류	알킬알루미늄

50

다음 중 비중이 1보다 큰 물질은?

① 이황화탄소
② 에틸알코올
③ 아세트알데하이드(아세트알데히드)
④ 테레핀유

> **해설**
>
> 이황화탄소의 비중은 약 1.26으로 물보다 무겁다. 이황화탄소는 가연성 증기의 발생을 억제하기 위해 물속에 보관한다.
>
> 에틸알코올, 아세트알데하이드(아세트알데히드), 테레핀유는 모두 물보다 가벼운 제4류 위험물로 비중이 1보다 작다.

> **상세해설**   보기에 있는 위험물의 분류

구분	유별	품명	비중
이황화탄소	제4류	특수인화물	1.26
에틸알코올	제4류	알코올류	0.8
아세트알데하이드(아세트알데히드)	제4류	특수인화물	0.8
테레핀유	제4류	제2석유류	0.86

51

제1석유류, 제2석유류, 제3석유류를 구분하는 주요기준이 되는 것은?

① 인화점 ② 발화점
③ 비등점 ④ 비중

해설

제1석유류, 제2석유류, 제3석유류는 인화점으로 구분한다.

구분	인화점 범위
제1석유류	1atm에서 인화점이 21℃ 미만인 것
제2석유류	1atm에서 인화점이 21℃ 이상 70℃ 미만인 것
제3석유류	1atm에서 인화점이 70℃ 이상 200℃ 미만인 것

52

1기압에서 인화점이 21℃ 이상 70℃ 미만인 품명에 해당되는 것은?

① 벤젠 ② 경유
③ 나이트로벤젠 ④ 실린더유

해설

1기압에서 인화점이 21℃ 이상 70℃ 미만인 것은 경유, 등유, 아세트산 등과 같은 제2석유류이다.

오답해설

① 벤젠은 제1석유류이다.
③ 나이트로벤젠(니트로벤젠)은 제3석유류이다.
④ 실린더유는 제4석유류이다.

53 빈출

인화칼슘의 성질이 아닌 것은?

① 적갈색의 고체이다.
② 물과 반응하여 포스핀 가스를 발생한다.
③ 물과 반응하여 유독한 불연성 가스를 발생한다.
④ 산과 반응하여 포스핀 가스를 발생한다.

해설

인화칼슘(Ca_3P_2)은 물과 반응하여 포스핀(PH_3)을 생성시키는데 포스핀은 유독하며 가연성을 가진다.
$$Ca_3P_2 + 6H_2O \rightarrow 3Ca(OH)_2 + 2PH_3\uparrow$$

54 빈출

다음과 같이 위험물을 저장할 경우 각각의 지정수량 배수의 총합은 얼마인가?

> – 클로로벤젠: 1,000L
> – 동식물유류: 5,000L
> – 제4석유류: 12,000L

① 2.5 ② 3.0
③ 3.5 ④ 4.0

해설 지정수량 배수의 총합

$$\frac{A품명의\ 저장수량}{A품명의\ 지정수량} + \frac{B품명의\ 저장수량}{B품명의\ 지정수량} + \frac{C품명의\ 저장수량}{C품명의\ 지정수량} + \cdots$$
$$= \frac{1,000}{1,000} + \frac{5,000}{10,000} + \frac{12,000}{6,000} = 3.5$$

55 빈출

탄화칼슘과 물이 반응하였을 때 생성되는 가스는?

① C_2H_2 ② C_2H_4
③ C_2H_6 ④ CH_4

해설

탄화칼슘과 물이 반응하면 수산화칼슘(=소석회)과 아세틸렌가스가 생성된다.
$$CaC_2 + 2H_2O \rightarrow Ca(OH)_2 + C_2H_2\uparrow$$

56 빈출

「위험물안전관리법령」에 따른 위험물제조소의 안전거리 기준으로 틀린 것은?

① 주택으로부터 10m 이상
② 학교, 병원, 극장으로부터는 30m 이상
③ 유형문화재와 기념물 중 지정문화재로부터는 70m 이상
④ 고압가스 등을 저장 · 취급하는 시설로부터는 20m 이상

해설

위험물제조소는 유형문화재와 기념물 중 지정문화재에 있어서는 50m 이상의 안전거리를 두어야 한다.

57 고난도

트리나이트로(니트로)페놀의 성질에 대한 설명 중 틀린 것은?

① 폭발에 대비하여 철, 구리로 만든 용기에 저장한다.
② 휘황색을 띤 침상 결정이다.
③ 비중이 약 1.8로 물보다 무겁다.
④ 단독으로는 충격, 마찰에 둔감한 편이다.

해설

트리나이트로(니트로)페놀은 금속과 반응하여 폭발성이 있는 피크린산염을 생성하므로 철, 구리로 만든 용기에 저장하지 않아야 한다.

관련개념 **트리나이트로(니트로)페놀의 성질**

• 구리, 아연, 납과 반응하여 피크린산염을 만들어 위험성이 커진다.
• 단독으로는 마찰, 충격에 둔감하여 폭발하지 않는다.
• 휘황색의 침상 결정으로 폭탄의 원료로 사용된다.
• 다량의 물로 소화한다.
• 냉수에는 녹지 않고, 더운물, 에테르, 벤젠, 알코올에 잘 녹는다.
• 비중은 약 1.8이다.

58 빈출

아세트알데하이드(아세트알데히드)의 저장 시 주의할 사항으로 틀린 것은?

① 구리나 마그네슘 합금 용기에 저장한다.
② 화기를 가까이 하지 않는다.
③ 용기의 파손에 유의한다.
④ 찬 곳에 저장한다.

해설

아세트알데하이드(아세트알데히드)의 저장용기는 구리, 은, 수은, 마그네슘, 또는 이의 합금을 사용해서는 안 된다.
아세트알데하이드(아세트알데히드)는 구리, 은, 수은, 마그네슘 등과 반응하여 폭발성이 있는 금속아세틸라이드를 생성한다.

59

「위험물안전관리법령」상 주유취급소에서의 위험물 취급기준에 따르면 자동차 등에 인화점 몇 ℃ 미만의 위험물을 주유할 때에는 자동차 등의 원동기를 정지시켜야 하는가? (단, 원칙적인 경우에 한정한다.)

① 21
② 25
③ 40
④ 80

해설

자동차 등에 인화점 40℃ 미만인 위험물을 주유할 때에는 자동차 등의 원동기를 정지시켜야 한다.(「위험물안전관리법 시행규칙」 별표 18)

60

질산에틸에 대한 설명 중 틀린 것은?

① 물에 녹지 않는다.
② 상온에서 인화하기 어렵다.
③ 증기는 공기보다 무겁다.
④ 무색투명한 액체이다.

해설

질산에틸은 인화점이 −10℃이므로 상온에서 인화할 수 있다.

관련개념 **질산에틸($C_2H_5ONO_2$)**

• 제5류 위험물이고, 비수용성이다.
• 인화점이 −10℃로 증기의 인화성에 유의해야 한다.
• 증기는 공기보다 무겁다.
• 무색투명하고 향긋한 냄새가 나는 액체(상온)이다.

2021년 2회 CBT 복원문제

자동 채점

1과목 일반화학

01

질소 2몰과 산소 3몰의 혼합기체가 나타나는 전압력이 10기압일 때 질소의 분압은 얼마인가?

① 2기압
② 4기압
③ 8기압
④ 10기압

해설

질소의 분압 = 전압 × $\dfrac{\text{성분 기체의 몰수}}{\text{전 기체의 몰수}}$ = $10 \times \dfrac{2}{5} = 4$

02 고난도

다음 중 질소를 포함한 화합물은?

① 폴리에틸렌
② 폴리염화비닐
③ 나일론
④ 프로판

해설

나일론에는 아마이드 결합($-CONH-$)이 있기 때문에 질소가 포함되어 있다.

오답해설

① 폴리에틸렌은 $(C_2H_2)_n$으로 탄소와 수소로 이루어진 화합물이다.
② 폴리염화비닐은 $(C_2H_3Cl)_n$으로 탄소와 수소, 염소로 이루어진 화합물이다.
④ 프로판은 C_3H_8으로 탄소와 수소로 이루어진 화합물이다.

03

옥텟규칙에 따라 Ge가 반응할 때 다음 중 어떤 원소의 전자수와 같아지려고 하는가?

① He
② Ne
③ Ar
④ Kr

해설

옥텟규칙에 따르면 주기율표 상에 있는 원소들은 안정해지기 위해 18족 원소의 전자배치 구조를 따른다.
13족인 Ge(원자번호 32, 저마늄)은 반응할 때 주기율표에서 가장 가까운 18족 원소인 Kr(원자번호 36, 크립톤)의 전자배치 구조를 따른다.

04 빈출

60℃에서 KNO_3의 포화용액 100g을 10℃로 냉각시키면 몇 g의 KNO_3가 석출하는가? (단, 용해도는 60℃에서 100g KNO_3/100g H_2O, 10℃에서 20g KNO_3/100g H_2O이다.)

① 4
② 40
③ 80
④ 120

해설

60℃ 100g 물에는 최대 100g 질산칼륨이 녹을 수 있으므로 60℃ 포화용액 100g에 녹아 있는 질산칼륨의 양은 50g, 물의 양도 50g이다.
해당용액을 10℃로 냉각시키면 10℃에서 포화용액의 용해도가 20g KNO_3/100g H_2O이므로 10℃에서 물 50g에 녹을 수 있는 질산칼륨의 양은 10g이다.
따라서 50g 중 10g만 용해되므로 석출되는 양은 40g이다.

---

05 빈출

금속의 산화물 3.2g을 환원시켜 금속 2.24g을 얻었다. 이 금속의 산화물의 실험식은 무엇인가? (단, 금속의 원자량은 56이다.)

① MO
② M_2O_3
③ M_3O_2
④ M_3O_4

해설

환원은 산소를 잃는 것이다.

금속의 산화물(MO)의 질량이 3.2g이고, 금속을 환원시켰을 때 금속(M)의 질량이 2.24g이므로 금속의 산화물에서 산소(O)의 질량은 0.96g이다.

금속과 산소의 질량을 각 원자의 원자량으로 나누면 몰수를 구할 수 있다.

금속의 몰수 $=\dfrac{2.24}{56}=0.04$ 몰

산소의 몰수 $=\dfrac{0.96}{16}=0.06$ 몰

따라서 금속의 산화물의 실험식은 M_2O_3로 쉽게 나타낼 수 있다.

※ 금속이 산화될 때에는 산소 분자(O_2)가 아니라 산소원자(O)와 반응하므로 반응한 산소의 몰수를 계산할 때에는 산소의 원자량(16)으로 나누어야 한다.

06

95wt% 황산의 비중은 1.84이다. 이 황산의 몰농도는 약 얼마인가?

① 4.5
② 8.9
③ 17.8
④ 35.6

해설

비중이 1.84이므로 95wt% 황산용액 1L의 무게는 1.84kg이다.

95wt%의 황산이므로 황산용액 중 순수 황산은 $1.84 \times 0.95 = 1.748$ kg만큼 들어 있다.

황산의 분자량은 98kg/kmol이므로 황산 1.748kg의 몰수는 $1.748 \times \dfrac{1}{98}$ $=0.0178$ kmol$=17.8$ mol이다.

따라서 황산용액 1L 안에 순수한 황산이 17.8mol 녹아 있고 몰농도는 용액 1L 안에 녹아 있는 용질의 몰수로 정의되므로 이 황산의 몰농도는 17.8M이다.

07 빈출

다음 중 양쪽성 산화물에 해당하는 것은?

① NO_2
② Al_2O_3
③ MgO
④ Na_2O

해설

양쪽성 산화물: Al_2O_3, ZnO, SnO, PbO

오답해설

① 산성 산화물이다.

③, ④ 염기성 산화물이다.

08 빈출

다음 중 밑줄 친 원자의 산화수 값이 나머지 셋과 다른 하나는?

① $\underline{Cr}_2O_7^{2-}$
② $H_3\underline{P}O_4$
③ H$\underline{N}O_3$
④ HC$\underline{l}O_3$

해설

화합물에서 산소는 -2의 산화수를 가진다.

① $-2=O_7$의 산화수(-14)$+Cr_2$의 산화수(x)
 $x=12$이므로 Cr의 산화수$=6$

② $0=3+x+(-8)$, $x=5$

③ $0=1+x+(-6)$, $x=5$

④ $0=1+x+(-6)$, $x=5$

따라서 산화수 값이 나머지 셋과 다른 것은 ①이다.

09 고난도

다음 중 2차 알코올이 산화되었을 때 생성되는 물질은?

① CH_3COCH_3
② $C_2H_5OC_2H_5$
③ CH_3OH
④ CH_3OCH_3

해설

2차 알코올이 산화되면 케톤이 된다. ①번은 아세톤으로 케톤에 해당된다.

10 빈출

$CuCl_2$의 용액에 5A 전류를 1시간 동안 흐르게 하면 몇 g의 구리가 석출되는가? (단, Cu의 원자량은 63.54이며, 전자 1개의 전하량은 1.602×10^{-19}C이다.)

① 3.17 ② 4.83
③ 5.93 ④ 6.35

해설

$CuCl_2$에서 구리는 Cu^{2+}이므로 구리 1몰(63.54g)이 석출되기 위해서는 전자가 2mol이 필요하며 이때 필요한 전기량은 2F이다.

1F=96,500C=전자 1mol의 전하량

문제에서는 5A의 전류를 1시간 동안 흐르게 하였다고 했으므로 이때 가해준 전기량은 다음과 같다.

$5A \times 3,600sec = 18,000C$

2F(193,000C)의 전기를 가했을 때 구리 1몰(63.54g)이 석출되므로 18,000C의 전기를 가했을 때 생성되는 구리의 양(x)은 다음과 같이 비례식을 만들어 구할 수 있다.

$193,000C : 63.54g = 18,000C : xg$

$x = \dfrac{18,000 \times 63.54}{193,000} = 5.93g$

11 빈출

H_2O가 H_2S보다 비등점이 높은 이유는?

① 이온결합을 하고 있기 때문에
② 수소결합을 하고 있기 때문에
③ 공유결합을 하고 있기 때문에
④ 분자량이 적기 때문에

해설

물(H_2O)과 같이 수소결합을 하고 있는 물질은 비등점이 높다.

12

다음 중 나이트로벤젠(니트로벤젠)을 수소로 환원하여 만드는 물질은 무엇인가?

① 페놀 ② 아닐린
③ 톨루엔 ④ 벤젠술폰산

해설

나이트로벤젠(니트로벤젠, $C_6H_5NO_2$)가 촉매의 존재 하에 수소를 넣고 환원시키면 아닐린($C_6H_5NH_2$)이 생성된다.

13

볼타전지에서 갑자기 전류가 약해지는 현상을 분극현상이라 한다. 분극현상을 방지해 주는 감극제로 사용되는 물질은?

① MnO_2 ② $CuSO_3$
③ NaCl ④ $Pb(NO_3)_2$

해설 소극제(감극제)

분극작용을 방지하기 위해서 넣어주는 물질(산화제)이다.

예 MnO_2, $KMnO_4$, PbO_2, H_2O_2, $K_2Cr_2O_7$ 등

14 빈출

다음 중 수용액의 pH가 가장 작은 것은?

① 0.01N HCl ② 0.1N HCl
③ 0.01N CH_3COOH ④ 0.1N NaOH

해설

$pH = -\log[H^+]$, $pOH = -\log[OH^-]$이고 $pH + pOH = 14$일 때, 보기의 pH를 구하면 다음과 같다.

① $-\log[0.01] = 2$
② $-\log[0.1] = 1$
③ $-\log[0.01] = 2$
④ $pOH = -\log[0.1] = 1 \rightarrow pH = 13$

따라서 보기 ②의 pH가 1로 가장 작다.

15

다음 물질 중 sp^3 혼성궤도함수와 가장 관계가 있는 것은?

① CH_4 ② $BeCl_2$
③ BF_3 ④ HF

해설

알칸계의 궤도함수는 sp^3 혼성궤도함수이다.

CH_4와 같은 메탄계 탄화수소가 대표적인 알칸족이다.

16

고체 유기물질을 정제하는 과정에서 그 물질이 순물질인지 알기 위해 가장 적합한 방법은 무엇인가?

① 광학현미경 이용
② 육안으로 관찰
③ 녹는점 측정
④ 전기전도도 측정

해설

물질의 녹는점과 끓는점은 그 물질이 가진 고유의 성질이다.
어떤 물질이 순물질인지 알기 위해서는 물질이 고체인 경우 녹는점을 측정하고, 액체인 경우 끓는점을 측정함으로서 알 수 있다.

17

고체상의 물질이 액체상과 평형에 있을 때의 온도와 액체의 증기압과 외부 압력이 같게 되는 온도를 각각 옳게 표시한 것은?

① 끓는점과 어는점
② 전이점과 끓는점
③ 어는점과 끓는점
④ 용융점과 어는점

해설

고체상의 물질이 액체상과 평형에 있을 때의 온도를 어는점이라고 하고, 액체의 증기압과 외부 압력이 같게 되는 온도를 끓는점이라고 한다.

18

다음의 반응 중 평형상태가 압력의 영향을 받지 않는 것은?

① $N_2 + O_2 \rightleftarrows 2NO$
② $NH_3 + HCl \rightleftarrows NH_4Cl$
③ $2CO + O_2 \rightleftarrows 2CO_2$
④ $2NO_2 \rightleftarrows N_2O_4$

해설

반응 시 압력의 영향을 받지 않기 위해서는 반응물과 생성물 간 몰수의 차이가 없어야 하는데 ①번 반응을 제외하고 나머지 반응은 모두 반응물과 생성물 간 몰수의 차이가 있다.
평형상태에서 압력이 커지면 몰수(부피)를 줄이는 방향으로, 작아지면 몰수(부피)를 늘리는 방향으로 진행된다.

19 고난도

1몰의 질소와 3몰의 수소를 촉매와 같이 용기 속에 밀폐하고 일정한 온도로 유지하였더니 반응물질의 50%가 암모니아로 변하였다. 이때의 압력은 최초 압력의 몇 배가 되는가? (단, 용기의 부피는 변하지 않는다.)

① 0.5
② 0.75
③ 1.25
④ 변하지 않는다.

해설

반응식: $N_2 + 3H_2 \rightarrow 2NH_3$
반응물질의 50퍼센트만 반응을 하였으므로 N_2 0.5mol, H_2 1.5mol이 반응하여 NH_3 1mol이 생성된다. 따라서 반응 후 최종 물질은 N_2 0.5mol, H_2 1.5mol, NH_3 1mol로 총 3mol이 존재한다.
처음 총 4mol의 분자가(1mol의 질소와 3mol의 수소) 반응 후 3mol이 되었고 기체의 압력은 기체 분자수에 비례하므로 기체의 압력은 처음 압력의 $\frac{3}{4} = 0.75$배가 된다.

20

25℃에서 $Cd(OH)_2$ 염의 몰용해도는 1.7×10^{-5} mol/L이다. $Cd(OH)_2$염의 용해도곱상수 K_{sp}를 구하면 약 얼마인가?

① 2.0×10^{-14}
② 2.2×10^{-12}
③ 2.4×10^{-10}
④ 2.6×10^{-8}

해설

$Cd(OH)_2 \rightarrow Cd^{2+} + 2OH^-$
$K_{sp} = [Cd^{2+}][OH^-]^2$이고 $[Cd^{2+}] = x$일 경우 $[OH^-] = 2x$
따라서 식을 세우면 $K_{sp} = x \times (2x)^2 = 4x^3$
x는 1.7×10^{-5}이므로 계산하면 1.96×10^{-14}이다.

2과목   화재예방과 소화방법

21

가연성 고체 위험물의 화재에 대한 설명으로 틀린 것은?

① 적린과 황(유황)은 물에 의한 냉각소화를 한다.
② 금속분, 철분, 마그네슘이 연소하고 있을 때에는 주수해서는 안 된다.
③ 금속분, 철분, 마그네슘, 황화인(황화린)은 마른 모래, 팽창질석 등으로 소화를 한다.
④ 금속분, 철분, 마그네슘의 연소 시에는 수소와 유독가스가 발생하므로 충분한 안전거리를 확보해야 한다.

해설

금속분, 철분, 마그네슘의 연소 시에는 수소와 유독가스가 발생하지 않고 금속분, 철분, 마그네슘의 산화물이 발생한다.

22 빈출

다음 중 고체의 일반적인 연소형태에 대한 설명으로 틀린 것은?

① 숯은 표면연소를 한다.
② 나프탈렌은 증발연소를 한다.
③ 양초는 자기연소를 한다.
④ 목재는 분해연소를 한다.

해설

양초(파라핀)는 고체가 가열되면서 가연성 가스를 발생시켜 연소하는 형태이다. 이러한 연소형태를 증발연소라고 한다.

관련개념

자기연소
• 공기 중의 산소를 필요로 하지 않고 그 물질 자체에 함유되어 있는 산소로부터 내부 연소하는 것이다.
• TNT, 나이트로(니트로)셀룰로오스, 나이트로(니트로)글리세린과 같은 제5류 위험물이 자기연소를 한다.

23 빈출

다음 중 탄산수소칼륨을 주성분으로 하는 분말 소화약제의 착색은 무엇인가?

① 백색
② 담회색
③ 담홍색
④ 회색

해설

종류	주성분	착색
제1종 분말	$NaHCO_3$(탄산수소나트륨)	백색
제2종 분말	$KHCO_3$(탄산수소칼륨)	담회색
제3종 분말	$NH_4H_2PO_4$(제1인산암모늄)	담홍색
제4종 분말	$KHCO_3 + (NH_2)_2CO$ (탄산수소칼륨 + 요소)	회색

24 빈출

불활성가스 소화약제 중 IG-541의 구성성분이 아닌 것은?

① He
② Ar
③ CO_2
④ N_2

해설

불활성가스 소화약제의 구성성분
• IG-541의 구성성분: N_2(52%), Ar(40%), CO_2(8%)
• IG-55의 구성성분: N_2(50%), Ar(50%)

25

알코올 화재 시 수성막포 소화약제는 내알코올포 소화약제에 비하여 소화효과가 낮다. 그 이유로서 가장 타당한 것은?

① 소화약제와 섞이지 않아서 연소면을 확대하기 때문에
② 알코올은 포와 반응하여 가연성가스를 발생하기 때문에
③ 알코올이 연료로 사용되어 불꽃의 온도가 올라가기 때문에
④ 수용성 알코올로 인해 포가 소멸되기 때문에

해설

수용성 물질인 알코올이 포 속의 물을 탈취하여 포를 소멸시켜버리기 때문에 알코올 화재 시 수성막포 소화약제는 소화효과가 낮다.

26 빈출

위험물취급소의 건축물 연면적이 500m²인 경우 소요단위는? (단, 외벽은 내화구조이다.)

① 2단위
② 5단위
③ 10단위
④ 50단위

해설

제조소 또는 취급소용 건축물로서 외벽이 내화구조로 된 것에 있어서는 연면적 100m²를, 외벽이 내화구조가 아닌 것에 있어서는 연면적 50m²를 각각 소요단위 1단위로 한다.

$$\therefore \frac{500m^2}{100m^2} = 5단위$$

27 빈출

「위험물안전관리법령」에서 정한 다음의 소화설비 중 능력단위가 가장 큰 것은?

① 팽창진주암 160L(삽 1개 포함)
② 수조 80L(소화전용 물통 3개 포함)
③ 마른 모래 50L(삽 1개 포함)
④ 팽창질석 160L(삽 1개 포함)

해설

기타 소화설비의 능력단위는 다음과 같다.

소화설비	용량	능력단위
소화전용(轉用) 물통	8L	0.3
수조(소화전용 물통 3개 포함)	80L	1.5
수조(소화전용 물통 6개 포함)	190L	2.5
마른 모래(삽 1개 포함)	50L	0.5
팽창질석 또는 팽창진주암(삽 1개 포함)	160L	1.0

28

소화기에 'B-2'라고 표시되어 있었다. 이 표시의 의미를 가장 옳게 나타낸 것은?

① 일반화재에 대한 능력단위 2단위에 적용되는 소화기
② 일반화재에 대한 무게단위 2단위에 적용되는 소화기
③ 유류화재에 대한 능력단위 2단위에 적용되는 소화기
④ 유류화재에 대한 무게단위 2단위에 적용되는 소화기

해설

소화기에 표시된 'B-2'는 B급화재(유류화재)에 적용할 수 있는 능력단위 2단위의 소화기라는 것을 의미한다.

29

다음 중 알코올형포소화약제를 이용한 소화가 가장 효과적인 것은?

① 아세톤
② 휘발유
③ 톨루엔
④ 벤젠

해설

알코올형포소화약제는 아세톤과 같이 수용성인 위험물의 화재에 사용하기 위해 만든 것이다.
휘발유, 톨루엔, 벤젠은 모두 비수용성 위험물이다.

30

「위험물안전관리법령」상 다이에틸에터(디에틸에테르)의 화재에 적응성이 없는 소화기는?

① 이산화탄소소화기
② 포소화기
③ 봉상강화액소화기
④ 할로젠화합물(할로겐화합물) 소화기

해설

다이에틸에터($C_2H_5OC_2H_5$, 디에틸에테르)는 제4류 위험물 중 특수인화물로 화재 발생 시 이산화탄소에 의한 질식소화가 가장 효과적이며, 포소화기, 할로젠화합물(할로겐화합물) 소화기도 적응성이 있다.
봉상강화액소화기는 제4류 위험물 화재에 적응성이 없다.

31 빈출

다음 중 연소의 3요소를 모두 갖춘 것은?

① 휘발유, 공기, 수소
② 적린, 수소, 성냥불
③ 성냥불, 황, 염소산암모늄
④ 알코올, 수소, 염소산암모늄

해설

연소의 3요소는 점화에너지, 가연물, 산소공급원이다.
③번에서 점화에너지는 성냥불, 가연물은 황, 염소산암모늄은 산소공급원이다.
염소산암모늄(NH_4ClO_3)은 분해되어 산소를 발생시키므로 산소공급원이 될 수 있다.

오답해설

① 휘발유(가연물), 공기(산소공급원), 수소(가연물): 점화에너지가 없다.
② 적린(가연물), 수소(가연물), 성냥불(점화에너지): 산소공급원이 없다.
④ 알코올(가연물), 수소(가연물), 염소산암모늄(산소공급원): 점화에너지가 없다.

32 빈출

폐쇄형 스프링클러 헤드는 부착장소의 평상시 최고 주위온도에 따라서 결정된 표시온도의 것을 사용해야 한다. 부착장소의 최고 주위온도가 28℃ 이상 39℃ 미만일 때, 표시온도는?

① 58℃ 미만
② 58℃ 이상 79℃ 미만
③ 79℃ 이상 121℃ 미만
④ 121℃ 이상 162℃ 미만

해설

부착장소의 최고 주위온도(℃)	표시온도(℃)
28 미만	58 미만
28 이상 39 미만	58 이상 79 미만
39 이상 64 미만	79 이상 121 미만
64 이상 106 미만	121 이상 162 미만
106 이상	162 이상

33 고난도

처마의 높이가 6m 이상인 단층건물에 설치된 옥내저장소의 소화설비로 고려될 수 없는 것은?

① 고정식 포소화설비
② 옥내소화전설비
③ 고정식 불활성가스 소화설비
④ 고정식 분말소화설비

해설

처마의 높이가 6m 이상인 단층건물의 옥내저장소에 설치하여야 하는 소화설비는 스프링클러설비 또는 이동식 외의 물분무 등 소화설비이다.
물분무 등 소화설비의 종류: 물분무 소화설비, 포소화설비, 불활성가스 소화설비, 할로젠화합물(할로겐화합물) 소화설비, 분말소화설비

34

다음 중 피뢰설비를 설치하지 않아도 되는 위험물 제조소는 몇 류 위험물을 취급하는 제조소인가?

① 제2류 위험물
② 제3류 위험물
③ 제5류 위험물
④ 제6류 위험물

해설

지정수량의 10배 이상의 위험물을 취급하는 제조소(제6류 위험물을 취급하는 위험물제조소는 제외)에는 피뢰침을 설치하여야 한다.

35 고난도

표준관입시험 및 평판재하시험을 실시하여야 하는 특정옥외저장탱크의 지반의 범위는 기초의 외측이 지표면과 접하는 선의 범위 내에 있는 지반으로서 지표면으로부터 깊이 몇 m 까지로 하는가?

① 10
② 15
③ 20
④ 25

해설

특정옥외저장탱크의 지반의 범위는 지표면으로부터 깊이 15m 까지로 한다.

36

화재예방 시 자연발화를 방지하기 위한 일반적인 방법으로 옳지 않은 것은?

① 통풍을 방지한다.
② 저장실의 온도를 낮춘다.
③ 습도가 높은 장소를 피한다.
④ 열의 축적을 막는다.

해설

자연발화를 방지하기 위해선 통풍(환기)을 자주 시켜주어야 한다.

37 빈출

탄화칼슘 60,000kg을 소요단위로 산정하면?

① 10단위
② 20단위
③ 30단위
④ 40단위

해설

탄화칼슘은 제3류 위험물 중 칼슘의 탄화물로 지정수량이 300kg이다. 위험물은 지정수량의 10배를 1소요단위로 하므로 탄화칼슘의 1소요단위는 3,000kg이다.

탄화칼슘 60,000kg에 대한 소요단위는 $\frac{60,000\text{kg}}{3,000\text{kg}} = 20$으로 20단위이다.

38

「위험물안전관리법령」상 전역방출방식 또는 국소방출방식의 분말소화설비의 기준에서 가압식의 분말소화설비에는 얼마 이하의 압력으로 조정할 수 있는 압력조정기를 설치하여야 하는가?

① 2.0MPa
② 2.5MPa
③ 3.0MPa
④ 5MPa

해설

가압식 분말소화설비에는 2.5MPa 이하의 압력으로 조정이 가능한 압력조정기를 설치하여야 한다.

39

인화성 액체의 소화방법에 대한 설명으로 틀린 것은?

① 질식소화가 가장 효과적이다.
② 물분무소화도 적응성이 있다.
③ 수용성인 가연성 액체의 화재에는 수성막포에 의한 소화가 효과적이다.
④ 비중이 물보다 작은 위험물의 경우는 주수소화 효과가 떨어진다.

해설

수용성 물질은 포를 소멸시키므로 수성막포 소화약제는 수용성인 가연성 액체의 화재에는 효과가 없다. 수용성 액체의 경우 알코올포를 사용하거나 다량의 물로 희석시켜 가연성 증기의 발생을 억제하여 소화해야 한다.

40

위험물제조소 등에 설치하는 전역방출방식의 이산화탄소 소화설비 분사헤드의 방사압력은 고압식의 경우 몇 MPa 이상이어야 하는가?

① 1.05
② 1.7
③ 2.1
④ 2.6

해설

이산화탄소 분사헤드의 방사압력은 고압식의 것(소화약제가 상온으로 용기에 저장되어 있는 것을 말함)에 있어서는 2.1MPa 이상, 저압식의 것(소화약제가 영하 18℃ 이하의 온도로 용기에 저장되어 있는 것을 말함)에 있어서는 1.05MPa 이상이어야 한다.

3과목 위험물의 성질과 취급

41 빈출

다음 @~ⓒ 물질 중 「위험물안전관리법령」상 제6류 위험물에 해당하는 것은 모두 몇 개인가?

> @ 비중 1.49인 질산
> ⓑ 비중 1.7인 과염소산
> ⓒ 물 60g + 과산화수소 40g 혼합 수용액

① 1개
② 2개
③ 3개
④ 없음

해설 제6류 위험물의 종류
- 과염소산(특별한 기준 없음), 질산(비중이 1.49 이상인 것), 과산화수소(농도가 36wt% 이상인 것)
- @, ⓑ, ⓒ 모두 제6류 위험물에 해당한다.

42 빈출

다음 중 철분을 수납하는 운반용기 외부에 표기해야 할 주의사항은 무엇인가?

① 화기엄금
② 화기주의 및 물기주의
③ 화기주의 및 물기엄금
④ 화기엄금 및 충격주의

해설 수납하는 위험물에 따른 주의사항
- 제1류 위험물 중 알칼리금속의 과산화물 또는 이를 함유한 것에 있어서는 '화기·충격주의', '물기엄금' 및 '가연물 접촉주의', 그 밖의 것에 있어서는 '화기·충격주의' 및 '가연물 접촉주의'
- 제2류 위험물 중 철분·금속분·마그네슘 또는 이들 중 어느 하나 이상을 함유한 것에 있어서는 '화기주의' 및 '물기엄금', 인화성 고체에 있어서는 '화기엄금', 그 밖의 것에 있어서는 '화기주의'
- 제3류 위험물 중 자연발화성 물질에 있어서는 '화기엄금' 및 '공기접촉엄금', 금수성 물질에 있어서는 '물기엄금'
- 제4류 위험물에 있어서는 '화기엄금'
- 제5류 위험물에 있어서는 '화기엄금' 및 '충격주의'
- 제6류 위험물에 있어서는 '가연물 접촉주의'

43

질산에틸에 대한 설명 중 틀린 것은?

① 비점 이상으로 가열하면 폭발한다.
② 무색투명하고 향긋한 냄새가 난다.
③ 비수용성이고, 인화성이 있다.
④ 증기는 공기보다 가볍다.

해설
질산에틸의 증기비중은 약 3.14로 공기보다 무겁다.

관련개념
질산에틸($C_2H_5ONO_2$)
- 제5류 위험물 중 질산에스터류(질산에스테르류)에 해당한다.
- 무색투명한 향긋한 냄새가 나는 액체(상온 기준)으로 단맛이 있다.
- 휘발성이 크므로 증기의 인화성에 유의해야 한다.

44 고난도

물과 접촉했을 때 동일한 가스를 발생시키는 물질을 나열한 것은?

① 인화칼슘, 수소화칼슘
② 트리에틸알루미늄, 탄화알루미늄
③ 수소화알루미늄리튬, 금속리튬
④ 탄화칼슘, 금속칼슘

해설
물과 접촉했을 때 수소가 발생하는 물질은 금속리튬, 수소화알루미늄리튬, 금속칼슘, 수소화칼슘이다.

오답해설
① 인화칼슘은 물과 접촉하여 포스핀을 발생한다.
② 트리에틸알루미늄은 물과 접촉하여 에탄을 발생하고, 탄화알루미늄은 물과 접촉하여 메탄을 발생한다.
④ 탄화칼슘은 물과 접촉하여 아세틸렌을 발생한다.

45

과산화수소의 성질에 관한 설명으로 옳지 않은 것은?

① 농도에 따라 위험물에 해당하지 않는 것도 있다.
② 분해 방지를 위해 보관 시 안정제를 가할 수 있다.
③ 에테르에 녹지 않으며, 벤젠에 잘 녹는다.
④ 산화제이지만 환원제로서 작용하는 경우도 있다.

해설

과산화수소는 물, 알코올, 에테르에는 녹지만, 벤젠·석유에는 녹지 않는다.

46

「위험물안전관리법령」상 1기압에서 제3석유류의 인화점 범위로 옳은 것은?

① 21℃ 이상 70℃ 미만
② 70℃ 이상 200℃ 미만
③ 200℃ 이상 300℃ 미만
④ 300℃ 이상 400℃ 미만

해설

제3석유류라 함은 중유, 크레오소트유(클레오소트유), 그 밖에 1atm에서 인화점이 70℃ 이상 200℃ 미만인 것을 말한다. 다만, 도료류, 그 밖의 물품은 가연성 액체량이 40(중량)% 이하인 것은 제외한다.

47

주유취급소의 고정주유설비는 고정주유설비의 중심선을 기점으로 하여 도로경계선까지 몇 m 이상 떨어져 있어야 하는가?

① 2
② 3
③ 4
④ 5

해설

고정주유설비의 중심선을 기점으로 하여 도로경계선까지 4m 이상, 부지경계선·담 및 건축물의 벽까지 2m(개구부가 없는 벽까지는 1m) 이상의 거리를 유지하고, 고정급유설비의 중심선을 기점으로 하여 도로경계선까지 4m 이상, 부지경계선 및 담까지 1m 이상, 건축물의 벽까지 2m(개구부가 없는 벽까지는 1m) 이상의 거리를 유지할 것

48

트리나이트로(니트로)페놀의 성질에 대한 설명 중 틀린 것은?

① 물과 반응하여 수소를 발생시킨다.
② 휘황색을 띤 침상 결정이다.
③ 비중이 약 1.8로 물보다 무겁다.
④ 단독으로는 충격, 마찰에 둔감한 편이다.

해설

트리나이트로(니트로)페놀은 제5류 위험물로 물과 반응하여 수소를 발생시키지 않아 화재 발생 시 물로 소화할 수 있다.

49 고난도

황린을 약 몇 도 정도로 가열하면 적린이 되는가?

① 260℃
② 300℃
③ 320℃
④ 360℃

해설

황린(P_4)을 공기를 차단하고 약 250~260℃ 정도로 가열하면 적린(P)이 된다.

50

P_4S_7에 고온의 물을 가하면 분해된다. 이때 주로 발생하는 유독물질의 명칭은?

① 아황산
② 황화수소
③ 인화수소
④ 오산화린

해설

P_4S_7은 담황색 결정으로 조해성이 있고, CS_2에 약간 녹고, 물에 녹아 유독한 황화수소(H_2S)를 발생하고 유기합성 등에 쓰인다.

51

과산화나트륨에 관한 설명 중 옳지 않은 것은?

① 가열하면 산소를 방출한다.
② 순수한 것은 엷은 녹색이지만 시판품은 진한 청색이다.
③ 아세트산과 반응하여 과산화수소가 발생된다.
④ 표백제, 산화제로 사용한다.

해설

과산화나트륨(Na_2O_2)은 제1류 위험물 중 무기과산화물로 순수한 것은 백색이지만 보통 황색의 분말이다.

관련개념

과산화나트륨과 아세트산의 반응식
$Na_2O_2 + 2CH_3COOH \rightarrow H_2O_2 + 2CH_3COONa$
과산화나트륨의 분해반응식
$2Na_2O_2 \rightarrow 2Na_2O + O_2$

52

다음 중 비중이 가장 큰 것은?

① 중유
② 경유
③ 아세톤
④ 이황화탄소

해설

제4류 위험물은 일반적으로 비중이 1보다 작지만 이황화탄소는 비중이 약 1.26으로 비중이 1보다 크다.

관련개념

보기에 있는 물질의 분류

구분	품명	지정수량	비중
중유	제3석유류	2,000L	0.8~0.9
경유	제2석유류	1,000L	0.8
아세톤	제1석유류	400L	0.8
이황화탄소	특수인화물	50L	1.26

53 빈출

위험물제조소는 「문화재보호법」에 의한 유형문화재로부터 몇 m 이상의 안전거리를 두어야 하는가?

① 20m
② 30m
③ 40m
④ 50m

해설

위험물제조소는 유형문화재와 기념물 중 지정문화재에 있어서는 50m 이상의 안전거리를 두어야 한다.

54

질산암모늄이 가열분해하여 폭발하였을 때 발생되는 물질이 아닌 것은?

① 질소
② 물
③ 산소
④ 수소

해설

질산암모늄 가열분해 시 반응식(폭발)
$2NH_4NO_3 \rightarrow 4H_2O + 2N_2\uparrow + O_2\uparrow$
질산암모늄은 가열분해하여 폭발할 시 물, 질소, 산소가 발생한다.

55 빈출

동식물유류에 대한 설명으로 틀린 것은?

① 요오드화 값이 작을수록 자연발화의 위험성이 높아진다.
② 요오드화 값이 130 이상인 것은 건성유이다.
③ 건성유에는 아마인유, 들기름 등이 있다.
④ 인화점이 물의 비점보다 낮은 것도 있다.

해설

동식물유류 중 요오드값이 큰 물질일수록 자연발화의 위험성이 높다. 동식물유류의 인화점은 250℃ 미만이므로 종류에 따라서는 인화점이 물의 비점인 100℃보다 낮은 것도 있다.

56 빈출

다음 중 위험물의 품명과 지정수량이 잘못 연결된 것은?

① 하이드록실아민염류−100kg
② 다이크로뮴산염류−500kg
③ 제2석유류(비수용성)−1,000L
④ 제4석유류−6,000L

해설

다이크로뮴산염류(중크롬산염류)는 제1류 위험물로 지정수량이 1,000kg이다.

※ 위 문제는 최신 법령이 개정된 문제입니다. 관련 개정사항은 제5류 위험물 지정수량 개정사항(p.2) 참고

57 빈출

금속칼륨이 물과 반응했을 때 생성되는 물질로 옳은 것은?

① 산화칼륨+수소
② 산화칼륨+산소
③ 수산화칼륨+수소
④ 수산화칼륨+산소

해설

칼륨이 물과 반응하면 수산화칼륨(KOH)과 수소(H_2)를 발생시킨다.
$2K+2H_2O \rightarrow 2KOH+H_2$

58

다음 그림은 제5류 위험물 중 유기과산화물을 저장하는 옥내저장소의 저장창고를 개략적으로 보여주고 있다. 창과 바닥으로부터 높이(a)와 하나의 창의 면적(b)은 각각 얼마로 하여야 하는가? (단, 이 저장창고의 바닥 면적은 150m^2 이내이다.)

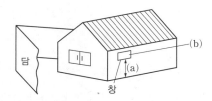

① (a) 2m 이상, (b) 0.6m^2 이내
② (a) 3m 이상, (b) 0.4m^2 이내
③ (a) 2m 이상, (b) 0.4m^2 이내
④ (a) 3m 이상, (b) 0.6m^2 이내

해설

유기과산화물 저장소의 창은 바닥으로부터 2m 이상, 창 면적은 0.4m^2 이내로 하여야 한다.

59

황린에 대한 설명으로 틀린 것은?

① 비중은 약 1.82이다.
② 물속에 보관한다.
③ 저장 시 pH를 9 정도로 유지한다.
④ 연소 시 포스핀 가스를 발생한다.

해설

황린(P_4)이 연소하면 오산화인(P_2O_5)이 발생한다.
$P_4+5O_2 \rightarrow P_2O_5$

관련개념 황린의 성질

• 발화점이 약 34℃로 매우 낮아 자연발화하기 쉽다.
• 상온에서도 증기를 발생한다.
• 물에는 녹지 않기 때문에 물속에 보관한다.
• pH가 9 이상이 되면 포스핀 가스를 발생시키므로 pH를 9 정도로 유지시켜야 한다.
$P_4+3KOH+3H_2O \rightarrow PH_3+3KH_2PO_2$

60 고난도

[보기]의 물질이 K_2O_2와 반응하였을 때 주로 생성되는 가스의 종류가 같은 것으로만 나열된 것은?

┤ 보기 ├

물, 이산화탄소, 아세트산, 염산

① 물, 이산화탄소
② 물, 이산화탄소, 염산
③ 물, 아세트산
④ 이산화탄소, 아세트산, 염산

해설

과산화칼륨(K_2O_2)과 물이 반응하면 산소가 발생한다.
$2K_2O_2+2H_2O \rightarrow 4KOH+O_2\uparrow$
과산화칼륨(K_2O_2)과 이산화탄소가 반응하면 산소가 발생한다.
$2K_2O_2+2CO_2 \rightarrow 2K_2CO_3+O_2\uparrow$
과산화칼륨(K_2O_2)과 아세트산이 반응하면 과산화수소가 발생한다.
$K_2O_2+2CH_3COOH \rightarrow 2CH_3COOK+H_2O_2$
과산화칼륨(K_2O_2)과 염산이 반응하면 과산화수소가 발생한다.
$K_2O_2+2HCl \rightarrow 2KCl+H_2O_2$

2021년 3회 CBT 복원문제

자동채점

1과목 일반화학

01 빈출

기체 A는 100℃, 730mmHg에서 부피가 257mL이다. 기체의 무게가 1.671g일 때 이 기체의 분자량은 대략적으로 얼마인가? (단, 기체 A는 이상기체이다.)

① 28
② 56
③ 207
④ 257

해설

이상기체상태방정식을 이용하여 기체의 분자량을 구한다.

$$PV = nRT = \frac{w}{M}RT$$

$$M = \frac{wRT}{PV} = \frac{1.671 \times 0.082 \times 373}{\frac{730}{760} \times 0.257} = 207.04$$

w(질량): 1.671g

R(기체상수): 0.082L·atm·K^{-1}·mol^{-1}

T(절대온도): 100+273=373K

P(압력): $\frac{730}{760}$atm

※ 760mmHg=1atm

V(부피)=0.257L

02

농도 단위에서 "N"의 의미를 가장 옳게 나타낸 것은?

① 용액 1L 속에 녹아 있는 용질의 몰수
② 용액 1L 속에 녹아 있는 용질의 g 당량수
③ 용액 1,000g 속에 녹아 있는 용질의 몰수
④ 용액 1,000g 속에 녹아 있는 용질의 g 당량수

해설 **노르말 농도(N)**

용액 1L(1,000mL) 속에 녹아 있는 용질의 g 당량수를 나타낸 농도이다.

03

다이에틸에터(디에틸에테르)에 관한 설명으로 옳지 않은 것은?

① 휘발성이 강하고 인화성이 크다.
② 증기는 마취성이 있다.
③ 2개의 알킬기가 있다.
④ 물에 잘 녹지만 알코올에는 불용이다.

해설

① 다이에틸에터(디에틸에테르)는 휘발성이 강하고 인화점이 −45℃이기 때문에 인화성이 크다.
② 다이에틸에터(디에틸에테르)의 증기는 마취성이 있어 취급할 때 주의해야 한다.
③ 다이에틸에터(디에틸에테르)($C_2H_5OC_2H_5$)는 두 개의 에틸기(C_2H_5-)가 있다. 메틸기, 에틸기를 통틀어서 알킬기라고 한다.
④ 다이에틸에터(디에틸에테르)는 비극성 용매로서 물에는 잘 녹지 않고, 알코올에 잘 녹는다.

04

활성화에너지에 대한 설명으로 옳은 것은?

① 물질이 반응 전에 가지고 있는 에너지이다.
② 물질이 반응 후에 가지고 있는 에너지이다.
③ 물질이 반응 전과 후에 가지고 있는 에너지의 차이이다.
④ 물질이 반응을 일으키는 데 필요한 최소한의 에너지이다.

해설

활성화에너지란 반응을 일으키는 데 필요한 최소한의 에너지를 말한다.

05

메탄에 염소를 작용시켜 클로로포름을 만드는 반응을 무엇이라 하는가?

① 중화반응　　　　② 부가반응
③ 치환반응　　　　④ 환원반응

해설

화합물 속의 원자, 이온, 기 등이 다른 원자, 이온, 기 등으로 바뀌는 반응을 치환반응이라고 한다.
클로로포름($CHCl_3$)은 메탄(CH_4)에 염소를 작용시켜 치환반응을 이용해 만든다.

06

다음과 같은 구조를 가진 전지를 무엇이라 하는가?

$$(-)Zn \mid H_2SO_4 \mid Cu(+)$$

① 볼타전지　　　　② 다니엘전지
③ 건전지　　　　　④ 납축전지

해설

종류	구조
볼타전지	$(-)Zn(s) \mid H_2SO_4(aq) \mid Cu(s)(+)$
다니엘전지	$(-)Zn(s) \mid ZnSO_4(aq) \parallel CuSO_4(aq) \mid Cu(s)(+)$
납축전지	$(-)Pb(s) \mid H_2SO_4(aq) \mid PbO_2(s)(+)$
건전지	$(-)Zn(s) \mid NH_4Cl(aq) \mid MnO_2, C(s)(+)$

07

질산칼륨 수용액 속에 소량의 염화나트륨이 불순물로 포함되어 있다. 용해도 차이를 이용하여 이 불순물을 제거하는 방법으로 가장 적당한 것은?

① 증류　　　　　　② 막분리
③ 재결정　　　　　④ 전기분해

해설　재결정

소량의 고체불순물을 포함한 혼합물을 고온에서 포화용액을 만들어 냉각시켜 분리하는 방법(용해도 차를 이용하여 분리 정제하는 방법)
⑩ 질산칼륨(KNO_3) 수용액에 염화나트륨($NaCl$)이 섞여 있을 때 분리하는 방법

08 고난도

다음 물질 중 –CONH– 결합을 포함하는 것은?

① 전분
② 알부민
③ 천연고무
④ 나이트로(니트로)셀룰로오스

해설

펩티드 결합($-CONH-$)은 두 분자의 아미노산에서 물이 제거되면서 생기는 결합이다.
펩티드 결합은 단백질 속의 아미노산이 결합하는 형식이다.
알부민은 동식물의 세포질과 조직에 존재하는 수용성 단백질로 펩티드 결합이 포함된다.

09

다음 중 금속의 반응성이 큰 것부터 작은 순서대로 바르게 나열된 것은?

① Mg, K, Sn, Ag
② Au, Ag, Na, Zn
③ Fe, Ni, Hg, Mg
④ Ca, Na, Pb, Pt

해설　금속의 반응성 순서

· $K > Ca > Na > Mg > Al > Zn > Fe > Ni > Sn > Pb > H > Cu > Hg > Ag > Pt > Au$
· 반응성이 큰 금속일수록 전자를 잃고 양이온이 된다.
· 이온화경향이 큰 금속일수록 반응성이 크다.

10

메탄 8g이 완전연소하기 위한 산소의 분자 수는?

① 3.01×10^{23}

② 6.02×10^{10}

③ 3.01×10^{9}

④ 6.02×10^{23}

해설

메탄(CH_4)의 완전연소반응식은 다음과 같다.

$CH_4 + 2O_2 \rightarrow CO_2 + 2H_2O$

메탄의 분자량은 16g/mol이므로 메탄 8g은 0.5mol이다.

메탄의 완전연소반응식상 메탄 1mol이 완전연소할 때 산소는 2mol이 필요하다. 따라서 메탄이 0.5mol이 연소할 때는 산소가 1mol이 필요하다.

아보가드로의 법칙에 따라 기체 1mol에는 6.02×10^{23}개의 분자가 포함된다. 산소 1mol에는 6.02×10^{23}개의 분자가 있다.

11 빈출

다음 수용액의 pH가 가장 작은 것은?

① 0.01N HCl

② 0.1N HCl

③ 0.01N CH_3COOH

④ 0.1N NaOH

해설

보기에 있는 물질들은 모두 물에 해리될 때 H^+나 OH^-를 한 개씩만 내놓기 때문에 '노르말농도＝몰농도'로 생각하고 pH를 구할 수 있다.

① 0.01N HCl: $pH = -\log[0.01] = 2$

② 0.1N HCl: $pH = -\log[0.1] = 1$

③ 0.01N CH_3COOH: $pH = -\log[0.01] = 2$

④ 0.1N NaOH: $pOH = -\log[0.1] = 1$, $pH = 13$

NaOH 수용액은 염기성 용액이기 때문에 pOH를 먼저 구하고, $pH + pOH = 14$인 성질을 이용하여 pH를 구한다.

12

다음 물질 중 벤젠 고리를 함유하고 있는 것은?

① 아세틸렌

② 아세톤

③ 메탄

④ 아닐린

해설

아닐린의 시성식은 $C_6H_5NH_2$로 벤젠 고리를 포함하고 있는 방향족 화합물이다.

13

순수한 옥살산($C_2H_2O_4 \cdot 2H_2O$) 결정 6.3g을 물에 녹여서 500mL의 용액을 만들었다. 이 용액의 농도는 몇 M인가?

① 0.1

② 0.2

③ 0.3

④ 0.4

해설

옥살산의 분자량은 126g/mol이다.

옥살산의 분자량＝$(12 \times 2) + (1 \times 2) + (16 \times 4) + (18 \times 2) = 126$g/mol

옥살산 6.3g의 몰수는 0.05mol이다.

몰 농도(M)＝$\dfrac{\text{용질의 몰수(mol)}}{\text{용액의 부피(L)}} = \dfrac{0.05}{0.5} = 0.1$

14

금속은 열, 전기를 잘 전도한다. 이와 같은 물리적 특성을 갖는 가장 큰 이유는?

① 금속의 원자 반지름이 크다.

② 자유전자를 가지고 있다.

③ 비중이 대단히 크다.

④ 이온화 에너지가 매우 크다.

해설

금속은 자유전자를 가지고 있기 때문에 열과 전기를 잘 전도한다.

15 고난도

어떤 기체의 확산 속도는 SO_2의 2배이다. 이 기체의 분자량은 얼마인가? (단, SO_2의 분자량은 64이다.)

① 4
② 8
③ 16
④ 32

해설

그레이엄의 확산 속도 법칙을 이용한다.

$$\frac{U_1}{U_2} = \sqrt{\frac{M_2}{M_1}} = \sqrt{\frac{d_2}{d_1}}$$

$$\frac{U_{어떤\ 기체}}{U_{SO_2}} = \sqrt{\frac{64}{x}}$$

$$\frac{2U_{SO_2}}{U_{SO_2}} = \sqrt{\frac{64}{x}}$$

$$\frac{2}{1} = \sqrt{\frac{64}{x}}$$

$x = 16$

16

다음 중 원소의 원자량의 표준이 되는 것은?

① ^1H
② ^{12}C
③ ^{16}O
④ ^{235}U

해설

원소의 원자량은 질량수가 12인 C를 기준으로 비교한 원자의 질량이다. 원소의 질량은 원소기호 앞에 윗첨자로 표기한다.

17

다음 중 산성용액에서 색깔을 나타내지 않는 것은?

① 메틸오렌지
② 페놀프탈레인
③ 메틸레드
④ 티몰블루

해설 지시약의 변색범위

지시약	산성	중성	알칼리성
메틸오렌지	적색	황색	황색
페놀프탈레인	무색	무색	적색
메틸레드	적색	주황색	황색
티몰블루	적색	노란색	파란색

18

염소 원자의 최외각 전자수는 몇 개인가?

① 1
② 2
③ 7
④ 8

해설

염소(Cl) 원자는 주기율표의 17족에 해당하는 원자로 최외각 전자수는 7개이다.
염소(Cl) 원자는 전자를 하나 얻어서 Cl^- 이온이 되는 성질이 있다.

19 빈출

다음 중 $KMnO_4$의 Mn의 산화수는?

① +1
② +3
③ +5
④ +7

해설

$KMnO_4$의 산화수: 0, K의 산화수: +1, O의 산화수: −2, Mn의 산화수: a라 할 때 다음 식을 계산한다.
$(+1)+(+a)+(-2 \times 4)=0$
$a=7$
따라서 Mn의 산화수는 +7이다.

20 빈출

시약의 보관방법이 옳지 않은 것은?

① Na: 석유 속에 보관
② NaOH: 공기가 잘 통하는 곳에 보관
③ P_4(황린): 물속에 보관
④ HNO_3: 갈색병에 보관

해설

NaOH는 조해성이 있어 공기 중에 방치하면 공기 중의 수분을 흡수하여 녹아버리기 때문에 외부에 노출시켜 보관해서는 안 된다.

2과목　화재예방과 소화방법

21 고난도

다음 중 질소함유량 약 11%의 나이트로(니트로)셀룰로오스를 장뇌와 알코올에 녹여 교질상태로 만든 것을 무엇이라고 하는가?

① 셀룰로이드　　　　② 펜트리트
③ TNT　　　　　　④ 나이트로(니트로)글리콜

해설

셀룰로이드는 질소함유량 약 11%의 나이트로(니트로)셀룰로오스를 장뇌에 알코올에 녹여 교질상태로 만든 것이다.

22

제6류 위험물인 질산에 대한 설명으로 틀린 것은?

① 강산이다.
② 물과 접촉 시 발열한다.
③ 불연성 물질이다.
④ 열분해 시 수소를 발생한다.

해설

질산은 열분해 시 다음과 같이 산소가 발생한다.
$$4HNO_3 \rightarrow 4NO_2\uparrow + 2H_2O + O_2\uparrow$$

23

수성막포 소화약제를 수용성 알코올 화재 시 사용하면 소화효과가 떨어지는 가장 큰 이유는?

① 유독가스가 발생하므로
② 화염의 온도가 높으므로
③ 알코올은 포와 반응하여 가연성 가스를 발생하므로
④ 알코올이 포 속의 물을 탈취하여 포가 파괴되므로

해설

수성막포 소화약제가 알코올 화재에 효과가 없는 이유는 수용성 물질인 알코올이 포 속의 물을 탈취하여 포를 소멸시켜버리기 때문이다.

24 빈출

할로젠화합물(할로겐화합물) 소화약제의 구비조건과 거리가 먼 것은?

① 전기절연성이 우수할 것
② 공기보다 가벼울 것
③ 증발 잔유물이 없을 것
④ 인화성이 없을 것

해설

할로젠화합물(할로겐화합물) 소화약제는 공기보다 무거워야 한다.

관련개념 **할로젠화합물(할로겐화합물) 소화약제가 가져야 할 성질**
• 끓는점이 낮을 것
• 증기(기화)가 되기 쉬울 것
• 전기화재에 적응성이 있을 것
• 공기보다 무겁고 불연성일 것
• 증발 잔유물이 없을 것

25 빈출

위험물제조소 등에 옥내소화전이 1층에 6개, 2층에 5개, 3층에 4개가 설치되었다. 이때 수원의 수량은 몇 m^3 이상이 되도록 설치하여야 하는가?

① 23.4　　　　　　② 31.8
③ 39.0　　　　　　④ 46.8

해설

수원의 수량은 옥내소화전이 가장 많이 설치된 층의 옥내소화전 설치개수(설치 개수가 5개 이상인 경우는 5개)에 $7.8m^3$를 곱한 양 이상이 되도록 한다.
수원량 $= 5 \times 7.8m^3 = 39m^3$

26

연소반응이 용이하게 일어나기 위한 조건으로 틀린 것은?

① 가연물이 산소와 친화력이 클 것
② 가연물의 열전도율이 클 것
③ 가연물의 표면적이 클 것
④ 가연물의 활성화에너지가 작을 것

해설
① 연소는 가연물과 산소가 반응하는 것이므로 가연물이 산소와 친화력이
  클수록 연소반응이 용이하게 일어난다.
② 가연물의 열전도율이 작을 때 열이 잘 축적되어 연소반응이 용이하게
  일어난다.
③ 가연물의 표면적이 크면 산소와 접촉면적이 커져 연소반응이 용이하게
  일어난다.
④ 연소반응도 산화반응의 일종이기 때문에 가연물의 활성화에너지가 작
  을수록 연소반응이 용이하게 일어난다.

27

「위험물안전관리법령」상 소화설비의 적응성에서 이산화탄
소소화기가 적응성이 있는 것은?

① 제1류 위험물
② 제3류 위험물
③ 제4류 위험물
④ 제5류 위험물

해설 **이산화탄소소화기가 적응성이 있는 것**
• 전기설비
• 제2류 위험물 중 인화성 고체
• 제4류 위험물

28 빈출

위험물에서 화재가 발생한 경우 사용이 가능한 소화약제가
잘못 연결된 것은?

① 질산암모늄 – H_2O
② 마그네슘 – CO_2
③ 트리에틸알루미늄 – 팽창질석
④ 나이트로(니트로)글리세린 – H_2O

해설
마그네슘(Mg)은 이산화탄소(CO_2)와 반응하여 산화마그네슘(MgO)과 가
연성 가스인 일산화탄소(CO) 또는 가연성인 탄소(C)를 생성한다. 따라서
마그네슘에서 화재가 발생한 경우 이산화탄소 소화기는 사용할 수 없다.
$Mg + CO_2 \rightarrow MgO + CO$
$2Mg + CO_2 \rightarrow 2MgO + C$

오답해설
① 질산암모늄은 제1류 위험물로 물로 소화할 수 있다.
③ 트리에틸알루미늄은 물과 반응하여 에탄 가스를 발생시키므로 팽창질
  석, 팽창진주암 또는 마른모래로 소화해야 한다.
④ 나이트로(니트로)글리세린은 제5류 위험물로 분자 내에 산소를 포함하
  고 있기 때문에 질식소화는 효과가 없고 다량의 물을 이용하여 소화해
  야 한다.

29 고난도

다음 중 고온체의 색깔과 온도관계에서 가장 낮은 온도의
색깔은?

① 적색
② 암적색
③ 휘적색
④ 백적색

해설 **고온체의 색깔과 온도**

색깔	온도(℃)
암적색	700
적색	850
황색	900
휘적색	950
황적색	1,100
백적색	1,300
휘백색	1,500

30 빈출

이산화탄소 소화기에 관한 설명으로 옳지 않은 것은?

① 소화작용은 질식효과와 냉각효과에 의한다.
② A급, B급 및 C급화재 중 A급화재에 가장 적응성이 있다.
③ 소화약제 자체의 유독성은 적으나, 공기 중 산소 농도를 저하시켜 질식의 위험이 있다.
④ 소화약제의 동결, 부패, 변질 우려가 적다.

해설

이산화탄소는 비전도성 물질이고, 화재를 진압한 후 잔존물이 없어 소방대상물을 오염시키지 않기 때문에 C급화재(전기화재)에 가장 적응성이 있다.

31

다음 [보기] 중 상온에서의 상태(기체, 액체, 고체)가 동일한 것을 모두 나열한 것은?

| 보기 |

Halon 1301, Halon 1211, Halon 2402

① Halon 1301, Halon 2402
② Halon 1211, Halon 2402
③ Halon 1301, Halon 1211
④ Halon 1301, Halon 1211, Halon 2402

해설

Halon 1301, Halon 1211은 상온에서 기체 상태이고, Halon 2402는 상온에서 액체 상태이다.

32

특정옥외탱크저장소라 함은 저장 또는 취급하는 액체 위험물의 최대수량이 얼마 이상의 것을 말하는가?

① 50만 리터 이상
② 100만 리터 이상
③ 150만 리터 이상
④ 200만 리터 이상

해설

특정옥외탱크저장소는 저장 또는 취급하는 액체 위험물의 최대수량이 100만 리터 이상인 탱크이다.

33 빈출

위험물저장소 건축물의 외벽이 내화구조인 것은 연면적 얼마를 1소요단위로 하는가?

① $50m^2$
② $75m^2$
③ $100m^2$
④ $150m^2$

해설

• 제조소 또는 취급소용 건축물로서 외벽이 내화구조로 된 것에 있어서는 연면적 $100m^2$를, 외벽이 내화구조가 아닌 것에 있어서는 연면적 $50m^2$를 각각 소요단위 1단위로 할 것
• 저장소용 건축물로서 외벽이 내화구조로 된 것에 있어서는 연면적 $150m^2$를, 외벽이 내화구조가 아닌 것에 있어서는 연면적 $75m^2$를 소요단위 1단위로 할 것

34 빈출

폐쇄형 스프링클러 헤드는 부착장소의 평상시 최고 주위온도에 따라서 결정된 표시온도의 것을 사용해야 한다. 부착장소의 최고 주위온도가 28℃ 이상 39℃ 미만일 때, 표시온도는?

① 58℃ 미만
② 58℃ 이상 79℃ 미만
③ 79℃ 이상 121℃ 미만
④ 121℃ 이상 162℃ 미만

해설

부착장소의 최고 주위온도(℃)	표시온도(℃)
28 미만	58 미만
28 이상 39 미만	58 이상 79 미만
39 이상 64 미만	79 이상 121 미만
64 이상 106 미만	121 이상 162 미만
106 이상	162 이상

35

소화기가 유류화재에 적응력이 있음을 표시하는 색은?

① 백색
② 황색
③ 청색
④ 흑색

해설

유류 및 가스화재는 황색으로 표시한다.

오답해설

① 백색: 일반화재 표시색상
③ 청색: 전기화재 표시색상
④ 흑색: 화재 표시색상이 아니다.

36 고난도

다음 중 과산화나트륨과 혼재가 가능한 위험물은? (단, 지정수량 이상인 경우이다.)

① 에테르
② 마그네슘분
③ 탄화칼슘
④ 과염소산

해설

혼재가능 위험물

• 423 → 제4류와 제2류, 제4류와 제3류는 서로 혼재 가능
• 524 → 제5류와 제2류, 제5류와 제4류는 서로 혼재 가능
• 61 → 제6류와 제1류는 서로 혼재 가능

문제와 보기에 주어진 위험물의 분류

구분	유별	품명
과산화나트륨	제1류	무기과산화물
에테르	제4류	특수인화물
마그네슘분	제2류	마그네슘
탄화칼슘	제3류	칼슘 또는 알루미늄의 탄화물
과염소산	제6류	과염소산

과산화나트륨은 제1류 위험물이기 때문에 제6류 위험물인 과염소산과 혼재가 가능하다.

37

다음 중 소화약제의 종류가 아닌 것은?

① CH_2BrCl
② $NaHCO_3$
③ $NaBrO_3$
④ CF_3Br

해설

① 할로젠화합물(할로겐화합물) 소화약제 중 Halon 1011이다.
② 제1종 분말소화약제이다.
③ 제1류 위험물인 브로민산나트륨(브롬산나트륨)이다.
④ 할로젠화합물(할로겐화합물) 소화약제 중 Halon 1301이다.

38 빈출

고체의 연소형태에 관한 설명 중 틀린 것은?

① 목탄의 주된 연소형태는 표면연소이다.
② 목재의 주된 연소형태는 분해연소이다.
③ 나프탈렌의 주된 연소형태는 증발연소이다.
④ 양초의 주된 연소형태는 자기연소이다.

해설

양초의 주된 연소형태는 증발연소이다. 증발연소는 고체가 가열되어 가연성 가스를 발생시켜 연소하는 형태이다.
제5류 위험물과 같이 분자 내에 산소를 포함하고 있는 물질이 자기연소를 한다.

39

복합용도 건축물의 옥내저장소의 기준에서 옥내저장소의 용도에 사용되는 부분의 바닥면적을 몇 m² 이하로 하여야 하는가?

① 30
② 50
③ 75
④ 100

해설

복합용도의 건축물의 옥내저장소의 기준에 따르면 옥내저장소의 용도에 사용되는 부분의 바닥면적은 $75m^2$ 이하로 하여야 한다.

40

소화난이도등급 I 에 해당하는 옥외탱크저장소 중 황(유황)만을 저장·취급하는 것에 설치하여야 하는 소화설비는? (단, 지중탱크와 해상탱크는 제외한다.)

① 스프링클러 소화설비

② 이산화탄소 소화설비

③ 분말 소화설비

④ 물분무 소화설비

해설 소화난이도등급 I 의 옥외탱크저장소에 설치해야 하는 소화설비

구분		소화설비
지중탱크 또는 해상탱크 외의 것	황(유황)만을 저장·취급하는 것	물분무 소화설비
	인화점 70℃ 이상의 제4류 위험물만을 저장·취급하는 것	물분무 소화설비 또는 고정식 포 소화설비
지중탱크		고정식 포 소화설비(포 소화설비가 없는 경우에는 분말 소화설비)
해상탱크		고정식 포 소화설비, 물분무 소화설비, 이동식 이외의 불활성가스 소화설비 또는 이동식 이외의 할로젠화합물(할로겐화합물) 소화설비

3과목   위험물의 성질과 취급

41

다음 중 제6류 위험물이 아닌 것은?

① 삼불화브로민

② 오불화아이오딘

③ 질산

④ 질산구아니딘

해설

질산구아니딘은 제5류 위험물 중 그 밖에 행정안전부령으로 정하는 것에 해당된다.

오답해설

①, ②: 제6류 위험물 중 그 밖에 행정안전부령으로 정하는 것에 해당된다.

③: 제6류 위험물이다.

42 고난도

다음 중 페놀에 대한 설명으로 틀린 것은?

① 산의 성질을 띤다.

② 카르복시산과 반응하여 케톤이 된다.

③ 염화제이철($FeCl_3$)과 정색반응한다.

④ 나트륨과 반응하여 수소 기체를 발생한다.

해설

① 페놀은 약염기와 강산으로 이루어진 물질이므로 산의 성질을 띤다.

② 페놀은 카르복시산과 반응하여 에스터(에스테르)가 된다.

③ 페놀은 염화제이철과 정색반응하여 보라색을 나타낸다.

④ 페놀은 나트륨과 반응하여 나트륨염과 수소를 발생시킨다.

43

위험물 주유취급소의 주유 및 급유 공지의 바닥에 대한 기준으로 옳지 않은 것은?

① 주위 지면보다 낮게 할 것

② 표면을 적당하게 경사지게 할 것

③ 배구수, 집유설비를 할 것

④ 유분리장치를 할 것

해설

위험물 주유취급소의 주유 및 급유 공지의 바닥은 주위 지면보다 높게 하고, 그 표면을 적당히 경사지게 하여 새어나온 기름, 그 밖의 액체가 공지의 외부로 유출되지 않도록 배수구, 집유설비 및 유분리장치를 하여야 한다.

44

제조소 등의 관계인은 당해 제조소 등의 용도를 폐지한 때에는 행정안전부령이 정하는 바에 따라 제조소 등의 용도를 폐지한 날부터 며칠 이내에 시·도지사에게 신고하여야 하는가?

① 5일　　　　　　② 7일
③ 14일　　　　　　④ 21일

해설

제조소 등의 관계인은 당해 제조소 등의 용도를 폐지한 때에는 행정안전부령이 정하는 바에 따라 제조소 등의 용도를 폐지한 날부터 14일 이내에 시·도지사에게 신고하여야 한다.

45

「위험물안전관리법령」에서 정의한 철분의 정의로 옳은 것은?

① "철분"이라 함은 철의 분말로서 53마이크로미터의 표준체를 통과하는 것이 50(중량%) 미만인 것은 제외한다.
② "철분"이라 함은 철의 분말로서 50마이크로미터의 표준체를 통과하는 것이 53(중량%) 미만인 것은 제외한다.
③ "철분"이라 함은 철의 분말로서 53마이크로미터의 표준체를 통과하는 것이 50(부피%) 미만인 것은 제외한다.
④ "철분"이라 함은 철의 분말로서 50마이크로미터의 표준체를 통과하는 것이 53(부피%) 미만인 것은 제외한다.

해설　철분의 정의

"철분"이라 함은 철의 분말로서 53마이크로미터의 표준체를 통과하는 것이 50(중량%) 미만인 것은 제외한다.

46

「위험물안전관리법령」상 시·도의 조례가 정하는 바에 따라, 관할 소방서장의 승인을 받아 지정수량 이상의 위험물을 임시로 제조소 등이 아닌 장소에서 취급할 때 며칠 이내의 기간 동안 취급할 수 있는가?

① 7일　　　　　　② 30일
③ 90일　　　　　　④ 180일

해설

지정수량 이상의 위험물을 저장소가 아닌 장소에서 저장하거나 제조소 등이 아닌 장소에서 취급하여서는 아니되지만, 시·도의 조례가 정하는 바에 따라 관할 소방서장의 승인을 받아 지정수량 이상의 위험물을 90일 이내의 기간 동안 임시로 저장 또는 취급하는 경우에는 제조소 등이 아닌 장소에서 지정수량 이상의 위험물을 취급할 수 있다.

47 빈출

옥내탱크저장소에서 탱크 상호 간에는 얼마 이상의 간격을 두어야 하는가? (단, 탱크의 점검 및 보수에 지장이 없는 경우는 제외한다.)

① 0.5m　　　　　　② 0.7m
③ 1.0m　　　　　　④ 1.2m

해설　옥내탱크저장소의 기준

옥내저장탱크와 탱크전용실의 벽과의 사이 및 옥내저장탱크 상호 간에는 0.5m 이상의 간격을 유지해야 한다. 다만, 탱크의 점검 및 보수에 지장이 없는 경우에는 그러하지 아니하다.(「위험물안전관리법 시행규칙」 별표7)
※ 지하저장탱크와 탱크 전용실 안쪽과의 사이는 0.1m 이상의 간격을 유지해야 한다.

48 빈출

다음 중 위험물의 성질에 대한 설명으로 틀린 것은?

① 황린은 물과 반응하지 않는다.

② 황화인(황화린)이 분해되면 황화수소 가스가 발생된다.

③ 삼황화인(삼황화린)이 연소하면 오산화인(오산화린)이 발생된다.

④ 마그네슘이 온수와 반응하면 산소 기체가 발생한다.

해설

마그네슘은 상온에서는 물과 반응하지 않지만 뜨거운 물이나 과열 수증기와 접촉하면 수소가 발생한다.

$Mg + 2H_2O \rightarrow Mg(OH)_2 + H_2$

오답해설

① 황린은 물과 반응하지 않기 때문에 물속에 보관한다.

② 황화인(황화린)이 분해되면 유독하고 가연성인 황화수소(H_2S)가 발생된다.

③ 삼황화인(P_4S_3, 삼황화린)이 연소되면 오산화인(P_2O_5, 오산화린)과 이산화황(SO_2)이 발생된다.

49 고난도

질산나트륨을 저장하고 있는 옥내저장소(내화구조의 격벽으로 완전히 구획된 실이 2 이상 있는 경우에는 동일한 실)에 함께 저장하는 것이 법적으로 허용되는 것은? (단, 위험물을 유별로 정리하여 서로 1m 이상의 간격을 두는 경우이다.)

① 적린

② 인화성 고체

③ 동식물유류

④ 과염소산

해설

문제에서 제시한 질산나트륨은 제1류 위험물이다. 제1류 위험물은 제6류 위험물과 함께 저장할 수 있다. 보기에서 ④ 과염소산이 제6류 위험물이다.

관련개념

1m 이상의 간격을 두는 경우 저장소에 함께 저장할 수 있는 위험물

• 제1류 위험물(알칼리금속의 과산화물 또는 이를 함유한 것을 제외)과 제5류 위험물을 저장하는 경우

• 제1류 위험물과 제6류 위험물을 저장하는 경우

• 제1류 위험물과 제3류 위험물 중 자연발화성 물질(황린 또는 이를 함유한 것에 한함)을 저장하는 경우

• 제2류 위험물 중 인화성 고체와 제4류 위험물을 저장하는 경우

• 제3류 위험물 중 알킬알루미늄 등과 제4류 위험물(알킬알루미늄 또는 알킬리튬을 함유한 것에 한함)을 저장하는 경우

• 제4류 위험물 중 유기과산화물 또는 이를 함유하는 것과 제5류 위험물 중 유기과산화물 또는 이를 함유한 것을 저장하는 경우

50

염소산칼륨이 고온에서 완전 열분해할 때 주로 생성되는 물질은?

① 칼륨과 물 및 산소

② 염화칼륨과 산소

③ 이염화칼륨과 수소

④ 칼륨과 물

해설 염소산칼륨

400℃일 때 반응: $2KClO_3 \rightarrow KClO_4 + KCl + O_2\uparrow$

540~560℃일 때 반응: $KClO_4 \rightarrow KCl + 2O_2\uparrow$

염소산칼륨의 완전분해식: $2KClO_3 \rightarrow 2KCl + 3O_2\uparrow$

51

다음 중 질산에틸의 특징으로 옳지 않은 것은?

① 향기를 갖는 무색의 액체이다.

② 휘발성 물질로 증기비중은 1보다 작다.

③ 물에는 녹지 않으나 에테르에 녹는다.

④ 비점 이상으로 가열하면 폭발의 위험이 있다.

해설

질산에틸은 휘발성 물질이지만 증기비중이 1보다 크다.

질산에틸의 증기비중 $= \dfrac{\text{질산에틸의 분자량}}{\text{공기의 평균분자량}} = \dfrac{91}{29} = 3.14$

※ 질산에틸($C_2H_5ONO_2$)의 분자량

$= (12 \times 2) + (1 \times 5) + (16 \times 3) + 14 = 91$

52

다음 중 중유에 대한 설명으로 틀린 것은?

① 인화점이 상온 이하이므로 매우 위험하다.

② 물에 녹지 않는다.

③ 디젤기관 및 보일러의 연료로 사용된다.

④ 비중은 물보다 작다.

해설

제3석유류는 1atm에서 인화점이 70℃ 이상 200℃ 미만인 것이다.

중유는 제3석유류에 해당되기 때문에 인화점이 상온보다 높다.

53 빈출

다음 중 물과 반응하여 연소범위가 약 2.5~81%인 가스를 발생시키는 것은?

① Na
② P
③ CaC_2
④ Na_2O_2

해설

탄화칼슘(CaC_2)은 물과 반응하여 아세틸렌가스가 발생한다.
$$CaC_2 + 2H_2O \rightarrow Ca(OH)_2 + C_2H_2$$
아세틸렌가스(C_2H_2)는 연소범위가 약 2.5~81%로 매우 넓은 위험한 가스이다.

오답해설

① 나트륨(Na)은 물과 반응하면 수소가 발생된다.
② 적린(P)은 물에 녹지 않는다.
④ 과산화나트륨(Na_2O_2)이 물과 반응하면 산소가 발생된다.

55

위험물 간이탱크저장소의 간이저장탱크 수압시험 기준으로 옳은 것은?

① 50kPa의 압력으로 7분간의 수압시험
② 70kPa의 압력으로 10분간의 수압시험
③ 50kPa의 압력으로 10분간의 수압시험
④ 70kPa의 압력으로 7분간의 수압시험

해설

간이저장탱크는 두께 3.2mm 이상의 강판으로 흠이 없도록 제작하여야 하며 70kPa의 압력으로 10분간의 수압시험을 실시하여 새거나 변형되지 않아야 한다.

54 고난도

제3류 위험물의 성질을 설명한 것으로 옳은 것은?

① 물에 의한 냉각소화를 모두 금지한다.
② 알킬알루미늄, 나트륨, 수소화나트륨은 비중이 모두 물보다 무겁다.
③ 모두 무기화합물로 구성되어 있다.
④ 지정수량은 모두 300kg 이하의 값을 갖는다.

해설

① 제3류 위험물 중 황린은 냉각소화를 할 수 있다.
② 나트륨은 비중이 약 0.97로 물보다 가볍다.
③ 유기금속화합물도 제3류 위험물에 해당된다.
④ 제3류 위험물 중 지정수량이 가장 큰 것은 금속의 수소화물, 금속의 인화물, 칼슘 또는 알루미늄의 탄화물로 지정수량이 300kg이다.

56

염소산칼륨의 위험성에 관한 설명으로 틀린 것은?

① 이산화망간 존재 시 분해가 촉진되어 산소를 방출한다.
② 강력한 산화제이다.
③ 황, 목탄 등과 혼합된 것은 위험하다.
④ 물과 반응하면 위험하므로 주수소화는 피해야 한다.

해설

① 염소산칼륨은 제1류 위험물로서 이산화망간 등이 존재하면 분해가 촉진되어 산소를 방출한다.
② 제1류 위험물은 모두 산소를 함유한 강력한 산화제이다.
③ 염소산칼륨과 같은 제1류 위험물은 황, 목탄, 유기물 등과 혼합하면 발화 위험이 커지기 때문에 위험하다.
④ 염소산칼륨과 같은 제1류 위험물은 물과 위험한 반응을 하지 않으므로 화재 발생 시 주수소화한다.

57 빈출

질산나트륨 90kg, 황(유황) 70kg, 클로로벤젠 2,000L 각각의 지정수량의 배수의 총합은?

① 2   ② 3
③ 4   ④ 5

해설

질산나트륨 – 제1류 위험물 중 질산염류: 지정수량 300kg
황(유황) – 제2류 위험물: 지정수량 100kg
클로로벤젠 – 제4류 위험물 중 제2석유류의 비수용성: 지정수량 1,000L
따라서 지정수량의 배수의 총합은 다음과 같다.

$$\frac{90}{300} + \frac{70}{100} + \frac{2,000}{1,000} = 3$$

58 빈출

옥외탱크저장소에서 취급하는 위험물의 최대수량에 따른 보유 공지너비가 틀린 것은? (단, 원칙적인 경우에 한정한다.)

① 지정수량 500배 이하 – 3m 이상
② 지정수량 500배 초과 1,000배 이하 – 5m 이상
③ 지정수량 1,000배 초과 2,000배 이하 – 9m 이상
④ 지정수량 2,000배 초과 3,000배 이하 – 15m 이상

해설

옥외탱크저장소에서 취급하는 위험물의 최대수량이 2,000배 초과 3,000배 이하인 경우 보유 공지너비는 12m 이상이다.

59 빈출

그림과 같은 타원형 탱크의 내용적은 약 몇 m³인가?

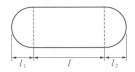

$$a: 8m, \ b: 6m, \ l: 16m, \ l_1: 2m, \ l_2: 2m$$

① 453   ② 553
③ 653   ④ 753

해설

양쪽이 볼록한 타원형 탱크의 내용적은 다음 식으로 구한다.

$$V = \frac{\pi ab}{4}\left(l + \frac{l_1 + l_2}{3}\right) = \frac{\pi \times 8 \times 6}{4} \times \left(16 + \frac{2+2}{3}\right) = 653.45\text{m}^3$$

60 빈출

산화프로필렌 350L, 메탄올 400L, 아세톤 800L를 저장하고 있는 경우 각각 지정수량 배수의 총합은 얼마인가?

① 4   ② 6
③ 10   ④ 13

해설 문제에 제시된 위험물의 지정수량

구분	품명	지정수량
산화프로필렌	특수인화물	50L
메탄올	알코올류	400L
아세톤	제1석유류	400L

$$지정수량\ 배수 = \frac{저장량}{지정수량}$$

$$지정수량\ 배수의\ 총합 = \frac{350}{50} + \frac{400}{400} + \frac{800}{400} = 10$$

1과목 | 일반화학

01

다음 중 파장이 가장 짧으면서 투과력이 가장 강한 것은?

① α선 ② β선
③ γ선 ④ X선

해설 γ선
- α선, β선, γ선 중 파장이 제일 짧고, 투과성이 강하다.
- X선과 같은 일종의 전자파로 질량이 없고 전하를 띠지 않는다.
- 전기장의 영향을 받지 않아 휘어지지 않는다.

02 고난도

구리줄을 불에 달구어 약 50℃ 정도의 메탄올에 담그면 자극성 냄새가 나는 기체가 발생한다. 이 기체는 무엇인가?

① 포름알데하이드(포름알데히드)
② 아세트알데하이드(아세트알데히드)
③ 프로판
④ 메틸에테르

해설

메탄올(CH_3OH)이 산화되면 포름알데하이드(포름알데히드, $HCHO$)가 된다.
문제에서 구리줄을 불에 달구어 메탄올에 담그었다고 했는데, 구리는 반응에 직접 참여하지 않고 반응속도를 빠르게 하는 촉매 역할을 한다.

$$CH_3OH \xrightarrow[-2H]{\text{산화}} \underset{\text{포름알데하이드}}{HCHO}$$

03

다음과 같은 기체가 일정한 온도에서 반응을 하고 있다. 평형에서 기체 A, B, C가 각각 1몰, 2몰, 4몰이라면 평형상수 K의 값은 얼마인가?

A+3B → 2C+열

① 0.5 ② 2
③ 3   ④ 4

해설

$aA+bB \rightleftharpoons cC+dD$에서
$$\frac{[C]^c[D]^d}{[A]^a[B]^b}=K(\text{평형상수})$$
따라서 $K=\dfrac{[C]^c[D]^d}{[A]^a[B]^b}=\dfrac{[4]^2}{[1]^1[2]^3}=2$

04

수소와 질소로 암모니아를 합성하는 화학반응식은 다음과 같다. 암모니아의 생성률을 높이기 위한 조건은?

$N_2+3H_2 \rightarrow 2NH_3+22.1kcal$

① 온도와 압력을 낮춘다.
② 온도는 낮추고, 압력은 높인다.
③ 온도를 높이고, 압력은 낮춘다.
④ 온도와 압력을 높인다.

해설

암모니아(NH_3)를 합성하는 반응은 발열반응이고, 압력이 감소(반응물은 4몰, 생성물은 2몰이기 때문임)하는 반응이다.
- 온도를 낮추었을 때: 열을 방출하는 발열반응이 잘 일어남 → 암모니아가 잘 생성됨
- 압력이 높아졌을 때: 증가된 압력(부피, 분자 수)을 감소하는 방향으로 반응이 진행 됨(기체일 때만 해당) → 암모니아가 잘 생성됨

05

"기체의 확산속도는 기체의 밀도(또는 분자량)의 제곱근에 반비례한다."라는 법칙과 연관성이 있는 것은?

① 미지의 기체 분자량 측정에 이용할 수 있는 법칙이다.
② 보일-샤를이 정립한 법칙이다.
③ 기체상수 값을 구할 수 있는 법칙이다.
④ 이 법칙은 기체상태방정식으로 표현된다.

> **해설** 그레이엄의 확산속도의 법칙

- 기체 분자의 확산속도는 일정 온도와 압력 조건에서 분자량의 제곱근에 반비례한다는 법칙이다.
- 미지의 기체의 확산속도를 알면 분자량을 측정할 수 있다.

$$\frac{v_1}{v_2} = \sqrt{\frac{d_2}{d_1}} = \sqrt{\frac{M_2}{M_1}}$$

여기서, v_1, v_2: 기체의 확산속도
d_1, d_2: 기체의 밀도
M_1, M_2: 기체의 분자량

06

98% H_2SO_4 50g에서 H_2SO_4에 포함된 산소 원자수는?

① 3×10^{23}개
② 6×10^{23}개
③ 9×10^{23}개
④ 1.2×10^{24}개

> **해설**

98%의 H_2SO_4 50g이기 때문에 순수한 황산의 무게는 49g이다.
$50g \times 0.98 = 49g$
H_2SO_4의 분자량은 $(1 \times 2) + 32 + (16 \times 4) = 98g/mol$이다.
※ 수소의 원자량은 1, S의 원자량은 32, 산소의 원자량은 16임
H_2SO_4의 분자량이 98g/mol이기 때문에 49g은 0.5몰이다.
1몰의 H_2SO_4에는 6.02×10^{23}개의 H_2SO_4 분자가 들어 있기 때문에 0.5몰의 H_2SO_4에는 3.01×10^{23}개의 분자가 들어 있다.
문제에서 묻는 것은 H_2SO_4에 포함된 산소 원자수인데 H_2SO_4에는 산소 원자가 4개가 들어 있다.
산소 원자수 $= (3.01 \times 10^{23}) \times 4 = 1.2 \times 10^{24}$

07

다음 물질 중에서 염기성인 것은?

① $C_6H_5NH_2$
② $C_6H_5NO_2$
③ C_6H_5OH
④ C_6H_5COOH

> **해설**

① 아닐린으로 암모니아와 성질이 비슷하며 약한 염기성을 띤다.
② 나이트로벤젠(니트로벤젠)은 물에 녹지 않고, 중성을 띤다.
③ 페놀으로 물에 조금 녹아 약한 산성을 나타낸다.
④ 벤조산으로 물에 녹아 산성을 나타낸다.

08 빈출

다음 그래프는 어떤 고체 물질의 온도에 따른 용해도 곡선이다. 이 물질의 포화용액을 80℃에서 0℃로 내렸더니 20g의 용질이 석출되었다. 80℃에서 이 포화용액의 질량은 몇 g인가?

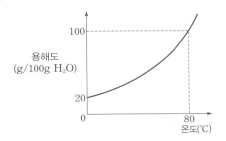

① 50g
② 75g
③ 100g
④ 150g

> **해설**

용해도란 용매(물) 100g에 최대한 녹는 용질의 g수이다.
포화용액의 무게를 100g으로 가정하고 석출되는 용질의 g수를 계산해 본다.
80℃에서의 용해도가 100이므로 포화용액 100g에는 용매(물)가 50g, 용질이 50g 녹아 있는 것이다.
※ 용해도가 100이라는 의미는 용매 100g에 용질이 최대한 100g이 녹는다는 의미이고, 포화용액에서 용매와 용질의 비율이 1 : 1이라는 의미이다.
그래프에서 0℃의 용해도는 20이므로 0℃에서 용매 100g에는 용질 20g이 녹을 수 있다. 위에서 용매가 50g이었으므로 용매 50g에는 용질 10g이 녹을 수 있다.
따라서 80℃에서는 용질이 50g 녹아 있었는데 0℃ 용질에는 10g만 녹을 수 있기 때문에 40g의 용질은 녹지 못해 석출된다.
맨 처음 포화용액의 무게를 100g으로 가정했는데, 이때 40g의 용질이 석출되었다. 문제에서는 20g의 용질이 석출되었을 때의 포화용액의 무게를 구하는 것이기 때문에 포화용액의 무게는 100g의 절반인 50g이다.

09 빈출

1패러데이(Faraday)의 전기량으로 물을 전기분해하였을 때 생성되는 수소기체는 0℃, 1기압에서 얼마의 부피를 갖는가?

① 5.6L   ② 11.2L
③ 22.4L   ④ 44.8L

해설 물의 전기분해 반응식

(−)극: $4H_2O + 4e^- \rightarrow 2H_2 + 4OH^-$
(+)극: $2H_2O \rightarrow O_2 + 4H^+ + 4e^-$

전체 알짜반응식: $2H_2O \rightarrow 2H_2 + O_2$
1페러데이(1F) = 96,500C(쿨롱) = 1mol 전자의 전하량
물의 전기분해식을 보면 분해 시 발생되는 H_2와 소모되는 전자의 비는 1:2이므로 1mol의 전자 당 생성되는 H_2의 양은 0.5mol이고 아보가드로 법칙에 의해 표준상태에서 기체 0.5mol의 부피는 $\frac{22.4L}{2}$ = 11.2L이다.

※ 물의 전기분해반응식에서 전자 4몰이 이동하면 수소 2몰과 산소 1몰이 생성된다. 전자 4몰의 전하량은 4F이고, 1F가 가해지면 수소는 0.5몰이 생성된다.

10

물 200g에 A 물질 2.9g을 녹인 용액의 어는점은? (단, 물의 어는점내림상수는 1.86℃ · kg/mol이고, A 물질의 분자량은 58이다.)

① −0.017℃   ② −0.465℃
③ 0.932℃   ④ −1.871℃

해설

몰랄농도: 용매 1,000g에 용해된 용질의 몰수로 나타낸 농도

$$\Delta T_f = m \times K_f$$

m농도 = $\frac{질량(g)}{분자량} \times \frac{1,000(g)}{전체 용매(g)}$

ΔT_f: 빙점강하도, m: 몰랄농도
K_f: 어는점내림상수
$\Delta T_f = m \times K_f$에서
m농도 = $\frac{질량(g)}{분자량} \times \frac{1,000(g)}{전체 용매(g)} = \frac{2.9}{58} \times \frac{1,000}{200} = 0.25$

$\Delta T_f = m \times K_f = 0.25 \times 1.86 = 0.465℃$
물의 어는점은 0℃이며 계산 결과에 따라 어는점이 0.465℃ 내려갔으므로 물질이 녹은 용액의 어는점은 −0.465℃이다.
※ 빙점과 어는점은 같은 말이다.

11

다음은 표준 수소전극과 짝지어 얻은 반쪽반응 표준환원 전위값이다. 이들 반쪽전지를 짝지었을 때 얻어지는 전지의 표준 전위차 E°는?

$Cu^{2+} + 2e^- \rightarrow Cu$, $E° = +0.34V$
$Ni^{2+} + 2e^- \rightarrow Ni$, $E° = -0.23V$

① +0.11V   ② −0.11V
③ +0.57V   ④ −0.57V

해설

문제의 반응식은 다음과 같이 정리할 수 있다.
$Cu^{2+} + Ni(s) \rightarrow Ni^{2+} + Cu(s)$
전지의 표준 전위차 $E° = E°$(전극 전위가 큰 쪽의 표준환원 전위) − (전극 전위가 작은 쪽의 표준환원 전위) = 0.34 − (−0.23) = 0.57V

12

0.01N CH_3COOH의 전리도가 0.01이면 pH는 얼마인가?

① 2   ② 4
③ 6   ④ 8

해설

산성일 때 pH = $-\log[N]$이고, 문제에서 전리도가 주어지면 전리도를 곱한다.
전리도가 0.01이라는 의미는 0.01N 중 0.01만 해리되는 것이기 때문에 전리도를 곱해야 수용액 속의 수소 이온 농도가 된다.
pH = $-\log[0.01 \times 0.01] = -\log[1 \times 10^{-4}] = 4$

13

액체나 기체 안에서 미소 입자가 불규칙적으로 계속 움직이는 것을 무엇이라 하는가?

① 틴들 현상   ② 다이알리시스
③ 브라운 운동   ④ 전기영동

해설

콜로이드 용액을 현미경으로 관찰할 때 보이는 콜로이드 입자의 불규칙한 운동을 브라운 운동이라고 한다.
콜로이드 용액에 강한 직사광선을 비추었을 때 빛의 진로가 보이는 현상을 틴들 현상이라고 한다.

14

ns^2np^5의 전자구조를 가지지 않는 것은?

① F(원자번호 9) ② Cl(원자번호 17)
③ Se(원자번호 34) ④ I(원자번호 53)

해설

ns^2np^5의 전자구조를 가지는 물질은 최외각 전자 수가 7개인 원소이다.
최외각 전자 수가 7개인 원소는 주기율표상 17족인 원소이다.
주기율표상 17족인 원소: F, Cl, Br, I, At, Ts
Se는 주기율표상 16족의 원소이다.

※ 위험물산업기사의 기출문제 수준에서는 주기율표상 3~12족인 전이원소에 대해 묻는 문제는 출제비중이 낮고, 주기율표상 1~2족, 13~18족의 전형원소에 대해 묻는 문제가 주로 출제된다.

15 빈출

다음의 반응에서 환원제로 쓰인 것은?

$$MnO_2 + 4HCl \rightarrow MnCl_2 + 2H_2O + Cl_2$$

① Cl_2 ② $MnCl_2$
③ HCl ④ MnO_2

해설

반응식에서 산소원자의 이동을 살펴보면 MnO_2가 $MnCl_2$로 바뀌며 Mn에서 산소가 떨어져 나간다. 즉, MnO_2가 환원되었는데 이것은 4HCl이 환원제로 작용하여 MnO_2를 환원시켰기 때문이다.
환원제는 다른 물질을 환원시키고, 자신은 산화되는 물질이다. HCl은 수소를 잃으며 산화되었고, MnO_2를 환원시켰다. 따라서 HCl은 환원제로 쓰였다.

16

중성원자가 무엇을 잃으면 양이온으로 되는가?

① 중성자 ② 핵전하
③ 양성자 ④ 전자

해설

양이온(+): 중성원자가 전자를 잃음(방출), (원자번호＝양성자 수＝전자 수)
예 Na(전자 수가 11개) → Na^+(전자 수가 10개)

17

pH가 2인 용액은 pH가 4인 용액과 비교하면 수소이온농도가 몇 배인 용액이 되는가?

① 100배 ② 2배
③ 10^{-1}배 ④ 10^{-2}배

해설

$pH = -\log[H^+]$
따라서 $pH = 2: -\log(10^{-2})$, $pH = 4: -\log(10^{-4})$
pH＝2인 용액의 수소이온농도가 pH＝4인 용액의 몇 배인지 물었으므로
$$\frac{10^{-2}}{10^{-4}} = 100$$
따라서 pH＝2인 용액의 수소이온농도는 pH＝4인 용액의 100배가 된다.

18 고난도

2차 알코올을 산화시켜서 얻어지며, 환원성이 없는 물질은?

① CH_3COCH_3 ② $C_2H_5OC_2H_5$
③ CH_3OH ④ CH_3OCH_3

해설

1차 알코올이 산화되면 알데하이드(알데히드)를 거쳐 카르복실산이 되고 2차 알코올이 산화되면 케톤이 된다. 3차 알코올은 산화되지 않는다.

※ CH_3COCH_3는 디메틸케톤으로 아세톤이라고도 하고, 제4류 위험물 중 제1석유류이다.

19

다이에틸에터(디에틸에테르)는 에탄올과 진한 황산의 혼합물을 가열하여 제조할 수 있는데 이것을 무슨 반응이라고 하는가?

① 중합반응
② 축합반응
③ 산화반응
④ 에스터화(에스테르화)반응

해설

축합반응은 2분자 이상의 분자에서 간단한 분자가 제거되면서 새로운 화합물을 만드는 반응이다. 이때 물이 제거되는 반응을 탈수축합반응이라고 한다.

에탄올에 진한 황산을 넣고 가열하면 물 분자가 빠지는 탈수가 되면서 다이에틸에터(디에틸에테르)가 생성된다.(130~140℃ 기준임)

$$2C_2H_5OH \xrightarrow{\text{진한 } H_2SO_4} C_2H_5OC_2H_5 + H_2O$$
(에탄올) 　　　　　　　다이에틸에터(디에틸에테르)

※ 에스터화(에스테르화)화 반응: 산과 알코올이 반응하여 에스터(에스테르, R^1COOR^2)를 형성하는 반응이다.

20 빈출

다음의 금속원소를 반응성이 큰 순서부터 나열한 것은?

Na, Li, Cs, K, Rb

① $Cs > Rb > K > Na > Li$
② $Li > Na > K > Rb > Cs$
③ $K > Na > Rb > Cs > Li$
④ $Na > K > Rb > Cs > Li$

해설

문제에서 제시된 Na, Li, Cs, K, Rb는 모두 알칼리금속이다. 알칼리금속의 반응성은 다음과 같이 원자번호가 증가할수록 커진다.
$Cs > Rb > K > Na > Li$

21 빈출

이산화탄소의 특성에 관한 내용으로 틀린 것은?

① 전기의 전도성이 있다.
② 냉각 및 압축에 의하여 액화될 수 있다.
③ 공기보다 약 1.52배 무겁다.
④ 일반적으로 무색, 무취의 기체이다.

해설

이산화탄소는 전기의 부도체로 전기절연성이 우수하기 때문에 전기화재 발생 시 사용할 수 있다.

22

「위험물안전관리법령」상 분말소화설비의 기준에서 가압용 또는 축압용 가스로 알맞은 것은?

① 산소 또는 수소
② 수소 또는 질소
③ 질소 또는 이산화탄소
④ 이산화탄소 또는 산소

해설

전역방출방식 또는 국소방출방식의 분말소화설비의 가압용 또는 축압용 가스는 질소 또는 이산화탄소로 한다.

23

소화효과에 대한 설명으로 옳지 않은 것은?

① 산소공급원 차단에 의한 소화는 제거효과이다.
② 가연물질의 온도를 떨어뜨려서 소화하는 것은 냉각효과이다.
③ 촛불을 입으로 바람을 불어 끄는 것은 제거효과이다.
④ 물에 의한 소화는 냉각효과이다.

해설

산소공급원 차단에 의한 소화는 질식소화이다. 이산화탄소 소화기, 마른 모래 등을 이용한 소화가 질식소화를 이용한 소화방법이다.

24

「위험물안전관리법령」에 따른 옥내소화전설비의 기준에서 펌프를 이용한 가압송수장치의 경우 펌프의 전양정(H)을 구하는 식으로 옳은 것은? (단, h_1은 소방용 호스의 마찰손실수두, h_2는 배관의 마찰손실수두, h_3는 낙차이며, h_1, h_2, h_3의 단위는 모두 m이다.)

① $H=h_1+h_2+h_3$ ② $H=h_1+h_2+h_3+0.35m$
③ $H=h_1+h_2+h_3+35m$ ④ $H=h_1+h_2+0.35m$

해설 **펌프의 전양정(H) 구하는 식**

$H=h_1+h_2+h_3+35m$

H: 펌프의 전양정
h_1: 소방용 호스의 마찰손실수두
h_2: 배관의 마찰손실수두
h_3: 낙차

※ 펌프의 전양정을 구하는 식과 압력수조를 이용한 가압송수장치의 압력을 구하는 식{$P=P_1+P_2+P_3+0.35(MPa)$}이 비슷하므로 혼동하지 말아야 한다.

25

다음 물질의 화재 시 내알코올포를 사용하지 못하는 것은?

① 아세트알데하이드(아세트알데히드)
② 알킬리튬
③ 아세톤
④ 에탄올

해설

내알코올포는 제4류 위험물 중 물에 녹는 위험물에 사용하는 소화약제로 알킬리튬과 같은 금수성 물질에는 사용할 수 없다. 알킬리튬과 같은 금수성 물질에는 마른 모래, 팽창질석 등을 이용한 질식소화가 적절하다.

26

스프링클러설비에 관한 설명으로 옳지 않은 것은?

① 초기화재 진화에 효과가 있다.
② 살수밀도와 무관하게 제4류 위험물에는 적응성이 없다.
③ 제1류 위험물 중 알칼리금속과산화물에는 적응성이 없다.
④ 제5류 위험물에는 적응성이 있다.

해설

스프링클러설비는 살수기준면적에 따라 제4류 위험물에 사용할 수 있는 기준이 있다.(「위험물안전관리법 시행규칙」별표 17)

살수기준면적(m²)	방사밀도(L/m²분)	
	인화점 38℃ 미만	인화점 38℃ 이상
279 미만	16.3 이상	12.2 이상
279 이상 372 미만	15.5 이상	11.8 이상
372 이상 465 미만	13.9 이상	9.8 이상
465 이상	12.2 이상	8.1 이상

상세해설

① 스프링클러설비는 화재 시 신속하게 물을 뿌리는 형식이기 때문에 초기화재 진화에 효과가 있다.
③ 알칼리금속과산화물은 금수성 물질이므로 물을 이용한 소화는 효과가 없다.
④ 제5류 위험물은 자기반응성 물질로 분자 내에 산소를 포함하고 있기 때문에 질식소화는 효과가 없고, 스프링클러설비와 같이 물을 이용한 소화 방법이 효과가 있다.

27 빈출

위험물제조소에서 옥내소화전이 1층에 4개, 2층에 6개가 설치되어 있을 때 수원의 수량은 몇 L 이상이 되도록 설치하여야 하는가?

① 13,000 ② 15,600
③ 39,000 ④ 46,800

해설 **옥내소화전설비의 설치기준**

수원의 수량은 옥내소화전이 가장 많이 설치된 층의 옥내소화전 설치개수(설치개수가 5개 이상인 경우는 5개)에 7.8m³를 곱한 양 이상이 되도록 설치해야 한다.(「위험물안전관리법 시행규칙」별표 17)

$5 \times 7.8m^3 = 39m^3 = 39,000L(1m^3 = 1,000L$임)

※ 옥내소화전이 가장 많이 설치된 층이 기준이기 때문에 1층과 2층의 옥내소화전 개수를 더하면 안 되고, 2층을 기준으로 수원의 수량을 산정해야 한다.

28

1기압, 100℃에서 물 36g이 모두 기화되었다. 생성된 기체는 약 몇 L인가?

① 11.2
② 22.4
③ 44.8
④ 61.2

해설

물의 분자량은 18g/mol이기 때문에 물 36g은 2mol이다.

이상기체상태방정식($PV=nRT$)을 이용하여 생성된 기체의 부피를 구한다.

$V = \dfrac{nRT}{P} = \dfrac{2 \times 0.082 \times 373}{1} = 61.172 ≒ 61.2L$

n(몰수): 2mol

R(기체상수): 0.082L·atm·mol^{-1}·K^{-1}

T(절대온도): 100+273=373K

P(압력): 1atm

29 빈출

다음 중 고체 가연물로서 증발연소를 하는 것은?

① 숯
② 나무
③ 나프탈렌
④ 나이트로(니트로)셀룰로오스

해설

나프탈렌, 황(유황), 양초(파라핀)와 같이 고체가 가열되어 가연성 가스를 발생시켜 연소하는 형태를 증발연소라고 한다.

오답해설

① 숯은 표면연소를 한다.
② 나무는 분해연소를 한다.
④ 나이트로(니트로)셀룰로오스는 내부에 산소를 포함하고 있어 자기연소를 한다.

30

점화원 역할을 할 수 없는 것은?

① 기화열
② 산화열
③ 정전기불꽃
④ 마찰열

해설

기화열은 액체에서 기체로 변화시키기 위해 공급해야 하는 열로 외부로부터 흡수해야 하는 열이다. 따라서 기화열은 점화원 역할을 할 수 없다.

31

『위험물안전관리법령』상 제조소 등에서의 위험물의 저장 및 취급에 관한 기준에 따르면 보냉장치가 있는 이동저장탱크에 저장하는 다이에틸에터(디에틸에테르)의 온도는 얼마 이하로 유지하여야 하는가?

① 비점
② 인화점
③ 40℃
④ 30℃

해설

- 보냉장치가 있는 이동저장탱크에 저장하는 아세트알데하이드(아세트알데히드) 등 또는 다이에틸에터(디에틸에테르) 등의 온도는 당해 위험물의 비점 이하로 유지해야 한다.
- 보냉장치가 없는 이동저장탱크에 저장하는 아세트알데하이드(아세트알데히드) 등 또는 다이에틸에터(디에틸에테르) 등의 온도는 40℃ 이하로 유지해야 한다.
- ※ 보냉장치가 있는 것과 없는 이동저장탱크는 온도의 기준이 다르므로 유의해야 한다.

32

Halon 1301에 대한 설명 중 틀린 것은?

① 비점은 상온보다 낮다.
② 액체 비중은 물보다 크다.
③ 기체 비중은 공기보다 크다.
④ 100℃에서도 압력을 가해 액화시켜 저장할 수 있다.

해설

① 비점은 약 −57.8℃로 상온보다 낮다.
② 액체 비중은 약 1.57로 물보다 크다.
③ 기체 비중은 약 5.13으로 공기보다 크다.

Halon 1301=CF_3Br

※ 분자량=12+(19×3)+80=149

Halon 1301의 기체 비중=$\dfrac{Halon\ 1301의\ 분자량}{공기의\ 평균분자량}$

$=\dfrac{149}{28.84} ≒ 5.17$

④ Halon 1301은 임계온도가 약 67℃라 100℃에서는 액화시킬 수 없다. 임계온도는 압력을 높여 기체상태의 물질을 액화시킬 수 있는 가장 높은 온도이다.

33 빈출

일반적으로 다량의 주수를 통한 소화가 가장 효과적인 화재는?

① A급 화재
② B급 화재
③ C급 화재
④ D급 화재

해설

A급 화재(일반화재)는 주수에 의한 냉각소화가 가장 효과적이다.

오답해설

② B급 화재는 유류·가스화재로 물을 부으면 연소면이 확대될 수 있다.
③ C급 화재는 전기화재로 물을 부으면 전기설비가 손상될 수 있다.
④ D급 화재는 금속화재로 물을 부으면 위험성이 더 커진다.

34

인화점이 70℃ 이상인 제4류 위험물을 저장·취급하는 소화난이도등급 I의 옥외탱크저장소(지중탱크 또는 해상탱크 외의 것)에 설치하는 소화설비는?

① 스프링클러소화설비
② 물분무 소화설비
③ 간이소화설비
④ 분말소화설비

해설

인화점이 70℃ 이상인 제4류 위험물을 저장·취급하는 소화난이도등급 I의 옥외탱크저장소(지중탱크 또는 해상탱크 외의 것)에는 물분무 소화설비 또는 고정식 포소화설비를 설치해야 한다.

35 빈출

표준상태에서 프로판 2m³이 완전연소할 때 필요한 이론 공기량은 약 몇 m³인가? (단, 공기 중의 산소농도는 21vol% 이다.)

① 23.81
② 35.72
③ 47.62
④ 71.43

해설

프로판의 완전연소반응식: $C_3H_8 + 5O_2 \rightarrow 3CO_2 + 4H_2O$
반응식으로부터 프로판과 산소가 1:5의 비율로 반응하는 것을 알 수 있다. 따라서 프로판 2m³이 반응할 때 산소는 10m³이 반응한다. 문제에서는 이론산소량이 아닌 이론공기량을 묻고 있다.

$$이론공기량 = \frac{이론산소량}{0.21} = \frac{10m^3}{0.21} = 47.62m^3$$

36

소화기와 주된 소화효과가 옳게 짝지어진 것은?

① 포 소화기 – 제거소화
② 할로젠화합물(할로겐화합물) 소화기 – 냉각소화
③ 탄산가스 소화기 – 억제소화
④ 분말 소화기 – 질식소화

해설

① 포 소화기 – 질식소화
② 할로젠화합물(할로겐화합물) 소화기 – 억제소화
③ 탄산가스 소화기 – 질식소화
④ 분말 소화기 – 질식소화

37 빈출

분말소화약제인 제1인산암모늄(인산이수소암모늄)의 열분해 반응을 통해 생성되는 물질로 부착성막을 만들어 공기를 차단시키는 역할을 하는 것은?

① HPO_3
② PH_3
③ NH_3
④ P_2O_3

해설

제1인산암모늄($NH_4H_2PO_4$)은 제3종 분말소화약제로 열분해반응식은 다음과 같다.
$NH_4H_2PO_4 \rightarrow HPO_3 + NH_3 + H_2O$
메타인산(HPO_3)는 방염성과 부착성이 좋은 막을 형성하여 연소에 필요한 산소의 유입을 차단(질식소화)하여 연소를 중단시킨다.

38
Na$_2$O$_2$와 반응하여 제6류 위험물을 생성하는 것은?

① 아세트산 　　　　② 물
③ 이산화탄소 　　　④ 일산화탄소

> **해설**
> 과산화나트륨(Na$_2$O$_2$)은 아세트산(CH$_3$COOH)과 같이 묽은 산과 반응하여 과산화수소(H$_2$O$_2$)를 발생시킨다.
> Na$_2$O$_2$+2CH$_3$COOH → H$_2$O$_2$+2CH$_3$COONa
> 과산화수소는 산화성 액체로 제6류 위험물에 해당된다.

39
묽은 질산이 칼슘과 반응하였을 때 발생하는 기체는?

① 산소 　　　　② 질소
③ 수소 　　　　④ 수산화칼슘

> **해설**
> 묽은 질산과 칼슘이 반응하면 수소 기체가 발생한다.
> 2HNO$_3$+Ca → Ca(NO$_3$)$_2$+H$_2$↑

40
과산화수소의 화재예방 방법으로 틀린 것은?

① 암모니아의 접촉은 폭발의 위험이 있으므로 피한다.
② 완전히 밀전·밀봉하여 외부 공기와 차단한다.
③ 불투명 용기를 사용하여 직사광선이 닿지 않게 한다.
④ 분해를 막기 위해 분해방지 안정제를 사용한다.

> **해설**
> 과산화수소는 상온에서도 서서히 분해하여 산소를 발생시킨다. 따라서 완전히 밀전·밀봉하여 저장하면 압력이 상승하여 폭발할 수 있기 때문에 구멍 뚫린 마개가 있는 저장용기에 보관해야 한다.

3과목 **위험물의 성질과 취급**

41
칼륨과 나트륨의 공통 성질이 아닌 것은?

① 물보다 비중 값이 작다.
② 수분과 반응하여 수소를 발생한다.
③ 광택이 있는 무른 금속이다.
④ 지정수량이 50kg이다.

> **해설**
> • 칼륨과 나트륨은 제3류 위험물로 모두 지정수량이 10kg이다.
> • 제3류 위험물 중 칼륨과 나트륨을 제외한 알칼리금속 및 알칼리토금속의 지정수량이 50kg이다.

42 빈출
다음 중 제1류 위험물에 해당하는 것은?

① 염소산칼륨 　　　② 수산화칼륨
③ 수소화칼륨 　　　④ 아이오딘화(요오드화)칼륨

> **해설**
> 염소산칼륨은 산화성 고체로 제1류 위험물 중 염소산염류에 해당된다.
> **오답해설**
> ②, ④ 「위험물안전관리법령」상 위험물이 아니다.
> ③ 제3류 위험물 중 금속의 수소화물이다.

43
적린에 대한 설명으로 옳은 것은?

① 발화 방지를 위해 염소산칼륨과 함께 보관한다.
② 물과 격렬하게 반응하여 열을 발생한다.
③ 공기 중에 방치하면 자연발화한다.
④ 산화제와 혼합한 경우 마찰·충격에 의해서 발화한다.

> **해설**
> ① 적린과 염소산염류를 혼합하면 위험성이 커진다.
> ② 적린은 물에 녹지 않고, 물과 격렬하게 반응하지 않는다.
> ③ 적린은 황린에 비해 대단히 안정하여 자연발화하지 않는다.
> ④ Na$_2$O$_2$, KClO$_2$와 같은 산화제와 혼합하면 마찰, 충격에 의해 쉽게 발화한다.

44 빈출

옥내탱크저장소에서 탱크 상호 간에는 얼마 이상의 간격을 두어야 하는가? (단, 탱크의 점검 및 보수에 지장이 없는 경우는 제외한다.)

① 0.5m   ② 0.7m
③ 1.0m   ④ 1.2m

해설 **옥내탱크저장소의 기준**

옥내저장탱크와 탱크전용실의 벽과의 사이 및 옥내저장탱크 상호 간에는 0.5m 이상의 간격을 유지해야 한다. 다만, 탱크의 점검 및 보수에 지장이 없는 경우에는 그러하지 아니하다.(「위험물안전관리법 시행규칙」 별표7)
※ 지하저장탱크와 탱크 전용실 안쪽과의 사이는 0.1m 이상의 간격을 유지해야 한다.

45 빈출

주유취급소에서 고정주유설비는 도로경계선과 몇 m 이상 거리를 유지하여야 하는가? (단, 고정주유설비의 중심선을 기점으로 한다.)

① 2   ② 4
③ 6   ④ 8

해설 **고정주유설비 또는 고정급유설비의 설치 기준**

고정주유설비의 중심선을 기점으로 하여 도로경계선까지 4m 이상, 부지경계선·담 및 건축물의 벽까지 2m(개구부가 없는 벽까지는 1m) 이상의 거리를 유지해야 한다.

46

인화칼슘의 성질에 대한 설명 중 틀린 것은?

① 적갈색의 괴상고체이다.
② 물과 격렬하게 반응한다.
③ 연소하여 불연성의 포스핀가스를 발생한다.
④ 상온의 건조한 공기 중에서는 비교적 안정하다.

해설

포스핀 가스(PH_3)는 불연성이 아니라 가연성이고, 독성도 있다. 인화칼슘(Ca_3P_2)은 물과 반응하면 포스핀 가스(PH_3)가 발생된다.
$Ca_3P_2 + 6H_2O \rightarrow 3Ca(OH)_2 + 2PH_3 \uparrow$

47

제4류 위험물 중 제1석유류를 저장, 취급하는 장소에서 정전기를 방지하기 위한 방법으로 볼 수 없는 것은?

① 가급적 습도를 낮춘다.
② 주위 공기를 이온화시킨다.
③ 위험물 저장, 취급설비를 접지시킨다.
④ 사용기구 등은 도전성 재료를 사용한다.

해설

정전기를 방지하기 위해서는 공기 중의 상대습도를 70% 이상으로 높여야 한다.

48

제1류 위험물로서 조해성이 있으며 흑색화약의 원료로 사용하는 것은?

① 염소산칼륨
② 과염소산나트륨
③ 과망가니즈산(과망간산)암모늄
④ 질산칼륨

해설 **질산칼륨(KNO_3)**

• 제1류 위험물 중 질산염류에 해당된다.
• 무색 또는 백색 결정 분말이며 흑색화약의 원료로 사용된다.
• 물에는 잘 녹으나 알코올에는 녹지 않는다.
• 질산칼륨에 황(유황), 탄소(숯)를 혼합하면 흑색화약이 된다.

49 빈출

짚, 헝겊 등을 다음의 물질과 적셔서 대량으로 쌓아 두었을 경우 자연발화의 위험성이 가장 높은 것은?

① 동유   ② 야자유
③ 올리브유   ④ 피마자유

해설

동식물유류는 요오드값이 클수록 자연발화 위험성이 크다.
동식물유류 중에는 건성유가 요오드값이 130 이상으로 요오드값이 크다.
동유는 건성유로 요오드값이 130 이상이고, 야자유, 올리브유, 피마자유는 불건성유이기 때문에 요오드값이 100 이하이다. 따라서 건성유인 동유가 자연발화의 위험성이 가장 높다.

50 고난도

4몰의 나이트로(니트로)글리세린이 고온에서 열분해·폭발하여 이산화탄소, 수증기, 질소, 산소의 4가지 가스를 생성할 때 발생되는 가스의 총 몰수는?

① 28   ② 29

③ 30   ④ 31

해설

나이트로(니트로)글리세린{$C_3H_5(ONO_2)_3$}의 분해 반응식은 다음과 같다.

$4C_3H_5(ONO_2)_3 \rightarrow 12CO_2\uparrow + 10H_2O\uparrow + 6N_2\uparrow + O_2\uparrow$

4몰의 나이트로(니트로)글리세린이 분해되었을 때 12몰의 이산화탄소, 10몰의 물, 6몰의 질소, 1몰의 산소가 발생하므로 총 29몰의 가스가 발생한다.

※ 나이트로(니트로)글리세린이 분해될 때 나오는 물도 수증기 상태로 나오기 때문에 가스에 포함된다.

51 빈출

물과 반응하였을 때 발생하는 가연성 가스의 종류가 나머지 셋과 다른 하나는?

① 탄화리튬   ② 탄화마그네슘

③ 탄화칼슘   ④ 탄화알루미늄

해설

탄화알루미늄은 물과 반응하여 메탄가스(CH_4)를 생성한다.
탄화리튬, 탄화마그네슘, 탄화칼슘은 물과 반응 시 아세틸렌가스(C_2H_2)를 생성한다.

52

트리나이트로(니트로)페놀의 성질에 대한 설명 중 틀린 것은?

① 폭발에 대비하여 철, 구리로 만든 용기에 저장한다.

② 휘황색을 띤 침상결정이다.

③ 비중이 약 1.8로 물보다 무겁다.

④ 단독으로는 테트릴보다 충격, 마찰에 둔감한 편이다.

해설 트리나이트로(니트로)페놀의 성질

• 철, 구리와 같은 금속을 부식시키기 때문에 철, 구리로 만든 용기에 저장해서는 안 된다.

• 단독으로는 마찰, 충격에 둔감하여 폭발하지 않는다.

• 휘황색의 침상결정으로 폭탄의 원료로 사용된다.

• 다량의 주수소화로 소화한다.

• 냉수에는 녹지 않고, 더운물, 에테르, 벤젠, 알코올에 잘 녹는다.

53

「위험물안전관리법령」상 위험물의 취급 중 소비에 관한 기준에 해당하지 않는 것은?

① 분사도장작업은 방화상 유효한 격벽 등으로 구획된 안전한 장소에서 실시할 것

② 버너를 사용하는 경우에는 버너의 역화를 방지할 것

③ 반드시 규격용기를 사용할 것

④ 열처리작업은 위험물이 위험한 온도에 이르지 아니하도록 하여 실시할 것

해설 위험물의 취급 중 소비에 관한 기준

• 분사도장작업은 방화상 유효한 격벽 등으로 구획된 안전한 장소에서 실시할 것

• 담금질 또는 열처리작업은 위험물이 위험한 온도에 이르지 아니하도록 하여 실시할 것

• 버너를 사용하는 경우에는 버너의 역화를 방지하고 위험물이 넘치지 아니하도록 할 것

※ 「위험물안전관리법 시행규칙 별표 18」상 위험물의 취급 중 소비할 때 반드시 규격용기를 사용해야 한다는 규정은 없다.

54 빈출

제4류 위험물 중 제1석유류란 1기압에서 인화점이 몇 ℃인 것을 말하는가?

① 21℃ 미만   ② 21℃ 이상

③ 70℃ 미만   ④ 70℃ 이상

해설

• 제1석유류는 아세톤, 휘발유, 그 밖에 1atm에서 인화점이 21℃ 미만인 것을 말한다.

• 제2석유류는 등유, 경유, 그 밖에 1atm에서 인화점이 21℃ 이상, 70℃ 미만인 것을 말한다.

• 제3석유류는 중유, 크레오소트유(클레오소트유), 그 밖에 1atm에서 인화점이 70℃ 이상 200℃ 미만인 것을 말한다.

55

다음 중 3개의 이성질체가 존재하는 물질은?

① 아세톤　　　　　　　② 톨루엔
③ 벤젠　　　　　　　　④ 자일렌(크실렌)

해설 **자일렌(크실렌)**
· 벤젠 고리에 메틸기($-CH_3$) 2개가 결합해 있는 구조의 방향족 탄화수소이다.
· 다음과 같은 3개의 이성질체가 존재한다.

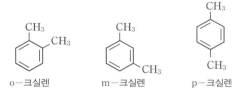

o-크실렌　　　　　m-크실렌　　　　　p-크실렌

56 빈출

위험물을 저장 또는 취급하는 탱크의 용량산정 방법에 관한 설명으로 옳은 것은?

① 탱크의 내용적에서 공간용적을 뺀 용적으로 한다.
② 탱크의 공간용적에서 내용적을 뺀 용적으로 한다.
③ 탱크의 공간용적에 내용적을 더한 용적으로 한다.
④ 탱크의 볼록하거나 오목한 부분을 뺀 용적으로 한다.

해설
위험물을 저장 또는 취급하는 탱크의 용량은 당해 탱크의 내용적에서 공간용적을 뺀 용적으로 한다.

57

주유취급소의 표지 및 게시판의 기준에서 "위험물 주유취급소" 표지와 "주유중엔진정지" 게시판의 바탕색을 차례대로 옳게 나타낸 것은?

① 백색, 백색　　　　　② 백색, 황색
③ 황색, 백색　　　　　④ 황색, 황색

해설
· "위험물 주유취급소" 표지는 "위험물 제조소"라는 표지와 동일하게 바탕은 백색으로, 문자는 흑색으로 한다.
· "주유중엔진정지"는 황색바탕에 흑색문자로 한다.

58

제6류 위험물인 과산화수소의 농도에 따른 물리적 성질에 대한 설명으로 옳은 것은?

① 농도와 무관하게 밀도, 끓는점, 녹는점이 일정하다.
② 농도와 무관하게 밀도는 일정하나, 끓는점과 녹는점이 농도에 따라 달라진다.
③ 농도와 무관하게 끓는점, 녹는점은 일정하나, 밀도는 농도에 따라 달라진다.
④ 농도에 따라 밀도, 끓는점, 녹는점이 달라진다.

해설
과산화수소는 농도에 따라 물리적 성질이 달라지기 때문에 「위험물안전관리법」상 농도가 36wt% 이상인 것이 위험물에 속한다.

59

삼황화인(삼황화린)과 오황화인(오황화린)의 공통 연소생성물을 모두 나타낸 것은?

① H_2S, SO_2　　　　　② P_2O_5, H_2S
③ SO_2, P_2O_5　　　　④ H_2S, SO_2, P_2O_5

해설
삼황화인(P_4S_3, 삼황화린)의 연소반응식
$P_4S_3 + 8O_2 \rightarrow 3SO_2 + 2P_2O_5$
오황화인(P_2S_5, 오황화린)의 연소반응식
$2P_2S_5 + 15O_2 \rightarrow 10SO_2 + 2P_2O_5$
삼황화인(삼황화린)과 오황화인(오황화린)이 연소할 때는 공통적으로 SO_2와 P_2O_5가 발생한다.

60

다이에틸에터(디에틸에테르) 중의 과산화물을 검출할 때 그 검출시약과 정색반응의 색이 옳게 짝지어진 것은?

① 아이오딘화(요오드화)칼륨용액 - 적색
② 아이오딘화(요오드화)칼륨용액 - 황색
③ 브로민화칼륨(브롬화칼륨)용액 - 무색
④ 브로민화칼륨(브롬화칼륨)용액 - 청색

해설
다이에틸에터(디에틸에테르)에 과산화물이 있을 경우 아이오딘화(요오드화)칼륨(KI) 10% 수용액을 가하면 황색으로 변한다.

기출문제

1과목 일반화학

01

다음 중 방향족 탄화수소가 아닌 것은?

① 에틸렌 ② 톨루엔
③ 아닐린 ④ 안트라센

> **해설** **방향족 탄화수소**
> 벤젠핵에 알킬기, 또는 다른 작용기가 직접 결합한 화합물로, 분자 내에 벤젠핵을 포함한다.

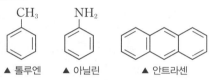

▲ 톨루엔   ▲ 아닐린   ▲ 안트라센

※ 에틸렌($CH_2=CH_2$)은 분자 내에 벤젠핵을 포함하지 않는다.

02 빈출

어떤 액체 0.2g을 기화시켰더니 그 증기의 부피가 97℃, 740mmHg에서 80mL였다. 이 액체의 분자량에 가장 가까운 값은?

① 40 ② 46
③ 78 ④ 121

> **해설**
> 이상기체상태방정식($PV=nRT$)을 이용하여 분자량(M)을 구할 수 있다.
>
> $PV=nRT=\dfrac{w}{M}RT$
>
> $M=\dfrac{wRT}{PV}=\dfrac{0.2\times0.082\times370}{\frac{740}{760}\times0.08}=77.9≒78$
>
> w(무게): 0.2g
> R(기체상수): $0.082L\cdot atm\cdot mol^{-1}\cdot K^{-1}$
> T(절대온도): $97+273=370K$
> P(압력): $\dfrac{740}{760}atm$(760mmHg가 1atm임)
> V(부피): 80mL=0.08L(기체상수의 단위가 L이므로 L로 변환함)

03 빈출

원자량이 56인 금속 M 1.12g을 산화시켜 실험식이 M_xO_y인 산화물 1.60g을 얻었다. x, y는 각각 얼마인가?

① x=1, y=2 ② x=2, y=3
③ x=3, y=2 ④ x=2, y=1

> **해설**
> 금속 M의 질량=1.12g
> 반응 후 산화물의 질량이 1.60g이므로 반응한 산소원자의 질량은
> 1.6−1.12=0.48g이다.
> 금속 M의 원자량은 56g/mol이므로 반응한 금속 M의 몰수는 1.12g/56g/mol=0.02몰, 산소의 원자량은 16g/mol이므로 반응한 산소 O의 몰수는 0.48g/16g/mol=0.03몰이다.
> 실험식이 M_xO_y인 산화물은 금속 M과 산소원자가 2:3의 비로 반응하여 만들어진 결과물이므로 M_2O_3의 실험식을 갖게 된다.
> ※ 금속이 산화될 때에는 산소분자(O_2)가 아니라 산소원자(O)가 반응하므로 반응한 산소의 몰수를 계산할 때 산소의 원자량(16g/mol)으로 나눈다.

04

백금 전극을 사용하여 물을 전기분해할 때 (+)극에서 5.6L의 기체가 발생하는 동안 (−)극에서 발생하는 기체의 부피는?

① 2.8L ② 5.6L
③ 11.2L ④ 22.4L

> **해설**
> 물의 전기분해 반응식은 다음과 같고 (+)극에서는 산소 기체가 (−)극에서는 수소 기체가 발생한다.
> $2H_2O \rightarrow 2H_2+O_2$
> 물에서 O^{2-}이므로 물 1몰이 분해하기 위해서는 전자가 2몰이 이동해야 하고, 물 2몰이 분해하기 위해서는 전자가 4몰이 이동해야 한다.
> 1F=96,500C=전자 1mol의 전하량이기 때문에 물 2몰이 분해하기 위해서는 4F가 필요하다. 따라서 4F의 전기를 가하면 (+)극에서 산소 1몰 (22.4L), (−)극에서 수소 2몰(44.8L)이 발생한다.
> 문제에서 (+)극에서 5.6L의 기체가 발생했다고 했기 때문에 산소가 5.6L가 발생한 것이고, 이는 4F의 전기를 가했을 때의 $\dfrac{1}{4}$에 해당하는 양이다.
> 결국 수소도 44.8L의 $\dfrac{1}{4}$인 11.2L만 발생한다.

05 고난도

방사성 원소인 U(우라늄)이 다음과 같이 변화되었을 때의 붕괴 유형은?

$$^{238}_{92}U \rightarrow {}^{234}_{90}Th + {}^{4}_{2}He$$

① α 붕괴　　　　　　　② β 붕괴
③ γ 붕괴　　　　　　　④ R 붕괴

해설 방사성 붕괴

구분	원자번호	질량수
α 붕괴	2 감소	4 감소
β 붕괴	1 증가	변하지 않음
γ 붕괴	변하지 않음	변하지 않음

원소기호의 왼쪽 상단에 있는 숫자(우라늄 기준으로는 238)가 질량수이고, 왼쪽 하단에 있는 숫자(우라늄 기준으로는 92)가 원자번호이다.
숫자의 감소 폭을 보면 우라늄이 α 붕괴를 했다는 것을 알 수 있다.

06

전자배치가 $1s^2 2s^2 2p^6 3s^2 3p^5$인 원자의 M껍질에는 몇 개의 전자가 들어 있는가?

① 2　　　　　　　　　② 4
③ 7　　　　　　　　　④ 17

해설
첫 번째 전자껍질(n=1)을 K껍질, 두 번째 전자껍질(n=2)을 L껍질, 세 번째 전자껍질(n=3)을 M껍질이라고 한다.
세 번째 전자껍질(M껍질)에서 s오비탈에는 전자가 2개 들어 있고, p오비탈에는 전자가 5개 들어 있기 때문에 총 7개의 전자가 들어 있다.

07

황산 수용액 400mL 속에 순황산이 98g 녹아 있다면 이 용액의 농도는 몇 N인가?

① 3　　　　　　　　　② 4
③ 5　　　　　　　　　④ 6

해설
황산(H_2SO_4)의 분자량은 98g/mol이므로 황산 98g은 1mol이다.
※ 수소(H)의 원자량은 1, 황(S)의 원자량은 32, 산소(O)의 원자량은 16이다.
N농도를 구하기 전에 먼저 몰농도를 구한다.
$$몰농도 = \frac{용질의\ 몰수(mol)}{용액의\ 부피(L)} = \frac{1}{0.4} = 2.5mol/L$$
황산에서 수소 원자는 2개가 있으므로 몰농도에서 2를 곱해야 N농도가 된다.
∴ N농도 = 2.5 × 2 = 5

08 고난도

다음 [보기]의 벤젠 유도체 가운데 벤젠의 치환반응으로부터 직접 유도할 수 없는 것은?

┤ 보기 ├
ⓐ −Cl　　　　　ⓑ −OH　　　　　ⓒ −SO₃H

① ⓐ　　　　　　　　　② ⓑ
③ ⓒ　　　　　　　　　④ ⓐ, ⓑ, ⓒ

해설 벤젠의 치환반응

나이트로화 반응 : 〈벤젠〉 + HNO₃ $\xrightarrow[\text{가열}]{H_2SO_4}$ 〈벤젠〉−NO₂ + H₂O 나이트로벤젠(중성)

할로젠화 반응 : 〈벤젠〉 + Cl₂ $\xrightarrow{Fe}$ 〈벤젠〉−Cl + HCl 클로로벤젠(중성)

술폰화 반응 : 〈벤젠〉 + H₂SO₄ $\xrightarrow[\text{가열}]{SO_3}$ 〈벤젠〉−SO₃H + H₂O 벤젠술폰산(산)

알킬화 반응 : 〈벤젠〉 + CH₃Cl $\xrightarrow{AlCl_3}$ 〈벤젠〉−CH₃ + HCl 톨루엔(중성)

※ 벤젠에 −OH기가 붙은 것은 페놀이다. 페놀은 벤젠으로부터 직접 유도할 수 없고, 톨루엔, 나이트로벤젠(니트로벤젠) 등을 이용하여 간접적으로만 합성할 수 있다.

09 고난도

지방이 글리세린과 지방산으로 되는 것과 관련이 깊은 반응은?

① 에스터화(에스테르화)   ② 가수분해
③ 산화   ④ 아미노화

해설

가수분해란 지방, 포도당처럼 분자량이 큰 분자를 물을 이용하여 분해하는 것이다. 가수분해는 우리 몸 속에서 주로 일어나는 반응이고 지방이 가수분해되면 글리세린과 지방산이 된다.

※ 지방의 가수분해 과정을 정확하게 공부하기 위해서는 유기화합물의 구조, 에스터(에스테르)결합 등을 먼저 이해해야 한다. 따라서 위험물산업기사 일반화학 수준에서는 지방은 가수분해를 통해 글리세린과 지방산으로 분해된다는 정도만 인지하고 넘어가는 것이 좋다.

10

원자번호가 7인 질소와 같은 족에 해당되는 원소의 원자번호는?

① 15   ② 16
③ 17   ④ 18

해설

주기율표의 1~3주기는 8족까지만 있으므로 원자번호에서 8을 더해서 나오는 숫자가 같은 족 원소가 된다. 원자번호가 15인 원소는 P(인)이다.

11

다음 각 화합물 1mol이 완전연소할 때 3mol의 산소를 필요로 하는 것은?

① $CH_3 - CH_3$ ② $CH_2 = CH_2$
③ C_6H_6 ④ $CH \equiv CH$

해설   보기에 있는 물질의 연소반응식

① $C_2H_6 + 3.5O_2 \rightarrow 2CO_2 + 3H_2O$
② $C_2H_4 + 3O_2 \rightarrow 2CO_2 + 2H_2O$
③ $C_6H_6 + 7.5O_2 \rightarrow 6CO_2 + 3H_2O$
④ $C_2H_2 + 2.5O_2 \rightarrow 2CO_2 + H_2O$
※ $C_2H_4(CH_2=CH_2)$ 1mol이 완전연소할 때 3mol의 산소가 필요하다.

12 빈출

1패러데이(Faraday)의 전기량으로 물을 전기분해하였을 때 생성되는 기체 중 산소 기체는 0℃, 1기압에서 몇 L인가?

① 5.6   ② 11.2
③ 22.4   ④ 44.8

해설

물의 전기분해 반응식은 다음과 같다.
$2H_2O \rightarrow 2H_2 + O_2$
물에서 O^{2-}이므로 물 1몰이 분해하기 위해서는 전자가 2몰이 이동해야 하고, 물 2몰이 분해하기 위해서는 전자가 4몰이 이동해야 한다.
$1F = 96,500C = $ 전자 1mol의 전하량이기 때문에 물 2몰이 분해하기 위해서는 4F가 필요하다. 따라서 4F의 전기를 가하면 산소 1몰(22.4L), 수소 2몰(44.8L)이 발생한다.
문제에서 1패러데이(1F)의 전기를 가했다고 했으므로 4패러데이(4F)의 전기를 가했을 때의 $\frac{1}{4}$에 해당하는 양의 기체가 발생한다.
결국 산소는 22.4L의 $\frac{1}{4}$인 5.6L가 발생한다.

13 고난도

다음 화합물 중에서 가장 작은 결합각을 가지는 것은?

① BF_3 ② NH_3
③ H_2 ④ $BeCl_2$

해설   화합물의 결합각

구분	H_2, $BeCl_2$	BF_3	NH_3
분자 모양			
결합각	180°	120°	107°

• NH_3의 결합각이 107°로 가장 작다.
• H_2도 $BeCl_2$와 동일하게 분자의 모양이 직선형이고 결합각이 180°이다.

14

질량수 52인 크로뮴(크롬)의 중성자수와 전자수는 각각 몇 개인가? (단, 크로뮴(크롬)의 원자번호는 24이다.)

① 중성자수 24, 전자수 24
② 중성자수 24, 전자수 52
③ 중성자수 28, 전자수 24
④ 중성자수 52, 전자수 24

해설

'원자번호＝양성자수＝전자수'이다.
문제에서 크로뮴(크롬)의 원자번호가 24라고 했기 때문에 양성자수와 전자수는 24이다.
'질량수＝양성자수＋중성자수'이다.
52＝24＋중성자수
중성자수＝52－24＝28
∴ 중성자수 28, 전자수 24

15 빈출

다음 중 물이 산으로 작용하는 반응은?

① $NH_4^+ + H_2O \rightarrow NH_3 + H_3O^+$
② $HCOOH + H_2O \rightarrow HCOO^- + H_3O^+$
③ $CH_3COO^- + H_2O \rightarrow CH_3COOH + OH^-$
④ $HCl + H_2O \rightarrow H_3O^+ + Cl^-$

해설 브뢴스테드–로우리의 산과 염기의 정의

· 산: 양성자(H^+)를 내어 놓는 분자나 이온이다.
· 염기: 양성자(H^+)를 받아들이는 분자나 이온이다.
· 물(H_2O)이 산으로 작용하기 위해서는 양성자(H^+)를 내어 놓아야 하기 때문에 반응 후에 OH^-가 있어야 한다. 보기 중에서는 ③번 반응식만 반응 후에 OH^-가 있다.

16

$[OH^-]=1 \times 10^{-5} mol/L$ 인 용액의 pH와 액성으로 옳은 것은?

① pH = 5, 산성
② pH = 5, 알칼리성
③ pH = 9, 산성
④ pH = 9, 알칼리성

해설

문제에 주어진 조건을 이용하여 먼저 pOH를 구한다.
$pOH = -\log[OH^-] = -\log[1 \times 10^{-5}] = 5$
$pH + pOH = 14$이므로 pH＝9
pH＝7을 기준으로 7보다 작으면 산성이고, 7보다 크면 알칼리성이므로 pH가 9인 용액의 액성은 알칼리성이다.

17 빈출

다음 밑줄 친 원소 중 산화수가 +5인 것은?

① $Na_2\underline{Cr}_2O_7$
② $K_2\underline{S}O_4$
③ $K\underline{N}O_3$
④ $\underline{Cr}O_3$

해설 밑줄 친 원소의 산화수

① $(+1 \times 2) + 2x + (-2 \times 7) = 0$, $x = +6$
② $(+1 \times 2) + x + (-2 \times 4) = 0$, $x = +6$
③ $(+1) + x + (-2 \times 3) = 0$, $x = +5$
④ $x + (-2 \times 3) = 0$, $x = +6$
※ 산화수를 구할 때 화합물(KNO_3, CrO_3 등)을 구성하는 원자들의 산화수의 합은 0이고, 대부분의 화합물에서 산소의 산화수는 −2이고, 일부 과산화물(H_2O_2, Na_2O_2 등)에서 산소의 산화수는 −1이다.

18

다음에서 설명하는 법칙은 무엇인가?

> 일정한 온도에서 비휘발성이며, 비전해질인 용질이 녹은 묽은 용액의 증기 압력 내림은 일정량의 용매에 녹아 있는 용질의 몰수에 비례한다.

① 헨리의 법칙
② 라울의 법칙
③ 아보가드로의 법칙
④ 보일–샤를의 법칙

해설

라울의 법칙에 따르면 비휘발성, 비전해질인 용질이 녹아 있는 용액의 증기 압력 내림은 일정량의 용매에 녹아 있는 용질의 몰수에 비례한다. 예를 들어 비휘발성인 설탕을 물에 녹이면 설탕 분자가 물이 증발하는 것을 방해하기 때문에 설탕물의 증기압은 물보다 낮아진다.

19

일정한 온도 하에서 물질 A와 B가 반응을 할 때 A의 농도만 2배로 하면 반응속도가 2배가 되고 B의 농도만 2배로 하면 반응속도가 4배로 된다. 이 경우 반응속도식은? (단, 반응속도 상수는 k이다.)

① $v = k[A][B]^2$　　　　② $v = k[A]^2[B]$
③ $v = k[A][B]^{0.5}$　　　④ $v = k[A][B]$

해설
반응속도는 반응 물질의 몰 농도의 곱에 비례한다.

$$A+B \underset{v_2}{\overset{v_1}{\rightleftharpoons}} C+D 에서 \begin{cases} v_1=k_1[A][B] \\ v_2=k_2[C][D] \end{cases}$$

(v_1: 정반응 속도, v_2: 역반응 속도, k_1, k_2: 비례상수)
$[A]$는 A의 농도이고, $[B]$는 B의 농도이다. A의 농도만 2배로 하면 반응속도가 2배가 되고, B의 농도만 2배로 하면 반응속도가 4배가 되는 속도식은 $v=k[A][B]^2$이다.

20

다음 물질 1g을 1kg의 물에 녹였을 때 빙점강하가 가장 큰 것은? (단, 빙점강하 상수값(어는점 내림상수)은 동일하다고 가정한다.)

① CH_3OH　　　　② C_2H_5OH
③ $C_3H_5(OH)_3$　　④ $C_6H_{12}O_6$

해설
• 빙점강하 공식: $\Delta T_f = m \times K_f$ (m은 몰랄농도, K_f는 어는점 내림상수) 공식에 의하면 용액의 몰랄농도가 클수록 빙점강하가 크다.
• 몰랄농도는 용매 1kg 속에 녹아있는 용질의 몰수이다.
• 용질의 몰수가 클수록 몰랄농도가 커지므로 보기 중 물질 1g의 몰수가 가장 많은 것을 고르면 몰랄농도가 가장 크고 빙점강하도 가장 크다.
• 몰수는 분자의 질량/분자량으로 구할 수 있고 문제에서 분자의 질량은 1g으로 동일하므로 보기 중 분자량이 가장 작은 ① CH_3OH가 답이 된다.

2과목　**화재예방과 소화방법**

21 빈출

주된 연소형태가 분해연소인 것은?

① 금속분　　　　② 황(유황)
③ 목재　　　　　④ 피크르산

해설　보기에 있는 물질의 연소형태
①: 금속분은 표면연소이다.
②: 황(유황)은 증발연소이다.
③: 목재는 분해연소이다.
④: 피크르산은 자기연소이다.

22

포 소화약제의 종류에 해당되지 않는 것은?

① 단백포 소화약제
② 합성계면활성제포 소화약제
③ 수성막포 소화약제
④ 액표면포 소화약제

해설
포 소화약제는 물에 의한 소화능력을 향상시키기 위하여 거품을 방사할 수 있는 약제를 첨가하여 냉각효과, 질식효과를 얻을 수 있도록 만든 소화약제이다.
포 소화약제는 단백포 소화약제, 합성계면활성제포 소화약제, 수성막포 소화약제, 내알코올포 소화약제 등이 있고, 액표면포 소화약제는 없다.

23

전역방출방식의 할로젠화물(할로겐화물)소화설비 중 하론 1301을 방사하는 분사헤드의 방사압력은 얼마 이상이어야 하는가?

① 0.1MPa　　　　② 0.2MPa
③ 0.5MPa　　　　④ 0.9MPa

해설
전역방출방식의 할로젠화물(할로겐화물)소화설비 중 분사헤드의 방사압력은 하론 2402를 방출하는 것은 0.1MPa 이상, 하론 1211을 방출하는 것은 0.2MPa 이상, 하론 1301을 방출하는 것은 0.9MPa 이상으로 해야 한다.

24

「위험물안전관리법령」상 이동탱크저장소에 의한 위험물의 운송 시 위험물운송자가 위험물안전카드를 휴대하지 않아도 되는 물질은?

① 휘발유
② 과산화수소
③ 경유
④ 벤조일퍼옥사이드

해설

위험물(제4류 위험물에 있어서는 특수인화물 및 제1석유류에 한함)을 운송하게 하는 자는 위험물안전카드를 위험물운송자로 하여금 휴대하게 해야 한다.
휘발유는 제4류 위험물 중 제1석유류이고, 과산화수소는 제6류 위험물이고, 벤조일퍼옥사이드는 제5류 위험물이다. 하지만 경유는 제4류 위험물 중 제2석유류이기 때문에 위험물 운송 시 위험물운송자가 위험물안전카드를 휴대하지 않아도 된다.

25

드라이아이스 1kg이 완전히 기화하면 약 몇 몰의 이산화탄소가 되겠는가?

① 22.7
② 51.3
③ 230.1
④ 515.0

해설

드라이아이스는 CO_2가 고체 상태로 존재하는 것이다.
CO_2의 분자량은 44g/mol이다.(C의 원자량: 12, O의 원자량: 16)
드라이아이스 1kg을 CO_2의 분자량으로 나누면 기화되었을 때 이산화탄소의 몰수가 된다.

$$\frac{1,000g}{44g/mol} ≒ 22.73mol$$

26 빈출

이산화탄소 소화기의 장단점에 대한 설명으로 틀린 것은?

① 밀폐된 공간에서 사용 시 질식으로 인명피해가 발생할 수 있다.
② 전도성이어서 전류가 통하는 장소에서의 사용은 위험하다.
③ 자체의 압력으로 방출할 수가 있다.
④ 소화 후 소화약제에 의한 오손이 없다.

해설

이산화탄소 소화기는 전기절연성(전기의 부도체)이 우수하여 전기화재 발생 시 사용이 용이하다.

27 빈출

분말소화약제인 탄산수소나트륨 10kg이 1기압, 270℃에서 방사되었을 때 발생하는 이산화탄소의 양은 약 몇 m^3인가?

① 2.65
② 3.65
③ 18.22
④ 36.44

해설

탄산수소나트륨($NaHCO_3$)의 분해반응식은 다음과 같다.
$2NaHCO_3 \rightarrow Na_2CO_3 + CO_2 + H_2O$
탄산수소나트륨($NaHCO_3$)의 분자량＝84
※ Na 원자량: 23, H의 원자량: 1, C의 원자량: 12, O의 원자량: 16
탄산수소나트륨 2kmol(2×84kg)이 분해되면 이산화탄소 1kmol($22.4m^3$)이 발생한다. 이 관계를 이용하여 비례식을 만들면 다음과 같다.
$2 \times 84kg : 22.4m^3 = 10kg : a$
$$a = \frac{22.4 \times 10}{2 \times 84} = 1.33m^3$$
여기서 나온 $1.33m^3$는 표준상태(1기압, 0℃)기준이므로 보일－샤를의 법칙을 이용해 다음과 같이 보정을 해야 한다.
$$\frac{P_1V_1}{T_1} = \frac{P_2V_2}{T_2} \cdot \frac{1 \times 1.33}{273+0} = \frac{1 \times x}{273+270}$$
$x = 2.65m^3$

이상기체상태방정식을 이용한 풀이방법
탄산수소나트륨($NaHCO_3$)이 완전히 기화되었을 때의 부피를 이상기체상태방정식으로 구한다.
$$V = \frac{nRT}{P} = \frac{119 \times 0.082 \times 543}{1} = 5,298.59L$$
n(몰수): $10,000 \div 84 ≒ 119mol$
R(기체상수): $0.082L \cdot atm \cdot mol^{-1} \cdot K^{-1}$
T(절대온도): $273 + 270 = 543K$
P(압력): 1atm
분해반응식에서 탄산수소나트륨 2mol이 분해되면 CO_2 1몰이 발생하므로 CO_2의 부피는 2,649.30L이다.
$2,649.30L ≒ 2.65m^3$($1L = 0.001m^3$임)

28

「위험물안전관리법령」상 전역방출방식 또는 국소방출방식의 분말소화설비의 기준에서 가압식의 분말소화설비에는 얼마 이하의 압력으로 조정할 수 있는 압력조정기를 설치하여야 하는가?

① 2.0MPa
② 2.5MPa
③ 3.0MPa
④ 5MPa

해설

「위험물안전관리에 관한 세부기준」에 따르면 가압식의 분말소화설비에는 2.5MPa 이하의 압력으로 조정할 수 있는 압력조정기를 설치해야 한다.

29 빈출

다음 위험물의 저장창고에서 화재가 발생하였을 때 주수에 의한 냉각소화가 적절치 않은 위험물은?

① $NaClO_3$
② Na_2O_2
③ $NaNO_3$
④ $NaBrO_3$

해설

과산화나트륨(Na_2O_2)은 물과 격렬하게 반응하여 열을 발생하고 산소를 방출시키기 때문에 화재가 발생하였을 때 주수(물)에 의한 냉각소화를 하면 안 된다.

$2Na_2O_2 + 2H_2O \rightarrow 4NaOH + O_2\uparrow$

①, ③, ④번은 모두 제1류 위험물로 화재 발생 시 주수에 의한 냉각소화를 할 수 있다.

30

위험물제조소 등에 설치하는 옥외소화전설비에 있어서 옥외소화전함은 옥외소화전으로부터 보행거리 몇 m 이하의 장소에 설치하는가?

① 2
② 3
③ 5
④ 10

해설

옥외소화전설비에서 옥외소화전함은 옥외소화전으로부터 보행거리 5m 이하의 장소에 설치하여야 한다.

31

이산화탄소가 불연성인 이유를 옳게 설명한 것은?

① 산소와의 반응이 느리기 때문이다.
② 산소와 반응하지 않기 때문이다.
③ 착화되어도 곧 불이 꺼지기 때문이다.
④ 산화반응이 일어나도 열 발생이 없기 때문이다.

해설

연소란 화합물이 산소와 반응하여 열을 발생시키는 현상이고, 불연성은 연소되지 않는 성질을 나타낸다. 따라서 이산화탄소는 산소와 반응하지 않기 때문에 불연성이다.

32

특수인화물이 소화설비 기준 적용상 1소요단위가 되기 위한 용량은?

① 50L
② 100L
③ 250L
④ 500L

해설

위험물의 1소요단위는 지정수량의 10배이고, 특수인화물의 지정수량은 50L이다.
특수인화물이 소화설비 기준 적용상 1소요단위가 되기 위한 용량은 지정수량의 10배인 500L이다.

33

질산의 위험성에 대한 설명으로 옳은 것은?

① 화재에 대한 직·간접적인 위험성은 없으나 인체에 묻으면 화상을 입는다.
② 공기 중에서 스스로 자연발화하므로 공기에 노출되지 않도록 한다.
③ 인화점 이상에서 가연성 증기를 발생하여 점화원이 있으면 폭발한다.
④ 유기물질과 혼합하면 발화의 위험성이 있다.

해설 질산(HNO_3)

• 제6류 위험물로 산화성 액체이다.
• 질산 자체는 불연성 물질이지만 칼슘과 반응하면 가연성의 수소 기체가 발생한다.
• 진한 질산을 가열하면 분해되어 산소가 발생한다.
• 질산은 주로 제5류 위험물에 해당하는 유기물질과 혼합하여 저장하면 발화될 수 있다.

34 빈출

분말소화기에 사용되는 소화약제의 주성분이 아닌 것은?

① $NH_4H_2PO_4$
② Na_2SO_4
③ $NaHCO_3$
④ $KHCO_3$

해설 분말소화약제의 주성분

• 제1종 분말소화약제: $NaHCO_3$(탄산수소나트륨)
• 제2종 분말소화약제: $KHCO_3$(탄산수소칼륨)
• 제3종 분말소화약제: $NH_4H_2PO_4$(제1인산암모늄)
• 제4종 분말소화약제: $KHCO_3 + (NH_2)_2CO$(탄산수소칼륨 + 요소)

35 고난도

마그네슘 분말이 이산화탄소 소화약제와 반응하여 생성될 수 있는 유독기체의 분자량은?

① 26
② 28
③ 32
④ 44

해설

마그네슘 분말이 이산화탄소와 반응하면 산화마그네슘(MgO)과 일산화탄소(CO)가 발생한다.

$Mg + CO_2 \rightarrow MgO + CO$

일산화탄소(CO)는 인체에 흡입할 경우 중독으로 사망할 수 있는 유독가스이고 분자량은 28이다.
※ C의 원자량: 12, O의 원자량: 16

36 빈출

화재 종류가 옳게 연결된 것은?

① A급 화재 – 유류 화재
② B급 화재 – 섬유 화재
③ C급 화재 – 전기 화재
④ D급 화재 – 플라스틱 화재

해설 화재의 종류

구분	명칭
A급 화재	일반 화재
B급 화재	유류 · 가스 화재
C급 화재	전기 화재
D급 화재	금속 화재

37

「위험물안전관리법령」상 알칼리금속과산화물의 화재에 적응성이 없는 소화설비는?

① 건조사
② 물통
③ 탄산수소염류 분말소화설비
④ 팽창질석

해설

알칼리금속과산화물 화재에는 탄산수소염류 분말소화설비, 건조사, 팽창질석 또는 팽창진주암이 적응성이 있다.
알칼리금속과산화물은 물과 격렬하게 반응하여 많은 열과 산소를 발생시키기 때문에 알칼리금속과산화물 화재 발생 시 물통을 사용하여 소화하면 위험성이 더 커진다.

38

위험물제조소의 환기설비 설치기준으로 옳지 않은 것은?

① 환기구는 지붕 위 또는 지상 2m 이상의 높이에 설치할 것
② 급기구는 바닥면적 150m²마다 1개 이상으로 할 것
③ 환기는 자연배기방식으로 할 것
④ 급기구는 높은 곳에 설치하고 인화방지망을 설치할 것

해설

위험물제조소에서 환기설비의 급기구는 낮은 곳에 설치하고 가는 눈의 구리망 등으로 인화방지망을 설치해야 한다.
※ 배출설비의 급기구는 높은 곳에 설치하고 가는 눈의 구리망 등으로 인화방지망을 설치해야 한다.

39

수성막포 소화약제에 대한 설명으로 옳은 것은?

① 물보다 비중이 작은 유류의 화재에는 사용할 수 없다.
② 계면활성제를 사용하지 않고 수성의 막을 이용한다.
③ 내열성이 뛰어나고 고온의 화재일수록 효과적이다.
④ 일반적으로 불소계 계면활성제를 사용한다.

해설

수성막포 소화약제는 미국의 3M사가 개발한 것으로 다른 말로 Light Water라고 한다.
불소계 계면활성제가 주성분이며 특히 기름 화재에 좋은 소화력을 가진 포(Foam)로 2%, 3%, 6%형이 있다.

40

다음 중 발화점에 대한 설명으로 가장 옳은 것은?

① 외부에서 점화했을 때 발화하는 최저온도
② 외부에서 점화했을 때 발화하는 최고온도
③ 외부에서 점화하지 않더라도 발화하는 최저온도
④ 외부에서 점화하지 않더라도 발화하는 최고온도

해설

발화점(착화점)은 점화원 없이 축적된 열만으로도 발화하는 최저온도이다.
인화점은 가연성 물질에 점화원을 접촉시켰을 때 발화하는 최저온도이다.
발화점과 인화점의 차이는 점화원의 존재 유무이다.

3과목 위험물의 성질과 취급

41 빈출

다음 중 물이 접촉되었을 때 위험성(반응성)이 가장 작은 것은?

① Na_2O_2 ② Na
③ MgO_2 ④ S

해설

S는 황(유황)으로 제2류 위험물에 해당된다. 황(유황)은 물과 잘 반응하지 않기 때문에 화재 발생 시 물에 의한 냉각소화가 가능하다.

42

다음 [보기] 중 칼륨과 트리에틸알루미늄의 공통성질을 모두 나타낸 것은?

┤ 보기 ├
ⓐ 고체이다.
ⓑ 물과 반응하여 수소를 발생한다.
ⓒ 「위험물안전관리법」상 위험등급이 Ⅰ이다.

① ⓐ   ② ⓑ
③ ⓒ   ④ ⓑ, ⓒ

해설

ⓐ 칼륨은 상온에서 고체이고, 트리에틸알루미늄은 상온에서 액체이다.
ⓑ 칼륨은 물과 반응하면 수소를 발생하고, 트리에틸알루미늄은 물과 반응하면 에탄을 발생한다.
$2K + 2H_2O \rightarrow 2KOH + H_2 \uparrow$
$(C_2H_5)_3Al + 3H_2O \rightarrow Al(OH)_3 + 3C_2H_6 \uparrow$
ⓒ 칼륨과 트리에틸알루미늄은 모두 제3류 위험물로 위험등급 Ⅰ에 해당된다. 제3류 위험물 중에는 칼륨, 나트륨, 알킬알루미늄, 알킬리튬, 황린 등이 포함되는데 트리에틸알루미늄이 알킬알루미늄에 해당된다.

43

다음 위험물 중 인화점이 약 −37℃인 물질로서 구리, 은, 마그네슘 등의 금속과 접촉하면 폭발성 물질인 아세틸라이드를 생성하는 것은?

① CH_3CHOCH_2 ② $C_2H_5OC_2H_5$
③ CS_2 ④ C_6H_6

해설

산화프로필렌(CH_3CHOCH_2)은 제4류 위험물 중 특수인화물에 해당되며 인화점이 약 −37℃로 매우 낮다.
산화프로필렌은 구리, 은, 수은, 마그네슘 또는 이의 합금과 반응하여 폭발성의 아세틸라이드를 생성하므로 용기에 해당 재료를 사용하지 말아야 한다.

44 빈출

탄화칼슘은 물과 반응하면 어떤 기체가 발생하는가?

① 과산화수소   ② 일산화탄소
③ 아세틸렌   ④ 에틸렌

해설

탄화칼슘(CaC_2)이 물과 반응하면 수산화칼슘{$Ca(OH)_2$}과 아세틸렌가스(C_2H_2)가 생성된다.
$CaC_2 + 2H_2O \rightarrow Ca(OH)_2 + C_2H_2 \uparrow$

45 빈출

「위험물안전관리법령」상 제6류 위험물에 해당하는 물질로서 햇빛에 의해 갈색의 연기를 내며 분해할 위험이 있으므로 갈색병에 보관해야 하는 것은?

① 질산   ② 황산
③ 염산   ④ 과산화수소

해설

질산(HNO_3)은 제6류 위험물로 공기 중에서 빛을 받으면 갈색의 연기(NO_2)를 내기 때문에 갈색 병에 보관해야 한다.
과산화수소(H_2O_2)도 제6류 위험물이지만 갈색의 연기를 내지 않고, 상온에서 서서히 분해되어 산소를 방출한다.

46

황린이 자연발화하기 쉬운 이유에 대한 설명으로 가장 타당한 것은?

① 끓는점이 낮고 증기압이 높기 때문에
② 인화점이 낮고 조연성 물질이기 때문에
③ 조해성이 강하고 공기 중의 수분에 의해 쉽게 분해되기 때문에
④ 산소와 친화력이 강하고 발화온도가 낮기 때문에

해설

황린(P_4)은 발화온도가 34℃ 정도로 낮고, 산소와 친화력이 강하기 때문에 공기 중에 방치하면 액화되면서 자연발화한다. 황린이 공기 중에서 연소하면 유독성 가스(오산화인)가 발생한다.

$P_4 + 5O_2 \rightarrow 2P_2O_5$

47

제4류 위험물을 저장하는 이동탱크저장소의 탱크 용량이 19,000L일 때 탱크의 칸막이는 최소 몇 개를 설치해야 하는가?

① 2   ② 3
③ 4   ④ 5

해설

이동저장탱크는 그 내부에 부피 4,000L 이하마다 3.2mm 이상의 강철판 또는 이와 같은 수준 이상의 강도·내열성 및 내식성이 있는 금속성의 것으로 칸막이를 설치해야 한다. 따라서 칸막이를 4개 설치하면 최대 20,000L까지 저장할 수 있다.

48

다이에틸에터(디에틸에테르)를 저장, 취급할 때의 주의사항에 대한 설명으로 틀린 것은?

① 장시간 공기와 접촉하고 있으면 과산화물이 생성되어 폭발의 위험이 생긴다.
② 연소범위는 가솔린보다 좁지만 인화점과 착화온도가 낮으므로 주의하여야 한다.
③ 정전기 발생에 주의하여 취급해야 한다.
④ 화재 시 CO_2소화설비가 적응성이 있다.

해설

다이에틸에터(디에틸에테르)의 연소범위는 약 1.7~48%이고, 가솔린의 연소범위는 약 1.2~7.6%이다. 다이에틸에터(디에틸에테르)는 제4류 위험물 중에서도 연소범위가 매우 넓은 편으로 저장, 취급할 때 주의해야 한다.

49 빈출

다음과 같은 위험물 탱크에 대한 내용적 계산방법으로 옳은 것은?

① $\dfrac{\pi ab}{3}\left(l + \dfrac{l_1 + l_2}{3}\right)$

② $\dfrac{\pi ab}{4}\left(l + \dfrac{l_1 + l_2}{3}\right)$

③ $\dfrac{\pi ab}{4}\left(l + \dfrac{l_1 + l_2}{4}\right)$

④ $\dfrac{\pi ab}{3}\left(l + \dfrac{l_1 + l_2}{4}\right)$

해설

양쪽이 볼록한 타원형 탱크의 내용적은 ②번 식으로 구한다.

50

온도 및 습도가 높은 장소에서 취급할 때 자연발화의 위험이 가장 큰 물질은?

① 아닐린
② 황화인(황화린)
③ 질산나트륨
④ 셀룰로이드

해설

질소 함유량이 약 11%의 나이트로(니트로)셀룰로오스를 장뇌와 알코올에 녹여 교질상태로 만든 것을 셀룰로이드라고 한다.
셀룰로이드를 창고에 적재해 놓았을 때 기온이 30℃만 넘어도 자연발화할 수 있기 때문에 취급할 때 주의해야 한다.

51

「위험물안전관리법령」상 위험물의 취급기준 중 소비에 관한 기준으로 틀린 것은?

① 열처리 작업은 위험물이 위험한 온도에 이르지 아니하도록 하여 실시하여야 한다.
② 담금질 작업은 위험물이 위험한 온도에 이르지 아니하도록 하여 실시하여야 한다.
③ 분사도장 작업은 방화상 유효한 격벽 등으로 구획한 안전한 장소에서 하여야 한다.
④ 버너를 사용하는 경우에는 버너의 역화를 유지하고 위험물이 넘치지 아니하도록 하여야 한다.

해설

위험물의 취급 중 소비에 관한 기준에 따르면 버너를 사용하는 경우 버너의 역화를 방지하고 위험물이 넘치지 아니하도록 해야 한다.

52

저장·수송할 때 타격 및 마찰에 의한 폭발을 막기 위해 물이나 알코올로 습면시켜 취급하는 위험물은?

① 나이트로(니트로)셀룰로오스
② 과산화벤조일
③ 글리세린
④ 에틸렌글리콜

해설

나이트로(니트로)셀룰로오스는 제5류 위험물 중 질산에스터류(질산에스테르류)에 해당된다.
나이트로(니트로)셀룰로오스는 햇빛, 열에 의한 자연발화의 위험성이 있으므로 저장, 운반 시 물 또는 알코올에 습면하고, 안정제를 가해서 냉암소에 저장해야 한다.

53

염소산칼륨에 대한 설명 중 틀린 것은?

① 촉매 없이 가열하면 약 400℃에서 분해한다.
② 열분해하여 산소를 방출한다.
③ 불연성 물질이다.
④ 물, 알코올, 에테르에 잘 녹는다.

해설

염소산칼륨($KClO_3$)은 제1류 위험물로 불연성 분말이고, 약 400℃에서 분해되어 산소를 방출한다.
염소산칼륨($KClO_3$)은 온수나 글리세린에는 잘 녹지만, 냉수, 알코올에는 잘 녹지 않는다.
$2KClO_3 \rightarrow 2KCl + 3O_2$ (염소산칼륨의 완전분해식)

54

「위험물안전관리법령」상 제4류 위험물 옥외저장탱크의 대기밸브부착 통기관은 몇 kPa 이하의 압력차이로 작동할 수 있어야 하는가?

① 2
② 3
③ 4
④ 5

해설

제4류 위험물 옥외저장탱크의 대기밸브부착 통기관은 5kPa 이하의 압력차이로 작동할 수 있어야 한다.

55 고난도

「위험물안전관리법령」상 위험물제조소에서 위험물을 취급하는 건축물의 구성부분 중 반드시 내화구조로 하여야 하는 것은?

① 연소의 우려가 있는 기둥
② 바닥
③ 연소의 우려가 있는 외벽
④ 계단

해설 위험물을 취급하는 건축물의 구조

• 벽, 기둥, 바닥, 보, 서까래 및 계단을 불연재료로 한다.
• 연소의 우려가 있는 외벽은 출입구 외의 개구부가 없는 내화구조의 벽으로 한다.
• 지붕은 폭발력이 위로 방출될 정도의 가벼운 불연재료로 덮어야 한다.

56 빈출

물보다 무겁고, 물에 녹지 않아 저장 시 가연성 증기발생을 억제하기 위해 수조 속의 위험물탱크에 저장하는 물질은?

① 다이에틸에터(디에틸에테르)
② 에탄올
③ 이황화탄소
④ 아세트알데하이드(아세트알데히드)

해설

이황화탄소는 물에 녹지 않고, 물보다 무겁기 때문에 보관 시 가연성 증기 발생을 억제하기 위하여 용기나 탱크의 물속에 보관해야 한다.

57

금속나트륨의 일반적인 성질로 옳지 않은 것은?

① 은백색의 연한 금속이다.
② 알코올 속에 저장한다.
③ 물과 반응하여 수소가스를 발생한다.
④ 물보다 비중이 작다.

해설

금속나트륨은 공기 중의 수분이나 알코올과 반응하여 수소를 발생하며 자연발화를 일으키기 쉬우므로 석유, 유동파라핀 등에 저장해야 한다.
$2Na + 2H_2O \rightarrow 2NaOH + H_2 \uparrow$ (나트륨과 물의 반응)
$2Na + 2C_2H_5OH \rightarrow 2C_2H_5ONa + H_2 \uparrow$ (나트륨과 알코올의 반응)

58 빈출

1기압 27℃에서 아세톤 58g을 완전히 기화시키면 부피는 약 몇 L가 되는가?

① 22.4
② 24.6
③ 27.4
④ 58.0

해설

아세톤(CH_3COCH_3)의 분자량은 58g/mol이다.
※ C의 원자량: 12, H의 원자량: 1, O의 원자량: 16
이상기체상태방정식을 이용하여 기체 상태의 부피를 구한다.
$V = \dfrac{nRT}{P} = \dfrac{1 \times 0.082 \times (273+27)}{1} = 24.6L$
보일–샤를의 법칙을 이용해도 같은 값이 나온다.
$\dfrac{P_1V_1}{T_1} = \dfrac{P_2V_2}{T_2} = \dfrac{1 \times 22.4}{273+0} = \dfrac{1 \times x}{273+27}$
$x = 24.6L$

59

다음 위험물 중에서 인화점이 가장 낮은 것은?

① $C_6H_5CH_3$
② $C_6H_5CHCH_2$
③ CH_3OH
④ CH_3CHO

해설 보기에 있는 물질의 인화점

① 톨루엔($C_6H_5CH_3$): 4℃
② 스타이렌($C_6H_5CHCH_2$): 31℃
③ 메탄올(CH_3OH): 11℃
④ 아세트알데하이드(CH_3CHO, 아세트알데히드): $-38℃$
※ 아세트알데하이드(CH_3CHO, 아세트알데히드)는 특수인화물로서 인화점이 낮기 때문에 취급에 주의해야 한다.

60

과염소산칼륨과 적린을 혼합하는 것이 위험한 이유로 가장 타당한 것은?

① 마찰열이 발생하여 과염소산칼륨이 자연발화할 수 있기 때문에
② 과염소산칼륨이 연소하면서 생성된 연소열이 적린을 연소시킬 수 있기 때문에
③ 산화제인 과염소산칼륨과 가연물인 적린이 혼합하면 가열, 충격 등에 의해 연소·폭발할 수 있기 때문에
④ 혼합하면 용해되어 액상 위험물이 되기 때문에

해설

과염소산칼륨($KClO_4$)은 산화성 고체인 제1류 위험물로 분자 내에 산소를 많이 포함하고 있어 산소 공급원이 될 수 있다.
적린(P)은 가연성 고체로 제2류 위험물이다. 따라서 과염소산칼륨과 적린을 혼합하면 가열, 충격 등에 의하여 연소, 폭발할 수 있다.

1과목 일반화학

01 빈출
다음 중 $KMnO_4$의 Mn의 산화수는?

① +1
② +3
③ +5
④ +7

해설

$KMnO_4$는 화합물이므로 전체 산화수는 0이다.
K의 산화수는 +1, O의 산화수는 −2이므로 Mn의 산화수를 x로 놓으면 다음과 같은 식을 세울 수 있다.
$(+1)+x+(-2\times4)=0$
$x=+7$

02
어떤 기체의 무게가 다른 기체의 4배일 때 확산속도는 몇 배가 되는가?

① 0.5배
② 2배
③ 4배
④ 8배

해설

그레이엄의 확산속도의 법칙을 이용하여 계산한다.
$\dfrac{v_1}{v_2}=\sqrt{\dfrac{M_2}{M_1}}$($v_1$, v_2는 기체의 확산속도, M_1, M_2는 기체의 분자량)
어떤 기체의 무게를 M_2로 놓고, 다른 기체의 무게를 M_1으로 놓는다면 $4M_1=M_2$라는 식이 성립한다.
$\dfrac{v_1}{v_2}=\sqrt{\dfrac{M_2}{M_1}}=\sqrt{4}=2$
$v_1=2v_2$
$v_2=\dfrac{1}{2}v_1$이므로 어떤 기체의 확산속도는 다른 기체의 확산속도의 0.5배이다.
※ 그레이엄의 확산법칙에 따르면 기체의 무게가 무거울수록 확산속도는 느려진다.

03
다음 물질 중 비점이 약 197°C인 무색 액체이고, 약간 단맛이 있으며 부동액의 원료로 사용하는 것은?

① CH_3CHCl_2
② CH_3COCH_3
③ $(CH_3)_2CO$
④ $C_2H_4(OH)_2$

해설 에틸렌글리콜[$C_2H_4(OH)_2$]

• 제4류 위험물 중 제3석유류에 해당된다.
• 비점은 약 197°C이다.
• 무색, 무취의 단맛이 나는 끈끈한 액체이다.
• 자동차에 넣는 부동액의 원료로 사용한다.

04
표준상태를 기준으로 수소 1.2몰, 염소 2몰이 완전히 반응했을 때 염화수소는 몇 몰이 생성되는가?

① 0.6몰
② 1.2몰
③ 2.4몰
④ 3.6몰

해설

수소 1몰, 염소 1몰이 반응하면 2몰의 염화수소(HCl)가 발생한다.
$H_2+Cl_2 \rightarrow 2HCl$
수소와 염소는 1:1의 비율로 반응하는데, 문제에서 산소 1.2몰, 염소 2몰이 반응한다고 했으므로 수소 1.2몰과 염소 1.2몰이 반응하고 염소 0.8몰은 반응하지 않고 남게 된다.
화학반응식에서 생성되는 염화수소의 몰 수는 반응물의 2배이므로 염화수소는 2.4몰이 생성된다.

05
주기율표에서 제2주기에 있는 원소의 성질 중 왼쪽에서 오른쪽으로 갈수록 감소하는 것은?

① 원자핵의 하전량
② 원자의 전자의 수
③ 전자껍질의 수
④ 원자 반지름

해설

같은 주기에서 원자번호가 증가함에 따라 증가하는 것은 원자핵의 하전량, 원자의 전자의 수, 전자친화도, 전기음성도, 비금속성 등이다. 원자반지름은 같은 주기에서 원자번호가 증가함에 따라 감소한다.

06 빈출

1패러데이(Faraday)의 전기량으로 물을 전기분해하였을 때 생성되는 기체 중 산소는 0℃, 1기압에서 몇 L인가?

① 5.6
② 11.2
③ 22.4
④ 44.8

해설

물의 전기분해 반응식은 다음과 같다.

$2H_2O \rightarrow 2H_2 + O_2$

물에서 O^{2-}이므로 물 1몰이 분해하기 위해서는 전자가 2몰이 이동해야 하고, 물 2몰이 분해하기 위해서는 전자가 4몰이 이동해야 한다.

1F=96,500C=전자 1mol의 전하량이기 때문에 물 2몰이 분해하기 위해서는 4F가 필요하다. 따라서 4F의 전기를 가하면 산소 1몰(22.4L), 수소 2몰(44.8L)이 발생한다.

문제에서 1패러데이(1F)의 전기를 가했다고 했으므로 4패러데이(4F)의 전기를 가했을 때의 $\frac{1}{4}$에 해당하는 양의 기체가 발생한다.

결국 산소는 22.4L의 $\frac{1}{4}$인 5.6L가 발생한다.

07

금속의 특징에 대한 설명 중 틀린 것은?

① 상온에서 모두 고체이다.
② 고체 금속은 연성과 전성이 있다.
③ 고체 상태에서 결정구조를 형성한다.
④ 반도체, 절연체에 비하여 전기전도도가 크다.

해설

금속의 경우 대부분 상온에서 고체이지만, 수은(Hg)의 경우 상온에서 액체이다.

08

다음 물질 중 환원성이 없는 것은?

① 엿당
② 설탕
③ 젖당
④ 포도당

해설

• 단당류인 포도당, 과당 등은 모두 환원성이 있다.
• 이당류인 설탕은 환원성이 없고, 맥아당(엿당), 젖당은 환원성이 있다.

09 빈출

다음 수용액의 pH가 가장 작은 것은?

① 0.01N HCl
② 0.1N HCl
③ 0.01N CH₃COOH
④ 0.1N NaOH

해설

보기에 있는 물질들은 모두 물에 해리될 때 H^+나 OH^-를 한 개씩만 내놓기 때문에 '노르말농도=몰농도'로 생각하고 pH를 구할 수 있다.

① 0.01N HCl: pH=$-\log[0.01]=2$
② 0.1N HCl: pH=$-\log[0.1]=1$
③ 0.01N CH₃COOH: pH=$-\log[0.01]=2$
④ 0.1N NaOH: pOH=$-\log[0.1]=1$, pH=13

NaOH 수용액은 염기성 용액이기 때문에 pOH를 먼저 구하고, pH+pOH=14인 성질을 이용하여 pH를 구한다.

10

Ca^{2+} 이온의 전자배치를 옳게 나타낸 것은?

① $1s^2 2s^2 2p^6 3s^2 3p^6 3d^2$
② $1s^2 2s^2 2p^6 3s^2 3p^6 3d^2 4s^2$
③ $1s^2 2s^2 2p^6 3s^2 3p^6 4s^2 3d^2$
④ $1s^2 2s^2 2p^6 3s^2 3p^6$

해설

Ca는 원자번호가 20번이라 전자개수도 20개이지만 문제에서는 Ca^{2+} 이온의 전자배치를 묻고 있다. 따라서 Ca^{2+} 이온은 전자를 두 개 잃은 것이기 때문에 전자개수가 총 18개이다.

보기에서 ④번이 전자개수가 18개인 전자배치이다.

11

A는 B 이온과 반응하나, C 이온과는 반응하지 않고 D는 C 이온과 반응한다고 할 때 A, B, C, D의 환원력 세기를 큰 것부터 차례대로 나타낸 것은? (단, A, B, C, D는 모두 금속이다.)

① A>B>D>C
② D>C>A>B
③ C>D>B>A
④ B>A>C>D

해설

- $A+B^+ \rightarrow A^++B$: A는 전자를 잃었으므로 산화되었고, B는 전자를 얻었으므로 환원됨. 즉 환원력은 A>B
- $A+C^+ \rightarrow$ 반응 없음: A와 C는 전자를 주고받지 않았음. 즉 환원력은 C>A
- $D+C^+ \rightarrow D^++C$: D는 전자를 잃었으므로 산화되었고, C는 전자를 얻었으므로 환원됨. 즉 환원력은 D>C
  그러므로 환원력의 세기는 D>C>A>B

12 빈출

다음 중 물이 산으로 작용하는 반응은?

① $NH_4^+ + H_2O \rightarrow NH_3 + H_3O^+$
② $CH_3COO^- + H_2O \rightarrow CH_3COOH + OH^-$
③ $HCOOH + H_2O \rightarrow HCOO^- + H_3O^+$
④ $HCl + H_2O \rightarrow H_3O^+ + Cl^-$

해설 브뢴스테드-로우리의 산과 염기의 정의

- 산: 양성자(H^+)를 내어 놓는 분자나 이온이다.
- 염기: 양성자(H^+)를 받아들이는 분자나 이온이다.
- 물(H_2O)이 산으로 작용하기 위해서는 양성자(H^+)를 내어 놓아야 하기 때문에 반응 후에 OH^-가 있어야 한다. 보기 중에서는 ②번 반응식만 반응 후에 OH^-가 있다.

13 빈출

다음의 그래프는 어떤 고체물질의 용해도 곡선이다. 100℃의 포화용액(비중 1.4) 100mL를 20℃의 포화용액으로 만들려면 몇 g의 물을 더 가해야 하는가?

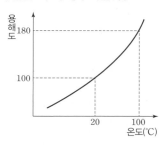

① 20g
② 40g
③ 60g
④ 80g

해설

용해도란 용매 100g에 최대한 녹는 용질의 g수로 용해도 180의 의미는 용매 100g에 용질이 최대 180g 녹는다는 의미이고 포화용액 280g 안에 용질이 180g 녹아 있다는 것으로 이해하면 된다.
용해도가 180인 100℃의 포화용액 100mL(=140g)는 용질 90g, 용매 50g으로 구성되어 있다. 그래프에서 20℃에서의 용해도는 100이고 용해도 100의 의미는 용매 100g에 용질이 최대 100g 녹는다는 의미로 20℃에서 용해도 100의 포화용액은 용매와 용질이 1:1로 구성되어 있다고 볼 수 있다.
문제에서는 용질 90g, 용매 50g으로 구성되어 있는 용액을 20℃의 포화용액(용매:용질=1:1)으로 만드는 것을 요구하고 있으므로 용질 90g에 맞춰 용매 50g에 40g을 더 넣어 90g으로 만들어 주면 된다.

14

이온화에너지에 대한 설명으로 옳은 것은?

① 일반적으로 같은 족에서 아래로 갈수록 증가한다.
② 일반적으로 주기율표에서 왼쪽으로 갈수록 증가한다.
③ 바닥상태에 있는 원자로부터 전자를 제거하는 데 필요한 에너지이다.
④ 들뜬상태에서 전자를 하나 받아들일 때 흡수하는 에너지이다.

해설

이온화에너지는 바닥상태에 있는 원자로부터 전자를 제거하는 데 필요한 에너지이다.
이온화에너지는 같은 족에서는 아래로 갈수록(원자번호가 증가할수록) 감소하고, 같은 주기에서는 오른쪽으로 갈수록(원자번호가 증가할수록) 증가한다.

15 고난도

물 500g 중에 설탕($C_{12}H_{22}O_{11}$) 171g이 녹아 있는 설탕물의 몰랄농도는?

① 1.0 ② 1.5
③ 2.0 ④ 0.5

해설

몰랄농도의 정의를 이용한 풀이방법

몰랄농도는 용매(물) 1,000g에 녹아 있는 용질의 몰수이다.

문제에서 물 500g 중에 설탕이 171g 녹아 있다고 했으므로 물 1,000g에는 설탕이 342g 녹아 있는 것이다.

설탕의 분자량=$(12 \times 12)+(1 \times 22)+(16 \times 11)$=342g/mol

물 1,000g에는 설탕 1몰이 녹아 있는 것이기 때문에 몰랄농도는 1.0이다.

몰랄농도 계산식을 이용한 풀이방법

몰랄농도 = $\dfrac{질량}{분자량} \times \dfrac{1,000g}{용매의\ 질량}$ = $\dfrac{171}{342} \times \dfrac{1,000}{500}$ = 1.0

16

원자번호가 34번인 Se이 반응할 때 다음 중 어떤 원소의 전자수와 같아지려고 하는가?

① He ② Ne
③ Ar ④ Kr

해설

옥텟규칙에 따르면 주기율표 상에 있는 원소들은 안정해지기 위해 18족 원소의 전자배치 구조를 따라간다.

16인 Se(원자번호 34번, 셀레늄)은 주기율표에서 가장 가까운 18족 원소인 Kr(원자번호 36, 크립톤)의 전자배치 구조를 따라간다.

17

다음 중 ns^2np^3의 전자구조를 가지는 것은?

① B ② C
③ N ④ O

해설

ns^2np^3의 전자구조는 최외각 전자가 5개인 15족의 전자배치이다.

15족의 원소는 N, P, As, Sb 등이 있다.

질소(N)의 전자배치: $1s^22s^22p^3$

18 고난도

2차 알코올이 산화되면 무엇이 되는가?

① 알데하이드(알데히드) ② 에테르
③ 카르복실산 ④ 케톤

해설

1차 알코올이 산화되면 알데하이드(알데히드)를 거쳐 카르복실산이 되고, 2차 알코올이 산화되면 케톤이 된다.

19 고난도

다음 화합물 중 질소를 포함한 것은?

① 다이에틸에터(디에틸에테르)
② 이황화탄소
③ 아세트알데하이드(아세트알데히드)
④ 나일론

해설

① 다이에틸에터($C_2H_5OC_2H_5$, 디에틸에테르)는 탄소, 수소, 산소로 이루어진 화합물이다.
② 이황화탄소(CS_2)는 탄소, 황으로 이루어진 화합물이다.
③ 아세트알데하이드(CH_3CHO, 아세트알데히드)는 탄소, 수소, 산소로 이루어진 화합물이다.
④ 나일론에는 아마이드 결합($-CONH-$)이 포함되어 있기 때문에 질소가 포함된 화합물이다.

20

실험식이 M_xO_y인 금속(M)의 산화물 1.60g을 환원시켜 질량이 1.12g인 금속(M)을 얻었다. x, y는 각각 얼마인가? (단, 금속 M의 원자량은 56이다.)

① x=1, y=2
② x=2, y=3
③ x=3, y=2
④ x=2, y=1

해설

금속의 산화물(M_xO_y)의 질량이 1.60g이고, 환원시킨 금속(M)의 질량이 1.12g이므로 반응한 산소 원자의 질량은 1.60－1.12=0.48g이다.
금속과 산소의 원자량을 이용하여 반응한 몰수를 구할 수 있다.

반응한 금속의 몰수＝$\frac{1.12}{56}$＝0.02mol

반응한 산소의 몰수＝$\frac{0.48}{16}$＝0.03mol

※ 산소 분자(O_2)가 반응에 참여한 것이라면 산소의 분자량 32를 수식에 넣어야 하지만 이 문제에서는 산소 원자(O)가 금속과 반응한 것이기 때문에 산소의 원자량 16을 수식에 넣어야 한다.
금속의 산화물은 금속과 산소가 2:3의 비율로 반응한 것이기 때문에 금속의 산화물의 실험식은 M_2O_3이다.

2과목 | 화재예방과 소화방법

21

「위험물안전관리법령」상 정전기를 유효하게 제거하기 위해서는 공기 중의 상대습도를 몇 % 이상 되게 하여야 하는가?

① 40%
② 50%
③ 60%
④ 70%

해설

위험물을 취급함에 있어서 정전기를 발생할 우려가 있는 설비의 경우 다음과 같은 방법으로 정전기를 유효하게 제거할 수 있는 설비를 설치하여야 한다.
• 접지에 의한 방법
• 공기 중의 상대습도를 70% 이상으로 하는 방법
• 공기를 이온화하는 방법

22 빈출

다음 중 소화약제의 성분이 아닌 것은?

① $NaHCO_3$
② N_2H_4
③ CF_3Br
④ CF_2ClBr

해설

②번은 하이드라진(히드라진, N_2H_4)의 화학식으로 소화약제의 성분이 아니다. 하이드라진(히드라진)은 제4류 위험물 중 제2석유류이다.

23 빈출

강화액 소화기에 대한 설명으로 옳은 것은?

① 물의 소화효과를 높이기 위해 염류를 첨가한 소화기이다.
② 산·알칼리 액을 주성분으로 하는 소화기이다.
③ 물의 표면장력을 강화하기 위해 탄소를 첨가한 소화기이다.
④ 물의 유동성을 강화하기 위한 유화제를 첨가한 소화기이다.

해설

강화액 소화기는 물의 소화능력을 향상시키고 한랭지역, 겨울철에 사용할 수 있도록 어는점을 낮추기 위해 물에 탄산칼륨(K_2CO_3)을 보강시켜 만든 소화기이다.

24 고난도

제1석유류를 저장하는 옥외탱크저장소에 특형 포 방출구를 설치하는 경우, 방출률은 액표면적 $1m^2$ 당 1분에 몇 리터 이상이어야 하는가?

① 9.5L
② 6.5L
③ 3.7L
④ 8.0L

해설

제1석유류는 아세톤, 휘발유, 그 밖의 1atm에서 인화점이 21℃ 미만인 것을 말하며 포 방출구 설치 시 방출률은 아래 표와 같다.

포 방출구의 종류 / 위험물의 구분	I형 포 수용액량	I형 방출률	II형 포 수용액량	II형 방출률	특형 포 수용액량	특형 방출률	III형 포 수용액량	III형 방출률	IV형 포 수용액량	IV형 방출률
제4류 위험물 중 인화점이 21℃ 미만인 것	120	4	220	4	240	8	220	4	220	4

※ 포 수용액량의 단위: L/m^2, 방출률의 단위: $L/m^2 \cdot min$

25 빈출

분말 소화약제에 해당하는 착색으로 옳은 것은?

① 탄산수소칼륨 – 청색
② 제1인산암모늄 – 담홍색
③ 탄산수소칼륨 – 담홍색
④ 제1인산암모늄 – 청색

해설

종류	주성분	착색
제1종 분말	NaHCO₃(탄산수소나트륨)	백색
제2종 분말	KHCO₃(탄산수소칼륨)	담회색
제3종 분말	NH₄H₂PO₄(제1인산암모늄)	담홍색
제4종 분말	KHCO₃+(NH₂)₂CO (탄산수소칼륨+요소)	회색

26 빈출

「위험물안전관리법령」상 전역방출방식 또는 국소방출방식의 할로젠화물(할로겐화물)소화설비에서 가압용 가스용기에 충전해야 하는 가스는 무엇인가?

① 질소　　　　② 산소
③ 수소　　　　④ 헬륨

해설

「위험물안전관리에 관한 세부기준」에 따르면 전역방출방식 또는 국소방출방식의 할로젠화물(할로겐화물)소화설비에서 가압용 가스용기는 질소가스가 충전되어 있어야 한다고 규정되어 있다.

27

최소 착화에너지를 측정하기 위해 콘덴서를 이용하여 불꽃방전 실험을 하고자 한다. 콘덴서의 전기용량을 C, 방전전압을 V, 전기량을 Q라 할 때 착화에 필요한 최소전기에너지 E를 옳게 나타낸 것은?

① $E=\frac{1}{2}CQ^2$　　　② $E=\frac{1}{2}C^2V$
③ $E=\frac{1}{2}QV^2$　　　④ $E=\frac{1}{2}CV^2$

해설 전기불꽃에너지 공식

$E=\frac{1}{2}QV=\frac{1}{2}CV^2$, $Q=CV$

E: 전기불꽃에너지 Q: 전기량(전하량) V: 방전전압

28

자연발화가 일어나는 물질과 대표적인 에너지원의 관계로 옳지 않은 것은?

① 셀룰로이드 – 흡착열에 의한 발열
② 활성탄 – 흡착열에 의한 발열
③ 퇴비 – 미생물에 의한 발열
④ 먼지 – 미생물에 의한 발열

해설

셀룰로이드는 분해열에 의한 발열이 자연발화의 주원인이다.

29

「위험물안전관리법령」상 옥내소화전설비의 기준으로 옳지 않은 것은?

① 소화전함은 화재발생 시 화재 등에 의한 피해를 받을 우려가 적은 장소에 설치하여야 한다.
② 호스접속구는 바닥면으로부터 1.5m 이하의 높이에 설치한다.
③ 가압송수장치의 시동을 알리는 표시등은 녹색으로 한다.
④ 별도의 정해진 조건을 충족하는 경우는 가압송수장치의 시동표시등을 설치하지 않을 수 있다.

해설

가압송수장치의 시동을 알리는 표시등(시동표시등)은 적색으로 하고 옥내소화전함의 내부 또는 그 직근의 장소에 설치해야 한다.(「위험물안전관리에 관한 세부기준」 제129조)

30

「위험물안전관리법령」에 따른 지하탱크저장소의 지하저장탱크의 기준으로 옳지 않은 것은?

① 탱크의 외면에는 녹 방지를 위한 도장을 하여야 한다.
② 탱크의 강철판 두께는 3.2mm 이상으로 하여야 한다.
③ 압력탱크는 최대상용압력의 1.5배의 압력으로 10분간 수압시험을 한다.
④ 압력탱크 외의 것은 50kPa의 압력으로 10분간 수압시험을 한다.

> **해설** 지하탱크저장소의 위치·구조 및 설비의 기준
>
> 압력탱크(최대상용압력이 46.7kPa 이상인 탱크를 말함) 외의 탱크에 있어서는 70kPa의 압력으로, 압력탱크에 있어서는 최대상용압력의 1.5배의 압력으로 각각 10분간 수압시험을 실시하여 새거나 변형되지 아니하여야 한다.

31 빈출

위험물제조소에 옥내소화전 설비를 3개 설치하였다. 수원의 양은 몇 m^3 이상이어야 하는가?

① $7.8m^3$
② $9.9m^3$
③ $10.4m^3$
④ $23.4m^3$

> **해설**
>
> 수원의 수량은 옥내소화전이 가장 많이 설치된 층의 옥내소화전 설치개수(설치개수가 5개 이상인 경우에는 5개)에 $7.8m^3$를 곱한 양 이상이 되도록 설치해야 한다.
> 수원의 양 = $3 \times 7.8 = 23.4m^3$
> ※ 옥내소화전과 옥외소화전의 수량의 기준이 다른 것을 주의해야 한다. 옥외소화전의 경우에는 옥외소화전 설치개수(설치개수가 4개 이상인 경우에는 4개)에 $13.5m^3$를 곱한 양 이상이어야 한다.

32 빈출

할로젠화합물(할로겐화합물) 중 CH_3I에 해당하는 하론번호는?

① 1031
② 1301
③ 13001
④ 10001

> **해설**
>
> 하론 뒤에 붙은 숫자는 앞에서부터 C, F, Cl, Br, I의 개수를 의미한다. C는 1개, F, Cl, Br은 0개, I는 1개인 할로젠화합물(할로겐화합물)이므로 하론번호는 10001이다.

33 빈출

제3종 분말소화약제 사용 시 방진효과로 A급 화재의 진화에 효과적인 물질은?

① 메타인산
② 물
③ 수산화이온
④ 암모늄이온

> **해설**
>
> 제3종 분말소화약제의 열분해 과정에서 나오는 메타인산(HPO_3)이 방진효과가 있어 A급 화재의 진화에 효과적이다.
> $NH_4H_2PO_4 \rightarrow NH_3 + HPO_3 + H_2O$

34

다음 [보기]의 물질 중 「위험물안전관리법령」상 제1류 위험물에 해당하는 것의 지정수량을 모두 합산한 값은?

| 보기 |
| 질산나트륨, 아이오딘산(요오드산), 과염소산, 과산화나트륨 |

① 350kg
② 400kg
③ 650kg
④ 1,350kg

> **해설**
>
> [보기]의 물질 중 제1류 위험물은 질산나트륨, 과산화나트륨이고 지정수량은 질산나트륨(질산염류)은 300kg, 과산화나트륨(무기과산화물)은 50kg이다. 제1류 위험물에 해당하는 것의 지정수량의 합은 350kg이다.
> 과염소산염류는 제1류 위험물이지만, 과염소산은 제6류 위험물이다.
> 아이오딘산염류(요오드산염류)는 제1류 위험물이지만 아이오딘산(요오드산)은 「위험물안전관리법령」상 위험물이 아니다.

35

드라이아이스 1kg이 완전히 기화하면 약 몇 몰의 이산화탄소가 되는가?

① 51.3
② 515.0
③ 230.1
④ 22.7

> **해설**
>
> 드라이아이스의 주성분은 CO_2이고, CO_2의 분자량은 44이다.
> ※ C의 원자량은 12, O의 원자량은 16이다.
> 발생되는 이산화탄소의 몰수 = $\frac{1,000}{44} \fallingdotseq 22.73$

36

「위험물안전관리법령」에 의해 개방형 스프링클러 헤드를 이용하는 스프링클러 설비에 설치하는 수동식 개방밸브를 개방조작하는 데 필요한 힘은 몇 kg 이하가 되도록 설치하여야 하는가?

① 5   ② 10
③ 15   ④ 20

해설

개방형 스프링클러 헤드를 이용하는 스프링클러 설비에 설치하는 수동식 개방밸브를 개방조작하는 데 필요한 힘은 15kg 이하가 되도록 설치하여야 한다.

37

오황화인(오황화린)의 저장 및 취급방법으로 틀린 것은?

① 산화제와의 접촉을 피한다.
② 물속에 밀봉하여 저장한다.
③ 불꽃과의 접근이나 가열을 피한다.
④ 용기의 파손, 위험물의 누출에 유의한다.

해설

오황화인(P_2S_5, 오황화린)은 습한 공기 중에서도 물에 분해될 정도로 물과 잘 반응하기 때문에 물속에 저장하면 안 된다.
오황화인(P_2S_5, 오황화린)이 물과 반응하면 가연성, 유독성 가스인 황화수소(H_2S)가 발생한다.
$P_2S_5+8H_2O \rightarrow 5H_2S+2H_3PO_4$

38 빈출

「위험물안전관리법령」상 제6류 위험물을 저장 또는 취급하는 제조소 등에 적응성이 없는 소화설비는?

① 팽창질석
② 포소화기
③ 인산염류분말 소화기
④ 할로젠화합물(할로겐화합물) 소화기

해설

제6류 위험물 화재 시 할로젠화합물(할로겐화합물) 소화기, 탄산수소염류 분말 소화기 등은 적응성이 없다.

39

「위험물안전관리법령」에서 정한 포소화설비의 기준에 따른 기동장치에 대한 설명으로 옳은 것은?

① 자동식의 기동장치만 설치하여야 한다.
② 수동식의 기동장치만 설치하여야 한다.
③ 자동식의 기동장치와 수동식의 기동장치를 모두 설치하여야 한다.
④ 자동식의 기동장치 또는 수동식의 기동장치를 설치하여야 한다.

해설

「위험물안전관리에 관한 세부기준」에 따르면 포소화설비의 기동장치는 자동식의 기동장치 또는 수동식의 기동장치를 설치하여야 한다고 규정되어 있다.

40

옥외저장탱크를 강철판으로 제작할 경우 두께기준은 몇 mm 이상인가? (단, 특정옥외저장탱크 및 준특정옥외저장탱크는 제외한다.)

① 1.2   ② 2.2
③ 3.2   ④ 4.2

해설

옥외저장탱크를 강철판으로 제작할 경우 탱크의 강철판 두께는 3.2mm 이상으로 하여야 한다.

3과목 위험물의 성질과 취급

41

다음 물질 중 인화점이 가장 낮은 것은?

① 벤젠
② 아세톤
③ 이황화탄소
④ 다이에틸에터(디에틸에테르)

해설 보기에 있는 물질의 인화점

① 벤젠: -11℃
② 아세톤: -18℃
③ 이황화탄소: -30℃
④ 다이에틸에터(디에틸에테르): -45℃

※ 다이에틸에터(디에틸에테르)는 특수인화물 중에서도 인화점이 낮기 때문에 취급에 주의해야 한다.

42

황린과 적린의 성질에 대한 설명으로 틀린 것은?

① 황린은 담황색의 고체이며 마늘과 비슷한 냄새가 난다.
② 적린은 암적색의 분말이고 냄새가 없다.
③ 황린은 독성이 없고 적린은 맹독성 물질이다.
④ 황린은 이황화탄소에 녹지만 적린은 녹지 않는다.

해설
황린은 독성이 있고, 적린은 독성이 없다.

상세해설

구분	황린	적린
류별	제3류 위험물	제2류 위험물
지정수량	20kg	100kg
발화점	34℃	260℃
유독성	독성이 있음	독성이 없음
연소 생성물	오산화인(P_2O_5)	오산화인(P_2O_5)

43

「위험물안전관리법령」상 HCN의 품명으로 옳은 것은?

① 제1석유류
② 제2석유류
③ 제3석유류
④ 제4석유류

해설
제1석유류는 아세톤, 휘발유, 그 밖에 1atm에서 인화점이 21℃ 미만인 것을 말한다. 시안화수소(HCN)도 인화점이 약 -18℃로 제1석유류에 포함된다.

44 빈출

다음 중 물과 반응하여 산소를 발생하는 것은?

① $KClO_3$
② $KClO_4$
③ Na_2O_2
④ CaC_2

해설
과산화나트륨은 물과 격렬하게 반응하여 열을 발생하고 산소(O_2)를 방출시킨다.
$2Na_2O_2 + 2H_2O \rightarrow 4NaOH + O_2 \uparrow$

오답해설
①, ②: 가열하면 열분해되어 산소가 발생한다.
④: 물과 반응하면 아세틸렌(C_2H_2)이 발생한다.

45 빈출

동식물유류에 대한 설명으로 틀린 것은?

① 건성유는 자연발화의 위험성이 높다.
② 불포화도가 높을수록 요오드가가 크며 산화되기 쉽다.
③ 요오드값이 130 이하인 것이 건성유이다.
④ 1기압에서 인화점이 대체로 섭씨 300도 미만이다.

해설
요오드값이 130 이상인 것이 건성유이다. 건성유는 자연발화의 위험성이 높기 때문에 섬유류 등에 스며들지 않도록 해야 한다.

상세해설
① 건성유는 요오드값이 높아 자연발화의 위험이 있다.
② 동식물유류는 불포화도가 높을수록 요오드가가 크며 산화되기 쉽다.
④ 동식물유류는 인화점이 220~300℃ 정도로 제4석유류와 유사하다.

46

아세톤의 물리적 특성으로 틀린 것은?

① 무색, 투명한 액체로서 독특한 자극성의 냄새를 가진다.

② 요오드포름(아이오딘포름) 반응을 한다.

③ 화재 시 대량의 주수소화로 희석소화가 가능하다.

④ 증기는 공기보다 가볍다.

해설

① 아세톤은 무색, 투명한 액체로 독특한 냄새가 있다.

② 화학식에 'CH₃CO−R'이 있는 화합물이 아이오딘포름(요오드포름) 반응을 한다. 아세톤의 화학식은 CH_3COCH_3이기 때문에 아이오딘포름(요오드포름) 반응을 한다.

③ 아세톤은 제1석유류이지만 수용성이기 때문에 화재 시 대량의 주수소화로 희석소화가 가능하다.

④ 아세톤의 증기는 공기보다 무겁다.

47

금속칼륨의 일반적인 성질로 옳지 않은 것은?

① 은백색의 연한 금속이다.

② 알코올 속에 저장한다.

③ 물과 반응하여 수소가스를 발생한다.

④ 물보다 가볍다.

해설

금속칼륨(K)은 물 또는 알코올과 반응하여 수소를 발생시킨다. 따라서 금속칼륨은 등유, 경유, 파라핀유 등의 보호액 속에 저장해야 한다.

$2K+2C_2H_5OH \rightarrow 2C_2H_5OK+H_2\uparrow$ (금속칼륨과 알코올의 반응식)

상세해설

① 금속칼륨은 은백색의 무른 경금속이다.

③ 칼륨과 물의 반응식은 다음과 같다.

$2K+2H_2O \rightarrow 2KOH+H_2\uparrow$

④ 금속칼륨의 비중은 약 0.86으로 물보다 가볍다.

48

질산에틸에 대한 설명 중 틀린 것은?

① 물에 녹지 않는다.

② 상온에서 인화하기 어렵다.

③ 증기는 공기보다 무겁다.

④ 무색투명한 액체이다.

해설 질산에틸($C_2H_5ONO_2$)

• 제5류 위험물이고, 비수용성이다.

• 인화점이 −10℃로 증기의 인화성에 유의해야 한다.

• 증기는 공기보다 무겁다.

• 무색투명하고 향긋한 냄새가 나는 액체(상온)이다.

49 빈출

위험물제조소는 「문화재보호법」에 의한 유형문화재로부터 몇 m 이상의 안전거리를 두어야 하는가?

① 20m   ② 30m

③ 40m   ④ 50m

해설

위험물제조소는 유형문화재와 기념물 중 지정문화재에 있어서는 50m 이상의 안전거리를 두어야 한다.

50

황화인(황화린)에 대한 설명으로 틀린 것은?

① 칠황화인(칠황화린)은 조해성이 없다.

② 제2류 위험물인 가연성 고체이다.

③ 삼황화인(삼황화린), 오황화인(오황화린), 칠황화인(칠황화린)의 3가지 형태가 있다.

④ 오황화인(오황화린)은 담황색 결정으로 조해성과 흡습성이 있다.

해설

황화인(황화린)은 가연성 고체이고, 제2류 위험물이다.

황화인(황화린)에는 삼황화인(삼황화린, P_4S_3), 오황화인(오황화린, P_2S_5), 칠황화인(칠황화린, P_4S_7)의 중요한 3가지 형태가 있고, 삼황화인(삼황화린)은 조해성이 없지만 오황화인(오황화린), 칠황화인(칠황화린)은 조해성이 있다.

51 빈출

아세트알데하이드(아세트알데히드)의 저장 시 주의할 사항으로 틀린 것은?

① 구리나 마그네슘 합금 용기에 저장한다.
② 화기를 가까이 하지 않는다.
③ 용기의 파손에 유의한다.
④ 찬 곳에 저장한다.

해설

아세트알데하이드(CH_3CHO, 아세트알데히드)는 구리, 은, 수은, 마그네슘 또는 이의 합금과 반응하여 폭발성을 가진 물질을 생성한다.

52

제5류 위험물 제조소에 '위험물 제조소'라는 표시를 한 표지 및 주의사항을 표시한 게시판의 바탕 색상을 각각 옳게 나타낸 것은?

① 표지: 백색, 주의사항을 표시한 게시판: 백색
② 표지: 백색, 주의사항을 표시한 게시판: 적색
③ 표지: 적색, 주의사항을 표시한 게시판: 백색
④ 표지: 적색, 주의사항을 표시한 게시판: 적색

해설

• 제조소에는 보기 쉬운 곳에 '위험물 제조소'라는 표지를 설치하여야 한다. 이때 표지의 바탕은 백색으로, 문자는 흑색으로 한다.
• 제5류 위험물 제조소에 설치하는 주의사항(화기엄금)을 표시한 게시판은 적색 바탕에 백색문자로 한다.

53 빈출

「위험물안전관리법령」에서 정한 제1류 위험물이 아닌 것은?

① 질산나트륨
② 질산암모늄
③ 질산칼륨
④ 과산화수소

해설

과산화수소는 산화성 액체로 제6류 위험물이다. 「위험물안전관리법령」상 과산화수소는 농도가 36wt% 이상인 것이 위험물에 해당된다.

54 빈출

물과 접촉되었을 때 연소범위의 하한값이 2.5vol%인 가연성가스가 발생하는 것은?

① 금속나트륨
② 인화칼슘
③ 과산화칼륨
④ 탄화칼슘

해설

탄화칼슘(CaC_2)과 물이 반응하면 수산화칼슘{$Ca(OH)_2$}과 아세틸렌가스(C_2H_2)가 생성된다.
$$CaC_2 + 2H_2O \rightarrow Ca(OH)_2 + C_2H_2 \uparrow$$
아세틸렌가스는 폭발범위가 2.5~81%로 매우 넓다.

55

「위험물안전관리법령」상 물분무 소화설비가 적응성이 있는 대상물은?

① 알칼리금속과산화물
② 전기설비
③ 마그네슘
④ 금속분

해설 물분무 소화설비의 적응성

소화설비의 구분			물분무 소화설비
	건축물·그 밖의 공작물		○
	전기설비		○
대상물 구분	제1류 위험물	알칼리금속 과산화물 등	
		그 밖의 것	○
	제2류 위험물	철분·금속분· 마그네슘 등	
		인화성 고체	○
		그 밖의 것	○
	제3류 위험물	금수성 물질	
		그 밖의 것	○
	제4류 위험물		○
	제5류 위험물		○
	제6류 위험물		○

56

산화프로필렌에 대한 설명으로 틀린 것은?

① 무색의 휘발성 액체이고, 물에 녹는다.

② 인화점이 상온 이하이므로 가연성 증기 발생을 억제하여 보관해야 한다.

③ 은, 마그네슘 등의 금속과 반응하여 폭발성 혼합물을 생성한다.

④ 증기압이 낮고 연소범위가 좁아서 위험성이 높다.

> **해설**
>
> 위험물은 일반적으로 연소범위가 좁아지면 위험성이 줄어든다. 산화프로필렌은 제4류 위험물의 특수인화물이므로 연소범위가 넓고 증기압은 높으며 인화점은 −37℃로 매우 낮기 때문에 취급에 주의해야 한다.

57

황(S, 유황)에 대한 설명으로 옳은 것은?

① 불연성이지만 산화제 역할을 하기 때문에 가연물과의 접촉은 위험하다.

② 유기용제, 알코올, 물 등에 잘 녹는다.

③ 사방황, 고무상황과 같은 동소체가 있다.

④ 전기도체이므로 감전에 주의한다.

> **해설** 황(S, 유황)
>
> • 제2류 위험물인 가연성 고체로 연소 시 SO_2를 발생한다.
> • 물이나 산에는 녹지 않으나 알코올에는 약간 녹는다.
> • 단사황, 사방황, 고무상황과 같은 동소체가 있다.
> • 전기절연체로 쓰이며 흑색화약의 원료로도 사용된다.

58 빈출

산화프로필렌 300L, 메탄올 400L, 벤젠 200L를 저장하고 있는 경우 각각 지정수량 배수의 총합은 얼마인가?

① 4 　　　　　　　　② 6

③ 8 　　　　　　　　④ 10

> **해설**
>
> 산화프로필렌, 메탄올, 벤젠은 모두 제4류 위험물이지만 지정수량은 각각 다르다.
> 산화프로필렌(특수인화물): 지정수량 50L
> 메탄올(알코올류): 지정수량 400L
> 벤젠(제1석유류, 비수용성): 지정수량 200L
> 지정수량 배수의 총합 $= \dfrac{300}{50} + \dfrac{400}{400} + \dfrac{200}{200} = 8$

59 빈출

적재 시 일광의 직사를 피하기 위하여 차광성이 있는 피복으로 가려야 하는 것은?

① 메탄올 　　　　　　② 철분

③ 가솔린 　　　　　　④ 과산화수소

> **해설**
>
> 제1류 위험물, 제3류 위험물 중 자연발화성 물질, 제4류 위험물 중 특수인화물, 제5류 위험물 또는 제6류 위험물은 적재 시 차광성이 있는 피복으로 가려야 한다.
> 과산화수소는 제6류 위험물이기 때문에 적재 시 차광성이 있는 피복으로 가려야 한다.

> **오답해설**
>
> ①, ③ 메탄올은 제4류 위험물이지만 알코올류이고, 가솔린은 제4류 위험물이지만 제1석유류이다.
> ② 철분은 제2류 위험물이다.

60 빈출

「위험물안전관리법령」에 따른 질산에 대한 설명으로 틀린 것은?

① 지정수량은 300kg이다.

② 위험등급은 Ⅰ이다.

③ 농도가 36wt% 이상인 것에 한하여 위험물로 간주된다.

④ 운반 시 제1류 위험물과 혼재할 수 있다.

> **해설**
>
> 「위험물안전관리법령」에 따르면 질산은 그 비중이 1.49 이상인 것이 위험물에 해당된다. 과산화수소가 농도가 36wt% 이상인 것이 위험물에 해당된다.
> 제6류 위험물은 모두 위험등급 Ⅰ이고, 운반 시 제1류 위험물과 혼재할 수 있다.

길이 가깝다고 해도 가지 않으면 도달하지 못하며,
일이 작다고 해도 행하지 않으면 성취되지 않는다.

– 순자

1과목 일반화학

01 고난도

다음은 원소의 원자번호와 원소기호를 표시한 것이다. 전이원소만으로 나열된 것은?

① $_{20}Ca$, $_{21}Sc$, $_{22}Ti$
② $_{21}Sc$, $_{22}Ti$, $_{29}Cu$
③ $_{26}Fe$, $_{30}Zn$, $_{38}Sr$
④ $_{21}Sc$, $_{22}Ti$, $_{38}Sr$

해설

$_{20}Ca$, $_{38}Sr$: 2족 원소, $_{21}Sc$: 3족 원소, $_{22}Ti$: 4족원소, $_{29}Cu$: 11족원소
전이원소: 주기율표의 3족 ~ 12족의 금속 원소

02

질산칼륨 수용액 속에 소량의 염화나트륨이 불순물로 포함되어 있다. 용해도 차이를 이용하여 이 불순물을 제거하는 방법으로 가장 적당한 것은?

① 증류
② 막분리
③ 재결정
④ 전기분해

해설 재결정

소량의 고체불순물을 포함한 혼합물을 고온에서 포화용액을 만들어 냉각시켜 분리하는 방법(용해도 차를 이용하여 분리 정제하는 방법)
㉠ 질산칼륨(KNO_3) 수용액에 소금($NaCl$)이 섞여 있을 때 분리하는 방법

03

20℃에서 600mL의 부피를 차지하고 있는 기체를 압력의 변화 없이 온도를 40℃로 변화시키면 부피는 얼마로 변하겠는가?

① 300mL
② 641mL
③ 836mL
④ 1,200mL

해설

보일-샤를의 법칙을 이용한다.
$$\frac{P_1V_1}{T_1} = \frac{P_2V_2}{T_2} \rightarrow V_2 = \frac{V_1T_2}{T_1} \text{ (압력이 일정하므로)}$$
$$V_2 = \frac{600 \times (40+273)}{(20+273)} = 640.95mL$$

T는 절대온도이므로 섭씨온도에 273을 더해야 한다.

04

물 500g 중에 설탕($C_{12}H_{22}O_{11}$) 171g이 녹아 있는 설탕물의 몰랄농도(m)는?

① 2.0
② 1.5
③ 1.0
④ 0.5

해설

몰랄농도(m)는 용매 1,000g에 녹아 있는 용질의 몰수이다.
문제에서 물 500g 중에 설탕이 171g 녹아 있다고 했으므로 물 1,000g에는 설탕이 342g 녹아 있다.
설탕의 분자량은 다음과 같다.
$(12 \times 12) + (1 \times 22) + (16 \times 11) = 342g/mol$
설탕 342g은 설탕 1몰이다.
따라서 문제의 조건은 용매 1,000g에 설탕 1몰이 녹아 있는 것이므로 몰랄농도(m)=1이다.

05

다음 물질 중 벤젠 고리를 함유하고 있는 것은?

① 아세틸렌   ② 아세톤

③ 메탄   ④ 아닐린

해설

아닐린의 시성식은 $C_6H_5NH_2$로 벤젠 고리를 포함하고 있는 방향족 화합물이다.

06

분자식이 같으면서도 구조가 다른 유기화합물을 무엇이라고 하는가?

① 이성질체   ② 동소체

③ 동위원소   ④ 방향족화합물

해설 **이성질체**

분자식은 같으나 시성식이나 구조식이 다른 것을 말한다.

07 빈출

다음 중 수용액의 pH가 가장 작은 것은?

① 0.01N HCl   ② 0.1N HCl

③ 0.01N CH₃COOH   ④ 0.1N NaOH

해설

$pH = -\log[H^+]$, $pOH = -\log[OH^-]$, $pH + pOH = 14$

보기의 물질들은 물에 해리될 때, H^+나 OH^-를 한 개씩만 내놓기 때문에 노르말농도＝몰농도로 생각하고 pH를 계산할 수 있다.

① 0.01N HCl: $-\log[0.01] = pH2$

② 0.1N HCl: $-\log[0.1] = pH1$

③ 0.01N CH₃COOH: $-\log[0.01] = pH2$

④ 0.1N NaOH: $-\log[0.1] = pOH = 1 \rightarrow pH13$

08

메틸알코올과 에틸알코올이 각각 다른 시험관에 들어 있다. 이 두 가지를 구별할 수 있는 실험 방법은?

① 금속 나트륨을 넣어본다.

② 환원시켜 생성물을 비교하여 본다.

③ KOH와 I₂의 혼합 용액을 넣고 가열하여 본다.

④ 산화시켜 나온 물질을 은거울 반응시켜 본다.

해설

에틸알코올은 아이오딘포름(요오드포름) 반응을 통해 검출가능하다.

• 아이오딘포름(요오드포름) 반응: 아세틸기를 지니는 메틸케톤이 염기 존재 시 아이오딘(요오드)과 반응하여 아이오딘포름(요오드포름)을 생성하는 반응으로 메틸케톤으로 산화가능한 에탄올은 아이오딘포름(요오드포름) 반응으로 검출이 가능하다.

• 에탄올의 아이오딘포름(요오드포름) 반응식

$C_2H_5OH + 6KOH + 4I_2 \rightarrow CHI_3 + 5KI + HCOOK + 5H_2O$

09

다음 중 불균일 혼합물은 어느 것인가?

① 공기   ② 소금물

③ 화강암   ④ 사이다

해설 **불균일 혼합물**

혼합물에서 측정하는 부분에 따라 조성이 다른 혼합물을 뜻하며, 용매에 용질이 잘 녹지 않는다면 대부분 불균일 혼합물이라 할 수 있다. 화강암은 불균일 혼합물이다.

10

기체상태의 염화수소는 어떤 화학결합으로 이루어진 화합물인가?

① 극성 공유결합   ② 이온 결합

③ 비극성 공유결합   ④ 배위 공유결합

해설

염화수소(HCl)는 수소와 염소원자 간 전자쌍을 공유한 극성 공유결합으로 이루어진 화합물이다.

11

다음 중 동소체 관계가 아닌 것은?

① 적린과 황린　　　　② 산소와 오존

③ 물과 과산화수소　　④ 다이아몬드와 흑연

해설

물(H_2O)과 과산화수소(H_2O_2)는 동소체 관계가 아니다.
동소체는 한 종류의 원소로 이루어졌으나 그 성질이 다른 물질로 존재할 때, 이 여러 형태를 부르는 이름으로 단일원소가 서로 다른 방식으로 결합되어 있다.

12

다음 중 반응이 정반응으로 진행되는 것은?

① $Pb^{2+}+Zn \rightarrow Zn^{2+}+Pb$

② $I_2+2Cl^- \rightarrow 2I^-+Cl_2$

③ $2Fe^{3+}+3Cu \rightarrow 3Cu^{2+}+2Fe$

④ $Mg^{2+}+Zn \rightarrow Zn^{2+}+Mg$

해설

금속 사이의 반응은 이온화 경향에 따라 진행되며 이온화 경향이 큰 금속은 작은 금속에 전자를 내어주고 이온이 된다.
보기 중 정반응으로 진행되는 반응은 Pb^{2+}와 Zn의 반응으로 Pb의 이온화경향이 Zn보다 작으므로 Zn이 Pb에 전자를 주고 이온이 되는 반응으로 진행된다.

─── **금속의 이온화 경향과 성질** ───

Li K Ba Ca Na Mg Al Zn Fe Ni Sn Pb (H) Cu Hg Ag Pt Au

◄──────── 이온화 경향 ────────►
　　크다　　　　　　　　　작다
① 양이온이 되기 쉽다.　　① 음이온이 되기 쉽다.
② 전자를 잃기 쉽다.　　　② 전자를 얻기 쉽다.
③ 산화되기 쉽다.　　　　③ 환원되기 쉽다.

13 빈출

물이 브뢴스테드 산으로 작용한 것은?

① $HCl+H_2O \rightleftharpoons H_3O^++Cl^-$

② $HCOOH+H_2O \rightleftharpoons HCOO^-+H_3O^+$

③ $NH_3+H_2O \rightleftharpoons NH_4^++OH^-$

④ $3Fe+4H_2O \rightleftharpoons Fe_3O_4+4H_2$

해설

브뢴스테드의 산은 H^+(양성자)를 내어주는 물질로 물(H_2O)이 브뢴스테드의 산이 되려면 H^+를 내어주고 OH^-가 되어야 한다.
보기에선 $NH_3+H_2O \rightleftharpoons NH_4^++OH^-$ 반응이 해당한다.

14

수산화칼슘에 염소가스를 흡수시켜 만드는 물질은?

① 표백분　　　　　② 수소화칼슘

③ 염화수소　　　　④ 과산화칼슘

해설

수산화칼슘에 염소가스를 흡수시켜 표백분을 만들 수 있다.
$2Ca(OH)_2+2Cl_2 \rightarrow Ca(OCl)_2$(차아염소산칼슘)$+CaCl_2+2H_2O$
※ 차아염소산칼슘이 표백작용을 한다.

15 빈출

20%의 소금물을 전기분해하여 수산화나트륨 1몰을 얻는데는 1A의 전류를 몇 시간 통해야 하는가?

① 13.4　　　　　② 26.8

③ 53.6　　　　　④ 104.2

해설

산화전극 반응 (+)극: $2Cl^- \rightarrow Cl_2+2e^-$ (염소 기체 발생)
환원전극 반응 (−)극: $2H_2O+2e^- \rightarrow H_2+2OH^-$ (수소 기체 발생)
　　　　　　　　$2OH^-+2Na^+ \rightarrow 2NaOH$(수산화나트륨 생성)
환원전극 알짜반응식: $2H_2O+2Na^++2e^- \rightarrow 2NaOH+H_2$
환원전극 알짜반응식에서 전자와 수산화나트륨의 반응비가 1:1이므로 전자 1개가 이동할 때 수산화나트륨 1개가 생성된다.
1mol의 NaOH를 얻기 위해 이동한 전자의 몰수는 1mol이고 전자 1mol이 이동(전하량 96,500C)하기 위해 1A의 전류가 흘러야 하는 시간은 $1C=1A \times$ 1sec, $96,500C=1A \times 96,500sec$에서 96,500초이다.
이를 시간으로 환산하면 26.8시간이다.

16

할로젠화수소(할로겐화수소)의 결합에너지 크기를 비교하였을 때 옳게 표시한 것은?

① HI>HBr>HCl>HF
② HBr>HI>HF>HCl
③ HF>HCl>HBr>HI
④ HCl>HBr>HF>HI

할로젠화수소(할로겐화수소)의 결합에너지 크기: HF>HCl>HBr>HI

17

용매 분자들이 반투막을 통해서 순수한 용매나 묽은 용액으로부터 좀 더 농도가 높은 용액 쪽으로 이동하는 알짜이동을 무엇이라 하는가?

① 총괄이동
② 등방성
③ 국부이동
④ 삼투

해설 삼투
묽은 용액과 진한 용액이 반투과성막을 사이에 두고 있을 때, 용질은 상대적으로 입자의 크기가 크기 때문에 반투과성막을 통과할 수 없게 되는데 이때 농도가 더 진한 쪽으로 용질 대신 용매(일반적으로 물)가 이동하는 현상이다.

18 고난도

다음 반응식을 이용하여 구한 $SO_2(g)$의 몰 생성열은?

$$S(s)+1.5O_2(g) \rightarrow SO_3(g) \; \triangle H^0=-94.5kcal$$
$$2SO_2(g)+O_2(g) \rightarrow 2SO_3(g) \; \triangle H^0=-47kcal$$

① −71kcal
② −47.5kcal
③ 71kcal
④ 47.5kcal

해설
① $S(s)+1.5O_2(g) \rightarrow SO_3(g) \; \triangle H^0=-94.5kcal$
② $2SO_2(g)+O_2(g) \rightarrow 2SO_3(g) \; \triangle H^0=-47kcal$
①×2−② 하면 $2S(s)+2O_2(g) \rightarrow 2SO_2(g) \; \triangle H=-142kcal$
따라서 1mol을 기준으로 계산하면 $\frac{-142}{2}=-71kcal$

19

27℃에서 부피가 2L인 고무풍선 속의 수소기체 압력이 1.23atm이다. 이 풍선 속에 몇 mol의 수소기체가 들어 있는가? (단, 이상기체라고 가정한다.)

① 0.01
② 0.05
③ 0.10
④ 0.25

해설
이상기체 상태방정식 PV=nRT를 사용한다.
P: 1.23atm
V: 2L
T: 27℃=300K
R: 0.082atm·L/mol·K
$n=\frac{PV}{RT}=\frac{1.23 \times 2}{0.082 \times 300}=0.1mol$

20

다음 반응식은 산화−환원 반응이다. 산화된 원자와 환원된 원자를 순서대로 옳게 표현한 것은?

$$3Cu+8HNO_3 \rightarrow 3Cu(NO_3)_2+2NO+4H_2O$$

① Cu, N
② N, H
③ O, Cu
④ N, Cu

해설
산화수가 증가하면 산화, 감소하면 환원이다.
$Cu \rightarrow Cu^{2+}$: 산화수가 증가했으므로 산화
$N^{5+} \rightarrow N^{2+}$: 산화수가 감소했으므로 환원

| 2과목 | 화재예방과 소화방법 |

21

이산화탄소 소화설비의 소화약제 방출방식 중 전역방출방식 소화설비에 대한 설명으로 옳은 것은?

① 발화위험 및 연소위험이 적고 광대한 실내에서 특정장치나 기계만을 방호하는 방식

② 일정 방호구역 전체에 방출하는 경우 해당 부분의 구획을 밀폐하여 불연성가스를 방출하는 방식

③ 일반적으로 개방되어 있는 대상물에 대하여 설치하는 방식

④ 사람이 용이하게 소화활동을 할 수 있는 장소에서는 호스를 연장하여 소화활동을 행하는 방식

해설 **전역방출방식**

고정식 소화약제 공급장치에 배관 및 분사헤드를 고정 설치하여 밀폐 방호구역 내에 이산화탄소 소화약제를 방출하는 방식이다.

22

전기불꽃에너지 공식에서 ( )에 알맞은 것은? (단, Q는 전기량, V는 방전전압, C는 전기용량을 나타낸다.)

$$E=\frac{1}{2}(\quad)=\frac{1}{2}(\quad)$$

① QV, CV
② QC, CV
③ QV, CV^2
④ QC, QV^2

해설

$E=\frac{1}{2}QV=\frac{1}{2}CV^2$

여기서, E: 전기불꽃에너지, Q: 전기량(전하량)
V: 방전전압, C: 전기용량

23 고난도

위험물제조소 등에 설치하는 포 소화설비의 기준에 따르면 포헤드방식의 포헤드는 방호대상물의 표면적 1m²당 방사량이 몇 L/min 이상의 비율로 계산한 양의 포수용액을 표준방사량으로 방사할 수 있도록 설치하여야 하는가?

① 3.5
② 4
③ 6.5
④ 9

해설

포 소화설비의 기준에 따르면 포헤드방식의 포헤드는 방호대상물의 표면적 1m²당의 방사량이 6.5L/min 이상의 비율로 계산한 양의 포수용액을 표준방사량으로 방사할 수 있도록 설치하여야 한다.

24 빈출

제1종 분말소화약제가 1차 열분해되어 표준상태를 기준으로 2m³의 탄산가스가 생성되었다. 몇 kg의 탄산수소나트륨이 사용되었는가? (단, 나트륨의 원자량은 23이다.)

① 15
② 18.75
③ 56.25
④ 75

해설 **제1종 분말소화약제 반응식**

$2NaHCO_3 \rightarrow Na_2CO_3+CO_2+H_2O$
탄산수소나트륨 2mol이 반응하면 CO_2 1mol(22.4L)이 생성된다.
문제의 단위가 kg, m³이므로 CO_2 1,000몰이 생성된다고 가정하여 단위를 맞춘다.
탄산수소나트륨의 분자량 84g/mol → 1,000몰일 때 84kg
CO_2 1,000몰의 부피=22,400L=22.4m³
이 관계를 이용하여 다음과 같은 비례식을 세울 수 있다.
$2\times84kg : 22.4m^3=x : 2m^3$
따라서 $x=\frac{(2\times84kg)\times2m^3}{22.4m^3}=15kg$

25

「위험물안전관리법령」상 정전기를 유효하게 제거하기 위해서는 공기 중의 상대습도를 몇 % 이상 되게 하여야 하는가?

① 40%
② 50%
③ 60%
④ 70%

해설

정전기 제거·방지법으로는 접지에 의한 방법, 공기 중의 상대습도를 70% 이상으로 하는 방법, 공기를 이온화하는 방법 등이 있다.

26

벤젠과 톨루엔의 공통점이 아닌 것은?

① 물에 녹지 않는다.
② 냄새가 없다.
③ 휘발성 액체이다.
④ 증기는 공기보다 무겁다.

해설

벤젠과 톨루엔은 독특한 냄새가 있다.

27 빈출

제6류 위험물인 질산에 대한 설명으로 틀린 것은?

① 강산이다.
② 물과 접촉 시 발열한다.
③ 불연성 물질이다.
④ 열분해 시 수소를 발생한다.

해설

질산은 열분해 시 다음과 같이 산소가 발생한다.

$4HNO_3 \rightarrow 4NO_2\uparrow + 2H_2O + O_2\uparrow$

28 빈출

소화약제로서 물이 갖는 특성에 대한 설명으로 옳지 않은 것은?

① 유화효과(emulsification effect)도 기대할 수 있다.
② 증발잠열이 커서 기화 시 다량의 열을 제거한다.
③ 기화팽창률이 커서 질식효과가 있다.
④ 용융잠열이 커서 주수 시 냉각효과가 뛰어나다.

해설

① 물을 안개형태로 흩어서 뿌리면 유류의 표면을 덮어 증기발생을 억제하기도 하는데 이를 유화효과라고 한다.
② 물은 증발잠열이 커서 기화 시 다량의 열을 흡수하여 온도를 낮춘다.
③ 물은 기화팽창율이 크기 때문에 수증기로 변할 때 부피가 커진다. 이때 부피가 커진 수증기가 공기를 차단하여 질식효과가 있다.
④ 물은 용융잠열이 아닌 기화잠열이 커서 주수 시 냉각효과가 뛰어나다.

29

다음 A~D 중 분말소화약제로만 나타낸 것은?

| A. 탄산수소나트륨 | B. 탄산수소칼륨 |
| C. 황산구리 | D. 제1인산암모늄 |

① A, B, C, D
② A, D
③ A, B, C
④ A, B, D

해설 분말소화약제의 성분

종별	주성분
제1종 분말	탄산수소나트륨($NaHCO_3$)
제2종 분말	탄산수소칼륨($KHCO_3$)
제3종 분말	제1인산암모늄($NH_4H_2PO_4$)
제4종 분말	탄산수소칼륨 + 요소($KHCO_3 + (NH_2)_2CO$)

30 빈출

클로로벤젠 300,000L의 소요단위는 얼마인가?

① 20
② 30
③ 200
④ 300

해설

클로로벤젠의 지정수량은 1,000L이다.

위험물의 1소요단위는 지정수량의 10배이다.

클로로벤젠 300,000L는 $\frac{300,000}{1,000 \times 10} = 30$소요단위이다.

31 빈출

알루미늄분의 연소 시 주수소화하면 위험한 이유를 옳게 설명한 것은?

① 물에 녹아 산이 된다.
② 물과 반응하여 유독가스가 발생한다.
③ 물과 반응하여 수소가스가 발생한다.
④ 물과 반응하여 산소가스가 발생한다.

해설

알루미늄분은 다음과 같이 물(수증기)과 반응하여 수소를 발생시킨다.

$2Al + 6H_2O \rightarrow 2Al(OH)_3 + 3H_2\uparrow$

2019년 1회

32 빈출

인화알루미늄의 화재 시 주수소화를 하면 발생하는 가연성 기체는?

① 아세틸렌　　　　　　② 메탄
③ 포스겐　　　　　　　④ 포스핀

해설

인화알루미늄은 건조 상태에서는 안정하나 습기가 있으면 격렬하게 가수반응(加水反應)을 일으키고 포스핀(PH_3)을 생성하여 강한 독성물질로 변한다.

$AlP + 3H_2O \rightarrow PH_3 + Al(OH)_3$

※ 포스겐의 화학식은 $COCl_2$로 인화알루미늄의 화재와는 관련이 없다.

33

강화액 소화약제에 소화력을 향상시키기 위하여 첨가하는 물질로 옳은 것은?

① 탄산칼륨　　　　　　② 질소
③ 사염화탄소　　　　　④ 아세틸렌

해설

물에 탄산칼륨을 보강시켜 어는점을 낮추고 물의 소화능력을 향상시킨 것을 강화액 소화기라 한다.

34

일반적으로 고급알코올 황산에스터염(황산에스테르염)을 기포제로 사용하며 냄새가 없는 황색의 액체로서 밀폐 또는 준밀폐 구조물의 화재 시 고팽창포로 사용하여 화재를 진압할 수 있는 포 소화약제는?

① 단백포 소화약제
② 합성계면활성제포 소화약제
③ 알코올형포 소화약제
④ 수성막포 소화약제

해설

합성계면활성제포 소화약제는 계면활성제인 알킬벤젠술폰산염, 고급알코올 황산에스터염(황산에스테르염) 등을 주성분으로 사용하여 포의 안정성을 위해 안정제를 첨가한 소화약제로 1%, 1.5%, 3%, 6%형이 있다.

35

가연성 물질이 공기 중에서 연소할 때의 연소형태에 대한 설명으로 틀린 것은?

① 공기와 접촉하는 표면에서 연소가 일어나는 것을 표면연소라 한다.
② 황(유황)의 연소는 표면연소이다.
③ 산소공급원을 가진 물질 자체가 연소하는 것을 자기연소라 한다.
④ TNT의 연소는 자기연소이다.

해설

황(유황)의 연소는 표면연소가 아니라 증발연소이다.

36 고난도

위험물제조소 등의 스프링클러 설비의 기준에 있어 개방형 스프링클러 헤드는 스프링클러 헤드의 반사판으로부터 하방 및 수평방향으로 각각 몇 m의 공간을 보유하여야 하는가?

① 하방 0.3m, 수평방향 0.45m
② 하방 0.3m, 수평방향 0.3m
③ 하방 0.45m, 수평방향 0.45m
④ 하방 0.45m, 수평방향 0.3m

해설

개방형 스프링클러 헤드는 방호대상물의 모든 표면이 헤드의 유효사정 내에 있도록 설치하고, 다음 기준에 의해 설치한다.
- 스프링클러 헤드의 반사판으로부터 하방으로 0.45m, 수평방향으로 0.3m의 공간을 보유할 것
- 스프링클러 헤드는 헤드의 축심이 당해 헤드의 부착면에 대하여 직각이 되도록 설치할 것

37

적린과 오황화인(오황화린)의 공통 연소생성물은?

① SO_2　　　　　　　　② H_2S
③ P_2O_5　　　　　　　④ H_3PO_4

해설

오황화인(오황화린) 연소반응식: $2P_2S_5 + 15O_2 \rightarrow 2P_2O_5 + 10SO_2$
적린 연소반응식: $4P + 5O_2 \rightarrow 2P_2O_5$
적린과 오황화인(오황화린)의 공통 연소생성물은 P_2O_5이다.

38 빈출

제1류 위험물 중 알칼리금속과산화물의 화재에 적응성이 있는 소화약제는?

① 인산염류 분말
② 이산화탄소
③ 탄산수소염류 분말
④ 할로젠화합물

해설

리튬(Li), 나트륨(Na), 칼륨(K), 루비듐(Rb), 세슘(Cs) 등과 같은 알칼리금속의 과산화물은 금수성 물질로 탄산수소염류 분말소화기, 건조사, 팽창질석, 팽창진주암 등으로 피복 소화해야 한다.

39

가연성 가스의 폭발 범위에 대한 일반적인 설명으로 틀린 것은?

① 가스의 온도가 높아지면 폭발 범위는 넓어진다.
② 폭발한계농도 이하에서 폭발성 혼합가스를 생성한다.
③ 공기 중에서보다 산소 중에서 폭발 범위가 넓어진다.
④ 가스압이 높아지면 하한값은 크게 변하지 않으나 상한값은 높아진다.

해설

가연성 가스는 폭발한계농도 사이에서 폭발성 혼합가스를 생성한다.

40

할로젠화합물(할로겐화합물) 소화약제가 전기화재에 사용될 수 있는 이유에 대한 다음 설명 중 가장 적합한 것은?

① 전기적으로 부도체이다.
② 액체의 유동성이 좋다.
③ 탄산가스와 반응하여 포스겐가스를 만든다.
④ 증기의 비중이 공기보다 작다.

해설

할로젠화합물(할로겐화합물) 소화약제는 전기적으로 부도체이기 때문에 전기화재에 사용될 수 있다.

3과목　위험물의 성질과 취급

41

아염소산나트륨이 완전 열분해하였을 때 발생하는 기체는?

① 산소
② 염화수소
③ 수소
④ 포스겐

해설

아염소산나트륨($NaClO_2$)은 불안정하여 180℃ 이상 가열하면 산소를 방출한다.

42 고난도

황린에 대한 설명으로 틀린 것은?

① 백색 또는 담황색의 고체이며, 증기는 독성이 있다.
② 물에는 녹지 않고 이황화탄소에는 녹는다.
③ 공기 중에서 산화되어 오산화인이 된다.
④ 녹는점이 적린과 비슷하다.

해설

황린과 적린의 녹는점(융점)은 비슷하지 않다.
황린의 녹는점: 44℃, 적린의 녹는점: 600℃

43 빈출

제1류 위험물 중 무기과산화물 150kg, 질산염류 300kg, 다이크로뮴산염류(중크롬산염류) 3,000kg을 저장하고 있다. 각 물질의 지정수량의 배수의 총합은 얼마인가?

① 5
② 6
③ 7
④ 8

해설

$$지정수량의\ 배수 = \frac{저장수량의\ 합}{지정수량}$$

무기과산화물의 지정수량(50kg) 배수: $\frac{150}{50} = 3$

질산염류의 지정수량(300kg) 배수: $\frac{300}{300} = 1$

다이크로뮴산염류(중크롬산염류)의 지정수량(1,000kg) 배수: $\frac{3,000}{1,000} = 3$

따라서 각 물질의 지정수량의 배수의 총합은 $3 + 1 + 3 = 7$이다.

44 빈출

오황화인(오황화린)에 관한 설명으로 옳은 것은?

① 물과 반응하면 불연성기체가 발생된다.
② 담황색 결정으로서 흡습성과 조해성이 있다.
③ P_2S_5로 표현되며 물에 녹지 않는다.
④ 공기 중 상온에서 쉽게 자연발화한다.

해설 오황화인(P_2S_5, 오황화린)
• 담황색 결정으로 조해성과 흡습성이 있다.
• 물과 반응하면 가연성의 황화수소(H_2S)가 발생된다.
  $P_2S_5 + 8H_2O \rightarrow 5H_2S + 2H_3PO_4$
• 자연발화온도는 약 142℃로 공기 중 상온에서 발화하지 않는다.

45

유기과산화물에 대한 설명으로 틀린 것은?

① 소화방법으로는 질식소화가 가장 효과적이다.
② 벤조일퍼옥사이드, 메틸에틸케톤퍼옥사이드 등이 있다.
③ 저장 시 고온체나 화기의 접근을 피한다.
④ 지정수량은 10kg이다.

해설
유기과산화물과 같은 제5류 위험물의 소화에는 다량의 물을 사용하여 냉각소화하는 것이 가장 유효하다.
※ 위 문제는 최신 법령이 개정된 문제입니다. 관련 개정사항은 제5류 위험물 지정수량 개정사항(p.2) 참고

46

「위험물안전관리법령」상 시·도의 조례가 정하는 바에 따르면 관할소방서장의 승인을 받아 지정수량 이상의 위험물을 임시로 제조소 등이 아닌 장소에서 취급할 때 며칠 이내의 기간 동안 취급할 수 있는가?

① 7일   ② 30일
③ 90일   ④ 180일

해설
시·도의 조례가 정하는 바에 따라 관할소방서장의 승인을 받아 지정수량 이상의 위험물을 90일 이내의 기간 동안 임시로 저장 또는 취급하는 경우에는 제조소 등이 아닌 장소에서 지정수량 이상의 위험물을 취급할 수 있다.

47

다음 물질 중 인화점이 가장 낮은 것은?

① 톨루엔
② 아세톤
③ 벤젠
④ 다이에틸에터(디에틸에테르)

해설
보기는 제4류 위험물로 다이에틸에터(디에틸에테르)의 인화점이 −45℃로 제4류 위험물 중에서 가장 낮다.
• 톨루엔의 인화점: 4.4℃
• 아세톤의 인화점: −18℃
• 벤젠의 인화점: −11℃

48

메틸에틸케톤의 취급 방법에 대한 설명으로 틀린 것은?

① 쉽게 연소하므로 화기 접근을 금한다.
② 직사광선을 피하고 통풍이 잘되는 곳에 저장한다.
③ 탈지작용이 있으므로 피부에 접촉하지 않도록 주의한다.
④ 유리 용기를 피하고 수지, 섬유소 등의 재질로 된 용기에 저장한다.

해설
메틸에틸케톤(제4류 위험물, 제1석유류)은 수지, 유지 등을 녹이므로 수지, 섬유소 등의 재질로 된 용기에는 저장할 수 없다.

49 빈출

물과 접촉하였을 때 에탄이 발생되는 물질은?

① CaC_2 ② $(C_2H_5)_3Al$
③ $C_6H_3(NO_2)_3$ ④ $C_2H_5ONO_2$

해설
트리에틸알루미늄은 물과 접촉하면 폭발적으로 반응하여 에탄(C_2H_6)을 발생시킨다.
$(C_2H_5)_3Al + 3H_2O \rightarrow Al(OH)_3 + 3C_2H_6$
※ 카바이드(CaC_2)는 물과 반응하면 아세틸렌(C_2H_2)이 생성된다.

50 빈출

동식물유류에 대한 설명으로 틀린 것은?

① 건성유는 자연발화의 위험성이 높다.

② 불포화도가 높을수록 요오드가가 크며 산화되기 쉽다.

③ 요오드값이 130 이하인 것이 건성유이다.

④ 1기압에서 인화점이 섭씨 250도 미만이다.

해설

요오드값이 130 이상인 것이 건성유이다.

51

「위험물안전관리법령」에서 정한 위험물의 운반에 대한 설명으로 옳은 것은?

① 위험물을 화물차량으로 운반하면 특별히 규제받지 않는다.

② 승용차량으로 위험물을 운반할 경우에만 운반의 규제를 받는다.

③ 지정수량 이상의 위험물을 운반할 경우에만 운반의 규제를 받는다.

④ 위험물을 운반할 경우 그 양의 다소를 불문하고 운반의 규제를 받는다.

해설

위험물을 운반할 경우 그 양의 다소를 불문하고 운반의 규제를 받는다.

52

제6류 위험물의 취급 방법에 대한 설명 중 옳지 않은 것은?

① 가연성 물질과의 접촉을 피한다.

② 지정수량의 1/10을 초과할 경우 제2류 위험물과의 혼재를 금한다.

③ 피부와 접촉하지 않도록 주의한다.

④ 위험물제조소에는 "화기엄금" 및 "물기엄금" 주의사항을 표시한 게시판을 반드시 설치하여야 한다.

해설

제6류 위험물의 제조소에는 별도의 주의사항을 표시한 게시판을 설치하지 않아도 되고, 운반용기 외부에 "가연물접촉주의"를 표시해야 한다.

53

제2류 위험물과 제5류 위험물의 공통적인 성질은?

① 가연성 물질이다.　　② 강한 산화제이다.

③ 액체 물질이다.　　④ 산소를 함유한다.

해설

① 제2류 위험물은 가연성 고체이고, 제5류 위험물은 자기반응성물질이다. 자기반응성물질은 물질 내에 가연물과 산소공급원을 포함하고 있기 때문에 가연성 물질이다.

② 제2류 위험물은 자신이 산소와 결합하여 산화되기 때문에 환원제이다. 제5류 위험물은 산소공급원으로 작용하면 산화제이고, 가연물로 작용하면 환원제이다.

③ 제2류 위험물은 고체이고, 제5류 위험물은 종류에 따라 액체인 것도 있고 고체인 것도 있다.

④ 제2류 위험물은 산소를 함유하고 있지 않고, 제5류 위험물은 일부 물질을 제외하고는 대부분 산소를 함유하고 있다.

54 고난도

묽은 질산에 녹고, 비중이 약 2.7인 은백색 금속은?

① 아연분　　　　② 마그네슘분

③ 안티몬분　　　④ 알루미늄분

해설 **알루미늄분(Al)**

• 은백색의 경금속이다.

• 비중은 약 2.7이다.

• 연성과 전성이 좋으며 열전도율, 전기전도도가 크며, +3가의 화합물을 만든다.

• 물(수증기)과 반응하여 수소를 발생시킨다.

• 산성 물질과 반응하여 수소를 발생한다.(진한 질산에는 녹지 않으며 묽은 질산에는 녹음)

55 빈출

과산화나트륨이 물과 반응할 때의 변화를 가장 옳게 설명한 것은?

① 산화나트륨과 수소를 발생한다.

② 물을 흡수하여 탄산나트륨이 된다.

③ 산소를 방출하며 수산화나트륨이 된다.

④ 서서히 물에 녹아 과산화나트륨의 안정한 수용액이 된다.

해설

과산화나트륨은 상온에서 물과 격렬하게 반응하여 열을 발생하고 산소를 방출시키며 수산화나트륨(NaOH)이 된다.

$2Na_2O_2 + 2H_2O \rightarrow 4NaOH + O_2 \uparrow$

56

다음은 「위험물안전관리법령」에서 정한 아세트알데하이드(아세트알데히드) 등을 취급하는 제조소의 특례에 관한 내용이다. ( ) 안에 해당하지 않는 물질은?

> 아세트알데하이드(아세트알데히드) 등을 취급하는 설비는 (   )·(   )·(   )·마그네슘 또는 이들을 성분으로 하는 합금으로 만들지 아니할 것

① Ag   ② Hg
③ Cu   ④ Fe

해설

아세트알데하이드(아세트알데히드) 등을 취급하는 제조소의 특례에 의하면 아세트알데하이드(아세트알데히드) 등을 취급하는 설비는 은(Ag)·수은(Hg)·동(Cu)·마그네슘(Mg) 또는 이들을 성분으로 하는 합금으로 만들어서는 아니 된다.

57 빈출

「위험물안전관리법령」에 근거한 위험물 운반 및 수납 시 주의사항에 대한 설명 중 틀린 것은?

① 위험물을 수납하는 용기는 위험물이 누설되지 않게 밀봉시켜야 한다.
② 온도 변화로 가스가 발생해 운반용기 안의 압력이 상승할 우려가 있는 경우(발생한 가스가 위험성이 있는 경우 제외)에는 가스 배출구가 설치된 운반용기에 수납할 수 있다.
③ 액체 위험물은 운반용기 내용적의 98% 이하의 수납률로 수납하되 55℃의 온도에서 누설되지 아니하도록 충분한 공간 용적을 유지하도록 하여야 한다.
④ 고체 위험물은 운반용기 내용적의 98% 이하의 수납률로 수납하여야 한다.

해설

위험물을 수납하는 경우 고체 위험물은 운반용기 내용적의 95% 이하로, 액체 위험물은 운반용기 내용적의 98% 이하의 수납률로 수납하되, 55℃의 온도에서 누설되지 아니하도록 충분한 공간용적을 유지해야 한다.

58 빈출

인화칼슘이 물과 반응하여 발생하는 기체는?

① 포스겐   ② 포스핀
③ 메탄   ④ 이산화황

해설

인화칼슘(Ca_3P_2)과 물이 반응하면 포스핀(PH_3＝인화수소)이 생성된다.
$Ca_3P_2 + 6H_2O \rightarrow 3Ca(OH)_2 + 2PH_3 \uparrow$
※ 포스겐의 화학식은 $COCl_2$로 인화칼슘과는 관련이 없다.

59

위험물제조소의 배출설비 기준 중 국소방식의 경우 배출능력은 1시간당 배출장소 용적의 몇 배 이상으로 해야 하는가?

① 10배   ② 20배
③ 30배   ④ 40배

해설

위험물제조소의 배출설비 기준 중 국소방식의 경우 배출능력은 1시간당 배출장소 용적의 20배 이상인 것으로 하여야 한다.

60

다음 중 연소범위가 가장 넓은 위험물은?

① 휘발유
② 톨루엔
③ 에틸알코올
④ 다이에틸에터(디에틸에테르)

해설

① 휘발유의 연소범위: 1.2∼7.6%
② 톨루엔의 연소범위: 1.1∼7.1%
③ 에틸알코올의 연소범위: 3.1∼27.7%
④ 다이에틸에터(디에틸에테르)의 연소범위: 1.7∼48%

1과목 일반화학

01

다음 물질 중 이온결합을 하고 있는 것은?

① 얼음
② 흑연
③ 다이아몬드
④ 염화나트륨

해설

염화나트륨의 결합은 이온결합이며 얼음, 흑연, 다이아몬드의 결합은 공유결합이다.

02

산(acid)의 성질을 설명한 것 중 틀린 것은?

① 수용액 속에서 H^+를 내는 화합물이다.
② pH 값이 작을수록 강산이다.
③ 금속과 반응하여 수소를 발생하는 것이 많다.
④ 붉은색 리트머스 종이를 푸르게 변화시킨다.

해설

산은 푸른색 리트머스 종이를 붉게 변화시킨다.

03

화학반응속도를 증가시키는 방법으로 옳지 않은 것은?

① 온도를 높인다.
② 부촉매를 가한다.
③ 반응물 농도를 높게 한다.
④ 반응물 표면적을 크게 한다.

해설

정촉매를 가할 때 화학반응속도가 증가한다.

04

먹물에 아교나 젤라틴을 약간 풀어주면 탄소입자가 쉽게 침전되지 않는다. 이때 가해준 아교는 무슨 콜로이드로 작용하는가?

① 서스펜션
② 소수
③ 복합
④ 보호

해설

보호콜로이드란 소수콜로이드의 전해질에 대한 불안정도를 줄이기 위해 사용하는 친수콜로이드를 말하며 먹물의 경우에는 아교가 탄소 입자의 분산에 보호콜로이드로서 작용한다.

05 고난도

AgCl의 용해도는 0.0016g/L이다. 이 AgCl의 용해도곱(solubility product)은 약 얼마인가? (단, 원자량은 각각 Ag: 108, Cl: 35.5이다.)

① 1.24×10^{-10}
② 2.24×10^{-10}
③ 1.12×10^{-5}
④ 4×10^{-4}

해설

AgCl의 용해도가 0.0016g/L이기 때문에 AgCl을 1L의 물에 녹이면 Ag^+과 Cl^- 이온이 0.0016g이 있다. 용해도곱＝양이온 농도(mol/L)×음이온 농도(mol/L)이고, AgCl의 분자량은 143.5g/mol이다.
이 관계를 이용하여 다음과 같이 양이온과 음이온 농도를 mol/L로 변환할 수 있다.

$$\frac{0.0016g}{1L} \times \frac{1mol}{143.5g} = 1.115 \times 10^{-5}mol/L$$

용해도곱＝$1.115 \times 10^{-5} \times 1.115 \times 10^{-5} = 1.24 \times 10^{-10}$

06

황이 산소와 결합하여 SO_2를 만들 때에 대한 설명으로 옳은 것은?

① 황은 환원된다.
② 황은 산화된다.
③ 불가능한 반응이다.
④ 산소는 산화되었다.

해설

산화 · 환원의 정의에 의하면 산소와 결합하는 것을 산화, 산소를 잃는 것을 환원이라 한다. 황이 산소와 결합했으므로 황은 산화되었다고 볼 수 있다.

07

다음 화합물 중에서 밑줄 친 원소의 산화수가 서로 다른 것은?

① $\underline{C}Cl_4$ ② $Ba\underline{O}_2$

③ $\underline{S}O_2$ ④ $\underline{O}H^-$

해설

① CCl_4 분자가 전하를 띠지 않으므로 산화수의 총합은 0이다. Cl의 산화수가 -1이므로 Cl_4의 산화수는 -4이다. 따라서 C의 산화수는 $+4$이다.

② BaO_2 분자가 전하를 띠지 않으므로 산화수의 총합은 0이다. BaO_2는 과산화바륨이기 때문에 O의 산화수가 -1이므로 O_2의 산화수는 -2이다. 따라서 Ba의 산화수는 $+2$이다.

③ SO_2 분자가 전하를 띠지 않으므로 산화수의 총합은 0이고, O의 산화수가 -2이므로 O_2의 산화수는 -4이다. 따라서 S의 산화수는 $+4$이다.

④ O의 산화수는 -2이다.

※ 출제 시에는 BaO_2에서 Ba의 산화수를 $+4$로 계산했지만, 실제로는 $+2$이다. 따라서 이 문제는 전부 정답 처리되었다.

08 빈출

다음 화학반응 중 H_2O가 염기로 작용한 것은?

① $CH_3COOH + H_2O \rightarrow CH_3COO^- + H_3O^+$

② $NH_3 + H_2O \rightarrow NH_4^+ + OH^-$

③ $CO_3^{2-} + 2H_2O \rightarrow H_2CO_3 + 2OH^-$

④ $Na_2O + H_2O \rightarrow 2NaOH$

해설

브뢴스테드와 로우리의 정의에 의하면 염기는 H^+(양성자)을 받아들이는 물질로 H_2O가 염기로 작용하여 H^+을 받아들이면 H_3O^+이 되므로 반응식의 우변에 H_3O^+이 있는 보기를 답으로 찾는다.

09 빈출

황의 산화수가 나머지 셋과 다른 하나는?

① Ag_2S ② H_2SO_4

③ SO_4^{2-} ④ $Fe_2(SO_4)_3$

해설

① Ag의 산화수는 $+1$, Ag_2의 산화수는 $+2$이므로 S의 산화수는 -2이다.

② H의 산화수는 $+1$, H_2의 산화수는 $+2$, O의 산화수는 -2, O_4의 산화수는 -8이므로 S의 산화수는 $+6$이다.

③ O의 산화수는 -2, O_4의 산화수는 -8이므로 S의 산화수는 $+6$이다.

④ Fe의 산화수는 $+3$, Fe_2의 산화수는 $+6$이므로 $(SO_4)_3$의 산화수는 -6, SO_4의 산화수는 -2이다. O의 산화수는 -2, O_4의 산화수는 -8이므로 S의 산화수는 $+6$이다.

10 빈출

NH_4Cl에서 배위결합을 하고 있는 부분을 옳게 설명한 것은?

① NH_3의 $N-H$ 결합   ② NH_3와 H^+과의 결합

③ NH_4^+과 Cl^-의 결합   ④ H^+과 Cl^-과의 결합

해설

배위결합은 공유되는 전자쌍을 한쪽 원자에서만 내놓고 이루어지는 결합으로 NH_4Cl에서는 NH_3와 H^+과의 결합부에서 배위결합이 이루어진다.

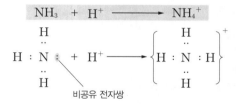

11 빈출

H_2O가 H_2S보다 끓는점이 높은 이유는?

① 이온결합을 하고 있기 때문에

② 수소결합을 하고 있기 때문에

③ 공유결합을 하고 있기 때문에

④ 분자량이 적기 때문에

해설

H_2O는 분자 사이에 수소결합이 존재하며 수소결합이 있는 화합물은 비슷한 분자량의 화합물에 비하여 끓는점을 비롯하여 녹는점, 용해도, 점성도, 표면장력 등이 비정상적으로 큰 값을 나타낸다.

12 빈출

황산구리 용액에 10A의 전류를 1시간 통하면 구리(원자량 63.54)를 몇 g 석출하겠는가?

① 7.2g
② 11.85g
③ 23.7g
④ 31.77g

해설

1F＝전자 1mol의 전하량＝96,500C
황산구리($CuSO_4$)에서 구리는 Cu^{2+}이다.
$Cu^{2+}+2e^- \rightarrow Cu$
구리 1mol(63.54g)을 석출하기 위해서는 2F가 필요하고, '1C＝1A×sec(초)'이다. 이 관계를 이용하여 비례식을 만들면 다음과 같다.

$$96,500C : \frac{63.5}{2} = 10A \times 3,600초 : x$$

$$x \times 96,500 = \frac{63.5}{2} \times 10 \times 3,600$$

$$x = 11.85g$$

13

실제 기체는 어떤 상태일 때 이상기체 방정식에 잘 맞는가?

① 온도가 높고 압력이 높을 때
② 온도가 낮고 압력이 낮을 때
③ 온도가 높고 압력이 낮을 때
④ 온도가 낮고 압력이 높을 때

해설

이상기체는 분자와 분자 사이에 작용하는 인력을 무시한 가상의 기체를 말한다. 온도를 높게 하고, 압력을 낮게 하면 분자와 분자 사이의 거리가 멀어지므로 인력이 작게 작용하여 이상기체와 비슷해진다.

14

네슬러 시약에 의하여 적갈색으로 검출되는 물질은 어느 것인가?

① 질산이온
② 암모늄이온
③ 아황산이온
④ 일산화탄소

해설

NH_4^+이온(암모늄이온)은 네슬러 시약에 의하여 검출한다.(적갈색 침전)

15

자철광 제조법으로 빨갛게 달군 철에 수증기를 통할 때의 반응식으로 옳은 것은?

① $3Fe+4H_2O \rightarrow Fe_3O_4+4H_2$
② $2Fe+3H_2O \rightarrow Fe_2O_3+3H_2$
③ $Fe+H_2O \rightarrow FeO+H_2$
④ $Fe+2H_2O \rightarrow FeO_2+2H_2$

해설

자철광의 주성분이 생성되는 반응식
$3Fe+4H_2O \rightarrow Fe_3O_4+4H_2$

16

다음 반응속도식에서 2차 반응인 것은?

① $v=k[A]^{\frac{1}{2}}[B]^{\frac{1}{2}}$
② $v=k[A][B]$
③ $v=k[A][B]^2$
④ $v=k[A]^2[B]^2$

해설

2차반응이란 화학반응에서 반응차수가 2인 반응으로 반응속도식이 $v=k[A]^a[B]^b$ 인 경우 반응차수는 $a+b$이다.
$v=k[A][B]$가 반응차수가 2인 2차 반응이다.

17

0.1M 아세트산 용액의 해리도를 구하면 약 얼마인가? (단, 아세트산의 해리상수는 1.8×10^{-5}이다.)

① 1.8×10^{-5}
② 1.8×10^{-2}
③ 1.3×10^{-5}
④ 1.3×10^{-2}

해설

아세트산과 같은 약산의 해리도를 계산하는 공식은 다음과 같다.
$$\alpha = \sqrt{\frac{K_a}{c}} = \sqrt{\frac{1.8 \times 10^{-5}}{0.1}} = 1.3 \times 10^{-2}$$
α: 해리도
K_a: 해리상수
c: mol 농도

18

순수한 옥살산($C_2H_2O_4 \cdot 2H_2O$) 결정 6.3g을 물에 녹여서 500mL의 용액을 만들었다. 이 용액의 농도는 몇 M인가?

① 0.1
② 0.2
③ 0.3
④ 0.4

해설

옥살산의 분자량은 126g/mol이다.

옥살산의 분자량$=(12\times2)+(1\times2)+(16\times4)+(18\times2)=126$g/mol

옥살산 6.3g의 몰수는 0.05mol이다.

$$몰\ 농도(M)=\frac{용질의\ 몰수(mol)}{용액의\ 부피(L)}=\frac{0.05}{0.5}=0.1$$

19

비금속원소와 금속원소 사이의 결합은 일반적으로 어떤 결합에 해당되는가?

① 공유결합
② 금속결합
③ 비금속결합
④ 이온결합

해설

금속원소와 비금속원소 사이의 결합은 일반적으로 이온결합 형태이다.

20

불꽃 반응 결과 노란색을 나타내는 미지의 시료를 녹인 용액에 $AgNO_3$ 용액을 넣으니 백색침전이 생겼다. 이 시료의 성분은?

① Na_2SO_4
② $CaCl_2$
③ $NaCl$
④ KCl

해설

질산은과의 반응 시 생기는 흰색침전은 $AgCl$이므로 미지의 시료엔 Cl이 포함되어 있다.

불꽃 반응 시 노란색을 나타내므로 미지의 시료엔 Na가 포함되어 있다.

따라서 미지의 시료는 NaCl이다.

2과목 | 화재예방과 소화방법

21 빈출

불활성가스 소화약제 중 IG-55의 구성성분을 모두 나타낸 것은?

① 질소
② 이산화탄소
③ 질소와 아르곤
④ 질소, 아르곤, 이산화탄소

해설

· IG-55: 불활성가스 혼합기체의 구성은 N_2(50%)+Ar(50%)
· IG-541: N_2(52%)+Ar(40%)+CO_2(8%)

22 빈출

피리딘 20,000리터에 대한 소화설비의 소요단위는?

① 5단위
② 10단위
③ 15단위
④ 100단위

해설

위험물의 1소요단위는 지정수량의 10배이고, 피리딘의 지정수량은 400L이다.

$$소요단위=\frac{20,000}{400\times10}=5단위$$

23

수성막포 소화약제를 수용성 알코올 화재 시 사용하면 소화효과가 떨어지는 가장 큰 이유는?

① 유독가스가 발생하므로
② 화염의 온도가 높으므로
③ 알코올은 포와 반응하여 가연성 가스를 발생하므로
④ 알코올이 포 속의 물을 탈취하여 포가 파괴되므로

해설

수성막포 소화약제가 알코올 화재에 효과가 없는 이유는 수용성 물질인 알코올이 포 속의 물을 탈취하여 포를 소멸시켜버리기 때문이다.

24

다음 중 화재 시 다량의 물에 의한 냉각소화가 가장 효과적인 것은?

① 금속의 수소화물 ② 알칼리금속과산화물
③ 유기과산화물 ④ 금속분

해설

유기과산화물에서 화재가 발생한 경우 다량의 물을 사용하여 소화하는 것이 유효하다.
무기과산화물류는 물과 반응하여 산소와 열을 발생하므로 주수소화는 금지되며 분말 소화약제나 건조사를 사용한 질식소화가 유효하다.

25

「위험물안전관리법령」상 소화설비의 설치기준에서 제조소 등에 전기설비(전기배선, 조명기구 등은 제외)가 설치된 경우에는 해당 장소의 면적 몇 m^2마다 소형 수동식 소화기를 1개 이상 설치하여야 하는가?

① 50 ② 75
③ 100 ④ 150

해설

제조소 등에 전기설비(전기배선, 조명기구 등은 제외함)가 설치된 경우에는 당해 장소의 면적 $100m^2$마다 소형 수동식 소화기를 1개 이상 설치하여야 한다.

26 고난도

「위험물안전관리법령」상 이동저장탱크(압력탱크)에 대해 실시하는 수압시험은 용접부에 대한 어떤 시험으로 대신할 수 있는가?

① 비파괴시험과 기밀시험
② 비파괴시험과 충수시험
③ 충수시험과 기밀시험
④ 방폭시험과 충수시험

해설

이동저장탱크(압력탱크)는 최대상용압력의 1.5배의 압력으로 각각 10분간의 수압시험을 실시하여 새거나 변형되어서는 안 되며, 이 경우 수압시험은 용접부에 대한 비파괴시험과 기밀시험으로 대신할 수 있다.

27

다음에서 열거한 위험물의 지정수량을 모두 합산한 값은?

> 과아이오딘산(과요오드산), 과아이오딘산염류(과요오드산염류), 과염소산, 과염소산염류

① 450kg ② 500kg
③ 950kg ④ 1,200kg

해설

보기 물질의 지정수량은 과아이오딘산(과요오드산): 300kg, 과아이오딘산염류(과요오드산염류): 300kg, 과염소산: 300kg, 과염소산염류: 50kg이므로 모두 합산하면 950kg이다.

28 빈출

다음 각 위험물의 저장소에서 화재가 발생하였을 때 물을 사용하여 소화할 수 있는 물질은?

① K_2O_2 ② CaC_2
③ Al_4C_3 ④ P_4

해설

황린(P_4)의 경우 제3류 위험물이지만 초기화재 시 물로 소화가 가능하다.

29

「위험물안전관리법령」상 옥내소화전설비의 기준으로 옳지 않은 것은?

① 소화전함은 화재발생 시 화재 등에 의한 피해의 우려가 많은 장소에 설치하여야 한다.
② 호스접속구는 바닥으로부터 1.5m 이하의 높이에 설치한다.
③ 가압송수장치의 시동을 알리는 표시등은 적색으로 한다.
④ 별도의 정해진 조건을 충족하는 경우는 가압송수장치의 시동표시등을 설치하지 않을 수 있다.

해설

소화전함은 쉽게 접근이 가능하고 화재 등에 의한 피해를 받을 우려가 적은 장소에 설치하여야 한다.

30 빈출

「위험물안전관리법령」상 제6류 위험물에 적응성이 있는 소화설비는?

① 옥내소화전 설비
② 불활성가스 소화설비
③ 할로젠화합물(할로겐화합물) 소화설비
④ 탄산수소염류 분말 소화설비

해설
보기 중에서는 옥내소화전 설비만 제6류 위험물에 적응성이 있다.
그 외에 옥외소화전 설비, 스프링클러 설비도 제6류 위험물에 적응성이 있다.

31 빈출

ABC급 화재에 적응성이 있으며 열분해되어 부착성이 좋은 메타인산을 만드는 분말소화약제는?

① 제1종
② 제2종
③ 제3종
④ 제4종

해설 **제3종 분말소화약제**
열분해 시 암모니아와 수증기에 의한 질식효과, 열분해에 의한 냉각효과, 암모늄에 의한 부촉매효과와 메타인산에 의한 방진작용이 주된 소화효과이다.
$NH_4H_2PO_4 \rightarrow NH_3 + HPO_3 + H_2O$
(메타인산)

32 빈출

정전기를 유효하게 제거할 수 있는 설비를 설치하고자 할 때 「위험물안전관리법령」에서 정한 정전기 제거 방법의 기준으로 옳은 것은?

① 공기 중의 상대습도를 70% 이상으로 하는 방법
② 공기 중의 상대습도를 70% 미만으로 하는 방법
③ 공기 중의 절대습도를 70% 이상으로 하는 방법
④ 공기 중의 절대습도를 70% 미만으로 하는 방법

해설
정전기 제거 방법 중에는 공기 중의 상대습도를 70% 이상으로 하는 방법이 있다.

33

자연발화가 일어날 수 있는 조건으로 가장 옳은 것은?

① 주위의 온도가 낮을 것
② 표면적이 작을 것
③ 열전도율이 작을 것
④ 발열량이 작을 것

해설 **자연발화의 조건**
• 주위의 온도가 높을 것
• 표면적이 넓을 것
• 열전도율이 작을 것
• 발열량이 클 것

34

다음은 제4류 위험물에 해당하는 물품의 소화방법을 설명한 것이다. 소화효과가 가장 떨어지는 것은?

① 산화프로필렌: 알코올형 포로 질식소화한다.
② 아세톤: 수성막포를 이용하여 질식소화한다.
③ 이황화탄소: 탱크 또는 용기 내부에서 연소하고 있는 경우에는 물을 사용하여 질식소화한다.
④ 다이에틸에터(디에틸에테르): 이산화탄소소화설비를 이용하여 질식소화한다.

해설
아세톤은 수용성 물질이며 수성막포 소화약제는 수용성 물질에 효과가 없다.(수용성 물질은 수성막포를 소멸시키기 때문임)

35

인산염 등을 주성분으로 한 분말소화약제의 착색은?

① 백색
② 담홍색
③ 검은색
④ 회색

해설
분말 소화약제 중 제3종 분말은 제1인산암모늄을 주성분으로 하며 약제의 착색은 담홍색이다.

36

위험물제조소 등에 설치하는 포소화설비에 있어서 포헤드 방식의 포헤드는 방호대상물의 표면적(m^2) 얼마 당 1개 이상의 헤드를 설치하여야 하는가?

① 3
② 5
③ 9
④ 12

해설

포헤드는 방호대상물의 표면적 $9m^2$마다 1개 이상의 헤드를 설치하여야 한다.

37 빈출

탄소 1mol이 완전 연소하는 데 필요한 최소 이론공기량은 약 몇 L인가? (단, 0℃, 1기압 기준이며, 공기 중 산소의 농도는 21vol%이다.)

① 10.7
② 22.4
③ 107
④ 224

해설

탄소의 연소식: $C + O_2 \rightarrow CO_2$
탄소 1mol이 연소할 때 필요한 산소량(=이론산소량)은 1mol이고 표준상태에서 기체 1mol의 부피는 22.4L이다.
공기 중 산소의 농도는 21vol%이므로 산소 22.4L에 대한 최소 이론공기량은 $\frac{22.4L}{0.21} = 107L$가 된다.

38 빈출

위험물제조소에 옥내소화전 설비를 3개 설치하였다. 수원의 양은 몇 m^3 이상이어야 하는가?

① $7.8m^3$
② $9.9m^3$
③ $10.4m^3$
④ $23.4m^3$

해설

위험물제조소 옥내소화전의 수원의 수량은 소화전 개수(설치개수가 5개 이상인 경우는 5개)$\times 7.8m^3$ 양 이상이어야 한다.
$3개 \times 7.8m^3 = 23.4m^3$

39

「위험물안전관리법령」상 옥내소화전 설비의 비상전원은 자가발전 설비 또는 축전지 설비로 옥내소화전 설비를 유효하게 몇 분 이상 작동할 수 있어야 하는가?

① 10분
② 20분
③ 45분
④ 60분

해설

옥내소화전 설비의 비상전원은 옥내소화전 설비를 유효하게 45분 이상 작동시킬 수 있어야 한다.

40 빈출

「위험물안전관리법령」상 위험물과 적응성이 있는 소화설비가 잘못 짝지어진 것은?

① K – 탄산수소염류 분말소화설비
② $C_2H_5OC_2H_5$ – 불활성가스소화설비
③ Na – 건조사
④ CaC_2 – 물통

해설

탄화칼슘(CaC_2)은 제3류 위험물로 물과 반응하여 아세틸렌가스가 발생하므로 주수소화는 금지한다.
$CaC_2 + 2H_2O \rightarrow Ca(OH)_2 + C_2H_2 \uparrow$

3과목	위험물의 성질과 취급

41 고난도

다음과 같은 성질을 갖는 위험물로 예상할 수 있는 것은?

- 지정수량: 400L
- 증기비중: 2.07
- 인화점: 12℃
- 녹는점: −89.5℃

① 메탄올
② 벤젠
③ 이소프로필알코올
④ 휘발유

해설

보기 중 지정수량이 400L인 것은 제4류 위험물 중 알코올류인 메탄올과 이소프로필알코올이다.

벤젠과 휘발유는 제1석유류, 비수용성 물질로 지정수량이 200L이다.

증기비중은 물질의 분자량을 공기의 평균분자량(약 29)으로 나누어서 구할 수 있다.

메탄올(CH_3OH)의 분자량 $= 32g/mol$

메탄올의 증기비중 $= \dfrac{32}{29} = 1.10$

이소프로필알코올[$(CH_3)_2CHOH$]의 분자량 $= 60g/mol$

이소프로필알코올의 증기비중 $= \dfrac{60}{29} = 2.07$

※ 물질의 인화점, 녹는점 등은 모두 암기하기는 어렵지만, 자주 나오는 위험물의 지정수량, 분자량과 증기비중 구하는 방법 등은 기억하는 것이 좋다.

42

$C_2H_5OC_2H_5$의 성질 중 틀린 것은?

① 전기 양도체이다.
② 물에는 잘 녹지 않는다.
③ 유동성의 액체로 휘발성이 크다.
④ 공기 중 장시간 방치 시 폭발성 과산화물을 생성할 수 있다.

해설

다이에틸에터($C_2H_5OC_2H_5$, 디에틸에테르)는 제4류 위험물 중 특수인화물에 해당하고, 전기의 부도체이므로 정전기가 발생되기 쉽다.

43 빈출

「위험물안전관리법령」상 지정수량의 10배를 초과하는 위험물을 취급하는 제조소에 확보하여야 하는 보유공지의 너비의 기준은?

① 1m 이상
② 3m 이상
③ 5m 이상
④ 7m 이상

해설

위험물을 취급하는 건축물, 그 밖의 시설의 주위에는 그 취급하는 위험물의 최대수량에 따라 다음 표에 의한 너비의 공지를 보유하여야 한다.

취급하는 위험물의 최대수량	공지의 너비
지정수량의 10배 이하	3m 이상
지정수량의 10배 초과	5m 이상

44 빈출

「위험물안전관리법령」상 위험물의 운반에 관한 기준에서 적재하는 위험물의 성질에 따라 직사광선으로부터 보호하기 위하여 차광성이 있는 피복으로 가려야 하는 위험물은?

① S
② Mg
③ C_6H_6
④ $HClO_4$

해설

위험물 운반에 관한 기준에서 적재하는 위험물의 성질에 따라 차광성이 있는 피복으로 가려야 하는 위험물은 다음과 같다.

제1류 위험물, 제3류 위험물 중 자연발화성물질, 제4류 위험물 중 특수인화물, 제5류 위험물 또는 제6류 위험물이다.

마그네슘(Mg), 황(유황, S): 제2류 위험물, 벤젠(C_6H_6): 제4류 위험물 중 제1석유류, 과염소산($HClO_4$): 제6류 위험물이다.

과염소산($HClO_4$)이 차광성이 있는 피복으로 가려야 할 위험물이다.

45

P_4S_7에 고온의 물을 가하면 분해된다. 이때 주로 발생하는 유독물질의 명칭은?

① 아황산
② 황화수소
③ 인화수소
④ 오산화린

해설

P_4S_7은 담황색 결정으로 조해성이 있고, CS_2에 약간 녹고, 물에 녹아 유독한 황화수소(H_2S)를 발생하고 유기합성 등에 쓰인다.

46

과산화칼륨에 대한 설명으로 옳지 않은 것은?

① 염산과 반응하여 과산화수소를 생성한다.

② 탄산가스와 반응하여 산소를 생성한다.

③ 물과 반응하여 수소를 생성한다.

④ 물과의 접촉을 피하고 밀전하여 저장한다.

해설

과산화칼륨은 물과 반응하여 산소를 방출시킨다.

$2K_2O_2 + 2H_2O \rightarrow 4KOH + O_2 \uparrow$

47 빈출

염소산칼륨이 고온에서 완전 열분해할 때 주로 생성되는 물질은?

① 칼륨과 물 및 산소

② 염화칼륨과 산소

③ 이염화칼륨과 수소

④ 칼륨과 물

해설 **염소산칼륨**

400℃일 때 반응: $2KClO_3 \rightarrow KClO_4 + KCl + O_2$

540~560℃일 때 반응: $KClO_4 \rightarrow KCl + 2O_2$

염소산칼륨의 완전분해식: $2KClO_3 \rightarrow 2KCl + 3O_2$

48

위험물을 저장 또는 취급하는 탱크의 용량은?

① 탱크의 내용적에서 공간용적을 뺀 용적으로 한다.

② 탱크의 내용적으로 한다.

③ 탱크의 공간용적으로 한다.

④ 탱크의 내용적에 공간용적을 더한 용적으로 한다.

해설

위험물을 저장 또는 취급하는 탱크의 용량은 탱크의 내용적에서 공간용적을 뺀 용적으로 한다.

49

연소 시에는 푸른 불꽃을 내며, 산화제와 혼합되어 있을 때 가열이나 충격 등에 의하여 폭발할 수 있으며 흑색화약의 원료로 사용되는 물질은?

① 적린

② 마그네슘

③ 황

④ 아연분

해설

황(S, 유황)은 연소 시 푸른 불꽃을 내며, 산화제와 혼합되어 있을 때 가열이나 충격 등에 의하여 폭발할 수 있으며 흑색화약의 원료로 사용되는 물질이다.

50 빈출

금속칼륨에 관한 설명 중 틀린 것은?

① 연해서 칼로 자를 수가 있다.

② 물속에 넣을 때 서서히 녹아 탄산칼륨이 된다.

③ 공기 중에서 빠르게 산화하여 피막을 형성하고 광택을 잃는다.

④ 등유, 경유 등의 보호액 속에 저장한다.

해설

금속칼륨은 물과 격렬히 반응하여 수산화칼륨과 수소를 발생시킨다.

$2K + 2H_2O \rightarrow 2KOH + H_2 \uparrow$

51

제5류 위험물 중 상온(25℃)에서 동일한 물리적 상태(고체, 액체, 기체)로 존재하는 것으로만 나열한 것은?

① 나이트로(니트로)글리세린, 나이트로(니트로)셀룰로오스
② 질산메틸, 나이트로(니트로)글리세린
③ 트리나이트로(니트로)톨루엔, 질산메틸
④ 나이트로(니트로)글리콜, 트리나이트로(니트로)톨루엔

해설

나이트로(니트로)글리세린과 질산메틸, 나이트로(니트로)글리콜은 상온에서 액체로 존재한다. 나이트로(니트로)셀룰로오스, 트리나이트로(니트로)톨루엔은 상온에서 고체로 존재한다.

52 고난도

아세톤과 아세트알데하이드(아세트알데히드)에 대한 설명으로 옳은 것은?

① 증기비중은 아세톤이 아세트알데하이드(아세트알데히드)보다 작다.
②「위험물안전관리법령」상 품명은 서로 다르지만 지정수량은 같다.
③ 인화점과 발화점 모두 아세트알데하이드(아세트알데히드)가 아세톤보다 낮다.
④ 아세톤의 비중은 물보다 작지만, 아세트알데하이드(아세트알데히드)의 비중은 물보다 크다.

해설

구분	아세톤	아세트알데하이드 (아세트알데히드)
품명	제1석유류	특수인화물
지정수량	400L	50L
인화점	−18℃	−38℃
발화점	465℃	185℃
액체비중	0.8	0.8
증기비중	2.0	1.5

53 빈출

다음 중 특수인화물이 아닌 것은?

① CS_2
② $C_2H_5OC_2H_5$
③ CH_3CHO
④ HCN

해설

시안화수소(HCN)는 제4류 위험물 중 제1석유류에 해당한다.

54

「위험물안전관리법령」상 주유취급소에서의 위험물 취급기준에 따르면 자동차 등에 인화점 몇 ℃ 미만의 위험물을 주유할 때에는 자동차 등의 원동기를 정지시켜야 하는가? (단, 원칙적인 경우에 한정한다.)

① 21　　　　② 25
③ 40　　　　④ 80

해설

자동차 등에 인화점 40℃ 미만인 위험물을 주유할 때에는 자동차 등의 원동기를 정지시켜야 한다.(「위험물안전관리법 시행규칙」 별표 18)

55

과산화수소의 성질에 대한 설명 중 틀린 것은?

① 에테르에 녹지 않으며, 벤젠에 녹는다.
② 산화제이지만 환원제로서 작용하는 경우도 있다.
③ 물보다 무겁다.
④ 분해방지 안정제로 인산, 요산 등을 사용할 수 있다.

해설

과산화수소는 물, 알코올, 에테르에는 녹지만, 벤젠, 석유에는 녹지 않는다.

56 빈출

다음 중 자연발화의 위험성이 제일 높은 것은?

① 야자유　　　　② 올리브유
③ 아마인유　　　④ 피마자유

해설

건성유(요오드값이 130 이상): 아마인유
불건성유(요오드값이 100 이하): 야자유, 피마자유, 올리브유
요오드값이 높을수록 자연발화의 위험이 높다.

57 빈출

고체 위험물은 운반용기 내용적의 몇 % 이하의 수납률로 수납하여야 하는가?

① 90　　　　　　② 95
③ 98　　　　　　④ 99

해설

고체 위험물은 운반용기 내용적의 95% 이하의 수납률로 수납하여야 한다.
액체 위험물은 운반용기 내용적의 98% 이하의 수납률로 수납해야 한다.

58

황린이 연소할 때 발생하는 가스와 황린이 수산화나트륨 수용액과 반응하였을 때 발생하는 가스를 차례대로 나타낸 것은?

① 오산화인, 인화수소　　② 인화수소, 오산화인
③ 황화수소, 수소　　　　④ 수소, 황화수소

해설

황린의 연소식: $P_4 + 5O_2 \rightarrow 2P_2O_5$(오산화인)↑
황린과 수산화나트륨 수용액의 반응식
$P_4 + 3NaOH + 3H_2O \rightarrow PH_3$(인화수소)↑ $+ 3NaH_2PO_2$

59 빈출

제4류 위험물의 일반적인 성질에 대한 설명 중 가장 거리가 먼 것은?

① 인화되기 쉽다.
② 인화점, 발화점이 낮은 것은 위험하다.
③ 증기는 대부분 공기보다 가볍다.
④ 액체비중은 대체로 물보다 가볍고 물에 녹기 어려운 것이 많다.

해설

제4류 위험물에서 발생하는 증기는 HCN(시안화수소)를 제외하고는 모두 공기보다 무겁다.

60

「위험물안전관리법령」상 $C_6H_2(NO_2)_3OH$의 품명에 해당하는 것은?

① 유기과산화물
② 질산에스터류(질산에스테르류)
③ 나이트로화합물(니트로화합물)
④ 아조화합물

해설

$C_6H_2(NO_2)_3OH$는 트리나이트로(니트로)페놀(피크르산 = 피크린산 = TNP)로 제5류 위험물 중 나이트로화합물(니트로화합물)에 해당한다.

2019년 3회 기출문제

2019년 9월 21일 시행

자동 채점

1과목	일반화학

01 고난도

기하이성질체 때문에 극성 분자와 비극성 분자를 가질 수 있는 것은?

① C_2H_4

② C_2H_3Cl

③ $C_2H_2Cl_2$

④ C_2HCl_3

해설

디클로로에텐($C_2H_2Cl_2$)은 Cl과 H의 위치에 따라 2종류의 기하이성질체가 존재한다.

cis−1,2−dichloroethene   trans−1,2−dichloroethene

기하이성질체: 디클로로에텐의 이성질체 중 cis형은 극성 분자이고, trans형은 비극성 분자이다. 실제로 cis−1,2−dichloroethene의 끓는점은 약 60.3℃이고, trans−1,2−dichloroethene의 끓는점은 약 47.5℃로 극성 분자인 cis−1,2−dichloroethene의 끓는점이 더 높다.

02

다음은 열역학 제 몇 법칙에 대한 내용인가?

> "0K(절대영도)에서 물질의 엔트로피는 0이다."

① 열역학 제0법칙

② 열역학 제1법칙

③ 열역학 제2법칙

④ 열역학 제3법칙

해설

"0K(절대영도)에서 물질의 엔트로피는 0이다."라는 법칙은 열역학 제3법칙이다.

03 빈출

$[H^+]=2\times10^{-6}$M인 용액의 pH는 약 얼마인가?

① 5.7

② 4.7

③ 3.7

④ 2.7

해설

$pH=-\log[H^+]$

따라서 $pH=-\log[2\times10^{-6}]=5.7$

04

다음의 염을 물에 녹일 때 염기성을 띠는 것은?

① Na_2CO_3

② $CaCl$

③ NH_4Cl

④ $(NH_4)_2SO_4$

해설

탄산나트륨(Na_2CO_3)은 약산＋강염기 반응 결과 생성된 염기성 염이며 물에 녹아 염기성을 띤다.

$Na_2CO_3+H_2O \rightarrow NaOH+NaHCO_3$

05 빈출

어떤 원자핵에서 양성자의 수가 3이고, 중성자의 수가 2일 때 질량수는 얼마인가?

① 1

② 3

③ 5

④ 7

해설

질량수＝양성자 수＋중성자 수

따라서 문제의 어떤 원자의 질량수는 $3+2=5$이다.

06

상온에서 1L의 순수한 물에는 H^+과 OH^-가 각각 몇 g 존재하는가? (단, H의 원자량은 1.008×10^{-7}g/mol이다.)

① 1.008×10^{-7}, 17.008×10^{-7}

② $1,000 \times \dfrac{1}{18}$, $1,000 \times \dfrac{17}{18}$

③ 18.016×10^{-7}, 18.016×10^{-7}

④ 1.008×10^{-14}, 17.008×10^{-14}

해설

문제에 주어진 상온의 온도를 알 수 없기에 출제오류로 풀 수 없는 문제이다. 온도를 4℃라고 가정하면 문제의 풀이는 아래와 같다.

물의 밀도는 4℃일 때 $1g/cm^3 = 1,000g/1L$이므로 상온에서 1L의 순수한 물은 1,000g이라고 생각한다.

H와 OH의 질량비는 1:17이다.

전자의 질량은 무시하므로 H^+와 OH^-의 질량비도 1:17이다.

따라서 순수한 물 1L에는 H^+ : $1,000 \times \dfrac{1}{18}$(g), OH^- : $1,000 \times \dfrac{17}{18}$(g)이 존재한다.

* 문제 오류로 가답안 발표 시 1번으로 발표되었지만 확정답안 발표 시 모두 정답처리 되었습니다.

07

프로판 1kg을 완전 연소시키기 위해 표준상태의 산소가 약 몇 m^3 필요한가?

① 2.55   ② 5

③ 7.55   ④ 10

해설

$C_3H_8 + 5O_2 \rightarrow 3CO_2 + 4H_2O$

프로판(C_3H_8) 1mol이 완전 연소하기 위해서는 산소 5mol이 필요하다. 프로판의 분자량은 44g/mol이고, 1mol의 부피는 22.4L이다.

문제의 단위가 kg, m^3이므로 1,000mol을 기준으로 단위를 맞춘다. 프로판 1,000mol의 분자량은 44kg/kmol이고, 1,000mol의 부피는 22,400L $= 22.4m^3$이다.

이 관계를 이용하여 비례식을 만들면 다음과 같다.

$44kg : 5 \times 22.4m^3 = 1kg : x m^3$

$x = 2.55m^3$

08

금속은 열, 전기를 잘 전도한다. 이와 같은 물리적 특성을 갖는 가장 큰 이유는?

① 금속의 원자 반지름이 크다.

② 자유전자를 가지고 있다.

③ 비중이 대단히 크다.

④ 이온화 에너지가 매우 크다.

해설

금속은 자유전자를 가지고 있기 때문에 열과 전기를 잘 전도한다.

09

콜로이드 용액을 친수콜로이드와 소수콜로이드로 구분할 때 소수콜로이드에 해당하는 것은?

① 녹말   ② 아교

③ 단백질   ④ 수산화철(Ⅲ)

해설

소수콜로이드란 소량의 전해질에 의해 엉김이 일어나는 콜로이드를 말하며 수산화철은 소수콜로이드에 해당한다. 녹말, 아교, 단백질은 모두 친수콜로이드로 물과 친화력이 크다.

10 고난도

n그램(g)의 금속을 묽은 염산에 완전히 녹였더니 m몰의 수소가 발생하였다. 이 금속의 원자가를 2가로 하면 이 금속의 원자량은?

① n/m   ② 2n/m

③ n/2m   ④ 2m/n

해설

원자가가 2인 금속(M)과 염산의 반응식은 다음과 같이 나타낼 수 있다.

$M + 2HCl \rightarrow MCl_2 + H_2$

금속 1몰(금속의 원자량이고, 이때의 질량을 x라 함)이 2몰의 염산과 반응하면 1몰의 수소기체가 발생한다.

따라서 다음과 같이 비례식을 만들 수 있다.

$x : 1 = n : m$

$m \times x = 1 \times n$

$x = \dfrac{n}{m}$

11

메탄에 염소를 작용시켜 클로로포름을 만드는 반응을 무엇이라 하는가?

① 중화반응   ② 부가반응
③ 치환반응   ④ 환원반응

해설

화합물 속의 원자, 이온, 기 등이 다른 원자, 이온, 기 등으로 바뀌는 반응을 치환반응이라고 한다.
클로로포름($CHCl_3$)은 메탄(CH_4)에 염소를 작용시켜 치환반응을 이용해 만든다.

12

제3주기에서 음이온이 되기 쉬운 경향성은? (단, 0족(18족) 기체는 제외한다.)

① 금속성이 큰 것
② 원자의 반지름이 큰 것
③ 최외각 전자수가 많은 것
④ 염기성 산화물을 만들기 쉬운 것

해설

음이온이 되기 쉽다＝전자친화도가 크다.
같은 주기에서 원자번호가 증가함에 따라(＝최외각 전자수가 많아짐에 따라) 전자친화도가 증가한다.

13 빈출

황산구리(II) 수용액을 전기분해해서 63.5g의 구리를 석출시키는 데 필요한 전기량은 몇 F인가? (단, Cu의 원자량은 63.5이다.)

① 0.635F   ② 1F
③ 2F   ④ 63.5F

해설

1F＝전자 1mol의 전하량＝96,500C
황산구리($CuSO_4$)에서 구리는 Cu^{2+}이다.
따라서 구리 1mol (63.5g)을 석출하기 위해서는 전자가 2mol이 이동해야 하고 2F가 필요하다.

14

수성가스(Water gas)의 주성분을 옳게 나타낸 것은?

① CO_2, CH_4 ② CO, H_2
③ CO_2, H_2, O_2 ④ H_2, H_2O

해설

수성가스의 주성분은 CO와 H_2이다.

15 빈출

질산나트륨의 물 100g에 대한 용해도는 80℃에서 148g, 20℃에서 88g이다. 80℃의 포화용액 100g을 70g으로 농축시켜서 20℃로 냉각시키면 약 몇 g의 질산나트륨이 석출되는가?

① 29.4   ② 40.3
③ 50.6   ④ 59.7

해설

80℃, 100g 물에 질산나트륨이 최대 148g 녹을 수 있으므로 용액 100g에 녹아 있는 질산나트륨을 구하면 다음과 같다.
$(100+148):148=100:x$
$x=59.68g$
용액 100g에는 용질 59.68g, 용매(물) 40.32g이 있다. 이때 70g으로 농축시켰으니 물 30g을 빼면 물이 10.32g 남는다. 여기서 20℃로 냉각시키면 용해도가 낮아진다.
$100:88=10.32:y$
$y=9.08g$의 질산나트륨이 10.32g의 물에 최대로 녹을 수 있다.
따라서 $59.68-9.08g=50.6g$의 질산나트륨이 석출된다.

16

다음과 같은 구조를 가진 전지를 무엇이라 하는가?

$$(-)Zn \mid H_2SO_4 \mid Cu(+)$$

① 볼타전지　　　　　② 다니엘전지
③ 건전지　　　　　　④ 납축전지

해설

종류	구조
볼타전지	$(-) \, Zn(s) \mid H_2SO_4(aq) \mid Cu(s) \, (+)$
다니엘전지	$(-) \, Zn(s) \mid ZnSO_4(aq) \parallel CuSO_4(aq) \mid Cu(s) \, (+)$
납축전지	$(-) \, Pb(s) \mid H_2SO_4(aq) \mid PbO_2(s) \, (+)$
건전지	$(-) \, Zn(s) \mid NH_4Cl(aq) \mid MnO_2, \, C(s) \, (+)$

17

20℃에서 NaCl 포화용액을 잘 설명한 것은? (단, 20℃에서 NaCl의 용해도는 36이다.)

① 용액 100g 중에 NaCl이 36g 녹아 있을 때
② 용액 100g 중에 NaCl이 136g 녹아 있을 때
③ 용액 136g 중에 NaCl이 36g 녹아 있을 때
④ 용액 136g 중에 NaCl이 136g 녹아 있을 때

해설

용해도: 어떤 온도에서 용매 100g에 최대한 녹는 용질의 g수
용해도 36은 용매 100g에 용질이 최대한으로 녹아 36g이 녹은 상태를 의미한다.
포화용액: 일정 온도에서 일정량의 용매에 용질이 최대한 녹은 용액
따라서 20℃에서 NaCl의 포화용액이란 용매 100g에 용질 36g이 녹아있는 용액 또는 용액(용매＋용질) 136g에 용질 36g이 녹아있는 상태라고 설명할 수 있다.

18 빈출

다음 중 $KMnO_4$의 Mn의 산화수는?

① +1　　　　　　　② +3
③ +5　　　　　　　④ +7

해설

$KMnO_4$의 산화수: 0, K의 산화수: +1, O의 산화수: −2, Mn의 산화수: a라 할 때 다음 식을 계산한다.
$(+1)+(+a)+(-2×4)=0$
$a=7$
따라서 Mn의 산화수는 +7이다.

19

다음 중 배수비례의 법칙이 성립되지 않는 것은?

① H_2O와 H_2O_2　　　② SO_2와 SO_3
③ N_2O와 NO　　　　④ O_2와 O_3

해설 배수비례의 법칙

• 2종류의 원소가 화합하여 2종 이상의 화합물을 만들 때, 한 원소의 일정량과 결합하는 다른 원소의 질량비는 항상 간단한 정수비가 성립된다는 법칙이다.
• O_2와 O_3는 2종류의 원소가 화합한 물질이 아니다.(1종류의 원소가 화합한 물질)

20

다음과 같은 경향성을 나타내지 않는 것은?

$$Li < Na < K$$

① 원자번호　　　　　② 원자반지름
③ 제1차 이온화에너지　④ 전자수

해설

같은 족에서 원자번호가 커질수록 원자반지름, 전자수는 커지는 성질이 있다.
제1차 이온화에너지는 같은 족에서 원자번호가 커질수록 작아진다.

| 2과목 | 화재예방과 소화방법 |

21 빈출

불활성가스 소화약제 중 IG-541의 구성성분이 아닌 것은?

① 질소   ② 브로민(브롬)
③ 아르곤   ④ 이산화탄소

해설

IG-541: 불활성가스 혼합기체
N_2(질소, 52%)+Ar(아르곤, 40%)+CO_2(이산화탄소, 8%)
※ IG-55는 N_2(50%), Ar(50%)이다.

22

이산화탄소 소화기 사용 중 소화기 방출구에서 생길 수 있는 물질은?

① 포스겐   ② 일산화탄소
③ 드라이아이스   ④ 수소가스

해설

이산화탄소의 고체 형태를 드라이아이스라고 하며 이산화탄소 소화기 사용 중 방출구에서 생길 수 있다.

23 빈출

제1류 위험물 중 알칼리금속의 과산화물을 저장 또는 취급하는 위험물제조소에 표시하여야 하는 주의사항은?

① 화기엄금   ② 물기엄금
③ 화기주의   ④ 물기주의

해설

제1류 위험물 중 알칼리금속의 과산화물과 이를 함유한 것 또는 제3류 위험물 중 금수성 물질을 저장 또는 취급하는 위험물제조소에는 "물기엄금"이라고 표시한 게시판을 설치하여야 한다.
※ 위험물제조소에 표시하여야 하는 주의사항은 운반용기 외부에 표시해야 하는 주의사항과 다르다.

24 빈출

할로젠화합물(할로겐화합물) 소화약제의 구비조건과 거리가 먼 것은?

① 전기절연성이 우수할 것
② 공기보다 가벼울 것
③ 증발 잔유물이 없을 것
④ 인화성이 없을 것

해설 할로젠화합물(할로겐화합물) 소화약제가 가져야 할 성질
• 끓는점이 낮을 것
• 증기(기화)가 되기 쉬울 것
• 전기화재에 적응성이 있을 것
• 공기보다 무겁고 불연성일 것
• 증발 잔유물이 없을 것

25

자체소방대에 두어야 하는 화학소방자동차 중 포 수용액을 방사하는 화학소방자동차는 전체 법정 화학소방자동차 대수의 얼마 이상으로 하여야 하는가?

① 1/3   ② 2/3
③ 1/5   ④ 2/5

해설

자체소방대에 두어야 하는 화학소방자동차 중 포 수용액을 방사하는 화학소방자동차는 전체 법정 화학소방자동차 대수의 2/3 이상으로 해야 한다.

26 빈출

제1인산암모늄 분말 소화약제의 색상과 적응화재를 옳게 나타낸 것은?

① 백색, BC급
② 담홍색, BC급
③ 백색, ABC급
④ 담홍색, ABC급

해설

종별	소화약제	착색	적응화재	열분해 반응식
제1종 분말	NaHCO₃ (탄산수소나트륨)	백색	B, C	2NaHCO₃ → Na₂CO₃+CO₂+H₂O
제2종 분말	KHCO₃ (탄산수소칼륨)	담회색	B, C	2KHCO₃ → K₂CO₃+CO₂+H₂O
제3종 분말	NH₄H₂PO₄ (제1인산암모늄)	담홍색	A, B, C	NH₄H₂PO₄ → HPO₃+NH₃+H₂O
제4종 분말	KHCO₃+(NH₂)₂CO (탄산수소칼륨＋요소)	회색	B, C	2KHCO₃+(NH₂)₂CO → K₂CO₃+2NH₃+2CO₂

27

과산화수소 보관장소에 화재가 발생하였을 때 소화방법으로 틀린 것은?

① 마른모래로 소화한다.
② 환원성 물질을 사용하여 중화 소화한다.
③ 연소의 상황에 따라 분무주수도 효과가 있다.
④ 다량의 물을 사용하여 소화할 수 있다.

해설

과산화수소 화재 시에는 다량의 물을 사용하여 희석소화가 가능하며 건조사나 포 소화기가 적응성이 있다.
연소의 상황에 따라 분무주수도 효과가 있을 수 있다. 과산화수소는 제6류 위험물로 산화성 물질이므로 환원성 물질과 반응 시 위험하다.

28 고난도

위험물제조소 등에 펌프를 이용한 가압송수장치를 사용하는 옥내소화전을 설치하는 경우 펌프의 전양정은 몇 m인가? (단, 소방용 호스의 마찰손실수두는 6m, 배관의 마찰손실수두는 1.7m, 낙차는 32m이다.)

① 56.7
② 74.7
③ 64.7
④ 39.87

해설

위험물제조소 등에 펌프를 이용한 가압송수장치를 사용하는 옥내소화전을 설치하는 경우 펌프의 전양정 계산 공식: $H=h_1+h_2+h_3+35(m)$
여기서, H: 펌프의 전양정(단위 m)
h_1: 소방용 호스의 마찰손실수두(단위 m)
h_2: 배관의 마찰손실수두(단위 m)
h_3: 낙차(단위 m)
따라서 펌프의 전양정(H)$=6+1.7+32+35=74.7(m)$

29 빈출

강화액 소화기에 대한 설명으로 옳은 것은?

① 물의 유동성을 강화하기 위한 유화제를 첨가한 소화기이다.
② 물의 표면장력을 강화하기 위해 탄소를 첨가한 소화기이다.
③ 산·알칼리 액을 주성분으로 하는 소화기이다.
④ 물의 소화효과를 높이기 위해 염류를 첨가한 소화기이다.

해설 강화액 소화기

물의 소화능력을 향상시키고 한랭지역, 겨울철에 사용할 수 있도록 물에 탄산칼륨(K_2CO_3)을 보강시켜 어는점을 낮춰 만든 소화기이다.

30

자연발화가 잘 일어나는 조건에 해당하지 않는 것은?

① 주위 습도가 높을 것
② 열전도율이 클 것
③ 주위 온도가 높을 것
④ 표면적이 넓을 것

해설

열전도율이 낮을 때 자연발화가 잘 발생한다. 습도가 높으면 미생물의 활동으로 열이 발생하여 자연발화가 잘 일어날 수 있다.

31 빈출

연소의 주된 형태가 표면연소에 해당하는 것은?

① 석탄 　　　　　　② 목탄
③ 목재 　　　　　　④ 황(유황)

해설

표면연소: 목탄(숯), 코크스, 금속분 등
석탄과 목재는 분해연소이고, 황(유황)은 증발연소이다.

32 빈출

마그네슘 분말의 화재 시 이산화탄소 소화약제는 소화적응성이 없다. 그 이유로 가장 적합한 것은?

① 분해반응에 의하여 산소가 발생하기 때문이다.
② 가연성의 일산화탄소 또는 탄소가 생성되기 때문이다.
③ 분해반응에 의하여 수소가 발생하고 이 수소는 공기 중의 산소와 폭명반응을 하기 때문이다.
④ 가연성의 아세틸렌가스가 발생하기 때문이다.

해설

마그네슘 분말은 이산화탄소와 반응하여 가연성이 있는 일산화탄소(CO) 또는 탄소(C)를 생성한다. 따라서 마그네슘 분말 화재 시 이산화탄소 소화약제는 적응성이 없다.
$Mg + CO_2 \rightarrow MgO + CO$
$2Mg + CO_2 \rightarrow 2MgO + C$

33 빈출

분말소화약제 중 열분해 시 부착성이 있는 유리상의 메타인산이 생성되는 것은?

① Na_3PO_4 　　　　② $(NH_4)_3PO_4$
③ $NaHCO_3$ 　　　　④ $NH_4H_2PO_4$

해설 제3종 분말소화약제의 열분해 반응식

$NH_4H_2PO_4 \rightarrow HPO_3 + H_2O + NH_3$
이때 생성된 메타인산(HPO_3)이 부착성이 있어 산소의 유입을 차단하는 효과가 있다.

34

제3류 위험물의 소화방법에 대한 설명으로 옳지 않은 것은?

① 제3류 위험물은 모두 물에 의한 소화가 불가능하다.
② 팽창질석은 제3류 위험물에 적응성이 있다.
③ K, Na의 화재 시에는 물을 사용할 수 없다.
④ 할로젠화합물(할로겐화합물) 소화설비는 제3류 위험물에 적응성이 없다.

해설 제3류 위험물 소화방법

• 주수를 엄금하며 물에 의한 냉각소화는 불가능하지만 황린의 경우 초기 화재 시 물로 소화가 가능하다.
• 가장 효과적인 소화약제는 마른 모래, 팽창질석과 팽창진주암, 탄산수소염류 분말소화약제가 가장 효과적이다.

35 빈출

제조소 건축물로 외벽이 내화구조인 것의 1소요단위는 연면적이 몇 m^2인가?

① 50 　　　　　　② 100
③ 150 　　　　　　④ 1,000

해설

제조소 또는 취급소용 건축물로서 외벽이 내화구조로 된 것에 있어서는 연면적 $100m^2$를, 외벽이 내화구조가 아닌 것에 있어서는 연면적 $50m^2$를 각각 소요단위 1단위로 한다.

36 빈출

위험물제조소에 옥내소화전을 각 층에 8개씩 설치하도록 할 때 수원의 최소 수량은 얼마인가?

① $13m^3$ 　　　　　② $20.8m^3$
③ $39m^3$ 　　　　　④ $62.4m^3$

해설

수원의 수량은 옥내소화전이 가장 많이 설치된 층의 옥내소화전 설치개수(설치 개수가 5개 이상인 경우는 5개)에 $7.8m^3$를 곱한 양 이상이 되도록 설치한다.
$5 \times 7.8m^3 = 39m^3$

37

「위험물안전관리법령」상 위험물 저장·취급 시 화재 또는 재난을 방지하기 위하여 자체소방대를 두어야 하는 경우가 아닌 것은?

① 지정수량의 3천 배 이상의 제4류 위험물을 저장·취급 하는 제조소

② 지정수량의 3천 배 이상의 제4류 위험물을 저장·취급 하는 일반취급소

③ 지정수량의 2천 배의 제4류 위험물을 취급하는 일반취 급소와 지정수량의 1천 배의 제4류 위험물을 취급하는 제조소가 동일한 사업소에 있는 경우

④ 지정수량의 3천 배 이상의 제4류 위험물을 저장·취급 하는 옥외탱크저장소

해설 **자체소방조직(자체소방대)을 두어야 하는 제조소 등**

• 제조소 또는 일반취급소에서 취급하는 제4류 위험물의 최대수량의 합이 지정수량의 3천 배 이상

• 옥외탱크저장소에 저장하는 제4류 위험물의 최대수량이 지정수량의 50 만 배 이상

• ③번의 경우 지정수량 2천 배의 제4류 위험물을 취급하는 취급소와 지 정수량 1천 배의 제4류 위험물을 취급하는 제조소가 동일한 사업소에 있으므로 동일한 사업소에서 지정수량 3천 배의 제4류 위험물을 취급하 는 것이 되기 때문에 자체소방대를 설치해야 한다.

38

경보설비를 설치하여야 하는 장소에 해당되지 않는 것은?

① 지정수량 100배 이상의 제3류 위험물을 저장·취급하 는 옥내저장소

② 옥내주유취급소

③ 연면적 $500m^2$이고 취급하는 위험물의 지정수량이 100 배인 제조소

④ 지정수량 10배 이상의 제4류 위험물을 저장·취급하는 이동탱크저장소

해설

지정수량의 10배 이상의 위험물을 저장 또는 취급하는 제조소 등(이동탱 크저장소를 제외함)에는 화재발생 시 이를 알릴 수 있는 경보설비를 설치 하여야 한다.(「위험물안전관리법 시행규칙」 제42조)

39

「위험물안전관리법령」상 옥내소화전설비에 관한 기준에 대 해 다음 ( )에 알맞은 수치를 옳게 나열한 것은?

> 옥내소화전설비는 각 층을 기준으로 하여 당해 층의 모든 옥내 소화전(설치개수가 5개 이상인 경우는 5개의 옥내소화전)을 동시에 사용할 경우에 각 노즐끝부분의 방수압력이 (   ) kPa 이상이고 방수량이 1분당 (   )L 이상의 성능이 되 도록 할 것

① 350, 260 　　　　　② 450, 260

③ 350, 450 　　　　　④ 450, 450

해설

옥내소화전설비는 각 층을 기준으로 하여 당해 층의 모든 옥내소화전(설치 개수가 5개 이상인 경우는 5개의 옥내소화전)을 동시에 사용할 경우에 각 노즐끝부분의 방수압력이 350kPa 이상이고 방수량이 260L/min 이상의 성능이 되도록 하여야 한다.

40 빈출

종별 분말소화약제에 대한 설명으로 틀린 것은?

① 제1종은 탄산수소나트륨을 주성분으로 한 분말

② 제2종은 탄산수소나트륨과 탄산칼슘을 주성분으로 한 분말

③ 제3종은 제1인산암모늄을 주성분으로 한 분말

④ 제4종은 탄산수소칼륨과 요소와의 반응물을 주성분으 로 한 분말

해설

종류	주성분
제1종 분말	$NaHCO_3$ (탄산수소나트륨)
제2종 분말	$KHCO_3$ (탄산수소칼륨)
제3종 분말	$NH_4H_2PO_4$ (제1인산암모늄)
제4종 분말	$KHCO_3 + (NH_2)_2CO$ (탄산수소칼륨+요소)

3과목 위험물의 성질과 취급

41 빈출

위험물을 적재, 운반할 때 방수성 덮개를 하지 않아도 되는 것은?

① 알칼리금속의 과산화물 ② 마그네슘
③ 나이트로화합물 ④ 탄화칼슘

해설

제1류 위험물 중 알칼리금속의 과산화물 또는 이를 함유한 것, 제2류 위험물 중 철분·금속분·마그네슘 또는 이들 중 어느 하나 이상을 함유한 것이나 제3류 위험물 중 금수성 물질은 방수성이 있는 피복으로 덮어야 한다.
① 알칼리금속의 과산화물: 제1류 위험물 중 알칼리금속의 과산화물
② 마그네슘: 제2류 위험물 중 마그네슘
③ 나이트로화합물(니트로화합물): 제5류 위험물
④ 탄화칼슘: 제3류 위험물 중 금수성 물질

42

질산칼륨에 대한 설명 중 틀린 것은?

① 무색의 결정 또는 백색분말이다.
② 비중이 약 0.81, 녹는점은 약 200℃이다.
③ 가열하면 열분해하여 산소를 방출한다.
④ 흑색화약의 원료로 사용된다.

해설 **질산칼륨(KNO_3＝초석)**
- 무색 또는 백색 결정 분말이며 흑색화약의 원료로 사용된다.
- 분해온도 400℃, 녹는점 336℃, 비중 2.1
- 물에는 잘 녹으나 알코올에는 잘 녹지 않는다.
- 단독으로는 분해하지 않지만 가열하면 용융 분해하여 산소와 아질산칼륨을 생성한다.
  $$2KNO_3 \rightarrow 2KNO_2 + O_2 \uparrow$$

43

금속칼륨의 성질에 대한 설명으로 옳은 것은?

① 중금속류에 속한다.
② 이온화 경향이 큰 금속이다.
③ 물속에 보관한다.
④ 고광택을 내므로 장식용으로 많이 쓰인다.

해설

칼륨은 은백색의 무른 경금속으로 이온화 경향이 크고 화학적 활성이 강하다. 물과의 접촉은 절대 금지하고 반드시 보호액 속에 저장한다.

44

질산과 과염소산의 공통 성질로 옳은 것은?

① 강한 산화력과 환원력이 있다.
② 물과 접촉하면 반응이 없으므로 화재 시 주수소화가 가능하다.
③ 가연성이 없으며 가연물 연소 시에 소화를 돕는다.
④ 모두 산소를 함유하고 있다.

해설

질산과 과염소산은 제6류 위험물로 제6류 위험물은 산소를 함유하고 있는 산화성 액체(산화성 무기화합물)이며 자신들은 모두 불연성 물질이다.

45 빈출

위험물제조소는 「문화재보호법」에 의한 유형문화재로부터 몇 m 이상의 안전거리를 두어야 하는가?

① 20m ② 30m
③ 40m ④ 50m

해설

위험물제조소는 유형문화재와 기념물 중 지정문화재에 있어서는 50m 이상의 안전거리를 두어야 한다.

46

황화인(황화린)에 대한 설명으로 틀린 것은?

① 고체이다.

② 가연성 물질이다.

③ P_4S_3, P_2S_5 등의 물질이 있다.

④ 물질에 따른 지정수량은 50kg, 100kg 등이 있다.

해설

황화인(황화린)은 제2류 위험물에 해당되며 지정수량은 100kg이다.

47 빈출

아세트알데하이드(아세트알데히드)의 저장 시 주의할 사항으로 틀린 것은?

① 구리나 마그네슘 합금 용기에 저장한다.

② 화기를 가까이 하지 않는다.

③ 용기의 파손에 유의한다.

④ 찬 곳에 저장한다.

해설

아세트알데하이드(아세트알데히드)의 저장용기는 구리, 은, 수은, 마그네슘, 또는 이의 합금을 사용해서는 안 된다.

아세트알데하이드(아세트알데히드)는 구리, 은, 수은, 마그네슘 등과 반응하여 폭발성이 있는 금속아세틸라이드를 생성한다.

48

위험물제조소 등의 안전거리의 단축기준과 관련해서 $H \leq pD^2 + a$인 경우 방화상 유효한 담의 높이는 2m 이상으로 한다. 다음 중 a에 해당되는 것은?

① 인근 건축물의 높이(m)

② 제조소 등의 외벽의 높이(m)

③ 제조소 등과 공작물과의 거리(m)

④ 제조소 등과 방화상 유효한 담과의 거리(m)

해설

방화상 유효한 담의 높이는 다음에 의하여 산정한 높이 이상으로 한다.

$H \leq pD^2 + a$인 경우, $h = 2$

여기서, D: 제조소 등과 인근 건축물 또는 공작물과의 거리(m)

H: 인근 건축물 또는 공작물의 높이(m)

a: 제조소 등의 외벽의 높이(m)

h: 방화상 유효한 담의 높이(m)

p: 상수

49

가솔린에 대한 설명 중 틀린 것은?

① 비중은 물보다 작다.

② 증기비중은 공기보다 크다.

③ 전기에 대한 도체이므로 정전기 발생으로 인한 화재를 방지해야 한다.

④ 물에는 녹지 않지만 유기용제에 녹고 유지 등을 녹인다.

해설

가솔린의 비중은 물보다 작고, 증기비중은 공기보다 크다.

가솔린은 전기의 부도체이므로 정전기 발생에 주의해야 한다.

50 고난도

물과 접촉하면 위험한 물질로만 나열된 것은?

① CH_3CHO, CaC_2, $NaClO_4$

② K_2O_2, $K_2Cr_2O_7$, CH_3CHO

③ K_2O_2, Na, CaC_2

④ Na, $K_2Cr_2O_7$, $NaClO_4$

해설

• K_2O_2: 과산화칼륨은 물과 반응하여 산소를 방출시킨다.(주수소화 시 위험성 증가)

• Na: 수분 또는 습기가 있는 공기와 접촉하면 수소를 발생한다.(주수소화 불가)

• CaC_2: 물과 반응하여 가연성인 아세틸렌가스가 생성된다.

51

질산암모늄이 가열분해하여 폭발하였을 때 발생되는 물질이 아닌 것은?

① 질소　　②물

③ 산소　　④수소

해설

질산암모늄 가열분해 시 반응식(폭발)

$2NH_4NO_3 \rightarrow 4H_2O + 2N_2 \uparrow + O_2 \uparrow$

질산암모늄은 가열분해하여 폭발할 시 물, 질소, 산소가 발생한다.

52

다음 중 과망가니즈산(과망간산)칼륨과 혼촉하였을 때 위험성이 가장 낮은 물질은?

① 물
② 다이에틸에터(디에틸에테르)
③ 글리세린
④ 염산

해설

과망가니즈산(과망간산)칼륨은 제1류 위험물로 에테르, 글리세린 등 유기물이나 염산, 황산 등의 산과 접촉을 금해야 하지만 물과는 혼촉하여도 위험성이 크지 않아 주수소화를 할 수 있다.

53

오황화인(오황화린)이 물과 작용해서 발생하는 기체는?

① 이황화탄소
② 황화수소
③ 포스겐가스
④ 인화수소

해설

오황화인(오황화린)과 물의 반응식: $P_2S_5 + 8H_2O \rightarrow 5H_2S\uparrow + 2H_3PO_4$
오황화인(오황화린)이 물과 반응하여 발생하는 기체는 황화수소이다.

54 빈출

제5류 위험물에 해당하지 않는 것은?

① 나이트로(니트로)셀룰로오스
② 나이트로(니트로)글리세린
③ 나이트로벤젠(니트로벤젠)
④ 질산메틸

해설

• 나이트로(니트로)셀룰로오스, 나이트로(니트로)글리세린, 질산메틸은 모두 제5류 위험물 중 질산에스터류(질산에스테르류)이다.
• 나이트로벤젠(니트로벤젠)은 제4류 위험물 중 제3석유류이다.

55 빈출

「위험물안전관리법령」상 지정수량의 각각 10배를 운반할 때 혼재할 수 있는 위험물은?

① 과산화나트륨과 과염소산
② 과망가니즈산(과망간산)칼륨과 적린
③ 질산과 알코올
④ 과산화수소와 아세톤

해설

혼재 가능한 위험물은 다음과 같다.
• 423 → 제4류와 제2류, 제4류와 제3류는 서로 혼재 가능
• 524 → 제5류와 제2류, 제5류와 제4류는 서로 혼재 가능
• 61 → 제6류와 제1류는 서로 혼재 가능
과산화나트륨(제1류)은 과염소산(제6류)과 혼재 가능하다.

오답해설

② 과망가니즈산(과망간산)칼륨(제1류), 적린(제2류): 혼재 불가능
③ 질산(제6류), 알코올(제4류): 혼재 불가능
④ 과산화수소(제6류), 아세톤(제4류): 혼재 불가능

56

가연성 물질이며 산소를 다량 함유하고 있기 때문에 자기연소가 가능한 물질은?

① $C_6H_2CH_3(NO_2)_3$
② $CH_3COC_2H_5$
③ $NaClO_4$
④ HNO_3

해설

가연성 물질이며 자기연소가 가능한 것은 제5류 위험물의 대표적인 특징이다.
보기 중에서는 ① $C_6H_2CH_3(NO_2)_3$이 트리나이트로(니트로)톨루엔으로 제5류 위험물에 해당된다.

오답해설

② 메틸에틸케톤으로 제4류 위험물이다.
③ 과염소산나트륨으로 제1류 위험물이다.
④ 질산으로 제6류 위험물이다.

57 빈출

어떤 공장에서 아세톤과 메탄올을 18L 용기에 각각 10개, 등유를 200L 드럼으로 3드럼을 저장하고 있다면 각각의 지정수량 배수의 총합은 얼마인가?

① 1.3
② 1.5
③ 2.3
④ 2.5

해설

지정수량 배수의 총합

$$= \frac{A품명의 \ 저장수량}{A품명의 \ 지정수량} + \frac{B품명의 \ 저장수량}{B품명의 \ 지정수량} + \frac{C품명의 \ 저장수량}{C품명의 \ 지정수량}$$

$$= \frac{아세톤의 \ 저장수량}{아세톤의 \ 지정수량} + \frac{메탄올의 \ 저장수량}{메탄올의 \ 지정수량} + \frac{등유의 \ 저장수량}{등유의 \ 지정수량}$$

$$= \frac{180}{400} + \frac{180}{400} + \frac{600}{1,000} = 1.5$$

관련개념

- 아세톤: 제4류 위험물 중 제1석유류(수용성)로 지정수량은 400L이다.
- 메탄올: 제4류 위험물 중 알코올류로 지정수량은 400L이다.
- 등유: 제4류 위험물 중 제2석유류(비수용성)로 지정수량은 1,000L이다.

58

「위험물안전관리법령」상 제4류 위험물 중 1기압에서 인화점이 21℃인 물질은 제 몇 석유류에 해당하는가?

① 제1석유류
② 제2석유류
③ 제3석유류
④ 제4석유류

해설

제2석유류라 함은 제4류 위험물 중 등유, 경유 그 밖에 1기압에서 인화점이 21℃ 이상 70℃ 미만인 것을 말한다.

59

다음 중 증기비중이 가장 큰 물질은?

① C_6H_6
② CH_3OH
③ $CH_3COC_2H_5$
④ $C_3H_5(OH)_3$

해설

증기비중은 $\dfrac{성분 \ 기체의 \ 분자량}{공기의 \ 평균분자량}$ 이므로 분자량이 가장 큰 물질을 찾는다.

보기 분자들의 구성 원소들에 해당하는 원자량을 합산하여 분자량을 계산할 수 있다. 원소들의 원자량 (C:12, H:1, O:16)

① C_6H_6: $(12×6)+(1×6)=78$
② CH_3OH: $(12×1)+(1×4)+(16×1)=32$
③ $CH_3COC_2H_5$: $(12×4)+(1×8)+(16×1)=72$
④ $C_3H_5(OH)_3$: $(12×3)+(1×8)+(16×3)=92$
분자량이 가장 큰 것이 증기비중도 크기 때문에 답은 ④번이다.

60 고난도

다음 중 위험물의 저장 또는 취급에 관한 기술상의 기준과 관련하여 시·도의 조례에 의해 규제를 받는 경우는?

① 등유 2,000L를 저장하는 경우
② 중유 3,000L를 저장하는 경우
③ 윤활유 5,000L를 저장하는 경우
④ 휘발유 400L를 저장하는 경우

해설

- 지정수량 미만인 위험물의 저장 또는 취급에 관한 기술상의 기준은 특별시·광역시 및 도(시·도)의 조례로 정한다.
- 지정수량은 등유: 1,000L, 휘발유: 200L, 중유: 2,000L, 윤활유: 6,000L이다.
- 보기 중에는 ③번이 지정수량 미만으로 시·도의 조례에 의해 규제를 받는다.

1과목 **일반화학**

01

다음 물질 중 비점이 약 197℃인 무색 액체이고, 약간 단맛이 있으며 부동액의 원료로 사용하는 것은?

① CH_3CHCl_2
② CH_3COCH_3
③ $(CH_3)_2CO$
④ $C_2H_4(OH)_2$

> **해설** 에틸렌글리콜 [$C_2H_4(OH)_2$]
> • 녹는점: $-12.6℃$, 끓는점: $197.7℃$, 비중: 1.1
> • 끈적끈적하고 단맛이 있는 무색 액체이다.
> • 독성이 있고, 부동액의 원료로 사용한다.

02

에탄올 20.0g과 물 40.0g을 함유한 용액에서 에탄올의 몰분율은 약 얼마인가?

① 0.090
② 0.162
③ 0.444
④ 0.896

> **해설**
> 에탄올은 C_2H_5OH, 분자량 46
> 물은 H_2O, 분자량 18
> 에탄올 20g의 몰수$=\dfrac{20}{46}=0.43$
> 물 40g의 몰수$=\dfrac{40}{18}=2.22$
> 에탄올의 몰분율$=\dfrac{0.43}{0.43+2.22}=0.162$

03 빈출

어떤 기체의 확산속도가 $SO_2(g)$의 2배이다. 이 기체의 분자량은 얼마인가? (단, 원자량은 S=32, O=16이다.)

① 8
② 16
③ 32
④ 64

> **해설**
> 그레이엄의 법칙에 의해
> $$\frac{U_1}{U_2}=\sqrt{\frac{M_2}{M_1}}=\sqrt{\frac{d_2}{d_1}}=\frac{t_2}{t_1}\left(\begin{array}{l}U:\text{확산속도, }M:\text{분자량}\\d:\text{기체밀도, }t:\text{확산시간}\end{array}\right)$$
> SO_2의 확산속도를 U_2, 분자량을 M_2, 어떤 기체의 확산속도를 U_1 분자량을 M_1라고 한다.
> $$\frac{U_1}{U_2}=\sqrt{\frac{M_2}{M_1}}\rightarrow\frac{2U_2}{U_2}=\sqrt{\frac{64}{M_1}}$$
> $M_1=16$

04

다음 중 비극성 분자는 어느 것인가?

① HF
② H_2O
③ NH_3
④ CH_4

> **해설**
> CH_4의 분자구조는 수소원자 4개가 꼭짓점을 이루는 정사면체 모양이기 때문에 비극성 분자이다.

05

다음 중 배수비례의 법칙이 성립하는 화합물을 나열한 것은?

① CH_4, CCl_4
② SO_2, SO_3
③ H_2O, H_2S
④ NH_3, BH_3

> **해설**
> 배수비례의 법칙은 두 종류의 원소가 화합하여 2종 이상의 화합물을 만들 때 한 원소의 일정량과 결합하는 다른 원소의 질량비는 항상 간단한 정수비가 성립된다는 법칙이다.
> 보기에서는 ②번의 SO_2와 SO_3가 S와 결합하는 O의 질량비가 2:3으로 간단한 정수비가 성립된다.

06

결합력이 큰 것부터 순서대로 나열한 것은?

① 공유결합>수소결합>반데르발스결합
② 수소결합>공유결합>반데르발스결합
③ 반데르발스결합>수소결합>공유결합
④ 수소결합>반데르발스결합>공유결합

해설 결합력 세기

공유결합(그물구조체)>이온결합>금속결합>수소결합>반데르발스결합

07 고난도

다음 중 CH_3COOH와 C_2H_5OH의 혼합물에 소량의 진한 황산을 가하여 가열하였을 때 주로 생성되는 물질은?

① 아세트산에틸
② 메탄산에틸
③ 글리세롤
④ 다이에틸에터(디에틸에테르)

해설

초산(CH_3COOH)과 에틸알코올(C_2H_5OH)에 진한 황산을 가하여 가열하면 아세트산에틸($CH_3COOC_2H_5$)이 생성된다.

$$CH_3COOH + C_2H_5OH \xrightarrow{H_2SO_4} CH_3COOC_2H_5 + H_2O$$

08

지시약으로 사용되는 페놀프탈레인 용액은 산성에서 어떤 색을 띠는가?

① 적색
② 청색
③ 무색
④ 황색

해설

페놀프탈레인 용액은 염기성인 pH 8.3~10.0에서 자홍색을 띠고, 산성에서는 무색이다.

09 빈출

구리를 석출하기 위해 $CuSO_4$ 용액에 0.5F의 전기량을 흘렸을 때 약 몇 g의 구리가 석출되겠는가? (단, 원자량은 Cu =64, S=32, O=16이다.)

① 16
② 32
③ 64
④ 128

해설

구리이온(Cu^{2+}) 1몰로부터 구리원자 1몰이 석출되려면 전자 2몰이 필요하다.

전자 2몰 즉, 2F의 전기량으로 구리 1몰(64g)이 석출되므로 0.5F의 전기량으로 석출되는 구리 Xg은 아래와 같다.

$2F : 64g = 0.5F : X$

$X = \dfrac{64 \times 0.5}{2} = 16g$

10

1기압에서 2L의 부피를 차지하는 어떤 이상기체를 온도의 변화 없이 압력을 4기압으로 하면 부피는 얼마가 되겠는가?

① 8L
② 2L
③ 1L
④ 0.5L

해설

보일의 법칙에 의해 온도변화가 없을 때 다음 식이 성립한다.

$P_1V_1 = P_2V_2$

$1atm \times 2L = 4atm \times xL$

$xL = \dfrac{(2L \times 1atm)}{4atm} = \dfrac{1}{2}L = 0.5L$

11

다음 중 양쪽성 산화물에 해당하는 것은?

① NO_2
② Al_2O_3
③ MgO
④ Na_2O

해설

양쪽성 산화물: Al_2O_3, ZnO, SnO, PbO

오답해설

① 산성 산화물이다.
③, ④ 염기성 산화물이다.

12 고난도

다음 중 아르곤(Ar)과 같은 전자수를 갖는 양이온과 음이온으로 이루어진 화합물은?

① NaCl
② MgO
③ KF
④ CaS

해설

아르곤(Ar)의 전자수는 18이다.
① Na^+: 10개, Cl^-: 18개
② Mg^{2+}: 10개, O^{2-}: 10개
③ K^+: 18개, F^-: 10개
④ Ca^{2+}: 18개, S^{2-}: 18개

13

다음 중 방향족 화합물이 아닌 것은?

① 톨루엔
② 아세톤
③ 크레졸
④ 아닐린

해설

아세톤은 지방족 탄화수소의 유도체 중 케톤($R-CO-R'$)류에 해당한다.

14 빈출

산소의 산화수가 가장 큰 것은?

① O_2
② $KClO_4$
③ H_2SO_4
④ H_2O_2

해설

산소의 산화수는 화합물에서 -2이고 과산화물에서 -1이다.
산화수: ① 홑원소물질이므로 0, ② -2, ③ -2, ④ -1

15

반투막을 이용하여 콜로이드 입자를 전해질이나 작은 분자로부터 분리 정제하는 것을 무엇이라 하는가?

① 틴들현상
② 브라운 운동
③ 투석
④ 전기영동

해설

문제는 투석에 대한 설명이다.

오답해설

① 틴들현상: 빛이 지나가는 방향의 직각이 되는 곳에서 빛이 지나가는 부분이 뿌옇게 보이는 현상
② 브라운 운동: 액체나 기체 안에서 떠서 움직이는 미소(微小) 입자 또는 미소 물체의 불규칙한 운동
④ 전기영동＝전기이동: 콜로이드 용액 속에 전극을 넣어 전압을 가할 때, 콜로이드 입자가 한쪽 극으로 이동하는 현상

16 빈출

다음 중 밑줄 친 원자의 산화수 값이 나머지 셋과 다른 하나는?

① $\underline{Cr}_2O_7^{2-}$
② $H_3\underline{P}O_4$
③ $H\underline{N}O_3$
④ $H\underline{Cl}O_3$

해설

화합물에서 산소는 -2의 산화수를 가진다.
① $-2=O_7$의 산화수(-14)$+Cr_2$의 산화수(X)
X=12이므로 Cr의 산화수=6
② $0=3+X+(-8)$, X=5
③ $0=1+X+(-6)$, X=5
④ $0=1+X+(-6)$, X=5
따라서 산화수 값이 나머지 셋과 다른 것은 ①이다.

17

어떤 금속(M) 8g을 연소시키니 11.2g의 산화물이 얻어졌다. 이 금속의 원자량이 140이라면 이 산화물의 화학식은?

① M_2O_3

② MO

③ MO_2

④ M_2O_7

해설

산화물 속 산소의 무게=11.2−8=3.2g

M은 8g, 산소는 3.2g

질량을 원자량으로 나누어 몰수를 구한다.

$\frac{8}{140}=0.05714mol$, $\frac{3.2}{16}=0.2mol$

M : O=0.05714 : 0.2=1 : 3.5=2 : 7

따라서 M_2O_7

18

다음 중 전리도가 가장 커지는 경우는?

① 농도와 온도가 일정할 때

② 농도가 진하고 온도가 높을수록

③ 농도가 묽고 온도가 높을수록

④ 농도가 진하고 온도가 낮을수록

해설

전리도는 평형 상태인 전해질 수용액에서 용해된 전해질의 총 몰수에 대한 이온화된 전해질의 몰수의 비이다.

같은 전해질일 경우, 온도가 높을수록 전리도가 커진다.

같은 전해질일 경우, 농도가 묽을수록 전리도가 커진다.

일정한 온도와 농도에서 같은 전해질의 전리도는 일정하다.

19 고난도

Rn 은 α선 및 β선을 2번씩 방출하고 다음과 같이 변했다. 마지막 Po의 원자번호는 얼마인가? (단, Rn의 원자번호는 86, 원자량은 222이다.)

$$Rn \xrightarrow{\alpha} Po \xrightarrow{\alpha} Pb \xrightarrow{\beta} Bi \xrightarrow{\beta} Po$$

① 78

② 81

③ 84

④ 87

해설

α선 방출시 질량수는 4 감소하고 원자번호는 2 감소한다.

β선 방출시 원자번호 1이 증가한다.

따라서 Rn에서 α선 방출 2번, β선 방출 2번이므로

원자량: 222 −4 −4=214

원자번호: 86 −2 −2 +1 +1=84

20 고난도

불순물로 식염을 포함하고 있는 NaOH 3.2g을 물에 녹여 100mL로 한 다음 그 중 50mL를 중화하는데 1N의 염산이 20mL 필요했다. 이 NaOH의 농도(순도)는 약 몇 wt%인가?

① 10

② 20

③ 33

④ 50

해설

물에 녹인 NaOH는 불순물을 포함하여 3.2(g)이기 때문에 순수한 NaOH의 무게를 알아야 한다.

NaOH의 농도(순도)=$\frac{\text{순수 NaOH X(g)}}{\text{불순물 포함 NaOH 3.2(g)}} \times 100(wt\%)$

중화에 사용한 염산의 농도환산(N → M)

NaOH는 OH^-가 1개이므로 1N=1M이다.

50(mL) 중화에 사용한 염산의 몰수: 1(mol/L)×0.02(L)=0.02(mol)

→ 100(mL) 중화 시에는 0.04(mol)이 필요하다.

1:1로 중화반응을 진행하기 때문에 NaOH의 몰수도 0.04(mol)이다.

NaOH의 질량=몰수×분자량=0.04(mol)×40(g/mol)=1.6(g)

NaOH의 농도(순도)=$\frac{\text{순수 NaOH 1.6(g)}}{\text{불순물 포함 NaOH 3.2(g)}} \times 100(\%)$

따라서 답은 50(wt%)이다.

화재예방과 소화방법

21

물리적 소화에 의한 소화효과(소화방법)에 속하지 않는 것은?

① 제거효과   ② 질식효과

③ 냉각효과   ④ 억제효과

해설

억제효과는 화재 발생 시 연쇄반응을 억제하여 화재의 확대를 멈추는 것이므로 화학적 소화에 속한다.

22

다음 중 보통의 포 소화약제보다 알코올형포 소화약제가 더 큰 소화효과를 볼 수 있는 대상물질은?

① 경유   ② 메틸알코올

③ 등유   ④ 가솔린

해설

위험물 중에 메틸알코올과 같이 물에 잘 녹는 물질에 포를 방사하면 포가 잘 터져버린다. 이를 소포성이라고 하는데 소포성이 있는 물질인 수용성 액체 위험물에 화재가 났을 경우 유용하도록 만든 소화재를 알코올형포 소화약제 또는 내알코올포 소화약제라고 한다.
내알코올포 소화약제는 성분이 알코올인 것은 아니고 알코올에 잘 견디는 포소화약제이다. 따라서 알코올에 화재가 발생했을 경우 내알코올포 소화약제를 사용하면 알코올에 잘 견디는 성분으로 거품을 형성하여 공기 중의 산소를 차단할 수 있다.

23 빈출

「위험물안전관리법령」상 위험물저장소 건축물의 외벽이 내화구조인 것은 연면적 얼마를 1소요단위로 하는가?

① $50m^2$ ② $75m^2$

③ $100m^2$ ④ $150m^2$

해설

위험물저장소 건축물의 외벽이 내화구조인 것은 $150m^2$를 1소요단위로 하고 외벽이 내화구조가 아닌 것은 $75m^2$를 1소요단위로 한다.

24

물이 일반적인 소화약제로 사용될 수 있는 특징에 대한 설명 중 틀린 것은?

① 증발잠열이 크기 때문에 냉각시키는데 효과적이다.

② 물을 사용한 봉상수 소화기는 A급, B급 및 C급 화재의 진압에 적응성이 뛰어나다.

③ 비교적 쉽게 구해서 이용이 가능하다.

④ 펌프, 호스 등을 이용하여 이송이 비교적 용이하다.

해설

봉상수 소화기는 물기둥 모양으로 방사되는 소화기이다. 물기둥으로 방사되는 소화기는 전기 화재인 C급 화재에 적절하지 않다.

25

수소의 공기 중 연소범위에 가장 가까운 값을 나타내는 것은?

① 2.5~82.0vol%   ② 5.3~13.9vol%

③ 4.0~74.5vol%   ④ 12.5~55.0vol%

해설

수소의 공기 중 연소범위: 약 4.0 ~ 75vol%

26 고난도

마그네슘 분말이 이산화탄소 소화약제와 반응하여 생성될 수 있는 유독기체의 분자량은?

① 28   ② 32

③ 40   ④ 44

해설

마그네슘 분말과 이산화탄소 소화약제의 반응식은 다음과 같다.
$Mg + CO_2 \rightarrow MgO + CO$
반응 시 발생하는 CO(일산화탄소)는 O_2(산소)에 비해 헤모글로빈과 결합력이 뛰어난 유독기체이다.
C의 원자량 12, O의 원자량 16이므로 CO의 분자량은 다음과 같다.
$12 + 16 = 28$

27 빈출

「위험물안전관리법령」상 옥내소화전 설비의 설치기준에 따르면 수원의 수량은 옥내소화전이 가장 많이 설치된 층의 옥내소화전 설치개수(설치개수가 5개 이상인 경우는 5개)에 몇 m^3를 곱한 양 이상이 되도록 설치하여야 하는가?

① 2.3 　　　　　② 2.6
③ 7.8 　　　　　④ 13.5

해설

수원의 수량은 옥내소화전이 가장 많이 설치된 층의 옥내소화전 설치개수(설치개수가 5개 이상인 경우는 5개)에 7.8m³를 곱한 양 이상이 되도록 설치한다.

28 빈출

인화성 액체의 화재의 분류로 옳은 것은?

① A급 화재 　　　② B급 화재
③ C급 화재 　　　④ D급 화재

해설

인화성 액체의 화재는 B급 화재에 해당한다.

오답해설

① A급 화재는 일반 화재이다.
③ C급 화재는 전기 화재이다.
④ D급 화재는 금속 화재이다.

29

CO_2에 대한 설명으로 옳지 않은 것은?

① 무색, 무취의 기체로서 공기보다 무겁다.
② 물에 용해 시 약알칼리성을 나타낸다.
③ 농도에 따라서 질식을 유발할 위험성이 있다.
④ 상온에서도 압력을 가해 액화시킬 수 있다.

해설

이산화탄소(CO_2)는 물에 용해 시 탄산(H_2CO_3)이 생성되기 때문에 약산성을 나타낸다.

30

「위험물안전관리법령」상 제3류 위험물 중 금수성 물질에 적응성이 있는 소화기는?

① 할로젠화합물(할로겐화합물) 소화기
② 인산염류분말 소화기
③ 이산화탄소 소화기
④ 탄산수소염류 분말 소화기

해설

제3류 위험물 중 금수성 물질에 적응성이 있는 소화기는 탄산수소염류 분말 소화기이다. 그 외에 건조사, 팽창질석, 팽창진주암도 적응성이 있다.

31 빈출

「위험물안전관리법령」상 간이소화용구(기타 소화설비)인 팽창질석은 삽을 상비한 경우 몇 L가 능력단위 1.0인가?

① 70L 　　　　　② 100L
③ 130L 　　　　④ 160L

해설 기타 소화설비의 능력단위

소화설비	용량	능력단위
소화전용(轉用) 물통	8L	0.3
수조(소화전용 물통 3개 포함)	80L	1.5
수조(소화전용 물통 6개 포함)	190L	2.5
마른 모래(삽 1개 포함)	50L	0.5
팽창질석 또는 팽창진주암(삽 1개 포함)	160L	1.0

32

「위험물안전관리법령」상 소화설비의 구분에서 물분무 등 소화설비에 속하는 것은?

① 포 소화설비 　　② 옥내소화전설비
③ 스프링클러설비 　④ 옥외소화전설비

해설 물분무 등 소화설비의 종류

• 물분무 소화설비
• 포 소화설비
• 불활성가스 소화설비
• 할로젠화합물(할로겐화합물) 소화설비
• 분말 소화설비

2018년 1회

33

가연성 고체 위험물의 화재에 대한 설명으로 틀린 것은?

① 적린과 황(유황)은 물에 의한 냉각소화를 한다.
② 금속분, 철분, 마그네슘이 연소하고 있을 때에는 주수해서는 안 된다.
③ 금속분, 철분, 마그네슘, 황화인(황화린)은 마른 모래, 팽창질석 등으로 소화를 한다.
④ 금속분, 철분, 마그네슘의 연소 시에는 수소와 유독가스가 발생하므로 충분한 안전거리를 확보해야 한다.

해설

금속분, 철분, 마그네슘의 연소 시에는 수소와 유독가스가 발생하지 않고 금속분, 철분, 마그네슘의 산화물이 발생한다.

34

과산화칼륨이 다음과 같이 반응하였을 때 공통적으로 포함된 물질(기체)의 종류가 나머지 셋과 다른 하나는?

① 가열하여 열분해 하였을 때
② 물(H_2O)과 반응하였을 때
③ 염산(HCl)과 반응하였을 때
④ 이산화탄소(CO_2)와 반응하였을 때

해설

보기와 관련된 과산화칼륨의 반응식은 다음과 같다.
① $2K_2O_2 \rightarrow 2K_2O + O_2$
② $2K_2O_2 + 2H_2O \rightarrow 4KOH + O_2$
③ $K_2O_2 + 2HCl \rightarrow 2KCl + H_2O_2$
④ $2K_2O_2 + 2CO_2 \rightarrow 2K_2CO_3 + O_2$

35 고난도

할로젠화합물(할로겐화합물) 소화약제 중 HFC-23의 화학식은?

① CF_3I
② CHF_3
③ $CF_3CH_2CF_3$
④ C_4F_{10}

해설

HFC-23의 화학식: CHF_3

36 빈출

연소의 3요소 중 하나에 해당하는 역할이 나머지 셋과 다른 위험물은?

① 과산화수소
② 과산화나트륨
③ 질산칼륨
④ 황린

해설

연소의 3요소: 산소 공급원, 가연물, 점화원
황린은 자연발화성을 가진 가연물로 보기의 나머지 물질과 역할이 다르다.
산소공급원: 과산화수소, 과산화나트륨, 질산칼륨

37 빈출

「위험물안전관리법령」상 전역방출방식 또는 국소방출방식의 불활성가스 소화설비 저장용기의 설치기준으로 틀린 것은?

① 온도가 40℃ 이하이고 온도 변화가 적은 장소에 설치할 것
② 저장용기의 외면에 소화약제의 종류와 양, 제조년도 및 제조자를 표시할 것
③ 직사일광 및 빗물이 침투할 우려가 적은 장소에 설치할 것
④ 방호구역 내의 장소에 설치할 것

해설

전역방출방식 또는 국소방출방식의 불활성가스 소화설비 저장용기는 방호구역 외의 장소에 설치해야 한다.

38

칼륨, 나트륨, 탄화칼슘의 공통점으로 옳은 것은?

① 연소 생성물이 동일하다.
② 화재 시 대량의 물로 소화한다.
③ 물과 반응하면 가연성 가스가 발생한다.
④ 「위험물안전관리법령」에서 정한 지정수량이 같다.

해설

• 칼륨, 나트륨은 물과 반응 시 가연성 가스(수소)가 발생하고 탄화칼슘도 가연성 가스(아세틸렌)가 발생한다.
• 칼륨, 나트륨은 지정수량이 10kg이지만 탄화칼슘은 지정수량이 300kg이다.

39 고난도

공기포 발포배율을 측정하기 위해 중량 340g, 용량 1,800mL의 포 수집용기에 가득히 포를 채취하여 측정한 용기의 무게가 540g이었다면 발포배율은? (단, 포 수용액의 비중은 1로 가정한다.)

① 3배   ② 5배

③ 7배   ④ 9배

해설

$$\text{발포배율(팽창비)} = \frac{\text{내용적(용량)}}{(\text{전체 중량} - \text{빈 시료 용기의 중량})}$$

$$\text{발포배율} = \frac{1,800}{540 - 340} = 9\text{배}$$

40

질식효과를 위해 포의 성질로서 갖추어야 할 조건으로 가장 거리가 먼 것은?

① 기화성이 좋을 것

② 부착성이 있을 것

③ 유동성이 좋을 것

④ 바람 등에 견디고 응집성과 안정성이 있을 것

해설

포가 기화성이 좋을 경우 금방 기화되어서 질식효과를 얻기 힘들다.
포의 성질로서 갖추어야 할 조건은 다음과 같다.
• 화재면과 응집성, 부착성이 있어야 하고 안정성이 있어야 함
• 유동성이 있어야 함

3과목 위험물의 성질과 취급

41 빈출

다음 위험물의 지정수량 배수의 총 합은?

- 휘발유: 2,000L
- 경유: 4,000L
- 등유: 40,000L

① 18   ② 32

③ 46   ④ 54

해설

지정수량은 휘발유: 200L, 등유: 1,000L, 경유: 1,000L이다.
지정수량 배수의 총 합은 다음과 같다.

$$\frac{2,000}{200} + \frac{4,000}{1,000} + \frac{40,000}{1,000} = 54$$

42

금속칼륨의 보호액으로 적당하지 않은 것은?

① 유동파라핀   ② 등유

③ 경유   ④ 에탄올

해설

금속칼륨은 금수성 물질로서 에탄올과 반응 시 가연성 가스인 수소 가스가 발생하므로 에탄올은 보호액으로 적당하지 않다.

43

제조소에서 위험물을 취급함에 있어서 정전기를 유효하게 제거할 수 있는 방법으로 가장 거리가 먼 것은?

① 접지에 의한 방법

② 공기 중의 상대습도를 70% 이상으로 하는 방법

③ 공기를 이온화하는 방법

④ 부도체 재료를 사용하는 방법

해설

부도체 재료를 사용하면 정전기를 제거할 수 없다. 보기의 나머지 사항들은 유효한 정전기 제거방법이다.

44

다음 제4류 위험물 중 연소범위가 가장 넓은 것은?

① 아세트알데하이드(아세트알데히드)
② 산화프로필렌
③ 휘발유
④ 아세톤

해설

① 아세트알데하이드(아세트알데히드)의 연소범위: 4~60%
② 산화프로필렌의 연소범위: 1.9~36%
③ 휘발유의 연소범위: 1.2~7.6%
④ 아세톤의 연소범위: 2.5 ~ 12.8%

45

다음 중 황린의 연소 생성물은?

① 삼황화인(삼황화린)
② 인화수소
③ 오산화인
④ 오황화인(오황화린)

해설

황린은 연소 시 오산화인(P_2O_5)을 발생시킨다.

$P_4 + 5O_2 \rightarrow 2P_2O_5$

46 빈출

「위험물안전관리법령」상 위험물의 지정수량이 틀리게 짝지어진 것은?

① 황화인(황화린)-50kg
② 적린-100kg
③ 철분-500kg
④ 금속분-500kg

해설 **지정수량**

황화인(황화린), 적린: 100kg
철분, 금속분: 500kg

47

다음 중 요오드값이 가장 작은 것은?

① 아마인유
② 들기름
③ 정어리기름
④ 야자유

해설

건성유(요오드값 130 이상): 아마인유, 들기름, 정어리기름
불건성유(요오드값 100 이하): 야자유

48 빈출

이황화탄소를 물속에 저장하는 이유로 가장 타당한 것은?

① 공기와 접촉하면 즉시 폭발하므로
② 가연성 증기의 발생을 방지하므로
③ 온도의 상승을 방지하므로
④ 불순물을 물에 용해시키므로

해설

이황화탄소(CS_2)는 공기에 노출 시 가연성 증기가 발생하며 화재의 위험이 있으므로 물속에 저장한다.

49 빈출

다음 위험물 중 보호액으로 물을 사용하는 것은?

① 황린
② 적린
③ 루비듐
④ 오황화인(오황화린)

해설

황린은 공기 중에 노출 시 가연성 가스가 발생하므로 공기를 차단하기 위해 보호액으로 물(약 알칼리성)을 사용한다.

50

취급하는 장치가 구리나 마그네슘으로 되어 있을 때 반응을 일으켜서 폭발성의 아세틸라이드를 생성하는 물질은?

① 이황화탄소
② 이소프로필알코올
③ 산화프로필렌
④ 아세톤

해설

산화프로필렌(CH_3CHOCH_2)은 제4류 위험물 중 특수인화물로서 취급하는 장치가 구리나 마그네슘으로 되어 있을 때 반응을 일으켜서 폭발성의 아세틸라이드를 생성한다.

51

「위험물안전관리법령」상 옥내저장소의 안전거리를 두지 않을 수 있는 경우는?

① 지정수량 20배 이상의 동식물유류
② 지정수량 20배 미만의 특수인화물
③ 지정수량 20배 미만의 제4석유류
④ 지정수량 20배 이상의 제5류 위험물

해설

제4석유류 또는 동식물유류의 위험물을 저장 또는 취급하는 옥내저장소로서 그 최대수량이 지정수량의 20배 미만이면 안전거리를 두지 않을 수 있다.

52

질산염류의 일반적인 성질에 대한 설명으로 옳은 것은?

① 무색 액체이다.
② 물에 잘 녹는다.
③ 물에 녹을 때 흡열반응을 나타내는 물질은 없다.
④ 과염소산염류보다 충격, 가열에 불안정하여 위험성이 크다.

해설 질산염류의 일반적 성질

• 금속에 대한 부식성이 없고 대부분 무색, 백색의 결정 및 분말로 물에 잘 녹고 조해성이 강하다.
• 화약, 폭약의 원료로 사용된다.
• 질산염류에서 질산암모늄은 대표적인 흡열반응 물질이다.
• 질산염류는 염소산염류, 과염소산염류보다 안정하다.

53 빈출

「위험물안전관리법령」에 따른 질산에 대한 설명으로 틀린 것은?

① 지정수량은 300kg이다.
② 위험등급은 Ⅰ이다.
③ 농도가 36wt% 이상인 것에 한하여 위험물로 간주된다.
④ 운반 시 제1류 위험물과 혼재할 수 있다.

해설

질산은 제6류 위험물로서 비중이 1.49 이상인 것에 한하여 위험물로 간주된다. 제6류 위험물의 위험등급은 모두 Ⅰ등급이고, 운반 시 제6류 위험물은 제1류 위험물과 혼재할 수 있다.
농도가 36wt% 이상인 것이 위험물에 해당되는 것은 과산화수소이다.

54

과산화수소 용액의 분해를 방지하기 위한 방법으로 가장 거리가 먼 것은?

① 햇빛을 차단한다.
② 암모니아를 가한다.
③ 인산을 가한다.
④ 요산을 가한다.

해설

과산화수소 용액의 분해방지를 위해서는 햇빛을 차단하고 안정제인 인산, 요산, 인산나트륨, 요소, 글리세린 등을 가한다.
과산화수소가 암모니아와 접촉하면 폭발의 위험이 있으므로 주의해야 한다.

55 고난도

휘발유를 저장하던 이동저장탱크에 탱크의 상부로부터 등유나 경유를 주입할 때 액표면이 주입관의 끝부분을 넘는 높이가 될 때까지 그 주입관 내의 유속을 몇 m/s 이하로 하여야 하는가?

① 1
② 2
③ 3
④ 5

해설

이동저장탱크의 상부로부터 위험물을 주입할 때에는 위험물의 액표면이 주입관의 끝부분을 넘는 높이가 될 때까지 그 주입관 내의 유속을 1m/s 이하로 하여야 한다.

56

휘발유의 일반적인 성질에 대한 설명으로 틀린 것은?

① 인화점은 0℃보다 낮다.
② 액체비중은 1보다 작다.
③ 증기비중은 1보다 작다.
④ 연소범위는 약 1.2 ~ 7.6%이다.

> **해설** **휘발유(가솔린)의 일반적인 성질**
> • 인화점: $-43℃ \sim -20℃$
> • 액체비중: $0.65 \sim 0.76$
> • 증기비중: $3 \sim 4$
> • 연소범위: $1.2 \sim 7.6\%$

57 빈출

인화칼슘이 물과 반응하였을 때 발생하는 기체는?

① 수소   ② 산소
③ 포스핀   ④ 포스겐

> **해설**
> 인화칼슘과 물의 반응식
> $Ca_3P_2 + 6H_2O \rightarrow 3Ca(OH)_2 + 2PH_3\uparrow$
> 반응 시 발생하는 PH_3는 포스핀 가스로 유독하다.
> ※ 포스겐의 화학식은 $COCl_2$로 인화칼슘과는 관련이 없다.

58 빈출

다음 중 「위험물안전관리법령」에서 정한 지정수량이 가장 작은 것은?

① 염소산염류
② 브로민산염류(브롬산염류)
③ 나이트로화합물(니트로화합물)
④ 금속의 인화물

> **해설** **지정수량**
> • 염소산염류: 50kg
> • 브로민산염류(브롬산염류): 300kg
> • 금속의 인화물: 300kg
> ※ 위 문제는 최신 법령이 개정된 문제입니다. 관련 개정사항은 제5류 위험물 지정수량 개정사항(p.2) 참고

59

다음 중 발화점이 가장 높은 것은?

① 등유
② 벤젠
③ 다이에틸에터(디에틸에테르)
④ 휘발유

> **해설** **발화점**
> • 등유: 210℃
> • 벤젠: 498℃
> • 다이에틸에터(디에틸에테르): 160℃
> • 휘발유: 300℃

60

과산화벤조일에 대한 설명으로 틀린 것은?

① 벤조일퍼옥사이드라고도 한다.
② 상온에서 고체이다.
③ 산소를 포함하지 않는 환원성 물질이다.
④ 희석제를 첨가하여 폭발성을 낮출 수 있다.

> **해설**
> ① 과산화벤조일은 제5류 위험물 중 유기과산화물에 해당되며 벤조일퍼옥사이드라고도 한다.
> ② 과산화벤조일은 상온에서 무색, 무미의 결정고체이다.
> ③ 과산화벤조일의 화학식은 $(C_6H_5CO)_2O_2$로 산소를 많이 포함하고 있다.
> ④ 과산화벤조일은 수분을 흡수하거나 불활성 희석제를 첨가하여 폭발성을 낮출 수 있다.

1과목 | **일반화학**

01

공업적으로 에틸렌을 $PdCl_2$ 촉매 하에 산화시킬 때 주로 생성되는 물질은?

① CH_3OCH_3 ② CH_3CHO
③ $HCOOH$ ④ C_3H_7OH

해설

공업적으로 에틸렌을 촉매 하에 산화시키면 아세트알데하이드(아세트알데히드)가 생성된다.
C_2H_4(에틸렌)$+PdCl_2$(염화팔라듐)$+H_2O$ → CH_3CHO(아세트알데하이드(아세트알데히드))$+Pd+2HCl$

02

30wt%인 진한 HCl의 비중은 1.1이다. 진한 HCl의 몰농도는 얼마인가? (단, HCl의 화학식량은 36.5이다.)

① 7.21 ② 9.04
③ 11.36 ④ 13.08

해설

몰농도: 용액 1L에 녹아 있는 용질의 mol수
농도가 30wt%인 HCl 용액에 HCl이 1mol 녹아있다고 가정하면 용액에 녹아있는 용질(HCl)의 질량은 36.5g이다. 따라서 다음 비례식으로 용액 전체의 질량 x를 구할 수 있다.
$100:30=x:36.5$
$x=121.67g$
비중이 1.1이란 말은 용액 1mL의 무게가 1.1g이란 뜻이므로 용액의 부피는 $121.67g×\dfrac{1mL}{1.1g}=110.61mL$

따라서 몰농도 $[mol/L]=\dfrac{1mol}{0.11061L}=9.04$

03 빈출

한 분자 내에 배위결합과 이온결합을 동시에 가지고 있는 것은?

① NH_4Cl ② C_6H_6
③ CH_3OH ④ $NaCl$

해설

NH_4Cl에서 NH_4^+는 배위결합으로 이뤄져있으며, NH_4^+와 Cl^-은 이온결합을 한다.
배위결합: 결합에 공유되는 전자쌍을 한쪽 원자에서만 원자의 비공유전자쌍을 일방적으로 제공하여 결합하는 형식(공유되는 전자쌍을 한쪽 원자에서만 내놓고 이루어지는 결합)

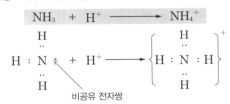

비공유 전자쌍

이온결합: 양이온(NH_4^+)과 음이온(Cl^-) 사이에 인력이 작용하여 생기는 결합

04 고난도

다음 중 가수분해가 되지 않는 염은?

① $NaCl$ ② NH_4Cl
③ CH_3COONa ④ CH_3COONH_4

해설 **염의 가수분해**

수용성 염은 수용액에서 양이온과 음이온으로 이온화하는데, 이때 생성된 이온이 물과 반응하여 H^+이나 OH^-을 내는 반응으로 강한 산과 염기의 중화반응에서 생성되는 염은 가수분해를 거의 일으키지 않는다.
$NaCl$은 강산(HCl)과 강염기(NaOH)의 중화 반응에서 생성되는 염이므로 가수분해되지 않는다.

2018년 2회

05

다음 중 산성 산화물에 해당하는 것은?

① BaO　　　　　　② CO_2

③ CaO　　　　　　④ MgO

해설

- 산성 산화물: CO_2, NO_2, SO_2
- 염기성 산화물: CaO, Na_2O, MgO, BaO
- 양쪽성 산화물: ZnO, PbO, Al_2O_3

06

배수비례의 법칙이 적용 가능한 화합물을 옳게 나열한 것은?

① CO, CO_2　　　　② HNO_3, HNO_2

③ H_2SO_4, H_2SO_3　　④ O_2, O_3

해설

배수비례의 법칙은 두 종류의 원소가 화합하여 2종 이상의 화합물을 만들 때 한 원소의 일정량과 결합하는 다른 원소의 질량비는 항상 간단한 정수비가 성립된다는 법칙이다.

보기에서는 ①번의 CO와 CO_2가 C와 결합하는 O의 질량비가 1:2으로 간단한 정수비가 성립된다.

07 고난도

엿당을 포도당으로 변화시키는 데 필요한 효소는?

① 말타아제　　　　　② 아밀라아제

③ 치마아제　　　　　④ 리파아제

해설

① 말타아제: 엿당을 포도당으로 분해

② 아밀라아제: 녹말을 엿당으로 분해

③ 치마아제: 당류를 알코올과 이산화탄소로 분해

④ 리파아제: 지방을 지방산과 글리세린으로 분해

08

다음 물질 중 감광성이 가장 큰 것은?

① HgO　　　　　　② CuO

③ $NaNO_3$　　　　　④ $AgCl$

해설

오랜 세월에 걸쳐서 사진 감광 재료용 감광성 물질 연구가 행해져 왔지만 현재는 할로젠화은(할로겐화은, AgX)이 가장 뛰어나다고 평가되고 있다. 이것은 은과 할로젠족(할로겐족) 원소의 화합물로 보기에서는 염화은($AgCl$)이 해당한다.

할로젠화은(할로겐화은)을 사용하는 사진법을 은염사진법이라고 한다.(X=F, Cl, Br, I 등 할로젠족(할로겐족) 원소)

09

다음의 반응 중 평형상태가 압력의 영향을 받지 않는 것은?

① $N_2 + O_2 \rightleftarrows 2NO$　　② $NH_3 + HCl \rightleftarrows NH_4Cl$

③ $2CO + O_2 \rightleftarrows 2CO_2$　　④ $2NO_2 \rightleftarrows N_2O_4$

해설

반응 시 압력의 영향을 받지 않기 위해서는 반응물과 생성물 간 몰수의 차이가 없어야 하는데 ①번 반응을 제외하고 나머지 반응은 모두 반응물과 생성물 간 몰수의 차이가 있다.

평형상태에서 압력이 커지면 기체 수를 줄이는 방향으로, 작아지면 기체 수를 늘리는 방향으로 진행된다.

10

A 는 B 이온과 반응하나 C 이온과는 반응하지 않고, D는 C 이온과 반응한다고 할 때 A, B, C, D의 환원력 세기를 큰 것부터 차례대로 나타낸 것은? (단, A, B, C, D는 모두 금속이다.)

① A > B > D > C　　② D > C > A > B

③ C > D > B > A　　④ B > A > C > D

해설

① $A + B^+ \rightarrow A^+ + B$: A는 전자를 잃었으므로 산화되었고, B는 전자를 얻었으므로 환원됨. 즉 환원력은 A>B

② $A + C^+ \rightarrow$ 반응 없음: A와 C는 전자를 주고받지 않았음. 즉 환원력은 C>A

③ $D + C^+ \rightarrow D^+ + C$: D는 전자를 잃었으므로 산화되었고, C는 전자를 얻었으므로 환원됨. 즉 환원력은 D>C

그러므로 환원력의 세기는 D>C>A>B

11

다음과 같은 전자배치를 갖는 원자 A와 B에 대한 설명으로 옳은 것은?

> A: $1s^2 2s^2 2p^6 3s^2$
> B: $1s^2 2s^2 2p^6 3s^1 3p^1$

① A와 B는 다른 종류의 원자이다.
② A는 홑원자이고, B는 이원자 상태인 것을 알 수 있다.
③ A와 B는 동위원소로서 전자배열이 다르다.
④ A에서 B로 변할 때 에너지를 흡수한다.

해설

A와 B는 최외각전자수는 같지만(=같은 종류의 원자) 최외각전자의 에너지준위에 차이가 있는 상태이다.
에너지준위는 B > A 상태이므로 A에서 B상태가 되려면 에너지를 흡수하여야 한다.

12 고난도

1N-NaOH 100mL 수용액으로 10wt% 수용액을 만들려고 할 때의 방법으로 다음 중 가장 적합한 것은? (단, 용해된 NaOH의 부피는 무시한다.)

① 36mL의 증류수 혼합
② 40mL의 증류수 혼합
③ 60mL의 수분 증발
④ 64mL의 수분 증발

해설

• NaOH의 당량수는 1eq/1mol이고, 몰농도×당량수=노르말농도이다. 따라서 1N-NaOH의 몰농도는 1mol/L이고 100mL의 수용액에는 0.1mol의 NaOH가 들어있다.
• NaOH 1mol의 무게는 40g이므로 0.1mol의 무게는 4g이므로 문제의 수용액에 존재하는 NaOH의 무게는 4g이다.
• 10wt%의 수용액을 만들기 위해선 용액의 질량이 40g이 되어야 하고 용액에서 NaOH의 무게(4g)를 제외한 물의 무게는 36g이 되어야 한다.
• 물의 밀도는 1g/mL 이기 때문에 무게 36g인 물의 부피는 36mL이다. (용해된 NaOH의 부피는 무시) 따라서 10wt%의 수용액을 만들기 위해서는 현재 용액에서 수분 64mL를 증발시켜 36mL의 수분을 남겨야 한다.

13 빈출

다음 반응식에 관한 사항 중 옳은 것은?

> $SO_2 + 2H_2S \rightarrow 2H_2O + 3S$

① SO_2는 산화제로 작용
② H_2S는 산화제로 작용
③ SO_2는 촉매로 작용
④ H_2S는 촉매로 작용

해설

반응에서 $SO_2 \rightarrow 3S$로 된 것은 산소를 잃어버렸기 때문에 자신이 환원되었다고 볼 수 있다.(=산화제의 역할)

14

주기율표에서 3주기 원소들의 일반적인 물리·화학적 성질 중 오른쪽으로 갈수록 감소하는 성질들로만 이루어진 것은?

① 비금속성, 전자흡수성, 이온화에너지
② 금속성, 전자방출성, 원자반지름
③ 비금속성, 이온화에너지, 전자친화도
④ 전자친화도, 전자흡수성, 원자반지름

해설

같은 주기에서 원자번호가 증가함(=주기율표에서 오른쪽으로 이동)에 따라 전자친화도, 전기음성도, 비금속성은 증가하고 원자반지름, 금속성, 전자방출성 등은 감소한다.

15 빈출

1패러데이(Faraday)의 전기량으로 물을 전기분해 하였을 때 생성되는 기체 중 산소 기체는 0℃, 1기압에서 몇 L인가?

① 5.6
② 11.2
③ 22.4
④ 44.8

해설 **물의 전기분해 반응식**

(−)극:	$4H_2O + 4e^- $	$\rightarrow 2H_2 + 4OH^-$
(+)극:	$2H_2O$	$\rightarrow O_2 + 4H^+ + 4e^-$
전체 알짜반응식:	$2H_2O$	$\rightarrow 2H_2 + O_2$

1페러데이(1F)=96,500C(쿨롱)=1mol 전자의 전하량
물의 전기분해식을 보면 분해 시 발생되는 O_2와 전자의 비는 1:4이므로 1mol의 전자 당 생성되는 O_2의 양은 0.25mol이다.
표준상태에서 기체 0.25mol의 부피는 22.4L×0.25=5.6L이다.

16

방사성 원소에서 방출되는 방사선 중 전기장의 영향을 받지 않아 휘어지지 않는 선은?

① α선 ② β선
③ γ선 ④ α, β, γ선

해설

감마(γ)선은 전기를 띠지 않으므로 전기장의 영향을 받지 않고 직진하는 성질을 가진다.

17

다음 중 산성염으로만 나열된 것은?

① $NaHSO_4$, $Ca(HCO_3)$ ② $Ca(OH)Cl$, $Cu(OH)Cl$
③ $NaCl$, $Cu(OH)Cl$ ④ $Ca(OH)Cl$, $CaCl_2$

해설

염 내부에 H^+가 남아 있으면 산성염, OH^-가 남아 있으면 염기성염이라고 볼 수 있다.
$NaHSO_4$, $Ca(HCO_3)$은 H^+가 남아 있어서 산성염이다.
$NaCl$, $CaCl_2$는 중성염이고 $Ca(OH)Cl$, $Cu(OH)Cl$는 염기성염이다.

18 빈출

어떤 기체의 확산 속도는 SO_2의 2배이다. 이 기체의 분자량은 얼마인가? (단, SO_2의 분자량은 64이다.)

① 4 ② 8
③ 16 ④ 32

해설

그레이엄의 확산 속도 법칙을 이용한다.

$$\frac{U_1}{U_2} = \sqrt{\frac{M_2}{M_1}} = \sqrt{\frac{d_2}{d_1}} = \frac{t_2}{t_1}$$

$$\frac{U_{\text{어떤 기체}}}{U_{SO_2}} = \sqrt{\frac{64}{x}}$$

$$\frac{2}{1} = \sqrt{\frac{64}{x}}$$

$$x = 16$$

19

다음 중 물의 끓는점을 높이기 위한 방법으로 가장 타당한 것은?

① 순수한 물을 끓인다.
② 물을 저으면서 끓인다.
③ 감압하에 끓인다.
④ 밀폐된 그릇에서 끓인다.

해설

밀폐된 용기에서 물을 끓이게 되면 압력이 증가하여 끓는점이 상승한다. 비슷한 원리로 산 정상에서 물을 끓이면 압력이 낮아져 물의 끓는점이 낮아지고, 압력밥솥과 같이 밀폐된 용기에서 물을 끓이면 압력이 높아져 물의 끓는점이 높아진다.

20

메탄에 직접 염소를 작용시켜 클로로포름을 만드는 반응을 무엇이라 하는가?

① 환원반응 ② 부가반응
③ 치환반응 ④ 탈수소반응

해설 치환반응

화합물 속의 원자, 이온, 기 등이 다른 원자, 이온, 기 등으로 바뀌는 반응으로 클로로포름은 메탄에 염소를 가하여 치환반응을 이용해 만든다.

화재예방과 소화방법

21

벤조일퍼옥사이드의 화재 예방상 주의사항에 대한 설명 중 틀린 것은?

① 열, 충격 및 마찰에 의해 폭발할 수 있으므로 주의한다.
② 진한 질산, 진한 황산과의 접촉을 피한다.
③ 비활성의 희석제를 첨가하면 폭발성을 낮출 수 있다.
④ 수분과 접촉하면 폭발의 위험이 있으므로 주의한다.

해설

벤조일퍼옥사이드의 분해 및 폭발을 억제하기 위하여 수분을 흡수하거나 희석제를 첨가한다.

22 빈출

「위험물안전관리법령」상 제5류 위험물에 적응성 있는 소화설비는?

① 분말을 방사하는 대형소화기
② CO_2를 방사하는 소형소화기
③ 할로젠화합물을 방사하는 대형소화기
④ 스프링클러설비

해설

제5류 위험물은 자기반응성 물질로서 외부로부터 산소공급이 없이도 가열, 연소·폭발할 수 있기 때문에 질식소화는 효과가 없으며 대량의 물에 의한 냉각소화가 효과적이다.
보기의 ①, ②는 질식소화방법, ③은 억제소화방법, ④의 스프링클러설비는 냉각소화방법이다.

23 빈출

불활성가스 소화약제 중 IG−541의 구성성분이 아닌 것은?

① N_2 ② Ar
③ Ne   ④ CO_2

해설

IG−541의 구성: N_2(52%), Ar(40%), CO_2(8%)

24

벤젠에 관한 일반적 성질로 틀린 것은?

① 무색투명한 휘발성 액체로 증기는 마취성과 독성이 있다.
② 불을 붙이면 그을음을 많이 내고 연소한다.
③ 겨울철에는 응고하여 인화의 위험이 없지만, 상온에서는 액체 상태로 인화의 위험이 높다.
④ 진한 황산과 질산으로 나이트로화(니트로화)시키면 나이트로벤젠(니트로벤젠)이 된다.

해설

벤젠의 융점은 섭씨 5.5도로 겨울에는 고체 상태로 있으나 인화점은 섭씨 −11도이므로 겨울에도 인화의 위험이 크다.

25

「위험물안전관리법령」상 염소산염류에 대해 적응성이 있는 소화설비는?

① 탄산수소염류 분말소화설비
② 포 소화설비
③ 불활성가스 소화설비
④ 할로젠화합물(할로겐화합물) 소화설비

해설

염소산염류는 제1류 위험물로 일반적으로 다량의 물로 냉각소화한다. 따라서 포 소화설비, 옥내소화전설비, 스프링클러설비 등이 적응성이 있다.

26 빈출

분말소화약제의 착색 색상으로 옳은 것은?

① $NH_4H_2PO_4$: 담홍색
② $NH_4H_2PO_4$: 백색
③ $KHCO_3$: 담홍색
④ $KHCO_3$: 백색

해설 분말소화약제 착색 색상
• 제1종 분말($NaHCO_3$): 백색
• 제2종 분말($KHCO_3$): 담회색
• 제3종 분말($NH_4H_2PO_4$): 담홍색(또는 황색)

27 고난도

불활성가스 소화설비에 의한 소화적응성이 없는 것은?

① $C_3H_5(ONO_2)_3$
② $C_6H_4(CH_3)_2$
③ CH_3COCH_3
④ $C_2H_5OC_2H_5$

해설

제5류 위험물은 냉각소화가 원칙으로 불활성가스 소화설비에 대한 소화적
응성이 없다.

① $C_3H_5(ONO_2)_3$: 나이트로(니트로)글리세린(제5류)

② $C_6H_4(CH_3)_2$: 크실렌(제4류)

③ CH_3COCH_3: 아세톤(제4류)

④ $C_2H_5OC_2H_5$: 다이에틸에터(디에틸에테르)(제4류)

제4류 위험물은 포 소화설비, 할로젠화합물(할로겐화합물) 소화설비, 불활
성가스 소화설비 등을 이용해서 소화한다.

28

연소 이론에 대한 설명으로 가장 거리가 먼 것은?

① 착화온도가 낮을수록 위험성이 크다.
② 인화점이 낮을수록 위험성이 크다.
③ 인화점이 낮은 물질은 착화점도 낮다.
④ 폭발 한계가 넓을수록 위험성이 크다.

해설

인화점이 낮다고 해서 반드시 착화점이 낮은 것은 아니다.

29 고난도

다음은 「위험물안전관리법령」상 위험물제조소 등에 설치하
는 옥내소화전설비의 설치표시 기준 중 일부이다. (   ) 안에
들어갈 수치를 차례대로 옳게 나타낸 것은?

> 옥내소화전함의 상부의 벽면에 적색의 표시등을 설치하되,
> 당해 표시등의 부착면과 (   ) 이상의 각도가 되는 방향으
> 로 (   ) 떨어진 곳에서 용이하게 식별이 가능하도록 할 것

① 5°, 5m
② 5°, 10m
③ 15°, 5m
④ 15°, 10m

해설

옥내소화전함의 상부의 벽면에 적색의 표시등을 설치하되, 당해 표시등의
부착면과 15° 이상의 각도가 되는 방향으로 10m 떨어진 곳에서 용이하게
식별이 가능하도록 하여야 한다.

30 고난도

어떤 가연물의 착화에너지가 24cal일 때, 이것을 일에너지
의 단위로 환산하면 약 몇 Joule 인가?

① 24
② 42
③ 84
④ 100

해설

1cal＝4.2J이므로 24cal＝100.8J

31

전역방출방식의 할로젠화물(할로겐화물) 소화설비의 분사
헤드에서 Halon 1211을 방사하는 경우의 방사압력은 얼마
이상으로 하여야 하는가?

① 0.1MPa
② 0.2MPa
③ 0.5MPa
④ 0.9MPa

해설

전역방출방식 할로젠화물(할로겐화물) 소화설비의 분사헤드 방사압력은
하론 2402의 경우 0.1MPa 이상, 하론 1211은 0.2MPa 이상, 하론 1301
은 0.9MPa 이상이 되어야 한다.

32 빈출

이산화탄소 소화약제의 소화작용을 옳게 나열한 것은?

① 질식소화, 부촉매소화
② 부촉매소화, 제거소화
③ 부촉매소화, 냉각소화
④ 질식소화, 냉각소화

해설

이산화탄소 소화약제의 소화작용은 질식효과와 냉각효과에 의한다.

33

금속나트륨의 연소 시 소화방법으로 가장 적절한 것은?

① 팽창질석을 사용하여 소화한다.
② 분무상의 물을 뿌려 소화한다.
③ 이산화탄소를 방사하여 소화한다.
④ 물로 적신 헝겊으로 피복하여 소화한다.

> **해설**
> 알칼리금속으로 인한 화재 시 물을 이용하여 소화하면 금속과 물이 반응하여 수소가 발생하기 때문에 위험하다.
> 금속나트륨 화재 시에는 팽창질석, 팽창진주암, 마른 모래, 탄산수소염류 소화기가 효과적이다.

34 빈출

이산화탄소 소화기에 대한 설명으로 옳은 것은?

① C급 화재에는 적응성이 없다.
② 다량의 물질이 연소하는 A급 화재에 가장 효과적이다.
③ 밀폐되지 않은 공간에서 사용할 때 가장 소화효과가 좋다.
④ 방출용 동력이 별도로 필요치 않다.

> **해설**
> ① 이산화탄소 소화기는 전기절연성이 있으므로 C급 화재에 사용할 수 있다.
> ② 일반적으로 A급 화재는 물로 인한 냉각소화가 가장 효과적이다.
> ③ 이산화탄소 소화기는 공기 중의 산소농도를 낮추는 질식소화 효과를 이용하는 것이기 때문에 밀폐된 공간에서 사용할 때 가장 효과적이다.
> ④ 이산화탄소 소화기는 이산화탄소를 높은 압력 하에서 저장하다가 자체 압력을 이용하여 분출하는 것이므로 별도의 방출용 동력이 필요하지 않다.

35 고난도

위험물제조소 등에 옥내소화전설비를 압력수조를 이용한 가압송수장치로 설치하는 경우 압력수조의 최소압력은 몇 MPa인가? (단, 소방용 호스의 마찰손실수두압은 3.2MPa, 배관의 마찰손실수두압은 2.2MPa, 낙차의 환산수두압은 1.79MPa이다.)

① 5.4 ② 3.99
③ 7.19 ④ 7.54

> **해설**
> 옥내소화전설비 압력수조의 압력은 다음의 식에 따라 산출한 수치 이상이 되도록 해야 한다.
> $P = p_1 + p_2 + p_3 + 0.35(MPa)$
> P: 필요한 압력(MPa)
> p_1: 소방용 호스의 마찰손실수두압(MPa)
> p_2: 배관의 마찰손실수두압(MPa)
> p_3: 낙차의 환산수두압(MPa)
> 식에 주어진 수치들을 대입하면
> $P = 3.2 + 2.2 + 1.79 + 0.35 = 7.54MPa$

36

다음 중 자연발화의 원인으로 가장 거리가 먼 것은?

① 기화열에 의한 발열 ② 산화열에 의한 발열
③ 분해열에 의한 발열 ④ 흡착열에 의한 발열

> **해설**
> 기화 시에는 발열반응이 아닌 흡열반응이 일어나므로 자연발화의 원인으로 거리가 멀다.

37

과산화나트륨 저장장소에서 화재가 발생하였다. 과산화나트륨을 고려하였을 때 다음 중 가장 적합한 소화약제는?

① 포 소화약제 ② 할로젠화합물
③ 건조사 ④ 물

> **해설**
> 과산화나트륨은 제1류 위험물 중 알칼리금속 과산화물로 건조사, 팽창질석, 팽창진주암 등의 소화약제를 사용하는 것이 효과적이다.

2018년 2회

38

10℃의 물 2g을 100℃의 수증기로 만드는 데 필요한 열량은?

① 180cal
② 340cal
③ 719cal
④ 1,258cal

해설

① 물을 10도에서 100도로 가열하는 데 드는 열량
물의 비열×온도 변화량×물의 양=1cal/g · ℃×90℃×2g=180cal
② 물의 증발잠열은 539cal/g이므로 물 2g이 증발하는 데 드는 열량
539cal/g×2g=1,078cal
①+②를 계산하면 180+1,078=1,258cal

39 빈출

「위험물안전관리법령」상 마른 모래(삽 1개 포함) 50L의 능력단위는?

① 0.3
② 0.5
③ 1.0
④ 1.5

해설 기타 소화설비의 능력단위

소화설비	용량	능력단위
소화전용(轉用) 물통	8L	0.3
수조(소화전용 물통 3개 포함)	80L	1.5
수조(소화전용 물통 6개 포함)	190L	2.5
마른 모래(삽 1개 포함)	50L	0.5
팽창질석 또는 팽창진주암(삽 1개 포함)	160L	1.0

40 빈출

다이에틸에터(디에틸에테르) 2,000L와 아세톤 4,000L를 옥내저장소에 저장하고 있다면 총 소요단위는 얼마인가?

① 5
② 6
③ 50
④ 60

해설

다이에틸에터(디에틸에테르)의 지정수량은 50리터, 아세톤의 지정수량은 400리터이다.

위험물의 1소요단위는 지정수량의 10배이다.

다이에틸에터(디에틸에테르)의 소요단위=$\frac{2,000}{50 \times 10}$=4

아세톤의 소요단위=$\frac{4,000}{400 \times 10}$=1이다.

총 소요단위는 4+1=5이다.

3과목 위험물의 성질과 취급

41 고난도

다음 위험물 중 가열 시 분해온도가 가장 낮은 물질은?

① $KClO_3$
② Na_2O_2
③ NH_4ClO_4
④ KNO_3

해설

분해온도는 다음과 같다.

① $KClO_3$: 400℃
② Na_2O_2: 482℃
③ NH_4ClO_4: 130℃
④ KNO_3: 400℃

42

위험물의 저장 및 취급에 대한 설명으로 틀린 것은?

① H_2O_2: 직사광선을 차단하고 찬 곳에 저장한다.
② MgO_2: 습기의 존재하에서 산소를 발생하므로 특히 방습에 주의한다.
③ $NaNO_3$: 조해성이 있으므로 습기에 주의한다.
④ K_2O_2: 물과 반응하지 않으므로 물속에 저장한다.

해설

과산화칼륨(K_2O_2)은 물과 반응하여 산소가 발생하여 위험하므로 물과의 접촉을 주의해야 한다.

43

「위험물안전관리법령」상 다음 (   ) 안에 알맞은 수치는?

이동저장탱크부터 위험물을 저장 또는 취급하는 탱크에 인화점이 (   )℃ 미만인 위험물을 주입할 때에는 이동탱크저장소의 원동기를 정지시킬 것

① 40
② 50
③ 60
④ 70

해설

이동저장탱크로부터 위험물을 저장 또는 취급하는 탱크에 인화점이 40℃ 미만인 위험물을 주입할 때에는 이동탱크저장소의 원동기를 정지시켜야 한다.(「위험물안전관리법 시행규칙」 별표 18)

44 빈출

위험물이 물과 접촉하였을 때 발생하는 기체를 옳게 연결한 것은?

① 인화칼슘 – 포스핀
② 과산화칼륨 – 아세틸렌
③ 나트륨 – 산소
④ 탄화칼슘 – 수소

해설

인화칼슘은 물과 접촉 시 포스핀을 발생시킨다.

오답해설

② 과산화칼륨 – 산소
③ 나트륨 – 수소
④ 탄화칼슘 – 아세틸렌

45

연소범위가 약 2.5 ∼ 38.5vol%로 구리, 은, 마그네슘과 접촉 시 아세틸라이드를 생성하는 물질은?

① 아세트알데하이드(아세트알데히드)
② 알킬알루미늄
③ 산화프로필렌
④ 콜로디온

해설

산화프로필렌과 아세트알데하이드(아세트알데히드)는 구리, 마그네슘과 같은 합금용기에 저장 시 폭발성 혼합물인 아세틸라이드를 생성한다.
아세트알데하이드(아세트알데히드)의 폭발범위 = $4 \sim 60\%$
산화프로필렌의 폭발범위 = $1.9 \sim 36\%$
따라서 답은 산화프로필렌이 된다.

46

제5류 위험물 제조소에 설치하는 표지 및 주의사항을 표시한 게시판의 바탕 색상을 각각 옳게 나타낸 것은?

① 표지: 백색, 주의사항을 표시한 게시판: 백색
② 표지: 백색, 주의사항을 표시한 게시판: 적색
③ 표지: 적색, 주의사항을 표시한 게시판: 백색
④ 표지: 적색, 주의사항을 표시한 게시판: 적색

해설

제5류 위험물 제조소에 설치하는 표지: 백색 바탕에 흑색문자
제5류 위험물 제조소에 설치하는 주의사항(화기엄금)을 표시한 게시판: 적색 바탕에 백색문자

47

아세톤 150톤을 옥외탱크저장소에 저장할 경우 보유공지의 너비는 몇 m 이상으로 하여야 하는가? (단, 아세톤의 비중은 0.79이다.)

① 3
② 5
③ 9
④ 12

해설

아세톤은 제4류 위험물 제1석유류(수용성)로 지정수량 400리터이다.
아세톤의 비중이 0.79이므로 아세톤 150톤 = $\frac{150,000}{0.79}$L = 189,873L로 환산 가능하고, 이 양은 아세톤의 지정수량 400리터의 약 474배에 해당한다. 지정수량의 500배 이하의 위험물을 저장하는 옥외탱크저장소의 보유공지의 너비는 3m 이상으로 하여야 한다.
아세톤 150톤을 옥외탱크저장소에 저장할 경우 보유공지의 너비는 3m 이상으로 하여야 한다.

48

금속 과산화물을 묽은 산에 반응시켜 생성되는 물질로서 석유와 벤젠에 불용성이고, 표백작용과 살균작용을 하는 것은?

① 과산화나트륨
② 과산화수소
③ 과산화벤조일
④ 과산화칼륨

해설

금속 과산화물은 묽은 산과 반응하면 과산화수소(H_2O_2)를 발생시킨다. 과산화수소는 석유와 벤젠에 불용성이며, 표백 및 살균효과가 있다.

49 빈출

다음 위험물 중 물에 가장 잘 녹는 것은?

① 적린
② 황(유황)
③ 벤젠
④ 아세톤

해설

아세톤은 제4류 위험물 중 제1석유류이며 수용성 액체로 물에 매우 잘 녹는다.

50 고난도

「위험물안전관리법령」상 위험물의 운반에 관한 기준에 따르면 위험물은 규정에 따른 운반 용기에 법령에서 정한 기준에 따라 수납하여 적재하여야 한다. 다음 중 적용 예외의 경우에 해당하는 것은? (단, 지정수량의 2배인 경우이며, 위험물을 동일 구내에 있는 제조소 등의 상호 간에 운반하기 위하여 적재하는 경우는 제외한다.)

① 덩어리 상태의 황(유황)을 운반하기 위하여 적재하는 경우
② 금속분을 운반하기 위하여 적재하는 경우
③ 삼산화크로뮴(삼산화크롬)을 운반하기 위하여 적재하는 경우
④ 염소산나트륨을 운반하기 위하여 적재하는 경우

해설

위험물은 규정에 따른 운반 용기에 법에서 정한 기준에 따라 수납하여 적재하여야 하지만 다음의 경우는 예외로 한다.
- 덩어리 상태의 황(유황)을 운반하기 위하여 적재하는 경우
- 위험물을 동일 구내에 있는 제조소 등의 상호 간에 운반하기 위하여 적재하는 경우

51

제5류 위험물 중 나이트로화합물(니트로화합물)에서 나이트로기(니트로기, Nitro group)를 옳게 나타낸 것은?

① $-NO$
② $-NO_2$
③ $-NO_3$
④ $-NON_3$

해설

분자 내에 나이트로기(니트로기, $-NO_2$)를 두 개 이상 결합하고 있는 물질이 제5류 위험물 중 나이트로화합물(니트로화합물)에 해당된다.

52

다음 중 2가지 물질을 혼합하였을 때 그로 인한 발화 또는 폭발의 위험성이 가장 낮은 것은?

① 아염소산나트륨과 티오황산나트륨
② 질산과 이황화탄소
③ 아세트산과 과산화나트륨
④ 나트륨과 등유

해설

나트륨은 공기 중의 수분과 반응하여 수소 기체를 발생시키므로 등유와 같은 보호액 속에 저장한다. 따라서 나트륨과 등유는 혼합해도 위험성이 거의 없다.

53

다음 중 황린이 자연발화하기 쉬운 가장 큰 이유는?

① 끓는점이 낮고 증기의 비중이 작기 때문에
② 산소와 결합력이 강하고 착화온도가 낮기 때문에
③ 녹는점이 낮고 상온에서 액체로 되어 있기 때문에
④ 인화점이 낮고 가연성 물질이기 때문에

해설

황린은 산소와 결합력이 강하고 착화온도가 섭씨 34도(미분상태)로 매우 낮으므로 자연발화의 위험이 크다.

54

「위험물안전관리법령」에 따른 위험물 저장기준으로 틀린 것은?

① 이동탱크저장소에는 설치허가증과 운송허가증을 비치하여야 한다.
② 지하저장탱크의 주된 밸브는 위험물을 넣거나 빼낼 때 외에는 폐쇄하여야 한다.
③ 아세트알데하이드(아세트알데히드)를 저장하는 이동저장탱크에는 탱크 안에 불활성 가스를 봉입하여야 한다.
④ 옥외저장탱크 주위에 설치된 방유제의 내부에 물이나 유류가 고였을 경우에는 즉시 배출하여야 한다.

해설

이동탱크저장소에는 해당 이동탱크저장소의 완공검사합격확인증과 정기점검기록을 비치하여야 한다.

55

제4류 위험물인 동식물유류의 취급 방법이 잘못된 것은?

① 액체의 누설을 방지하여야 한다.
② 화기 접촉에 의한 인화에 주의하여야 한다.
③ 아마인유는 섬유 등에 흡수되어 있으면 매우 안정하므로 취급하기 편리하다.
④ 가열할 때 증기는 인화되지 않도록 조치하여야 한다.

해설

아마인유는 요오드값이 높은 건성유에 해당하며 건성유는 자연발화의 위험성이 높아 섬유 등에 흡수된 상태로 방치하면 자연발화가 발생할 수 있으므로 주의해야 한다.

56 빈출

「위험물안전관리법령」상 제5류 위험물 중 질산에스터류(질산에스테르류)에 해당하는 것은?

① 나이트로벤젠(니트로벤젠)
② 나이트로(니트로)셀룰로오스
③ 트리나이트로(니트로)페놀
④ 트리나이트로(니트로)톨루엔

해설

질산에스터류(질산에스테르류)는 질산의 수소원자를 알킬기 등으로 치환한 화합물의 총칭으로 질산메틸, 질산에틸, 나이트로(니트로)셀룰로오스, 나이트로(니트로)글리콜 등이 해당한다.

오답해설

① 나이트로벤젠(니트로벤젠)은 제4류 위험물 중 제3석유류이다.
③, ④ 트리나이트로(니트로)페놀, 트리나이트로(니트로)톨루엔은 제5류 위험물 중 나이트로화합물(니트로화합물)이다.

57

옥내저장소에서 위험물 용기를 겹쳐 쌓는 경우에 있어서 제4류 위험물 중 제3석유류만을 수납하는 용기를 겹쳐 쌓을 수 있는 높이는 최대 몇 m인가?

① 3
② 4
③ 5
④ 6

해설

옥내저장소에서 위험물 용기를 겹쳐 쌓는 경우 제4류 위험물 중 제3석유류, 제4석유류 및 동식물유류를 수납하는 용기만을 겹쳐 쌓을 수 있는 높이는 최대 4m이다.

58 빈출

연면적이 1,000m²이고 외벽이 내화구조인 위험물취급소의 소화설비 소요단위는 얼마인가?

① 5
② 10
③ 20
④ 100

해설

제조소 또는 취급소용 건축물로서 외벽이 내화구조로 된 것에 있어서는 연면적 100m²를 소요단위 1단위로 한다. 따라서 연면적이 1,000m²이고 외벽이 내화구조인 위험물취급소의 소화설비 소요단위는 $\frac{1,000}{100}=10$이다.

59

다음 중 물에 대한 용해도가 가장 낮은 물질은?

① $NaClO_3$
② $NaClO_4$
③ $KClO_4$
④ NH_4ClO_4

해설

과염소산칼륨($KClO_4$)은 비수용성 물질이고, 나머지 물질은 물에 녹는다.

60

다음 중 메탄올의 연소범위에 가장 가까운 것은?

① 약 1.4 ~ 5.6vol%
② 약 7.3 ~ 50vol%
③ 약 20.3 ~ 66vol%
④ 약 42.0 ~ 77vol%

해설

메탄올의 연소범위는 6.0~50vol%이므로 가장 가까운 ②를 고른다.

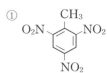

1과목 **일반화학**

01

벤젠의 유도체인 TNT의 구조식을 옳게 나타낸 것은?

①
$$O_2N \overset{CH_3}{\underset{NO_2}{\bigcirc}} NO_2$$

②
$$NO_2 \overset{OH}{\underset{NO_2}{\bigcirc}} NO_2$$

③
$$O_2N \overset{NH_2}{\underset{NO_2}{\bigcirc}} NO_2$$

④
$$O_2N \overset{SO_3H}{\underset{NO_2}{\bigcirc}} NO_2$$

해설

트리나이트로(니트로)톨루엔(TNT) $[C_6H_2CH_3(NO_2)_3]$의 구조식

$$O_2N \overset{CH_3}{\underset{NO_2}{\bigcirc}} NO_2$$

02 빈출

$K_2Cr_2O_7$에서 Cr의 산화수는?

① +2   ② +4

③ +6   ④ +8

해설

$K_2Cr_2O_7$은 화합물이다.

산화수를 계산하면 K의 산화수: +1, Cr의 산화수: x, O의 산화수: −2

이다.

K원소 2개의 산화수 + Cr원소 2개의 산화수 + O원소 7개의 산화수 = 0

이다.

$(+1 \times 2) + (x \times 2) + (-2 \times 7) = 0$

∴ $x = +6$

03

다음 중 기하 이성질체가 존재하는 것은?

① C_5H_{12} ② $CH_3CH{=}CHCH_3$

③ C_3H_7Cl ④ $CH{\equiv}CH$

해설

부텐($CH_3CH{=}CHCH_3$)에는 Cis(시스형), Trans(트랜스형)의 두 가지의 기하 이성질체가 존재한다.

기하 이성질체: 이중결합을 하고 있는 탄소 원자에 결합된 원자나 작용기의 위치에 따라 Cis(시스형), Trans(트랜스형)의 두 가지 이성질체를 기하 이성질체라 한다.

$\underset{H}{\overset{H_3C}{>}}C{=}C\underset{H}{\overset{CH_3}{<}}$	$\underset{H}{\overset{H_3C}{>}}C{=}C\underset{CH_3}{\overset{H}{<}}$
$cis-2-butene$	$trans-2-butene$

04 빈출

우유의 pH는 25℃에서 6.4이다. 우유 속의 수소이온농도는?

① $1.98 \times 10^{-7}M$ ② $2.98 \times 10^{-7}M$

③ $3.98 \times 10^{-7}M$ ④ $4.98 \times 10^{-7}M$

해설

pH = $-\log[H^+]$로 정의되므로([H^+] = 수소이온농도) pH = 6.4를 식에 대입하여 [H^+]를 구할 수 있다.

$6.4 = -\log[H^+]$

$[H^+] = 10^{-6.4} = 3.98 \times 10^{-7}M$

05

다음 화합물 가운데 환원성이 없는 것은?

① 젖당   ② 과당

③ 설탕   ④ 엿당

해설

종류	분자식	이름	가수분해 생성물	환원성
단당류	$C_6H_{12}O_6$	포도당 과당 갈락토오스	가수분해되지 않는다.	있음
이당류	$C_{12}H_{22}O_{11}$	설탕 맥아당(엿당) 젖당	포도당+과당 포도당+포도당 포도당+갈락토오스	없음 있음 있음
다당류 (비당류)	$(C_6H_{10}O_5)_n$	녹말 셀룰로오스 글리코겐	포도당 포도당 포도당	없음

06

주기율표에서 제2주기에 있는 원소 성질 중 왼쪽에서 오른쪽으로 갈수록 감소하는 것은?

① 원자핵의 하전량   ② 원자의 전자의 수
③ 원자반지름   ④ 전자껍질의 수

해설

같은 주기에서 원자번호가 증가함에 따라 증가하는 것은 전자친화도, 전기음성도, 비금속성 등이다. 원자반지름은 같은 주기에서 원자번호가 증가함에 따라 감소한다.

07

95wt% 황산의 비중은 1.84이다. 이 황산의 몰농도는 약 얼마인가?

① 4.5   ② 8.9
③ 17.8   ④ 35.6

해설

비중이 1.84이므로 95wt% 황산용액 1L의 무게는 1.84kg이다.
95wt%의 황산이므로 황산용액 중 순수 황산은 $1.84 \times 0.95 = 1.748$kg만큼 들어 있다.
황산의 분자량은 98kg/kmol이므로 황산 1.748kg의 몰수는 $1.748 \times \frac{1}{98}$
$= 0.0178$kmol$= 17.8$mol이다.
따라서 황산용액 1L 안에 순수한 황산이 17.8mol 녹아 있고 몰농도는 용액 1L 안에 녹아 있는 용질의 몰수로 정의되므로 이 황산의 몰농도는 17.8M이다.

08 빈출

다음 pH 값에서 알칼리성이 가장 큰 것은?

① pH=1   ② pH=6
③ pH=8   ④ pH=13

해설

pH지수의 값이 클수록 알칼리성이 강해진다.

09

20개의 양성자와 20개의 중성자를 가지고 있는 것은?

① Zr   ② Ca
③ Ne   ④ Zn

해설

양성자수=원자번호이다. 즉 20개의 양성자를 가지고 있는 원소는 원자번호 20번인 Ca(칼슘)이다.

10

물 450g에 NaOH 80g이 녹아 있는 용액에서 NaOH의 몰분율은? (단, Na의 원자량은 23이다.)

① 0.074   ② 0.178
③ 0.200   ④ 0.450

해설

물(H_2O)의 분자량은 1mol당 18g이므로 물 450g의 몰수는 25mol이다.
NaOH의 분자량은 1mol당 40g이므로 NaOH 80g의 몰수는 2mol이다.
따라서 NaOH의 몰분율은 $\frac{2}{2+25} = 0.074$

11

다음 물질 중 동소체의 관계가 아닌 것은?

① 흑연과 다이아몬드
② 산소와 오존
③ 수소와 중수소
④ 황린과 적린

해설

수소와 중수소는 동소체가 아닌 동위원소 관계이다.
동소체: 같은 원소로 되어 있으나 모양과 성질이 다른 홑원소 물질이다.
동위원소: 원자번호는 같은데 질량이 다른 원소이다.

12

헥산(C_6H_{14})의 구조이성질체의 수는 몇 개인가?

① 3개
② 4개
③ 5개
④ 9개

해설

구조이성질체는 분자식은 동일하지만 원자 사이의 결합의 관계가 다른 것이다.
헥산의 구조이성질체는 5개이다.

13

다음과 같은 반응에서 평형을 왼쪽으로 이동시킬 수 있는 조건은?

$$A_2(g)+2B_2(g) \rightleftarrows 2AB_2(g)+열$$

① 압력감소, 온도감소
② 압력증가, 온도증가
③ 압력감소, 온도증가
④ 압력증가, 온도감소

해설

보기의 반응은 정반응이 발열반응이며 압력이 감소(기체의 몰수가 감소)하는 반응이다.
온도를 높이면 증가된 열량을 흡수하기 위해 흡열하는 반응 쪽으로 반응이 진행된다.
압력을 감소시키면 감소된 압력(부피, 분자수)을 증가하는 방향으로 반응이 진행된다.(기체일 때만)

14 고난도

이상기체상수 R 값이 0.082라면 그 단위로 옳은 것은?

① $\dfrac{atm \cdot mol}{L \cdot K}$
② $\dfrac{mmHg \cdot mol}{L \cdot K}$
③ $\dfrac{atm \cdot L}{mol \cdot K}$
④ $\dfrac{mmHg \cdot L}{mol \cdot K}$

해설

이상기체상태방정식 $PV=nRT$에서 이상기체상수 $R=\dfrac{PV}{nT}$이고, 값이 0.082일 때 단위는 $\dfrac{atm \cdot L}{mol \cdot K}$이다.

15

다음 할로젠족(할로겐족) 분자 중 수소와의 반응성이 가장 높은 것은?

① Br_2
② F_2
③ Cl_2
④ I_2

해설

할로젠족(할로겐족) 분자의 반응성: $F_2 > Cl_2 > Br_2 > I_2$

16

NaOH 1g이 250mL 메스플라스크에 녹아 있을 때 NaOH 수용액의 농도는?

① 0.1N
② 0.3N
③ 0.5N
④ 0.7N

해설

NaOH의 분자량=40g/mol

NaOH 1g의 몰수=$\dfrac{1g}{40g/mol}$=0.025mol

몰농도=$\dfrac{용질\ mol수}{용액\ L수}=\dfrac{0.025mol}{0.250L}$=0.1M

NaOH는 OH^-가 1개이므로 몰농도(M)와 노르말농도(N)가 같다.

17 고난도

방사능 붕괴의 형태 중 $^{226}_{88}Ra$이 α 붕괴할 때 생기는 원소는?

① $^{222}_{86}Rn$ ② $^{232}_{90}Th$

③ $^{231}_{91}Pa$ ④ $^{238}_{92}U$

해설

α 붕괴가 일어나면 원자번호는 2 감소, 질량은 4 감소한다.

$^{226}_{88}Ra \rightarrow \,^{222}_{86}Rn + \,^{4}_{2}He$

18

pH=9인 수산화나트륨 용액 100mL 속에는 나트륨 이온이 몇 개 들어 있는가? (단, 아보가드로수는 6.02×10^{23}이다.)

① 6.02×10^9개   ② 6.02×10^{17}개

③ 6.02×10^{18}개   ④ 6.02×10^{21}개

해설

수산화나트륨(NaOH)이 물에 해리되면 Na^+이온과 OH^-이온이 되며 생성되는 이온의 개수는 같다. 그러므로 나트륨 이온의 수는 수용액의 OH^-이온의 수를 구하면 된다.

pH+pOH=14에서 pOH는 5이고 pOH=$-log[OH^-]$이다.

$5 = -log[OH^-]$를 풀면 $[OH^-] = 1.0 \times 10^{-5}M$

농도가 $1.0 \times 10^{-5}M$의 의미는 용액 1L에 1.0×10^{-5}몰의 OH^-이온이 들어 있다는 것이므로 100mL에는 1.0×10^{-6} 몰의 OH^-이온이 들어 있다.

1몰은 6.02×10^{23}개이므로 나트륨 이온의 개수는 다음과 같다.

$(6.02 \times 10^{23}) \times (1.0 \times 10^{-6}) = 6.02 \times 10^{17}$개이다.

19 빈출

다음 반응식에서 산화된 성분은?

$$MnO_2 + 4HCl \rightarrow MnCl_2 + 2H_2O + Cl_2$$

① Mn   ② O

③ H   ④ Cl

해설

산화: 산소를 얻음/수소를 잃음/전자를 잃음/산화수 증가

환원: 산소를 잃음/수소를 얻음/전자를 얻음/산화수 감소

Mn: 반응 후 산소를 잃었다. → 환원

Cl: 반응 후 수소를 잃었다. → 산화

즉 산화된 물질은 Cl이다.

20

1몰의 질소와 3몰의 수소를 촉매와 같이 용기 속에 밀폐하고 일정한 온도로 유지하였더니 반응물질의 50%가 암모니아로 변하였다. 이때의 압력은 최초 압력의 몇 배가 되는가? (단, 용기의 부피는 변하지 않는다.)

① 0.5   ② 0.75

③ 1.25   ④ 변하지 않는다.

해설

반응식: $N_2 + 3H_2 \rightarrow 2NH_3$

반응물질의 50퍼센트만 반응을 하였으므로 N_2 0.5mol, H_2 1.5mol이 반응하여 NH_3 1mol이 생성된다. 따라서 반응 후 최종 물질은 N_2 0.5mol, H_2 1.5mol, NH_3 1mol로 총 3mol이 존재한다.

처음 총 4mol의 분자가(1mol의 질소와 3mol의 수소) 반응 후 3mol이 되었고 기체의 압력은 기체 분자수에 비례하므로 기체의 압력은 처음 압력의 $\frac{3}{4} = 0.75$배가 될 것이다.

2과목　화재예방과 소화방법

21

다음 중 제6류 위험물의 안전한 저장·취급을 위해 주의할 사항으로 가장 타당한 것은?

① 가연물과 접촉시키지 않는다.

② 0℃ 이하에서 보관한다.

③ 공기와의 접촉을 피한다.

④ 분해방지를 위해 금속분을 첨가하여 저장한다.

해설

제6류 위험물(산화성 액체)의 저장 및 취급 시에는 물, 유기물, 가연물과의 접촉을 피하고 내산성 용기에 잘 밀봉하여 보관하여야 한다.

22

위험물제조소 등에 설치하는 이동식 불활성가스 소화설비의 소화약제 양은 하나의 노즐마다 몇 kg 이상으로 하여야 하는가?

① 30　　　　　　　② 50

③ 60　　　　　　　④ 90

해설

제조소 등에 설치하는 이동식 불활성가스 소화설비의 설치기준에 의하면 소화약제의 양은 하나의 노즐에 대하여 90kg 이상으로 하여야 한다.

23

열의 전달에 있어서 열전달 면적과 열전도도가 각각 2배로 증가한다면, 다른 조건이 일정한 경우 전도에 의해 전달되는 열의 양은 몇 배가 되는가?

① 0.5배　　　　　② 1배

③ 2배　　　　　　④ 4배

해설

전달되는 열의 양은 열전달 면적과 열전도도에 비례한다. 열전달 면적과 열전도도가 각각 2배가 되었으므로 총 열전달량은 4배가 될 것이다.

24

고체가연물의 일반적인 연소형태에 해당하지 않는 것은?

① 등심연소　　　　② 증발연소

③ 분해연소　　　　④ 표면연소

해설　**고체의 연소형태**

표면연소, 분해연소, 증발연소, 자기연소

25 빈출

물을 소화약제로 사용하는 가장 큰 이유는?

① 물은 가연물과 화학적으로 결합하기 때문

② 물은 분해되어 질식성 가스를 방출하므로

③ 물은 기화열이 커서 냉각 능력이 크기 때문에

④ 물은 산화성이 강하기 때문에

해설

물을 소화약제로 널리 사용하는 이유는 비열과 기화열이 커서 냉각 효과가 우수하며, 구하기가 용이하고 운송이 편하기 때문이다.

26 빈출

「위험물안전관리법령」에서 정한 다음의 소화설비 중 능력단위가 가장 큰 것은?

① 팽창진주암 160L(삽 1개 포함)

② 수조 80L(소화전용 물통 3개 포함)

③ 마른 모래 50L(삽 1개 포함)

④ 팽창질석 160L(삽 1개 포함)

해설　**소화설비의 능력단위**

소화설비	용량	능력단위
소화전용(轉用) 물통	8L	0.3
수조(소화전용 물통 3개 포함)	80L	1.5
수조(소화전용 물통 6개 포함)	190L	2.5
마른 모래(삽 1개 포함)	50L	0.5
팽창질석 또는 팽창진주암(삽 1개 포함)	160L	1.0

27

'Halon 1301'에서 각 숫자가 나타내는 것을 틀리게 표시한 것은?

① 첫째자리 숫자 '1' - 탄소의 수
② 둘째자리 숫자 '3' - 불소의 수
③ 셋째자리 숫자 '0' - 아이오딘(요오드)의 수
④ 넷째자리 숫자 '1' - 브로민(브롬)의 수

해설
Halon 1301에서 각 숫자는 앞에서부터 C, F, Cl, Br의 개수를 의미한다.

28 고난도

메탄올에 대한 설명으로 틀린 것은?

① 무색투명한 액체이다.
② 완전 연소하면 CO_2와 H_2O가 생성된다.
③ 비중 값이 물보다 작다.
④ 산화하면 포름산을 거쳐 최종적으로 포름알데하이드(포름알데히드)가 된다.

해설
메탄올은 산화하면 포름알데하이드(포름알데히드)를 거쳐 최종적으로 포름산이 된다.

$$CH_3OH \xrightarrow{\text{산화}} HCHO \xrightarrow{\text{산화}} HCOOH$$
(메탄올)　　　　　(포름알데하이드)　　　　　(포름산)

29 빈출

금속분의 화재 시 주수소화를 할 수 없는 이유는?

① 산소가 발생하기 때문에
② 수소가 발생하기 때문에
③ 질소가 발생하기 때문에
④ 이산화탄소가 발생하기 때문에

해설
금속분과 철분은 물과 반응하여 가연성인 수소를 생성하므로 주수소화를 할 수 없다.

30

가연물에 대한 일반적인 설명으로 옳지 않은 것은?

① 주기율표에서 0족의 원소는 가연물이 될 수 없다.
② 활성화 에너지가 작을수록 가연물이 되기 쉽다.
③ 산화 반응이 완결된 산화물은 가연물이 아니다.
④ 질소는 비활성 기체이므로 질소의 산화물은 존재하지 않는다.

해설
질소는 비활성 기체이지만 일산화질소(NO), 이산화질소(NO_2) 등 다양한 질소산화물이 존재한다.

31

제1종 분말소화약제의 소화효과에 대한 설명으로 가장 거리가 먼 것은?

① 열 분해시 발생하는 이산화탄소와 수증기에 의한 질식효과
② 열 분해시 흡열반응에 의한 냉각효과
③ H^+ 이온에 의한 부촉매 효과
④ 분말 운무에 의한 열방사의 차단효과

해설
제1종 분말소화약제($NaHCO_3$)는 나트륨염(Na_2CO_3)에 의한 부촉매 효과가 있다.

32 고난도

표준관입시험 및 평판재하시험을 실시하여야 하는 특정옥외저장탱크의 지반의 범위는 기초의 외측이 지표면과 접하는 선의 범위 내에 있는 지반으로서 지표면으로부터 깊이 몇 m 까지로 하는가?

① 10　　　　　　　　② 15
③ 20　　　　　　　　④ 25

해설
특정옥외저장탱크의 지반의 범위는 지표면으로부터 깊이 15m까지를 말한다.

33 빈출

「위험물안전관리법령」상 제2류 위험물 중 철분의 화재에 적응성이 있는 소화설비는?

① 물분무 소화설비
② 포 소화설비
③ 탄산수소염류 분말 소화설비
④ 할로젠화합물(할로겐화합물) 소화설비

> 해설
> 제2류 위험물 중 철분의 화재에는 탄산수소염류 분말 소화설비, 팽창질석 또는 팽창진주암, 마른 모래가 적응성이 있다.

34

주된 소화효과가 산소공급원의 차단에 의한 소화가 아닌 것은?

① 포소화기
② 건조사
③ CO_2 소화기
④ Halon 1211 소화기

> 해설
> Halon 1211 소화기의 주된 소화효과는 부촉매효과를 이용한 소화이다.

35 고난도

포 소화설비의 가압송수장치에서 압력수조의 압력 산출 시 필요 없는 것은?

① 낙차의 환산수두압
② 배관의 마찰손실수두압
③ 노즐선의 마찰손실수두압
④ 소방용 호스의 마찰손실수두압

> 해설
> 포 소화설비의 가압송수장치의 압력수조의 압력은 다음 식에 따라 산출한 수치 이상이 되도록 한다.
> $P = p_1 + p_2 + p_3 + p_4$
> P: 필요한 압력(MPa)
> p_1: 고정식 포 방출구의 설계압력 또는 이동식 포 소화설비 노즐방사압력(MPa)
> p_2: 배관의 마찰손실수두압(MPa)
> p_3: 낙차의 환산수두압(MPa)
> p_4: 이동식 포 소화설비의 소방용 호스의 마찰손실수두압(MPa)

36 빈출

「위험물안전관리법령」상 옥외소화전설비의 옥외소화전이 3개 설치되었을 경우 수원의 수량은 몇 m^3 이상이 되어야 하는가?

① 7
② 20.4
③ 40.5
④ 100

> 해설
> 수원의 수량은 옥외소화전의 설치개수(설치개수가 4개 이상인 경우는 4개의 옥외소화전)에 $13.5m^3$를 곱한 양 이상이 되도록 설치하여야 한다.
> 수원의 수량 $= 13.5 \times 3 = 40.5m^3$

37

알코올 화재 시 보통의 포 소화약제는 알코올형 포 소화약제에 비하여 소화효과가 낮다. 그 이유로서 가장 타당한 것은?

① 소화약제와 섞이지 않아서 연소면을 확대하기 때문에
② 알코올은 포와 반응하여 가연성가스를 발생하기 때문에
③ 알코올이 연료로 사용되어 불꽃의 온도가 올라가기 때문에
④ 수용성 알코올로 인해 포가 파괴되기 때문에

> 해설
> 알코올은 수용성으로 인하여 포를 파괴시키는 소포성이 있기 때문에 보통의 포 소화약제로는 소화효과가 좋지 않다.

38 고난도

위험물의 취급을 주된 작업내용으로 하는 다음의 장소에 스프링클러 설비를 설치할 경우 확보하여야 하는 1분당 방사밀도는 몇 L/m^2 이상이어야 하는가? (단, 내화구조의 바닥 및 벽에 의하여 2개의 실로 구획되고, 각 실의 바닥면적은 $500m^2$이다.)

- 취급하는 위험물: 제4류 위험물 중 제3석유류
- 위험물을 취급하는 장소의 바닥면적: $1,000m^2$

① 8.1   ② 12.2
③ 13.9   ④ 16.3

해설

제4류 위험물 중 제3석유류의 인화점은 70℃ 이상이고, 보기에서 위험물 취급장소의 각 실의 바닥면적이 $500m^2$라고 했으므로 아래 표에서 살수기준면적 465 이상에 해당한다.

스프링클러설비 설치 시 확보하여야 하는 방사밀도(살수기준면적)

살수기준면적(m^2)	방사밀도(L/m^2분)		비고
	인화점 38℃ 미만	인화점 38℃ 이상	
279 미만	16.3 이상	12.2 이상	살수기준면적은 내화구조의 벽 및 바닥으로 구획된 하나의 실의 바닥면적을 말하고, 하나의 실의 바닥면적이 $465m^2$ 이상인 경우의 살수기준면적은 $465m^2$로 한다. 다만, 위험물의 취급을 주된 작업내용으로 하지 아니하고 소량의 위험물을 취급하는 설비 또는 부분이 넓게 분산되어 있는 경우에는 방사밀도는 8.2L/m^2분 이상, 살수기준 면적은 $279m^2$ 이상으로 할 수 있다.
279 이상 372 미만	15.5 이상	11.8 이상	
372 이상 465 미만	13.9 이상	9.8 이상	
465 이상	12.2 이상	8.1 이상	

39 빈출

다음 중 소화약제가 아닌 것은?

① CF_3Br ② $NaHCO_3$
③ C_4F_{10} ④ N_2H_4

해설

N_2H_4(하이드라진, 히드라진)은 연료로 사용되는 액체 화학물질로 제4류 위험물 제2석유류에 해당하며 소화약제가 아니다.

오답해설

①, ③ 할로젠화합물(할로겐화합물) 소화약제이다.
② 제1종 분말소화약제이다.

40 빈출

「위험물안전관리법령」상 제6류 위험물에 적응성이 있는 소화설비는?

① 옥외소화전설비
② 불활성가스 소화설비
③ 할로젠화합물(할로겐화합물) 소화설비
④ 분말소화설비(탄산수소염류)

해설

제6류 위험물은 산화성 액체로 옥내소화전 또는 옥외소화전설비, 물분무소화설비, 포 소화설비 등이 적응성이 있다.
분말소화기 중 인산염류 소화기는 제6류 위험물에 적응성이 있지만, 탄산수소염류 소화기는 제6류 위험물에 적응성이 없다.

위험물의 성질과 취급

41

탄화칼슘이 물과 반응했을 때 반응식을 옳게 나타낸 것은?

① 탄화칼슘+물 → 수산화칼슘+수소
② 탄화칼슘+물 → 수산화칼슘+아세틸렌
③ 탄화칼슘+물 → 칼슘+수소
④ 탄화칼슘+물 → 칼슘+아세틸렌

해설

탄화칼슘과 물의 반응식: $CaC_2+2H_2O \rightarrow Ca(OH)_2+C_2H_2$
수산화칼슘 아세틸렌

42

다음 물질 중 증기비중이 가장 작은 것은?

① 이황화탄소
② 아세톤
③ 아세트알데하이드(아세트알데히드)
④ 다이에틸에터(디에틸에테르)

해설

증기비중은 대상 기체의 분자량을 공기의 평균분자량으로 나눠 구할 수 있는데 보기 물질들의 분자량은 다음과 같다.(C: 12, H: 1, O:16, S: 32)
① 이황화탄소 CS_2: 76
② 아세톤 CH_3COCH_3: 58
③ 아세트알데하이드(아세트알데히드) CH_3CHO: 44
④ 다이에틸에터(디에틸에테르) $C_2H_5OC_2H_5$: 74
따라서 분자량이 가장 작은 아세트알데하이드(아세트알데히드)가 증기비중이 가장 작다.

43 빈출

「위험물안전관리법령」에서 정한 위험물의 지정수량으로 틀린 것은?

① 적린: 100kg
② 황화인(황화린): 100kg
③ 마그네슘: 100kg
④ 금속분: 500kg

해설

마그네슘의 지정수량은 500kg이다.

44

위험물 지하탱크저장소의 탱크전용실 설치기준으로 틀린 것은?

① 철근콘크리트 구조의 벽은 두께 0.3m 이상으로 한다.
② 지하저장탱크와 탱크전용실의 안쪽과의 사이는 50cm 이상의 간격을 유지한다.
③ 철근콘크리트 구조의 바닥은 두께 0.3m 이상으로 한다.
④ 벽, 바닥 등에 적정한 방수 조치를 강구한다.

해설

지하저장탱크와 탱크전용실의 안쪽과의 사이는 0.1m 이상의 간격을 유지한다.
※ 옥내저장탱크와 탱크전용실 벽과의 사이는 0.5m 이상의 간격을 유지한다.

45

연소생성물로 이산화황이 생성되지 않는 것은?

① 황린
② 삼황화인(삼황화린)
③ 오황화인(오황화린)
④ 황

해설

황린의 연소생성물은 오산화인이다.
$P_4+5O_2 \rightarrow 2P_2O_5$

46

다음 중 인화점이 가장 낮은 것은?

① 실린더유 ② 가솔린
③ 벤젠 ④ 메틸알코올

해설

① 실린더유의 인화점: 200℃ 이상 250℃ 미만
② 가솔린의 인화점: −43℃ ~ −20℃
③ 벤젠의 인화점: −11℃
④ 메틸알코올의 인화점: 11℃

47

적린의 성상에 관한 설명 중 옳은 것은?

① 물과 반응하여 고열을 발생한다.
② 공기 중에 방치하면 자연발화한다.
③ 강산화제와 혼합하면 마찰·충격에 의해서 발화할 위험이 있다.
④ 이황화탄소, 암모니아 등에 매우 잘 녹는다.

해설

① 적린은 물과 반응하지 않는다.
② 적린은 공기 중에서 자연발화하지 않고, 황린이 공기 중에서 자연발화한다.
③ 적린은 제2류 위험물인 가연성 고체이기 때문에 산소를 함유한 강산화제와 혼합하면 위험성이 커진다.
④ 적린은 이황화탄소, 암모니아에 녹지 않고, 브로민화인(브롬화인)에 녹는다.

48 빈출

운반할 때 빗물의 침투를 방지하기 위하여 방수성이 있는 피복으로 덮어야 하는 위험물은?

① TNT ② 이황화탄소
③ 과염소산 ④ 마그네슘

해설

제2류 위험물 중 마그네슘, 금속분, 철분 또는 이들 중 어느 하나 이상을 함유한 물질은 방수성이 있는 피복으로 덮어야 한다.

49

제1류 위험물에 관한 설명으로 틀린 것은?

① 조해성이 있는 물질이 있다.
② 물보다 비중이 큰 물질이 많다.
③ 대부분 산소를 포함하는 무기화합물이다.
④ 분해하여 방출된 산소에 의해 자체 연소한다.

해설

제1류 위험물은 산화성 고체로 자신은 불연성 물질이고, 분해 시 산소를 방출하여 다른 물질의 연소를 돕는 조연성 물질이다.

50 빈출

「위험물안전관리법령」상 과산화수소가 제6류 위험물에 해당하는 농도 기준으로 옳은 것은?

① 36wt% 이상 ② 36vol% 이상
③ 1.49wt% 이상 ④ 1.49vol% 이상

해설

제6류 위험물에 해당하는 과산화수소는 36wt% 이상의 것을 말한다.

51

제4석유류를 저장하는 옥내탱크저장소의 기준으로 옳은 것은? (단, 단층건축물에 탱크전용실을 설치하는 경우이다.)

① 옥내저장탱크의 용량은 지정수량의 40배 이하일 것
② 탱크전용실은 벽, 기둥, 바닥, 보를 내화구조로 할 것
③ 탱크전용실에는 창을 설치하지 아니할 것
④ 탱크전용실에 펌프설비를 설치하는 경우에는 그 주위에 0.2m 이상의 높이로 턱을 설치할 것

해설

단층건물에 탱크전용실을 설치하는 경우 옥내저장탱크의 용량은 지정수량의 40배(제4석유류 및 동식물유류 외의 제4류 위험물에 있어서 당해 수량이 20,000L를 초과할 때에는 20,000L) 이하여야 한다.

오답해설

② 탱크전용실은 벽·기둥 및 바닥을 내화구조로 하고, 보를 불연재료로 한다.
③ 탱크전용실의 창 및 출입구에는 60분+방화문(갑종방화문) 또는 30분방화문(을종방화문)을 설치한다.
④ 단층건물 외의 장소에 설치할 때에 해당되는 기준이다.

52 빈출

「위험물안전관리법령」에 따른 제4류 위험물 중 제1석유류에 해당하지 않는 것은?

① 등유
② 벤젠
③ 메틸에틸케톤
④ 톨루엔

해설

등유는 제2석유류에 해당한다.

53 빈출

다음 중 물과 반응하여 산소를 발생하는 것은?

① $KClO_3$
② Na_2O_2
③ $KClO_4$
④ CaC_2

해설

금속의 과산화물은 물과 반응하여 산소를 발생시킨다.

$2Na_2O_2 + 2H_2O \rightarrow 4NaOH + O_2 \uparrow$

오답해설

①, ③ 제1류 위험물이고 물과 반응하지 않는다.
④ 제3류 위험물이고 물과 반응하여 아세틸렌 가스(C_2H_2)를 발생시킨다.
$CaC_2 + 2H_2O \rightarrow Ca(OH)_2 + C_2H_2 \uparrow$

54

벤젠에 대한 설명으로 틀린 것은?

① 물보다 비중값이 작지만, 증기비중 값은 공기보다 크다.
② 공명구조를 가지고 있는 포화탄화수소이다.
③ 연소 시 검은 연기가 심하게 발생한다.
④ 겨울철에 응고된 고체 상태에서도 인화의 위험이 있다.

해설

벤젠은 고리모양 탄화수소에 해당하며, 공명구조를 가지고 있는 불포화탄화수소이다.

55 고난도

나이트로소화합물(니트로소화합물)의 성질에 관한 설명으로 옳은 것은?

① −NO 기를 가진 화합물이다.
② 나이트로기(니트로기)를 3개 이하로 가진 화합물이다.
③ −NO_2 기를 가진 화합물이다.
④ N=N기를 가진 화합물이다.

해설

① 나이트로소화합물(니트로소화합물)은 −NO기(나이트로소기, 니트로소기)를 가진 화합물이다.
② 나이트로소화합물(니트로소화합물)은 나이트로기(니트로기)를 가지고 있지 않다.
③ −NO_2기(나이트로기, 니트로기)를 가진 화합물은 나이트로화합물(니트로화합물)이다.
④ N＝N기(아조기)를 가진 화합물은 아조화합물이다.

56 빈출

인화칼슘이 물 또는 염산과 반응하였을 때 공통적으로 생성되는 물질은?

① $CaCl_2$
② $Ca(OH)_2$
③ PH_3
④ H_2

해설

인화칼슘(Ca_3P_2)과 염산의 반응: $Ca_3P_2 + 6HCl \rightarrow 3CaCl_2 + 2PH_3$
인화칼슘(Ca_3P_2)과 물의 반응: $Ca_3P_2 + 6H_2O \rightarrow 3Ca(OH)_2 + 2PH_3$
두 반응에서 공통적으로 포스핀(PH_3)이 생성된다.

57 빈출

질산나트륨 90kg, 황(유황) 70kg, 클로로벤젠 2,000L 각각의 지정수량의 배수의 총합은?

① 2 ② 3
③ 4 ④ 5

해설

질산나트륨 – 제1류 위험물 중 질산염류: 지정수량 300kg

황(유황) – 제2류 위험물: 지정수량 100kg

클로로벤젠 – 제4류 위험물 중 제2석유류의 비수용성: 지정수량 1,000L

따라서 지정수량의 배수의 총합은 다음과 같다.

$$\frac{90}{300} + \frac{70}{100} + \frac{2,000}{1,000} = 3$$

58

외부에서 산소의 공급이 없어도 연소하는 물질이 아닌 것은?

① 알루미늄의 탄화물
② 과산화벤조일
③ 유기과산화물
④ 질산에스터류(질산에스테르류)

해설

알루미늄의 탄화물은 제3류 위험물로 외부의 산소공급 없이 연소하는 물질이 아니다.

외부의 산소공급이 없어도 연소하는 물질은 자기반응성 물질(제5류 위험물)로 과산화벤조일, 유기과산화물, 질산에스터류(질산에스테르류)이다.

59

위험물 제조소의 배출설비의 배출능력은 1시간당 배출장소 용적의 몇 배 이상인 것으로 해야 하는가? (단, 전역방식의 경우는 제외한다.)

① 5 ② 10
③ 15 ④ 20

해설

제조소 배출설비의 배출능력은 1시간당 배출장소 용적의 20배 이상인 것으로 해야 한다.

60

동식물유류의 일반적인 성질로 옳은 것은?

① 자연발화의 위험은 없지만 점화원에 의해 쉽게 인화한다.
② 대부분 비중 값이 물보다 크다.
③ 인화점이 100℃보다 높은 물질이 많다.
④ 요오드값이 50 이하인 건성유는 자연발화 위험이 높다.

해설

① 동식물유류 중 건성유는 자연발화의 위험이 크다.
② 동식물유류 대부분은 비중 값이 물보다 작다.
③ 동식물유류는 인화점이 섭씨 250도 미만인 것으로 분류된다.
④ 건성유의 요오드값은 130 이상이다.

2018년 3회

에듀윌이
너를
지지할게

ENERGY

인생에 새로운 시도가 없다면 결코 실패하지 않습니다.
단 한 번도 실패하지 않은 인생은
결코 새롭게 시도해 보지 않았기 때문입니다.

– 조정민, 『인생은 선물이다』, 두란노

PART

02

실전
모의고사

최근 7개년 기출문제를 반복해서 풀어본 후 실전 모의고사를 통해 마지막으로 실력을 점검
하여 부족한 부분을 찾아 마무리하는 것이 좋습니다. 에듀윌 위험물산업기사 필기 실전 모
의고사는 기출문제와 최신 출제경향을 분석하여 실제 시험에 나올 수 있는 문제로 구성되어
있습니다. 시간을 측정하여 실제 시험을 본다는 생각으로 모의고사를 풀어보면 큰 도움이
됩니다.

※ QR코드를 통해 자동채점 및 성적분석 서비스를 이용할 수 있습니다.

출제경향 완벽 분석
실전 모의고사 3회분

제 1 회   실전 모의고사

1과목 물질의 물리·화학적 성질

01

고체상의 물질이 액체상과 평형에 있을 때의 온도와 액체의 증기압과 외부 압력이 같게 되는 온도를 각각 옳게 표시한 것은?

① 끓는점과 어는점
② 전이점과 끓는점
③ 어는점과 끓는점
④ 용융점과 어는점

02

다음 화합물 중 수용액에서 산성의 세기가 가장 큰 것은?

① HF
② HCl
③ HBr
④ HI

03

물을 전기분해하여 표준상태 기준으로 산소 22.4L를 얻는 데 소요되는 전기량은 몇 F인가?

① 1
② 2
③ 4
④ 8

04

물 2.5L 중에 어떤 불순물이 10mg 함유되어 있다면 약 몇 ppm으로 나타낼 수 있는가?

① 0.4
② 1
③ 4
④ 40

05

반투막을 이용해서 콜로이드 입자를 전해질이나 작은 분자로부터 분리 정제하는 것을 무엇이라 하는가?

① 틴들
② 브라운 운동
③ 투석
④ 전기 영동

06

다음 물질 중 수용액에서 약한 산성을 나타내며 염화제이철 수용액과 정색반응을 하는 것은?

① NH₂

② OH

③ NO₂

④ Cl

07

다음 금속들 중에서 황산아연 수용액 속에 넣어 아연을 분리시킬 수 있는 것은?

① 철   ② 칼슘
③ 니켈   ④ 구리

08

다음 작용기 중에서 메틸(methyl)기에 해당하는 것은?

① $-C_2H_5$ ② $-COCH_3$
③ $-NH_2$ ④ $-CH_3$

09

NaOH 0.0016N에 해당하는 염기의 pH 값은?

① 2.8   ② 3.2
③ 10.28   ④ 11.2

10

t℃에서 수소와 아이오딘(요오드)이 다음과 같이 반응하고 있을 때에 대한 설명 중 틀린 것은? (단, 정반응만 일어나고, 정반응속도식은 $V_1=K_1[H_2][I_2]$이다.)

$$H_2(g)+I_2(g) \rightarrow 2HI(g)$$

① K_1은 정반응의 속도상수이다.
② [ ]은 몰농도(mol/L)를 나타낸다.
③ $[H_2]$와 $[I_2]$는 시간이 흐름에 따라 감소한다.
④ 온도가 일정하면 시간이 흘러도 V_1은 변하지 않는다.

11

Li과 F를 비교 설명한 것 중 틀린 것은?

① Li은 F보다 전기전도성이 좋다.
② F는 Li보다 높은 1차 이온화 에너지를 갖는다.
③ Li의 원자반지름은 F보다 작다.
④ Li은 F보다 작은 전자친화도를 갖는다.

12

다음 물질 중 이온결합을 하고 있는 것은?

① 얼음   ② 흑연
③ 다이아몬드   ④ 염화나트륨

13

다음 중 방향족 화합물이 아닌 것은?

① 톨루엔 ② 아세톤
③ 크레졸 ④ 아닐린

16

알칸족 탄화수소의 일반식을 옳게 나타낸 것은?

① C_nH_{2n} ② C_nH_{2n+2}
③ C_nH_{2n+1} ④ C_nH_{2n-2}

14

ns^2np^5의 전자 구조를 가지지 않는 것은?

① F(원자번호 9) ② Cl(원자번호 17)
③ Se(원자번호 34) ④ I(원자번호 53)

17

다음 중 원자번호가 7인 질소와 같은 족에 해당되는 원소의 원자번호는?

① 15 ② 16
③ 17 ④ 18

15

다음 중 양쪽성 산화물에 해당하는 것은?

① NO_2 ② Al_2O_3
③ MgO ④ Na_2O

18

콜로이드 용액을 친수콜로이드와 소수콜로이드로 구분할 때 소수콜로이드에 해당하는 것은?

① 녹말 ② 아교
③ 단백질 ④ 수산화철(Ⅲ)

19
다음 중 물에 대한 소금의 용해가 물리적 변화라고 할 수 있는 근거로 가장 옳은 것은?

① 소금과 물이 결합한다.
② 용액이 증발하면 소금이 남는다.
③ 용액이 증발할 때 다른 물질이 생성된다.
④ 소금이 물에 녹으면 보이지 않게 된다.

20
표준상태를 기준으로 수소 2.24L가 염소와 완전히 반응했다면 생성된 염화수소의 부피는 몇 L인가?

① 2.24
② 4.48
③ 22.4
④ 44.8

2과목　화재예방과 소화방법

21
할로젠화물(할로겐화물) 소화약제의 구비조건으로 틀린 것은?

① 전기절연성이 우수할 것
② 공기보다 가벼울 것
③ 증발 잔유물이 없을 것
④ 인화성이 없을 것

22
고정식 포 소화설비의 포 방출구의 형태 중 고정지붕구조의 위험물탱크에 적합하지 않은 것은?

① 특형
② Ⅱ형
③ Ⅲ형
④ Ⅳ형

23
프로판 2m³가 완전연소할 때 필요한 이론 공기량은 약 몇 m³인가? (단, 공기 중 산소농도는 21vol%이다.)

① 23.81
② 35.72
③ 47.62
④ 71.43

24
물통 또는 수조를 이용한 소화가 공통적으로 적응성이 있는 위험물은 제 몇 류 위험물인가?

① 제2류 위험물
② 제3류 위험물
③ 제4류 위험물
④ 제5류 위험물

25

제1종 분말 소화약제가 1차 열분해되어 표준상태를 기준으로 10m³의 탄산가스가 생성되었다. 몇 kg의 탄산수소나트륨이 사용되었는가? (단, 나트륨의 원자량은 23이다.)

① 18.75 ② 37
③ 56.25 ④ 75

26

대한민국에서 C급 화재에 속하는 것은?

① 일반화재 ② 유류화재
③ 전기화재 ④ 금속화재

27

화학소방자동차가 갖추어야 하는 소화능력 기준으로 틀린 것은?

① 포 수용액 방사능력: 2,000L/min 이상
② 분말 방사능력: 35kg/s 이상
③ 이산화탄소 방사능력: 40kg/s 이상
④ 할로젠화합물 방사능력: 50kg/s 이상

28

분진폭발을 설명한 것으로 옳은 것은?

① 나트륨이나 칼륨 등이 수분을 흡수하면서 폭발하는 현상이다.
② 고체의 미립자가 공기 중에서 착화에너지를 얻어 폭발하는 현상이다.
③ 화약류가 산화열의 축적에 의해 폭발하는 현상이다.
④ 고압의 가연성 가스가 폭발하는 현상이다.

29

다음 중 소화약제의 구성성분으로 사용하지 않는 것은?

① 제1인산암모늄 ② 탄산수소나트륨
③ 황산알루미늄 ④ 인화알루미늄

30

건축물의 외벽이 내화구조로 된 제조소는 연면적 몇 m²를 1소요단위로 하는가?

① 50 ② 75
③ 100 ④ 150

31

이산화탄소를 이용한 질식소화에 있어서 아세톤의 한계산소농도(vol%)에 가장 가까운 것은?

① 15
② 18
③ 21
④ 25

32

올바른 소화기 사용법으로 가장 거리가 먼 것은?

① 적응화재에 사용할 것
② 바람을 등지고 사용할 것
③ 방출거리보다 먼 거리에서 사용할 것
④ 양 옆으로 비로 쓸 듯이 골고루 방사할 것

33

과산화나트륨의 화재 시 소화방법으로 다음 중 가장 적당한 것은?

① 포 소화약제
② 물
③ 마른 모래
④ 탄산가스

34

분말 소화약제 중 제1인산암모늄의 특징이 아닌 것은?

① 백색으로 착색되어 있다.
② 전기화재에 사용할 수 있다.
③ 유류화재에 사용할 수 있다.
④ 목재화재에 사용할 수 있다.

35

제6류 위험물의 소화방법으로 틀린 것은?

① 마른 모래로 소화한다.
② 환원성 물질을 사용하여 중화 · 소화한다.
③ 연소의 상황에 따라 분무주수도 효과가 있다.
④ 과산화수소 화재 시 다량의 물을 사용하여 희석소화할 수 있다.

36

공기포 발포배율을 측정하기 위해 중량 340g, 용량 1,800mL의 포 수집 용기에 가득히 포를 채취하여 측정한 용기의 무게가 540g이었다면 발포배율은? (단, 포 수용액의 비중은 1로 가정한다.)

① 3배
② 5배
③ 7배
④ 9배

37

연소이론에 관한 용어의 정의 중 틀린 것은?

① 발화점은 가연물을 가열할 때 점화원 없이 발화하는 최저의 온도이다.
② 연소점은 5초 이상 연소상태를 유지할 수 있는 최저의 온도이다.
③ 인화점은 가연성 증기를 형성하여 점화원이 가해졌을 때 가연성 증기가 연소범위 하한에 도달하는 최저의 온도이다.
④ 착화점은 가연물을 가열할 때 점화원 없이 발화하는 최고의 온도이다.

38

다음은 제4류 위험물에 해당하는 물품의 소화방법을 설명한 것이다. 소화효과가 가장 떨어지는 것은?

① 산화프로필렌: 알코올형 포로 질식소화한다.
② 아세트알데하이드(아세트알데히드): 수성막포를 이용하여 질식소화한다.
③ 이황화탄소: 탱크 또는 용기 내부에서 연소하고 있는 경우에는 물을 유입하여 질식소화한다.
④ 다이에틸에터(디에틸에테르): 이산화탄소 소화설비를 이용하여 질식소화한다.

39

물을 소화약제로 사용하는 장점이 아닌 것은?

① 구하기가 쉽다.
② 취급이 간편하다.
③ 기화잠열이 크다.
④ 피연소 물질에 대한 피해가 없다.

40

이동식 포 소화설비를 옥외에 설치하였을 때 방사량은 몇 L/min 이상으로 30분간 방사할 수 있는 양이어야 하는가?

① 100
② 200
③ 300
④ 400

3과목 | **위험물 성상 및 취급**

41

다음 중 제1석유류에 해당하는 것은?

① 휘발유
② 등유
③ 에틸알코올
④ 아닐린

42

다음 중 발화점이 가장 낮은 것은?

① 황린
② 황(유황)
③ 삼황화인(삼황화린)
④ 오황화인(오황화린)

43

아세톤과 아세트알데하이드(아세트알데히드)의 공통 성질에 대한 설명이 아닌 것은?

① 무취이며 휘발성이 강하다.
② 무색의 액체로 인화성이 강하다.
③ 증기는 공기보다 무겁다.
④ 물보다 가볍다.

44

과산화수소의 성질 및 취급방법에 대한 설명 중 틀린 것은?

① 햇빛에 의하여 분해된다.
② 인산, 요산 등의 분해방지 안정제를 넣는다.
③ 저장용기는 공기가 통하지 않게 마개로 꼭 막아둔다.
④ 에탄올에 녹는다.

45

다음 ( ) 안에 알맞은 수치는? (단, 인화점이 200℃ 이상인 위험물은 제외한다.)

> 옥외저장탱크의 지름이 15m 미만인 경우에 방유제는 탱크의 옆판으로부터 탱크 높이의 (   ) 이상 이격하여야 한다.

① $\dfrac{1}{3}$ ② $\dfrac{1}{2}$

③ $\dfrac{1}{4}$ ④ $\dfrac{2}{3}$

46

다음과 같이 위험물을 저장할 경우 각각의 지정수량 배수의 총합은 얼마인가?

> • 클로로벤젠 : 1,000L
> • 동식물유류 : 5,000L
> • 제4석유류 : 12,000L

① 2.5   ② 3.0
③ 3.5   ④ 4.0

47

과산화나트륨의 저장 및 취급방법에 대한 설명 중 틀린 것은?

① 물과 습기의 접촉을 피한다.
② 용기는 수분이 들어가지 않게 밀전 및 밀봉 저장한다.
③ 가열 및 충격·마찰을 피하고 유기물질의 혼입을 막는다.
④ 직사광선을 받는 곳이나 습한 곳에 저장한다.

48

금속칼륨의 성질에 대한 설명으로 옳은 것은?

① 화학적 활성이 강한 금속이다.
② 산화되기 어려운 금속이다.
③ 금속 중에서 가장 단단한 금속이다.
④ 금속 중에서 가장 무거운 금속이다.

49

다음 위험물 중 혼재가 가능한 위험물은?

① 과염소산칼륨-황린
② 질산메틸-경유
③ 마그네슘-알킬알루미늄
④ 탄화칼슘-나이트로(니트로)글리세린

50

지정수량에 따른 제4류 위험물 옥외탱크저장소 주위의 보유공지 너비의 기준으로 틀린 것은?

① 지정수량의 500배 이하 -3m 이상
② 지정수량의 500배 초과 1,000배 이하 -5m 이상
③ 지정수량의 1,000배 초과 2,000배 이하 -9m 이상
④ 지정수량의 2,000배 초과 3,000배 이하 -15m 이상

51

다음 화학구조식 중 나이트로벤젠(니트로벤젠)의 구조식은?

① NH₂

② NO₂

③ CH=CH₂

④ Cl

52

다음 위험물 중 인화점이 가장 낮은 것은?

① 이황화탄소
② 다이에틸에터(디에틸에테르)
③ 벤젠
④ 아세톤

53

알킬알루미늄을 저장하는 이동탱크저장소에 적용하는 기준으로 틀린 것은?

① 탱크는 두께 10mm 이상의 강판 또는 이와 동등 이상의 기계적 성질이 있는 재료로 기밀하게 제작한다.
② 탱크의 저장용량은 1,900L 미만이어야 한다.
③ 탱크의 배관 및 밸브 등은 탱크의 아랫부분에 설치하여야 한다.
④ 안전장치는 이동저장탱크 수압시험 압력의 3분의 2를 초과하고 5분의 4를 넘지 아니하는 범위의 압력으로 작동하여야 한다.

54

트리나이트로(니트로)톨루엔에 관한 설명 중 틀린 것은?

① TNT라고 한다.
② 피크린산에 비해 충격, 마찰에 둔감하다.
③ 물에 녹아 발열·발화한다.
④ 폭발 시 다량의 가스를 발생한다.

55

다음 중 물과 접촉시켰을 때 위험성이 가장 큰 것은?

① 황(유황)

② 다이크로뮴산칼륨(중크롬산칼륨)

③ 질산암모늄

④ 트리에틸알루미늄

56

지정수량 이상의 위험물을 차량으로 운반하는 경우 당해 차량에 표지를 설치하여야 한다. 다음 중 직사각형 표지규격으로 옳은 것은?

① 장변 길이: 0.6m 이상, 단변 길이: 0.3m 이상

② 장변 길이: 0.4m 이상, 단변 길이: 0.3m 이상

③ 가로, 세로 모두 0.3m 이상

④ 가로, 세로 모두 0.4m 이상

57

다음은 위험물의 성질에 대한 설명이다. 각 위험물에 대해 옳은 설명으로만 나열된 것은?

> A: 건조공기와 상온에서 반응한다.
> B : 물과 작용하면 가연성 가스를 발생한다.
> C : 물과 작용하면 수산화칼슘을 만든다.
> D : 비중이 1 이상이다.

① K: A, B, D

② Ca_3P_2: B, C, D

③ Na: A, C, D

④ CaC_2: A, B, D

58

탄화칼슘에서 아세틸렌가스가 발생하는 반응식으로 옳은 것은?

① $CaC_2 + 2H_2O \rightarrow Ca(OH)_2 + C_2H_2$

② $CaC_2 + H_2O \rightarrow CaO + C_2H_2$

③ $2CaC_2 + 6H_2O \rightarrow 2Ca(OH)_3 + 2C_2H_3$

④ $CaC_2 + 3HO_3 + 2CH_3$

59

아염소산나트륨의 성상에 관한 설명 중 잘못된 것은?

① 자신은 불연성이다.

② 불안정하여 180℃ 이상 가열하면 산소를 방출한다.

③ 수용액 상태에서도 강력한 환원력을 가지고 있다.

④ 티오황산나트륨, 다이에틸에터(디에틸에테르) 등과 혼합하면 폭발한다.

60

과산화수소의 운반용기의 외부에 표시해야 하는 주의사항은?

① 물기엄금

② 화기엄금

③ 가연물 접촉주의

④ 충격주의

1과목   물질의 물리 · 화학적 성질

01

Mg^{2+}와 같은 전자 배치를 가지는 것은?

① Ca^{2+} ② Ar

③ Cl$^-$ ④ F$^-$

02

다음 물질 중 비전해질인 것은?

① CH$_3$COOH   ② C$_2$H$_5$OH

③ NH$_4$OH   ④ HCl

03

염기성 산화물에 해당하는 것은?

① MgO   ② SnO

③ ZnO   ④ PbO

04

다음 합금 중 주요 성분으로 구리가 포함되지 않은 것은?

① 두랄루민   ② 문쯔메탈

③ 톰백   ④ 고속도강

05

염소산칼륨을 이산화망간을 촉매로 하여 가열하면 염화칼륨과 산소로 열분해된다. 표준상태를 기준으로 11.2L의 산소를 얻으려면 몇 g의 염소산칼륨이 필요한가? (단, 원자량은 K 39, Cl 35.5이다.)

① 30.63g   ② 40.83g

③ 61.25g   ④ 122.5g

06

다음 중 고체 유기물질을 정제하는 과정에서 이 물질이 순물질인지를 알아보기 위한 조사방법으로 가장 적합한 방법은 무엇인가?

① 육안 관찰   ② 녹는점 측정

③ 광학현미경 분석   ④ 전도도 측정

07

Rn은 α선 및 β선을 2번씩 방출하고 다음과 같이 변했다. 마지막 Po의 원자번호는 얼마인가? (단, Rn의 원자번호는 86, 원자량은 222이다.)

$$Rn \xrightarrow{\alpha} Po \xrightarrow{\alpha} Pb \xrightarrow{\beta} Bi \xrightarrow{\beta} Po$$

① 78   ② 81

③ 84   ④ 87

08

0.1N 아세트산 용액의 전리도가 0.01이라고 하면 이 아세트산 용액의 pH는?

① 0.5   ② 1

③ 1.5   ④ 3

09

20℃에서 설탕물 100g 중에 설탕 40g이 녹아 있다. 이 용액이 포화용액일 경우 용해도(g/H$_2$O 100g)는?

① 72.4   ② 66.7

③ 40   ④ 28.6

10

그레이엄의 법칙에 따른 기체의 확산속도와 분자량의 관계를 옳게 설명한 것은?

① 기체의 확산속도는 분자량의 제곱에 비례한다.

② 기체의 확산속도는 분자량의 제곱에 반비례한다.

③ 기체의 확산속도는 분자량의 제곱근에 비례한다.

④ 기체의 확산속도는 분자량의 제곱근에 반비례한다.

11

2차 알코올이 산화하면 무엇이 되는가?

① 알데하이드   ② 에테르

③ 카르복실산   ④ 케톤

12

가로 2cm, 세로 5cm, 높이 3cm인 직육면체 물체의 무게는 100g이었다. 이 물체의 밀도는 몇 g/cm³인가?

① 3.3   ② 4.3

③ 5.3   ④ 6.3

13

이상기체의 거동을 가정할 때, 표준상태에서의 기체 밀도가 약 1.96g/L인 기체는?

① O_2 ② CH_4
③ CO_2 ④ N_2

14

어떤 원자핵에서 양성자의 수가 3이고, 중성자의 수가 2일 때 질량수는 얼마인가?

① 1 ② 3
③ 5 ④ 7

15

프리델-크래프츠 반응을 나타내는 것은?

① $C_6H_6+3H_2 \xrightarrow{Ni} C_6H_{12}$

② $C_6H_6+CH_3Cl \xrightarrow{AlCl_3} C_6H_5CH_3+HCl$

③ $C_6H_6+Cl_2 \xrightarrow{Fe} C_6H_5Cl$

④ $C_6H_6+HONO_2 \xrightarrow{c-H_2SO_4} C_6H_5NO_2+H_2O$

16

황산구리(II) 수용액을 전기분해하는 과정에서 63.5g의 구리를 석출시키는 데 필요한 전기량은 몇 F인가? (단, Cu의 원자량은 63.5이다.)

① 0.635F ② 1F
③ 2F ④ 63.5F

17

P 43.7wt%와 O 56.3wt%로 구성된 화합물의 실험식으로 옳은 것은? (단, 원자량은 P 32, O 16이다.)

① P_2O_4 ② PO_3
③ P_2O_5 ④ PO_2

18

sp^3 혼성궤도함수를 구성하는 것은?

① BF_3 ② CH_4
③ PCl_5 ④ $BeCl_2$

19

산소 분자 1개의 질량을 구하기 위하여 필요한 것은?

① 아보가드로수와 원자가
② 아보가드로수와 분자량
③ 원자량과 원자번호
④ 질량수와 원자가

20

올레핀계 탄화수소에 해당하는 것은?

① CH_4
② $CH_2=CH_2$
③ $CH\equiv CH$
④ CH_3CHO

2과목　**화재예방과 소화방법**

21

위험물 화재가 발생하였을 경우 물과의 반응으로 인해 주수 소화가 적당하지 않은 것은?

① CH_3ONO_2
② $KClO_3$
③ Li_2O_2
④ P

22

제조소 등에 전기설비(전기배선, 조명기구 등은 제외함)가 설치된 장소의 바닥면적이 200m²인 경우 설치해야 하는 소형 수동식 소화기의 최소 개수는?

① 1개
② 2개
③ 3개
④ 4개

23

경유 50,000L의 소화설비 소요단위는?

① 3
② 4
③ 5
④ 6

24

벤젠과 톨루엔의 공통점이 아닌 것은?

① 물에 녹지 않는다.
② 냄새가 없다.
③ 휘발성 액체이다.
④ 증기는 공기보다 무겁다.

25
황린이 연소할 때 다량으로 발생하는 흰 연기는 무엇인가?

① P_2O_5 ② P_2O_7
③ PH_3 ④ P_4S_3

26
분말 소화약제로 사용되는 주성분에 해당하지 않는 것은?

① 탄산수소나트륨   ② 황산수소칼륨
③ 탄산수소칼륨   ④ 제1인산암모늄

27
옥외소화전설비의 옥외소화전이 3개 설치되었을 경우 수원의 수량은 몇 m³ 이상이 되어야 하는가?

① 7   ② 20.4
③ 40.5   ④ 100

28
옥외탱크저장소의 압력탱크 수압시험의 조건으로 옳은 것은?

① 최대상용압력의 1.5배의 압력으로 5분간 수압시험을 한다.
② 최대상용압력의 1.5배의 압력으로 10분간 수압시험을 한다.
③ 사용압력에서 15분간 수압시험을 한다.
④ 사용압력에서 20분간 수압시험을 한다.

29
주된 연소형태가 나머지 셋과 다른 하나는?

① 황(유황)   ② 코크스
③ 금속분   ④ 숯

30
제3종 분말 소화약제를 화재면에 방출 시 부착성이 좋은 막을 형성하여 연소에 필요한 산소의 유입을 차단하기 때문에 연소를 중단시킬 수 있다. 이러한 막을 구성하는 물질은?

① H_3PO_4 ② PO_4
③ HPO_3 ④ P_2O_5

31

펌프와 발포기의 중간에 설치된 벤츄리관의 벤츄리 작용과 펌프의 가압수의 포 소화약제 저장탱크에 대한 압력에 의하여 포 소화약제를 흡입, 혼합하는 방식은?

① 프레셔 프로포셔너
② 펌프 프로포셔너
③ 프레셔 사이드 프로포셔너
④ 라인 프로포셔너

32

「위험물안전관리법령」상 전기설비에 적응성이 없는 소화설비는?

① 포 소화설비
② 이산화탄소 소화설비
③ 할로젠화합물(할로겐화합물) 소화설비
④ 물분무 소화설비

33

자연발화방지법에 대한 설명 중 틀린 것은?

① 습도가 낮은 곳을 피할 것
② 저장실의 온도가 낮을 것
③ 퇴적 및 수납할 때 열이 축적되지 않을 것
④ 통풍이 잘 될 것

34

복합용도 건축물의 옥내저장소의 기준에서 옥내저장소의 용도에 사용되는 부분의 바닥면적은 몇 m² 이하로 하여야 하는가?

① 30
② 50
③ 75
④ 100

35

물의 특성 및 소화효과에 관한 설명으로 틀린 것은?

① 이산화탄소보다 기화잠열이 크다.
② 극성 분자이다.
③ 이산화탄소보다 비열이 작다.
④ 주된 소화효과가 냉각소화이다.

36

묽은 질산이 칼슘과 반응하면 발생하는 기체는?

① 산소
② 질소
③ 수소
④ 수산화칼슘

37

전역방출방식 분말 소화설비에 있어 분사헤드는 저장용기에 저장된 분말 소화약제량을 몇 초 이내에 균일하게 방사하여야 하는가?

① 15 ② 30
③ 45 ④ 60

38

「위험물안전관리법령」상 위험물 품명이 나머지 셋과 다른 것은?

① 메틸알코올 ② 에틸알코올
③ 이소프로필알코올 ④ 부틸알코올

39

제1석유류를 저장하는 옥외탱크저장소에 특형 포 방출구를 설치하는 경우에 방출률은 액표면적 1m²당 1분에 몇 리터 이상이어야 하는가?

① 9.5L ② 8.0L
③ 6.5L ④ 3.7L

40

위험물저장소 건축물의 외벽이 내화구조인 것은 연면적 얼마를 1소요단위로 하는가?

① 50m² ② 75m²
③ 100m² ④ 150m²

3과목　위험물 성상 및 취급

41

과염소산나트륨에 대한 설명 중 틀린 것은?

① 물에 녹는다.
② 산화제이다.
③ 열분해하여 염소를 방출한다.
④ 조해성이 있다.

42

비중이 1보다 큰 물질은?

① 이황화탄소
② 에틸알코올
③ 아세트알데하이드(아세트알데히드)
④ 테레핀유

43

위험물의 운반용기 외부에 수납하는 위험물의 종류에 따라 표시하는 주의사항을 옳게 연결한 것은?

① 염소산칼륨–물기주의
② 철분–물기주의
③ 아세톤–화기엄금
④ 질산–화기엄금

44

메틸알코올과 에틸알코올의 공통 성질이 아닌 것은?

① 무색투명한 휘발성 액체이다.
② 물에 잘 녹는다.
③ 비중이 물보다 작다.
④ 인체에 대한 유독성이 없다.

45

담황색 고체 위험물에 해당하는 것은?

① 나이트로(니트로)셀룰로오스
② 금속칼륨
③ 트리나이트로(니트로)톨루엔
④ 아세톤

46

다음 중 발화점이 가장 낮은 것은?

① 황(유황)
② 황린
③ 적린
④ 삼황화인(삼황화린)

47

초산에틸(아세트산에틸)의 성질에 대한 설명으로 틀린 것은?

① 물보다 가볍다.
② 끓는점이 약 77℃이다.
③ 비수용성이고, 제1석유류로 구분된다.
④ 무색, 무취의 투명한 액체이다.

48

그림과 같은 위험물을 저장하는 탱크의 내용적은 약 몇 m³인가? (단, r은 10m, l은 25m이다.)

① 3,612
② 4,712
③ 5,812
④ 7,854

49

가솔린에 대한 설명 중 틀린 것은?

① 수산화칼륨과 아이오딘포름(요오드포름) 반응을 한다.

② 휘발하기 쉽고 인화성이 크다.

③ 물보다 가벼우나 증기는 공기보다 무겁다.

④ 전기에 대하여 부도체이다.

50

다음 중 요오드가가 가장 큰 것은?

① 땅콩기름

② 해바라기 기름

③ 면실유

④ 아마인유

51

위험물 저장기준으로 틀린 것은?

① 이동탱크저장소에는 설치허가증을 비치하여야 한다.

② 지하저장탱크의 주된 밸브는 위험물을 넣거나 빼낼 때 외에는 폐쇄하여야 한다.

③ 아세트알데하이드(아세트알데히드)를 저장하는 이동저장탱크에는 탱크 안에 불활성 가스를 봉입하여야 한다.

④ 옥외저장탱크 주위에 설치된 방유제의 내부에 물이나 유류가 괴었을 경우에는 즉시 배출하여야 한다.

52

다음 중 인화점이 가장 높은 것은?

① $CH_3COOC_2H_5$

② CH_3OH

③ CH_3COOH

④ CH_3COCH_3

53

제4류 위험물을 저장하는 이동탱크저장소의 탱크용량이 19,000L일 때 탱크의 칸막이는 최소 몇 개를 설치해야 하는가?

① 2

② 3

③ 4

④ 5

54

피리딘에 대한 설명 중 틀린 것은?

① 액체이다.

② 물에 녹지 않는다.

③ 상온에서 인화의 위험이 있다.

④ 독성이 있다.

55

물과 접촉 시 동일한 가스를 발생하는 물질을 나열한 것은?

① 수소화알루미늄리튬, 금속리튬

② 탄화칼슘, 금속칼슘

③ 트리에틸알루미늄, 탄화알루미늄

④ 인화칼슘, 수소화칼슘

56

다음 ( ) 안에 알맞은 색상을 차례대로 나열한 것은?

> 이동저장탱크 차량의 전면 및 후면의 보기 쉬운 곳에 직사각
> 형판의 (   )바탕에 (   )의 반사도료로 '위험물'이
> 라고 표시하여야 한다.

① 백색−적색

② 백색−흑색

③ 황색−적색

④ 흑색−황색

57

과산화나트륨에 관한 설명 중 옳지 않은 것은?

① 가열하면 산소를 방출한다.

② 표백제, 산화제로 사용한다.

③ 아세트산과 반응하여 과산화수소가 발생된다.

④ 순수한 것은 엷은 녹색이지만 시판품은 진한 청색이다.

58

그림과 같은 타원형 탱크의 내용적은 약 몇 m³인가? (단, a: 8m, b: 6m, l_1: 2m, l: 16m, l_2: 2m이다.)

 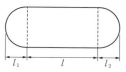

① 453

② 553

③ 653

④ 753

59

나이트로(니트로)글리세린에 대한 설명으로 틀린 것은?

① 순수한 것은 상온에서 무색, 투명한 액체이다.

② 순수한 것은 겨울철에 동결될 수 있다.

③ 메탄올에 녹는다.

④ 물보다 가볍다.

60

A 업체에서 제조한 위험물을 B 업체로 운반할 때 규정에 따른 운반용기에 수납하지 않아도 되는 위험물은?

① 덩어리 상태의 황(유황)

② 금속분

③ 삼산화크로뮴(삼산화크롬)

④ 염소산나트륨

2회 실전 모의고사

자동채점

제 3 회 실전 모의고사

01

어떤 금속(M) 8g을 연소시키니 11.2g의 산화물이 얻어졌다. 이 금속의 원자량이 140이라면 이 산화물의 화학식은?

① M_2O_3
② MO
③ MO_2
④ M_2O_7

02

다음 중 수용액에서 산성의 세기가 가장 작은 것은?

① HF
② HCl
③ HBr
④ HI

03

단백질에 관한 설명으로 틀린 것은?

① 펩티드 결합을 하고 있다.
② 뷰렛반응에 의해 노란색으로 변한다.
③ 아미노산의 연결체이다.
④ 체내 에너지 대사에 관여한다.

04

CO_2와 CO의 성질에 대한 설명 중 옳지 않은 것은?

① CO_2는 공기보다 무겁고, CO는 가볍다.
② CO_2는 붉은색 불꽃을 내며 연소한다.
③ CO는 파란색 불꽃을 내며 연소한다.
④ CO는 독성이 있다.

05

벤젠에 대한 설명으로 옳지 않은 것은?

① 정육각형의 평면구조로 120°의 결합각을 갖는다.
② 결합길이는 단일결합과 이중결합의 중간이다.
③ 공명혼성구조로 안정한 방향족화합물이다.
④ 이중결합을 가지고 있어 치환반응보다 첨가반응이 지배적이다.

06

다음 반응식을 이용하여 구한 $SO_2(g)$의 몰 생성열은?

$$S(s)+1.5O_2(g) \rightarrow SO_3(g) \ \Delta H^0=-94.5kcal$$
$$2SO_2(g)+O_2(g) \rightarrow 2SO_3(g) \ \Delta H^0=-47kcal$$

① $-71kcal$
② $-47.5kcal$
③ $71kcal$
④ $47.5kcal$

07

27℃에서 9g의 비전해질을 녹여 만든 900mL 용액의 삼투압은 3.84기압이었다. 이 물질의 분자량은 약 얼마인가?

① 18　　　　　　　　② 32

③ 44　　　　　　　　④ 64

08

$^{226}_{88}$Ra의 α붕괴 후 생성물은 어떤 물질인가?

① 금속원소　　　　　　② 비활성원소

③ 양쪽원소　　　　　　④ 할로젠(할로겐)원소

09

$CH_3COOH \rightarrow CH_3COO^- + H^+$의 반응식에서 전리평형상수 K는 다음과 같다. K값을 변화시키기 위한 조건으로 옳은 것은?

$$K = \frac{[CH_3COO^-][H^+]}{[CH_3COOH]}$$

① 온도를 변화시킨다.

② 압력을 변화시킨다.

③ 농도를 변화시킨다.

④ 촉매 양을 변화시킨다.

10

수산화칼슘에 염소가스를 흡수시켜 만드는 물질은?

① 표백분　　　　　　　② 칼슘

③ 염화수소　　　　　　④ 과산화망간

11

산소의 산화수가 가장 큰 것은?

① O_2　　　　　　　② $KClO_3$

③ H_2SO_4　　　　　④ H_2O_2

12

폴리염화비닐의 단위체와 합성법이 옳게 나열된 것은?

① $CH_2=CHCl$, 첨가중합

② $CH_2=CHCl$, 축합중합

③ $CH_2=CHCN$, 첨가중합

④ $CH_2=CHCN$, 축합중합

13

이온결합 물질의 일반적인 성질에 관한 설명 중 틀린 것은?

① 녹는점이 비교적 높다.
② 단단하며 부스러지기 쉽다.
③ 고체와 액체 상태에서 모두 도체이다.
④ 물과 같은 극성 용매에 용해되기 쉽다.

14

에탄올은 공업적으로 약 280℃, 300기압에서 에틸렌에 물을 첨가하여 얻어진다. 이때 사용되는 촉매는?

① H_2SO_4
② NH_3
③ HCl
④ $AlCl_3$

15

다음 중 $KMnO_4$의 Mn의 산화수는?

① +1
② +3
③ +5
④ +7

16

볼타전지에서 갑자기 전류가 약해지는 현상을 분극현상이라 한다. 이러한 분극현상을 방지해 주는 감극제로 사용되는 물질은?

① MnO_2
② $CuSO_4$
③ NaCl
④ $Pb(NO_3)_2$

17

25℃에서 다음 반응에 대하여 열역학적 평형상수 값이 7.13이었다. 이 반응에 대한 ΔG^0 값은 몇 kJ/mol인가? (단, 기체상수 R은 8.314J/mol · K이다.)

$$2NO_2(g) \rightleftarrows N_2O_4(g)$$

① 4.87
② −4.87
③ 9.74
④ −9.74

18

원자번호가 7인 질소와 같은 족에 해당되는 원소의 원자번호는?

① 15
② 16
③ 17
④ 18

19

다음 반응에서 Na^+ 이온의 전자배치와 동일한 전자배치를 갖는 원소는?

$$Na + 에너지 \rightarrow Na^+ + e^-$$

① He
② Ne
③ Mg
④ Li

20

주기율표에서 제2주기에 있는 원소 성질 중 왼쪽에서 오른쪽으로 갈수록 감소하는 것은?

① 원자핵의 하전량
② 원자가 전자의 수
③ 원자 반지름
④ 전자껍질의 수

2과목   화재예방과 소화방법

21

다음 중 지정수량 10배의 위험물을 운반할 때 혼재가 금지된 경우는?

① 제2류 위험물과 제4류 위험물
② 제2류 위험물과 제5류 위험물
③ 제3류 위험물과 제4류 위험물
④ 제3류 위험물과 제5류 위험물

22

표준상태에서 2kg의 이산화탄소가 모두 기체 상태의 소화약제로 방사될 경우 부피는 몇 m^3인가?

① 1.018
② 10.18
③ 101.8
④ 1,018

23

과산화수소의 화재예방 방법으로 틀린 것은?

① 암모니아와의 접촉은 폭발의 위험이 있으므로 피한다.
② 완전히 밀전, 밀봉하여 외부 공기와 차단한다.
③ 용기는 착색하여 직사광선이 닿지 않게 한다.
④ 분해를 막기 위해 분해방지 안정제를 사용한다.

24

주된 연소형태가 분해연소인 것은?

① 금속분
② 황(유황)
③ 목재
④ 피크르산

25

톨루엔의 화재에 적응성이 있는 소화방법이 아닌 것은?

① 무상수(霧狀水) 소화기에 의한 소화
② 무상강화액 소화기에 의한 소화
③ 포 소화기에 의한 소화
④ 할로젠화합물 소화기에 의한 소화

3회 실전모의고사

26

Halon 1301, Halon 1211, Halon 2402 중 상온, 상압에서 액체 상태인 Halon 소화약제로만 나열된 것은?

① Halon 1211

② Halon 2402

③ Halon 1301, Halon 1211

④ Halon 2402, Halon 1211

27

「위험물안전관리법령」상 제3류 위험물 중 금수성 물질에 적응성이 있는 소화기는?

① 할로젠화합물(할로겐화합물) 소화기

② 인산염류분말 소화기

③ 이산화탄소 소화기

④ 탄산수소염류분말 소화기

28

옥내소화전설비의 비상전원은 자가발전설비 또는 축전지설비로 옥내소화전설비를 유효하게 몇 분 이상 작동할 수 있어야 하는가?

① 10분   ② 20분

③ 45분   ④ 60분

29

인화성 액체의 화재에 해당하는 것은?

① A급 화재   ② B급 화재

③ C급 화재   ④ D급 화재

30

클로로벤젠 300,000L의 소요단위는 얼마인가?

① 20   ② 30

③ 200   ④ 300

31

표준관입시험 및 평판재하시험을 실시하여야 하는 특정옥외저장탱크의 지반의 범위는 기초의 외측이 지표면과 접하는 선의 범위 내에 있는 지반으로서 지표면으로부터 깊이 몇 m까지로 하는가?

① 10   ② 15

③ 20   ④ 25

32

제3종 분말 소화약제가 열분해될 때 생성되는 물질로서 목재, 섬유 등을 구성하고 있는 섬유소를 탈수 · 탄화시켜 연소를 억제하는 것은?

① CO_2 ② NH_3PO_4

③ H_3PO_4 ④ NH_3

33

다음 중 Ca_3P_2 화재 시 가장 적합한 소화방법은?

① 마른 모래로 덮어 소화한다.

② 봉상의 물로 소화한다.

③ 화학포 소화기로 소화한다.

④ 산 · 알칼리 소화기로 소화한다.

34

분말 소화기에 사용되는 소화약제 주성분이 아닌 것은?

① $NH_4H_2PO_4$　　　　② Na_2SO_4
③ $NaHCO_3$　　　　　④ $KHCO_3$

35

위험물의 운반용기 외부에 표시하여야 하는 주의사항에 '화기엄금'이 포함되지 않는 것은?

① 제1류 위험물 중 알칼리금속의 과산화물
② 제2류 위험물 중 인화성 고체
③ 제3류 위험물 중 자연발화성 물질
④ 제5류 위험물

36

「위험물안전관리법령」상 옥내소화전설비에 관한 기준에 대해 다음 (　) 안에 알맞은 수치를 옳게 나열한 것은?

옥내소화전설비는 각 층을 기준으로 하여 당해 층의 모든 옥내소화전(설치 개수가 5개 이상인 경우는 5개의 옥내소화전)을 동시에 사용할 경우에 각 노즐 선단의 방수압력이 (　㉠　)kPa 이상이고, 방수량이 1분당 (　㉡　)L 이상의 성능이 되도록 해야 한다.

① ㉠ 350, ㉡ 260　　② ㉠ 450, ㉡ 260
③ ㉠ 350, ㉡ 450　　④ ㉠ 450, ㉡ 450

37

트리에틸알루미늄이 습기와 반응할 때 발생되는 가스는?

① 수소　　　　　　② 아세틸렌
③ 에탄　　　　　　④ 메탄

38

제2류 위험물의 화재에 대한 일반적인 특징을 가장 옳게 설명한 것은?

① 연소속도가 빠르다.
② 산소를 함유하고 있어 질식소화는 효과가 없다.
③ 화재 시 자신이 환원되고 다른 물질을 산화시킨다.
④ 연소열이 거의 없어 초기 화재 시 발견이 어렵다.

39

이산화탄소 소화기에 대한 설명으로 옳은 것은?

① C급 화재에는 적응성이 없다.
② 다량의 물질이 연소하는 A급 화재에 가장 효과적이다.
③ 밀폐되지 않은 공간에서 사용할 때 가장 소화효과가 좋다.
④ 방출용 동력이 별도로 필요하지 않다.

40

「위험물안전관리법령」상 옥내소화전설비에 적응성이 있는 위험물의 유별로만 나열된 것은?

① 제1류 위험물, 제4류 위험물
② 제2류 위험물, 제4류 위험물
③ 제4류 위험물, 제5류 위험물
④ 제5류 위험물, 제6류 위험물

3과목   위험물 성상 및 취급

41

금속칼륨이 물과 반응했을 때 생성물로 옳은 것은?

① 산화칼륨+수소

② 수산화칼륨+수소

③ 산화칼륨+산소

④ 수산화칼륨+산소

42

다음 그림은 제5류 위험물 중 유기과산화물을 저장하는 옥내저장소의 저장창고를 개략적으로 보여주고 있다. 창과 바닥으로부터 높이(a)와 하나의 창의 면적(b)은 각각 얼마로 하여야 하는가? (단, 이 저장창고의 바닥면적은 150m² 이내이다.)

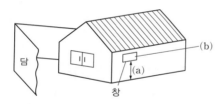

① (a) 2m 이상, (b) 0.6m² 이내

② (a) 3m 이상, (b) 0.4m² 이내

③ (a) 2m 이상, (b) 0.4m² 이내

④ (a) 3m 이상, (b) 0.6m² 이내

43

다음 중 「위험물안전관리법령」에서 정한 지정수량이 가장 적은 것은?

① 염소산염류

② 브로민산염류(브롬산염류)

③ 마그네슘

④ 금속의 인화물

44

자연발화를 방지하는 방법으로 가장 거리가 먼 것은?

① 통풍이 잘 되게 할 것

② 열의 축적이 용이하지 않게 할 것

③ 저장실의 온도를 낮게 할 것

④ 습도를 높게 할 것

45

아세톤을 최대 150톤을 옥외탱크저장소에 저장할 경우 보유공지의 너비는 몇 m 이상으로 하여야 하는가? (단, 아세톤의 비중은 0.79이다.)

① 3

② 5

③ 9

④ 12

46

고체 위험물의 운반 시 내장용기가 금속제인 경우 내장용기의 최대 용적은 몇 L인가?

① 10

② 20

③ 30

④ 100

47

물과 반응하여 CH_4와 H_2 가스를 발생하는 것은?

① K_2C_2
② MgC_2
③ Be_2C
④ Mn_3C

48

과산화나트륨이 물과 반응할 때의 변화를 가장 옳게 설명한 것은?

① 산화나트륨과 수소를 발생한다.
② 물을 흡수하여 탄산나트륨이 된다.
③ 산소를 방출하여 수산화나트륨이 된다.
④ 서서히 물에 녹아 과산화나트륨의 안정한 수용액이 된다.

49

1기압 27℃에서 아세톤 58g을 완전히 기화시키면 부피는 약 몇 L가 되는가?

① 22.4
② 24.6
③ 27.4
④ 58.0

50

인화칼슘이 물과 반응하였을 때 발생하는 기체는?

① 수소
② 산소
③ 포스핀
④ 포스겐

51

옥외저장탱크 · 옥내저장탱크 또는 지하저장탱크 중 압력탱크에 저장하는 아세트알데하이드(아세트알데히드) 등의 온도는 몇 ℃ 이하로 유지하여야 하는가?

① 30
② 40
③ 55
④ 65

52

황린과 적린의 성질에 대한 설명으로 틀린 것은?

① 황린은 담황색의 고체이며 마늘과 비슷한 냄새가 난다.
② 적린은 암적색의 분말이고 냄새가 없다.
③ 황린은 독성이 없고 적린은 맹독성 물질이다.
④ 황린은 이황화탄소에 녹지만 적린은 녹지 않는다.

53

제4석유류를 저장하는 옥내탱크저장소의 기준으로 옳은 것은?

① 옥내저장탱크의 용량은 지정수량의 40배 이하일 것
② 탱크전용실은 벽, 기둥, 바닥, 보를 내화구조로 할 것
③ 유리창을 설치하고, 출입구는 자동폐쇄식의 목재방화문으로 할 것
④ 3층 이하의 건축물에 설치된 탱크전용실에 옥내저장탱크를 설치할 것

54

다음 중 분진폭발의 위험성이 가장 작은 것은?

① 석탄분
② 시멘트
③ 설탕
④ 커피

55

황(S, 유황)에 대한 설명으로 옳은 것은?

① 불연성이지만 산화제 역할을 하기 때문에 가연물과의 접촉은 위험하다.
② 유기용제, 알코올, 물 등에 잘 녹는다.
③ 사방황, 고무상황과 같은 동소체가 있다.
④ 전기도체이므로 감전에 주의한다.

56

비중이 1보다 작고, 인화점이 0℃ 이하인 것은?

① $C_2H_5ONO_2$
② $C_2H_5OC_2H_5$
③ CS_2
④ C_6H_5Cl

57

나이트로(니트로)셀룰로오스의 저장 및 취급방법으로 틀린 것은?

① 가열, 마찰을 피한다.
② 열원을 멀리하고 냉암소에 저장한다.
③ 알코올 용액으로 습면하여 운반한다.
④ 물과의 접촉을 피하기 위해 석유에 저장한다.

58

질산나트륨 90kg, 황(유황) 70kg, 클로로벤젠 2,000L를 저장하고 있을 경우 각각의 지정수량 배수의 총합은?

① 2
② 3
③ 4
④ 5

59

이동저장탱크로부터 위험물을 저장 또는 취급하는 탱크에 인화점이 몇 ℃ 미만인 위험물을 주입할 때에는 이동탱크저장소의 원동기를 정지시켜야 하는가?

① 21
② 40
③ 71
④ 200

60

운반할 때 빗물의 침투를 방지하기 위하여 방수성이 있는 피복으로 덮어야 하는 위험물은?

① TNT
② 이황화탄소
③ 과염소산
④ 마그네슘

실전 모의고사

정답과 해설

SPEED CHECK 빠른 정답표

01	02	03	04	05	06	07	08	09	10	11	12	13	14	15
③	④	③	③	③	②	②	④	④	④	③	④	②	③	②
16	17	18	19	20	21	22	23	24	25	26	27	28	29	30
②	①	④	②	②	②	①	③	④	④	③	④	②	④	③
31	32	33	34	35	36	37	38	39	40	41	42	43	44	45
①	③	③	①	④	④	③	②	④	④	①	④	①	④	①
46	47	48	49	50	51	52	53	54	55	56	57	58	59	60
③	④	①	②	④	②	②	③	③	④	①	②	①	③	③

01 고체상의 물질이 액체상과 평형에 있을 때의 온도를 어는점이라 하고, 액체의 증기압과 외부 압력이 같게 되는 온도를 끓는점이라고 한다.

02 분자량이 클수록 산성의 세기는 강하다.

03 $1F = 96,500C =$ 전자 $1mol$의 전하량
물의 전기분해 반응식
$$2H_2O \rightarrow 2H_2 + O_2$$
물 $2mol$이 전기분해되면 $1mol$의 산소($22.4L$)가 발생된다.
수소는 H^+의 1가 양이온이기 때문에 물(H_2O) $2mol$이 전기분해되기 위해서는 전자가 $4mol$이 이동해야 한다.
전자 $4mol$이 이동하기 위해서는 $4F$의 전기량이 필요하다.
∴ 물에 $4F$의 전기를 가함=물 $2mol$이 분해됨
　　　　　　　　　　　　=산소 $1mol$($22.4L$) 생성

04 액체에서 $1ppm = 1mg/L$이므로 $\dfrac{10mg}{2.5L} = 4ppm$

05 **투석(Dialysis)**
콜로이드 입자는 여과지를 통과하나 반투막은 통과하지 못하는 성질을 이용하여 순수한 콜로이드를 정제할 수 있는 방법이다.

06 페놀은 약한 산성을 나타내며 염화제이철 수용액과 정색반응을 한다.

07 $Li>K>Ba>Ca>Na>Mg>Al>Zn>Fe>Ni>Sn>Pb>H>Cu>Hg>Ag>Pt>Au$
찬물과 반응
끓는 물과 반응
아연보다 이온화 경향이 큰 금속은 칼슘이다.

08 ① 에틸기 ② 아세틸기 ③ 아미노기

09 염기일 때 $pH = 14 + \log(N) = 14 + \log(0.0016) = 11.2$

10 기체 반응물질의 온도를 $10℃$ 높이면 활성화 에너지보다 큰 에너지를 가진 분자의 수가 2배로 증가하며, 반응속도는 2배로 빨라진다. 하지만 온도가 일정한 상태에서 시간이 흐르면 정반응속도 V_1은 미세하게 약간씩 느려진다.

11 Li의 원자반지름은 F보다 크다.

12 이온결합은 금속과 비금속 사이에서 결합이 이루어진다. NaCl에서 Na: 금속이고 Cl: 비금속이다.

13 방향족 화합물은 벤젠핵을 포함하는 물질을 말한다.
톨루엔은 벤젠의 H가 CH_3로 치환된 것이다. 크레졸은 벤젠의 H 두 개가 CH_3와 OH로 치환된 것이다. 아닐린은 벤젠의 H가 NH_2로 치환된 것이다.

14 ns^2np^5의 전자 구조를 가지는 원자는 최외각 전자가 7개이다. 최외각 전자가 7개인 17족 원소는 F, Cl, Br, I, At이다.

15 양쪽성 산화물은 양쪽성 원소 Al, Zn, Sn, Pb, As 등과 결합한 산화물이다.

16 메탄계 탄화수소＝알칸족(Alkane)＝파라핀계 탄화수소
일반식 : C_nH_{2n+2}

17 주족은 8족 원소까지 있으므로 원자번호에서 8을 더해서 나오는 숫자가 같은 족 원소가 된다.

18 소수콜로이드란 소량의 전해질에 의해 엉김이 일어나는 콜로이드를 말하며 수산화철은 소수콜로이드이다. 녹말, 아교, 단백질은 모두 친수콜로이드로 물과 친화력이 크다.

19 물에 대한 소금의 용해가 물리적 변화라고 할 수 있는 것은 증발하면 소금이 남기 때문이다.

20 $H_2 + Cl_2 \rightarrow 2HCl$
$22.4L : 2 \times 22.4L = 2.24L : xL$
$x = 4.48L$

21 **할로젠화물(할로겐화물) 소화약제가 가져야 할 성질**
① 끓는점이 낮을 것
② 증기(기화)가 되기 쉬울 것
③ 전기화재에 적응성이 있을 것
④ 공기보다 무겁고 불연성일 것
⑤ 증발 잔유물이 없을 것

22 **특형**
부상지붕구조의 탱크에 상부포 주입법을 이용하는 것으로서 부상지붕의 부상부분상에 높이 0.9m 이상의 금속제의 칸막이(방출된 포의 유출을 막을 수 있고 충분한 배수능력을 갖는 배수구를 설치한 것에 한함)를 탱크 옆판의 내측으로부터 1.2m 이상 이격하여 설치하고 탱크 옆판과 칸막이에 의하여 형성된 환상부분에 포를 주입하는 것이 가능한 구조의 반사판을 갖는 포 방출구이다.

23 $C_3H_8 + 5O_2 \rightarrow 3CO_2 + 4H_2O$
반응식에서 프로판(C_3H_8)과 산소는 1 : 5의 비율로 반응한다.
따라서 $1m^3 : 5m^3 = 2m^3 : xm^3$
$x = 10m^3$
$A_o(이론 공기량) = \dfrac{O_o(이론 산소량)}{0.21} = \dfrac{10m^3}{0.21} = 47.62m^3$

24 제5류 위험물의 소화방법은 다량의 주수소화가 가장 효과적이다.

25 $2NaHCO_3 \rightarrow Na_2CO_3 + CO_2 + H_2O$
$2 \times 84kg : 22.4m^3 = xkg : 10m^3$
$x = 75kg$

26 A급 화재: 일반화재
B급 화재: 유류화재
C급 화재: 전기화재
D급 화재: 금속화재

27 할로젠화합물(할로겐화합물)의 방사능력은 매초 40kg 이상이어야 한다.

28 분진폭발이란 고체의 미립자가 공기 중에서 착화에너지를 얻어 폭발하는 현상이다.

29 인화알루미늄은 가연성 물질이므로 소화약제가 될 수 없다. 황산알루미늄은 화학포 소화약제에 사용된다.

30 제조소 또는 취급소용 건축물로서 외벽이 내화구조로 된 것에 있어서는 연면적 100m²를, 외벽이 내화구조가 아닌 것에 있어서는 연면적 50m²를 각각 소요단위 1단위로 한다.

31 **한계산소농도**
불활성 가스를 첨가하여 분진, 공기 혼합물의 산소농도를 떨어뜨리면 어떠한 분진농도에서도 폭발이 일어나지 않는 한계가 나타나는데, 이 한계점에서의 산소농도를 의미한다.
아세톤의 한계산소농도는 12%로 보기에서 가장 가까운 값은 15%이다.

32 **소화기 사용상 주의사항**
① 적응화재에만 사용할 것
② 성능에 따라 화재 면에 근접하여 사용할 것
③ 소화작업을 진행할 때는 바람을 등지고 풍상에서 풍하의 방향으로 소화작업을 진행할 것
④ 소화작업은 양 옆으로 비로 쓸 듯이 골고루 방사할 것
⑤ 소화기는 화재 초기만 효과가 있고 화재가 확대된 후에는 효과가 없기 때문에 주의하고 대형 소화 설비의 대용은 될 수 없다. 또한 만능 소화기는 없다고 보는 것이 타당하다.

33 과산화나트륨 화재 시 적절한 소화방법은 마른 모래나 탄산수소염류 등으로 피복소화가 적절하고 주수소화는 위험하다.

34 분말 소화약제 중 제1인산암모늄은 담홍색으로 착색되어 있다.

35 **제6류 위험물의 취급방법**
① 화기엄금, 직사광선 차단, 강환원제·유기물질·가연성 위험물과의 접촉을 피한다.
② 물이나 염기성 물질, 제1류 위험물과의 접촉을 피한다.
③ 용기는 내산성으로 하며 밀전, 파손방지, 전도방지, 변형방지에 주의하고 물, 습기에 주의해야 한다.

36 포 원액의 양 = 540g − 340g = 200g
포 수용액의 비중이 1이므로 포 수용액 200g의 체적은 200mL이다.
$$발포배율 = \frac{거품의 체적}{포 원액의 체적} = \frac{1,800mL}{200mL} = 9배$$

37 착화점이란 가연성 물질이 점화원 없이 축적된 열만으로 연소를 일으키는 최저의 온도이다.

38 아세트알데하이드(아세트알데히드)는 수용성인 물질이므로 수성막포를 잘 터뜨리는 역할을 하기 때문에 소화효과가 낮다.

39 물을 소화약제로 사용할 때에는 강한 압력으로 피연소 물질에 닿게 되므로 피해가 크다.

40 이동식 포 소화설비를 옥외에 설치하였을 때 방사량은 400L/min 이상으로 30분간 방사할 수 있는 양이어야 한다.

41 제1석유류는 아세톤, 가솔린(휘발유), 벤젠, 톨루엔 등이다.

42 ① 황린의 발화점: 34℃
② 황의 발화점 : 232℃
③ 삼황화인(삼황화린)의 발화점: 100℃
④ 오황화인(오황화린)의 발화점: 142℃

43 아세톤과 아세트알데하이드(아세트알데히드) 모두 무색의 액체이지만 독특한 냄새가 있다.

44 **과산화수소의 성질 및 취급방법**
① 햇빛을 차단한다.
② 화기엄금, 충격금지
③ 환기가 잘 되는 냉암소에 저장한다.
④ 온도 상승을 방지한다.
⑤ 과산화수소의 저장용기의 마개는 구멍 뚫린 마개를 사용한다.(이유: 용기의 내압 상승을 방지하기 위하여)

45 옥외저장탱크의 지름이 15m 미만인 경우에 방유제는 탱크의 옆판으로부터 탱크 높이의 $\frac{1}{3}$ 이상 이격하여야 한다.

46 지정수량 배수의 총합
$$= \frac{A품명의 저장수량}{A품명의 지정수량} + \frac{B품명의 저장수량}{B품명의 지정수량}$$
$$+ \frac{C품명의 저장수량}{C품명의 지정수량} + \cdots$$
$$= \frac{1,000}{1,000} + \frac{5,000}{10,000} + \frac{12,000}{6,000} = 3.5$$

47 과산화나트륨은 분해되거나 물과 반응하여 산소를 발생하므로 직사광선을 받는 곳이나 습한 곳에 저장해서는 안 된다.

48 금속칼륨은 1족 원소에 속하므로 화학적 활성이 강한 금속이다.

49 423: 제4류 + 제2류, 제4류 + 제3류는 혼재 가능하다.
524: 제5류 + 제2류, 제5류 + 제4류는 혼재 가능하다.
61: 제6류 + 제1류는 혼재 가능하다.
질산메틸(제5류)과 경유(제4류)는 혼재 가능하다.

50

저장 또는 취급하는 위험물의 최대수량	공지의 너비
지정수량의 500배 이하	3m 이상
지정수량의 500배 초과 1,000배 이하	5m 이상
지정수량의 1,000배 초과 2,000배 이하	9m 이상
지정수량의 2,000배 초과 3,000배 이하	12m 이상
지정수량의 3,000배 초과 4,000배 이하	15m 이상

51 ① 아닐린
③ 스틸렌
④ 염화벤젠

52 보기에 있는 위험물의 인화점
① 이황화탄소: −30℃
② 에테르(= 에틸에테르, 다이에틸에테르(디에틸에테르)): −45℃
③ 벤젠: −11℃
④ 아세톤: −18℃

53 **알킬알루미늄 등을 저장 또는 취급하는 이동탱크저장소**
① 이동저장탱크는 두께 10mm 이상의 강판 또는 이와 동등 이상의 기계적 성질이 있는 재료로 기밀하게 제작되고 1MPa 이상의 압력으로 10분간 실시하는 수압시험에서 새거나 변형하지 아니하는 것일 것
② 이동저장탱크의 용량은 1,900L 미만일 것
③ 안전장치는 이동저장탱크의 수압시험의 압력의 3분의 2를 초과하고 5분의 4를 넘지 아니하는 범위의 압력으로 작동할 것
④ 이동저장탱크의 맨홀 및 주입구의 뚜껑은 두께 10mm 이상의 강판 또는 이와 동등 이상의 기계적 성질이 있는 재료로 할 것

⑤ 이동저장탱크의 배관 및 밸브 등은 당해 탱크의 윗부분에 설치할 것

⑥ 이동탱크저장소에는 이동저장탱크하중의 4배의 전단하중에 견딜 수 있는 걸고리체결금속구 및 모서리체결금속구를 설치할 것

⑦ 이동저장탱크는 불활성의 기체를 봉입할 수 있는 구조로 할 것

54 트리나이트로(니트로)톨루엔은 물에 녹지 않는다.

55 트리에틸알루미늄은 물과 접촉하면 폭발적으로 반응하여 에탄(C_2H_6)을 발생시킨다.
$$(C_2H_5)_3Al + 3H_2O \rightarrow Al(OH)_3 + 3C_2H_6$$

56

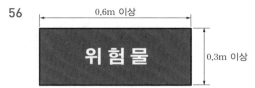

0.6m 이상 / 위 험 물 / 0.3m 이상

[흑색 바탕 황색 반사도료 표지판]

57 인화칼슘(Ca_3P_2＝인화석회)

① 분자량: 182, 융점: 1,600℃, 비중: 2.5
② 독성이 강하고 적갈색의 괴상고체이고, 알코올, 에테르에 녹지 않고, 약산과 반응하여 인화수소(PH_3)를 발생시킨다.
$$Ca_3P_2 + 6HCl \rightarrow 3CaCl_2 + 2PH_3$$
③ 건조한 공기 중에서 안정하나 300℃ 이상에서 산화한다.
④ 인화석회(Ca_3P_2) 취급 시 가장 주의해야 할 사항은 습기 및 수분이다.
⑤ 인화칼슘(Ca_3P_2)이 물과 반응하면 포스핀(PH_3＝인화수소)을 생성시킨다.
$$Ca_3P_2 + 6H_2O \rightarrow 3Ca(OH)_2 + 2PH_3$$

58 탄화칼슘(CaC_2)이 물과 반응하여 수산화칼슘(＝소석회)과 아세틸렌가스가 생성된다.
$$CaC_2 + 2H_2O \rightarrow Ca(OH)_2 + C_2H_2 \uparrow$$

59 **아염소산나트륨($NaClO_2$)**

① 자신은 불연성이고 무색의 결정성 분말, 조해성, 물에 잘 녹는다.
② 불안정하여 180℃ 이상 가열하면 산소를 방출한다.
③ 아염소산나트륨은 강산화제로서 산화력이 매우 크고 단독으로 폭발을 일으킨다.
④ 금속분, 황(유황) 등 환원성 물질과 접촉하면 즉시 폭발한다.
⑤ 티오황산나트륨, 다이에틸에터(디에틸에테르) 등과 혼합하면 혼촉발화의 위험이 있다.

⑥ 이산화염소에 수산화나트륨과 환원제를 가하고 다시 수산화칼슘을 작용시켜 만든다.

60 과산화수소는 제6류 위험물이며 수납하는 위험물에 대한 주의사항 표시 규정에 따르면 제6류 위험물에 있어서는 '가연물 접촉주의'를 표시해야 한다.

SPEED CHECK 빠른 정답표

01	02	03	04	05	06	07	08	09	10	11	12	13	14	15
④	②	①	④	②	①	③	④	②	④	④	①	③	③	②
16	**17**	**18**	**19**	**20**	**21**	**22**	**23**	**24**	**25**	**26**	**27**	**28**	**29**	**30**
③	②	②	②	②	③	②	③	②	①	②	③	②	①	③
31	**32**	**33**	**34**	**35**	**36**	**37**	**38**	**39**	**40**	**41**	**42**	**43**	**44**	**45**
①	①	①	③	③	③	②	④	②	④	③	①	③	④	③
46	**47**	**48**	**49**	**50**	**51**	**52**	**53**	**54**	**55**	**56**	**57**	**58**	**59**	**60**
②	④	④	①	④	①	③	③	②	①	④	④	③	④	①

01 Mg은 원자번호(=전자수)가 12번인데 전자 2개를 잃어서 Mg^{2+}이 되어 전자수가 10개이다. F는 원자번호가 9번이므로 전자 1개를 얻은 F^-는 전자수가 10개가 된다.

02 ① 아세트산, ③ 수산화암모늄, ④ 염화수소는 이온결합성 물질로 물에 녹아 양이온, 음이온으로 해리되는 전해질 물질이다. 그러나 ② 에틸알코올은 알코올류에 해당하는 물질로 알코올류는 물에는 녹지만 이온으로 해리되지 않는 비전해질 물질이다.

03 **염기성 산화물(=금속 산화물)**
금속 산화물은 물과 반응하여 염기성 용액을 만들고 산과 반응하여 염을 만드는 산화물이다.
예 Na_2O, CaO, MgO, Fe_2O_3 등(MnO_2, PbO_2 제외)

04 고속도강은 금속을 빠른 속도로 절삭하는 공구로 사용하는 특수강이다. 조성은 텅스텐 18%, 크로뮴(크롬) 4%, 바나듐 1%이다.

05 $KClO_3 \rightarrow KCl + \frac{3}{2}O_2$

$122.5g : \frac{3}{2} \times 22.4L = xg : 11.2L$

$x \times \frac{3}{2} \times 22.4 = 11.2 \times 122.5$

$\therefore x = 40.83(g)$

06 순물질은 녹는점, 끓는점 등이 일정하므로, 고체가 순물질임을 확인하려면 녹는점을 측정하고, 액체가 순물질임을 확인하려면 끓는점을 측정한다.

07

방사선 붕괴	원자번호	질량수
α붕괴	2감소	4감소
β붕괴	1증가	변하지 않음

$Rn \xrightarrow{\alpha} Po \xrightarrow{\alpha} Pb \xrightarrow{\beta} Bi \xrightarrow{\beta} Po$에서 원자번호는
$86 \xrightarrow{-2} 84 \xrightarrow{-2} 82 \xrightarrow{+1} 83 \xrightarrow{+1} 84$가 된다.

08 산성일 때: pH = $-\log(N)$(문제에서 전리도가 주어지면 전리도를 곱한다.)
염기성일 때: pH = $14 + \log(N)$(문제에서 전리도가 주어지면 전리도를 곱한다.)
pH = $-\log(N)$
   = $-\log(0.1 \times 0.01)$
   = 3

09 용해도 = $\frac{용질의 양}{용매의 양} \times 100 = \frac{40}{(100-40)} \times 100 = 66.7$

10 한 기체가 다른 기체 속으로 퍼져나가는 현상을 확산이라고 한다. 그레이엄의 법칙은 미지의 기체 분자량의 측정에 이용되고, 기체 분자의 확산속도는 일정한 압력 하에서 그 기체 분자량의 제곱근에 반비례한다는 법칙이다.

$\frac{U_1}{U_2} = \sqrt{\frac{M_2}{M_1}} = \sqrt{\frac{d_2}{d_1}} = \frac{t_2}{t_1}$

$\begin{cases} U: 확산속도, M: 분자량 \\ d: 기체밀도, t: 확산시간 \end{cases}$

11 1차 알코올이 산화되면 알데하이드(알데히드)를 거쳐 카르복실산이 되고 2차 알코올이 산화되면 케톤이 된다. 3차 알코올은 산화되지 않는다.

$$R-\underset{\underset{H}{|}}{\overset{\overset{H}{|}}{C}}-OH \xrightarrow[\text{(산화)}]{-2H} R-C\overset{H}{\underset{O}{\diagup\!\!\!\backslash}} \xrightarrow[\text{(산화)}]{+O} R-\overset{\overset{O}{||}}{C}-OH$$

1차 알코올   〈알데하이드〉   〈카르복실산〉

$$R-\underset{\underset{R'}{|}}{\overset{\overset{H}{|}}{C}}-OH \xrightarrow[\text{(산화)}]{-2H} R-\overset{\overset{O}{||}}{C}-R'$$

2차 알코올   〈케톤〉

$$R-\underset{\underset{R''}{|}}{\overset{\overset{R'}{|}}{C}}-OH \xrightarrow[\text{(산화)}]{+O} \text{산화되기 어렵다.}$$

3차 알코올

12 물체의 밀도 $= \dfrac{\text{무게}}{\text{부피}} = \dfrac{100}{2 \times 5 \times 3} = 3.33(\text{g/cm}^3)$

13 표준상태에서 기체 1몰의 부피 $= 22.4\text{L}$

① O_2의 밀도 $= \dfrac{32}{22.4} = 1.43$

② CH_4의 밀도 $= \dfrac{16}{22.4} = 0.71$

③ CO_2의 밀도 $= \dfrac{44}{22.4} = 1.96$

④ N_2의 밀도 $= \dfrac{28}{22.4} = 1.25$

14 원자번호 = 양성자수 = 전자수
원자량(질량) = 양성자수 + 중성자수 $= 3 + 2 = 5$

15 프리델 – 크래프츠 반응에 해당하는 반응은 다음과 같다.

$$C_6H_6 + CH_3Cl \xrightarrow{AlCl_3} \underset{\text{(톨루엔)}}{C_6H_5CH_3} + HCl$$

16 1F = 전자 1mol의 전하량 = 96,500C
황산구리($CuSO_4$)에서 구리는 Cu^{2+}이다.
따라서 구리 1mol (63.5g)을 석출하기 위해서는 전자가 2mol이 이동해야 하고 2F가 필요하다.

17 **실험식 계산**
총 질량 100g일 때 P는 43.7g, O는 56.3g

$P = \dfrac{43.7}{32} = 1.366\text{mol}$

$O = \dfrac{56.3}{16} = 3.52\text{mol}$에서 가장 작은 몰수로 나누면

$P = \dfrac{1.366}{1.366} = 1$일 때 $O = \dfrac{3.52}{1.366} = 2.577$이므로 2 : 5의 비율이다.

18 메탄계 탄화수소(C_nH_{2n+2}) = 알칸족(Alkane) = 파라핀계 탄화수소 = 궤도 함수는 sp^3 혼성 결합이다.
에틸렌계 탄화수소(C_nH_{2n}) = 알켄족(Alkene) = 올레핀계 탄화수소 = 궤도 함수는 sp^2 혼성 결합이다.
아세틸렌계 탄화수소(C_nH_{2n-2}) = 알킨족(Alkyne) 탄화수소 = 궤도 함수는 sp 혼성 결합이다.

19 1몰은 원자량의 기준에 따라 탄소의 질량수 12인 동위원소 ^{12}C의 12g 중에 포함되는 원자의 수(아보가드로수)와 같은 수의 물질 입자(원자, 분자, 자유라디칼, 이온, 전자)를 포함하는 물질의 집단(또는 그 집단의 질량 또는 전하)을 1몰로 정의한다. 어떤 입자(분자, 원자, 이온, 전자 등)든지 6.02×10^{23}(아보가드로수)의 모임을 1mol(몰)이라 한다.

20 탄소와 탄소 사이에 이중결합을 하나 가지고 있는 에틸렌계 탄화수소(알켄)를 올레핀계 탄화수소라고 부른다.
보기에서 올레핀계 탄화수소는 ② $CH_2{=}CH_2$(에텐, 에틸렌)이다.

21 **위험물 화재발생 시 소화방법**
① CH_3ONO_2 : 분무상의 물, 알코올 폼을 사용한다.
② $KClO_3$: 주수소화한다.
③ Li_2O_2 : 소화방법은 건조사나 암분 또는 탄산수소염류 등의 피복소화가 적절하고 주수소화는 위험하다.
④ P : 다량의 경우 물에 의해 냉각소화하며 소량의 경우 모래나 CO_2로 질식소화한다.

22 제조소 등에 전기설비(전기배선, 조명기구 등은 제외함)가 설치된 경우에는 당해 장소의 바닥면적 100㎡마다 소형 수동식 소화기를 1개 이상 설치해야 한다.

23 위험물 1소요단위는 지정수량의 10배이고, 경유의 지정수량은 1,000L이다.

소요단위 $= \dfrac{50,000}{1,000 \times 10} = 5$

24 벤젠과 톨루엔은 독특한 냄새가 있다.

25 황린은 공기 중에서 격렬하게 연소하며 유독성 가스도 발생한다.
$$P_4 + 5O_2 \rightarrow 2P_2O_5$$

26

종류	주성분	착색	적응 화재	열분해 반응식
제1종 분말	$NaHCO_3$ (탄산수소나트륨)	백색	B, C	$2NaHCO_3$ $\rightarrow Na_2CO_3 +$ $CO_2 + H_2O$
제2종 분말	$KHCO_3$ (탄산수소칼륨)	담회색	B, C	$2KHCO_3$ $\rightarrow K_2CO_3 +$ $CO_2 + H_2O$
제3종 분말	$NH_4H_2PO_4$ (제1인산암모늄)	담홍색	A, B, C	$NH_4H_2PO_4$ $\rightarrow HPO_3 +$ $NH_3 + H_2O$
제4종 분말	$KHCO_3 +$ $(NH_2)_2CO$ (탄산수소칼륨 +요소)	회색	B, C	$2KHCO_3 +$ $(NH_2)_2CO$ $\rightarrow K_2CO_3 +$ $2NH_3 + 2CO_2$

27 옥외소화전설비의 수원량 $= N \times 13.5m^3$(옥외소화전 설치개수 최대 4개)
따라서 옥외소화전이 3개 설치되었을 경우 수원의 수량은 $3 \times 13.5 = 40.5m^3$ 이상이어야 한다.

28 옥외탱크저장소의 압력탱크 수압시험은 최대상용압력의 1.5배의 압력으로 10분간 수압시험을 한다.

29 황(유황)은 증발연소이고 코크스, 금속분, 숯은 표면연소이다.

30 **제3종 분말 소화기**
열분해 시 암모니아와 수증기에 의한 질식효과, 열분해에 의한 냉각효과, 암모늄에 의한 부촉매 효과와 메타인산(HPO_3)에 의한 방진작용이 주된 소화효과이다.
$NH_4H_2PO_4 \rightarrow HPO_3 + H_2O + NH_3$

31 **프레셔 프로포셔너**
펌프와 발포기 중간에 설치된 벤츄리관의 벤츄리 작용과 펌프 가압수의 압력에 의하여 포 소화약제를 흡입, 혼합하는 방식이다.
※ 벤츄리 작용: 관의 도중을 가늘게 하여 흡인력으로 약제와 물을 혼합하는 작용이다.

32 「위험물안전관리법령」상 전기설비에 적응성이 없는 소화설비는 포 소화설비이다.

33 습도를 낮게 하면 자연발화가 잘 일어나지 않는다.

34 복합용도 건축물의 옥내저장소의 용도에 사용되는 부분의 바닥면적은 $75m^2$ 이하로 하여야 한다.

35 물의 비열이 이산화탄소보다 크다.

36 묽은 질산과 칼슘의 반응식은 다음과 같다.
$2HNO_3 + Ca \rightarrow Ca(NO_3)_2 + H_2 \uparrow$

37 전역방출방식 분말 소화설비에 있어 분사헤드는 저장용기에 저장된 분말 소화약제량을 30초 이내에 균일하게 방사하여야 한다.

38 「위험물안전관리법령」상 알코올류라 함은 1분자를 구성하는 탄소 원자의 수가 1개부터 3개까지인 포화 1가 알코올(변성알코올을 포함)을 말하며 부틸알코올은 탄소 원자의 수가 4개로 알코올류에 해당하지 않는다.

39 제1석유류는 아세톤, 휘발유, 그 밖의 1atm에서 인화점이 21℃ 미만인 것을 말하며 포 방출구 설치 시 방출률은 아래 표와 같다.

포 방출구의 종류 위험물의 구분	I 형		II 형		특형	
	포 수 용액량 (L/m²)	방출률 (L/m²· min)	포 수 용액량 (L/m²)	방출률 (L/m²· min)	포 수 용액량 (L/m²)	방출률 (L/m²· min)
제4류 위험물 중 인화점이 21℃ 미만인 것	120	4	220	4	240	8

포 방출구의 종류 위험물의 구분	III 형		IV 형	
	포 수 용액량 (L/m²)	방출률 (L/m²· min)	포 수 용액량 (L/m²)	방출률 (L/m²· min)
제4류 위험물 중 인화점이 21℃ 미만인 것	220	4	220	4

40 ① 저장소 외벽이 내화구조일 때 1소요단위는 $150m^2$이다.
② 저장소 외벽이 내화구조가 아닐 때 1소요단위는 $75m^2$이다.

41 과염소산나트륨이 열분해하면 산소를 방출한다.

42 보기에 있는 물질의 비중
① 이황화탄소: 1.26
② 에틸알코올: 0.8
③ 아세트알데하이드(아세트알데히드): 0.8
④ 테레핀유: 0.86

43 염소산칼륨은 제1류, 철분은 제2류, 아세톤은 제4류, 질산은 제6류 위험물이고 위험물의 종류에 따라 표시하는 주의사항은 다음과 같다.

① 제1류 위험물 중 알칼리금속의 과산화물 또는 이를 함유한 것에 있어서는 '화기·충격주의', '물기엄금' 및 '가연물 접촉주의', 그 밖의 것에 있어서는 '화기·충격주의' 및 '가연물 접촉주의'

② 제2류 위험물 중 철분·금속분·마그네슘 또는 이들 중 어느 하나 이상을 함유한 것에 있어서는 '화기주의' 및 '물기엄금'

③ 제4류 위험물에 있어서는 '화기엄금'

④ 제6류 위험물에 있어서는 '가연물 접촉주의'

44 메틸알코올과 에틸알코올은 인체에 대한 독성이 있다.

45 트리나이트로(니트로)톨루엔은 담황색의 결정이며 일광 하에 다갈색으로 변하고 중성 물질이기 때문에 금속과 반응하지 않는다.

46 황린은 담황색의 가연성 고체이고 발화점이 34℃로 낮기 때문에 자연발화하기 쉽다.

47 초산에틸은 무색, 투명한 액체로 과실향기가 있다.

48 세로로 설치한 탱크의 내용적은 다음 식으로 구한다.
$\pi \gamma^2 l = \pi \times 10^2 \times 25 = 7,854 m^3$

49 가솔린은 아이오딘포름(요오드포름) 반응을 하지 않는다.

50 요오드가의 크기: 건성유 > 반건성유 > 불건성유
보기의 물질의 분류는 다음과 같다.
건성유: 해바라기 기름, 아마인유(요오드가는 아마인유가 해바라기 기름보다 크다.)
반건성유: 면실유
불건성유: 땅콩기름

51 이동탱크저장소에는 설치허가증을 비치하지 않아도 된다.

52 ① $CH_3COOC_2H_5$: $-4.4℃$
② CH_3OH: 11℃
③ CH_3COOH: 39℃
④ CH_3COCH_3: $-18℃$

53 이동저장탱크는 그 내부에 4,000L 이하마다 3.2mm 이상의 강철판 또는 이와 동등 이상의 강도·내열성 및 내식성이 있는 금속성의 것으로 칸막이를 설치하여야 한다. 다만, 고체인 위험물을 저장하거나 고체인 위험물을 가열하여 액체 상태로 저장하는 경우에는 그러하지 아니하다.
$\frac{19,000}{4,000} = 4.75 ≒ 5$칸
∴ 칸막이수 $= 5 - 1 = 4$(개)

54 **피리딘 [C_5H_5N] (지정수량 400L)**
① 인화점: 20℃, 발화점: 482℃, 녹는점: $-42℃$, 끓는점: 115.5℃, 비중: 0.9779(25℃), 연소범위: 1.8~12.4%
② 무색의 악취를 가진 액체이다.
③ 약알칼리성을 나타내고 독성이 있다.
④ 수용액 상태에서도 인화의 위험성이 있으므로 화기에 주의해야 한다.

55 **물과 접촉 시 발생하는 가스**
① 수소화알루미늄리튬, 금속리튬, 금속칼슘, 수소화칼슘: 수소 발생
② 트리에틸알루미늄: 에탄 발생
③ 탄화알루미늄: 메탄 발생
④ 탄화칼슘: 아세틸렌 발생
⑤ 인화칼슘: 포스핀 발생

56 이동저장탱크 차량의 전면 및 후면의 보기 쉬운 곳에 직사각형판의 흑색바탕에 황색의 반사도료로 '위험물'이라고 표시하여야 한다.

57 **과산화나트륨(Na_2O_2=과산화소다)**
① 순수한 것은 백색이지만 보통 황색의 분말 또는 과립상이고, 흡습성, 조해성이 있다.
② 분해온도: 460℃, 융점: 460℃, 비중: 2.805

58 $\frac{\pi ab}{4}\left(l + \frac{l_1 + l_2}{3}\right) = \frac{\pi \times 8 \times 6}{4}\left(16 + \frac{2+2}{3}\right) = 653 m^3$

59 나이트로(니트로)글리세린은 물보다 무겁다.

60 위험물은 규정에 따른 운반용기에 기준에 따라 수납하여 적재하여야 한다. 다만, 덩어리 상태의 황(유황)을 운반하기 위하여 적재하는 경우에는 그러하지 아니하다.

SPEED CHECK 빠른 정답표

01	02	03	04	05	06	07	08	09	10	11	12	13	14	15
④	①	②	④	④	①	④	②	①	①	①	①	③	①	④
16	17	18	19	20	21	22	23	24	25	26	27	28	29	30
①	②	①	②	③	④	①	②	③	④	②	④	③	②	②
31	32	33	34	35	36	37	38	39	40	41	42	43	44	45
②	②	②	②	①	②	①	④	④	①	②	①	①	④	①
46	47	48	49	50	51	52	53	54	55	56	57	58	59	60
③	④	③	④	②	②	①	②	③	②	④	②	②	④	

01 MO라는 산화물(금속 + 산소)이 있을 때 M: 금속, O: 산소

$$M(금속) : O(산소) = \frac{8g}{140\frac{g}{mol}} : \frac{11.2-8g}{16\frac{g}{mol}}$$

금속 0.057mol : 산소 0.2mol로서 2 : 7이라는 정수비가 성립된다. 따라서 M_2O_7이다.

02 할로젠화수소의 산성의 세기 : HI > HBr > HCl > HF

03 **단백질의 검출반응**
① 뷰렛반응: 단백질에 NaOH와 $CuSO_4$ 용액을 가하면 적자색(붉은 보라색)으로 변하는 반응이다.
② 크산토프로테인반응: 단백질에 진한 질산을 가하면 노란색으로 변하고 알칼리를 작용시키면 오렌지색으로 변하는 반응이다.

04 이산화탄소는 이미 산화가 완료된 물질이므로 더 이상 연소하지 않는다.

05 벤젠은 이중결합을 가지고 있지만 치환반응이 첨가반응보다 더 잘 일어난다.

06 ① $S(s) + 1.5O_2(g) \rightarrow SO_3(g)$ $\Delta H^0 = -94.5kcal$
② $2SO_2(g) + O_2(g) \rightarrow 2SO_3(g)$ $\Delta H^0 = -47kcal$
① × 2 − ② 하면
$2S(s) + 2O_2(g) \rightarrow 2SO_2(g)$ $\Delta H = -142kcal$
그래서 1mol을 기준으로 계산하면 $\frac{-142}{2} = -71kcal$

07 **반트호프의 법칙**
반투막을 사이에 두고 묽은 용액과 진한 용액 사이에 삼투 현상이 일어날 때 묽은 용액의 삼투압은 용액의 몰 농도와 절대온도에 비례한다는 법칙이다.

$$\pi V = \frac{W}{M}RT$$

여기서, π : 삼투압(atm), V : 체적(L)
R(기체상수) : 0.082atm·L/mol·K
M : 분자량(g/mol), W : 질량(g), T : 절대온도(K)
※ 반트호프의 법칙은 고분자 분자량의 측정에 이용된다.

$$M = \frac{WRT}{\pi V} = \frac{9 \times 0.082 \times (27+273)}{3.84 \times 0.9} = 64.06$$

08

방사선 붕괴	원자번호	질량수	예
α 붕괴	2 감소	4 감소	$^{238}_{92}U \xrightarrow{\alpha \text{ 붕괴}} {}^{234}_{90}Th + {}^{4}_{2}He$
β 붕괴	1 증가	변하지 않음	$^{234}_{90}Th \xrightarrow{\beta \text{ 붕괴}} {}^{234}_{91}Pa + e^-$
γ 붕괴	변하지 않음	변하지 않음	낮은 에너지 상태로 될 때 방출되는 에너지

Ra(라듐)의 α 붕괴반응식: $^{226}_{88}Ra \rightarrow {}^{222}_{86}Rn + {}^{4}_{2}He$
라듐은 α 붕괴 후 라돈이 되며 He(헬륨)이 생성되는데 He(헬륨)은 비활성원소(=비활성기체)이다.

09 $aA + bB \rightleftharpoons cC + dD$에서

$$\frac{[C]^c[D]^d}{[A]^a[B]^b} = K$$

여기서 K : 평형상수
※ 평형상수(K)의 값은 온도에 의해서만 변화한다.

10 $2Ca(OH)_2 + 2Cl_2 \rightarrow Ca(OCl)_2 + CaCl_2 + 2H_2O$
차아염소산칼슘($Ca(OCl)_2$)이 표백작용을 하기 때문에 표백분이다.

11 ① O_2 : 모든 단체의 산화수는 0이다.
단체 : 두 종류 이상의 원소로 이루어진 물질인 화합물에 상대되는 말로 한 종류의 원소만으로 이루어져 있는 물질을 말한다.
⑩ O_2, H_2, Cl_2, N_2 등
② $KClO_3$: 과산화물이 아닌 산소의 산화수는 -2이다.
③ H_2SO_4 : 과산화물이 아닌 산소의 산화수는 -2이다.
④ H_2O_2 : 과산화물인 경우 산소의 산화수는 -1이다.

12 단위체(=단량체)는 염화비닐($CH_2=CHCl$)이며 첨가중합에 의해 폴리염화비닐을 생성한다.

13 이온결합 물질은 고체 상태에서 전기 부도체이나, 액체 또는 수용액에서는 전기 전도성이 크다.

14 에탄올은 에틸렌에 물을 넣고 황산을 촉매로 하여 제조한다.

15 $KMnO_4$: $+1 + x + (-2 \times 4) = 0$
$x = +7$

16 **소극제(감극제)**
분극작용을 방지하기 위해서 넣어주는 물질(산화제)이다.
⑩ $KMnO_4$, MnO_2, PbO_2, H_2O_2, $K_2Cr_2O_7$ 등

17 $\Delta G^0 = -RT \ln K = -8.314 \times (273 + 25) \times \ln (7.13)$
$= -4,866.7J/mol = -4.87kJ/mol$

18 주족은 8족까지 있기 때문에 $7 + 8 = 15$가 된다.

19 $_{11}Na$은 원자번호가 11번, 즉 전자수가 11개인데 전자 1개를 잃어 Na^+이 되었다. 따라서 전자가 10개인 Ne이 답이 된다.

20 **주기율표 기준의 원자반지름**
① 같은 주기 : 1족 원소가 가장 크고, 원자번호가 증가함에 따라 원자반지름이 작아진다.
② 같은 족 : 원자번호가 증가할수록 원자반지름이 커진다.

21 혼재가 가능한 위험물은 다음과 같다.
① 423 → 제4류와 제2류, 제4류와 제3류는 서로 혼재 가능
② 524 → 제5류와 제2류, 제5류와 제4류는 서로 혼재 가능
③ 61 → 제6류와 제1류는 서로 혼재 가능

22 이상기체로 가정하고 이상기체상태방정식을 이용한다.
이상기체상태방정식 : $PV = nRT$
여기서, $R = 0.082atm \cdot L/mol \cdot K$
$$V = \frac{nRT}{P} = \frac{\frac{2,000}{44} \times 0.082 \times (273+0)}{1}$$
$$= 1,017.55L = 1.018m^3$$

23 **과산화수소의 저장 방법**
① 햇빛차단, 화기엄금, 충격금지
② 환기가 잘 되는 냉암소에 저장
③ 온도 상승 방지
④ 과산화수소의 저장용기 마개는 구멍 뚫린 마개 사용(이유 : 용기의 내압 상승을 방지하기 위하여)

24 분해연소란 석탄, 종이, 목재, 플라스틱의 고체 물질과 중유와 같은 점도가 높은 액체 연료에서 찾아볼 수 있는 형태로 열분해에 의해서 생성된 분해 생성물이 산소와 혼합하여 연소하는 형태를 말한다.

25 톨루엔은 제4류 위험물로서 무상수 소화기는 적절하지 않다.

26 Halon 2402는 상온에서 액체이고, 저장 용기에 충전할 경우에는 방출원인 질소(N_2)와 함께 충전하여야 하며, 기체 비중이 가장 높은 소화약제이다.

27 금수성 물질에 적응성이 있는 소화기는 탄산수소염류분말 소화기이다.

28 옥내소화전설비의 비상전원은 45분 이상 작동되어야 한다.

29 B급 화재는 유류 및 가스에 의한 화재이다.

30 위험물 1소요단위는 지정수량의 10배이고, 클로로벤젠의 지정수량은 1,000L이다.
$$소요단위 = \frac{300,000}{1,000 \times 10} = 30$$

31 특정옥외저장탱크의 지반의 범위는 지표면으로부터 깊이 15m까지를 말한다.

32 제3종 분말의 열분해 반응식

(190℃) $NH_4H_2PO_4 \rightarrow H_3PO_4$(올소인산) $+ NH_3$

(215℃) $2H_3PO_4 \rightarrow H_4P_2O_7 + H_2O$

(360℃ 이상) $H_4P_2O_7 \rightarrow 2HPO_3$(메타인산) $+ H_2O$

최종 분해식: $NH_4H_2PO_4 \rightarrow HPO_3$(메타인산) $+ H_2O + NH_3$

제3종 분말(제1인산암모늄)이 열분해될 때 생성되는 올소인산 (H_3PO_4)은 종이, 목재, 섬유 등을 구성하고 있는 섬유소를 연소하기 어려운 탄소로 급속히 변화시키는 작용(탈수·탄화작용)을 통해 섬유소를 난연성의 탄소와 물로 분해하여 연소반응을 차단시킨다.

33 인화칼슘 화재 시에는 마른 모래, 건조석회, 금속 화재용 분말 소화약제를 사용한다.

34 Na_2SO_4은 분말 소화약제가 아니고, 산·알칼리 소화기의 생성물이다.

35 제1류 위험물 중 알칼리금속의 과산화물과 이를 함유한 것 또는 제3류 위험물 중 금수성 물질은 '물기엄금'이라고 주의사항을 표시한다.

36 옥내소화전설비는 각 층을 기준으로 하여 당해 층의 모든 옥내소화전(설치 개수가 5개 이상인 경우는 5개의 옥내소화전)을 동시에 사용할 경우에 각 노즐 선단의 방수압력이 350kPa 이상이고, 방수량이 1분당 260L 이상의 성능이 되도록 해야 한다.

37 트리에틸알루미늄은 물과 접촉하면 폭발적으로 반응하여 에탄(C_2H_6)을 발생시킨다.

$(C_2H_5)_3Al + 3H_2O \rightarrow Al(OH)_3 + 3C_2H_6 \uparrow$

38 제2류 위험물은 대부분 다른 가연물에 비해 착화온도가 낮고 발화가 용이하며 연소속도가 빠르고 연소 시 다량의 빛과 열을 발생한다.

39 이산화탄소 소화기는 자체의 압력으로 방출되므로 방출용 동력이 별도로 필요하지 않다.

40 옥내소화전설비의 소화약제는 물을 사용하므로 제4류 위험물은 해당되지 않는다.

41 금속칼륨은 공기 중에서 수분과 반응하여 수소를 발생한다.

$2K + 2H_2O \rightarrow 2KOH + H_2 \uparrow + 92.8kcal$

42 유기과산화물 옥내저장소의 창은 바닥으로부터 2m 이상, 창 면적은 0.4m² 이내이다.

43 「위험물안전관리법령」에서 정한 지정수량

① 염소산염류: 50kg

② 브로민산(브롬산)염류: 300kg

③ 마그네슘: 500kg

④ 금속의 인화물: 300kg

44 자연발화를 방지하기 위해서는 습도가 높은 곳을 피해야 한다.

45

저장 또는 취급하는 위험물의 최대수량	공지의 너비
지정수량의 500배 이하	3m 이상
지정수량의 500배 초과 1,000배 이하	5m 이상
지정수량의 1,000배 초과 2,000배 이하	9m 이상
지정수량의 2,000배 초과 3,000배 이하	12m 이상
지정수량의 3,000배 초과 4,000배 이하	15m 이상
지정수량의 4,000배 초과	당해 탱크의 수평단면의 최대지름(횡형인 경우에는 긴 변)과 높이 중 큰 것과 같은 거리 이상. 다만, 30m 초과의 경우에는 30m 이상으로 할 수 있고, 15m 미만의 경우에는 15m 이상으로 하여야 한다.

아세톤의 지정수량의 배수를 구하면 다음과 같다.

$$150,000 \times \frac{1}{0.79} = 189,873.42L, \quad \frac{189,873L}{400L} = 475배$$

즉 지정수량의 500배 이하이므로 공지의 너비는 3m 이상으로 하여야 한다.

46 고체 위험물의 운반 시 내장용기가 금속제인 경우 내장용기의 최대 용적은 30L이다.

47 Mn_3C는 물과 반응하여 메탄(CH_4)가스와 수소(H_2) 가스를 발생시킨다.

$Mn_3C + 6H_2O \rightarrow 3Mn(OH)_2 + CH_4 \uparrow + H_2 \uparrow$

48 과산화나트륨은 상온에서 물과 격렬하게 반응하며 열을 발생하고 산소를 방출시킨다.

$2Na_2O_2 + 2H_2O \rightarrow 4NaOH + O_2 \uparrow$

49 이상기체로 가정하고 이상기체상태방정식을 이용한다.

이상기체상태방정식: $PV = nRT$

여기서, $R = 0.082atm \cdot L/mol \cdot K$

$$V = \frac{nRT}{P} = \frac{1 \times 0.082 \times (273+27)}{1} = 24.6L$$

※ 아세톤(CH_3COCH_3)의 분자량은 58이므로 아세톤 58g은 1mol이다.

50 인화칼슘(Ca_3P_2)은 물과 반응하여 포스핀(PH_3＝인화수소)을 생성시킨다.

$$Ca_3P_2 + 6H_2O \rightarrow 3Ca(OH)_2 + 2PH_3 \uparrow$$

51 옥외저장탱크 · 옥내저장탱크 또는 지하저장탱크 중 압력탱크에 저장하는 아세트알데하이드(아세트알데히드) 등의 온도는 40℃ 이하로 유지하여야 한다.

52 황린은 독성이 있고, 적린은 독성이 없다.

구분	황린	적린
류별	제3류 위험물	제2류 위험물
지정수량	20kg	100kg
발화점	34℃	260℃
색상	백색 또는 담황색의 고체	암적색, 무취의 분말
유독성	독성이 있다.	독성이 없다.
연소생성물	오산화린(P_2O_5)	오산화린(P_2O_5)

53 옥내저장탱크의 용량(동일한 탱크전용실에 옥내저장탱크를 2 이상 설치하는 경우에는 각 탱크의 용량의 합계를 말함)은 지정수량의 40배(제4석유류 및 동식물유류 외의 제4류 위험물에 있어서 당해 수량이 20,000L를 초과할 때에는 20,000L) 이하일 것

54 분진폭발을 일으키지 않는 물질에는 모래, 시멘트분말, 생석회가 있다.

55 황의 동소체는 사방황, 단사황, 고무상황 등이 있다.

56 $C_2H_5OC_2H_5$(**다이에틸에터, 디에틸에테르**)
① 인화점: $-45℃$
② 비중: 0.72
$C_2H_5ONO_2$(**질산에틸**)
① 인화점: $-10℃$
② 비중: 1.11
CS_2(**이황화탄소**)
① 인화점: $-30℃$
② 비중: 1.26
C_6H_5Cl(**클로로벤젠**)
① 인화점: 27℃
② 비중: 1.34

57 나이트로(니트로)셀룰로오스를 저장 · 운반 시 물 또는 알코올에 습면하고, 안정제를 가해서 냉암소에 저장한다.

58 지정수량 배수의 총합

$$= \frac{A품명의\ 저장수량}{A품명의\ 지정수량} + \frac{B품명의\ 저장수량}{B품명의\ 지정수량}$$

$$+ \frac{C품명의\ 저장수량}{C품명의\ 지정수량} + \cdots$$

$$= \frac{90}{300} + \frac{70}{100} + \frac{2,000}{1,000} = 3$$

59 위험물을 주입하는 경우 해당 위험물의 인화점이 40℃ 미만인 경우 이동탱크저장소의 원동기를 반드시 정지시켜야 한다.

60 제1류 위험물 중 알칼리금속의 과산화물 또는 이를 함유한 것, 제2류 위험물 중 철분 · 금속분 · 마그네슘 또는 이들 중 어느 하나 이상을 함유한 것 또는 제3류 위험물 중 금수성 물질은 방수성이 있는 피복으로 덮어야 한다.
보기에서는 마그네슘(제2류 위험물)이 방수성이 있는 피복으로 덮어야 할 위험물에 해당한다.
TNT는 제5류 위험물이고, 이황화탄소는 제4류 위험물이고, 과염소산은 제6류 위험물이다.

끝이 좋아야 시작이 빛난다.

– 마리아노 리베라(Mariano Rivera)

▶ 대표저자 **최창률**

약력

한국교통대학교 대학원(안전공학) 공학박사

전기안전기술사

한국산업안전보건공단 33년 근무(실장, 지사장 역임)

부산가톨릭대학교 안전보건학과 겸임교수 역임

사단법인 안전보건진흥원 안전인증이사

KSR인증원(국제인증기관) 원장

법무법인 대륙아주 안전고문

전기안전기술사/화공안전기술사 자격수험서 저자

산업안전기사/산업안전산업기사 자격수험서 저자(1992년 최초 저서)

위험물산업기사/위험물기능사 자격수험서 저자

2025 에듀윌 위험물산업기사 필기 2주끝장

발 행 일	2024년 11월 1일 초판
저 자	최창률
펴 낸 이	양형남
개발책임	오용철, 목진재
개 발	양지은
펴 낸 곳	(주)에듀윌
I S B N	979-11-360-3481-6
등록번호	제25100-2002-000052호
주 소	08378 서울특별시 구로구 디지털로34길 55 코오롱싸이언스밸리 2차 3층

www.eduwill.net
대표전화 1600-6700

여러분의 작은 소리
에듀윌은 크게 듣겠습니다.

본 교재에 대한 여러분의 목소리를 들려주세요.
공부하시면서 어려웠던 점, 궁금한 점,
칭찬하고 싶은 점, 개선할 점, 어떤 것이라도 좋습니다.

에듀윌은 여러분께서 나누어 주신 의견을
통해 끊임없이 발전하고 있습니다.

에듀윌 도서몰 book.eduwill.net
• 부가학습자료 및 정오표: 에듀윌 도서몰 → 도서자료실
• 교재 문의: 에듀윌 도서몰 → 문의하기 → 교재(내용, 출간) / 주문 및 배송

위험물산업기사
필기

시험 당일, 확실한 합격을 위한

3 시간 –
암기노트

01 물질의 물리·화학적 성질

01 이상기체

이상기체법칙을 따르는 가상적인 기체이다. 실제의 기체는 충분히 낮은 압력과 높은 온도에서 이상기체와 거의 유사한 성질을 나타낸다.

① 기체상수: $R=0.082atm \cdot L/mol \cdot K$

② 이상기체 상태 방정식: $PV=nRT$

③ 기체의 분자량: $M=\dfrac{wRT}{PV}$

02 원자의 구조

① 원자량: 원자의 상대적인 질량으로 질량수 12의 탄소 원자를 표준으로 하여, 이것과의 비율에 따라 나타낸 각 원자의 질량이다.

② 원자번호: 원자핵이 가지고 있는 양성자의 수로서 원자의 종류에 따라 고유한 값을 가진다.

③ 질량수: 원자핵 속에 있는 양성자 수와 중성자 수를 합한 것이다.

> 질량수＝양성자 수＋중성자 수

④ 중성자 수: 원자 내에 존재하는 중성자의 수로 원자의 질량수에서 양성자 수를 빼면 구할 수 있다.

03 산과 염기의 정의

① 아레니우스의 산과 염기

　㉠ 산: 물에 녹아 이온화하여 H^+를 내는 물질이다.

　㉡ 염기: 물에 녹아 이온화하여 OH^-를 내는 물질이다.

② 브뢴스테드–로우리의 산과 염기

　㉠ 산: H^+를 내어 놓는 분자나 이온이다.

　㉡ 염기: H^+를 받아들이는 분자나 이온이다.

　㉢ 다음 반응에서 HCl은 H^+를 NH_3에게 주었으므로 브뢴스테드의 산이고, NH_3는 H^+를 받았으므로 브뢴스테드의 염기이다.

> $$NH_3+HCl \rightleftharpoons NH_4^++Cl^-$$

04 산과 염기의 일반적 성질

산의 성질	염기의 성질
① 수용액은 신맛을 가진다.	① 수용액은 쓴맛이 있고, 미끈미끈하다.
② 수용액은 푸른색 리트머스 종이를 붉은색으로 변화시킨다.	② 수용액은 붉은 리트머스 종이를 푸르게 변화시킨다.
③ 많은 금속과 작용하여 수소(H_2)를 발생한다.	③ 산과 만나면 산의 수소 이온(H^+)의 성질을 해소시킨다.
④ 염기와 작용하여 염과 물을 만든다.	④ 염기 중 물에 녹아서 OH^-를 내는 것을 알칼리라 한다.
⑤ 수용액에서 H^+를 내 놓는다.	
⑥ 전해질이다.	

05 수소 이온 지수(pH)

① 수용액의 액성은 수용액 속의 H^+ 농도나 OH^- 농도에 의해 결정된다.

② pH는 수용액 속의 수소 이온 농도를 간단하게 표시하기 위하여 만든 척도이다.

③ pH값이 작을수록 강한 산성을 나타낸다.

④ $pH = -\log[H^+]$

⑤ 25℃의 모든 수용액에서 pH+pOH=14이다.

06 고체의 용해도

① 용매와 용질: 용매는 녹이는 물질이고, 용질은 녹는 물질이다.

　　예 물에 설탕을 녹일 때 물이 용매이고, 설탕은 용질이다.

② 포화용액: 일정 온도에서 일정량의 용매에 용질이 최대한 녹아 더 이상 녹을 수 없는 상태의 용액이다.

③ 용해도: 어떤 온도에서 용매 100g에 최대한 녹는 용질의 g수이다.

$$용해도 = \frac{용질}{용매} \times 100$$

④ 용해도 곱: $[양이온 농도]^{반응식에서의 양이온 계수} \times [음이온 농도]^{반응식에서의 음이온 계수}$

07 산화·환원의 정의

분류	산화	환원
산소에 의한 정의	산소와 결합하는 것	산소를 잃는 것
수소에 의한 정의	수소를 잃는 것	수소와 결합하는 것
전자에 의한 정의	원자가 전자를 잃는 것	원자가 전자를 얻는 것
산화수에 의한 정의	산화수 증가	산화수 감소

08 산화제와 환원제

① 산화제: 다른 물질을 산화시키고 자신은 환원되는 물질이다.
② 환원제: 다른 물질을 환원시키고 자신은 산화되는 물질이다.

09 전기분해에서의 양적 관계(패러데이의 법칙)

전기분해에서 생성되거나 소모되는 물질의 질량과 흐른 전하량 사이의 관계는 패러데이의 법칙으로 알 수 있다.
① 1F: 전자 1몰의 전하량으로 1F의 전하량은 약 96,500C의 전하량과 같다.
② 1C: 1C=1A(암페어)×sec(초)이고, 1초 동안에 흐르는 전기량을 나타낸다.
③ 산화, 환원 반응식에서 이동하는 전자의 몰수를 이용하면 석출되거나 소모되는 물질의 양을 산출할 수 있다.

구분	Cu^{2+}	+	$2e^-$	→	Cu
계수비	1몰		2몰		1몰
양적 관계	63.5g		2F		63.5g

10 배위결합

비공유 전자쌍을 가지는 원자에서 비공유 전자쌍을 일방적으로 제공하여 이루어진 공유결합을 배위결합이라고 한다. 예 암모늄 이온(NH_4^+)

11 알칼리 금속

① 종류: 리튬(Li), 나트륨(Na), 칼륨(K) 등

② 은백색 광택이 있고, 무른 금속으로 칼로 자를 수 있다.

③ 원자번호가 커질수록 이온화 에너지가 작아지기 때문에 녹는점과 끓는점이 낮아지고 다른 금속원소에 비해 반응성이 커진다.

④ 공기 중에서 쉽게 산화되고, 물과 격렬하게 반응하기 때문에 석유나 유동성 파라핀 속에 보관해야 한다.

⑤ 불꽃 반응을 시켰을 때 특유의 색깔이 나타난다.

　　㉠ 리튬(Li): 적색

　　㉡ 나트륨(Na): 노란색

　　㉢ 칼륨(K): 보라색

12 금속의 이온화 경향

① 금속이 전자를 잃고 양이온으로 되려는 경향을 이온화 경향이라고 한다.

② 이온화 경향이 큰 금속일수록 반응성이 크다.

13 할로젠(할로겐) 원소

① 종류: 플루오르(F), 염소(Cl), 브로민(Br, 브롬), 아이오딘(I, 요오드)

② 최외각 전자가 7개이므로 전자 1개를 받아 −1가의 음이온이 되기 쉽다.

③ 브로민(브롬)은 상온에서 액체이다.

④ 염소(Cl_2) 기체는 색을 탈색(표백)시키는 성질이 있다.

14 반감기

① 어떤 물질의 양이 초기 값의 절반이 되는 데 걸리는 시간이다.

② 반감기를 구하는 식

$$m = M\left(\frac{1}{2}\right)^{\frac{t}{T}}$$

여기서, m: 붕괴 후의 질량, T: 반감기, M: 처음의 질량, t: 경과한 시간

SUBJECT 02 화재예방과 소화방법

01 고체의 연소

① 표면연소: 목탄(숯), 코크스, 금속분 등이 열분해하여 고체의 표면이 고온을 유지하면서 가연성 가스를 발생하지 않고 그 물질 자체가 표면이 빨갛게 변하며 연소하는 형태

② 분해연소: 석탄, 종이, 목재, 플라스틱의 고체 물질과 중유와 같이 점도가 높은 액체연료에서 볼 수 있는 형태로 열분해에 의해 생성된 분해생성물이 산소와 혼합하여 연소하는 형태

③ 증발연소: 나프탈렌, 장뇌, 황(유황), 왁스, 양초(파라핀)와 같이 고체가 가열되어 가연성 가스를 발생시켜 연소하는 형태

④ 자기연소: 화약, 폭약의 원료인 제5류 위험물 TNT, 나이트로(니트로)셀룰로오스, 질산에스터류(질산에스테르류)에서 볼 수 있는 연소의 형태로서 공기 중의 산소를 필요로 하지 않고 그 물질 자체에 함유되어 있는 산소로부터 내부 연소하는 형태

02 자연발화의 조건

① 주위 온도가 높을 것

② 열전도율이 낮을 것

③ 발열량이 클 것

④ 표면적이 넓을 것

03 자연발화 방지법

① 주위 온도를 낮출 것

② 습도를 낮게 할 것

③ 통풍을 잘 시킬 것

④ 불활성 가스를 투입하여 공기와 접촉면적을 작게 할 것

⑤ 열이 축적되지 않게 할 것

04 위험인자별 화재 위험성

위험인자	위험성 증가	위험성 감소
온도	온도가 높을수록	온도가 낮을수록
압력	압력이 높을수록	압력이 낮을수록
산소농도	산소농도가 높을수록	산소농도가 낮을수록
연소(폭발)범위	연소범위가 넓을수록	연소범위가 좁을수록
연소열	연소열이 커질수록	연소열이 작을수록
증기압	증기압이 높을수록	증기압이 낮을수록
연소속도	연소속도가 빠를수록	연소속도가 느릴수록
인화점	인화점이 낮을수록	인화점이 높을수록
착화온도	착화온도가 낮을수록	착화온도가 높을수록
비점	비점이 낮을수록	비점이 높을수록
융점	융점이 낮을수록	융점이 높을수록
비중	비중이 작을수록	비중이 클수록
점성	점성이 낮을수록	점성이 높을수록
폭발하한값	폭발하한이 작을수록	폭발하한이 클수록

05 냉각소화

① 연소물로부터 열을 빼앗아 발화점 이하로 온도를 낮추는 방법이다.
② 대표적인 소화약제: 물, 강화액
③ 물은 펌프, 호스 등을 이용하여 이송이 비교적 용이하다.
④ 물은 소화제로서 가장 널리 사용된다.

06 질식소화

① 공기 중에 존재하고 있는 산소의 농도 21%를 15%(한계산소농도) 이하로 낮추어 소화
(산소 공급원 차단)하는 방법이다.
② 대표적인 소화약제: CO_2, 마른 모래

07 제거소화

① 가연성 물질을 연소구역에서 제거하여 줌으로써 소화하는 방법이다.
② 가스 화재 시 가스가 분출되지 않도록 밸브를 폐쇄하여 소화하는 방법이다.
③ 대규모 유전 화재 시에 질소 폭탄을 폭발시켜 강풍에 의해 불씨를 제거하여 소화하는 방법이다.

08 억제소화(부촉매 효과)

가연물, 산소공급원, 점화원, 연쇄반응 등을 연소의 4요소라 한다. 이중에서 연쇄반응을 차단해서 소화하는 방법을 부촉매 효과, 즉 억제소화라 한다. 억제소화란 가연성 물질과 산소와의 화학반응을 느리게 함으로써 소화하는 방법으로 소화약제로는 하론 1301, 하론 1211, 하론 2402 등이 있다.

09 화재의 종류

구분	A급 화재	B급 화재	C급 화재	D급 화재
명칭	일반 화재	유류 · 가스 화재	전기 화재	금속 화재
가연물	목재, 종이, 섬유, 석탄 등	각종 유류 및 가스	전기기기, 기계, 전선 등	Mg 분말, Al 분말 등
표현색	백색	황색	청색	색 표시 없음(무색)

10 소화약제의 종류

11 물 소화약제

① 쉽게 구할 수 있고, 취급이 간편하며 인체에 무해하다.
② 증발잠열이 크기 때문에 기화 시 다량의 열을 제거하여 냉각효과가 우수하고 무상으로 주수할 때는 질식(기화팽창률이 크기 때문에)효과, 유화효과도 얻을 수 있다.
③ 전기 화재, 금속분 화재에는 소화효과가 없다.

12 포 소화약제

① 물에 의한 소화능력을 향상시키기 위하여 거품을 방사할 수 있는 약제를 첨가하여 냉각효과, 질식효과를 얻을 수 있도록 만든 소화약제이다.
② 합성 계면활성제 포 소화약제: 계면활성제인 알킬벤젠술폰산염, 고급 알코올 황산에스터(황산에스테르) 등을 주성분으로 사용한 냄새가 없는 황색의 액체로서 밀폐 또는 준밀폐 구조물의 화재 시 사용한다.
③ 수성막포 소화약제: 미국 3M사가 개발한 것으로 불소계 계면활성제가 주성분이며 특히 기름 화재용 포액으로서 가장 좋은 소화력을 가지고 있으나, 알코올 화재 시에는 효과가 없다.
④ 내알코올포 소화약제: 소포성이 있는 물질인 수용성 액체 위험물에 화재가 났을 경우 유용하도록 만든 소화약제로 6%형이 있다.

13 이산화탄소 소화약제

① 가연성 물질을 둘러싸고 있는 공기 중의 산소농도를 15% 이하로 낮게 하여 소화하는 방법으로 주로 질식, 희석효과에 의해 소화작업을 진행하는 소화약제이다.
② 이산화탄소는 상온에서 무색, 무취의 기체이며 비중은 1.529로 공기보다 무겁고 승화점이 −78.5℃, 임계온도는 약 31℃이다.
③ 다른 불활성 기체에 비해 가격이 저렴하고 실용적이며 비중이 크기 때문에 심부화재에 적합하다.
④ 저온으로 고체화한 것을 드라이아이스라 하며 냉각제로 많이 사용한다.
⑤ 비전도성 불연성 가스로 화재를 진압한 후 잔존물이 없어서 소방 대상물을 오염, 손상시키지 않아 전산실, 정밀기계실의 소화에 효과적이다.

14 할로젠화합물(할로겐화합물) 소화약제

CH_4, C_2H_6과 같은 물질에 수소원자가 분리되고 할로젠(할로겐) 원소로 치환된 물질로 주된 소화효과는 냉각, 부촉매 소화효과이다. 하론 소화약제의 구성은 예를 들어 하론 1301에서 천의 자리 숫자는 C의 개수, 백의 자리 숫자는 F의 개수, 십의 자리 숫자는 Cl의 개수, 일의 자리 숫자는 Br의 개수를 나타낸다.

Halon 번호	분자식
1001	CH_3Br
10001	CH_3I
1011	CH_2ClBr
1202	CF_2Br_2
1211	CF_2ClBr
1301	CF_3Br
104	CCl_4
2402	$C_2F_4Br_2$

15 불활성가스 소화약제

① 헬륨, 네온, 아르곤 또는 질소가스 중 하나 이상의 원소를 기본 성분으로 하는 소화약제를 말하며 종류로는 IG−541, IG−55 등이 있다.
② IG−541: 불활성가스 혼합기체
  구성: N_2(52%)+Ar(40%)+CO_2(8%)
③ IG−55: 불활성가스 혼합기체
  구성: N_2(50%)+Ar(50%)

16 분말 소화약제

구분	소화약제	착색	적응화재	열분해 반응식
제1종 분말	NaHCO₃ (탄산수소나트륨)	백색	B, C	$2NaHCO_3$ $\rightarrow Na_2CO_3 + CO_2 + H_2O$
제2종 분말	KHCO₃ (탄산수소칼륨)	담회색	B, C	$2KHCO_3$ $\rightarrow K_2CO_3 + CO_2 + H_2O$
제3종 분말	NH₄H₂PO₄ (제1인산암모늄)	담홍색	A, B, C	$NH_4H_2PO_4$ $\rightarrow HPO_3 + NH_3 + H_2O$
제4종 분말	KHCO₃+(NH₂)₂CO (탄산수소칼륨+요소)	회색	B, C	$2KHCO_3 + (NH_2)_2CO$ $\rightarrow K_2CO_3 + 2NH_3 + 2CO_2$

17 강화액 소화기

① 물의 소화능력을 향상시키고 한랭지역, 겨울철에 사용할 수 있도록 어는점을 낮추기 위해 물에 탄산칼륨을 보강시켜 만든 소화기이다.

② 액성은 알칼리성이다.

③ 축압식, 가스가압식, 반응식 소화기 등이 있다.

18 소화기 사용 시 주의사항

① 적응화재에만 사용할 것

② 성능에 따라 화재면에 근접하여 사용할 것

③ 바람을 등지고 풍상에서 풍하의 방향으로 소화작업을 진행할 것

④ 양옆으로 비로 쓸 듯이 골고루 방사할 것

19 소화기 외부 표시사항(소화기의 형식승인 및 제품검사의 기술기준)

① 적응화재 표시

② 충전된 소화약제의 주성분 및 중량 표시

③ 사용방법

④ 취급상의 주의사항

⑤ 소화 능력단위

⑥ 제조년월 및 제조번호

20 스프링클러 설비

① 헤드의 온도감지 성능이 우수하고 화재 시 신속히 소화수를 살수할 수 있다.
② 소화약제가 물이기 때문에 비용이 절감되고 경제적이다.
③ 자동화되어 있어 사람이 없을 때도 효과적이다.
④ 초기 설치비용이 크고 타설비보다 시공이 복잡하다.

21 옥내소화전 설비의 기준

① 옥내소화전의 개폐밸브 및 호스접속구는 바닥면으로부터 1.5m 이하의 높이에 설치할 것
② 옥내소화전 설비의 비상전원은 자가발전설비 또는 축전지설비에 의하되 용량은 옥내
소화전 설비를 유효하게 45분 이상 작동시키는 것이 가능할 것
③ 옥내소화전의 개폐밸브 및 방수용 기구를 격납하는 상자(소화전함)는 불연재료로 제작
하고 점검에 편리하고 화재 발생 시 연기가 충만할 우려가 없는 장소 등 쉽게 접근이
가능하고 화재 등에 의한 피해를 받을 우려가 적은 장소에 설치할 것
④ 가압송수장치의 시동을 알리는 표시등(시동표시등)은 적색으로 하고 옥내소화전함의
내부 또는 그 직근의 장소에 설치할 것. 다만, 별도의 정해진 조건을 충족하는 경우에
는 시동표시등을 설치하지 아니할 수 있다.

22 압력수조를 이용한 가압송수장치 기준(옥내소화전 설비)

① 압력수조의 압력은 다음 식에 의하여 구한 수치 이상으로 할 것

$P = p_1 + p_2 + p_3 + 0.35(MPa)$

P: 필요한 압력(MPa)

p_1: 소방용 호스의 마찰손실수두압(MPa)

p_2: 배관의 마찰손실수두압(MPa)

p_3: 낙차의 환산수두압(MPa)

② 압력수조의 수량은 당해 압력수조 체적의 2/3 이하일 것
③ 압력수조에는 압력계, 수위계, 배수관, 보급수관 통기관 및 맨홀을 설치할 것

23 펌프를 이용한 가압송수장치 기준(옥내소화전 설비)

① 펌프의 토출량(L/min)은 옥내소화전의 설치개수가 가장 많은 층에 대해 당해 설치개수 (설치개수가 5개 이상인 경우에는 5개로 한다)에 260(L/min)을 곱한 양 이상이 되도록 할 것

② 펌프의 전양정은 다음 식에 의하여 구한 수치 이상으로 할 것

$H = h_1 + h_2 + h_3 + 35$(m)

H: 펌프의 전양정(m)

h_1: 소방용 호스의 마찰손실수두(m)

h_2: 배관의 마찰손실수두(m)

h_3: 낙차(m)

③ 펌프의 토출량이 정격토출량의 150%인 경우에는 전양정은 정격전양정의 65% 이상일 것

④ 펌프는 전용으로 할 것. 다만, 다른 소화설비와 병용 또는 겸용하여도 각각의 소화설비의 성능에 지장을 주지 아니하는 경우에는 그러하지 아니하다.

24 저압식 저장용기의 기준(이산화탄소 소화설비)

① 액면계 및 압력계를 설치할 것

② 2.3MPa 이상의 압력 및 1.9MPa 이하의 압력에서 작동하는 압력경보장치를 설치할 것

③ 용기 내부의 온도를 영하 20℃ 이상 영하 18℃ 이하로 유지할 수 있는 자동냉동기를 설치할 것

④ 파괴판과 방출밸브를 설치할 것

25 화재의 종류에 따른 소화기 선택

① 일반 화재(A급 화재): 물 또는 물을 많이 함유한 용액에 의한 냉각소화, 강화액, 포 소화기 등이 유효하다.

② 유류 및 가스 화재(B급 화재): 공기 차단에 의한 질식소화효과를 위해 포 소화기, CO_2 소화기, 분말 소화기, 할로젠화합물(할로겐화합물, 하론) 소화기 등이 유효하다.

③ 전기 화재(C급 화재): 질식, 냉각효과에 의한 소화가 유효하며, 전기적 절연성을 가진 소화기로 소화해야 한다. CO_2 소화기, 분말 소화기, 할로젠화합물(할로겐화합물, 하론) 소화기 등이 유효하다.

④ 금속 화재(D급 화재): 소화에 물을 사용하면 안 되며, 건조사, 팽창진주암 등 질식소화가 유효하다.

소화설비의 구분			건축물·그 밖의 공작물	전기설비	제1류 위험물		제2류 위험물			제3류 위험물		제4류 위험물	제5류 위험물	제6류 위험물
					알칼리금속과산화물등	그 밖의 것	철분·금속분·마그네슘등	인화성고체	그 밖의 것	금수성물품	그 밖의 것			
옥내소화전 또는 옥외소화전설비			○			○		○	○		○		○	○
스프링클러설비			○			○		○	○		○	△	○	○
물분무등소화설비	물분무 소화설비		○	○		○		○	○		○	○	○	○
	포 소화설비		○			○		○	○		○	○	○	○
	불활성가스 소화설비			○					○				○		
	할로젠화합물 소화설비			○					○				○		
	분말 소화설비	인산염류 등	○	○		○		○	○			○		○
		탄산수소염류 등		○	○		○	○		○		○		
		그 밖의 것			○		○			○				
대형·소형수동식소화기	봉상수(棒狀水) 소화기		○			○		○	○		○		○	○
	무상수(霧狀水) 소화기		○	○		○		○	○		○		○	○
	봉상강화액 소화기		○			○		○	○		○		○	○
	무상강화액 소화기		○	○		○		○	○		○	○	○	○
	포 소화기		○			○		○	○		○	○	○	○
	이산화탄소 소화기			○					○			○		△
	할로젠화합물 소화기			○					○			○		
	분말 소화기	인산염류 소화기	○	○		○		○	○			○		○
		탄산수소염류 소화기		○	○		○	○		○		○		
		그 밖의 것			○		○			○				
기타	물통 또는 수조		○			○		○	○		○		○	○
	마른 모래(건조사)				○	○	○	○	○	○	○	○	○	○
	팽창질석 또는 팽창진주암				○	○	○	○	○	○	○	○	○	○

SUBJECT

03 위험물 성상 및 취급

01 제1류 위험물

성질	품명	지정수량	위험등급	주의사항
산화성 고체	아염소산염류	50kg	I	화기주의 충격주의 물기엄금 가연물 접촉주의
	염소산염류			
	과염소산염류			
	무기과산화물			
	브로민산염류	300kg	II	
	질산염류			
	아이오딘산염류			
	과망가니즈산염류	1,000kg	III	
	다이크로뮴산염류			

02 제1류 위험물의 일반적인 성질

① 대부분 무색결정 또는 백색분말의 고체 상태이다.
② 산화성 고체로 모든 품목이 산소를 함유한 강력한 산화제이다.
③ 다른 가연물의 연소를 돕는 지연성(조연성) 물질이다.
④ 물에 대한 비중은 1보다 크며 물에 녹는 것이 많고 조해성이 있는 것도 있다.
⑤ 무기과산화물은 물과 반응하여 산소를 발생하고 많은 열을 발생시킨다.

03 제1류 위험물의 위험성

① 산소를 방출하기 때문에 지연성(조연성)이 강하다.
② 독성이 있는 위험물에는 염소산염류, 질산염류, 다이크로뮴산염류(중크롬산염류) 등이 있고 부식성이 있는 위험물에는 과산화칼륨, 과산화나트륨 등의 무기과산화물이 있다.
③ 무기과산화물은 물과 반응하여 발열하고 산소를 방출하기 때문에 제3류 위험물과 비슷한 금수성 물질이다.
④ 염산과의 혼합, 접촉에 의해 발열하고 황린과 접촉하면 폭발할 수 있다.

04 제1류 위험물의 저장 및 취급방법

① 가연물, 직사광선 및 화기를 피하고 통풍이 잘 되는 차가운 곳에 저장한다.
② 충격, 마찰, 타격 등 점화에너지를 차단한다.
③ 공기나 물과의 접촉을 피한다.(무기과산화물의 경우)
④ 강산류와 절대 접촉을 금한다.
⑤ 조해성 물질은 습기를 차단하고 용기를 밀폐시킨다.

05 제1류 위험물의 소화방법

① 무기과산화물, 삼산화크로뮴(삼산화크롬)을 제외하고는 다량의 물을 사용하는 것이 유효하다.
② 가연물과 혼합 연소 시 폭발위험이 있으므로 주의한다.
③ 산성물질이므로 소화작업 시 공기호흡기, 보안경 및 방수복 등 보호구를 착용한다.

06 제2류 위험물

성질	품명	지정수량	위험등급	주의사항
가연성 고체	황화인	100kg	Ⅱ	화기주의
	적린			
	황			물기엄금 (철분, 금속분, 마그네슘)
	마그네슘	500kg	Ⅲ	
	철분			
	금속분			화기엄금 (인화성 고체)
	인화성 고체	1,000kg		

07 제2류 위험물의 일반적인 성질

① 가연성 고체로서 낮은 온도에서 착화하기 쉬운 속연성 물질(이연성 물질)이다.
② 비중은 1보다 크고 물에 녹지 않으며 산소를 함유하지 않기 때문에 강한 환원성 물질이고 대부분 무기화합물이다.
③ 산화되기 쉽고 산소와 쉽게 결합을 이룬다.
④ 연소속도가 빠르고 연소열도 크며 연소 시 유독가스가 발생하는 것도 있다.
⑤ 모든 물질이 가연성이고 무기과산화물류와 혼합한 것은 수분에 의해서 발화한다.
⑥ 금속분(철분, 마그네슘분, 금속분류 등)은 산소와의 결합력이 크고 이온화 경향이 큰 금속일수록 산화되기 쉽다.

08 제2류 위험물의 위험성

① 대부분 다른 가연물에 비해 착화온도가 낮고 발화가 용이하며 연소속도가 빠르고 연소 시 다량의 빛과 열을 발생한다.

② 금속분은 물 또는 습기와 접촉하면 자연발화한다.

③ 산화제와 혼합한 물질은 가열·충격·마찰에 의해 발화, 폭발 위험이 있으며, 금속분에 물을 가하면 수소가스가 발생하여 폭발 위험이 있다.

④ 금속분이 미세한 가루 또는 박 모양일 경우 산화 표면적의 증가로 공기와 혼합 및 열전 도성이 작아져서 열의 축적이 쉽기 때문에 연소를 일으키기 쉽다.

09 제2류 위험물의 저장 및 취급방법

① 가열하거나 화기를 피하며 불티, 불꽃, 고온체와의 접촉을 피한다.

② 산화제, 제1류 및 제6류 위험물과의 혼합과 혼촉을 피한다.

③ 철분, 마그네슘, 금속분류는 물, 습기, 산과의 접촉을 피하여 저장한다.

④ 저장용기는 밀봉하고 용기의 파손과 누출에 주의한다.

⑤ 통풍이 잘 되는 냉암소에 보관, 저장한다.

10 제2류 위험물의 소화방법

① 황(유황)은 물에 의한 냉각소화가 가능하다.

② 금속분, 철분, 마그네슘의 연소 시 주수하면 급격한 수증기 또는 물과 반응 시 발생된 수소에 의한 폭발 위험과 연소 중인 금속의 비산으로 화재면적을 확대시킬 수 있으므로 건조사, 건조분말에 의한 질식소화를 한다.

③ 적린은 물에 의한 냉각소화가 가능하다.

④ 연소 시 다량의 열과 연기 및 유독성 가스가 발생하므로 가스 흡입 방지를 위해 방호의 와 공기호흡기 등 보호구를 착용한다.

  – 칼륨(K), 칼슘(Ca), 나트륨(Na)은 찬물과 반응하여 수소가스를 발생시킨다.

  – 마그네슘(Mg), 알루미늄(Al), 아연(Zn), 철(Fe)은 뜨거운 물과 반응해서 수소가스를 발생시킨다.

  – 니켈(Ni), 주석(Sn), 납(Pb)은 묽은 산과 반응해서 수소가스를 발생시킨다.

⑤ 인화성 고체는 물분무 소화설비에 적응성이 있으므로 주수에 의한 냉각소화가 적당하다.

11 제3류 위험물

성질	품명	지정수량	위험등급	주의사항
자연발화성 및 금수성 물질	칼륨	10kg	I	화기엄금 및 공기접촉엄금 (자연발화성 물질) 물기엄금 (금수성 물질)
	나트륨			
	알킬알루미늄			
	알킬리튬			
	황린	20kg		
	알칼리금속(칼륨, 나트륨 제외) 및 알칼리토금속	50kg	II	
	유기금속화합물 (알킬알루미늄, 알킬리튬 제외)			
	금속의 수소화물	300kg	III	
	금속의 인화물			
	칼슘 또는 알루미늄의 탄화물			

12 제3류 위험물의 일반적인 성질

① 대부분 무기물의 고체이지만 알킬알루미늄과 같은 액체 위험물도 있다. 자연발화성 물질 및 물과 반응하여 가연성 가스를 발생하는 물질로서의 복합적 위험성이 있다.
② 물에 대해 위험한 반응을 일으키는 물질(황린 제외)이다.
③ K, Na, 알킬알루미늄, 알킬리튬은 물보다 가볍고 나머지는 물보다 무겁다.
④ 알킬알루미늄, 알킬리튬과 유기금속화합물류는 유기화합물에 속한다.

13 제3류 위험물의 위험성

① 황린을 제외하고 모든 품목은 물과 반응하여 가연성 가스를 발생한다.
② 일부 물질들은 물과 접촉에 의해 발화하고, 공기 중에 노출되면 자연발화를 일으킨다.

14 제3류 위험물의 저장 및 취급방법

① 소분해서 저장하고 저장용기는 파손 및 부식을 막으며 완전 밀폐하여 공기와의 접촉을 방지하고 물과 수분의 침투 및 접촉을 금하여야 한다.
② 산화성 물질과 강산류와의 혼합을 방지한다.
③ K, Na 및 알칼리금속은 석유 등의 산소가 함유되지 않은 석유류에, 보호액 속에 저장하는 위험물은 보호액 표면에 노출되지 않도록 주의해야 한다.

15 제3류 위험물의 소화방법

① 주수를 엄금하며 어떤 경우든 물에 의한 냉각소화는 불가능하다.(황린의 경우 초기화재 시 물로 소화 가능)

② 가장 효과적인 소화약제는 마른 모래. 팽창질석과 팽창진주암, 분말 소화약제 중 탄산수소염류 소화약제가 가장 효과적이다.

③ K, Na은 격렬히 연소하기 때문에 적절한 소화약제가 없다.

④ 황린 등은 유독가스가 발생하므로 방독마스크를 착용해야 한다.

16 제4류 위험물

성질	품명		지정수량	위험등급	주의사항
인화성 액체	특수인화물		50L	Ⅰ	화기엄금
	제1석유류	비수용성	200L	Ⅱ	
		수용성	400L		
	알코올류		400L		
	제2석유류	비수용성	1,000L	Ⅲ	
		수용성	2,000L		
	제3석유류	비수용성	2,000L		
		수용성	4,000L		
	제4석유류		6,000L		
	동식물유류		10,000L		

17 제4류 위험물의 일반적인 성질

① 상온에서 인화성 액체이며 대단히 인화되기 쉽다.

② 발화온도가 낮은 물질은 위험하다.

③ 물보다 가볍고 물에 녹지 않는다.

④ 발생된 증기는 공기보다 무겁다.

⑤ 비점이 낮은 경우 기화하기 쉬우므로 가연성 증기가 공기와 약간만 혼합하여도 연소하기 쉽다.

⑥ 비점이 낮을수록 위험성이 높다.

⑦ 활성화에너지가 작을수록 연소 위험성은 증가한다.

18 제4류 위험물의 위험성

① 증기의 성질은 인화성 또는 가연성이다.
② 증기는 공기보다 무겁다.
③ 연소범위의 하한값이 낮다.
④ 정전기가 축적되기 쉽다.
⑤ 석유류는 전기의 부도체이기 때문에 정전기 발생을 제거할 수 있는 조치를 해야 한다.

19 제4류 위험물의 저장 및 취급방법

① 액체의 누설 및 증기의 누설을 방지한다.
② 폭발성 분위기를 형성하지 않도록 한다.
③ 화기 및 점화원으로부터 멀리 저장하고, 용기는 밀전하여 통풍이 양호한 곳, 찬 곳에 저장한다.
④ 인화점 이상으로 가열하지 말고, 가연성 증기의 발생, 누설에 주의해야 한다.
⑤ 증기는 가급적 높은 곳으로 배출시키고, 정전기가 축적되지 않도록 주의해야 한다.

20 제4류 위험물의 소화방법

① 제4류 위험물은 비중이 물보다 작기 때문에 주수소화하면 화재 면을 확대시킬 수 있으므로 절대 금물이다.
② 소량 위험물의 연소 시는 물을 제외한 소화약제로 CO_2, 할로젠화합물(할로겐화합물)로 질식소화하는 것이 효과적이며 대량의 경우에는 포에 의한 질식소화가 좋다.
③ 수용성 위험물에는 알코올 포를 사용하거나 다량의 물로 희석시켜 가연성 증기의 발생을 억제하여 소화한다.

21 제5류 위험물

성질	품명	지정수량	주의사항
자기반응성 물질	유기과산화물	제1종: 10kg 제2종: 100kg	화기엄금 충격주의
	질산에스터류		
	나이트로화합물		
	나이트로소화합물		
	아조화합물		
	다이아조화합물		
	하이드라진 유도체		
	하이드록실아민		
	하이드록실아민염류		

22 제5류 위험물의 일반적인 성질

① 자기반응성 유기질 화합물로 자연발화의 위험성을 갖는다. 즉 외부로부터 산소의 공급 없이도 가열, 충격 등에 의해 연소폭발을 일으킬 수 있는 물질이다.
② 연소속도가 대단히 빠르고 가열, 마찰, 충격에 의해 폭발하는 물질이 많다.
③ 가연물인 동시에 물질 자체 내에 다량의 산소공급원을 포함하고 있는 물질이기 때문에 화약의 주원료로 사용하고 있다.
④ 장시간 저장하면 자연발화를 일으키는 경우도 있다.

23 제5류 위험물의 위험성

① 외부의 산소 없이도 자신이 연소하며, 연소속도가 빠르며 폭발적이다.
② 아조화합물류, 다이아조화합물류(디아조화합물류), 하이드라진(히드라진) 유도체류는 고농도인 경우 충격에 민감하며 연소 시 순간적으로 폭발할 수 있다.

24 제5류 위험물의 저장 및 취급방법

① 점화원 및 분해를 촉진시키는 물질로부터 멀리하고 저장 시 가열, 충격, 마찰 등을 피한다.
② 직사광선 차단, 습도에 주의하고 통풍이 양호한 찬 곳에 보관한다.
③ 강산화제, 강산류, 기타 물질이 혼입되지 않도록 한다.
④ 화재 발생 시 소화가 곤란하므로 가급적 작게 나누어서 저장하고 용기의 파손 및 균열에 주의한다.
⑤ 안정제(용제 등)가 함유되어 있는 것은 안정제의 증발을 막고 증발되었을 때는 즉시 보충한다.
⑥ 운반용기 및 포장 외부에 화기엄금, 충격주의 등을 표시해야 한다.
⑦ 화재 시 폭발의 위험성이 있으므로 충분한 안전거리를 확보하여야 한다.

25 제5류 위험물의 소화방법

① 자기반응성 물질이기 때문에 CO_2, 분말, 하론, 포 등에 의한 질식소화는 적당하지 않으며, 다량의 물로 냉각소화하는 것이 적당하다.

② 밀폐 공간 내에서 화재 발생 시에는 반드시 공기호흡기를 착용하고 바람의 위쪽에서 소화작업을 한다.

③ 유독가스 발생에 유의하여 공기호흡기를 착용한다.

26 제6류 위험물

성질	품명	지정수량	위험등급	주의사항
산화성 액체	과산화수소	300kg	I	가연물 접촉주의
	과염소산			
	질산			

27 제6류 위험물의 일반적인 성질

① 산화성 액체(산화성 무기화합물)이며 자신들은 모두 불연성 물질이다.

② 과산화수소를 제외하고 강산성 물질이며 물에 녹기 쉽다.

③ 강한 부식성이 있고 모두 산소를 포함하고 있으며 다른 물질을 산화시킨다.

④ 불연성 물질이며 가연물, 유기물 등과의 혼합으로 발화한다.

⑤ 비중이 1보다 크다.

28 제6류 위험물의 위험성

① 자신은 불연성 물질이지만 산화성이 커 다른 물질의 연소를 돕는다.

② 제2류, 제3류, 제4류, 제5류, 강환원제, 일반 가연물과 접촉하면 혼촉, 발화하거나 가열 등에 의해 매우 위험한 상태로 된다.

③ 과산화수소를 제외하고 물과 접촉하면 심하게 발열하고 연소하지는 않는다.

④ 염기와 작용하여 염과 물을 만드는데 이때 발열한다.

29 제6류 위험물의 저장 및 취급방법

① 화기엄금, 직사광선 차단, 강환원제, 유기물질, 가연성 위험물과 접촉을 피한다.

② 물이나 염기성 물질, 제1류 위험물과의 접촉을 피한다.

③ 용기는 내산성으로 하며 밀전, 파손방지, 전도방지, 변형방지에 주의하고 물, 습기에 주의해야 한다.

30 제6류 위험물의 소화방법

① 불연성이지만 연소를 돕는 물질이므로 화재 시에는 가연물과 격리하도록 한다.

② 소화작업을 진행한 후 많은 물로 씻어 내리고, 마른 모래로 위험물의 비산(飛散)을 방지한다.

③ 화재진압 시 공기호흡기, 방호의, 고무장갑, 고무장화 등을 반드시 착용한다.

④ 이산화탄소와 할로젠화합물(할로겐화합물) 소화기는 산화성 액체 위험물의 화재에 사용하지 않는다.

⑤ 소량 누출 시에는 다량의 물로 희석할 수 있지만 물과 반응하여 발열하므로 원칙적으로 소화 시 주수소화를 금지시킨다.

⑥ 과산화수소 화재 시에는 다량의 물을 사용하여 희석소화가 가능하다.

⑦ 마른 모래나 포 소화기가 적응성이 있다.

31 위험물의 유별 저장·취급의 공통기준

① 제1류 위험물은 가연물과의 접촉·혼합이나 분해를 촉진하는 물품과의 접근 또는 과열·충격·마찰 등을 피하는 한편, 알칼리금속의 과산화물 및 이를 함유한 것에 있어서는 물과의 접촉을 피하여야 한다.

② 제2류 위험물은 산화제와의 접촉·혼합이나 불티·불꽃·고온체와의 접근 또는 과열을 피하는 한편, 철분·금속분·마그네슘 및 이를 함유한 것에 있어서는 물이나 산과의 접촉을 피하고 인화성 고체에 있어서는 함부로 증기를 발생시키지 아니하여야 한다.

③ 제3류 위험물 중 자연발화성 물질에 있어서는 불티·불꽃 또는 고온체와의 접근·과열 또는 공기와의 접촉을 피하고, 금수성 물질에 있어서는 물과의 접촉을 피하여야 한다.

④ 제4류 위험물은 불티·불꽃·고온체와의 접근 또는 과열을 피하고, 함부로 증기를 발생시키지 아니하여야 한다.

⑤ 제5류 위험물은 불티·불꽃·고온체와의 접근이나 과열·충격 또는 마찰을 피하여야 한다.

⑥ 제6류 위험물은 가연물과의 접촉·혼합이나 분해를 촉진하는 물품과의 접근 또는 과열을 피하여야 한다.

32 혼재 가능 위험물

구분	제1류	제2류	제3류	제4류	제5류	제6류
제1류		×	×	×	×	○
제2류	×		×	○	○	×
제3류	×	×		○	×	×
제4류	×	○	○		○	×
제5류	×	○	×	○		×
제6류	○	×	×	×	×	

※ ○ 표시는 혼재할 수 있음, × 표시는 혼재할 수 없음을 나타냄

① 423 → 제4류와 제2류, 제4류와 제3류는 서로 혼재 가능
② 524 → 제5류와 제2류, 제5류와 제4류는 서로 혼재 가능
③ 61 → 제6류와 제1류는 서로 혼재 가능

33 위험물의 적재방법

① 고체 위험물은 운반용기 내용적의 95% 이하의 수납률로 수납할 것
② 액체 위험물은 운반용기 내용적의 98% 이하의 수납률로 수납하되, 55℃의 온도에서 누설되지 아니하도록 충분한 공간용적을 유지하도록 할 것
③ 운반용기는 수납구를 위로 향하게 하여 적재하여야 한다.
④ 제1류 위험물, 제3류 위험물 중 자연발화성 물질, 제4류 위험물 중 특수인화물, 제5류 위험물 또는 제6류 위험물은 차광성이 있는 피복으로 가릴 것
⑤ 제1류 위험물 중 알칼리금속의 과산화물 또는 이를 함유한 것, 제2류 위험물 중 철분·금속분·마그네슘 또는 이들 중 어느 하나 이상을 함유한 것 또는 제3류 위험물 중 금수성 물질은 방수성이 있는 피복으로 덮을 것
⑥ 제5류 위험물 중 55℃ 이하의 온도에서 분해될 우려가 있는 것은 보냉 컨테이너에 수납하는 등 적정한 온도관리를 할 것